MANUEL

DE

TOXICOLOGIE

MANUEL

DE

TOXICOLOGIE

PAR

DRAGENDORFF

PROFESSEUR A L'UNIVERSITÉ DE DORPAT

TRADUIT AVEC DE NOMBREUSES ADDITIONS

ET AUGMENTÉ D'UN PRÉCIS DES AUTRES QUESTIONS DE

CHIMIE LÉGALE

PAR E. RITTER

Docteur ès sciences
Professeur agrégé de l'ancienne Faculté de médecine de Strasbourg
Professeur adjoint de chimie médicale et de toxicologie à la Faculté de médecine de Nancy
Chef des travaux chimiques de la même Faculté

AVEC GRAVURES DANS LE TEXTE ET UNE PLANCHE CHROMO-LITHOGRAPHIÉE

représentant l'analyse spectrale du sang

PARIS

LIBRAIRIE F. SAVY

24, RUE HAUTEFEUILLE, 24

1873

Tous droits réservés

MANUEL

DE

TOXICOLOGIE

PAR

DRAGENDORFF

PROFESSEUR A L'UNIVERSITÉ DE DORPAT

TRADUIT AVEC DE NOMBREUSES ADDITIONS

ET AUGMENTÉ D'UN PRÉCIS DES AUTRES QUESTIONS DE

CHIMIE LÉGALE

PAR E. RITTER

Docteur ès sciences
Professeur agrégé de l'ancienne Faculté de médecine de Strasbourg
Professeur adjoint de chimie médicale et de toxicologie à la Faculté de médecine de Nancy
Chef des travaux chimiques de la même Faculté

AVEC GRAVURES DANS LE TEXTE ET UNE PLANCHE CHROMO-LITHOGRAPHIÉE

représentant l'analyse spectrale du sang

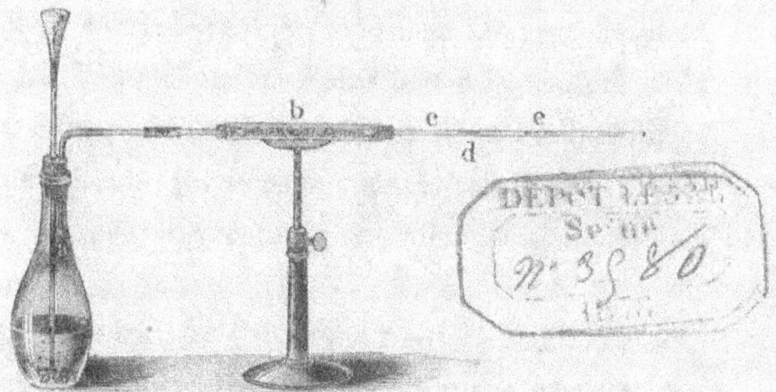

PARIS

LIBRAIRIE F. SAVY

24, RUE HAUTEFEUILLE, 24

1875

PRÉFACE DE L'AUTEUR

La loi confie dans quelques pays aux pharmaciens toutes les analyses toxicologiques ; les experts sont astreints à suivre d'une manière rigoureuse une marche qui leur est tracée et qu'ils ne doivent pas modifier. Les procédés dont on prescrit l'emploi ne sont plus tous à la hauteur de la science, et souvent l'expert se verrait dans l'impossibilité de résoudre toutes les questions dont la solution lui est demandée, s'il n'avait recours à des méthodes plus perfectionnées.

En publiant ce livre j'ai eu pour but de combler ces lacunes et de faciliter la tâche aux chimistes experts, aux médecins, aux pharmaciens et aux étudiants. Je mentionne les anciens procédés, mais j'insiste plus spécialement sur lest ravaux récents et j'expose en détail mes recherches personnelles. Je m'efforce spécialement de discuter la valeur relative des diverses méthodes, d'indiquer leurs avantages et leurs défauts, et le degré de confiance qu'on peut leur accorder.

La justice doit à mon avis laisser à l'expert la latitude la plus complète dans le choix des procédés ; de même je ne crois pas que le chimiste doive suivre à l'aveugle toutes les indications qui se trouvent dans mon ouvrage. Je laisse à chacun le soin de peser la valeur des divers procédés, et c'est dans cette intention que j'ai cru devoir indiquer les sources où l'on trouvera les travaux originaux présentant quelque valeur.

J'insiste avec quelques détails sur la manière dont l'expert doit interpréter ses résultats, et quelques personnes trouveront peut-être que je restreins trop le rôle du chimiste. Je ne suis pas de cet avis ; chacun ne doit aborder que les questions qui sont de sa compétence rigoureuse, et c'est faute d'avoir méconnu ce principe, que quelques experts ont vu, par suite des méprises auxquelles ils s'étaient exposés sur un point, mettre en doute leurs résultats les plus précis.

J'étudie principalement la séparation des toxiques que l'on peut rencontrer simultanément dans la même expertise. La méthode générale que j'ai imaginée pour atteindre ce but est sans doute perfectible et se modifiera par les progrès incessants de l'analyse ; sous sa forme actuelle cependant, elle permet d'isoler et de séparer un grand nombre d'alcaloïdes. Je ne devais pas passer sous silence l'action que les divers toxiques exercent sur l'économie, car quelques-uns d'entre eux se reconnaissent moins à leurs caractères chimiques, qu'à leurs réactions physiologiques.

J'indique toujours avec soin la manière dont le toxique se répand dans l'économie, ses voies d'élimination et les organes dans lesquels il séjourne. La substance retirée de l'organisme, doit être purifiée avant d'être consacrée à une expérimentation physiologique; je traite avec détail des procédés de purification à employer.

L'ouvrage contient un certain nombre de dessins tirés presque tous des excellents *Traités d'analyse chimique qualitative et quantitative de Fresenius*.

J'ai profité de la publication de mon livre en langue française pour le soumettre à une révision complète; toutes les parties ont été remaniées et j'ai mis à contribution les travaux les plus récents publiés dans les divers pays. Les recherches faites dans mon laboratoire et consignées en détail dans mon récent ouvrage (*Contributions à la chimie toxicologique*) se retrouvent également dans cette traduction française. Cette dernière doit donc être regardée comme une *seconde édition* originale, à la hauteur actuelle de la science.

Je n'insisterai pas sur les différences nombreuses qui existent entre les deux éditions; je me bornerai à dire que j'ai réussi à perfectionner la méthode de séparation des divers toxiques, au point que j'ai pu avancer dans l'ouvrage cité plus haut, que l'on pouvait être sûr de la nature d'un corps, qui ne possède que des réactions chimiques peu

nettes, pourvu que l'on sache dans quelles circonstances il
a été isolé.

Cette méthode a eu la consécration de l'expérience ; mes
nombreux élèves en la suivant sont arrivés au but d'une
manière sûre et rapide. Le procédé cependant ne doit pas
être regardé comme définitif et j'ai rapporté avec détail
(*loc. cit.*) un cas dans lequel il m'a laissé moi-même dans
le plus grand embarras.

D.

PRÉFACE DU TRADUCTEUR

Le manuel de toxicologie du professeur de Dorpat a obtenu rapidement en Russie et en Allemagne un légitime succès, qui s'explique par la manière dont l'auteur a compris et traité son sujet. Un manuel de toxicologie doit répondre à deux indications différentes; il doit être à la fois un ouvrage d'étude et un *vade-mecum* de laboratoire. Comme ouvrage d'études le livre de Dragendorff se recommande autant par la clarté et la méthode rigoureuse qui a présidé à l'exposition, que par le choix heureux des réactions et des caractères réellement importants; le côté historique est traité d'une manière moins large, mais néanmoins suffisante.

Mais c'est principalement au point de vue pratique que le manuel de Dragendorff, présente des qualités exceptionnelles. Les réactions sont décrites avec une minutie dont on ne reconnaîtra la précieuse utilité que dans le laboratoire. Nous ne possédons aucun ouvrage qui étudie avec autant de détails la manière dont les alcaloïdes se comportent avec les réactifs de coloration ou de séparation, et l'on sait de quelle importance est devenue cette étude depuis que les empoisonnements dus à ces agents redoutables se multiplient d'une manière effrayante.

Le rôle du traducteur consiste à reproduire le texte original avec le plus de clarté et de fidélité ; j'ai cherché à remplir cette tâche autant que possible, mais j'ai cru pouvoir me permettre quelques modifications et quelques additions. Elles sont indiquées par le signe [ ] et me semblent légitimées par divers motifs. L'auteur s'est placé au point de vue de la pharmacopée et de la législation russe ; j'ai mis au contraire la traduction à la hauteur de la pharmacopée et de la législation française. L'ouvrage s'adressant également aux médecins, j'ai pensé qu'il était utile de donner plus de développements à l'analyse toxicologique, qui se base sur les réactions physiologiques. J'ai dû compléter également quelques lacunes, et rendre en certains points une justice plus grande aux toxicologistes français.

L'expert près les tribunaux est appelé à résoudre un certain nombre de questions qui ne sont pas traitées dans l'ouvrage de Dragendorff ; je citerai l'analyse des aliments et des boissons, des taches de sang et de sperme, de falsification des écritures, etc. J'ai pensé faire chose utile, dans l'intérêt même du lecteur du manuel de toxicologie, en traitant ces divers sujets, dans deux chapitres additionnels IX et X.

L'ouvrage tel que je le présente aujourd'hui au lecteur est donc notablement augmenté ; le nombre de gravures a plus que doublé. Il forme un tout complet qui suffira à tous les besoins des examens et aux solutions de toutes les questions que l'autorité judiciaire peut confier à l'expert.

E. RITTER.

Nancy, mai 1873.

MANUEL

DE

TOXICOLOGIE

GÉNÉRALITÉS

I. — RÈGLES GÉNÉRALES.

§ 1. *But de ces analyses.* — Les autorités judiciaires ou médicales provoquent les recherches toxicologiques toutes les fois que la mort est survenue à la suite de symptômes qui légitiment la suspicion d'un empoisonnement criminel, volontaire ou accidentel. Le juge et le médecin ne possédant pas les connaissances nécessaires à ce genre de recherches s'adressent à un chimiste désigné à l'avance, ou à son défaut à un pharmacien ou à tout autre chimiste compétent. La procédure varie un peu suivant les divers États, mais la remise des substances à examiner se fait d'ordinaire directement des autorités requérantes à l'expert.

§ 2. *Objets soumis à l'analyse.* — Les matières que l'on soumet à l'analyse sont souvent de nature très-variée ; je mentionnerai : les aliments, les boissons, les matières vomies, les excréments, l'urine, l'estomac et les intestins avec leur contenu, le foie, la rate, les reins, le sang, le cœur, le poumon. Souvent, dans des cas spéciaux, il y aura utilité à examiner des restes de médicaments, de préparations chimiques ou de poudres, l'état dans lequel se trouvent des vases culinaires ou autres ; quelquefois même il importe d'analyser l'atmosphère dans laquelle a succombé la victime.

§ 3. *Conservation des matières suspectes.* — L'autorité judiciaire et le médecin doivent veiller avec soin que toutes les substances destinées à l'analyse soient bien triées, conservées dans des flacons en verre ou en porcelaine[1] très-nets. Les vases seront bien fermés, scellés et paraphés. La remise à l'expert doit se faire dans le plus bref délai ; les vases seront conservés jusqu'à ce moment dans un endroit frais. Le médecin doit toujours placer des ligatures sur l'estomac et les intestins, pour que les matières qui y sont contenues ne se mêlent pas ou ne s'écoulent pas au dehors. Souvent, dans le but de retarder ou d'entraver la putréfaction, on conserve ces organes dans l'alcool ; je n'approuve pas cette addition qui, d'une part, empêche la recherche de ce corps et, d'autre part, rend plus difficile celle de quelques poisons, notamment du phosphore. Ce n'est que lorsque l'expert, ce qui devrait toujours avoir lieu, assiste à l'autopsie qu'il pourra indiquer les circonstances où l'emploi de cet agent ne sera pas nuisible.

L'emploi des désinfectants, chlorure de chaux, eau chlorée, sulfate ferreux, acide phénique, etc., devra également être proscrit[2].

Le procès-verbal d'envoi devra mentionner exactement la manière dont les matières suspectes ont été recueillies ; il importe par exemple beaucoup de savoir si les matières vomies ont été ramassées à terre ou si elles étaient contenues dans un vase. Des détails qui paraissent inutiles acquièrent souvent à un moment donné une importance considérable.

§ 4. *Nombre des experts et précautions qu'ils doivent prendre.* — L'examen est confié à des chimistes dont le nombre varie suivant les pays, de un à trois. Dans certaines contrées, le chimiste ne doit opérer que devant témoins, juges ou médecins. La présence de personnes étrangères à la science, loin d'être une ga-

---

[1] L'usage des vases en argile doit être très-restreint, car ils sont très-souvent recouverts d'un enduit plombifère qui pourrait être attaqué.

[² On doit toujours quand on s'est servi d'alcool ou de désinfectants en joindre des échantillons cachetés aux pièces à conviction, pour que l'expert en puisse vérifier la pureté.]

rantie, ne cause souvent que des embarras. L'adjonction d'un médecin est plus utile et peut même devenir absolument nécessaire lorsque le chimiste est obligé d'avoir recours à l'expérimentation physiologique, cas qui se présente toujours dans la recherche des alcaloïdes.

A cette exception près, je crois que le chimiste (choisi nécessairement parmi ceux qui sont dignes de ce nom) doit être abandonné à lui-même.

Les devoirs qui incombent à l'expert pendant toute la durée de l'expérience sont nombreux et minutieux ; l'accès de son laboratoire doit être interdit à toute personne étrangère. Les matières suspectes seront toujours renfermées dans un endroit clos, pour qu'en l'absence du chimiste des substances étrangères n'y soient pas mélangées par une main coupable ou maladroite. L'expert ne devra manier pendant tout ce temps aucune substance toxique ; ses mains et ses vêtements pourraient, sans cette précaution, être la cause d'une introduction de corps étrangers dans les matières soumises à son analyse.

§ 5. *Procès-verbal et pièces de conviction.* — L'expert doit consigner journellement le détail circonstancié de ses opérations ; ce *procès-verbal* servira plus tard de base à la rédaction du *rapport.* Ce dernier doit contenir : la description de l'état dans lequel ont été remises les matières suspectes : la suite des opérations chimiques qui ont été instituées ; les conclusions que l'on en peut tirer.

Le rapport devra contenir des détails assez circonstanciés, pour que tout chimiste puisse à sa simple lecture, adopter les conclusions de l'expert, qu'il puisse, comme ce dernier, affirmer que tel poison a été isolé, que tel autre était absent ou qu'il n'y avait dans les matières suspectes aucune trace de corps toxique.

On doit toujours (cela est même prescrit dans quelques pays), remettre à la justice une certaine quantité du toxique que l'on a isolé ; on le présentera suivant les cas, soit en nature, soit après l'avoir transformé en un corps que tout le monde connaît. Cette substance, jointe au procès-verbal, porte le nom de *pièce de conviction.*

§ 6. *Contre-expertise.* — L'expertise doit toujours être contrôlée; en Russie et dans quelques États voisins, le plus souvent l'autorité médicale supérieure se borne à lire le rapport et à examiner la pièce de conviction, mais de droit, une nouvelle analyse devrait être entreprise. Il faut donc, en prévision de ce cas, réserver au moins la moitié des matières suspectes; elles devront être pesées, et le rapport devra indiquer la manière dont s'est fait le partage.

Ce dernier ne doit porter que sur les matières réduites à un tout homogène; on divisera finement les organes, puis on les délayera avec les liquides qu'ils renfermaient. Le chimiste qui aura retrouvé des corps sujets à s'altérer aura soin de faire subir, aux matières suspectes qu'il réserve, un traitement qui les mette autant que possible à l'abri de cette altération; il ajoutera de l'alcool pur lorsqu'il s'agit d'alcaloïdes; d'autrefois il les desséchera; souvent il les soumettra à la distillation (acide cyanhydrique, phosphore, alcool, etc.), conservera le liquide distillé dans des tubes scellés à la lampe et soumettra le résidu à la dessiccation, etc.

§ 7. *Organes à examiner*. — On recherchera le toxique dans les matières vomies, dans les excréments et dans le cadavre lorsque l'empoisonnement s'est terminé par la mort. On soumettra à l'analyse dans ce dernier cas :

1) L'estomac et son contenu ;
2) Les intestins et leur contenu ;
3) Le foie et la bile, la rate et le pancréas ;
4) Le sang et l'urine lorsque la vessie est remplie.

On aura intérêt dans quelques cas particuliers à examiner encore d'autres organes, tels que le cerveau, le poumon, les reins, etc.

§ 8. *Exhumations*. — La justice fait souvent exhumer un cadavre, un temps plus ou moins long après son inhumation, j'indiquerai à propos de chaque poison quelle est la durée moyenne pendant laquelle on peut espérer le retrouver dans ces cas; je dirai seulement ici d'une manière générale, que la recherche des poisons minéraux seule aura quelques chances de réussite, lorsque la décomposition cadavérique sera assez avancée pour que les parois intestinales soient ramollies; quelques poisons organiques, peu nombreux du reste, comme la strychnine et la cantharidine, résistent également très-bien aux causes de putréfaction.

On devra toujours dans ces cas envoyer à l'expert une certaine quantité de la terre dans laquelle le cadavre était enfoui; on prendra les échantillons au-dessus, autour et au-dessous du cercueil.

§ 9. *Examen spécial de chacune des pièces remises.* — L'analyse devra porter non sur l'ensemble, mais sur chacune des matières qui ont été remises à l'expert. Il ne s'agit pas en effet de se borner à démontrer qu'un toxique a été introduit dans le tube digestif, il faut encore faire voir que ce toxique a été absorbé. Tous les poisons ne sont pas éliminés par les mêmes excrétions, comme nous le verrons plus loin. L'examen des urines et des fèces par exemple, sera presque toujours inutile dans les cas d'empoisonnement par le phosphore, l'acide prussique ou la strychnine; il conduira au contraire à des résultats très-importants lorsqu'il s'agit d'une intoxication par les métaux, la cantharidine, l'atropine, etc. Des considérations identiques s'appliquent à l'examen[1] chimique des autres organes et humeurs.

Le chimiste ne sera autorisé que dans un seul cas à réunir dans une analyse unique les diverses matières qui lui ont été remises; c'est lorsque le toxique existe en quantité assez minime pour qu'il ne soit pas possible de le déceler dans chaque analyse partielle. Il pourra même, dans ce cas, opérer sur toute la matière ou n'en réserver qu'une quantité plus faible pour la contre-expertise; le rapport devra indiquer les motifs qui légitiment cette manière d'agir.

§ 10. *Communication des actes de la procédure.* — Je regarde comme une mesure très-utile, la coutume qu'a l'autorité judiciaire dans certains pays, de communiquer à l'expert toutes les pièces de la procédure qui peuvent l'intéresser. L'analyse chimique est souvent beaucoup facilitée dans ces cas: parfois, au

---

[1] Je ne saurais assez recommander l'examen de l'urine; Schneider a démontré que l'acide arsénieux était facilement éliminé par le rein ; j'ai établi le même fait pour quelques alcaloïdes et la cantharidine ; le chlorure d'or lui-même, qui est un des sels les plus instables, passe dans cette humeur.

contraire, les dires de personnes inexpérimentées, qui ont assisté à la mort de la victime, peuvent induire en erreur un expert qui accordera trop de confiance à ces renseignements. Ce dernier devra toujours se souvenir que ces indications ne doivent avoir pour lui qu'une *valeur relative*. L'expert devra également être renseigné sur le traitement médical auquel la victime a été soumise pendant les derniers jours de sa vie. Il est urgent qu'il sache si un contre-poison a été administré, à quelle époque à quelle dose ; les mêmes questions se présentent pour les médicaments.

[Il serait même bien de s'assurer dans ce cas que les médicaments administrés étaient purs ; on ne rencontre que trop souvent des composés renfermant des principes toxiques ; le sous-nitrate de bismuth peut contenir du plomb, du cuivre, de l'arsenic ; le phosphate de sodium, de l'arséniate, etc.; l'émétique souvent usité comme contre-poison est parfois arsenical.]

§ 11. *Questions posées à l'expert.* — La justice ne doit jamais poser à l'expert que des questions bien nettes, et dont la solution soit possible dans l'état actuel de nos connaissances chimiques.

Nos moyens d'investigation sont assez avancés pour que nous puissions espérer retrouver des quantités très-minimes de certains poisons dans les mélanges les plus compliqués. L'expert ne pourra répondre d'une manière bien affirmative que dans ces cas, un *résultat positif est inattaquable ;* il n'en est pas de même du résultat négatif, car la sensibilité de nos procédés n'est pas absolue. Un grand nombre de toxiques possèdent des réactions si peu nettes, qu'il est impossible de les retrouver même alors qu'ils existent en quantité assez notable. L'expert ne devra donc jamais tirer d'un résultat négatif la conclusion suivante : *les objets soumis à l'analyse ne renferment ni poison, ni substance nuisible ;* il devra se borner à dire, ou que *tel poison a été retrouvé*, ou qu'il *n'a pas réussi à isoler un corps toxique.*

La détermination quantitative du toxique peut se faire dans certains cas, elle est quelquefois assez importante puisqu'elle facilite la solution de la question suivante : le toxique a-t-il été administré à dose assez forte pour amener la mort. Le rôle du chimiste dans cette question doit se borner à fournir au médecin les chiffres qu'il a déterminés.

La constatation du poison dans le contenu du tube digestif ne prouve pas que le toxique ait déterminé la mort ; il faut démontrer que le poison a été absorbé, ce qui exige que le sang, le foie, les excrétions, etc., le renferment également.

Le médecin tirera profit de ces données pour décider si le toxique a pu déterminer la mort et fournir des indications sur le temps qu'il a séjourné dans l'économie. L'expert pourra quelquefois en se basant sur les résultats de l'examen chimique des divers organes, assurer que le toxique n'a pas été administré par la bouche, mais par l'anus ou en injections dans le système veineux ou sous-cutané.

La justice adresse parfois encore la question suivante : le toxique retrouvé dans les matières suspectes, n'y a-t-il été introduit qu'après la mort, dans une intention nuisible, ou a-t-il pu s'y mélanger accidentellement (cadavres exhumés, etc.). Ce n'est que lorsque l'addition s'est faite d'une manière trop évidente, que le chimiste pourra répondre à la première partie de la question.

§ 12. *Indications fournies à la justice par l'analyse toxicologique.* — C'est en parlant de chaque poison en particulier que j'indiquerai la valeur des indications fournies par l'analyse. Je me contenterai pour le moment de présenter quelques considérations générales.

1) Une recherche toxicologique doit être instituée chaque fois que la mort est survenue sans motifs appréciables, à la suite de symptômes suspects, que l'on ne peut expliquer par les résultats de l'autopsie. Elle doit être entreprise encore lorsque les symptômes que l'on a observés ou la mort du patient ne sont pas légitimés par la maladie qu'avait la victime.

2) L'analyse toxicologique doit être réclamée non-seulement quand des accidents graves permettent d'admettre l'ingestion d'un ou de plusieurs toxiques, mais même alors que les accidents sont moins graves, mais que d'autres circonstances accessoires font naître l'idée d'une intoxication. Les cas en effet où nous

pouvons reconnaître un empoisonnement rien que par les symptômes qu'il produit sont des plus rares ; l'autopsie même n'est pas plus probante, et nous pouvons affirmer qu'il n'y a pas une seule forme d'intoxication où l'analyse chimique ne soit pas impérieusement réclamée pour entrainer la certitude.

3) Le résultat négatif d'une analyse ne suffit pas à dissiper tous les doutes que l'on a pu avoir sur l'existence d'un empoisonnement. Nous avons déjà vu que nos moyens d'investigation sont très-bornés en ce qui concerne un certain nombre de composés toxiques ; il en est d'autres qui sont décomposés ou éliminés[1] avec une telle rapidité qu'on ne réussit plus à les retrouver au bout d'un temps très-court.

4) Le résultat négatif n'a de valeur absolue que dans certains cas particuliers, lorsqu'il s'agit, par exemple, d'un corps comme la strychnine. Ce poison, en effet, tue si rapidement que l'économie n'a pas le temps de s'en débarrasser ; il diffuse de plus facilement dans tout le corps, se reconnait à des réactions très-caractéristiques et très-sensibles, et résiste longtemps à la putréfaction. Le nombre de toxiques qui présentent la réunion de ces caractères est malheureusement très-petit.

5) L'analyse toxicologique devra fournir des *résultats quantitatifs* toutes les fois que le toxique (ou ses produits de décomposition) existe dans l'économie à l'état normal, ou qu'il peut s'y être introduit accidentellement pendant la vie ou après la mort[2]. Les chiffres fournis par l'expert ne sont évidemment qu'approximatifs, car il est impossible d'isoler toute la quantité de toxique contenue dans les organes, et nous ignorons de plus celle qui peut s'y trouver à l'état normal ou pathologique. Disons cependant que presque toujours la dose du poison est tellement exagérée que tout doute disparait.

6) La présence du toxique dans les restants d'aliments ne démontre la réalité de l'intoxication que lorsque les symptômes

---

[1] Buchner (*N. Rep. f. Pharm.*, t. XVII, p. 272) rapporte un cas d'empoisonnement par le sublimé corrosif où il n'a pu retrouver le toxique dans l'intestin.

[2] Fresenius avait retrouvé des traces très-faibles d'arsenic dans le cadavre exhumé d'un enfant ; il constata que ce toxique avait été introduit par la peinture du cercueil (oxyde de fer arsenical) dont une partie vermoulue s'était mélangée aux restes de l'enfant. (*Zts. f. anal. Chem.*, t. VI, p. 195.)

pathologiques observés pendant la vie concordent exactement avec ceux que produit le poison. La présomption ne se changera en certitude que lorsqu'on aura réussi à retirer le même composé non-seulement des matières vomies, mais encore du sang et principalement de l'urine. L'analyse du contenu du tube intestinal à lui seul ne suffit pas davantage, il faut démontrer que le toxique a été résorbé ; car la science possède des cas où un poison a été administré, mais où la mort est survenue par une autre cause, avant que le toxique n'ait eu le temps d'être absorbé.

§ 13. *Des procédés à employer dans les recherches toxicologiques.* — Les matières soumises à l'analyse chimique sont d'une grande complexité ; la présence des matières albuminoïdes empêche les réactions d'une foule de corps de se produire ou au moins les modifie au point de les rendre méconnaissables. Le chimiste doit par conséquent s'efforcer d'isoler le toxique sous un état tel, que ces réactions puissent se manifester sans difficulté. Il y arrive de deux manières. *Dans l'un des cas, il détruit toutes les matières organiques qui l'embarrassent et ne respecte que le toxique qu'il cherche à isoler ; d'autres fois il sépare par la distillation le toxique des matières organiques qui restent inaltérées* (phosphore, acide prussique, etc.). On peut employer simultanément les deux procédés.

§ 14. *Choix du procédé.* — Les considérations suivantes guideront le chimiste dans le choix de la méthode qu'il doit suivre pour atteindre son but.

a) Lorsque la justice se borne à demander si un corps toxique de nature déterminée n'existe pas dans le corps, l'expert sera fondé à consacrer une plus grande quantité des matières suspectes à la recherche de ce composé, mais il ne pourra néanmoins se contenter d'une réponse simplement positive ou négative. Son devoir est en effet d'éclairer la justice par tous les moyens qu'il a à sa disposition, et il doit même dans ces cas déclarer en outre qu'il n'a pas réussi à retrouver une autre substance toxique.

b) Si aucune méthode ne nous renseigne du premier coup sur l'absence ou la présence d'un poison de nature déterminée, nous possédons, par contre, quelques procédés qui font reconnaître la présence ou l'absence de tout un groupe de poisons. *Le procédé de séparation qui conviendra le mieux sera celui qui permettra d'isoler du même coup le plus grand nombre de poisons voisins par leurs propriétés, et de les caractériser au besoin par un seul réactif.* C'est ainsi que pour la recherche des poisons métalliques, le meilleur procédé sera celui qui transforme les matières organiques en un liquide dans lequel tous ces poisons pourront être précipités à l'aide de l'hydrogène sulfuré.

c) La considération suivante ne doit pas être négligée dans le choix des méthodes; on donnera la préférence à celle qui altère le moins les matières et permet la recherche ultérieure d'autres composés. Le procédé dont on se sert pour reconnaître les poisons minéraux détruit toutes les matières organiques et ne répond par suite qu'à une seule indication. Le procédé qui s'appliquera à tous les cas n'est pas encore connu; il devra permettre *d'isoler du même coup le plus grand nombre de substances toxiques sans altérer les matières soumises à l'analyse, de manière qu'on y puisse retrouver successivement tous les autres poisons.*

d) Il importe beaucoup au juge de savoir *sous quel état le toxique a été introduit dans l'économie.* Le chimiste a retrouvé du mercure, mais la justice ne peut guère tirer de conclusions de cette donnée sommaire; ce mercure, en effet, a pu être introduit à l'état de calomel, corps presque inoffensif, ou de sublimé corrosif, corps si éminemment toxique. Quelle différence n'y a-t-il pas entre le mercure ingéré à l'état de cinabre, corps inerte, et celui qui est absorbé à l'état de cyanure ou de chromate? Or, dans ce dernier cas, les procédés employés d'ordinaire décomposent le cyanure et font disparaître ses réactions chimiques. La solution de cette question, dont on voit toute l'importance par les quelques lignes qui précèdent, n'est possible que dans des cas très-rares, que nous apprendrons à connaître à propos de l'étude particulière de chaque métal.

e) La nécessité de diviser la matière soumise à notre examen en plusieurs portions résulte de ce que nous venons de dire; les acides ne peuvent être recherchés en même temps que les poisons métalliques, le phosphore en même temps que les alcaloïdes, etc. Si maintenant on songe que le poison n'existe souvent qu'en quantité très-faible, on verra combien grandes sont les difficultés et combien il importe de ne pas sacrifier la plus petite quantité du corps du délit à des recherches inutiles.

On met de côté les matières destinées aux contre-expertises, et l'on divise le restant de la manière suivante, que je crois la plus utile.

1) *Recherche des poisons métalliques et des alcalis fixes* [1].

On y consacre le 1/5 de l'estomac [2] et de son contenu, des matières vomies et des aliments restants;

Le 1/4 des intestins et de leur contenu, ainsi que le 1/5 des fèces;

Le 1/5 du foie, de la rate, du pancréas, du cerveau, du poumon, des reins, des muscles, etc.;

Le 1/5 du sang et de l'urine.

2) *Recherche des alcaloïdes* [3] *de l'ammoniaque et de ses dérivés (aniline), de la cantharidine et de la picrotoxine.*

On y consacre le 1/5 de l'estomac et de son contenu, des matières vomies et des aliments restants;

Le 1/4 de l'intestin et de son contenu, et des fèces;

Le 1/5 du foie, rate, etc.;

Le 1/5 du sang et de l'urine.

3) *Recherche des acides caustiques ou toxiques.* Lorsque les essais préliminaires en font supposer la présence, on consacre à leur recherche:

Le 1/5 de l'estomac et de son contenu, etc.;

Le 1/8 de l'intestin, etc.;

Le 1/5 du foie, de la rate, etc.;

Le 1/5 du sang et de l'urine.

4) *Recherche des corps volatiles neutres (alcool, chloroforme,*

---

[1] Cette dernière recherche ne se fait que lorsque les essais préliminaires en font reconnaître la nécessité.

[2] On ne doit jamais négliger de soumettre à l'analyse les parois intestinales et stomacales.

[3] La recherche des alcaloïdes doit se faire même alors que les essais préliminaires ont conduit à un résultat négatif; la recherche des autres corps n'est utile que lorsque les mêmes essais ont donné un résultat positif.

nitro-benzine, huiles essentielles), de l'iode, du chlore, des com-posés prussiques et du phosphore.

On y consacre le 1/5 de l'estomac, etc. ;

Le 1/4 de l'intestin, etc. ;

Le 1/5 du foie, de la rate, etc. ;

Le 1/5 du sang et de l'urine.

On peut, dans quelques cas particuliers, entreprendre avec la même matière un certain nombre d'essais ; c'est ainsi qu'après avoir recherché l'acide prussique et les corps volatils, on pour-rait examiner le résidu au point de vue de la présence des alco-loïdes ; rien n'empêcherait même de consacrer le nouveau résidu à l'analyse des substances minérales. Je dois dire que cette ma-nière de procéder est des plus longues et ne doit être employée que lorsqu'on y est absolument forcé.

En divisant ainsi les matières, on aura à sa disposition une petite quantité de substance avec laquelle on instituera quel-ques expériences préliminaires qui donneront souvent des indi-cations précieuses sur l'absence ou la présence de toute une classe de poisons.

f) Il existe dans quelques pays, en Russie, par exemple, un règlement que l'expert doit suivre à la lettre. Le juge ne doit pas tenir à cette formalité, car il a le droit de choisir les experts parmi les chimistes qui méritent sa confiance. Il doit par contre leur laisser toute latitude pour tout ce qui concerne l'analyse. Les résultats consignés dans le procès-verbal peuvent toujours être critiqués et contrôlés ; le chimiste en répond sur sa con-science, et rien n'empêcherait l'État de le rendre responsable des fautes lourdes qu'il aurait pu avoir commises.

g) On doit autant que possible éviter l'emploi d'un réactif ap-partenant à la catégorie des poisons ; on évite de cette manière des erreurs, et l'on peut toujours rechercher dans une même quantité de matière un plus grand nombre de poisons.

L'expert ne devra jamais employer que des vases en porcelaine ou en verre neufs (ou au moins bien lavés à l'acide), *exempts de tout corps étranger* (vernis plombifère, arsenical, etc.). Cette précaution semble minutieuse, mais elle est indispensable, car le verre est souvent recouvert de corps étrangers que les lavages superficiels n'enlèvent pas, et la porcelaine principalement se fendille fréquemment et absorbe des corps étrangers que des dissolvants puissants peuvent enlever plus tard.

h) Les *réactifs employés* doivent être d'une *pureté absolue*, les produits commerciaux renferment parfois eux-mêmes des corps toxiques (l'acide chlorhydrique est très-arsenical, etc.), je traiterais en détail de la purification des réactifs dans le chapitre suivant.

[*Le chimiste fera bien de traiter un morceau de foie d'un animal tué à la boucherie par tous les réactifs qu'il emploiera ; il se sert de la même quantité de réactifs dans l'essai définitif, et acquiert ainsi une certitude absolue. C'est ce que l'on nomme une expertise à blanc.* Le procès-verbal doit mentionner de quelle manière a été faite la constatation de la pureté des réactifs.]

II. — CARACTÈRES DE PURETÉ DES RÉACTIFS LES PLUS IMPORTANTS EMPLOYÉS DANS LES RECHERCHES TOXICOLOGIQUES.

§ 15. 1. *Eau distillée*. — L'expert ne doit jamais se servir que d'eau distillée ; il réunit la quantité qu'il juge nécessaire à une analyse dans un grand flacon et y constate l'absence des corps suivants.

a) *Matières solides*. Quelques gouttes d'eau évaporées sur une lame de verre (mieux de platine) ne doivent pas laisser de résidu : on peut juger approximativement de la quantité de matières solides par l'aspect de ce dernier.

b) *Métaux* (cuivre, arsenic, plomb). Le premier de ces corps s'introduit dans l'eau par la distillation des eaux dans des appareils en cuivre mal étamés. On évapore l'eau au 1/10 dans une capsule en porcelaine, on y ajoute quelques gouttes d'acide chlorhydrique ; le cyanure jaune y produira un précipité rouge ou une coloration rose pour peu qu'il y ait du cuivre ; on est réduit dans ces cas à changer d'appareil distillatoire, le mieux est de distiller par petites portions dans des appareils en verre. La recherche de l'arsenic se fait de la manière que nous indiquerons en partant du zinc et de l'acide sulfurique. Le plomb peut se rencontrer dans les eaux qui ont séjourné pendant quelque temps dans des vases plombifères ; pour en constater la présence, on évapore au 1/20 quelques litres d'eau, et l'on ajoute au résidu 1 à 2 gouttes d'acide acétique avant de faire passer un courant d'hydrogène sulfuré. Il se forme suivant la quantité de toxique un précipité noir ou une coloration gris noirâtre[1] ; l'eau doit être soumise à une nouvelle distillation dès qu'elle présente la moindre trace de coloration.

c) *Azotite ou azotate d'ammonium*. La présence de ces sels pourrait entraver la recherche de certains alcaloïdes. La brucine peut servir à reconnaître l'*azotate*; il suffit d'ajouter à l'eau son volume d'une solution saturée au 1/100 de cet alcaloïde et de verser le long des parois de l'acide sulfurique concentré ; les deux liquides ne se mélangeront pas de suite, et il se produira à la surface de séparation une coloration rouge dont l'intensité augmente avec la proportion d'acide azotique. Les *azotites* se reconnaissent à la coloration bleue qu'ils communiquent à l'empois ioduré d'amidon (1 d'iodure, 20 d'amidon et 500 d'eau), quand on y verse 6 à 8 gouttes d'acide sulfurique pur. Pour constater la présence de l'ammonium de ces sels, j'ajoute à 40 cent. cubes d'eau 5 gouttes d'une solution au 1/30 de sublimé corrosif et 5 gouttes d'une solution potassique au 1/60. L'ammoniaque mise en liberté précipite en blanc le sublimé corrosif. Ces deux réactions ne se produisent quelquefois qu'au bout de 15 à 30 minutes. Deux distillations successives, l'une en présence de la soude, l'autre en présence de l'acide sulfurique ou phosphorique purifieraient l'eau.

d) *Matières organiques*. L'eau acidulée par quelques gouttes d'acide sulfurique et chauffée entre 60 et 70°, ne doit pas se décolorer même au bout de quelques minutes, quand on y a ajouté quelques gouttes d'hypermanganate de potassium. L'eau qui a pris une teinte rouge se décolore au contraire très-vite, pour peu qu'il y ait des matières organiques. [Ce réactif n'est pas spécifique, car l'eau se décolorera de même quand elle renferme des azotites ou de l'hydrogène sulfuré.]

[1 Une eau cuprifère précipiterait de même par l'hydrogène sulfuré.]

[L'eau distillée doit être conservée dans une série de petits flacons ; il est à craindre que des provisions un peu fortes absorbent, lorsqu'on les débouche de temps en temps, les vapeurs acides, ammoniacales ou sulfurées qui se dégagent dans les laboratoires.]

2) *Alcool et éther*. — Le commerce livre d'ordinaire ces corps dans un état de pureté suffisant ; l'alcool renferme parfois un peu de cuivre que l'on reconnaît et isole comme nous l'avons dit pour l'eau. L'éther doit être souvent *absolu* ; on l'obtient en rectifiant le produit commercial [*neutre*] digéré pendant 48 heures avec du chlorure de calcium fondu. L'éther, quand il n'est pas absolu, doit avoir une densité de 0,725 à 0,728. J'entends toujours parler de l'alcool à 90 °/₀, lorsque je n'indique pas le degré alcoolométrique.

3) *Acide sulfurique*. — Cet acide qui doit être employé d'ordinaire au degré de concentration indiqué par le codex, peut renfermer un certain nombre d'impuretés.

a) *Matière organiques*. Ce sont elles qui colorent l'acide et le décomposent partiellement en acide sulfureux ; on le purifie par la redistillation avec un peu d'hypermanganate de potassium dans une cornue placée dans un bain de sable ; le niveau de l'acide doit être à la hauteur du bain de sable, pour éviter les soubresauts et les projections.

b) *Acide arsénieux et arsenique*. On recherche ces impuretés en même temps que celles du zinc et de l'eau en dissolvant environ 250 grammes dans un appareil de Marsh (voy., pour les détails, § 41, 1). La distillation avec un peu d'hypermanganate de potassium suffit pour purifier l'acide des composés arsenicaux qu'il renferme.

c) *Sulfate de plomb*. La solution étendue donne un précipité ou une coloration noire lorsqu'on le mélange avec le quadruple de son volume d'une solution saturée d'hydrogène sulfuré ; on se débarrasse également de ce corps par la distillation.

d) *Composés nitreux*. Ces composés se reconnaissent à la coloration rouge qu'ils donnent à la brucine ; on les décompose en rectifiant l'acide avec un peu de sulfate d'ammonium (16 à 20 gr. par kilogr.)

4) *Acide chlorhydrique*. — L'acide du commerce est souvent très-impur.

a) *Métaux* (arsenic, plomb). La constatation de la pureté de cet acide peut se faire en même temps que celle du *chlorate de potassium ;* on place dans une fiole 8 grammes de sel et 30 d'acide, et l'on chauffe jusqu'à ce que tout le chlore soit dégagé ; on ajoute encore au besoin un peu d'acide jusqu'à que ce dernier ne se décompose plus.

On décompose le liquide refroidi par de l'acide sulfurique qui déplace l'acide chlorhydrique; ce liquide est traité par de l'hydrogène sulfuré qui ne doit produire ni coloration, ni précipité.

L'acide chlorhydrique renfermant des métaux, se purifie en ajoutant à l'acide son volume d'eau et en soumettant le tout à un courant d'hydrogène sulfuré ; le liquide filtré est distillé au bain-marie[1].

b) *Chlore libre*. L'acide étendu bleuit dans ce cas l'amidon ioduré ; on enlève l'impureté en distillant l'acide après l'avoir agité pendant quelque temps avec du mercure.

c) *Acide sulfurique*. La solution étendue précipite le chlorure de baryum ; on le purifie par rectification sur une petite quantité de ce sel.

d) *Chlorure ferrique*. L'acide très-étendu colore en bleu le ferrocyanure de potassium ; la purification se fait également par la distillation.

Je désignerai comme acide moyennement concentré, l'acide qui renferme 24,5 pour cent d'acide anhydre et dont la densité est 1,120.

5) *Acide azotique*.— On se sert tantôt de l'acide fumant et tantôt de l'acide de concentration moyenne (de 1,2 de densité) qui renferme 28 % d'acide anhydre. Cet acide n'est pas toujours pur.

a) *Acide hypoazotique*. L'acide fumant doit renfermer autant que possible des vapeurs rutilantes ; il n'en est pas de même de l'acide affaibli qui, étendu d'eau, ne doit pas bleuir l'empois

[1] Voy., pour un autre procédé de purification, *Apoth. Jahrg.*, V, p. 211. — *Bulletin de la Société chimique de Paris.* 1865, p. 19.

d'amidon ioduré. [On purifie l'acide en le chauffant vers 50°, et entrainant les vapeurs rutilantes par un courant d'air ou d'acide carbonique.]

b) *Acides chlorhydrique et sulfurique.* Ces deux acides se reconnaissent aux précipités qu'ils donnent avec l'azotate d'argent et l'azotate de baryum.

[On purifie l'acide du commerce en y ajoutant la quantité nécessaire d'azotates de baryum et d'argent; le liquide clair est décanté ou filtré si l'on veut gagner du temps sur du coton poudre; il suffit ensuite de distiller.]

c) *Métaux.* Cette impureté se présente très-rarement; il suffit pour rechercher ces corps de traiter par l'hydrogène sulfuré le liquide évaporé à siccité. La recherche de l'arsenic dans l'acide azotique peut être réunie à celle de ce corps dans l'ammoniaque. On ajoute à l'ammoniaque quelques gouttes d'acide sulfurique, puis on neutralise par de l'acide azotique; on évapore et l'on chauffe avec précaution jusqu'à ce que tout l'azotate d'ammonium soit décomposé; le résidu dissous dans l'eau est versé dans l'appareil de Marsh.

6) *Acide acétique.* — Cet acide doit être exempt d'*acide sulfurique, d'acide sulfureux et de matières empyreumatiques;* on le rectifie sur un peu de chromate acide de potassium. La décoloration de l'hypermanganate indique la présence de l'acide sulfureux ou des matières empyreumatiques; l'hydrogène sulfuré le trouble quand il contient de l'acide sulfureux; l'acide sulfurique se reconnaît par la précipitation du chlorure de baryum.

7) *Hydrogène sulfuré.*—On peut employer la solution, mais il est préférable de se servir du gaz que l'on obtient en décomposant le sulfure de fer par un mélange de 1 partie d'acide sulfurique pur[1] et de 10 à 12 parties d'eau; un acide trop concentré provoquerait un dépôt de sulfate de fer cristallisé qui engloberait le sulfure et empêcherait toute action ultérieure. On peut remplacer l'acide sulfurique par de l'acide chlorhydrique étendu de deux fois son volume d'eau. Le gaz doit toujours traverser un ou deux flacons laveurs remplis d'eau distillée. On a imaginé

---

[1] Ugers (*Annal. der Chem. u. Pharm.* t. CLIX, p. 127) dit qu'un acide sulfurique arsenical peut donner naissance à de l'hydrure d'arsenic volatil.

un grand nombre d'appareils qui permettent d'avoir à volonté
un dégagement régulier de gaz, et qui empêchent de plus la
diffusion inutile de ce gaz dans l'atmosphère lorsque la précipitation est achevée.

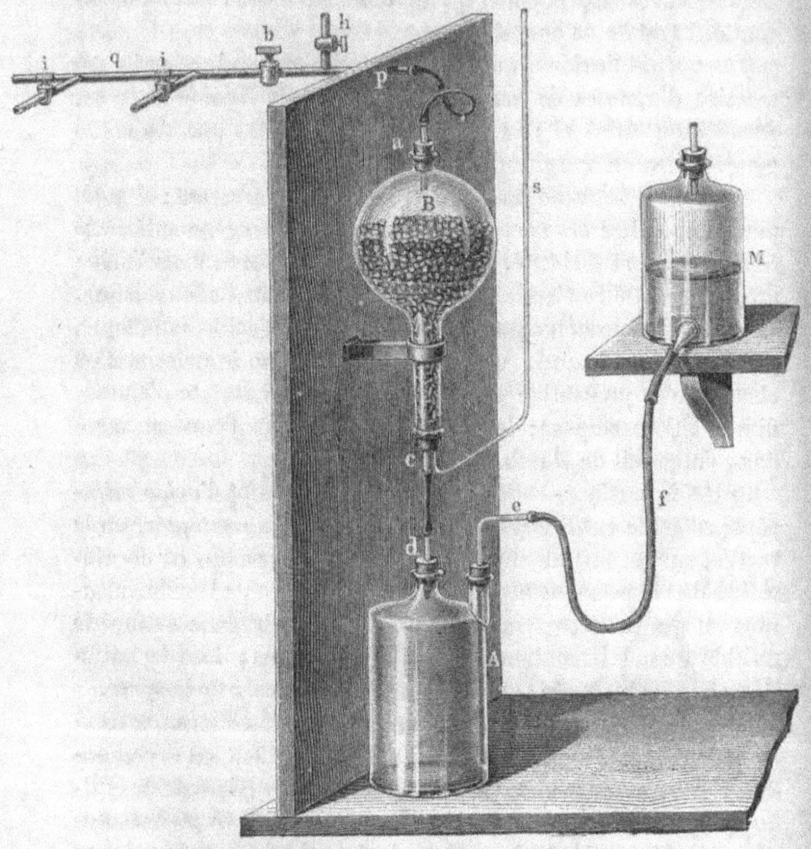

Fig. 1

[L'appareil de Brugnatelli (fig. 1), modifié par Fresenius, convient principalement dans les cas où il s'agit d'obtenir de grandes
quantités d'hydrogène sulfuré; il permet également de faire
passer simultanément le gaz dans un certain nombre de liquides
différents.]

Le ballon B est rempli aux 3/4 de sulfure de fer ; il communique avec le flacon A par deux tubes en verre c et d, unis par un tube en caoutchouc, et d'un diamètre intérieur de 1 centimètre au moins. Le liquide attaquant est versé dans le flacon M, qui peut être placé à diverses hauteurs. Il est relié au flacon A par un long tube en caoutchouc f qui aboutit à un tube coudé en verre e, qui plonge jusqu'au fond du flacon. Le ballon B est terminé à sa partie supérieure par un bouchon en caoutchouc a, qui communique par un tube de même nature avec une rampe métallique P portant divers robinets et ajutages dont nous verrons l'usage.

Pour se servir de cet appareil, on place le flacon M sur la tablette et l'on ouvre le robinet h ; le liquide s'écoule de M en A, remplit ce flacon, puis, continuant à s'écouler, arrive dans le ballon B ; en ce moment, la réaction chimique s'établit et l'on ferme le robinet h, pendant qu'on ouvre le robinet b. Le gaz s'écoule par q ou par les les ajutages latéraux i, dont chacun est muni d'un robinet.

On arrête le dégagement de gaz en fermant le robinet b et en abaissant le flacon M au niveau du flacon A Le liquide abandonne le sulfure de fer, mais comme ce dernier est mouillé, le dégagement de gaz continue encore pendant quelques instants, ce qui a pour but de faire refluer une plus grande quantité de liquide dans le flacon M ; il convient par suite, pour éviter un débordement, de ne mettre que peu de liquide dans le flacon M au commencement de l'expérience.

L'appareil de Brugnatelli possède encore une autre modification heureuse ; lorsque le liquide est épuisé, il ne se dégage pas assez de gaz pour remplir le vide qui se produit en B et en A on remédie à cet inconvénient en ouvrant le robinet h ou en munissant le ballon B du tube coudé s. Il faut seulement choisir ce tube assez long pour que la colonne du liquide attaquant qui s'y trouve refoulée puisse toujours faire équilibre aux pressions que le gaz a à vaincre dans les liquides qu'il doit traverser.

On renouvelle le liquide attaquant en abaissant le flacon M au-dessous du flacon A, après avoir ouvert le robinet h ; le liquide épuisé s'accumule aussi en M et peut être remplacé facilement.

[L'*appareil de Mohr* (fig. 2), plus petit que le précédent, remplit les mêmes conditions et est d'une construction plus facile. *A* est un flacon dessiccateur, muni en *b* d'une plaque en plomb percée de petits trous qui empêchent le sulfure de fer de tomber. Le tube coudé *d* est muni du robinet en verre *c*; il est évasé en *a* et porte un petit tampon en coton qui empêche les

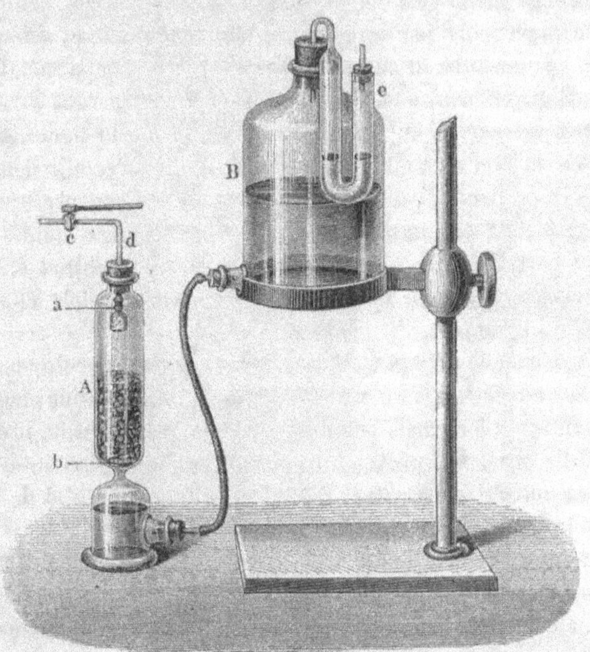

Fig. 2. — Appareil de Mohr.

projections du liquide attaquant. Le flacon *B* renferme ce liquide; il est placé sur un support mobile et peut être porté ainsi à toutes les hauteurs nécessaires. Le liquide ne communique pas librement avec l'atmosphère comme le liquide *M* dans l'appareil précédent; un tube en *U* (*e*) renferme une solution de carbonate de sodium qui est destinée à absorber les émanations sulfureuses du liquide attaquant après qu'il a été refoulé.

[L'*appareil de Pohl* (fig. 5) remplace avec avantage les deux appareils précédents, quand on n'a besoin que de peu de gaz. Le sulfure de fer est placé dans le panier en plomb *K* ; ce panier, qui est percé de trous, est adhérent au tube en verre plein *G*, que l'on peut retirer ou enfoncer dans le liquide attaquant placé en *A*. Le gaz se dégage par le tube *R* rempli de coton, et n'a pas besoin d'être lavé.

[Tous ces appareils, malheureusement, ont une grande tendance à s'engorger par les dépôts boueux qu'abandonne le sulfure ferreux lorsqu'il est désagrégé par les acides.]

On ne doit jamais se servir de la solution de ce réactif que lorsqu'elle a été préparée récemment ; elle doit être limpide et ne pas renfermer un dépôt de soufre. La solution alcoolique se conserve plus facilement que la solution aqueuse ; elle est chargée également de plus de gaz et peut quelquefois être employée avec avantage.

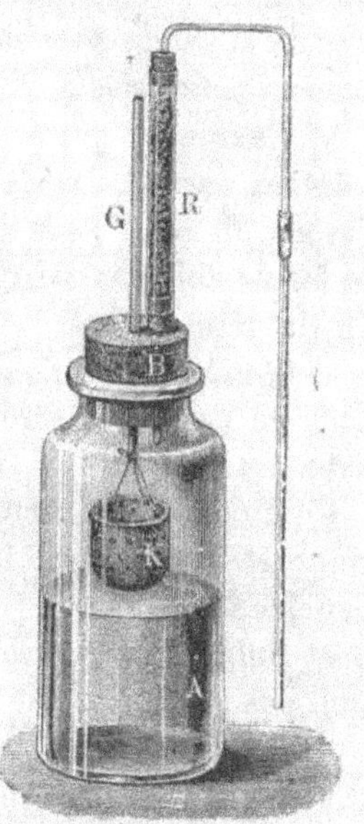
Fig. 5.
Appareil de Pohl.

8) *Sulfure d'ammonium*. — Lorsqu'on veut que ce réactif soit exempt de polysulfure, on le prépare au moment de s'en servir en neutralisant une solution d'hydrogène sulfuré par de l'ammoniaque. [Le produit polysulfuré qui se produit par la conservation du monosulfure dans des flacons que l'on débouche de temps en temps, peut remplacer le monosulfure dans un grand nombre de cas.]

9) *Potasse* ou *soude*. — Ces deux corps sont employés en solutions qui renferment de 20 à 30 p. % d'hydrate solide, préparé à l'acide de carbonates très-purs. On peut y rencontrer un certain nombre d'impuretés.

a) Fresenius a constaté que l'hydrate de soude pouvait être arsenical [1] ; on reconnaît cette impureté en neutralisant

[1] *Ztsch. f. anal. Chim.*, t. VI, p. 201.

5 grammes d'hydrate par de l'acide chlorhydrique et faisant passer un courant d'hydrogène sulfuré. Il se forme un précipité jaune, soluble dans l'ammoniaque; la solution évaporée avec de la soude pure et calcinée avec du cyanure de potassium dans un petit tube donne un anneau arsenical.

b) *Cuivre* (et autres métaux). On neutralise une partie de la solution par de l'acide sulfurique et, on l'essaye comme nous l'avons dit pour l'eau (1, b); une solution potassique exempte de fer ne doit pas noircir (ou verdir) quand on la traite par de l'hydrogène sulfuré.

c) *Matières organiques*. La couleur du produit est jaunâtre dans ce cas, et sa solution sulfurique décolore l'hypermanganate.

d) *Azotates*. On neutralise la potasse par de l'acide sulfurique et l'on soumet le liquide neutralisé à la réaction de la brucine.

e) *Sulfates et chlorures*. La potasse transformée en azotate ne doit pas précipiter par la solution barytique et argentique.

10) *Ammoniaque*. — La solution à 10 p. % a une densité de 0,96; elle n'est pas toujours pure.

a) *Cuivre et métaux étrangers* (voy. Potasse).

b) *Matières bitumineuses*. Elles se reconnaissent à l'odeur quand on neutralise l'ammoniaque par l'acide sulfurique. [Le liquide se colore souvent, dans ces cas, en rouge quand on le neutralise par n'importe quel acide, mais surtout par de l'acide azotique.]

11) *Magnésie*. — Ce corps peut renfermer comme impuretés du carbonate de magnésium, un peu de sulfate ou de chlorure [souvent on y trouve de la chaux].

12) *Azotate et sulfate d'argent*. — Les produits pharmaceutiques sont purs; on ne doit employer que l'azotate fondu. [On fera bien néanmoins de s'assurer que ce sel ne renferme pas des traces de cuivre.]

13) *Chlorure ferrique*. — Il convient, dans beaucoup de cas, de se servir du produit sublimé, qui n'est pas acide.

14) *Ferrocyanure de potassium*. — Il suffit de repurifier par cristallisation le produit commercial.

15) *Azotates de potassium, de sodium et d'ammonium*. — On

doit principalement s'assurer de l'absence d'arsenic en transformant ces sels en sulfates et en les introduisant dans l'appareil de Marsh.

16) *Acide tartrique.* — Cet acide pourrait renfermer du plomb et de l'acide sulfurique ; il est facile de s'assurer de la présence de ces deux corps par l'hydrogène sulfuré et le chlorure de baryum.

17) *Alcool amylique.* — Ce produit doit bouillir entre $+ 151$ et $132°$, ne doit pas laisser de résidu coloré et doit rester incolore lorsqu'on le traite par de l'acide sulfurique.

18) La *benzine* doit bouillir entre $+ 80$ et $+ 81°$ et se comporter comme l'alcool amylique par l'évaporation et l'action de l'acide sulfurique.

Ces deux corps s'oxydent facilement au contact de l'air et se transforment en composés qui noircissent par l'acide sulfurique ; on devra avoir soin de recommencer la distillation de temps en temps.

19) *Pétrole rectifié* [1]. — On obtient ce dissolvant en agitant le produit du commerce avec le 1/8 de son poids d'axonge ou d'huile d'olives ; on rectifie le produit à une basse température, le liquide distillé est peu odorant et doit bouillir à une température inférieure à 60°.

Le *chloroforme* et le *sulfure de carbone* doivent également être redistillés avant leur emploi. [Il est avantageux de rectifier ce dernier produit sur du cuivre.]

20) *Zinc.* — On ne doit employer que le zinc distillé, après s'être assuré qu'il ne renferme ni arsenic, ni phosphore, ni autres métaux.

a) *Arsenic* (voy. 5, b, pour sa constatation.)

b) *Phosphore.* La recherche de ce corps se fait en même temps (voy. 5, b) ; il suffit d'enflammer le gaz qui se dégage par un bec de platine ; la flamme de l'hydrogène provenant du zinc pur ne doit être colorée en vert ni sur les bords ni au centre.

c) *Plomb, antimoine et autres métaux.* Le zinc pur attaqué par l'acide sulfurique pur doit se dissoudre sans laisser de ré-

---

[1] [L'auteur appelle ce produit éther de pétrole, dénomination vicieuse qui pourrait être mal interprétée.]

sidu. [La solution acidulée ne doit pas précipiter par l'hydrogène sulfuré ; la solution rendue neutre par de l'ammoniaque doit précipiter en blanc ; le précipité est souvent gris ou noir, ce qui tient à la présence du fer. La présence des métaux précipitant par l'hydrogène sulfuré a seule des inconvénients, comme nous le verrons plus loin.

On purifie le zinc en fondant le métal avec le 1/20 de son poids d'azotate de potassium et distillant le métal qui reste. Cette opération ne réussit pas toujours. Le zinc en lames minces que l'on trouve en France est souvent très-pur. On essaye sa pureté par le procédé que nous avons indiqué, mais en ayant soin d'opérer sur un échantillon qui représente toute la masse ; il est facile d'y arriver en coupant des bandes dans toutes les directions.]

21) *Cuivre*. — Ce métal sous forme de lamelles ou de tournure comme le présente le commerce, suffit à nos besoins.

§ 16. *Papier à filtrer*. — Je ne pousserai pas l'exagération au point de dire qu'il ne faut jamais se servir que de papier Berzelius ; mais je dois avertir que le commerce fournit des papiers d'un aspect très-satisfaisant qui ne sont en réalité d'aucune utilité, puisqu'ils renferment des composés cuivreux, plombifères, ferrugineux, etc. La vérification de la pureté du papier doit *toujours* se faire et est aussi nécessaire que celle des réactifs.

III. — ESSAIS PRÉLIMINAIRES.

§ 17. *En quoi consistent les essais préliminaires*. — On se propose en instituant des épreuves préliminaires, d'acquérir à l'aide d'une faible quantité de matières, un indice sur la présence ou l'absence d'un poison déterminé ou de toute une classe de poisons ; on ne doit jamais consacrer à ces recherches plus du 1/20 de la matière suspecte. Il y aura toujours avantage à faire précéder l'analyse chimique par quelques essais physiques, qui fourniront souvent des points de repère très-utiles pour la marche ultérieure de l'opération et la conclusion finale. Je veux, pour éviter les redites, ne parler ici de ces procédés que d'une manière superficielle, et je renvoie leur examen détaillé à l'étude spéciale de chaque toxique.

On examine successivement : *l'aspect*, la *couleur*, la *réaction aux papiers réactifs*, *l'odeur*, les *produits de la distillation* et les *résultats fournis par la dialyse*.

1) *Aspect des matières à analyser.* — On note si les matières sont homogènes, fluides ou solides, dures ou molles, si l'œil nu ou armé de la loupe permet d'y reconnaître des corps d'une forme spéciale ; cet examen doit toujours être fait avec les matières vomies, le contenu du tube digestif et les excréments. On peut étaler les matières ou les organes sur une plaque en verre ; on isole les parties suspectes à l'aide d'une pince et on les soumet au besoin à l'examen microscopique. On observe souvent ainsi des faits très-intéressants.

a) On peut isoler des *corps cristallisés* ; ceci est le cas quand l'intoxication a eu lieu avec l'*acide arsénieux*, le *calomel*, l'*oxyde mercurique* ; quelquefois on rencontre des parcelles d'un éclat métallique qui font songer à l'*arsenic*, à l'*antimoine*, au *sulfure d'antimoine*, etc. ; le *mercure* se reconnaît à ses gouttelettes brillantes.

On essayera dans ces cas d'isoler la plus grande quantité de ces corps par des essais de lavage ; on se servira de la pissette, et on laissera déposer les matières entraînées. Les eaux de lavage ne devront pas être jetées, on s'en servira ultérieurement. On réussira ainsi souvent dans l'empoisonnement par l'acide arsénieux ou d'autres corps denses à isoler une partie du toxique tel qu'il avait été ingéré.

b) C'est par le même procédé que l'on isole des parties d'*organismes animaux ou végétaux*. L'examen du contenu du tube digestif, des matières vomies et des excréments, fait à ce point de vue, nous donne les renseignements les plus précieux sur la nature des aliments qui ont été ingérés en dernier lieu ; on reconnaît à quel degré de digestion ils sont arrivés. Ces essais sont encore de la plus haute importance, pour décider qu'une intoxication a eu lieu à l'aide d'une plante toxique et non à l'aide de l'alcaloïde qu'on en peut retirer. Les poils que l'on trouve à la surface cornée de la *noix vomique* persistent très-longtemps, et démontrent que la strychnine a été administrée, non à l'état de pureté, mais à l'état de poudre de noix vomique ;

ces parties caractéristiques résistent souvent des semaines entières à la décomposition. Les fragments des feuilles de la *sabine*, les *semences de jusquiame*, de *belladone*, du *datura* ont également des caractères qui les font reconnaître très-facilement (§ 330 et § 338). Dans l'empoisonnement par les cantharides, on retrouve des fragments organiques d'un reflet vert et bleu, et ne présentant aucun indice de cristallisation; ces fragments restent très-longtemps adhérents aux parois du tube digestif.

La forme et la grandeur des grains d'amidon, nous renseignent souvent sur la nature de l'aliment ; l'aspect des grains de fécule, de millet, de blé, de riz, n'est pas le même que celui de l'amidon contenu dans des substances toxiques.

[L'examen microscopique à la lumière polarisée peut être très-utile, dans ces cas, on consultera avec beaucoup de fruit les travaux de Donny et Marecka, de Rivot[1], de Moitessier[2]. C'est encore là un point de repère qu'il ne faut pas négliger.

Les modifications que ces grains ont subies, nous indiquent le degré auquel est arrivée la digestion. Quelquefois on sera frappé de la présence de *corps gras animaux ou végétaux;* on acquiert ainsi une nouvelle notion sur la composition des aliments ; quelquefois encore ce caractère suffit pour mettre sur la trace d'une intoxication par l'*huile de croton*, l'*huile de ricin*, etc.

On retrouvera pendant ces mêmes recherches les *globules sanguins*, les *globules de pus*, les *végétaux et animaux microscopiques* (ferments). Il est bien entendu que le procès-verbal doit mentionner exactement tous les faits observés.

2) *Couleur.* — La couleur des matières met quelquefois sur la trace du toxique. Des matières vomies fortement colorées en rouge, bleu ou violet, font immédiatement supposer un empoisonnement par les corps toxiques contenus dans les couleurs d'aniline. Une couleur bleu indigo (une réaction très-acide) ferait songer à l'empoisonnement par le *sulfate d'indigo* (employé parfois dans une intention criminelle en place de l'acide sulfurique) ; cette couleur pourrait également être attribuée au

---

[1] *Annal. de phys. et de ch.*, 3ᵉ série, t. XLVII.
[2] *Annal. d'hyg.*, 1868, en extrait dans le *Manuel de médecine légale* de Briand et Chaudé.

bleu de Prusse. Les fruits de *belladone* donnent une teinte violette ; des corps inoffensifs (myrtilles, etc.), peuvent cependant donner la même teinte et induire en erreur. L'*acide picrique* colore en jaune les parois du tube digestif et les muscles ; l'*orpiment*, l'*or mussif*, les *chromates*, donnent de même une coloration jaune, mélangée de vert pour les chromates, car ces derniers se réduisent facilement. Le *vert de Scheele* se reconnaît à sa couleur verte, le *réalgar*, le *cinabre*, l'*iodure mercurique*, le *minium*, à leur couleur rouge ; l'*oxyde de cuivre*, l'*oxyde mercureux* et l'*encre* à leur coloration noire, etc[1].

3) *Réaction aux papiers colorés de tournesol ou de curcuma*. — Une acidité exagérée pourrait faire naître l'idée d'un empoisonnement par les *acides*, par le *chlore*, le *brome*, les *chlorures de zinc ou d'antimoine*. L'alcalinité, au contraire, ferait diriger nos recherches du côté des bases caustiques, comme la *potasse*, la *soude*, la *baryte* et la *chaux*. Cet essai est toujours nécessaire puisqu'il donne en outre au chimiste une indication relative au degré de conservation ou de putridité des matières soumises à son examen.

4) *Odeur*. — Ce caractère suffit souvent à déceler la présence du *phosphore*, de l'*acide prussique et de ses dérivés*, de l'*alcool*, de l'*éther*, du *chloroforme*, des *huiles essentielles*, du *camphre*, de l'*ammoniaque*, des *alcaloïdes volatils*, de l'*aniline*, de la *nitro-benzine*, de l'*acide phénique*, de la *créosote*, de l'*acide acétique* (et d'autres acides organiques volatils), du *chlore*, du *brome*, de l'*iode*, des *chlorures volatils*, de l'*hydrogène sulfuré* provenant de la décomposition des sulfures) de l'*opium*, etc.

5) *Action de la chaleur*. — On peut chauffer une petite quantité de matière, soit avec de l'eau, soit avec un acide ou une base ; l'odeur devient ainsi plus flagrante.

La distillation des liqueurs *acides* permet de reconnaître les corps suivants :

a) *Le phosphore*. En sus de l'odeur, on voit encore dans l'obscurité les vapeurs phosphorescentes ; ces vapeurs, formées de

---

[1] Stein a étudié les caractères que présentent les taches des diverses matières colorantes sur les tissus ; le toxicologiste pourra mettre à profit quelques-unes de ces réactions (voy. *Polyt. Centralb.*, 1869, p. 1023, et 1870, p. 616, 1055 et 1209).

phosphore et d'acide phosphoreux (qui se forme par l'oxydation à l'air), noircissent un papier trempé dans une solution argentique (j'avertis de suite que l'hydrogène sulfuré se comporterait de même. Voy. § 560).

b) *L'iode et le brome*. Ces deux corps se volatilisent avec leur couleur et leur odeur caractéristiques.

c) *Les acides volatils odorants comme l'acide cyanhydrique et acétique*.

La distillation des liqueurs rendues *alcalines* par la potasse permet de reconnaître les *alcaloïdes volatils* (conicine, nicotine, aniline), l'*ammoniaque*, etc. Le liquide qui a servi à la distillation acide peut reservir après neutralisation à cette seconde opération.

6) *Dialyse*. — Le liquide qui a subi l'action de la chaleur doit, après avoir été franchement acidulé, être soumis à la dialyse. L'opération dialytique se fait de la manière suivante :

Les matières suspectes, divisées au préalable, sont transformées par l'addition d'eau en une bouillie homogène qu'on acidule fortement avec de l'acide azotique ; on laisse macérer pendant douze heures à la température de $+35$ à $45°$ et l'on rétablit le volume primitif à l'aide de l'eau distillée, si le liquide s'est concentré. On verse la masse dans un dialyseur, en s'arrangeant de manière qu'elle n'occupe qu'une hauteur de 1 à 2 centimètres. Le dialyseur s'obtient en faisant sauter le fond d'un vase à précipité un peu large ou d'un pot à confiture, et en le recouvrant d'une feuille de papier parchemin ; cette partie est placée provisoirement sur une lame de verre (on peut se servir avec avantage d'une fiole sans fond). Je remplace le vase dialyseur en gutta-percha de Graham par des vases en verre, parce que les recherches toxicologiques nécessitent l'emploi de vases dont la propreté soit facile à constater. On peut encore se servir du filtre de Mohr [1]. L'intégrité du parchemin doit être vérifiée avant que l'on n'y verse les matières délayées ; on remplit l'appareil d'eau distillée et l'on marque toutes les parties qui sont devenues humides extérieurement au bout de quelques minutes ; ces endroits sont le siège d'une petite solution de continuité que l'on obture en y

---

[1] *Ztsch. f. anal. Chem.*, t. V, p. 301.

appliquant un peu d'albumine et desséchant à une température
de 100°. On suspend le dialyseur vérifié et rempli de la matière
acidulée dans un vase cylin-
drique qui renferme un volume
d'eau distillée égal au quadruple de celui du liquide à
dialyser ; le niveau des deux
liquides doit être le même.

L'opération peut être regardée comme terminée après
vingt-quatre heures ; on évapore une partie du liquide extérieur au 1/3 ou au 1/4 et l'on
y précipite les métaux à l'aide
de l'hydrogène sulfuré ; les
acides oxalique (§ 447) et méconique (§ 452) peuvent être
recherchés dans une seconde
partie du liquide ; la troisième
est consacrée à la recherche des alcaloïdes (§ 287).

Fig. 4.

On a soutenu que les combinaisons des matières albuminoïdes
avec les sels d'argent ou de mercure n'étaient pas assez décomposées par l'acide azotique affaibli pour que le liquide pût être soumis à la dialyse ; il suffit, pour éviter cette difficulté, d'opérer
la digestion avec de l'acide fort et de ne diluer le liquide
qu'après coup ; il y aura ainsi, dans tous les cas, une quantité
suffisante de métal dans le liquide dialysé. Ce procédé peut avoir
l'inconvénient d'altérer les matières organiques ; il ne reste alors
qu'à faire deux essais, l'un avec de l'acide azotique concentré,
l'autre avec de l'acide étendu. On peut aussi, pour ne pas employer trop de matière, faire un premier essai de dialyse avec de
l'acide étendu, puis un second en reprenant par de l'acide fort
la matière qui n'a pas dialysé. Je me suis assuré qu'on décomposait de cette manière les combinaisons albuminoïdes d'argent,
de calomel, de précipité blanc des Allemands, de sous-nitrate
de bismuth, de chlorure de plomb et d'autres sels peu solubles ; il en est de même de celle d'oxyde mercurique et d'urée.

'Quelques-unes de ces solutions ne peuvent pas être suffisamment diluées pour que la dialyse puisse se faire à l'aide d'une feuille de parchemin végétal ; on pourrait la remplacer, dans ce cas, par une vessie ou une lame d'argile.

Si l'on avait à rechercher la *cantharidine*, il faudrait soumettre à la dialyse les matières *fortement alcalinisées;* on acidulera le liquide dialysé après vingt-quatre heures par de l'acide sulfurique : on l'agitera avec de l'éther qui enlèvera la cantharidine ; le résidu éthéré, appliqué sur la peau, doit produire un effet vésicant [1].

Il peut être utile de soumettre directement (sans l'addition d'acide ou d'alcali) une partie des matières suspectes à la dialyse ; le toxique ne passera dans le liquide dialysé que lorsqu'il s'y trouvera à l'état de *solution ;* c'est ainsi que Fresenius n'a rien obtenu à la dialyse dans l'examen du cadavre de l'enfant dont j'ai parlé (§ 12), tandis qu'il a isolé de l'acide arsénieux du cadavre d'un individu empoisonné, exhumé au bout d'un temps très-long.

L'emploi de la dialyse doit être réservé presque exclusivement à des essais préliminaires et non à des essais définitifs. J'ajouterai de plus les deux considérations suivantes :

1) Le pouvoir diffusif des cristalloïdes et des colloïdes n'étant pas absolu, on ne doit pas s'attendre à obtenir une séparation bien nette ; on ne connaît pas de colloïde qui ne diffuse plus ou moins, et il existe d'autre part un certain nombre de cristalloïdes qui ne diffusent que très-lentement.

2) Rien ne prouve que tous les poisons appartiennent nécessairement à la classe des cristalloïdes.

7) *Essais chimiques.* — On pourrait rechercher les métaux et les alcaloïdes en se servant des procédés indiqués aux § 22, 1, et § 287 ; cet essai fait sur une petite quantité de matière devient quelquefois très-utile.

§ 18. *Indications fournies par ces épreuves.* — Lorsque la justice ne demande pas que la recherche porte sur un poison déter-

---

[1] J'avais en 1862 et 1865 avancé l'opinion que l'emploi du dialyseur permettrait d'isoler les poisons ; les faits connus depuis n'ont pas justifié cette manière de voir; quelques observateurs (Cossa, *Gazetta medica di Lombardia*, 1865) et Reveil (*Compt. rend.*, t. LX, p. 453) sont arrivés aux mêmes conclusions.

miné, le chimiste devra toujours rechercher en premier lieu le
toxique dont les essais préliminaires font supposer l'existence ;
souvent alors l'analyse définitive ayant fourni un résultat positif,
il deviendra inutile de continuer l'expertise. On peut toujours
s'en dispenser quand les essais préliminaires ont donné un
résultat négatif ; ou bien l'on peut, pour acquit de conscience,
entreprendre néanmoins l'analyse complète, mais en n'y consacrant que des quantités de matières plus petites, réservant le
restant soit à la répétition de certaines réactions restées douteuses, soit à la préparation de pièces de conviction.

§ 19. *Substances reconnues immédiatement par ces épreuves.*
— La recherche des corps suivants ne doit être entreprise que
lorsque les essais préliminaires ont démontré leur présence :
ammoniaque et ses dérivés, alcaloïdes volatils, phosphore, sulfures, chlore, brome, iode, acides caustiques et volatils, alcool,
chloroforme, huiles essentielles, camphre, nitro-benzine, couleurs d'aniline, acide picrique.

RECHERCHE

DE CHAQUE TOXIQUE EN PARTICULIER

CHAPITRE PREMIER

TOXIQUES DE LA CLASSE DES MÉTAUX PROPREMENT DITS

CONSIDÉRATIONS GÉNÉRALES.

§ 20. *Mode d'action de ces toxiques.* — Les poisons étudiés dans ce chapitre sont les composés des corps simples suivants : *Arsenic, antimoine, étain, or, mercure, cuivre, plomb, argent, bismuth, cadmium, zinc* et *chrome.*

Leurs propriétés toxiques sont dues au métal qu'elles renferment ; toutes les combinaisons de même métal présentent un mode d'action identique, qui ne varie qu'avec la dose et la rapidité avec laquelle elles se dissolvent dans les liquides de l'économie. Un grand nombre d'entre elles ont une grande tendance à s'unir aux matières albuminoïdes. Cette propriété se manifeste dès qu'on met en présence les composés métalliques solubles et les liquides albuminoïdes de nos organes ; il se forme parfois des composés insolubles très-facilement visibles.

On peut expliquer de cette manière les *effets locaux* (irritants, caustiques, etc.), qu'un grand nombre de ces toxiques exercent sur les parois du tube digestif. Mais à côté de cette action purement locale, existe presque toujours une action générale ; quelques-uns de ces composés sont en effet rapidement absorbés (arsenic) ;

d'autres le sont plus lentement (probablement à l'état d'albuminates) et le sang ainsi imprégné provoquera à son tour des ma-
nifestations sur des points très-éloignés.

Les *déjections* devront toujours être recueillies et analysées
avec soin, car un grand nombre de ces composés ont des propriétés émétiques ; de ce nombre sont l'antimoine, le cuivre, le
zinc, quelquefois l'arsenic.

Très-souvent le chimiste ne peut opérer que sur le cadavre
d'une personne morte quelques jours après l'empoisonnement ;
dans ce cas, il ne doit pas borner ses recherches à l'examen du
tube digestif et de son contenu, mais examiner encore d'autres
parties du corps et principalement le sang. Cette précaution est
indispensable lorsqu'il s'agit d'un empoisonnement dû à des
composés arsenicaux ou mercuriels, car si la maladie avait duré
quelque temps, on pourrait s'attendre à ne plus retrouver de
traces de toxique dans l'estomac ou dans les intestins. Le foie et
la rate doivent toujours être soumis à l'analyse, car ces deux
organes ont la propriété particulière d'absorber et de retenir un
temps relativement assez long certains poisons comme le plomb
et le cuivre. L'examen des urines et des fèces ne doit jamais être
négligé ; car si l'on ne peut pas nier que les composés métalliques sont absorbés et retenus dans le sang pendant un temps
plus ou moins long, il est cependant avéré que la majeure
partie du toxique est éliminée plus ou moins rapidement par le
tube digestif et les reins.

§ 21. *Séparation du toxique de nos tissus.* — Les composés
toxiques énumérés plus haut, présentent le caractère commun
suivant : *les substances organiques empêchent les réactions caractéristiques des métaux de se manifester plus ou moins complètement.* Pour obvier à ce grave inconvénient, il faut dans tous les
cas (l'urine quelquefois exceptée) soumettre les matières suspectes à un traitement préalable, qui a pour but la destruction
de la substance organique. Quoique ce traitement dépende en
partie de la nature toxique que l'on recherche, il existe cependant une méthode générale applicable à tous les cas.

Nous avons vu que l'action du poison dépendait principalement du métal qui en forme la base ; le chimiste se contentera

par suite le plus souvent de ne rechercher que ce métal, car il lui sera presque toujours impossible d'isoler à l'état de pureté le composé toxique qui a été ingéré. L'expert cependant ne devra pas négliger cette recherche de parti pris, et même s'il échoue il devra s'efforcer de déterminer au moins si le toxique a été administré sous forme d'une combinaison soluble ou insoluble (voy. § 17, 6).

DESTRUCTION DE LA MATIÈRE ORGANIQUE.

§ 22. *Des divers procédés employés pour détruire la matière organique.* — On a imaginé un grand nombre de procédés pour détruire les matières organiques ; je vais passer en revue tous ceux que je connais ; mais j'avertis le lecteur qu'il pourrait en exister d'autres moins connus et présentant néanmoins quelque utilité dans un cas particulier.

1. *Procédé de Fresenius et Babo*[1]. — La matière organique est détruite par le chlore, que l'on produit au moment même en faisant réagir du chlorate de potassium sur de l'acide chlorhydrique.

Les organes sont d'abord divisés mécaniquement[2] ; on les délaye ensuite dans un poids d'acide chlorhydrique pur égal au poids de la matière organique *supposée* sèche. Si cette addition ne suffisait pas à fluidifier la masse, il faudrait ajouter la quantité nécessaire d'eau distillée, ou mieux encore les eaux de lavage provenant des tentatives d'isolement mécaniques. On introduit le mélange dans une capsule, mieux encore dans une fiole ; ce qui permet d'obvier à une déperdition inutile d'acide et de chlore. La fiole doit être assez grande pour qu'elle ne soit remplie qu'à moitié ; on la chauffe au bain-marie, en y projetant de temps en temps une pincée de 2 grammes de chlorate de po-

---

[1] Le principe de la méthode a été indiqué en 1838 par Duflos et Millon ; le procédé a été modifié en 1844 (*Annal. der Chem. u. Pharm.*, t. XLIX, p. 508) ; on le retrouve avec quelques modifications dans les ouvrages suivants : Fresenius (*Précis de Chimie analytique qualitative*), Otto (*Anleitung z. Ausmittl. des Gifte*), Husemann (*Handbuch der Toxicologie*, Berlin, 1862) et Duflos (*Chemisches Apothekerbuch*).

[2] Cette précaution ne doit jamais être négligée lorsqu'il s'agit de substances végétales ou ligneuses (pommes de terre, etc.) ; on évite ainsi l'emploi d'un excès de chlorate et partant la formation du chlorure de potassium dont la présence peut devenir nuisible dans les opérations subséquentes.

tassium. J'ai coutume d'ajouter du premier coup 8 à 12 gr. de sel pour 360 gr. de liquide; mais comme l'action du sel augmente avec l'élévation de température, je ne continue l'addition que par portions de 2 grammes dès que le mélange se fonce de nouveau en couleur. Il faut quelquefois, vers la fin de l'opération, verser une nouvelle quantité d'acide chlorhydrique, mais en se rappelant que tout excès d'acide ou de sel est nuisible.

L'addition de chaque nouvelle quantité de chlorate, provoque la formation de gaz; il faut donc avoir soin que le liquide ne mousse et ne déborde pas de la fiole; cet accident est moins à redouter lorsqu'on ne chauffe qu'au bain-marie. Il est cependant des matières organiques, comme l'alcool, le sucre et l'amidon, qui communiquent aux liquides une grande tendance à mousser; l'alcool provoque en outre des soubresauts assez inquiétants. Dans ce dernier cas, je regarde comme très-utile d'évaporer avec précaution les liquides avant de les soumettre à l'action destructive du chlore. L'opération doit se faire dans une cornue tubulée, lorsqu'on suppose la présence des chlorures d'étain et d'antimoine qui pourraient échapper par l'évaporation à l'air libre; on les retrouvera toujours dans le liquide distillé.

Abreu[1] recommande de laisser digérer la masse avec de l'acide chlorhydrique seul pendant quelques heures à la température de 100°, puis de faire bouillir quelques minutes avant d'ajouter le chlorate. L'action du sel sera évidemment bien plus énergique sur les matières organiques déjà dissoutes par l'acide chlorhydrique, mais cette circonstance même exige que l'opération se fasse dans un appareil distillatoire, pour remédier à la perte du chlorure d'arsenic; la mousse se formera plus facilement que dans les cas précédents.

L'opération peut être regardée comme terminée, lorsque, après la dernière addition de sel ou d'acide, le liquide *jaune* chauffé pendant 15 ou 30 minutes ne se fonce plus sensiblement. Il reste alors à chasser l'excès de chlore, soit par l'évaporation à l'air libre, soit, ce qui est bien préférable, par un courant de gaz carbonique que l'on fait passer à travers la cornue; dans ce der-

[1] Voy. Gaultier de Claubry, *Traité de Toxicologie*, p. 56, et Husemann, *Handbuch der Toxicologie*, p. 211.

nier cas, les chlorures d'étain ou d'antimoine ne peuvent se volatiliser. Un courant lent de gaz prolongé seulement pendant une ou deux minutes agit plus efficacement qu'une évaporation au bain-marie qui dure pendant une heure. Le liquide est filtré chaud, et les lavages du filtre se font avec de l'eau distillée bouillante. Quelques auteurs recommandent même de filtrer les liquides bouillants, pour éviter la précipitation du chlorure de plomb qui pourrait se trouver dans la liqueur. L'addition d'eau distillée pour rétablir le volume primitif du liquide est nécessaire lorsque les liqueurs se sont trop concentrées. On ne doit jamais jeter sans l'analyser le résidu laissé sur le filtre.

Je ne veux pas examiner la manière dont le chlore agit sur les matières organiques ; je dirai seulement que si la destruction n'est pas totale, elle est cependant assez avancée pour suffire à tous les besoins dans l'immense majorité des cas ; le tissu cellulaire, la graisse, les matières ligneuses ne sont jamais complétement détruits et peuvent être isolés par la filtration. La présence de la graisse seule a quelques inconvénients ; d'une part, le lavage du résidu devient incomplet et difficile, d'autre part, les corps gras peuvent retenir une certaine quantité du toxique. Je me suis assuré que ces derniers en quantité un peu forte rendent impossible l'isolement complet de tout l'arsenic ; mais la proportion du toxique qui est ainsi retenue est insignifiante et peut du reste être retrouvée à l'aide du onzième procédé.

Les métaux suivants peuvent être recherchés dans le liquide filtré.

a) L'*arsenic*. Ce corps a été transformé en acide arsénique (le degré supérieur d'oxydation de ce corps), lorsque toutes les précautions indiquées ont été suivies. On avait craint fort longtemps qu'une partie de ce toxique se perdit à l'état de chlorure d'arsenic volatil, mais Schacht[1], et Fresenius ont fait voir que cette crainte n'était pas justifiée[2]. Une perte ne serait à redouter

[1] *Arch. f. Pharm.*, t. LXXVI, p. 139.

[2] *Zeitschrift f. analyt. Chem.*, première année, p. 447.— 10 grammes d'arséniate de sodium dissous dans 200 cent. cubes d'eau furent chauffés dans une cornue tubulée avec 100 cent. cubes d'un acide chlorhydrique ayant une densité de 1,12. On fractionna le liquide distillé ; les 40 et 53 premiers cent. cubes ne renfermaient pas de toxique ; on en retrouva des traces dans les 41 cent. cubes suivants et un peu plus dans les derniers 57 cent. cubes. La conclusion de l'auteur est qu'une perte d'ar-

que si l'on chauffait trop longtemps les matières suspectes avec de l'acide chlorhydrique sans addition de chlorate; dans ce cas, l'arsenic ne serait évidemment pas transformé en acide arsénique. Rien n'empêche du reste de faire l'opération dans un vase distillatoire (voy. § 38 et 40).

b) L'*antimoine*. Ce métal est de même transformé en chlorure. L'opération doit toujours se faire dans une cornue, lorsqu'on suppose que les matières organiques renferment un composé antimonial ; le chlorure d'antimoine est peu volatil, il est vrai, mais il s'en perd toujours par l'évaporation à l'air libre. Les filtrations devront être faites à chaud. L'addition d'eau distillée peut provoquer le dépôt d'un précipité blanc d'oxychlorure (poudre d'Algaroth) ; ce dernier, s'il se formait, doit être recueilli avec soin et examiné à part.

c) L'*étain*. Ce que nous avons dit de l'antimoine s'applique également à ce corps.

d) L'*or*. Ce métal est transformé en perchlorure.

e) Le *mercure*. Le procédé rigoureusement suivi, transforme ce métal en bichlorure. Schneider[1] prétend qu'une partie du métal, transformé seulement en protochlorure, était retenu sur le filtre ; je ne puis partager cette opinion, car je me suis assuré que même ce dernier sel est soluble dans le mélange de chlorate et d'acide chlorhydrique que nous employons. Le cinabre et le vermillon échapperont, il est vrai, totalement ou partiellement à l'attaque, mais cela ne présente pas beaucoup d'inconvénients, vu que ces deux corps ne sont pas toxiques. Le sulfure noir de mercure obtenu par précipitation se dissout au contraire avec facilité dans ces conditions.

f) Le *plomb*. Le liquide filtré à chaud et surtout bouillant renferme presque tout le chlorure de plomb qui s'est formé. Je ne partage pas l'opinion de Schneider (*loc. cit.*), qui redoute qu'une partie de ce sel se dépose sur le filtre, car l'excès constant d'acide chlorhydrique et de chlorures alcalins chauds et concentrés, favorisent la solubilité de ce sel. Nous ne devons cependant

----

senic n'est à redouter que lorsqu'on emploie un acide trop fort ou que le liquide se concentre trop pendant l'opération.

[1] *Die gerichtliche Chemie*. Vienne, Braumüller, 1852, p. 18.

pas perdre de vue que des solutions bouillantes dans l'acide chlorhydrique concentré, laissent déposer par le refroidissement du chlorure à l'état cristallisé. Si l'examen du résidu laissé sur le filtre dénotait la présence d'un corps cristallisé, il faudrait essayer de le redissoudre dans l'eau bouillante et rechercher le plomb dans le nouveau liquide filtré. Des solutions de chlorures de plomb dans un excès d'acide seraient de même précipitées par l'eau (voy. § 101).

g) Le *cuivre*. La liqueur renferme ce métal à l'état de bichlorure.

h) Le *bismuth*. Ce métal est transformé en chlorure, mais il peut être reprécipité de sa solution acide par l'eau à l'état d'un précipité blanc, presque toujours amorphe, quelquefois finement cristallisé.

i) Le *cadmium*, le *zinc*, le *nickel*, le *cobalt*, le *fer*, le *manganèse* et le *chrome* sont transformés en chlorures.

Reste sur le filtre en totalité ou en partie :

k) L'*argent*. Ce métal est retenu en partie sur le filtre à l'état de chlorure d'argent ; nous dirons, au § 90, comment on doit traiter ce résidu ; une partie cependant du sel passe dans le liquide filtré en vertu de sa faible solubilité dans l'acide chlorhydrique et les chlorures alcalins.

Nous ne parlerons de la marche à suivre pour examiner le liquide filtré et la partie insoluble, que lorsque nous aurons étudié les autres procédés de destruction de la matière organique ; nous éviterons, de cette manière, des redites.

II. *Procédé de Schneider* [1]. — Ce procédé diffère du précédent par la substitution de l'acide azotique à l'acide chlorhydrique ; un mélange de chlorate et d'acide azotique agit certainement plus rapidement que celui d'acide chlorhydrique et de chlorate, mais les corps qui résistent à l'action du dernier mélange résistent également à celle du premier. La réaction devient le plus souvent assez tumultueuse pour que toute la masse soit projetée. L'acide azotique en excès est de plus très-difficile à éliminer, ce qui, pour l'emploi ultérieur de l'hydrogène sulfuré, a

---

[1] *Die gerichtliche Chemie*, p. 17.

les deux inconvénients suivants : perte inutile de gaz et dépôt abondant de soufre, résultant de la décomposition de l'hydrogène sulfuré par l'acide azotique. Les métaux se trouvent, du reste, dans la solution sous la forme que nous avons indiquée plus haut. Cette méthode devait remédier à la perte éventuelle de chlorure d'arsenic ; comme cette perte n'est pas à craindre, je crois que le procédé de Schneider peut tomber dans l'oubli.

III. *Procédé de Wœhler* [1]. — Les matières suspectes sont portées à l'ébullition avec de la potasse, dont il ne faut pas mettre un excès. On sursature le liquide homogène par de l'acide chlorhydrique, puis on fait passer un courant de chlore ; le liquide doit, après digestion de vingt-quatre heures, sentir fortement ce gaz. Le chlore peut être préparé par la réaction de l'acide chlorhydrique sur le peroxyde de manganèse ou le chlorate de potassium ; l'arsenic des matières employées reste dans la fiole à dégagement à l'état d'acide arsénique ; le gaz doit toujours être lavé. La réaction se fait à froid ; c'était là le seul avantage de cette méthode, puisque l'on croyait remédier ainsi à la perte d'arsenic. Le procédé I, beaucoup plus rapide, doit donc être préféré à ce procédé qui exige un temps très-long sans être plus rigoureux. Il faut, en tout cas, avoir soin de chasser l'excès de chlore avant de faire passer le courant d'hydrogène sulfuré.

IV. *Procédé de Otto* [2]. — Imaginé spécialement pour la recherche de l'arsenic, ce procédé a été abandonné par son auteur lui-même à la suite des critiques de Fresenius et de Babo. La digestion se fait d'abord à chaud avec de l'acide chlorhydrique ; on fait bouiller vers la fin. Si la décomposition n'était pas assez avancée pour permettre la filtration du liquide, il faudrait avoir recours à un courant de gaz chlore. Les inconvénients de ce procédé sont nombreux ; la destruction est incomplète, le résidu notable ; de l'arsenic peut se volatiliser ; les métaux ou leurs

[1] Wœhler et Siebold, *Das forensisch chemische Verfahren bei Arsenikvergiftungen.* Berlin. Enslin 1847. — Modification des procédés de Jaquelin, Devergie, Wackenroder, Gmelin, Liebig et Orfila, dans lesquels le traitement préalable par la potasse a été remplacé par l'action de l'acide chlorhydrique ou de l'eau régale.

[2] *Ausmittelung der Gifte.*

combinaisons, difficilement solubles dans l'acide chlorhydrique, comme les chlorures de plomb et d'argent, le calomel, les sulfures d'arsenic, ne sont dissous ou attaqués qu'incomplétement, puisque le liquide attaquant est de l'acide chlorhydrique très-affaibli ; ils restent donc sur le filtre avec les matières non détruites.

V. *Modifications apportées aux procédés précédents par Drunty*[1] ; *ce procédé recommandé par Brandes*[2] *est perfectionné par Duflos et Hirsch*[3]. — La matière suspecte est introduite dans une cornue tubulée avec un poids d'acide chlorhydrique ($d = 1,12$) égal au poids de la matière organique supposée sèche. La cornue chauffée dans un bain de chlorure de calcium communique avec un ballon renfermant 30 grammes d'eau distillée ; on distille presque tout le liquide, puis on reprend le résidu de la cornue par le double de son poids d'alcool marquant 80° ; on filtre et on épuise le résidu par l'alcool. On évapore les liquides alcooliques et on réunit le résidu au produit de la première distillation ; c'est là le liquide que l'on étudie ultérieurement. Ce procédé remédie non-seulement à la perte éventuelle de l'arsenic, mais il permet encore de séparer ce métal de l'étain, du plomb, du bismuth et de l'antimoine ; le sulfure d'arsenic lui-même ne sera pas dissous dans ce cas. Malgré ces petits avantages, le procédé n'a plus actuellement de raison d'être.

VI. *Procédé de Graham*. — On détruit la matière organique par de l'acide azotique et on précipite le liquide par de l'azotate d'argent. On se prive ainsi de la possibilité de rechercher ce métal ; de plus, l'étain, l'antimoine en partie, le sulfure d'arsenic et quelques autres composés ne sont dissous que lorsqu'on emploie de l'acide concentré.

VII. *Procédé de Schneider*[4] *et Fyfe*[5]. — Ce procédé, applicable surtout à la recherche de l'arsenic, isole ce corps à l'état de chlorure. On introduit la masse suspecte dans une cornue avec un grand excès de chlorure de sodium (Schneider recommande l'emploi du sel marin fondu ou du sel gemme), et on chauffe en ajoutant

---

[1] Je ne connais le mémoire de Drunty que par les extraits de Duflos et Hirsch.
[2] *Arch. f. Pharmac.*, t. XLVIII, p. 206.
[3] *Das Arsen. Seine Erkennung.* Breslau 1842.
[4] *Jahrbuch der Chemie.* 1851, p. 650.
[5] *Journ. f. pr. Chem.*, t. LV, p. 103.

successivement de l'acide sulfurique. L'action de la chaleur doit être continuée longtemps, car le chlorure d'arsenic est difficilement volatil, et rien n'indique que le résidu soit exempt d'arsenic. Un excès d'acide sulfurique, produisant de l'acide sulfureux, doit être évité. Le résidu renferme les métaux dont les chlorures ne sont pas volatils, comme ceux d'étain ou d'antimoine, mélangés d'une quantité notable de sulfate acide de sodium, ce qui ne facilite pas leur recherche. Ce procédé a un autre désavantage lorsque les matières renferment du sulfure d'arsenic ou d'antimoine ; ces deux sels décomposés partiellement se régénèrent de nouveau à l'état de sulfures dans le col de la cornue [1]. Liebig [2] et Ludwig [3] remédient à ce dernier inconvénient en distillant avec de l'acide chlorhydrique concentré ; Sonnenschein [4] fait passer dans la masse de l'acide chlorhydrique gazeux et condense le chlorure d'arsenic qui se volatilise dans un ballon muni d'un tube qui plonge dans de l'eau distillée.

VIII. *Procédé de Danger et Flandin.* — La matière organique est décomposée par de l'acide sulfurique. Les matières solides ou le résidu de la dessiccation des fluides, sont introduits dans une capsule en porcelaine avec le 1/6 ou le 1/4 de leur poids d'acide sulfurique concentré. On chauffe, il se produit une pâte noire que l'on dessèche avec précaution. Le charbon friable ainsi obtenu est mouillé avec de l'acide azotique (ou de l'eau régale) ; on évapore de nouveau à siccité pour chasser toute trace d'acide azotique ; on épuise le charbon broyé par de l'eau distillée et l'on examine les eaux de lavage.

Orfila et Jaquelin ont démontré qu'il se volatilisait toujours une certaine quantité d'arsenic à l'état de chlorure lorsque les matières (comme c'est le cas général pour les matières organiques) renferment du chlorure de sodium [5]. En faisant l'opération en vases clos, comme le recommande Bérard, on remédie bien à cet inconvénient, mais il se produit une mousse qui rend la conduite de l'opération très-difficile.

[1] Buchner, *N. Rep. f. Pharm.*, t. XVII, p. 21.
[2] *Chem. Ctb.* 1857. V. p. 357.
[3] *Arch. f. Pharm.*, t. 97, p. 25.
[4] *Deutsche Klinik*, 1867, n° 5.
[5] Orfila, *Toxicologie*, t. I.

Le charbon retient le plomb, le bismuth (partiellement), l'or et quelques autres métaux. Il faut avoir soin d'éliminer tout l'acide sulfureux qui résulte de la décomposition de l'acide sulfurique, soit en chauffant convenablement, soit en ajoutant une quantité suffisante d'acide azotique pour le transformer en acide sulfurique.

IX. *Modification du procédé précédent*[1]. — On remédie à la perte de l'arsenic en détruisant la matière organique par un mélange d'acide azotique et sulfurique ; l'opération est très-longue et ne doit être regardée comme achevée que lorsqu'il ne se produit plus de vapeurs nitreuses ; elle exige l'emploi de vases très-grands, car il se produit une mousse abondante. La destruction est très-complète ; Filhol a recommandé l'emploi de l'acide azotique mêlé de très-peu d'acide sulfurique, Orfila celui de l'acide azotique seul.

L'extraction du charbon se fait de diverses manières ; Schneider emploie l'acide azotique affaibli ; Gaultier de Claubry préconise l'eau régale ; Pfaff et d'autres font bouillir avec une solution faible de potasse ; ils saturent par de l'acide chlorhydrique et soumettent à l'examen le liquide filtré.

X. *Procédé par la carbonisation*[2]. — La substance après dessiccation est calcinée dans un creuset en porcelaine ; l'arsenic, l'antimoine, le mercure, le plomb, le zinc et l'étain se volatilisant en tout ou en partie, il est évident que ce procédé ne peut s'appliquer qu'à la recherche exclusive des corps non volatils. Le charbon, après épuisement par de l'eau aiguisée d'acide azotique, est incinéré à part.

XI. *Procédé de Wœhler et de Siebold*[3]. — On chauffe dans une capsule en porcelaine les matières organiques avec leur poids d'acide azotique ; la masse homogène est neutralisée par du carbonate de potassium ou de la potasse caustique, puis on y ajoute un poids d'azotate de potassium égal au poids de la matière organique[4] ; on évapore à siccité en remuant constamment. Le résidu

---

[1] Schneider, *Gerichtliche Chemie*, p. 17.

[2] Schneider, *loc. cit.* p., 16.

[3] *Das forensisch chemiche Verfahren bei einer Arsenvergiftung.* (Siebold, *Lehrbuch der gerichtlichen Medizin* et en extrait, en 1847. Berlin). Ce procédé entrevu par Kapp, employé par Orfila, a été perfectionné en dernier lieu par Wœhler.

[4] Gaultier de Claubry emploie de préférence de l'azotate de calcium.

bien desséché est introduit par petites portions dans un petit creuset en porcelaine chauffé préalablement au rouge[1] ; ce n'est que lorsque la déflagration a eu lieu, qu'il faut introduire une nouvelle quantité de mélange. La matière ne blanchit que lorsqu'elle renferme assez d'azotate ; on ajoute au besoin un restant de l'azotate pulvérisé en *quantité suffisante*, pour que l'oxydation soit aussi complète que possible. Cette méthode, dans laquelle on n'a à redouter que la volatilisation du mercure est surtout très-utile lorsqu'on a à examiner les restants d'un cadavre exhumé dont les diverses parties sont devenues méconnaissables. On l'emploiera encore avec avantage pour détruire les matières organiques qui ont résisté au premier procédé ; les corps gras en formant la majeure partie, j'ai trouvé avantageux de les saponifier avant de les mélanger avec l'azotate pour les faire déflagrer. Pour éviter dans ce cas une trop grande accumulation de sels alcalins dans le résidu, on pourrait substituer l'azotate d'ammonium à l'azotate de potassium.

Le produit de la déflagration renferme les métaux à leur degré supérieur d'oxydation, ou à l'état de combinaison potassique ; si les oxydes métalliques sont réductibles à la température élevée qui se produit pendant l'opération, on pourra retrouver le composé toxique à l'état métallique, surtout si la neutralisation a été faite avec un grand excès de potasse.

Le résidu refroidi et pulvérisé est traité par l'eau bouillante qui dissout les arséniates[2] antimoniates, stannates et chromates, les plombites et zincites de potasse. Les oxydes de bismuth et de cuivre, l'or et l'argent restent insolubles. Dans le cas de la recherche de l'arsenic, on a intérêt à n'employer que du carbonate et de l'azotate de sodium ; on obtient de cette manière des antimoniates et stannates sodiques peu solubles, ce qui a son avantage vu l'analogie de quelques réactions communes à ces deux métaux et à l'arsenic.

[1] Otto recommande l'emploi des creusets de Hesse, mais je crois qu'il vaut mieux réserver ces vases aux cas où il s'agit de soumettre à l'examen les restes méconnaissables d'un cadavre tout entier inhumé depuis quelque temps ; un pareil creuset doit du reste avoir été parfaitement lavé à l'acide.

[2] Nous verrons plus loin qu'il faut éloigner toute trace de composé nitreux par l'acide sulfurique avant d'introduire le liquide dans l'appareil de Marsh ou de le soumettre à l'action de l'hydrogène sulfuré.

Ajoutons en dernier lieu que lorsque les matières à analyser sont mélangées de sable ou de terre (cas d'exhumation, par exemple), il faut isoler ces corps par décantation et filtration après une longue ébullition avec de l'acide azotique, avant de neutraliser la masse par de la potasse.

PRÉCIPITATION DES MÉTAUX.

§ 23. *Considérations générales.* — La matière organique ayant été détruite par l'un des procédés indiqués, on peut isoler le poison métallique par divers procédés.

L'électrolyse ou la précipitation à l'aide de quelques métaux fortement électro-négatifs comme le zinc (mieux encore le magnésium qui n'est pas toxique), peuvent être mis à profit. On peut encore séparer le toxique, non à l'état métallique comme dans le cas précédent, mais sous forme d'une combinaison facile à caractériser.

Je discuterai à propos de chaque métal en particulier l'avantage que peut présenter la première méthode; je ne veux traiter ici que de la précipitation à l'état de sulfure qui se fait si aisément à l'aide de l'hydrogène sulfuré.

Je suppose que la matière organique ait été détruite par le procédé de Fresenius et Babo; j'indiquerai au § 38 les modifications que nécessite l'emploi du procédé Wœhler et Siebold. Deux cas peuvent se présenter :

1° Le liquide est limpide, et il n'est resté qu'un résidu de matière organique; on doit rechercher dans le liquide filtré l'arsenic, l'antimoine, l'étain, l'or, le mercure, le cuivre, des traces d'argent et de plomb, le bismuth, le cadmium, le zinc, le nickel, le cobalt, le fer, le chrome, le manganèse et le baryum.

2° La destruction de la matière organique a laissé un résidu contenant des matières *inorganiques* non attaquées; l'attention devra se porter sur la présence des chlorures d'argent ou de plomb, du sulfate de baryum ou du sulfure de mercure.

Le liquide filtré peut lui-même se troubler par le refroidissement ou par l'addition d'eau; dans ce dernier cas, on recueille le précipité sur un petit filtre, et on l'examine à part pour y déceler la présence des chlorures d'argent (traces), de plomb, d'antimoine ou de bismuth. Les autres corps précédemment énumérés seront recherchés dans le nouveau liquide filtré.

Dans cet examen, ainsi que dans celui des corps inorganiques, non attaqués, il faut avoir égard aux caractères suivants :

A. La partie insoluble est blanche manifestement cristalline et insoluble dans l'ammoniaque ; ce caractère appartient au *chlorure de plomb*.

B. Le précipité est blanc, mais amorphe ou d'un aspect cristallin peu prononcé ; il reste blanc à la lumière. L'hydrogène sulfuré ne le colore pas, c'est du *sulfate de baryum* ; l'hydrogène sulfuré le noircit, c'est un sel de *bismuth* ; une couleur orangée indiquerait l'*antimoine*. L'acide tartrique dissout le précipité ntimonique et n'attaque pas les autres.

C. Le précipité est blanc, mais noircit quand on l'expose à la lumière après l'avoir bien lavé ; si de plus il se dissout dans l'ammoniaque et l'hyposulfite de sodium, on peut être certain de la présence du *chlorure d'argent*.

D. La partie insoluble est rouge ; elle contient du *cinabre*.

§ 24. *Précipitation de la solution chlorhydrique par l'hydrogène sulfuré.* — Revenons à l'examen du liquide filtré. On y fait passer un courant de gaz sulfhydrique bien lavé (une solution ne serait pas assez chargée). L'arsenic se trouve dans le liquide à l'état d'acide arsénique qui n'est que difficilement précipité par l'hydrogène sulfuré, il faut donc avoir soin : 1° de sursaturer le liquide conservé dans une fiole que l'on bouchera ; 2° de laisser digérer le tout pendant quelque temps en s'assurant que le liquide reste toujours saturé de gaz. Le temps nécessaire à la précipitation complète dépend de la nature du liquide ; nous ne pouvons le fixer d'une manière absolue, mais quelques jours sont presque toujours nécessaires.

L'opération ne doit être regardée comme achevée que lorsque le précipité qui adhère au fond et aux parois du vase est recouvert d'un liquide limpide qui sent fortement l'hydrogène sulfuré. On a conseillé, pour gagner du temps, de chauffer le vase de temps en temps à une température qui ne doit pas dépasser 40 ou 50° ; il faut, dans ce cas, resaturer le liquide de gaz après chaque élévation de température [1]. Nous avons déjà dit que le procédé au chlorate ne détruisait pas toutes les matières organiques ; la graisse reste bien sur le filtre, mais le liquide renferme toujours des corps carbonés liquides (probablement des produits de substitution chlorée), qui sont décomposés par l'hydrogène sulfuré ; il en est de même du chlorure ferrique qui provient de la destruction de nos tissus et de nos humeurs. Les produits de décomposition de tous ces corps (matière organique et soufre provenant de l'hydrogène sulfuré lui-même) se déposent peu à peu sous forme d'un dépôt jaune ou brun. La présence de ces corps étrangers, loin de nuire, facilite, au contraire, d'après mes recherches, la précipitation de certains sulfures, notamment celle du sulfure d'arsenic. On perd seulement une notable quantité de gaz qui ne sert pas à la précipitation des sulfures ; c'est à cause de ces motifs qu'il faut laisser digérer le liquide pendant vingt-quatre heures, puis y faire repasser un nouveau courant de gaz. J'indiquerai au § 40 ce qui a trait plus spécialement à la présence des sels ferriques.

On recueille le précipité produit par l'hydrogène sulfuré sur un petit filtre ; on le lave d'abord avec de l'eau saturée de gaz, puis, à deux ou trois reprises, avec de l'eau distillée [2].

L'hydrogène sulfuré produit dans les solutions métalliques des précipités de couleur différente ; la précipitation n'est pas simultanée lorsque le liquide renferme plusieurs métaux ; ainsi le sulfure d'arsenic se déposera toujours en dernier lieu. Il convient par suite d'observer le liquide pendant tout le temps de l'opération ; on verra ainsi, avec un mélange de mercure et d'arsenic, se former d'abord un précipité noir, dont la couleur pourra être masquée complétement par les dépôts successifs de matière organique, de soufre et de sulfure d'arsenic.

Je ne m'occupe actuellement que des cas où la solution ne renferme qu'un seul métal. La couleur du précipité est :

---

[1] Anciennement on croyait devoir chasser l'excès de gaz avant la filtration, mais Becker (*Arch. f. Pharm.*, t. XXXVI, p. 287) a démontré que cette pratique était sans la moindre utilité et pouvait au contraire permettre la redissolution d'une petite quantité de sulfure d'arsenic.

[2] Je crois que cette méthode est assez complète pour ne pas avoir besoin de parler d'autres, moins exactes, comme celle de Valentin Rose.

Jaune

avec l'*arsenic;* le précipité filtré et lavé est soluble dans l'ammoniaque et le sulfure ammonique, insoluble dans l'acide chlorhydrique de concentration moyenne.

avec l'*étain;* le précipité insoluble dans l'ammoniaque, se dissout dans le sulfure ammonique et l'acide chlorhydrique chauffé.

avec le *cadmium;* le précipité insoluble dans l'ammoniaque et le sulfure ammonique, se dissout dans l'acide chlorhydrique chaud et l'acide sulfurique bouillant dilué (au cinquième).

Orangé avec l'*antimoine;* ce précipité se comporte comme celui d'étain.

Brun avec l'*or;* le précipité insoluble dans l'ammoniaque se dissout dans le sulfure ammonique; l'acide chlorhydrique le dissout avec difficulté, l'eau régale, au contraire, très-rapidement.

Noir brunâtre avec le *bismuth;* le précipité insoluble dans l'ammoniaque et le sulfure ammonique, se dissout dans l'acide chlorhydrique.

Noir

avec le *mercure;* le précipité se dissout plus facilement dans le sulfure de potassium que dans celui d'ammonium; il se dissout difficilement dans l'acide chlorhydrique, mais facilement dans l'eau régale.

avec l'*argent* (il ne peut en exister que des traces); le précipité est insoluble dans les sulfures alcalins; difficilement soluble dans l'acide chlorhydrique concentré, et rapidement soluble dans l'acide azotique faible.

avec le *plomb* (comme pour l'argent); lorsque le liquide n'est pas saturé, il se dépose un précipité rouge ou rouge brunâtre d'oxysulfure de plomb.

avec le *cuivre;* le précipité n'est pas complétement insoluble dans le sulfure ammonique; il est soluble dans le cyanure de potassium, l'acide azotique et chlorhydrique, mais insoluble dans l'acide sulfurique bouillant dilué (au cinquième).

§ 25. *Précipitation de la solution acétique par l'hydrogène sulfuré.* — Le liquide filtré de nouveau, si après quelques jours il s'était reformé un précipité, est soumis aux réactions suivantes : On neutralise une partie de l'acide par de l'ammoniaque, mais le liquide doit toujours rester acide ; on ajoute de l'acétate de sodium qui transforme tout l'acide chlorhydrique libre en chlorure de sodium. L'acidité du liquide est due en ce moment à de l'acide acétique et il se forme soit immédiatement, soit après avoir fait repasser un courant d'hydrogène sulfuré, un précipité lorsque la liqueur renferme du zinc, du nickel ou du cobalt. Le précipité est blanc pour le zinc, noir pour les deux autres métaux.

Précipité blanc, *zinc* ; la solution dans l'acide sulfurique affaibli est incolore.

Précipité noir — *nickel* ; la solution dans le même acide est verte.

cobalt ; la solution acide est rouge. Le cyanure de potassium entraverait la précipitation du nickel et du cobalt, mais non celle du zinc.

§ 26. *Précipitation par le sulfure d'ammonium.* — Le liquide *primitif* saturé par de l'hydrogène sulfuré, s'il n'a pas précipité après quelques heures ou après filtration dans le cas contraire est rendu alcalin par de l'ammoniaque auquel on peut ajouter un peu de sulfure d'ammonium. Il se forme un précipité :

Noir pour le *fer.*
Couleur de chair pour le *manganèse.* } Les précipités solubles dans l'acide acétique sont insolubles dans la potasse.

Vert bleuâtre pour le *chrome.* } Les précipités sont solubles
Incolore pour l'*aluminium.* } dans la potasse.

Je reviendrai plus loin en détail sur les caractères de chacun de ces précipités.

Appendice. — On peut, lorsque la précipitation est achevée, aciduler fortement le liquide filtré par de l'acide chlorhydrique et le porter à l'ébullition jusqu'à ce qu'il ne se dégage plus d'hydrogène sulfuré. Si le liquide filtré bouillant précipite en blanc par l'addition d'acide sulfurique dilué, on recherchera les composés du baryum par des procédés que nous indiquerons en temps et lieu.

RÉACTIONS CARACTÉRISTIQUES DE CHAQUE POISON EN PARTICULIER.

ARSENIC.

§ 27. *Généralités.* — Il n'existe aucun poison qui se rencontre aussi fréquemment dans les analyses toxicologiques que l'arsenic et ses composés. C'est un des toxiques les plus souvent employés, car le public en connaît les propriétés, peut s'en procurer facilement des quantités assez notables et a la certitude de réussir dans son but criminel avec des doses faibles et faciles à administrer. Des empoisonnements accidentels se produisent également; ils sont dus à la mort aux rats ou aux mouches, au savon de Bécœur, etc. Les composés suivants ont servi à des tentatives d'empoisonnement. En première ligne l'*acide arsénieux*, puis le *sulfure rouge* (réalgar, sandarach, rubis d'arsenic), le *sulfure jaune* (orpiment, jaune royal), l'*arsénite de cuivre* (vert de Scheele ou suédois), et sa combinaison avec l'acétate cuivrique (vert de Schweinfurt, vert de montagne ou mitis), trop fréquemment employée pour la coloration des bonbons, la teinture des papiers peints, des robes et fleurs de bals. L'*acide arsénique* et les *arséniates* usités dans la préparation des couleurs d'aniline sont d'un emploi moins fréquent, mais ne doivent pas être perdus de vue. En médecine, on se sert des *arsénites de potassium* et de *sodium* (liqueur arsenicale de Biett et de Pearson), de l'*arsénite de potassium* (liqueur de Fowler. Le *rouge cochenille* ou *rouge viennois* est une laque de la matière colorante du bois de Fernambouc avec de l'arséniate d'alumine. Les sulfures doubles d'arsenic et de potassium, sodium ou calcium sont employés comme dépilatoires ; les eaux provenant de ces industries versées imprudemment, ont souvent empoisonné des puits. La *Vierteljahrschrift f. gerichtliche Medizin* (B. XXIII, p. 361) rapporte un empoisonnement dû à une scorie arsenicale.

Dans ces derniers temps, on a introduit en médecine l'usage de l'*iodure d'arsenic* et de sa combinaison avec l'iodure de mercure (liqueur de Donawan), de l'*arsénite* et de l'*arséniate de quinine* et de l'*acide cacodylique*. Des bougies dans la mèche desquelles il y a de l'acide arsénieux ou qui sont colorées en vert par le vert de Schweinfurt, répandent pendant la combustion des vapeurs arsenicales[1]. Les grains de plomb renferment toujours une certaine proportion d'arsenic.

Nous ne devons pas oublier de mentionner l'*hydrogène arsénié*, qui a causé la mort de Gehlen; deux nouveaux empoisonnements par ce gaz ont été constatés récemment[2]; c'est à son action délétère qu'on attribue les phénomènes d'intoxication lente observés chez les personnes habitant une chambre dont les murs sont recouverts de couleurs ou de papiers arsenicaux.

§ 28. *Absorption de l'arsenic.* — Nous ne connaissons pas les transformations que subissent toutes ces combinaisons lorsqu'elles sont ingérées, ni le composé actif qui se produit[3].

Nos connaissances sur la manière dont se fait l'absorption, sont de même rudimentaires; on admet, par exemple, que le sulfure d'arsenic pur n'est pas absorbé. L'acide arsénieux en *solution* pénètre rapidement dans le sang, car au bout de quelques minutes, on le retrouve dans les urines. A l'état solide, il ne se dissout que lentement; s'il est entouré de corps gras, les liquides ne se mouillent que peu, de sorte que son absorption devient encore bien plus lente. L'hydrure d'arsenic passe également dans le sang et modifie la matière colorante[4]; l'acide cacodylique est absorbé de même avec une grande facilité, et est éliminé à cet état par les urines[5].

§ 29. *Symptômes de l'intoxication arsenicale.* — Il existe un *empoisonnement arsenical chronique* que l'on attribue aux causes suivantes : usage trop prolongé de préparations arsenicales à doses médicinales, inspiration d'un air renfermant en suspension du vert de Scheele· (ou de l'hydrogène arsénié), ou les vapeurs arsenicales qui se dégagent dans les cristalleries et quel-

---

[1] [Je connais un cas où les vapeurs d'un feu de bengale blanc dit feu indien renfermant de l'orpiment, allumé dans une cour haute et étroite ont incommodé les personnes habitant le troisième.]

[2] Valette, *Lyon médical*, t. VII, p. 440.

[3] On a prétendu que l'arsenic métallique et ses sulfures n'étaient pas toxiques; cette opinion vraie peut-être au point de vue purement chimique, n'a en réalité aucune valeur pratique, car les composés commerciaux sont toujours souillés par une quantité plus ou moins forte d'acide arsénieux (voy. Schroff, *Pharmacologie* et *Zeitschrift der Wiener Aerzte*, 1857, (1) 1859 (29).

[4] Bogomoloff, *Ctb. f. d. med. Wissensch.* 1868, n° 39 et 40.

[5] Voy. plus loin les thèses de Thomse et Lebahn.

ques établissements métallurgiques. Je ne crois pas que les symptômes attribués à cet empoisonnement soient bien caractéristiques ; que signifient en effet l'œdème (surtout des paupières) la chute des cheveux et des ongles, les tubercules pulmonaires[1]? Saikowski, prenant comme modèle l'étude de l'empoisonnement phosphoré dû à Virchow, a expérimenté sur les lapins avec des doses assez faibles d'acide arsénieux et arsénique, pour n'amener la mort de l'animal qu'après 5 ou 6 jours[2]. Il constata que les empoisonnements par ces deux métalloïdes présentaient de grandes analogies ; l'examen histologique du foie, des reins, du cœur, du diaphragme fit voir une dégénérescence graisseuse ; les reins turgescents avaient leurs canalicules comblés de gouttelettes de graisse ; le cœur, le diaphragme et l'épithélium qui recouvre les glandes de l'intestin étaient graisseux, ce dernier était même turgescent. L'acide arsénique produit ces symptômes plus rapidement, mais la durée de l'empoisonnement est plus longue. [Le sang, comme dans l'empoisonnement par le phosphore, renferme plus de graisse et de cholestérine qu'à l'état normal ; avec des doses fortes, le globule est altéré et il se forme des cristaux d'hémoglobine, moins fréquemment cependant qu'avec le phosphore[3].]

Dans l'*empoisonnement aigu*, les modifications de la muqueuse gastro-intestinale sont bien plus prononcées ; les parois vivement enflammées sont quelquefois perforées ou nécrosées ; cette irritation peut se rencontrer à la bouche, à l'œsophage et au gros intestin; les liquides contenus dans ces organes présentent souvent une couleur café au lait. On a encore signalé des inflammations du poumon et des organes génitaux, mais il ne faut pas se dissimuler que tous ces symptômes peuvent manquer. On a vu le toxique être absorbé assez rapidement pour qu'il fût impossible de retrouver aucune modification pathologique sensible, le malade était mort dans un état comateux[4]. Grohe et Mosler, par contre, signalent un empoisonnement qui

---

[1] Quelques animaux présentent une grande résistance aux préparations arsenicales; l'homme peut lui-même acquérir cette immunité comme le témoigne l'histoire des arsenicophages du Styrol.

[2] *Arch. f. pathol. Anat.* t. XXXI, p. 400.

[3] Ritter, Thèse de doctorat ès sciences. Paris, 1872.

[4] Heydloff, *Berliner klinische Wochenschrift*, 1865, n° 45.

se termina au bout de 17 heures, et où l'on put constater à l'autopsie les faits que Saikowsky avait signalés chez les lapins. La victime, enfant de deux ans, avait avalé de l'arsénite de cuivre, dont il rendit peu de temps après la majeure partie. Limpricht constata la présence de l'arsenic dans les matières vomies ; mais, fait bizarre, Schwanert, en examinant l'estomac, les intestins et le foie ne rencontra plus de traces d'arsenic [1].

§ 30. *Conservation des cadavres intoxiqués.* — Un fait qui ne doit pas être passé sous silence, c'est que les cadavres des individus morts à la suite d'une intoxication par l'acide arsénieux, présentent lorsque le toxique a eu le temps de se répandre dans toute l'économie, *une grande résistance à la putréfaction et qu'ils peuvent même se momifier au bout d'un certain temps.* [Buchner, dans un travail tout récent, contredit ce fait, en se basant sur un certain nombre d'expériences comparatives qu'il publiera en détail.]

§ 31. *Des vomissements.* — L'ingestion des doses un peu fortes d'acide arsénieux détermine fréquemment des vomissements ; selon Husemann, ce fait se produirait surtout lorsque le malade a ingéré de l'arsénite de cuivre. Il s'ensuit que l'analyse des déjections ne doit jamais être négligée, d'autant plus qu'elles sont notre unique ressource lorsque l'empoisonnement n'a pas eu d'issue fatale [2].

L'examen des urines peut également donner des indications précieuses [3].

§ 32. *Organes qui doivent être soumis à l'analyse.* — Il est loin d'être démontré que certains organes ont une affinité élective pour l'arsenic et ses composés ; on sait seulement que le sang bientôt imprégné de ce toxique le dissémine dans toute l'économie, et que le foie en absorbe peut-être plus rapidement que les autres organes. Le chimiste ne devra pas borner ses recher-

[1] *Arch. f. path. Anat.*, t. XXXIV, 208. — Observations très-curieuses d'empoisonnement arsenical par Keber, *Viertelj. f. gerichtl. Medizin*, t. XXIII et XXIV. — Voyez également Tardieu et Roussin.

[2] La mort souvent n'est survenue qu'après quelques mois. Voy. Tardieu et Roussin. *Étude médico-légale et clinique de l'empoisonnement.* Paris, 1867, p. 412 et 413.

[3] On peut regarder comme avéré que des doses faibles sont plus dangereuses que des doses fortes ; ces dernières déterminent presque toujours des vomissements prompts et énergiques qui éliminent le toxique et sauvent la vie du patient (voy. Buchner, *Rep. f. Pharm.*, t. XII.)

ches au tube digestif ; il doit analyser le foie, la bile (Taylor y a signalé la présence de l'arsenic), le sang[1], quelquefois même les muscles et d'autres organes, (dans lesquels Orfila et Tardieu ont retrouvé les premiers de l'arsenic)[2]. Les fèces, quoique l'élimination se fasse principalement par les urines[3], peuvent renfermer du sulfure d'arsenic. On a retrouvé de l'arsenic dans la sérosité d'un vésicatoire et on a conclu de ce fait que le toxique pouvait être éliminé par la peau. Dans un empoisonnement par l'acide arsénique ou un de ces sels, on pourrait s'attendre à ce qu'une partie des phosphates du tissu osseux fût remplacé par des arséniates ; ces deux sels sont isomorphes.

§ 33. *Causes d'erreur.* — Il n'existe certainement pas un seul poison dont la recherche soit aussi facile que celle de l'arsenic, même alors qu'il n'y en a que des traces. On connaît des cas dans lesquels le toxique a été retiré de cadavres exhumés après 10 ou 20 années[4]. Cette circonstance met quelquefois dans l'embarras lorsqu'il s'agit d'exprimer son avis sur la criminalité, car on peut retrouver dans l'économie de l'arsenic qui y a été introduit accidentellement. S'il est vrai que l'arsenic apparaît très-vite dans les urines, il ne s'ensuit pas que son élimination, soit très-rapide, car on a retiré de l'urine d'un certain nombre de chiens de l'arsenic 17 jours après l'ingestion du toxique[5]. Kirchgässner rapporte une observation prise sur l'homme, où l'on put retrouver de l'arsenic pendant six semaines dans les urines, et pendant deux semaines dans les fèces, après que l'administration du toxique eut cessé. Des médicaments à base d'arsenic pris quelques jours avant la mort peuvent également induire en erreur[6].

[1] Ludwig a consigné dans sa traduction allemande de l'ouvrage de Tardieu et Roussin quelques analyses où l'on a recherché la distribution de l'arsenic dans les divers organes.

[2] Vitry (*Annal. d'hyg. publ*, t. XXXVI, p. 141). Tardieu, Lorrain et Roussin (*loc. cit.*) l'ont retrouvé dans ces divers organes même à la suite de l'application externe.

[3] V. Orfila et Tardieu, Affaire du duc de Praslin. (*Annal. d'hyg. publ.*, t. XXXVIII, p. 590).

[4] *Arch. f. Pharm.*, t. LXXV, p. 150. *Ztc. f. Med. Chir. und Geburtsh.*, n° 514.

[5] Buchner, Schaeffer *Chem. Centralblatt*, 1858, p. 168.

[6] Jochhein (de Darmstadt) a introduit dans la thérapeutique l'usage de l'acide cacodylique, dont on peut ingérer par jour 20 à 25 centigrammes sans inconvénient. L'usage continué pendant quelque temps amène cependant, suivant Renz, des accidents (*Deutsch. Arch. f. klin. Med.*, t. I, p. 255. Voy. Chomse, thèse de Dorpat 1859 et Lebahn, *Wirk. die U. der Cacodylsaüre*. Rostock 1868.)

Les aliments, surtout ceux qui croissent dans un terrain arsenical, peuvent renfermer des traces de toxique ; ce sont les parties les plus nutritives comme les semences qui en contiennent le plus, l'arsenic paraissant se substituer au phosphore. Les eaux qui ont traversé des terrains dans lesquels l'industrie a fait écouler des résidus arsenicaux peuvent renfermer de l'acide arsénieux (Fresenius). Un grand nombre d'eaux minérales ferrugineuses et surtout leurs dépôts ocreux renferment de l'arsénite de fer (Wackenroder, *Analyse des dépôts de l'eau de Rehme*[1].) [Il faut encore se tenir en garde contre l'impureté de certains médicaments, comme le phosphate de sodium, et surtout le sous-nitrate de bismuth ; j'ai analysé des échantillons de sous-nitrate qui contenaient près de 0,4 pour % d'arsenic.]

§ 54. *L'arsenic peut-il s'introduire dans les cadavres inhumés dans des terrains arsenicaux ?* — Il faut se rappeler, lorsqu'il s'agit de l'examen d'un cadavre exhumé, que certains terrains sont arsenicaux et communiquent cette propriété aux eaux qui les traversent. Il convient par suite de faire simultanément l'analyse du terrain qui avoisine le cadavre ; on prend la terre au-dessus et autour du cercueil. En procédant de cette manière, on n'a pas à redouter ou que l'arsenic que l'on retrouvera dans la terre provienne du cadavre lui-même, ou que celui que l'on retrouvera dans le cadavre provienne de la condensation des eaux qui ont traversé les couches supérieures. Nous avons vu par le cas de Fresenius, déjà cité, combien il est important de s'assurer que la couleur du cercueil n'ait pas pu se mêler aux résidus cadavériques. L'attention du chimiste doit encore se porter sur les points suivants : certaines industries peuvent, de temps en temps, déverser des matières arsenicales qui se diffusent, grâce à l'eau de pluie ; Sonnenschein a fait remarquer que l'air pouvait renfermer du chlorure d'arsenic au voisinage des fabriques de soude artificielle qui consomment de l'acide sulfurique arsenical ; l'humidité condensera ce corps[2].

---

[1] Voy. pour l'arsenic contenu dans les eaux suivantes : Eau d'Alexis, *Arch. f. Pharm.* t. LII, p. 268. — Eau de Pyrmont, id., t. LXXIV, p. 19. — Eaux de Driburg et de Liastenstein, t. LI, p. 245. — Eau de Wildungen, t. LII, p. 265.

[2] *Arch. f. Pharm.*, t. CXCIII, p. 245, et Fresenius, *Arch. f. Pharm.*, t. LXVII, p. 57.

§ 35. *Élimination de l'arsenic des cadavres inhumés.* — On a admis que les eaux d'infiltration pouvaient enlever parfois au cadavre tout l'arsenic qu'il renfermait. On ne peut guère admettre que cette élimination se fasse pendant la putréfaction à l'état d'hydrogène arsénié, ou que l'arsenic transformé en arséniate d'ammonium se dissolve peu à peu dans les eaux de pluie; tout au plus pourrait-on croire que l'arsenic se convertit d'abord en sulfure d'arsenic composé qui se dissout dans les eaux ammoniacales avec une grande facilité.

§ 36. *L'arsenic retrouvé a-t-il pu déterminer la mort?* — La justice ne se contente pas de la démonstration de la présence de l'arsenic dans les matières suspectes; elle demande presque toujours si *le toxique a été administré en qualité assez forte pour entraîner à sa suite la mort ou des accidents graves.* Une réponse catégorique ne saurait être donnée dans l'immense majorité des cas; le chimiste, s'il a assez de matériaux à sa disposition, entreprendra une analyse quantitative. Il peut, dans les cas douteux, déterminer la quantité de toxique que les médicaments, les aliments, les eaux auront pu introduire dans l'économie. Là se borne son rôle; c'est au médecin qu'il appartient de discuter la valeur des symptômes observés pendant la maladie, et au juge à apprécier l'intention criminelle qui a présidé à l'administration du toxique.

§ 37. *Intoxication lente due aux papiers de tenture arsenicaux.* — Je ne dirai que quelques mots de l'empoisonnement chronique que produirait le séjour habituel dans une chambre dont les murs sont recouverts de vert de Scheele ou de Schweinfurt. Ces couleurs sont ou fixées sur le mur avec de la gélatine, ou appliquées sur du papier; dans ces deux cas, l'adhérence est faible et la poussière de la chambre est arsenicale, ce dont on peut s'assurer en y plaçant des assiettes; après quelque temps d'exposition, il sera très-facile de recueillir une poussière arsenicale. La vie étant rarement compromise, on pourra se contenter ou d'éloigner le malade, ou de supprimer la cause, pour démontrer d'une manière indirecte que la poussière arsenicale était bien la cause du malaise observé. On a annoncé qu'on percevait souvent, dans ces cas, une odeur manifeste d'hydrogène arsénié, qui se produirait par la réaction mutuelle de la couleur.

de la gélatine ou de l'amidon (qui ont servi à fixer la couleur) et de la chaux du mur. Je dois faire observer qu'on n'a jamais pu démontrer la présence de ce gaz dans l'air[1] et que l'on ne sait même pas si l'hydrogène arsénié peut produire les symptômes que l'on observe. [Des expériences personnelles m'ont fait voir que des animaux (lapins et chats) n'étaient intoxiqués par leur séjour dans une enceinte tapissée avec du vert arsenical que lorsqu'on grattait les parois de la chambre ; ils n'étaient même pas incommodés lorsqu'on se plaçait dans les meilleures conditions pour obtenir de l'hydrogène arsénié.] Comme moyen préventif, il suffirait de fixer la couleur arsenicale par de l'huile ; plus adhérente, on n'aurait pas à craindre d'enlèvement mécanique, et les causes de formation d'hydrogène arsénié auraient disparu du même coup.

§ 38. *Recherche de l'arsenic dans les organes.* — Revenons maintenant à la recherche du toxique. Les procédés I et XI ont transformé le composé arsenical, quel qu'il fût, en acide arsénique. Je n'ai rien à ajouter pour le moment à ce que j'ai dit du premier procédé, mais je dois compléter les indications du XIe.

Il est important d'employer une quantité d'azotate de potassium suffisante pour que toute la matière organique soit décomposée, sans quoi elle agirait par réduction sur l'acide arsénique et l'on n'obtiendrait que de l'acide arsénieux. Le résidu de la déflagration renferme de l'azotate de potassium ou de sodium et de l'azotite de ces deux métaux ; ce dernier sel provient de la réduction du premier. L'hydrogène sulfuré étant décomposé par ces deux corps, il faut les éliminer en traitant le résidu délayé dans un peu d'eau, par un excès d'acide sulfurique. L'opération doit se faire dans une capsule en porcelaine ; on chauffe jusqu'à ce qu'il ne se dégage plus de vapeurs nitreuses, mais des fumées blanches d'acide sulfurique. Même dans ces conditions, il reste dans la masse une faible quantité de composés nitreux ; on peut s'en assurer en ajoutant rapidement un peu d'eau au résidu légèrement refroidi ; on perçoit immédiatement une odeur nitreuse, quelquefois même

[1] Kirchgässner rapporte cependant quelques observations dans lesquelles il croit avoir constater l'existence d'un composé volatil arsenical (voy. *Isch. f. gericht Med.*, t. IX, p. 96).

il se dégage des vapeurs colorées. Le résidu est dissous, dans de l'eau aiguisée au 1/10 par de l'acide sulfurique et traité par de l'hydrogène sulfuré en suivant les précautions indiquées pour le liquide résultant du premier procédé; seulement, dans ce cas, il n'y a pas lieu de s'inquiéter de la présence des matières organiques. Quelques chimistes ont reproché à ce procédé de permettre la volatilisation d'une certaine quantité d'arsenic, mais Fresenius a démontré que cela n'était le cas que lorsque l'acide sulfurique se volatilisait [1]. On peut encore rechercher l'arsenic dans les liquides obtenus par les autres procédés de destruction de la matière organique. Le procédé VII, modifié par Ludwig et Liebig, a permis à Schneider de retrouver ce métal dans un cas où le premier procédé ne lui avait fourni qu'un résultat négatif. On peut soumettre directement le liquide distillé, étendu d'eau, à l'action de l'hydrogène sulfuré.

§ 39. *Précipitation par l'hydrogène sulfuré.*—L'hydrogène sulfuré produit, dans tous les cas, même en l'absence d'arsenic, un précipité dont la couleur varie du blanc jaunâtre au jaune citrin ; ce précipité est un mélange de soufre et de trisulfure d'arsenic pour le liquide obtenu par le XIe procédé, de ces deux corps et d'une matière organique de nature indéterminée, quand on s'est servi du Ier procédé. La couleur du précipité à elle seule n'a aucune signification, d'une part, parce que les sels d'étain et de cadmium sont également précipités en jaune par l'hydrogène sulfuré, et, d'autre part, parce que le soufre et la matière organique se précipitent souvent avec des couleurs rappelant en tout point le trisulfure d'arsenic, quoiqu'il n'y ait pas de traces de ce composé.

§ 40. *Est-il nécessaire de réduire l'acide arsénique avant la précipitation par l'hydrogène sulfuré?*—L'hydrogène sulfuré précipitant plus rapidement l'acide arsénieux, que l'acide arsénique, Wœhler, Fresenius et Babo ont proposé, pour gagner du temps, de réduire l'acide arsénique en acide arsénieux. Cette réduction peut se faire soit par l'acide sulfureux[2], soit par le sulfite acide de

---

[1] *Ztch. f. anal Chem.*, t. VI, p. 200.

[2] On préparera ce gaz par la réaction du charbon sur l'acide sulfurique; le gaz doit être lavé.

sodium, si la liqueur était déjà trop acide. Il convient, pour éviter une dépense inutile d'acide sulfureux, de débarrasser auparavant le liquide de tous les composés nitrés et chloreux qu'il renferme. On fait passer l'acide sulfureux jusqu'à refus, puis on en chasse l'excès à l'aide de la chaleur ; *l'hydrogène sulfuré et l'acide sulfureux se décomposant, comme on le sait, mutuellement, il y aurait, si l'on ne prenait cette précaution, perte d'une forte proportion du corps précipitant et dépôt abondant de soufre.* La précipitation de l'acide arsénieux par l'hydrogène sulfuré se fait alors dans un temps très-court ; le précipité de sulfure ainsi obtenu est d'un *jaune citrin plus franc.*

Cette réduction n'est utile que lorsqu'on est pressé par le temps, ou que les matières à examiner sont mélangées de terre ferrugineuse, comme cela est le cas dans les exhumations, ou lorsqu'on a administré comme contre-poison de l'hydrate de sesquioxyde de fer.

Il se présente alors une nouvelle cause qui augmente inutilement le dépôt de soufre et la dépense de l'hydrogène sulfuré, puisque ce gaz en présence des sels ferriques se réduit à l'état de soufre avec formation simultanée d'eau et de sel ferreux. Je conseillerai toujours, dans ces cas, de réduire le sel ferrique par l'acide sulfureux avant de faire passer le courant d'hydrogène sulfuré.

§ 41. *Transformation du précipité de sulfure.* — Nous ne nous occuperons, pour le moment, que du cas où le précipité ne renferme d'autre métal que l'arsenic. Il faut transformer le précipité insoluble en une combinaison soluble et se débarrasser du soufre et des matières organiques qui le souillent. L'oxydation par l'acide azotique remplit ces deux conditions ; elle peut se faire par voie sèche ou par voie humide.

Oxydation par voie sèche. On enlève la majeure partie du précipité du filtre qui doit avoir été bien lavé ; il vaut peut-être mieux le dissoudre dans l'ammoniaque. On l'incorpore avec son poids de carbonate de sodium et le double de son poids d'azotate de sodium ; la masse desséchée est projetée dans un creuset de porcelaine en suivant la marche indiquée § 22, XI. On peut encore procéder d'une autre manière : le précipité avec le filtre est étalé

dans une capsule en porcelaine, arrosé avec de l'acide azotique
et évaporé à siccité ; on reprend par de l'acide azotique et l'on
évapore de nouveau, en recommençant cette opération jusqu'à
ce que le résidu soit jaune. Cela fait, on ajoute de la soude et de
l'azotate de sodium (on peut remplacer ce dernier par de l'azotate d'ammonium) et on fait déflagrer. L'acide azotique et les
dérivés nitrés seront éliminés, comme nous l'avons dit, à l'aide
de l'acide sulfurique (§ 58).

Oxydation par voie humide. Ce procédé est très-avantageux
lorsque le précipité est peu abondant ou que l'on y suppose la présence d'autres métaux. On traite le filtre humide par de l'ammoniaque[1] qui dissout le sulfure d'arsenic, une partie du soufre et
la matière organique, des traces de sulfures d'antimoine de
mercure et de cuivre, mais n'attaque pas les sulfures d'étain, d'or,
d'argent, de plomb et de bismuth. Le liquide qui filtre est brun ;
on le neutralise par de l'acide sulfurique dilué ; on ajoute ensuite
le double de l'acide qu'il a fallu ajouter pour arriver à la neutralisation, et on évapore dans une capsule en porcelaine, en
ajoutant de temps en temps quelques centigrammes d'azotate de
sodium. L'opération est terminée lorsque tout est dissous et qu'il
commence à se dégager des vapeurs blanches d'acide sulfurique ;
la température ne doit pas dépasser $+170°$; le résidu devra être
jaune. Nous avons déjà dit plus haut qu'un excès d'acide azotique
avait des inconvénients, il ne faut donc pas ajouter trop d'azotate[2]. [Blondlot a remarqué que si l'on met ensemble, dans un
appareil de Marsh, du zinc très-pur et de l'acide sulfurique contenant un peu d'acide azotique ou de composés nitreux, on pouvait ne pas obtenir de traces d'hydrure d'arsenic volatil, puisque
l'arsenic pouvait se transformer en hydrure solide qui n'est pas
volatil. Il faut donc, d'après cet auteur, éloigner toute trace
d'acide azotique avant de se servir de l'appareil de Marsh.] Fre-

[1] On peut remplir l'entonnoir d'ammoniaque, faire repasser trois fois le liquide
filtré, puis laver à l'eau distillée ; si l'on ne tient pas à avoir un liquide très-clair
on étale le filtre dans une capsule et on lave par décantation ; il faudrait remplacer
l'ammoniaque par de la potasse s'il y avait en même temps du cuivre. Wiggers.
Canstatt's, *Jahresbericht der Pharm.* 1864.

[2] Meyer, *Annal. d. Chem. u. Pharm.*, t. LXVI. Des traces d'acide azotique n'ont d'inconvénients dans l'emploi de l'appareil de Marsh. que lorsqu'il y a peu d'arsenic
(voy. aussi Fresenius, *Zeitsch. f. anal. Chem.*, t. II).

senius recommande l'emploi d'un mélange d'acide azotique ou sulfurique pour oxyder le précipité, car si l'acide azotique n'était pas concentré, le soufre prendrait l'état globulaire liquide et résisterait très-longtemps à l'attaque.

Les liquides ainsi obtenus, exempts d'acide azotique, pourront être introduits directement dans l'appareil de Marsh.

Quoique ces deux procédés répondent à tous les besoins, je dois indiquer pour mémoire le procédé suivant. On redissout le précipité dans de la potasse bouillante, on ajoute un excès d'oxyde de cuivre, et après quelque temps d'ébullition on a dans le liquide filtré de l'arséniate de potassium que l'on introduit dans l'appareil de Marsh; le sulfure de cuivre reste sur le filtre.

§ 42. *Séparation et constatation des caractères de l'arsenic.* — Nous pourrons mettre à profit l'une des méthodes suivantes pour démontrer que le liquide renferme de l'arsenic.

I. *Procédé de Marsh.* — Je crois inutile de reproduire le procédé primitif et les diverses modifications qu'on lui a fait subir successivement; je me contenterai d'indiquer le procédé perfectionné tel qu'on l'emploie aujourd'hui.

Le principe de la méthode consiste à isoler l'*arsenic à l'état métallique*, en mettant à profit les trois faits suivants :

1) L'hydrogène à l'état naissant réduit à l'état métallique les composés oxydés de l'arsenic et leurs sels.

2) L'hydrogène et l'arsenic, tous deux à l'état naissant, s'unissent pour former des hydrures d'arsenic; l'un solide, ne se forme qu'en petite quantité et n'est pas volatil : le second est gazeux et constitue le produit principal de la réaction[1].

3) L'hydrure d'arsenic gazeux traversant un tube chauffé au rouge se décompose en hydrogène et en arsenic qui se dépose dans les parties refroidies du tube sous forme d'un anneau brillant.

Lorsqu'on enflamme, au contraire, le jet de gaz au contact de l'air, il se forme de l'eau et de l'arsenic, mais ce dernier

---

[1] Je n'ai jamais réussi à dégager tout l'arsenic à l'état de gaz ; j'ai continué le dégagement pendant une journée, je n'ai introduit le toxique que par petites parties, j'ai fait passer le gaz dans un tube laveur renfermant un sel d'argent; toujours j'ai constaté une perte qui ne s'explique que par la formation d'un hydrure solide; c'est par ce motif que je crois que le dosage pondéral de Taylor est fautif (*Pharm. Zch. f. Russl.* 10ᵉ année, p. 129).

s'oxyde aussitôt et se transforme en acide arsénieux. Cette dernière oxydation peut être évitée lorsqu'on écrase la flamme à l'aide d'un corps froid qui abaisse la température et empêche l'accès de l'air; on se sert d'ordinaire de soucoupes en porcelaine qui se recouvrent de taches.

La conduite de l'opération nécessite de nombreuses précautions.

L'hydrogène sera produit par la réaction de l'acide sulfurique pur dilué au huitième sur le zinc pur ou sur le magnésium (d'après Roussin) (fig. 5). Les matières sont introduites dans une fiole (*a*) assez grande fermée par un bouchon à deux trous; elle ne doit être remplie qu'au tiers. Dans l'un des trous s'engage un tube à entonnoir par lequel on introduit l'acide et le liquide suspect; dans le second est fixé un tube coudé à angle droit, sur la branche horizontale duquel on a soufflé une ou deux boules. Ce tube communique avec un tube à chlorure de calcium (*b*) qui dessèche le gaz; on lui a donné diverses formes. On a recommandé successivement l'emploi d'un tube en U, puis d'un tube droit ayant la forme de ceux qui servent dans les analyses organiques, puis celui d'un tube en U dont l'une des branches est effilée et coudée et porte deux boules sur la branche horizontale. Otto recommande de remplir le premier tiers du tube (du côté de l'arrivée du gaz) avec des fragments de potasse et le restant seulement avec du chlorure de calcium. Otto voulait remédier ainsi à la formation d'acide chlorhydrique qui aurait lieu si de l'acide sulfurique était projeté du flacon à dégagement. Cette précaution est d'autant meilleure que la potasse décompose en outre l'hydrogène sulfuré [1] et que si nous n'avions pas la certitude de l'absence complète de ce gaz, nous ne pourrions pas nous servir d'un précieux réactif indicateur, le sulfate d'argent. L'emploi de la potasse est malheureusement limité aux cas où l'on est certain à l'avance de l'absence de l'antimoine, car l'hydrure d'antimoine est, d'après mes recherches, complètement décom-

---

[1] Kolbe a constaté que du zinc et de l'acide sulfurique pur, produisaient de l'hydrogène sulfuré, dès que la température atteint 30°. [Le même fait se produit dès que l'acide est trop concentré; il est bon de placer le flacon à dégagement dans une cuve d'eau.]

posé par son passage sur la potasse solide; l'hydrure d'arsenic, même mélangé à l'hydrure d'antimoine, n'est jamais attaqué.

La deuxième extrémité du tube dessiccateur communique her-

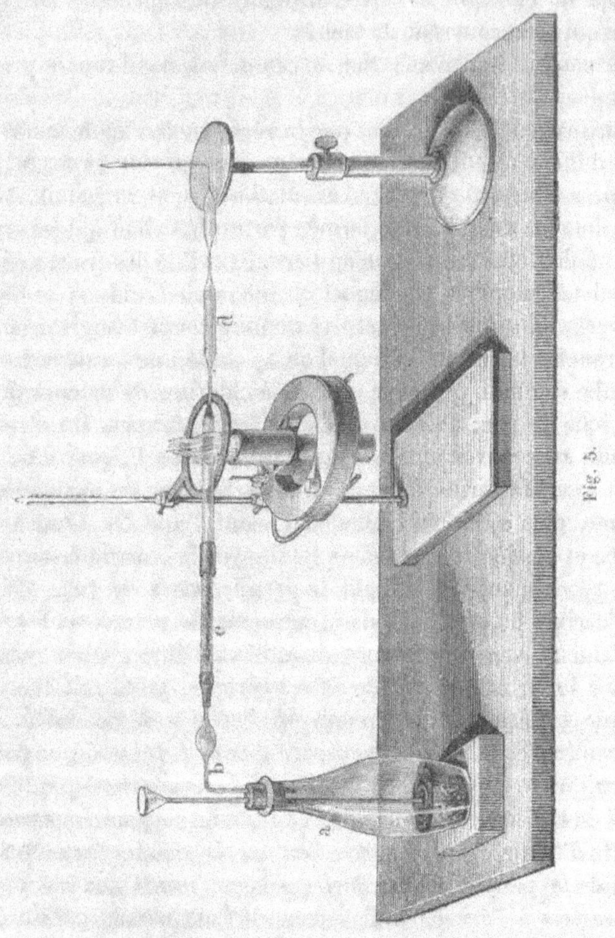

Fig. 5.

métiquement avec un tube en verre de Bohême *d*, peu fusible, *exempt de plomb*, long de 50 à 75 centimètres, d'un calibre de 5 à 7 millimètres et d'une épaisseur en verre de 1 1/2 millimètre. La figure 6 représente en grandeur naturelle le diamètre de ce

tube ; il doit être chauffé à une température élevée ; comme il
se ramollit, il faut avoir soin de soutenir les parties chauffées
pour qu'elles ne s'affaissent pas. Le tube est effilé
à son extrémité ; Otto recommande même de l'é-
trangler derrière tous les points qu'on chauffe,
pour que l'arsenic se dépose dans la partie rétré-
cie ; cette précaution n'est pas d'une nécessité absolue. Le tube est chauffé, soit avec une lampe à alcool à double
courant, mieux encore par un bec de Bunsen, le tube doit être
porté au rouge. [Je préfère un petit fourneau à combustion
chauffé au gaz ; cette disposition permet de chauffer le gaz sur
une grande étendue ; avec un fourneau de 50 centimètres tout
le gaz est décomposé]. Il va de soi que le tube ne doit être
chauffé que lorsque tout l'air atmosphérique a été balayé de
l'appareil par l'hydrogène ; si l'on tenait à s'assurer de la pureté
des premières portions de gaz, il faudrait les faire passer dans
une solution de sulfate d'argent. Le liquide suspect ne sera introduit qu'après que le courant de gaz continué pendant 1/2
heure, n'aura pas donné dans la partie froide du tube la moindre
tache ou enduit ; cette opération préliminaire, qui nous garantit
la pureté du zinc et de l'acide sulfurique employés est *indispensable*.

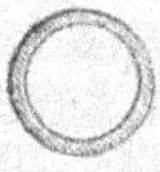

*La rapidité avec laquelle se produit l'anneau arsenical dépend
de la proportion d'arsenic ; on n'est certain de l'absence de ce
corps que lorsqu'il ne s'est pas formé d'anneau ou de tache, même
après quelques heures de chauffe.*

Il sera presque toujours inutile de prolonger l'opération aussi
longtemps ; mais il sera très-utile de produire plusieurs anneaux
en chauffant successivement diverses parties du tube, ce qui sera
très-facile si le tube a la longueur indiquée.

On procède quelquefois d'une autre manière, le gaz n'est pas
chauffé sur son parcours, mais on l'enflamme à l'extrémité
effilée, en écrasant la flamme par une plaque de porcelaine ; on
obtient ainsi une série de taches caractéristiques.

Une plaque en porcelaine dégourdie ou biscuit, à son défaut,
le couvercle d'un creuset ou une capsule en porcelaine peuvent
servir à faire cet essai, mais la porcelaine doit toujours être

de bonne qualité. Une certaine habitude est nécessaire pour produire ces taches à coup sûr, lorsqu'il n'y a que peu d'hydrure d'arsenic. Il faut en outre prendre les précautions suivantes : la plaque doit être promenée dans la flamme pour que l'arsenic qui s'est déposé ne soit pas volatilisé par une température trop élevée, qui se produirait en un seul point ; le gaz doit être rigoureusement desséché ; on se servira de plusieurs plaques. On en gardera une comme pièce de conviction.

La recherche de l'arsenic peut être regardé comme le type des analyses toxicologiques, car elle permet de présenter au juge le toxique sous la forme de métal. L'anneau doit cependant être soumis à un examen chimique, car l'antimoine se comporte de la même manière ; nous verrons plus loin comment cet examen doit être entrepris.

Il me reste à mentionner un certain nombre d'autres précautions indispensables à la réussite de l'opération. Lorsque le dégagement de gaz se ralentit, il faut bien se garder de l'activer en introduisant dans l'appareil de l'acide sulfurique concentré ; on ne doit se servir que d'*acide sulfurique au 1/8 et refroidi*. Si le flacon était rempli de liquide, il faudrait interrompre l'opération à un moment convenable, vider le flacon et recommencer comme si l'on débutait, avant de continuer l'introduction du restant du liquide arsenical. Le mercure empêche le dégagement de l'hydrure d'arsenic ; les sels de bismuth ne permettent le dégagement du gaz arsenical que lorsque tout le métal a été réduit à l'état métallique par l'hydrogène. Il est de la plus haute importance de s'assurer que les liquides que l'on introduit dans l'appareil, ne renferment ni composés nitriques ou nitreux[1] ou chlorés, ni acide sulfureux, sulfures, hydrogène sulfuré, ni matières organiques[2].

[1] Blondlot recommande pour éviter dans ces cas la formation d'hydrure solide, d'ajouter au liquide quelques gouttes d'une solution très-pure de sucre candi.

[2] Le résultat de la destruction de la matière organique par le chlorate, peut être introduit dans l'appareil de Marsh sans passer par la précipitation à l'aide de l'hydrogène sulfuré, si l'on a soin de décomposer les sels par l'acide sulfurique et d'ajouter à la fin un peu d'azotate de sodium pour décomposer toute la matière organique. La température ne doit pas dépasser 170°. Wackenroder (*Arch. f. Pharm.*, t. LXX, p. 14) a fait voir que l'acide chlorhydrique pouvait donner naissance à du chlorure du zinc volatil, ce qui occasionnerait des erreurs.

L'introduction du liquide arsenical produit souvent un dégagement tumultueux de gaz ; le liquide mousse au point de déborder dans le tube dessiccateur. On peut remédier à cet inconvénient en ajoutant un peu d'alcool [ou d'huile], ou en se servant d'appareils spéciaux comme celui de Röllig, qui permettent d'intercepter le dégagement de gaz à un moment donné à l'aide d'une pince à pression. Le tube en verre peut être muni à son bout de la pointe en platine d'un chalumeau; cette addition très-utile pour la recherche du phosphore, ne rend que peu de services pour celle de l'arsenic. L'hydrure d'arsenic brûle avec une flamme blanc bleuâtre ; Wackenroder a signalé ce fait en 1830; mais lorsque le gaz brûle à l'orifice d'un tube en verre, la flamme devient jaune parce que la soude du verre se volatilise en partie.

Otto a fait entreprendre sous sa direction une série d'essais pour déterminer la sensibilité de l'appareil de Marsh. 100 centimètres cubes d'une solution qui, par centimètre cube, renfermait 1/100 de milligramme d'acide arsénieux, produisirent encore un dépôt très-visible. Zwenger regarde comme limite extrême de la sensibilité un dixième de milligramme. Ces essais firent voir également que le liquide arsenical ne devait être introduit que par petites portions ; mais malgré l'observation rigoureuse de toutes ces précautions, j'ai toujours constaté une perte, plus ou moins notable[1].

L'hydrure d'arsenic volatil réduit le chlorure d'or ; cette réaction n'est pas assez sensible pour être mise à profit, car la réduction se fait lentement et est très-incomplète, comme je m'en suis assuré.

Le sulfate d'argent (de préférence à l'azotate) est un réactif des plus précieux, qui permet de reconnaître les traces d'hydrure d'arsenic, qui ont échappé à l'action destructive de la chaleur.

On fera passer le gaz à travers une solution de ce sel, ou on le mettra en contact avec un papier trempé dans sa solution. Le papier brunira; la solution se transformera en acide arsénieux

---

[1] D'autres auteurs ont trouvé des résultats différents. Voy. Franck, *Ztschr. f. anal. Chem.*, t. V, p. 201.

qui reste dissous, et en argent métallique qui se dépose sous forme d'un corps brun amorphe. En ajoutant de l'acide chlorhydrique au liquide filtré, on séparera l'excès d'argent; l'hydrogène sulfuré donnera un précipité jaune d'orpiment, dans le liquide filtré. Il est inutile de faire cet essai lorsque la solution n'a pas bruni; cette réaction est assez sensible pour que je recommande de faire passer toujours le gaz à la sortie de l'appareil de Marsh dans une solution de ce sel, surtout lorsqu'on ne pourra pas l'enflammer; on peut même se contenter du papier imprégné de la solution argentique.

La non-précipitation de cette solution indique l'*absence* d'arsenic; la formation d'un précipité au contraire ne donne pas de *certitude absolue*, car l'hydrogène sulfuré, les corps organiques incomplètement détruits, les hydrures phosphorés et antimoniés (la potasse élimine ce dernier), donnent de même des précipités bruns ou noirs. Husson[1] a proposé la modification suivante suivante du procédé de Marsh; il ne décompose pas l'hydrogène arsénié par la chaleur, mais il le fait passer sur un grain d'iode légèrement chauffé; il se sublime dans ce cas de l'iodure d'arsenic qui cristallise. L'hydrogène antimonié se comporte d'une manière identique.

II. *Procédé de Berzelius modifié par Duflos et Hirsch.* — On dissout dans l'ammoniaque le précipité obtenu par l'hydrogène sulfuré; la solution évaporée et encore un peu humide est incorporée avec le double de son poids de carbonate de sodium sec; on en forme de petits cylindres que l'on dessèche à une température aussi basse que possible, et que l'on introduit dans un morceau de tube en verre d'analyse organique que l'on effile à l'un des bouts. On fait passer un courant d'hydrogène[2] qui se dessèche par son passage à travers un tube renfermant du chlorure de calcium fondu.

Le gaz se dégage en *a*, et se dessèche par son passage à tra-

---

[1] *Compt. rendu*, t. LXVII, p. 56.

[2] D'après Duflos et Hirsch, on doit faire passer le gaz à travers un tube renfermant du coton imprégné de sublimé corrosif; de la pierre ponce imprégnée de sulfate d'argent me paraît mieux remplir l'indication. Le gaz doit dans ce cas être desséché par son passage à travers un tube à chlorure de calcium, dont le premier tiers est rempli de potasse.

vers le tube *b* qui est rempli de coton ou de chlorure de calcium fondu. Le mélange arsenical est placé en *de* (fig. 7 et 8).

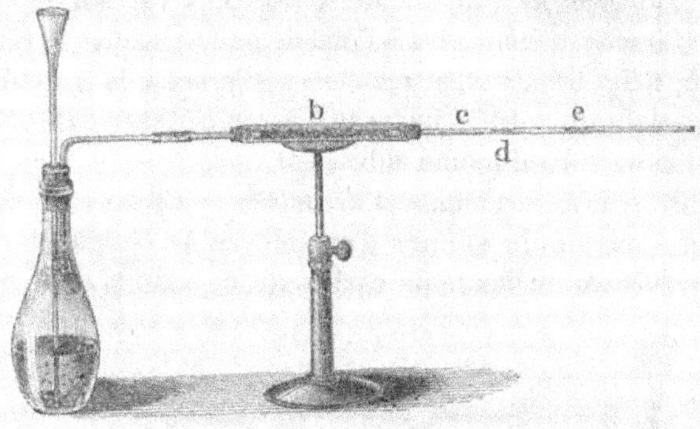

Fig. 7.

Lorsque l'appareil est rempli de gaz, on chasse avec précaution *toute* l'humidité du tube à combustion ; on donne alors un coup de feu et l'on obtient un dépôt d'arsenic dans les parties refroidies en *h* (fig. 8). Rose a étudié la réaction en détail[1], je me contente de dire que l'arsenic est isolé à l'état métallique.

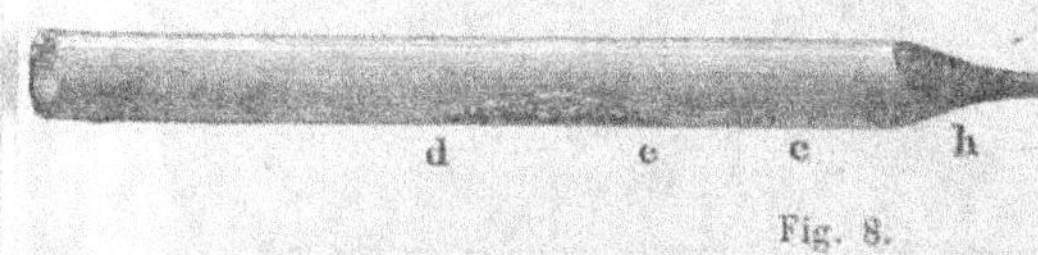

Fig. 8.

Cette méthode paraît plus simple que la première au premier abord, mais elle est sujette à beaucoup de causes d'erreur. Une partie de l'arsenic se dégage à l'état d'hydrogène arsénié ; H. Rose a fait voir de plus que tout l'arsenic n'était pas réduit et que l'antimoine se réduisait comme l'arsenic. Le seul avantage de la méthode, c'est que le chimiste est certain que l'arsenic qu'il obtient ne provient pas du zinc et de l'acide sulfurique qu'il a employés.

Duflos et Hirsch ont modifié ce procédé ; ils transforment le sulfure en acide arsénique à l'aide de l'acide azotique ; ils neu-

---

[1] Poggendorff, *Anal.*, t. LXXXX.

tralisent par de la potasse, puis à l'aide de l'eau et de la crème de tartre calcinée, ils façonnent de petits cylindres que l'on dessèche *complétement*, avant de les soumettre à l'action de l'hydrogène. L'arsenic n'étant plus à l'état de sulfo-arsénite se réduit en totalité, mais les deux autres causes d'erreur, la volatilisation d'une certaine quantité d'hydrure d'arsenic et la possibilité d'une confusion avec l'antimoine subsistent.

III. *Procédé de Fresenius et de Babo*[1]. — Ce procédé consiste à isoler l'arsenic du sulfure d'arsenic en le chauffant à l'abri de l'air avec un mélange de carbonate de sodium et de cyanure

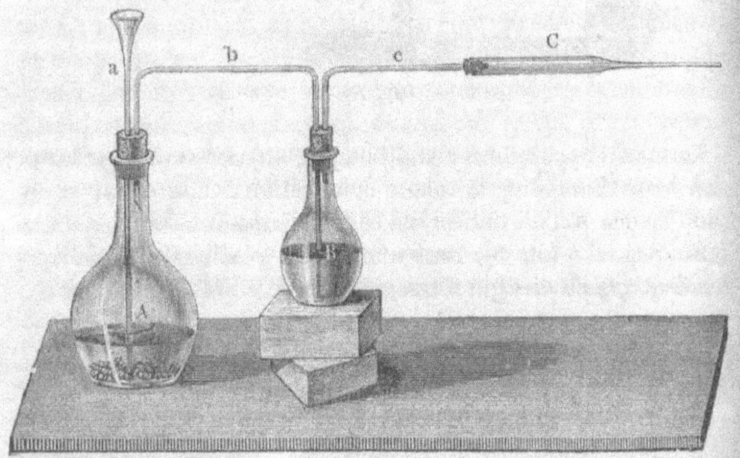

Fig. 9.

de potassium. On se sert d'un courant d'acide carbonique produit dans le flacon *a* par la réaction de l'acide chlorhydrique sur le marbre; le gaz est desséché par son passage à travers l'acide sulfurique du flacon *b* (ou par du chlorure de calcium). Les auteurs recommandent l'appareil de Röllig (fig. 10), mais on peut se servir de l'un quelconque des nombreux appareils qui permettent d'obtenir un dégagement de gaz à volonté.

Le précipité obtenu par l'hydrogène sulfuré (dans une solution

<hr>

[1] Poggendorff, *Anal.*, t. LXXXX, p. 565.

exempte autant que possible de matières organiques), est mêlé
après dessiccation complète avec 12 parties d'un mélange
de 3 de carbonate de sodium et de 1 de cyanure de potassium
anhydres. Le mélange est introduit à l'aide du petit artifice
suivant dans le bout du tube à analyse organique C; on le tasse
dans un morceau de carte à jouer pliée en deux et on l'introduit

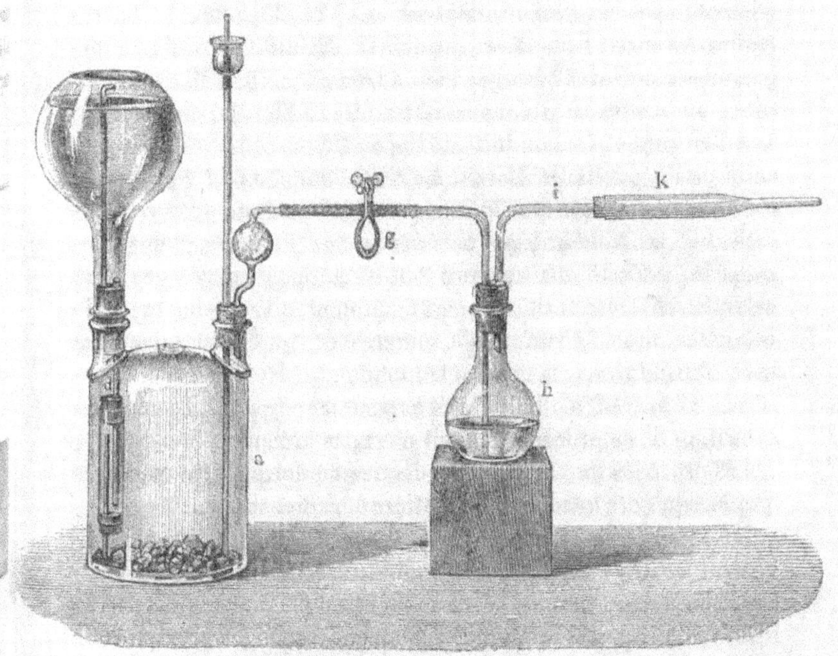

Fig. 10.

dans le tube à l'aide d'une pince, puis on retourne la carte quand
on est arrivé à la hauteur voulue, et on la retire parfaitement
nette. Après avoir chassé toute humidité du tube, on donne un
coup de feu à l'aide de la lampe à double courant ou du bec de
Bunsen, et l'arsenic se dépose sous la forme d'un anneau dans
les parties refroidies du tube. L'odeur alliacée que l'on perçoit
toujours à l'orifice du tube, indique qu'il y a une légère perte

d'arsenic ; Rose a signalé en outre une cause d'erreur bien plus forte.

Une partie de l'arsenic peut se transformer en sulfo-arsénite de sulfure de sodium qui ne se volatilise pas ; ceci se produit toutes les fois que le précipité renferme un grand excès de soufre, il se pourrait même que tout l'arsenic fût ainsi retenu. On évite cette cause d'erreur en oxydant le précipité par l'acide azotique en suivant les précautions indiquées au § 41. Fresenius a pu retrouver de cette manière, jusqu'à 2 dix-millièmes de milligramme d'arsenic. Zwenger n'en a trouvé que 5 milligrammes ; Otto, au contraire, n'a pas réussi à déceler la présence de 1 milligramme. La conduite de l'opération est plus difficile que celle de l'appareil de Marsh. *Le seul avantage réel du procédé, c'est que l'antimoine et l'étain ne se volatilisent pas dans ces conditions et ne troublent pas les réactions de l'arsenic.* Non-seulement les sulfures, mais encore tous les composés oxydés, et leurs sels peuvent être traités par cette méthode ; Fresenius rappelle cependant que le sulfure de mercure se volatilisant dans les mêmes conditions, pourrait être confondu avec le dépôt arsenical. L'appareil de Röllig a été recommandé pour la mise en exécution de ce procédé, mais il n'est pas indispensable.

Les procédés que nous allons décrire ne doivent être employés que lorsqu'on a beaucoup de matière à sa disposition.

IV. *Procédé de Zwenger*[1]. — Ce procédé était destiné primitivement à retirer l'arsenic des liquides obtenus à l'aide des procédés de destruction de la matière organique de Schneider et de Fyfe, mais il peut s'appliquer également à tous les précipités de sulfure d'arsenic obtenus par n'importe quelle méthode.

Le liquide distillé est soumis à l'action d'un courant d'hydrogène sulfuré ; le précipité recueilli sur un filtre est lavé à l'eau distillée ; on l'étale ensuite dans une capsule en porcelaine, on l'arrose avec de l'acide azotique concentré et l'on évapore à siccité. Le résidu fondu avec de l'azotate de sodium sec est introduit dans l'eau ; le liquide est précipité par un mélange limpide de chlorures de magnésium (ou sulfate), d'ammonium et

---

[1] Erlenmeyer, *Zeitschr. f. Chem. und Pharm.*, 1862, p. 38. En extr. dans Fresenius, *Zeitschr. f. anal. Ch.*, I, 394.

d'ammoniaque. L'acide arsénique se précipite ainsi à l'état d'arséniate ammoniaco-magnésien ; le précipité est desséché à + 100° après qu'il a été lavé avec de l'eau ammoniacale (1 d'ammoniaque pour 3 d'eau). On doit avoir soin de ne pas employer trop de chlorure d'ammonium, car une partie du sel s'y redissoudrait[1]. Le précipité trituré avec un peu de charbon et de carbonate[2] est mélangé avec le décuple de son poids d'oxalate de sodium sec, et introduit dans un tube en verre peu fusible de 3 millimètres de diamètre, fermé par un bout et renfermant déjà le double du poids d'oxalate sec primitivement employé ; les parties supérieures du tube sont nettoyées et étirées. On chauffe la partie inférieure et l'on s'arrête à la couche arsenicale que l'on reconnaît facilement à la couleur du charbon ; cette première partie de l'opération a pour but de déplacer l'air atmosphérique par le mélange d'acide carbonique et d'oxyde de carbone, qui résulte de la décomposition de l'oxalate. En ce moment, on ferme le tube à la lampe et on chauffe le mélange arsenical pour volatiliser l'arsenic. On évite de cette manière les causes d'erreur des deux procédés précédents ; il ne peut se produire de confusion avec l'antimoine. La solubilité de l'arséniate ammoniaco-magnésien n'est cependant pas absolue et peut occasionner des pertes. Zwenger, néanmoins, indique 0,02 de milligramme comme limite extrême de la sensibilité de son procédé.

V. *Procédé de Reinsch.* — Ce procédé assez sensible d'après Scheerer et Reinsch permet de retrouver l'arsenic dans des solutions diluées au 1/120000 et même au 1/250000 en chauffant ; on peut surtout l'employer dans les essais préliminaires. Le principe de la méthode est qu'une solution chlorhydrique d'acide arsénieux laisse déposer sur une lame de laiton ou sur un fil de cuivre (Taylor) un enduit gris ; le dépôt se fait plus ou moins vite et renfermerait, d'après Lippert[3], 1 atome d'arsenic pour 5 de cuivre. L'acide arsénique doit être assez concentré pour produire

---

[1] Fresenius, *Zeitschr. f. anal. Ch.*, II, p. 19, et Puller, *ib.*, X, p. 52.

[2] Le charbon n'a d'autre but que de faire reconnaître facilement l'endroit où il y a de l'arsenic : le carbonate de sodium ne sert qu'à répartir l'arsenic dans une masse plus considérable.

[3] *Journ. f. prakt. Chimie.* t. LXVIII, p. 168.

la même réaction ; ainsi Werther[1] a vu qu'une solution qui renfermait de 0,2 à 0,36 de cet acide ne produisait de dépôt que lorsqu'on chauffait la liqueur à diverses reprises. Les sels de mercure, de cadmium et d'argent donnent des réactions analogues dont nous traiterons en détail en parlant de ce premier métal.

Reinsch a fait voir dans ces derniers temps que l'acide sulfureux (et sélénieux), pouvait produire à lui seul un dépôt de couleur analogue ; or, comme on réduit fréquemment l'acide arsénique par cet agent réducteur, il devient très-important de s'assurer avant de se servir de la lame de laiton, que tout l'acide sulfureux a été éliminé. Scheerer, Odling et Waston ont étudié avec soin la manière dont se comporte l'antimoine. Les réactions suivantes peuvent être mises à profit, lorsqu'il s'agit de distinguer le dépôt d'arsenic de celui produit par l'acide sulfureux. Le dépôt arsenical très-adhérent au métal ne se laisse pas enlever par le frottement et ne tache pas les doigts comme le fait celui produit par l'acide sulfureux qui est d'un noir foncé. Le premier se détache en paillettes quand on l'agite avec de l'ammoniaque, le second reste adhérent ; le premier se dissout avec dégagement d'hydrogène dans une solution bouillante d'un mélange à parties égales d'acide chlorhydrique et d'eau ; le second reste inaltéré. En desséchant bien le premier et le chauffant dans un tube, on obtient un dépôt cristallisé d'acide arsénieux dans les parties froides du tube (d'après Lippert, une partie seulement de l'arsenic se volatiliserait) ; le second ne donne pas de sublimé. Le dépôt mercuriel donnerait un sublimé de ce métal en gouttelettes (voy. § 79, 2). Le dépôt d'antimoine est plus bleuâtre, ne se volatilise pas et se dissout dans une solution bouillante de potasse très-affaible, colorée un peu en rouge par de l'hypermanganate ; on obtient ainsi de l'antimoniate de potassium dont on peut constater la présence par l'acide chlorhydrique et l'hydrogène sulfuré, après avoir séparé l'oxyde de manganèse par le filtre. Nous verrons au § 142, 8, comment se comporte le dépôt de cadmium.

La méthode de Reinsch ne réussit guère avec des solutions

---

[1] *Journ. f. prakt. Chemie*, t. LXXXII, p. 235.

trop acides; s'il vaut mieux en général éloigner toutes les matières organiques, on peut cependant obtenir de bons résultats avec les liquides provenant de la digestion des matières suspectes avec de l'acide chlorhydrique étendu au sixième[1].

VI. *Procédé d'Osann, de Gaultier de Claubry, de Bloxam*[2] *et d'autres.* — On cherche à isoler l'arsenic à l'état d'hydrure d'arsenic volatil en se servant de l'électrolyse, je décrirai le procédé avec les modifications que Bloxam lui a fait subir dans ces derniers temps.

Cette méthode, la plus sensible de toutes, exige que tous les réactifs employés soient préalablement soumis à son contrôle pour constater l'absence de l'arsenic. On verse dans un tube en U, d'une contenance de 50 grammes environ, de l'acide sulfurique pur et le liquide à examiner. L'une des branches de ce tube est fermé par un bouchon à trois trous; dans le premier passe un fil isolé terminé par une lame de platine, qui communique avec le pôle négatif d'une pile de Grove (de 125 millimètres); dans le second trou s'engage un tube à entonnoir qui plonge jusqu'au fond et dans le troisième un tube à dégagement. L'hydrure d'arsenic se dégage par ce dernier tube, se dessèche dans un tube à chlorure de calcium et est décomposé comme dans l'appareil de Marsh à l'aide de la chaleur. La branche ouverte du tube en U reçoit l'électrode positive de la pile de Grove.

Les substances organiques n'entravent pas la réaction, car l'addition d'un peu d'alcool suffit pour faire tomber la mousse. Bloxam[3] a modifié l'appareil pour les cas où l'on a des masses considérables de liquides à sa disposition. Il se sert d'une cloche tubulée, fermée à sa partie inférieure par une feuille de papier parchemin; le bouchon est à trois trous comme pour le tube en U; la cloche remplie du liquide suspect repose dans un cylindre

[1] V. Odling, *Chemical News*, 1865; un extrait dans Fresenius, *Zeitschrift f. anal. Chemie*, t. II, p. 588, pour un procédé qui permette de reconnaître que le cuivre employé n'est pas arsenical.

[2] *Verh. der Würzburger. phys. med. Ges.*, 1859. — *Journ. de Chim. et de Phys.*, 3ᵉ série, XVII, p. 125. — *Chemie. Soc. Q. J.*, XIII, p. 12 et 338. — *Pharm. Journ.*, 2ᵉ série, II, p. 518, et III, p. 607. — *Jahrsber. f. Chemie*, 1850, p. 602 et 60, p. 645. — Fresenius, *Zeitschrift f. anal. Chemie*, t. I, p. 483.

[3] *Jahrsb. f. Chemie*, 1860, p. 645.

renfermant de l'eau aiguisée par de l'acide sulfurique, et une lame de platine qui communique avec le pôle positif de la pile. La sensibilité de ce procédé est très-grande ; elle est au moins de 0,00076 de gramme. Le liquide ne doit renfermer ni chlorure mercurique, ni trop d'acide chlorhydrique ; l'acide arsénique devra d'abord être réduit à l'état d'acide arsénieux. L'antimoine se transforme partiellement en hydrogène antimonié ; les autres métaux restent dans le liquide à l'état métallique et peuvent être recherchés ultérieurement.

VII. La *dialyse* employée d'abord par Graham[1] lui a permis de retirer les composés solubles de l'arsenic de mélanges renfermant de l'albumine coagulée ou fluide, de la gélatine, du lait, du sang, même des intestins. Buchner et moi nous avons répété ces expériences avec le même succès, avec le contenu de l'estomac. Le liquide dialysé renferme toujours une certaine proportion de matière organique que nous conseillons de détruire avant de continuer l'analyse.

§ 43. *Caractères de l'anneau arsenical.* — Tous les procédés, le V⁰ excepté, ont fourni l'arsenic à l'état métallique ; mais l'antimoine (quelquefois le mercure) donnant dans les mêmes circonstances un anneau, il reste à démontrer d'une manière certaine que l'anneau isolé est réellement de l'arsenic. Je supposerai que le chimiste a préparé un ou plusieurs anneaux ou taches.

Le dépôt arsenical doit présenter les caractères suivants :

1°) Examiné à la loupe, il doit présenter l'aspect d'une couche mince d'un brun métallique ; l'antimoine est d'un noir velouté ; le mercure se présente sous forme de gouttelettes. Les bords ne doivent pas avoir l'aspect fondu, comme cela est le cas pour l'antimoine. L'anneau arsenical ne se produit que derrière la partie chauffée ; l'hydrogène antimonié se décomposant plus facilement, on obtient un anneau à chaque extrémité de la partie chauffée du tube. L'anneau arsenical présente quelquefois deux parties distinctes, l'une mate et brunâtre, l'autre plus brillante ; on a conclu de ce fait que l'arsenic présente deux modifications qui n'ont pas le même degré de volatilisation.

<hr>

[1] *Annal. d. Chem. u. Pharm.*, t. CXXI, p. 63.

2°) L'anneau arsenical chauffé dans un courant d'hydrogène ou de tout autre gaz non oxydant, doit se volatiliser facilement; chauffé au contact de l'air, il se transforme en acide arsénieux qui se dépose dans les parties froides du tube sous la forme d'un enduit cristallin, très-réfringent et composé d'octaèdres ou de tétraèdres quand on l'examine à la loupe [1]. Le même anneau peut servir à ces deux essais. L'antimoine se volatilise avec difficulté dans le courant d'hydrogène; avant de se volatiliser, il fond et forme des petites sphères visibles à la loupe; chauffé au contact de l'air, il se transforme en une poudre amorphe d'oxyde d'antimoine. (Le mercure ne s'oxyde pas au contact de l'air). En volatilisant une trace d'arsenic, on percevra une odeur *alliacée* très-caractéristique; l'antimoine et le mercure ne présentent rien de semblable. Cette réaction est des plus caractéristiques.

3°) Une solution d'hypochlorite de soude [2] fait disparaître presque au moment du contact la tache arsenicale; l'antimoine ne se dissout pas et n'est détaché que mécaniquement. Si une tache renferme à la fois les deux métaux, on verra les bords, plus riches en arsenic, se dissoudre, et le centre rester intact [3].

4°) La tache arsenicale est transformée en une tache jaune de sulfure d'arsenic lorsqu'on la mouille avec du sulfure d'ammonium et que l'on évapore avec précaution; l'antimoine se transforme dans ce cas en une tache orangée (Rose). Le sulfure d'arsenic est insoluble dans de l'acide chlorhydrique de concentration moyenne, qui dissout le sulfure d'antimoine. On peut encore transformer un anneau en sulfure en faisant traverser le tube par un courant d'hydrogène sulfuré et chauffant légèrement derrière l'endroit où la tache s'est formée (Fresenius et Pettenkofer). Si l'on fait passer ensuite [4] un courant sec d'acide chlor-

---

[1] Helwig, *Das Microskop in der Toxicologie*. Mayence, 1865. Bons dessins; les cristaux ne se dissolvent pas dans le baume du Canada; on peut retrouver ainsi des traces insignifiantes.

[2] Cette excellente réaction est due à Bischoff; la solution ne doit pas renfermer du chlore libre; le réactif s'obtient en précipitant une solution d'hypochlorite de chaux par du carbonate de sodium, et conservant le liquide filtré dans des flacons bouchés à l'émeri.

[3] Wackenroder, *Arch. f. Pharm.*, t. LXX, p. 16.

[4] Fresenius (*Anal. d. Ch. u. Ph.*, t. XXXXIII, p. 361) recommande de préparer l'acide en faisant réagir 10 parties d'acide sulfurique concentré sur une de chlorure de sodium.

hydrique, le sulfure d'arsenic ne sera pas attaqué, tandis que le sulfure d'antimoine se volatilisera sous forme de chlorure.

5°) Une goutte d'acide azotique de 1,3 de densité dissout à la fois l'arsenic et l'antimoine. Si la solution se fait à froid, l'arsenic, transformé en acide arsénieux, donnera avec l'azotate d'argent ammoniacal un beau *précipité jaune* d'arsénite d'argent dès que le liquide sera neutralisé. La solution argentique s'obtient en versant goutte à goutte de l'ammoniaque dans une solution d'azotate d'argent, jusqu'à ce que le précipité qui s'est formé en premier lieu se soit redissous. On peut encore neutraliser exactement la solution par de l'ammoniaque et ajouter l'azotate d'argent (voy. § 44). L'antimoine ne serait pas précipité dans ces conditions. [L'hydrogène sulfuré produirait un précipité jaune avec l'arsenic, rouge orangé avec l'antimoine. Les taches conviennent surtout à ce genre d'essais, mais il ne faut jamais employer trop d'acide, car pendant l'évaporation la réaction deviendrait plus énergique et l'on obtiendrait de l'acide arsénique, qui précipite en *rouge brique* l'azotate d'argent.]

6°) On dissout un anneau arsenical un peu fort dans de l'acide chlorhydrique concentré auquel on a ajouté un peu de chlorate de potassium ; cette solution est, après refroidissement, additionnée d'un peu d'acide tartrique, d'ammoniaque et de chlorure d'ammonium ; après quelques heures, on filtre si elle n'est pas restée limpide et on y verse le mélange de chlorures de magnésium et d'ammonium ammoniacal. L'acide arsénique se précipite à l'état d'arséniate ammoniaco-magnésien dont on peut retirer le métal en suivant le procédé de Zwenger. L'antimoine reste dans la liqueur ; on le précipite en acidulant le liquide filtré par de l'acide chlorhydrique et en y faisant passer un courant d'hydrogène sulfuré qui donne naissance à un précipité orangé de sulfure d'antimoine.

7°) L'ozone transforme rapidement l'arsenic en acide arsénique, qui rougit le papier de tournesol ; l'antimoine ne s'oxyde que lentement et son produit ne rougit pas le papier. La réaction se fait en plaçant la soucoupe sous une cloche avec un morceau de phosphore humide. Les produits d'oxydation donneront, suivant le cas, un précipité jaune ou rouge. [Cette réaction faite ainsi n'est pas très-rigoureuse, car la tache deviendra toujours acide par les produits volatils du phosphore qui s'y condenseront et s'oxyderont.]

8°) Lassaigne a fait remarquer que les vapeurs d'iode coloraient la tache d'abord en blanc jaunâtre, puis en brun; la tache devient incolore quand on chauffe faiblement au contact de l'air. L'hydrogène sulfuré versé, sur la place qu'elle occupait, produit une tache jaune que l'ammoniaque fait redisparaître. L'antimoine, dans les mêmes circonstances, devient d'abord d'un brun carmélite, puis orangé; l'hydrogène sulfuré produit une tache rouge orangée que l'ammoniaque ne fait pas disparaître.

9°) Les vapeurs de brome agissent comme celles d'iode; l'arsenic devient d'abord jaune, l'antimoine orangé; tous les deux deviennent incolores au contact de l'air, et l'hydrogène sulfuré se comporte avec elles comme avec les iodures. Pour faire réagir ces deux métalloïdes, il suffit de placer sous une cloche la soucoupe avec la tache et le flacon de réactif débouché.

Slater a fait connaître [1] quelques réactions de moindre importance, comme celles de l'iodate, du chlorate de potassium, du nitro-prussiate de sodium; je n'en parlerai pas. On peut se borner aux réactions 3, 5 et 6 lorsqu'on n'a que peu de matière à sa disposition.

§ 44. *Caractères des principaux composés arsenicaux.* — La justice ne se borne pas à demander si les matières suspectes renferment de l'arsenic, elle veut être renseignée sur la nature du composé arsenical qui a été administré. Lorsque le composé est insoluble ou peu soluble, les lavages indiqués au chapitre qui traite des opérations préliminaires, peuvent quelquefois servir à isoler des fragments du toxique; il n'en est plus de même lorsque la préparation arsenicale a été ingérée en solution.

C'est en passant en revue les principaux composés de l'arsenic que nous aurons occasion de mentionner quelques réactions qui pourront avoir de l'intérêt lorsqu'on aura réussi à isoler quelques fragments du corps toxique.

L'Arsenic métallique (mine de cobalt, poudre aux mouches, cobalt gris)

[1] *Chem. Gazette*, 1851, p. 57.

se rencontre dans le commerce sous forme de masses bacillaires ou fibreuses (rhomboèdres aigus) et sert à préparer la mort aux mouches[1].

L'arsenic est très-cassant, il se sublime au rouge sans fondre au préalable; sa vapeur incolore d'une odeur alliacée caractéristique se condense sous forme d'un anneau brillant.

Il ne se modifie que peu au contact de l'air, à la température ordinaire, mais il s'oxyde quand on le chauffe et se transforme en acide arsénieux cristallisé qui se volatilise. A l'air humide, il se recouvre d'un enduit gris de sous-oxyde; c'est de l'acide arsénieux qui se produit lorsqu'on le mouille au préalable; il se produit un peu d'acide arsénique quand l'air renferme de l'ozone.

Nous avons déjà étudié ses principaux caractères chimiques (au § 43, 5, 7, 8), et nous n'avons à y ajouter que les suivants; l'acide chlorhydrique ne le dissout partiellement qu'au contact de l'air; l'acide sulfurique étendu ne l'attaque pas. Un mélange d'acide sulfurique concentré et d'acide azotique de 1,5 de densité, le transforme en acide arsénique; le mélange de chlorate et d'acide chlorhydrique agit de la même manière. L'azotate et le chlorate de potassium le transforment en arséniates. Les alcalis fondus donnent naissance à un mélange d'arsénite et d'arséniure; ce dernier sel se décompose au contact de l'eau en arsenic et hydrures d'arsenic solide et gazeux. L'ammoniaqué n'attaque pas l'arsenic. Les huiles n'en dissolvent que de petites quantités.

Acide arsénieux (acide blanc, oxyde blanc d'arsenic). Ce corps se trouve dans le commerce sous forme de masses qui présentent quelquefois à la cassure les trois modifications, *cristalline*, *porcelanée et vitreuse*; on se sert également de la poudre, qui renferme une partie seulement de l'acide à l'état cristallisé (octaèdre et ses combinaisons avec le cube ou le tétraèdre).

L'acide arsénieux cristallise le plus souvent en octaèdres ayant un aspect diamantin très-prononcé, plus rarement en prismes. Il fond à une température élevée, puis se volatilise; sa vapeur est incolore et inodore (à moins qu'il n'y ait des agents réducteurs qui régénèrent de l'arsenic). L'eau n'en dissout que peu et lentement[2]; il en est de même de l'alcool; sa solubilité devient encore moindre lorsque l'acide arsénieux est enduit de corps gras. C'est grâce à ces circonstances et à sa forte densité que l'on peut souvent dans les essais préliminaires réussir à retrouver de l'arsenic par les procédés de décantation. L'examen cristallographique devra toujours être fait dans ce cas à l'aide de la loupe. Les acides chlorhydrique, tartrique, le dissolvent en quantité notable; la crème de tartre produit avec lui un émétique arsenical.

L'acide azotique, l'eau régale, le chlore, le brome ou l'iode le transforment en acide arsénique que l'on peut précipiter à l'état d'arséniate ammoniaco-magnésien cristallisé par le mélange de chlorures de magnésium et d'ammonium ammoniacal. L'hydrogène à l'état naissant, le charbon, le cyanure de potassium, les oxalates et quelques autres corps réducteurs, ces der-

---

[1] L'arsenic grossièrement concassé est placé dans une fiole remplie à moitié d'eau tiède; on décante le liquide après agitation et on lui ajoute un peu de sucre et d'eau-de-vie.

[2] Voy. Bussy. 1 d'acide vitreux se dissout dans 25 d'eau à froid; 1 d'acide cristallisé ou porcelainé en exige 80.

niers à une température élevée, le réduisent à l'état d'arsenic ou d'hydrure d'arsenic. Quelques métaux comme le zinc et le magnésium agissent de la même manière.

Fig. 11.

Souvent il importe de constater rapidement qu'un petit fragment d'un corps blanc est de l'acide arsénieux; on peut y arriver de la manière suivante. On étire un tube étroit fermé à un bout (fig. 11), et on y introduit le fragment que l'on recouvre de quelques débris de verre ; on ajoute alors quelques écailles de charbon préalablement calciné; on chauffe d'abord le tube à l'endroit où est le charbon pour éloigner toute trace d'humidité, puis on chauffe l'acide arsénieux en même temps que le charbon. Les vapeurs de ce corps se réduisent à l'état métallique en passant sur le charbon et se condensent sous la forme d'un anneau métallique dans les parties froides du tube. Il vaut mieux faire cet essai en chauffant, dans un tube de même forme ou d'une forme très-voisine, le mélange du corps suspect avec 6 fois son poids d'un mélange à parties égales de carbonate de sodium et de cyanure de potassium fondus.

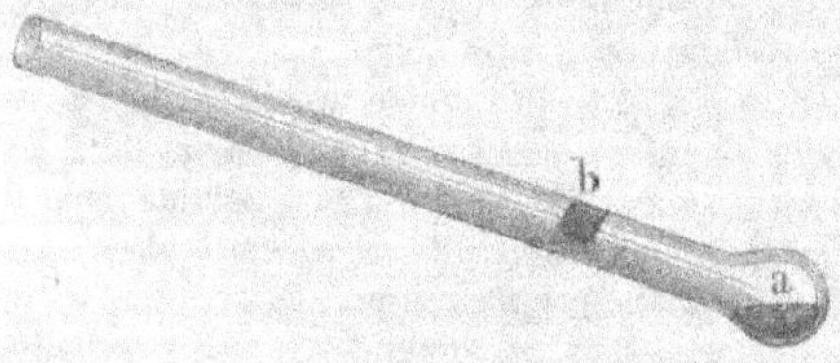

Fig. 12.

La solution bouillante d'acide arsénieux (ou arsénique) dans l'acide chlorhydrique se réduit très-facilement à l'état d'arsenic sous l'influence du chlorure stanneux. Le métal se dépose sous forme d'un dépôt brun volumineux. Bettendorff[1] dit avoir retrouvé ainsi 1 milligramme dilué au 500,000 et 2 millig. dilués au millionième.

---

[1] *Ztschr. f. Chem.*, t. V. p. 592.

La solution d'acide arsénieux, acidulée par l'acide chlorhydrique, donne avec l'hydrogène sulfuré un précipité jaune citrin de trisulfure; la précipitation est complète, et une solution qui ne renferme que $0^{gr},000031$ d'acide arsénieux, laisse déposer après 24 heures un précipité très-visible. Taylor indique que $0^{gr},000015$ dilués au 1/40000 comme limite extrême de la sensibilité. On peut lorsqu'on a beaucoup de matière à sa disposition, conserver une partie du précipité comme pièce de conviction. On peut transformer facilement en sulfure pur le précipité tel qu'on l'a obtenu au § 39; il suffit de l'évaporer avec de l'acide azotique pur et fumant, et de chauffer le résidu avec de l'acide sulfurique concentré qui détruit les matières organiques. Le résidu est repris par de l'eau aiguisée d'acide chlorhydrique, et le liquide filtré est précipité par de l'hydrogène sulfuré.

Le précipité doit se dissoudre dans les solutions des sulfures alcalins et d'ammonium, dans le sulfite acide de sodium, quand il a été récemment précipité (les sulfures d'antimoine et d'étain ne se dissolvent pas) dans l'ammoniaque, dans la potasse et les carbonates alcalins; l'acide chlorhydrique reprécipite de ces solutions du sulfure jaune. En faisant bouillir sa solution potassique avec de l'oxyde de cuivre, on obtient de l'arsénite, qui, débarrassé du sulfure et de l'excès d'oxyde de cuivre, peut servir à d'autres essais. La solution de sulfure d'arsenic dans l'ammoniaque traitée par de l'azotate d'argent donne un précipité de sulfure d'argent; l'arsenic est transformé en arsénite d'argent qui reste en solution dans l'ammoniaque; on peut l'isoler avec sa couleur jaune en neutralisant avec précaution le liquide filtré avec de l'acide azotique. L'acide chlorhydrique de concentration moyenne ne dissout pas le sulfure d'arsenic (les sulfures d'antimoine et d'étain, au contraire, se dissolvent à chaud).

Les arsénites en solution neutre donnent avec l'azotate d'argent neutre le précipité jaune caractéristique d'arsénite d'argent, qui se dissout dans l'ammoniaque et dans l'acide azotique. La solution ammoniacale, chauffée ou à froid, après quelque temps abandonne de l'argent métallique. Scheerer dit avoir vu cette réaction se produire dans 20^{gr} d'un liquide qui ne renfermait qu'un dixième de milligramme d'acide arsénieux. Taylor en a reconnu $0^{gr},0000078$ dissous dans une goutte d'eau.

La solution neutre d'un arsénite donne avec le sulfate de cuivre un précipité vert d'arsénite de cuivre (cette réaction très-sensible, permet de reconnaître, 5 à 18 centigrammes dans 8,640 d'eau) soluble dans les acides, l'ammoniaque et la potasse. Une solution de ce sel dans un excès de potasse laisse déposer par l'ébullition de l'oxyde cuivreux. Nous avons vu en parlant de la méthode de Reinsch, comment se comporte le cuivre métallique.

Le sulfate de magnésium donne un précipité blanc; l'eau de chaux produit dans des solutions qui ne renferment que 1/4000 d'acide arsénieux, un précipité qui est soluble dans tous les acides même dans un excès d'acide arsénieux.

L'acide arsénieux décolore une solution d'hypermanganate de potassium acidulée par l'acide sulfurique; les chromates laissent déposer de l'oxyde de chrome vert et l'iodure bleu d'amidon est décoloré par l'arsénite de sodium.

On obtient l'oxyde de cacodyle, dont l'odeur est si caractéristique, en chauffant dans un tube cet acide ou un de ses sels avec de l'acétate de potassium ou de sodium.

Les *arsénites* alcalins sont solubles, les autres sont insolubles, mais se dissolvent dans l'ammoniaque et les acides, leurs réactions sont les mêmes que celles de l'acide arsénieux. Chauffés sur le charbon, ils donnent une odeur alliacée caractéristique.

Dans l'examen d'un papier coloré en vert par le vert de Schweinfurt, on pourrait se contenter de gratter la couleur verte, de la dissoudre dans l'acide sulfurique et de l'introduire dans l'appareil de Marsh; on pourrait encore mouiller la partie colorée par de l'acide chlorhydrique et la recouvrir d'une lame bien nette de laiton; il devra se former l'enduit gris d'arséniure de cuivre. Pappenheim a proposé de mouiller la couleur avec de l'acide azotique et de l'azotate d'argent en solution concentrée; après quelques minutes on absorbe le liquide avec du papier à filtre que l'on expose aux vapeurs ammoniacales. La tache (si la couleur était du vert arsenical) devra devenir jaune, puis bleue; au contact de l'air, cette dernière couleur devra faire place à la couleur jaune; on ne peut tirer de conclusion de cet essai que si la succession de couleurs est bien nette et se fait dans l'ordre indiqué. Hager[1] a modifié le procédé de Bettendorff pour l'analyse des papiers de tenture. Il fait digérer le papier pendant 15 à 20 minutes avec de l'acide chlorhydrique officinal, et introduit 20 gouttes de ce liquide dans un tube à essais un peu large. Il ajoute du chlorure de sodium et du chlorure stanneux, jusqu'à ce qu'il se forme une bouillie fluide; et traite le tout par un volume double d'acide sulfurique; en reprenant par une petite quantité d'acide chlorhydrique, il obtient un dépôt brun foncé d'arsenic.

Sklarek[2] a proposé de faire avec le toxique des expériences physiologiques, mais un pareil essai n'est guère nécessaire.

Il faudrait toujours conserver comme pièce de conviction un fragment de l'arsenic ou de l'acide arsénieux qu'on aurait pu isoler en nature dans les essais préliminaires.

Acide arsénique et ses sels. Ces composés se réduisent aussi facilement que l'acide arsénieux à l'état métallique (voy. procédé de Marsh, Berzelius, Duflos et Hirsch, Fresenius, Babo, Zwenger). Le procédé de Bloxam ne donne que des résultats peu exacts. Quelques sels, notamment l'arséniate ferrique ne perdent qu'une partie de leur métal par la volatilisation; quelques-uns même n'en perdent pas, mais donnent néanmoins la réaction du cacodyle.

L'acide arsénique est un acide énergique, qui résiste à une chaleur brusque, mais qui, chauffé lentement, se réduit partiellement en acide arsénieux (E. Kopp); déliquescent, il se dissout lentement, mais en grande quantité. Sa solution aqueuse est acide au goût et au papier de tournesol. L'alcool et les huiles grasses n'en dissolvent que peu. L'acide sulfureux le réduit à l'état d'acide arsénieux.

L'hydrogène sulfuré ne précipite la solution acidulée que lentement à froid, plus rapidement à chaud (60 à 70°); lorsque la liqueur est saturée, la précipitation devient complète au bout de quelque temps; le précipité

<hr>

[1] *Pharm. Ztschr.*, 1870, n° 27.
[2] *Arch. f. Anat. u. Phys.*, 1866, p. 481.

d'un jaune pâle est formé par un mélange de soufre et de trisulfure[1]. Nous avons vu plus haut à propos de chaque procédé toutes les précautions qu'il fallait prendre dans cette précipitation, surtout lorsqu'on réduit d'abord l'acide arsénique par l'acide sulfureux. Le précipité produit par l'hydrogène sulfuré dans l'acide arsénique se comporte à peu près comme le trisulfure, à la différence près que sa solution ammoniacale donne avec l'azotate d'argent, au moins partiellement, un précipité *rouge brique* d'arséniate d'argent.

On obtient ce même précipité avec les solutions neutres d'arséniate; ce précipité se dissout dans l'ammoniaque comme l'arsénite, mais il est plus difficilement soluble dans l'acide azotique.

Le sulfate de cuivre produit un précipité bleuâtre d'arséniate cuivrique; le chlorure ferrique, un précipité blanc jaunâtre d'arséniate ferrique, le chlorure de magnésium ammoniacal, un précipité blanc cristallin d'arséniate ammoniaco-magnésien, que nous avons déjà étudié. L'eau de chaux, le chlorure de calcium, l'azotate ou le chlorure de baryum donnent des précipités blancs, solubles dans les acides.

Les arséniates alcalins sont solubles, les autres sont insolubles. Ces sels sont isomorphes avec les phosphates, mais ils s'en distinguent par l'odeur alliacée qu'ils répandent sur le charbon. Les émaux bleus renfermant de l'acide arsénique dans un état tel, que ni l'eau, ni les acides ne le dissolvent, ne doivent pas être regardés comme toxiques.

Le *bisulfure d'arsenic ou réalgar*, rouge ou brun, donne une poudre qui fut employée autrefois en peinture; il est amorphe ou cristallisé (prisme rhomboïdal oblique) et a pour densité 3,54. Il est insoluble dans l'eau, soluble dans les alcalis; le nitro-prussiate colore cette dernière solution en violet. L'acide azotique concentré, le mélange d'acide chlorhydrique et de chlorate, le transforment en acide arsénique. L'azotate de potassium fondu avec lui, donne de l'arséniate. Nous avons déjà vu qu'un mélange de ce corps avec le cyanure de potassium et le carbonate de sodium ne laissait dégager qu'une partie de l'arsenic.

Le *trisulfure d'arsenic ou orpiment* est jaune, c'est lui qui se forme quand on précipite l'acide arsénieux par l'hydrogène sulfuré. Sa couleur varie du jaune d'or au jaune citrin; il cristallise (prismes rhomboïdaux obliques), fond en une masse rouge rubis et se volatilise. Il est inutile d'insister plus longuement sur les propriétés de ce corps après tout ce que nous avons dit à propos de chaque procédé en particulier. J'ajouterai seulement que l'orpiment produit artificiellement dans les fabriques par voie sèche, ainsi que l'orpiment dit d'Allemagne, renferment des proportions notables d'acide arsénieux. [On se sert quelquefois de l'orpiment pour colorer l'acide arsénieux vendu comme insecticide, et prévenir ainsi les empoisonnements; c'est là une mauvaise coutume qui a donné naissance à des accidents. Un pareil orpiment renfermait jusqu'à 95 pour 100 d'acide arsénieux. Il vaut mieux dénaturer l'arsenic en lui incorporant des corps d'une odeur forte et repoussante, ou comme le prescrivait en Alsace un arrêté préfectoral, un mélange de sulfate ferreux et de ferro-cyanure de potassium secs. Le mélange bleuit lentement dès que la masse est mise au contact de l'eau.] On rencontre

---

[1] V. Rose, Poggendorff, *Annal. de Phys.*, t. CVII. Wackenroder et Ludwig, *Arch. f. Pharm.*, t. LXXXXVII.

parfois dans les autopsies du sulfure d'arsenic; il est facile de distinguer celui qui a été introduit à l'état de sulfure de celui qui a pris naissance par la réaction des produits de putréfaction sur l'acide arsénieux ingéré. Le premier est répandu dans toutes les parties du contenu du tube digestif, le second ne se rencontre que sur les parois stomacales et intestinales, auxquelles il adhère fortement. [J'ai eu occasion de voir un plat de haricots empoisonnés par l'acide arsénieux; le sulfure jaune qui se produisit très-rapidement sur les bords du plat en faïence a mis sur la trace du crime.]

§ 45. *Dosage de l'arsenic.* — La détermination *quantitative* de l'arsenic peut se faire de deux manières, soit par le procédé de Levol, soit à l'aide de l'hydrogène sulfuré.

Levol transforme d'abord l'arsenic en acide arsénique, puis il le précipite à l'état d'arséniate ammonicaco-magnésien. L'oxydation peut se faire par le mélange de chlorate et d'acide chlorhydrique; on neutralise par de l'ammoniaque, qui ne doit pas donner de précipité; le liquide, filtré au besoin, est alors précipité par le mélange de chlorures de magnésium et d'ammonium ammoniacal. Dans les expertises médico-légales, l'acide arsénique est toujours accompagné d'acide phosphorique et d'oxyde ferrique (quelquefois d'alumine), corps qui sont également précipités par le sel magnésien-ammoniacal; il faut donc séparer l'arsenic par l'hydrogène sulfuré, en suivant les précautions indiquées. Le précipité bien lavé est dissous dans de la potasse et traité par le chlore, ou attaqué par l'acide azotique concentré ou le mélange de chlorate et d'acide chlorhydrique. La présence des chlorates ou des azotates n'entravant pas la précipitation, il est inutile de passer par le traitement par l'acide sulfurique, mais il faut être sûr que tout l'arsenic soit transformé en acide arsénique, car l'acide arsénieux serait précipité également. On ne recueille le précipité que douze heures après l'addition du liquide magnésien sur un filtre taré (après dessiccation préalable à + 110°); on lave avec de l'eau ammoniacale (1 d'ammoniaque pour 5 d'eau) jusqu'à ce que les eaux de lavage, lisées par de l'acide azotique, ne précipitent plus par l'azotate neutre d'argent. L'arséniate ammoniaco-magnésien étant un peu soluble, il convient d'opérer sur des liquides concentrés et de ne pas prolonger les lavages plus qu'il n'est nécessaire. Le précipité desséché, à + 100° et pesé, renferme 60,53 % d'acide arsénique ou 39,477 d'arsenic[1]. Mieux vaut encore incinérer le précipité après l'avoir détaché du filtre autant que possible (l'incinération du filtre se fait à part); le résidu renferme 48,387 °/₀ d'arsenic. Fresenius[2], pour obvier à la cause d'erreur due à la solubilité de l'arséniate ammoniaco-magnésien, recommande d'ajouter au poids de ce corps 1 milligramme pour chaque 16 centigrammes de liquide filtré (avant l'emploi des eaux de lavage).

La précipitation de l'arsenic à l'état de sulfure ne peut se faire que lorsque le liquide est exempt des métaux qui précipitent également dans une solution acide par l'hydrogène sulfuré; il doit être également exempt des corps qui décomposent l'hydrogène sulfuré en soufre et en eau; de ce nombre sont les acides azotique, azoteux, hyperchloreux et chlorique, les chromates et sels ferriques. Un certain nombre de ces corps sont chassés par la volatilisation; les autres sont rendus inoffensifs par leur réduction au moyen de l'acide sulfureux. On précipite ensuite par l'hydrogène sulfuré, et en redissolvant par l'ammoniaque le sulfure d'arsenic, on peut le séparer des sulfures des autres métaux. On pourrait encore purifier le sulfure par le procédé indiqué au § 44.

Lorsque la solution ne renferme que de l'acide arsénieux, on acidule par de l'acide chlorhydrique et on y fait passer de l'hydrogène sulfuré; l'excès d'acide est chassé par un courant d'acide carbonique. On recueille le précipité sur un filtre lavé et taré (après dessiccation à + 110°); on lave avec de l'eau sulfureuse; le filtre après avoir été séché à + 100° est mouillé d'abord avec un peu d'alcool absolu qui enlève toute trace d'humidité, puis on le traite par du sulfure de carbone, qui enlève l'excès de soufre. Le précipité, pesé après dessiccation à + 110° et poids du filtre déduit, renferme, pour cent, 60,98 d'arsenic métallique.

ANTIMOINE.

§ 46. *Généralités*. — L'antimoine et ses composés sont rarement employés dans une intention criminelle, mais leurs pro-

---

[1] Voy. Rose dans Fresenius, *Ztschr. f. anal. Ch.*, I, p. 418, et Wittstein, *ib.*, II, p. 19, et surtout le beau travail de Puller, X, p. 41.

[2] Voy. à ce sujet Fresenius, *Analyse quantitative*; *Ztschr. f. anal. Chem.*, III, p. 206, et Puller, *loc. cit.*

priétés émétiques mises à profit par la médecine, nous forcent néanmoins d'en parler pour plusieurs motifs. Des doses trop fortes ont pu amener des accidents ; le médecin aura pu les administrer comme vomitifs dans les cas d'empoisonnements, et alors il sera important de ne pas les confondre avec l'arsenic, avec lequel ce métal a, comme nous l'avons vu, un grand nombre de caractères communs. La séparation de ces deux métaux nous occupera principalement dans ce chapitre.

§ 47. *Composés antimoniaux.* — Les composés suivants doivent être connus de l'expert : l'*émétique* (tartrate d'antimoine et de potassium, tartrate émétisé) et les préparations qui en renferment, comme le *vin stibié*, l'*onguent* et l'*emplâtre stibié* (pommade d'Autenrieth), le *quintisulfure* ou *soufre doré*, le *sulfure d'antimoine et de chaux*, le *trisulfure d'antimoine noir* [1] et *rouge*, le *kermès* (mélangé d'oxyde et de sulfure rouge), le *verre* et le *foie d'antimoine*, le *crocus metallorum* (mélanges en proportions variables d'oxyde et de sulfure impurs), le *savon stibié ;* les *oxydes d'antimoine* et leurs dérivés, comme l'*antimoine diaphorétique lavé* et *non lavé*, les *fleurs argentines d'antimoine*, le *chlorure d'antimoine*. Ce dernier corps, en solution chlorhydrique, est employé comme caustique par les vétérinaires et pour le bronzage des canons de fusils par les armuriers. L'antimoine n'a jamais été rencontré, dans les diverses parties de l'économie, dans les circonstances normales.

§ 48. *Action physiologique des préparations antimoniales.* — Les préparations antimoniales, dès qu'elles sont absorbées, déterminent des vomissements et des nausées. C'est là un fait que le chimiste ne doit pas perdre de vue, car il a plus d'importance pour lui que les évacuations alvines, la sueur, la sécrétion exagérée de mucus provoquée par l'irritation des muqueuses du tube digestif. Le chlorure d'antimoine a une action caustique que l'on peut rapprocher de celle des acides minéraux puissants. Appliquées sur la peau, ces préparations ont une action pustulante que l'on observe parfois même à la suite de l'usage interne.

---

[1] Le sulfure natif obtenu par la fusion du minerai renferme souvent de notables quantités de sulfure d'arsenic ; cette impureté se rencontre du reste chez la plupart des composés antimoniaux.

Nobiling a étudié avec beaucoup de soin le mode d'action de l'émétique; il attribue un grand rôle à la potasse que ce sel renferme; son travail est très-intéressant à consulter [1].

A l'autopsie, on trouve parfois des inflammations et des indurations de l'estomac (œsophage et rougeur diffuse du cardia) et de l'intestin grêle. Ackermann [2] n'a pas retrouvé l'induration ou l'hyperémie du poumon signalées par Magendie. Saïkowski (*loc. cit.*) a expérimenté avec l'acide antimonique et le chlorure d'antimoine; une dose journalière de 1/2 à 1 gramme d'acide a provoqué au bout de quinze à vingt jours une dégénérescence graisseuse analogue à celle qu'il avait vu se produire sous l'influence de l'acide arsénieux. Le poids de l'animal n'augmenta que peu; les dépôts graisseux ne se formèrent que dans le foie, rarement dans les reins et le cœur. Le chlorure d'antimoine est plus actif, car 5 à 10 centigrammes de ce sel déterminèrent déjà une dégénérescence graisseuse bien plus avancée au bout de quatre à cinq jours.

[On a signalé, dans ces derniers temps, l'existence d'une *forme lente* d'intoxication par l'émétique; deux médecins anglais, Palmer et Pritchard, se sont rendus coupables de ces tentatives criminelles. D'après Mayerhoffer et Taylor, on observerait des nausées très-pénibles, des vomissements muqueux et bilieux, des évacuations diarrhéiques, un pouls petit et serré, un grand abattement, des phénomènes ictériques, etc.; la mort peut n'arriver qu'au bout d'un temps assez éloigné; il peut y avoir des périodes de rémission d'une durée plus ou moins longue. J'ai observé des faits semblables sur des oies auxquelles j'avais fait ingérer des petites quantités d'émétique.]

[Roussin (*loc. cit.*) cite un cas d'empoisonnement où la victime avait appliqué sur une ulcération du sein une pommade blanche prescrite par le *docteur noir* comme remède spécifique du cancer. L'analyse démontra que cette pommade était composée de parties égales d'axonge et d'émétique finement porphyrisée.]

§ 49. *Absorption.* — Nous savons aussi peu que pour l'arsenic

[1] *Ztschr. f. Biologie*, t. IV, p. 40.
[2] Virchow's *Pathol. Anat.*, t. XXV.

quel est le composé antimonial qui se forme dans l'économie et qui est absorbé; ces deux métalloïdes ne paraissent pas avoir une grande tendance à s'unir aux matières albuminoïdes, du moins ces composés n'ont pas encore pu être reproduits artificiellement. Les composés antimoniaux solubles sont, comme les composés arsenicaux, rapidement éliminés par les urines[1]; l'examen de cette excrétion ne devra donc jamais être négligé, mais l'élimination totale du toxique est très-lente. Le chimiste devra analyser le foie, le poumon et le sang (Jaillard), mais ne pas négliger l'examen des matières vomies et du contenu du tube intestinal.

§ 50. *Dans quel but l'antimoine a-t-il été ingéré? Sous quelle forme l'antimoine a-t-il été administré? Est-ce comme toxique ou comme médicament qu'il a été donné à la victime? La dose était-elle mortelle ou non[2]?* — A ces trois questions posées par la justice, le chimiste ne pourra répondre, le plus souvent, que d'une manière dubitative; l'analyse quantitative pourrait se faire assez facilement, mais on n'est jamais sûr d'avoir eu à sa disposition toutes les matières vomies ou excrétées?

§ 51. *Exhumations.* — L'antimoine peut être retrouvé après de longues années dans un cadavre exhumé, et l'on n'a pas à redouter, comme pour l'arsenic, que le métal que l'on a retrouvé ait été introduit par les eaux de pluie qui ont traversé les terrains avoisinants.

§ 52. *Destruction de la matière organique.* — Je n'ai rien à ajouter à ce qui a trait à la destruction des matières organiques; je recommanderai le procédé au chlorate, mais en rappelant que le chlorure d'antimoine en solution peu acide peut être décomposé par l'eau, le précipité d'oxychlorure se redissout dans l'acide tartrique (voy., pour les détails, le § 22, I).

§ 53. *Précipitation par l'hydrogène sulfuré.* — La précipitation de l'antimoine par l'hydrogène sulfuré se fait bien plus rapidement que celle de l'acide arsénieux et surtout que celle de l'acide arsénique; on pourrait être tenté d'ajouter trop d'acide chlorhydrique pour éviter la décomposition du sel d'antimoine par

---

[1] Millon et Laveran, *Comp. rend.*, 21. — Bellini, *Lo Sperimentale*, en extrait dans le *Jhb. f. Pharm.*, 1868, p. 453.

[2] Cette question me semble avoir été très-mal résolue dans l'affaire Pritchard

l'eau, mais cette addition serait plutôt nuisible, puisque la précipitation serait incomplète.

Le sulfure d'antimoine précipité est rouge orangé, insoluble dans l'ammoniaque et le sulfite acide de sodium, mais soluble dans les sulfures alcalins et dans l'acide chlorhydrique moyennement concentré et chaud.

L'acide azotique ne dissout que partiellement le sulfure d'antimoine ou les autres composés antimoniaux ; la majeure partie reste à l'état d'acide hypoantimonique.

La déflagration avec l'azotate de potassium en quantité suffisante ou avec un mélange de ce sel et de carbonate, transforme les composés antimoniaux ou en antimoniate de potassium soluble. En remplaçant le sel de potasse par le sel de soude, on aurait un antimoniate de sodium presque insoluble, tandis que l'arséniate correspondant resterait soluble.

Nous mettrons à profit cette différence de solubilité pour séparer les deux métaux dans une recherche toxicologique. Les deux métaux sont d'abord précipités à l'état de sulfures ; l'ammoniaque réagissant sur ce précipité, dissoudra de préférence le sulfure d'arsenic ; la partie insoluble desséchée sera traitée par l'azotate de sodium. Le résidu de la déflagration est repris par de l'eau chaude (qui dissout moins de sel que l'eau froide) ; la partie insoluble est consacrée à la recherche de l'antimoine. On traitera de même la solution ammoniacale, et l'on réunit les parties insolubles de ces deux opérations ; on les redissout dans l'acide sulfurique étendu, et on les introduit dans l'appareil de Marsh, en observant les précautions indiquées précédemment. Les eaux de lavage serviront à la recherche de l'arsenic.

On pourrait également décomposer l'antimoniate de sodium par la calcination avec le cyanure de potassium, et isoler ensuite l'antimoine métallique en reprenant le résidu par de l'eau chaude ; dans ce cas, il y aurait une légère perte due à la volatilisation d'une petite quantité de métal.

§ 54. *Appareil de Marsh.* — Thompson[1], Pfaff[2] et d'autres[3]

---

[1] *Journ. f. prakt. Chem.*, t. II, p. 369.
[2] Poggendorff's *Annal. f. Phys.*, t. XXXX, p. 539.
[3] Vogel, *J. f. prakt. Chimie*, t. 13, 57, Buchner, etc.

chimistes enseignent que l'antimoine se comporte dans l'appareil de Marsh comme l'arsenic ; l'hydrure d'antimoine volatil se produit et se décompose dans les mêmes circonstances que l'hydrure volatil d'arsenic. Au contact de l'air, il brûle avec une flamme blanc verdâtre en donnant de l'eau et de l'oxyde d'antimoine. L'hydrure d'antimoine n'a pas la moindre odeur alliacée.

La réaction avec l'azotate d'argent présente également quelques différences ; l'hydrure d'arsenic se transforme en acide arsénieux et en argent ; celui d'antimoine en antimoniure d'argent ; le liquide ne renferme pas de traces de composé antimonié[1]. L'acide tartrique enlevant à ce précipité tout l'antimoine, on pourrait être tenté de l'envisager comme un simple mélange d'argent et d'oxyde d'antimoine.

J'ai indiqué en traitant de l'anneau arsenical (§ 42), les caractères distinctifs de l'anneau antimonial, je n'ai rien à ajouter.

Je rappellerai seulement qu'on ne doit jamais comme l'indique Otto, faire passer le gaz antimonié sur de la potasse solide, car j'ai constaté que cette dernière le décomposait totalement ; en faisant usage d'un tube dessiccateur un peu long, tout l'hydrure d'antimoine sera décomposé et les fragments de potasse seront recouverts d'un enduit brun ; l'hydrure d'arsenic passe inaltéré et pourra être décomposé par la chaleur dans un tube de Marsh.

L'hydrure d'antimoine se décompose plus facilement que celui d'arsenic ; aussi l'appareil de Marsh[2] est-il bien moins sensible pour la recherche de l'antimoine, que pour celle de l'arsenic, car une partie du gaz se décompose déjà dans le flacon. Le gaz est détruit de même par la potasse et par l'acide sulfurique concentrés, le chlorure d'or se réduit plus rapidement sous son influence que sous celle de l'hydrure d'arsenic.

§ 55. *Réactions caractéristiques de l'anneau d'antimoine.* — L'anneau (ou la tache) d'antimoine doit être soumis aux épreuves suivantes ; on le dissout dans de l'acide chlorhydrique

---

[1] Hoffmann, *Annal. d. Chem. u. Pharm.*, p. 155, fait voir que cette réaction pourrait être mise à profit dans les analyses quantitatives.

[2] Le liquide contenu dans le flacon renferme souvent un dépôt noir qu'il faut recueillir sur un filtre, et examiner au point de vue de la présence de l'antimoine.

auquel on a ajouté un peu d'acide azotique, et l'on chasse avec précaution l'excès d'acide. On pourrait encore dissoudre directement le sulfure d'antimoine dans de l'acide chlorhydrique, mais en ayant bien soin de chasser par l'ébullition tout le gaz sulfhydrique. C'est cette solution que l'on examine.

1) Nous avons déjà vu que la *couleur orangée* du précipité produit par l'hydrogène sulfuré était caractéristique; que la solution renferme de l'acide antimonieux ou antimonique, le précipité sera toujours du trisulfure mêlé seulement de soufre dans le dernier cas. Il renfermera du quintisulfure lorsque la solution de perchlorure aura été mêlée avec de l'acide tartrique. Le liquide doit avant la précipitation être débarrassé de tous les composés oxygénés du chlore et de l'azote, etc.

Le sulfure ainsi que tous les autres composés d'antimoine chauffés avec du cyanure de potassium, soit au contact de l'air, soit dans un courant d'acide carbonique, ne donnent jamais d'antimoine volatil (procédé de Fresenius et Babo); chauffés au contraire dans un courant d'hydrogène, ils donnent naissance à un anneau métallique (procédé de Berzelius, Duflos et Hirsch).

L'antimoine ne se volatilise pas quand ses composés sont calcinés avec du charbon (44), ou le mélange de cyanure de potassium et d'oxalate de sodium (procédé Zwenger). Je crois cependant pouvoir recommander ce dernier procédé pour la réduction du métal; il n'y a pas de perte à craindre, et l'antimoine vu sa densité pourra être isolée très-facilement par décantation en redissolvant la masse fondue dans de l'eau. Mais il faudra au préalable comme pour l'arsenic, transformer le sulfure en un composé oxydé, car une partie de ce dernier échappe toujours à la réduction; pour s'en assurer, il n'y a qu'à aciduler les eaux de lavage par de l'acide chlorhydrique pour voir se déposer un précipité orangé assez abondant.

2) La solution chlorhydrique d'antimoine, lorsqu'elle n'est pas trop acide, donne par l'eau un précipité blanc d'oxychlorure ou poudre d'Algaroth; ce précipité se redissout facilement dans l'acide tartrique, et peut être précipité par l'hydrogène sulfuré avec sa couleur orangée caractéristique.

3) On évapore avec précaution la solution de chlorure d'anti-

moine pour chasser l'excès d'acide, et on la verse dans le couvercle bien brillant d'un creuset en platine, en y plaçant une lamelle de zinc ou de magnésium. Le platine se recouvrira d'un enduit brun d'antimoine[1] ; un précipité se formera lorsque les liqueurs sont trop concentrées. Fresenius (*loc. cit.*), à qui est dû ce procédé, a obtenu au bout de 1/4 d'heure une réaction des plus nettes avec 1 cent. d'une solution renfermant 0^{gr},00005 d'antimoine et 2 gouttes d'acide ; 1/30000 paraît être la limite de la sensibilité.

L'acide antimonique, le perchlorure, les acides autres que l'acide azotique n'entravent pas la réaction. Le chlorure d'étain donnerait dans ce cas un enduit gris métallique qui se redissoudrait facilement dans l'acide chlorhydrique affaibli, tandis que l'antimoine résiste même pendant quelque temps à l'action de cet acide concentré et chaud.

La réaction devient même plus nette lorsque la solution renferme à la fois les deux métaux. On pourrait séparer l'étain de l'antimoine par l'acide chlorhydrique, puis redissoudre l'antimoine dans l'eau régale. L'arsenic n'entrave pas la réaction ; une partie de ce métal se volatilise à l'état de chlorure, l'autre n'adhère pas au platine, mais nage dans le liquide à l'état de flocons, de métal ou d'hydrure solide que l'on pourra facilement isoler mécaniquement. Nous renvoyons aux § 42 et 44 pour quelques autres caractères de l'antimoine (procédé Bloxam).

§ 56. *Pièce de conviction.* — Après s'être bien assuré de la présence de l'antimoine, le chimiste se procurera comme pièces de conviction un anneau et un précipité orangé de sulfure, qu'il conservera sous l'eau dans un petit tube scellé.

§ 57. *Caractères des principaux composés antimoniaux.* — La connaissance des caractères suivants de l'antimoine et de ses composés peut être utile à l'expert.

Antimoine métallique. Structure cristalline, couleur blanche argentée très-brillante (on peut obtenir des cristaux rhomboédriques qui sont isomorphes avec ceux de l'arsenic) ; le métal est dur, non malléable, il se pulvérise très-facilement. Densité 6,712. Il fond à 425°, et se volatilise à une température très-élevée, inaltérable quand on le chauffe dans un gaz qui ne renferme pas d'oxygène, il s'oxyde au contact de ce gaz et se transforme en

---

[1] V. Böttger, *Ch. Ctblatt*, année 3, pour la composition de ce précipité.

oxyde blanc. Le charbon sur lequel on fait l'opération se recouvre d'une auréole blanche très-étendue; les vapeurs sont *inodores*, lorsque l'antimoine ne renferme pas d'arsenic.

Les acides chlorhydrique concentré, sulfurique étendu ou concentré ne l'attaquent pas à froid, même quand il est bien pulvérisé; à chaud, l'acide chlorhydrique le transforme en chlorure, et l'acide sulfurique (mais difficilement) en sulfate. L'acide azotique, oxyde l'antimoine, mais ne dissout pas les produits d'oxydation, qui, suivant la concentration de l'acide sont, ou de l'oxyde d'antimoine, ou de l'acide hypoantimonique.

L'eau régale, le chlore (ou le mélange de chlorate et d'acide chlorhydrique), le brome et l'iode attaquent ce métal avec énergie; il se forme du perchlorure (bromure et ou l'iodure suivant le cas).

Chauffé avec du soufre, il se transforme en trisulfure.

Un mélange d'antimoine et de chlorate ou d'azotate alcalins porté à l'ignition, donne naissance à des antimoniates alcalins.

L'antimoine entre dans la composition de quelques alliages, caractères d'imprimerie, cuillers et théières (plomb et antimoine); autrefois on employait en médecine le métal sous forme de gobelet (pocula emetica) ou de grains (pilules éternelles).

L'antimoine métallique ou son sulfure natif pourront toujours, vu leur densité, être isolés des matières contenues dans le tube digestif à l'aide de la décantation.

Oxyde d'antimoine (oxyde blanc, acide antimonieux). Poudre cristalline, et isomorphe avec l'acide arsénieux, mais présentant de préférence la forme prismatique, tandis que ce dernier se rencontre plus souvent sous la forme octaédrique. Il existe une modification amorphe de ce corps. Chauffé, il jaunit, fond très-facilement, et prend l'aspect cristallin quand on le refroidit; il se volatilise à une température bien plus élevée que l'acide arsénieux. Le charbon, le cyanure, les oxalates et l'hydrogène le réduisent à l'état métallique; mais le métal ne se sublime pas aussi facilement que l'arsenic. A chaud, il se combine en toutes proportions avec le sulfure d'antimoine (verre, foie d'antimoine, etc.).

Presque insoluble dans l'eau, l'oxyde d'antimoine n'a aucune action sur les papiers réactifs; l'acide chlorhydrique et tartrique le dissolvent; l'acide azotique n'en dissout que des traces. Fondu avec du carbonate de potassium, il produit de l'antimonite de potassium, sel peu stable que l'eau décompose en acide antimonieux et en potasse. La fusion avec un azotate le transforme en antimoniate.

La solution chlorhydrique présente les caractères suivants :

La *potasse et son carbonate* donnent un précipité blanc, soluble dans un excès de réactif; la solution dans le carbonate laisse déposer peu à peu de l'oxyde.

L'*ammoniaque et son carbonate* produisent un précipité insoluble dans un excès de précipitant.

Cyanure jaune précipité blanc, insoluble dans l'acide chlorhydrique.

L'oxyde d'antimoine se distingue de l'acide antimonique par la réaction suivante (Bunsen et Rose); on évapore sur une lame de porcelaine quelques gouttes de l'eau qui tient en suspension l'oxyde; on mouille le résidu encore chaud par une goutte d'azotate d'argent, qui produit une tache noir d'oxyde argenteux. On obtient encore le même précipité insoluble dans l'ammoniaque, en précipitant par l'azotate d'argent, la solution de l'oxyde dans la potasse; l'acide antimonique ne donne qu'un résultat négatif. Il ne réduit pas les solutions de chlorure d'or et d'hypermanganate, comme le font les solutions chlorhydriques d'oxyde.

L'hyposulfite de sodium donne avec les solutions chlorhydriques peu acides un précipité d'un rouge très-vif, connu sous le nom de *vermillon d'antimoine*.

Tartrate d'antimoine et de potassium (t. stibié, émétique). Corps blanc cristallisant en cristaux transparents plus ou moins modifiés (tétraèdres et octaèdres), soluble dans 15 parties d'eau froide et 2 parties d'eau chaude; la solution a une saveur légèrement sucrée et métallique; elle se décompose lorsqu'on l'abandonne à elle-même, et abandonne un dépôt blanc. L'alcool précipite les solutions aqueuses. Chauffé l'émétique brunit, perd d'abord de l'eau, puis il se dégage une odeur de caramel, finalement il reste du charbon dont l'eau peut extraire du carbonate de potassium. Une odeur alliacée qui se produirait pendant l'opération, devrait être attribuée à un mélange d'arsenic.

Sa solution présente les caractères suivants :

Ammoniaque et carbonate d'ammonium, précipitation incomplète d'oxyde seulement après quelque temps.

Acides azotique et sulfurique, précipités blancs insolubles dans un excès de réactif.

Acide chlorhydrique, précipité blanc soluble dans un excès.

Ferrocyanure de potassium, pas de précipité.

Acide tannique, précipité jaunâtre très-volumineux.

Perchlorure de fer, précipité jaune soluble dans un excès lorsque la solution est étendue (Clauss) ; avant de se dissoudre, le précipité devient gélatineux. Les solutions concentrées ne précipitent pas (caractère distinctif des autres préparations antimoniales).

Hydrogène sulfuré, coloration orangée; il ne se forme de précipité qu'en acidulant.

Les préparations pharmaceutiques qui renferment de l'oxyde d'antimoine l'abandonnent à l'acide tartrique, de ce nombre sont : le *kermès minéral*, le *crocus d'antimoine*, le *verre d'antimoine*, l'*antimoine diaphorétique*, etc.

Les *cendres d'antimoine* (fleurs argentines) s'obtiennent en grillant, au contact de l'air, de l'antimoine ou son sulfure natif; cette préparation est presque toujours colorée en gris par un peu d'antimoine ou de sulfure non transformés.

Oxyde gris (acide hypoantimonique). S'obtient par la réaction de l'acide azotique étendu sur du métal pulvérisé; une partie du métal échappe toujours à l'attaque.

Antimoine diaphorétique. En faisant déflagrer un mélange d'azotate de potassium et d'antimoine (ou de sulfure), on obtient une masse dont la composition varie avec la proportion d'azotate. Presque toujours on y rencontre de l'oxyde, de l'antimoniate, de l'azotate et de l'azotite (quelquefois du sulfate) de potassium. En faisant bouillir avec de l'eau, il reste de l'antimoniate et de l'oxyde ; la préparation porte alors le nom d'*antimoine diaphorétique lavé* ; il est très-fâcheux qu'on la dénomme souvent *oxyde blanc d'antimoine*.

Le *trisulfure d'antimoine* (antimoine cru) est le minerai le plus répandu de ce métal, il sert à la préparation de tous les autres composés. On le rencontre sous forme de masses cristallines radiées d'un gris brillant qui donnent une poudre d'un noir très-vif; sa densité sous cet état est de 4,62. On l'emploi quelquefois à l'état amorphe sous le nom de kermès minéral, sulfure rouge, etc., mais il est alors presque toujours mélangé avec de l'oxyde ; dans ce dernier cas, la couleur est d'un rouge brun ou d'un rouge orangé. Le précipité produit par l'hydrogène sulfuré dans les solutions acides d'oxyde est également du trisulfure.

Le sulfure d'antimoine, amorphe ou cristallisé, fond à une température élevée et se transforme par le grillage en acide sulfureux et en antimoniate antimonieux ou oxyde d'antimoine. L'hydrogène, le cyanure de potassium et les oxalates alcalins le réduisent complétement à l'aide de la chaleur. L'acide chlorhydrique le dissout à chaud avec un dégagement d'hydrogène sulfuré qui colore en noir un papier imprégné d'acétate de plomb et en violet un papier imprégné de nitro-prussiate de sodium ammoniacal. L'eau régale le dissout facilement. L'acide azotique l'oxyde, mais ne dissout que partiellement les produits d'oxydation ; l'acide sulfurique concentré le transforme en sulfate. Les solutions bouillantes d'alcalis ou de leurs carbonates le dissolvent rapidement quand il est amorphe, plus lentement lorsqu'il est cristallisé ; le liquide refroidi laisse déposer du *kermès*. Il se transforme en foie d'antimoine (mélange d'antimoniate et d'un sulfosel), quand on le fond avec les mêmes réactifs solides. L'ammoniaque ne le dissolvant que peu, on a proposé l'emploi de ce réactif pour enlever au sulfure d'antimoine natif le sulfure d'arsenic qu'il renferme toujours. Nous avons déjà mentionné les autres propriétés du sulfure d'antimoine.

Le *quintisulfure d'antimoine* (soufre doré) employé en médecine s'obtient en décomposant les sulfo-antimoniates alcalins par de l'acide chlorhydrique ou sulfurique dilués. C'est une poudre orangée à laquelle le sulfure de carbone peut enlever 2 atomes de soufre; l'on envisage parfois à cause de cette réaction comme un simple mélange de soufre et de trisulfure. Il est insoluble dans l'eau, mais il se produit dans ce cas un peu d'oxyde d'antimoine. Chauffé, il perd une partie de son soufre; ses autres caractères sont les mêmes que ceux du trisulfure.

Sulfo-antimoniate de calcium (calcaria sulfurato-stibiata). Ce sel comme celui de sodium (sel de Schlippe) traité par l'acide chlorhydrique, donne un dégagement d'hydrogène sulfuré et un dépôt de quintisulfure.

Chlorure d'antimoine (beurre d'antimoine). Masse cristalline, de consistance butyreuse (quand il est humide), fond à 73° et entre en ébullition à 223°. Ce sel, exposé à l'air, perd de l'acide chlorhydrique et se transforme en oxychlorure; l'eau produit la même décomposition; le corps qui se dépose porte le nom de *poudre d'Algaroth*. Sa solution dans l'eau aiguisée d'acide chlorhydrique incolore ou jaunâtre est employée en médecine; l'eau la précipite quand elle ne renferme pas un excès d'acide. Le chlorure d'antimoine peut se volatiliser faiblement quand on porte à l'ébullition sa solution aqueuse (voy., pour les autres réactions, l'oxyde d'antimoine).

§ 58. *Dosage de l'antimoine*. — L'expert pourra *doser* la quantité d'antimoine en se servant de la précipitation par l'hydrogène sulfuré, mais en ne négligeant aucune des précautions que nous avons indiquées dans le paragraphe relatif au dosage de l'arsenic. Lorsque la liqueur doit être étendue avant l'emploi du gaz, il faut avoir soin d'ajouter de l'acide tartrique pour éviter la précipitation de la poudre d'Algaroth. Les solutions de chlorure pouvant perdre par l'évaporation une partie du sel qui est entraîné par la vapeur d'eau, il ne faut chauffer qu'avec précaution ; le précipité qui se forme à chaud deviendra plus dense ; on le dessèche et on le traite par du sulfure de carbone, qui dissout l'excès de soufre. Il est très-difficile de lui enlever toute l'eau qu'il renferme à la température de 100° ; on y arrive plus facilement en le plaçant dans une nacelle en porcelaine introduite dans un tube chauffé et traversé par un courant de gaz carbonique. Il est bon de s'assurer que le précipité ne renferme pas un excès de soufre ; il suffit pour cela de le dissoudre dans de l'acide chlorhydrique ; la solution sera transparente si l'opération a été bien conduite.

Bunsen[1] dit qu'il est préférable de doser l'antimoine à l'état d'acide hypoantimonique. Il suffit pour cela de chauffer le sulfure avec 30 ou 50 fois son poids d'oxyde mercurique précipité ; on modère l'action de la chaleur dès qu'il se dégage des vapeurs grises, et l'on donne un coup de feu à l'aide de la lampe à émailleur lorsque tout le mercure s'est volatilisé. 100 parties de sulfure d'antimoine correspondent à 71,77 de métal, et 100 d'acide hypoantimonique renferment 79,22 d'antimoine.

ÉTAIN.

§ 59. *Généralités*. — Quoique ce métal et ses composés ne soient toxiques qu'à un très-faible degré, l'expert devra cependant en connaître les caractères chimiques pour plusieurs mo-

---

[1] Voy. pour la conduite de l'opération, *Annal. d. Chem. u. Pharm.*, t. CVI, p. 3.

tifs. Le chlorure stanneux, si fréquemment employé dans les arts, a été administré parfois dans une intention criminelle. L'étain entre de plus dans de nombreux alliages qui ne sont pas tous inoffensifs, car presque toujours l'étain [est mélangé avec du plomb; l'on connaît une foule d'empoisonnements provoqués par l'usage de vases, cuillers, théières, etc., faits avec de l'étain plombifère[1]. L'étain en feuilles du commerce renferme parfois jusqu'à jusqu'à 88 °/₀ de plomb. Nous avons déjà vu d'autre part que l'antimoine et l'arsenic possédaient quelques réactions qui pourraient les faire confondre avec l'étain.

Ces considérations diverses justifient l'opportunité de l'étude que nous allons entreprendre.

§ 60. *Action physiologique.* — L'action des préparations stanniques sur l'économie ne nous est que peu connue[2]. Suivant Orfila, des doses même faibles de chlorure stanneux provoqueraient dans les tissus des modifications ayant beaucoup d'analogie avec celles dues à l'action du sublimé corrosif; d'autres préparations solubles et même les oxydes (potée d'étain), mais ces derniers à haute dose seulement, posséderaient les mêmes propriétés. Le *chlorure stannique* (liqueur fumante de Libarius); le *perchlorure d'ammonium et d'étain*; les *stannates* et *stannites de sodium* (employés dans la préparation des couleurs d'aniline) ont une action bien plus énergique; l'action du chlore devient prépondérante pour les chlorures. On a étudié également les réactions physiologiques des *éthylures* et *méthylures de zinc*[3]. L'*or mussif* employé autrefois comme vermifuge, et sa modification amorphe employée en peinture, paraissent être inoffensifs. L'étain n'a jamais été signalé au nombre des corps que l'on rencontre dans l'économie normale.

---

[1] Voy. *Berliner Kli. N. Ch.*, 1865, n° 37, p. 378. — *Mediz. and. surg. Repert.*, 1868, p. 116. — Des pommes cuites dans des vases en étain renfermant du plomb, ont produits des accidents.

[Un fait semblable est à ma connaissance, une salade de pommes de terre qui avait séjourné pendant cinq heures dans une gamelle étamée avec de l'étain plombifère, incommoda plus ou moins vivement trente-cinq sous-officiers.]

[2] Orfila, *Traité de Toxicologie*, II, p. 5. — Christison rapporte un cas d'empoisonnement volontaire; Meinel (*Deutsche Klinik*, 1851) relate un cas douteux où du sel marin humide avait été abandonné sur une assiette métallique. Poumet, *Annal. d'hyg. publ.*, 1845. — Gobley, *ib.*, 1869, p. 237.

[3] *Institut.* 1869.

§ 61. *Séparation de l'étain des matières organiques*. — La recherche de l'étain se fera comme celle des deux corps précédents. La liqueur, après destruction par le chlorate, renfermera du chlorure stannique, qui se volatilise en petite quantité même en ne chauffant qu'au bain-marie ; c'est pour ce motif que j'ai recommandé l'emploi d'une cornue. L'hydrogène sulfuré produit un précipité *jaune pâle* de bisulfure d'étain, que l'on pourrait confondre avec un précipité arsenical. Ce précipité partage, avec celui d'antimoine, la propriété de ne pas se dissoudre dans l'ammoniaque, le carbonate d'ammonium et le sulfite acide de sodium ; il se dissout dans tous les sulfures alcalins. Les sulfures d'arsenic et d'étain peuvent être séparés à l'aide de l'ammoniaque.

Le cyanure de potassium ne réduit que partiellement ce précipité ; il ne se produira jamais d'anneau quand la réduction se fait dans un tube et dans une capsule de porcelaine il n'y aura pas à redouter de perte par volatilisation. L'étain métallique est séparé par l'eau chaude ; l'acide chlorhydrique moyennement concentré le dissout déjà à froid, à plus forte raison à chaud, ce caractère le distingue de l'antimoine. Il est bon, lorsque l'étain s'est ainsi réduit sous forme de petits grains, d'en garder quelques-uns comme *pièce à conviction* ; ces grains se laissent aplatir au mortier d'agate.

Le sulfure stannique, comme celui d'antimoine, se dissout dans un acide chlorhydrique dilué qui n'attaque pas celui d'arsenic. L'acide oxalique bouillant dissout également le sulfure stannique (il se dépose de l'oxalate d'étain insoluble) ; la même solution ne dissout que lentement le sulfure d'arsenic, un peu plus rapidement celui d'antimoine ; l'hydrogène sulfuré ne précipite qu'incomplètement ces solutions oxaliques.

L'acide azotique transforme l'étain et ses sulfures en une poudre blanche d'acide stannique ou métastannique, insolubles dans l'acide azotique.

Le sulfure stannique chauffé avec de l'azotate de potassium se transforme en stannate de potassium soluble ; on obtient au contraire un stannate insoluble surtout à chaud, quand on le calcine avec de l'azotate de sodium (réaction utile pour séparer l'arsenic). Ces stannates dissous dans l'acide sulfurique et introduits dans l'appareil de Marsh ne donnent *pas d'anneau*. L'étain est bien réduit à l'état métallique par l'hydrogène, mais il reste dans le flacon générateur.

Les oxydes et les sels d'étain sont réduits à l'état métallique par le cyanure de potassium, mais le métal ne se volatilise pas, même dans un courant d'hydrogène (procédé de Fresenius et Babo). L'étain introduit dans un appareil de Marsh n'empêche pas la production de l'hydrure d'arsenic, mais celle de l'hydrure d'antimoine, surtout lorsqu'il n'y a que peu d'antimoine[1]. L'étain est réduit à l'état métallique et pourra être isolé mécaniquement par des lavages ; en le dissolvant dans l'acide chlorhydrique, on obtient du chlorure stanneux dont nous indiquerons plus loin les caractères. On peut traiter d'une manière identique le résidu de la réduction par le cyanure.

Le magnésium conviendrait mieux que le zinc pour la précipitation des solutions stanniques, car ce métal n'est pas toxique et l'expert n'a pas à se préoccuper de sa présence.

§ 62. *Caractère des sels d'étain.* — L'étain métallique est transformé en chlorure stanneux par l'acide chlorhydrique ; on peut chasser l'excès d'acide par l'évaporation au bain-marie, car ce sel n'est pas volatil. La solution est soumise à l'examen des réactifs suivants :

1) L'*hydrogène sulfuré* produira un précipité brun marron de sulfure stanneux insoluble dans le monosulfure d'ammonium et dans le sulfure jaune polysulfuré[2]. Cette solution, chauffée avec quelques gouttes d'acide azotique, donnera un précipité jaune de sulfure stannique, qui est soluble même dans le monosulfure d'ammonium. Tookey[3] a proposé de séparer l'étain de l'antimoine en faisant réagir de l'acide chlorhydrique gazeux sec sur les deux sulfures ; l'opération se fait dans un tube fortement chauffé ; le chlorure d'antimoine se volatilise, tandis que celui d'étain peut même être fondu sans qu'il se dégage.

---

[1] Voy. Morin, *Journ. de Pharm. et de Chim.*, t. XXXXII, p. 449.

[2] Ce réactif se produit par le séjour du monosulfure dans un flacon à moitié rempli et mal bouché ; on peut le préparer au moment de s'en servir en agitant quelques instants un mélange de monosulfure et de fleurs de soufre lavés.

[3] Dingler's *Polyt. Journal*, t. CLXX, p. 436.

2) Quelques gouttes d'une solution très-étendue de *chlorure mercurique* produisent dans la solution du chlorure stanneux un précipité d'abord blanc de calomel, mais qui noircit bientôt, puisque, la réduction continuant, il se forme du mercure. Ce cas se présente de suite lorsqu'on a ajouté trop de sel stanneux.

Le *chlorure cuivrique* sera transformé de même en chlorure cuivreux incolore.

3) Le *chlorure d'or* est réduit à l'état métallique par le chlorure stanneux ; la solution aurique doit être neutre et étendue ; le précipité est rouge ou violet. Le chlorure platinique jaune sera transformé en chlorure platineux brun, mais toutes ces réactions exigent que l'étain soit bien à l'état de sel stanneux.

4) Un mélange de *perchlorure de fer et de ferricyanure de potassium* est brun ; quelques gouttes de sel stanneux y produisent immédiatement un précipité de bleu de Prusse. Les réactions indiquées aux n°s 2, 3 et 4 appartiennent non-seulement à l'étain, mais à un grand nombre d'autres corps réducteurs.

5) On essaye la réduction à l'état métallique à l'aide du *zinc*, en procédant comme nous l'avons dit pour l'antimoine ; l'arsenic et l'antimoine n'entravent pas la réaction. On peut se servir soit de la solution stanneuse, soit de celle des stannates ; la présence d'un peu d'acide chlorhydrique libre n'est pas nuisible.

Le fer qui précipite de l'antimoine de la solution de perchlorure, ne réduit le chlorure stannique qu'à l'état de chlorure stanneux qui résiste à une décomposition ultérieure.

§ 63. *Caractères des principales préparations stanniques.* — Le toxicologiste lira avec profit les caractères suivants de l'étain et de son chlorure.

L'*Étain* est un métal blanc argentin, pas aussi malléable que le plomb ; sa densité est de 7,29 ; il fond entre 228 et 250°. Volatil à une température très-élevée, il s'oxyde au contact de l'air quand il est fondu et se recouvre d'une pellicule grise (cendres d'étain) ; à une température plus élevée, il brûle avec flamme en produisant le même corps.

L'acide chlorhydrique le dissout lentement à l'état de sel stanneux ; la réaction se fait déjà à froid, mais est bien plus énergique quand on chauffe, et surtout quand on met le métal en contact avec du platine. L'acide sulfurique étendu n'a que peu d'action ; l'acide concentré le transforme à chaud en sulfate. Une ébullition longtemps prolongée avec des solutions concentrées de potasse ou de soude, produit des stannates ; le même sel se produit par la déflagration d'un mélange d'étain et d'azotate.

L'air, l'eau et l'hydrogène sulfuré n'exercent aucune action sur l'étain à la température ordinaire. On a conclu de ces essais que les vases en étain pouvaient être employés sans inconvénient à la préparation et à la conservation des aliments. Je ferai remarquer cependant que les acides organiques étendus (acétique, citrique, etc.), et le chlorure d'ammonium et de sodium attaquent le métal, et que, de plus, l'étain de ces vases renferme toujours une quantité plus ou moins forte de plomb. Presque tous ces alliages renferment 18 pour 100 de plomb.

On a examiné bien souvent la manière dont se comportent ces alliages avec les liquides de l'économie ; on avait admis que l'eau précipitait le plomb à l'état métallique de ses solutions, mais Pleisch[1] a fait voir que c'est l'inverse qui était vrai.

Les expériences de ce dernier mettent à néant l'assertion de Proust[2], qui croyait que l'étain empêchait la dissolution du plomb d'un alliage par l'acide acétique. Pleisch continuant les expériences de Vauquelin, a expérimenté avec des nombreux alliages qui renfermaient de 3 à 75 °/₀ de plomb ; il les mit en contact à froid et à chaud avec de l'acide acétique ayant l'acidité des bons vinaigres du commerce. Le liquide renfermait d'autant plus de plomb, que l'alliage était plus plombifère. Comme il est démontré que l'étain est précipité de sa solution par le plomb, on aurait pu s'attendre à ce que le plomb empêchât la dissolution de l'étain de l'alliage ; l'expérience a démontré que l'étain était dissous en même temps que le plomb[3].

Ce que j'ai dit des vases d'étain s'applique également aux vases étamés en fer ou en cuivre, car l'étamage ne se fait que trop souvent avec des alliages qui renferment jusqu'à 30 pour 100 de plomb et 25 pour 100 de zinc.

Nous devons faire observer néanmoins que si, en général, l'acide acétique dissout d'autant plus de plomb que l'alliage est plus riche en plomb, il y a des exceptions ; Pleisch a vu qu'un certain nombre d'alliages, les uns très-riches, les autres, au contraire, très-pauvres en plomb, présentaient une résistance exceptionnelle à l'action des acides.

Les chlorures se comportent vis-à-vis de ces alliages comme les acides étendus. On a prétendu que les substances renfermant du tannin n'attaquaient pas ces alliages, mais le contraire a été également soutenu ; de nouvelles expériences sont donc nécessaires.

Le *chlorure stanneux* à l'état cristallisé se trouve dans le commerce sous le nom de sel d'étain ; les cristaux aiguillés (système monoclinique) perdent la plus grande partie de leur eau à + 100°, mais ils se décomposent partiellement, car il se dégage un peu d'acide chlorhydrique. Ce sel se dissout dans une petite quantité d'eau ; une proportion plus forte amène une décomposition qui se traduit par un dépôt blanc d'oxychlorure. La même décomposition a lieu quand on expose pendant quelque temps à l'air sa solution aqueuse ; quelques gouttes d'acide chlorhydrique ajoutées à la solution empêchent cette altération.

Nous avons déjà étudié la manière dont ce sel se comporte avec l'*hydro-*

[1] *Sitzunsb. der Wiener Akad. der Wissenschaft*, t. XXXXIII.
[2] Annal. de Chim. et Phys., t. LVII, p. 84.
[3] Dingler's *Polyt. Journ.*, t. CLXIII, p. 158.

gène à l'état naissant, le *cyanure de potassium*, l'*acide azotique*, le *sublimé corrosif* et le *perchlorure d'or*. Nous n'ajouterons que les réactions suivantes.

Potasse ou soude. — Précipités blancs solubles dans un excès.

Carbonates alcalins, carbonate de baryte, ammoniaque.—Précipité d'oxyde stanneux insoluble dans un excès.

Ferrocyanure de potassium. — Précipité blanc gélatineux.

Iodure de potassium. — Précipité caséeux jaunâtre, passant rapidement au rouge.

Cyanure de potassium. — Précipité blanc, insoluble dans un excès de réactif.

§ 64. *Dosage de l'étain.* — Le *dosage* de l'étain peut se faire par le procédé suivant. Les matières organiques sont détruites par la calcination avec l'azotate de potassium ; on chasse l'acide azotique par l'acide sulfurique, puis on fait passer un courant d'hydrogène sulfuré. Le précipité lavé est grillé dans un petit creuset en porcelaine ; on chauffe plus fortement à la fin en ajoutant un peu de carbonate d'ammonium qui enlève l'acide sulfureux qui aurait pu se former. Le résidu, qui est de l'oxyde stannique, renferme, pour 100, 78,38 d'étain.

Fresenius recommande encore l'emploi d'autres procédés ; je renverrai toujours à son ouvrage d'analyse quantitative pour tout ce qui a trait aux procédés de dosage.

OR.

§ 65. *Généralités.* — Le prix élevé et la saveur désagréable des composés d'or sont probablement les motifs pour lesquels les empoisonnements volontaires par ces préparations sont si rares. Des accidents assez nombreux ont été signalés, par contre, depuis que la médecine a introduit l'usage des *chlorures d'or* (simple ou double, caustique de Landolphi), que la photographie se sert du *sel d'or de Fordos et Gélis* (hyposulfite d'or et de sodium et perchlorure d'or), et que la dorure galvanique emploie de notables quantités de cyanure double d'or et de potassium.

§ 66. *Réactions physiologiques.* — On ne connaît pas d'une manière satisfaisante l'action qu'exercent sur l'économie les préparations auriques. Les chlorures d'or simple ou double pourront être regardés comme irritants ; l'albumine paraît être coagulée et former une combinaison définie. L'épiderme fixe rapidement les sels d'or solubles et les réduit petit à petit ; la coloration brune ou violette que prennent les tissus exposés à la lumière démontre ce fait très-nettement. Cette coloration se retrouve, comme je l'ai constaté, sur la muqueuse buccale, œsophagienne et stomacale d'un chien que j'avais empoisonné par le chlorure d'or. Ce caractère ne doit pas être perdu de vue dans les autopsies. Les muqueuses sont loin de fixer tout le toxique, car les urines émises avant la mort renferment une notable quantité de sel d'or ; j'en ai retrouvé trois jours après l'ingestion de la préparation aurique. Je ne sais comment se comporte le sel de Fordos et Gélis et le pourpre de Cassius (Stahl le regarde comme toxique !) ; les cyanures doubles ont une action mixte dans laquelle domine celle du cyanure.

§ 67. *Recherche de l'or au milieu des matières organiques.* — Le liquide résultant de la destruction des matières organiques par le mélange de chlorate et d'acide chlorhydrique peut servir à la recherche de l'or, mais on ne doit négliger aucune des précautions indiquées. La solution aqueuse qui renferme du perchlorure d'or peut être évaporée sans perte au bain-marie, mais la dessiccation ne doit pas être trop prolongée, sans quoi il se dépose un dépôt brun de chlorure aureux ; la lumière, les corps réducteurs et les matières organiques qui ont résisté à l'action du chlore produisent la même réduction partielle.

§ 68. *Précipitation par l'hydrogène sulfuré.* — La solution du perchlorure d'or, lorsqu'elle n'est pas trop acide, précipite *à froid* par l'hydrogène sulfuré du sulfure d'or ; le précipité est brun, soluble dans le sulfure d'ammonium et plus encore dans celui de potassium ; l'ammoniaque ne le dissout pas, la potasse n'en dissout qu'une partie ; *à chaud*, d'après Levot[1], l'hydrogène sulfuré ne précipite que du sulfure aureux et même de l'or quand la solution est bouillante. La solution de sulfure aurique dans le sulfure d'ammonium est décomposée par le zinc ; ce métal se recouvre d'un enduit d'or métallique. Cette réaction,

---

[1] *Annal. de Chim. et de Phys.*, t. XX, p. 53

d'après Braun, serait très-sensible; une goutte d'une solution aurique au 24ᵉ, dissoute dans 20 centimètres cubes de sulfure d'ammonium, a manifestement doré, au bout de quarante-huit heures, une lame de zinc.

Le précipité de sulfure aurique se dissout difficilement dans l'acide chlorhydrique, mais bien plus facilement dans l'eau régale, qui régénère du perchlorure. On chasse avec précaution l'excès d'acide, et l'on soumet la nouvelle solution aux réactifs suivants :

1) Le *chlorure stanneux* renfermant une trace de chlorure stannique, donne un précipité pourpre, quelquefois brun violet ou brun, insoluble dans l'acide chlorhydrique.

2) Le *sulfate ferreux* produit un précipité brun marron (couleur tabac d'Espagne) qui, regardé par transmission, paraît bleu. Le précipité est de l'or qui prend l'éclat métallique quand on l'écrase avec un corps dur.

3) Une solution bouillante d'*acide oxalique* prend d'abord une couleur vert chatoyante, puis il se forme un dépôt floconneux d'or; les parois du tube sont dorées partiellement. On peut garder ce tube comme *pièce de conviction*.

4) La *potasse* produit un précipité brun jaunâtre d'oxyde, l'*ammoniaque* au contraire donne naissance à de l'or fulminant, qui détone par le choc quand il a été desséché.

Le liquide résultant de la destruction des matières organiques laisse déposer quelquefois un dépôt brun jaunâtre; il faut, dans ces cas, le redissoudre dans l'eau régale, évaporer l'acide avec précaution et n'examiner que le liquide jaune.

On pourrait encore précipiter l'or à l'état métallique sans passer par l'hydrogène sulfuré; il suffirait d'évaporer à siccité le liquide régalien et de le calciner avec de l'acide oxalique. Les matières étrangères sont enlevées par l'eau et l'on redissout l'or dans l'eau régale.

§ 69. *Dosage.* — On dose toujours l'or en le réduisant et en le pesant à l'état métallique. On peut, si l'on veut être très-rigoureux, purifier l'or que l'on a isolé précédemment, par une nouvelle dissolution et une nouvelle réduction par l'acide oxalique.

§ 70. *Recherche de l'or dans les liquides cyanurés*. — La recherche de l'or, quand ce métal se trouve sous forme de cyanure, présente quelques difficultés, car les cyanures alcalins masquent la réaction des sels auriques. Le mieux est de décomposer les cyanures en les chauffant avec de l'acide sulfurique dans un endroit où les vapeurs d'acide cyanhydrique puissent se volatiliser sans inconvénients. L'opération est terminée quand on ne perçoit plus d'odeur prussique ; si l'on craignait que tout l'or ne fût pas réduit à l'état métallique, il suffirait, vers la fin, d'ajouter à la solution quelques cristaux d'acide oxalique.

L'argent, qui, dans ces cas, accompagne presque toujours l'or, se dépose de même à l'état métallique, mais on peut séparer très-aisément ces deux métaux par les acides azotique ou sulfurique qui ne dissolvent que l'argent, même lorsqu'on fait bouillir [1]. L'or que l'on a isolé du premier jet ne devra être pesé que lorsqu'il aura été soumis à ce traitement.

Je renvoie aux traités généraux pour ce qui concerne l'étude plus détaillée de l'or et de ses combinaisons.

§ 71. *Composés du platine*, etc. — Je ne crois pas devoir m'arrêter à la recherche toxicologique du *platine*, du *tungstène*, du *molybdène*, du *vanadiam* et du *titane* ; ces composés sont du reste peu employés et l'étude de leurs propriétés toxicologiques est à peine ébauchée.

MERCURE.

§ 72. *Généralités*. — Le mercure et ses composés sont, après l'arsenic, les toxiques que l'expert rencontrera le plus souvent dans ses recherches. Ce fait n'a rien d'étonnant quand on songe à la diffusion des préparations pharmaceutiques de ce métal dont le public connaît parfaitement toute la toxicité. De plus, la difficulté à se procurer ces composés n'est pas très-grande, car beaucoup d'entre eux sont d'un emploi presque continuel dans un grand nombre d'industries.

§ 73. *Composés mercuriels*. — Les composés à base de mercure qui ont de l'intérêt pour le toxicologiste sont nombreux. Je

---

[1] Voy. Spiller, *Ztch. f. anal. Chem.*, p. 228.

citerai : le *mercure métallique* et ses *amalgames* (étamage des glaces, plombage des dents); le *bichlorure de mercure* (chlorure mercurique, sublimé corrosif, préparation des plus actives et des plus fréquemment employées); le *chlorure mercureux* (proto-chlorure, calomel, mercure doux); le *bioxyde de mercure* (oxyde mercurique, précipité rouge); le *mercure soluble de Hahnemann* (précipité noir); le *précipité blanc des Allemands* (amidochlorure de mercure); le *proto* et le *biiodure de mercure*, le *cyanure*, l'*azotate mercureux* et l'*azotate mercurique* (entrent dans la composition de l'onguent citrin); le *protosulfure de mer-cure* (noir), le *bisulfure* (ces derniers composés insolubles ne sont pas toxiques, mais peuvent se rencontrer accidentellement dans les autopsies). Quelques couleurs d'aniline préparées à l'aide de sels mercuriques mal lavés participent des propriétés toxiques du mercure. Le *fulminate de mercure*[1] des amorces est également très-toxique, ainsi que le *méthylure de mercure*, composé organique qui a provoqué dernièrement en Angleterre deux intoxications qui ont eu un grand retentissement[2].

§ 74. *Réactions physiologiques.* — L'action que les prépara-tions mercurielles exercent sur l'économie dépend beaucoup de la nature du composé; la solubilité a une influence des plus marquées. C'est ainsi que les corps très-solubles ou qui se dis-solvent facilement dans le suc gastrique ont une action immé-diate; de ce nombre sont le sublimé corrosif, les azotates (ces derniers se transforment, du reste, en présence des chlorures al-calins en sublimé et en azotate alcalin), l'oxyde mercurique. Les composés insolubles ou ne se dissolvant que lentement dans les sucs digestifs, peuvent être administrés longtemps et même à doses assez fortes, sans qu'il se produise d'accidents; le mer-cure[3] (onguent mercuriel, mercure crayeux, pilules bleues), le calomel (surtout chez les enfants) sont dans ce cas, mais il est incontestable qu'une partie au moins de ces composés est résor-bée, même alors qu'ils ne sont administrés qu'à l'extérieur.

---

[1] *Wiener mediz. Presse*, 1869, n° 27.

[2] *Wiener med. Woch.*, 1866.

[3] [J'ai vu employer le mercure à la dose de 200 à 500 grammes dans le cas de volvulus sans qu'il se produisît le moindre symptôme d'intoxication.]

Le composé mercuriel qui est absorbé paraît être le même, quelle que soit la préparation qui ait été ingérée ; les nombreuses recherches entreprises par divers chimistes n'ont pas encore résolu cette question d'une manière définitive.

Tout le monde est d'accord sur le rôle important que les chlorures et les matières albuminoïdes jouent dans cette absorption[1] ; le chlorure et l'azotate mercurique coagulent l'albumine et peuvent former diverses combinaisons en proportions définies ; c'est dans les cas d'empoisonnement par ces deux corps que l'on rencontre aussi une altération plus ou moins profonde des muqueuses qui ont subi leur contact[2]. Les premiers symptômes de cette modification des muqueuses sont des coliques très-vives, des vomissements abondants de matières muqueuses ou sanguinolentes, suivis bientôt d'évacuations alvines également sanguinolentes ; lorsque l'empoisonnement est moins rapide, il se produira presque toujours une irritation très-vive des cavités buccales, qui se traduit par le ptyalisme mercuriel. Le tube intestinal est toujours fortement irrité ou enflammé, même alors que le sublimé corrosif a été administré par voie hypodermique ; la muqueuse des voies respiratoires et génito-urinaire, participe fréquemment à cette irritation.

Le calomel peut provoquer les mêmes effets, mais comme sa solubilité est très-lente et très-faible, il s'en suit que son action toxique est moins dangereuse. C'est à ce corps que sont dus principalement les accidents dits secondaires, qui se manifestent également par l'emploi externe de toutes les préparations autres que les sulfures. Le malade perçoit d'abord une saveur métallique nauséabonde, puis les gencives s'enflamment, et le ptyalisme ne tarde pas à s'établir. Le calomel augmente en outre la sécrétion de la bile, du pancréas et d'autres organes glandulaires.

La salive (même après les injections hypodermiques suivant

---

[1] Voy. Travaux récents de Polotebnow. *Arch. f. path. Anat.* de Virchow, t. XXXI.

[2] Tardieu et Roussin, rapportent un empoisonnement par l'azotate mercurique, observé par le docteur Fauvel (*loc. cit.*, p. 231), mais ils ajoutent que la mort doit être attribuée plutôt à l'excès d'acide que renfermait ce sel. Il est regrettable que les deux toxicologistes n'aient pas déterminé l'excès d'acide que renfermait cette préparation. Je connais un certain nombre d'autres cas où l'action des sels mercuriques était prépondérante ; ce sel introduit dans l'économie se transforme du reste immédiatement en chlorure.

Saikowsky) la bile et la sueur renferment dans ces cas du mercure. On a même retrouvé chez des personnes mortes à la suite d'un usage prolongé de préparations mercurielles, du mercure à l'état métallique dans les cavités des os longs ; ce dernier fait prouve d'une manière irréfragable que le mercure passe dans le sang, mais malgré de nombreuses recherches, nous ne savons pas encore sous quel état s'effectue cette absorption[1].

Le toxique est éliminé partiellement par les urines, qui, souvent deviennent glucosuriques. (V. Schneider et Saikowsky, *loc. cit.*) ; les excréments paraissent également en renfermer de notables quantités à l'état de soufre.

Riederer a administré à un chien dans un espace de 51 jours ; $2^{gr},789$ de calomel divisé en 68 doses. Il retira du cerveau, du cœur, du poumon, de la rate, du pancréas, des reins, du testicule et du pénis, $0^{gr},009$ de sulfure mercurique ; le foie en fournit $0^{gr},014$, et les muscles $0^{gr},0114$. Pendant la vie, l'animal en avait rendu $0^{gr},0550$ par les urines, et $2^{gr},1175$ par les fèces. Ces diverses quantités de sulfure de mercure correspondent à $2^{gr},2403$ de calomel ; la différence représente les pertes dues aux vomissements, et la quantité de mercure contenue dans la peau, les tissus graisseux et osseux qui n'ont pas été soumis à l'analyse.

Un autre chien reçut pendant 28 jours $1^{gr},709$ de calomel réparti en 69 doses ; $1^{gr},1084$ de calomel furent éliminés par les fèces, et $0^{gr},0467$ par les urines. L'expérience fut encore continuée pendant 84 jours ; les fèces renfermèrent encore pendant cette période $0^{gr},0563$, et l'urine $0^{gr},004$ de calomel. L'animal fut tué ; le foie ne contenait qu'une quantité de métal correspondante à $0^{gr},0026$ de calomel ; les muscles en étaient presque exempts. Riederer avait donc isolé 71 pour 100 du calomel ingéré.

Le même auteur a retrouvé du mercure dans l'urine de personnes soumises à des frictions mercurielles ; par contre, la salive d'un chien soumis au traitement par les frictions pendant 17 jours ne renfermait pas de métal. Ces expériences ne sem-

---

[1] Voit, *Phys. chim. Unt.* Munich, 1857, in *N. Repert. f. Ph.*, t. VI, p. 445. — Riederer, *N. Rep. f. Pharm.*, t. XVII, p. 257 et 272. — Blomberg, *Några ordom quicksilfret absorption.* Helsingfors, 1867. — Jeannel, *J. de Ph. d'Anvers.* 1870 p. 254.

blent pas concluantes à tous les auteurs, car il y en a un certain nombre qui n'admettent pas que le mercure puisse s'introduire dans l'économie par la peau [1].

Les iodures et cyanures, les iodures doubles d'arsenic et de mercure (liqueur de Donavan), ont une action mixte dans laquelle on ne reconnaît plus que partiellement les effets de la préparation mercurielle [2].

Les vapeurs mercurielles déterminent très-fréquemment des maladies chroniques très-graves. Autrefois on volatilisait du cinabre pour guérir quelques affections cutanées; si ces sulfures introduits dans l'économie (même le sulfure noir) ne produisent aucun accident, il n'en est plus de même quand on les projette sur des charbons ardents; ils se transforment alors en acide sulfureux et en vapeurs mercurielles qui sont dans un état si ténu, que les poumons les absorbent très-rapidement. Le mercure ainsi introduit dans le sang se comportera comme les préparations administrées par le tube digestif. Il faudrait examiner avec soin les poumons dans les cas où la mort serait prompte; car, à côté de l'irritation plus ou moins vive que présentera cet organe, on pourrait s'attendre à y rencontrer des gouttelettes mercurielles qui se seront réunies ou qui formeront le noyau de tubercules miliaires [3]. Le poumon est souvent dans ces cas engoué en diverses parties.

Lorsque l'*empoisonnement est chronique*, on ne voit apparaître d'ordinaire que le tremblement et la cachexie mercurielle. L'intoxication lente se produit dans une foule de circonstances très-variées. Elle se présente lorsque des préparations renfermant du cinabre ou du vermillon, sont chauffées dans un espace restreint (bougies colorées, bureaux de poste où l'on se sert de beaucoup de cire à cacheter [4]).

Des quantités énormes de mercure sont volatilisées dans les

<hr>

[1] Rindsfleisch, *Arch. f. Dermatologie*, t. II, p. 509. — Neumann, *Wiener med. Woch.*, 1871, n°° 50, 51 et 52.

[2] Sur un suicide par le cyanure de mercure. Moh., *Arch. f. path. Anat.*, t. XXXI. p. 117. — Voy. pour la Mercuracétamide, Tolmatschreff. Med. Chem. Unters. t, II, p. 37. — Voy. pour le précipité blanc, Taylor, *Guy's Hosp. Report*, 1860, p. 455, et Graham, *Brit. med. Journ.*, 1870, avril.

[3] Bärensprung, *Journ. f. prakt. Chimie*, t. L, p. 21.

[4] Dans ce dernier cas l'empoisonnement doit souvent être attribué au plomb, car la cire à cacheter rouge est fréquemment colorée par du minium.

établissements métallurgiques où l'on se sert de ce métal pour isoler l'argent et l'or de leurs minerais, dans les fabriques de glaces, de dorure, etc.[1], et la vie des ouvriers est souvent compromise.

L'hygiéniste doit encore se rappeler que le mercure se volatilise aux plus basses températures [comme l'a fait voir récemment un savant français.] La connaissance de ce fait mettra souvent sur la voie d'empoisonnements chroniques chez des personnes qui travaillent dans des ateliers de mécaniciens, dans des laboratoires, etc. Il suffit que du mercure se soit infiltré sous le plancher (baromètre, thermomètre brisés, etc.), pour que l'on puisse voir apparaître au bout de quelque temps chez les personnes qui séjournent d'ordinaire dans ces locaux, des accidents qui ne s'expliquent que par une intoxication mercurielle lente. Kirchgässner[2] a mis à profit cette propriété pour soumettre des malades à des fumigations mercurielles lentes.

§ 75. *Organes soumis à l'analyse.* — D'après ce qui précède, nous voyons que le chimiste devra soumettre à l'analyse les fèces, les urines et la salive dans les cas où l'empoisonnement n'a pas eu d'issue fâcheuse; lorsque la mort est survenue, il examinera les parois gastro-intestinales et leur contenu, le foie, la bile, le pancréas et le sang. Les expériences de Riederer nous ont appris que ce toxique se retrouvait très-longtemps dans le foie; ce fait avait du reste déjà été mis hors de doute par les expériences de Tardieu et Roussin.

§ 76. *Sa conservation dans les cadavres.* — Le mercure peut être recherché avec succès longtemps après l'inhumation; les cadavres n'ont pas été retrouvés momifiées après des empoisonnements par le sublimé corrosif. L'expert n'a pas à redouter que le mercure qu'il a retrouvé, ait été introduit après la mort par les terrains avoisinants; nous avons vu que cette crainte pouvait parfois être légitimée pour l'arsenic.

---

[1] On extrait par an environ 61,000 quintaux de mercure; 51,000 environ servent à la préparation du cinabre et à l'extraction des métaux précieux; on voit par suite quelle quantité prodigieuse de métal est volatilisée. Virchow, *Arch. f. path. Anat.*, t. XXII.

[2] *Arch. f. pathol. Anat.*, t. XXXII, p. 149. — Empoisonnement par de l'onguent ris. — Voy. Leiblinger, *Wiener med. Woch.*, 1869.

§ 77. *Destruction des matières organiques.* — La destruction des matières organiques dans lesquelles on a lieu de supposer la présence du mercure, se fait de préférence par le procédé du chlorate, qui, dans le cas particulier, présente un avantage manifeste. On peut être assuré que tous les composés mercuriels toxiques et même le sulfure noir de mercure obtenu par précipitation, seront dissous par le liquide attaquant ; le cinabre ou le vermillon, au contraire, qui ne sont pas toxiques, resteront inattaqués dans la partie non dissoute, et se reconnaîtront à leur couleur caractéristique. Cette insolubilité n'est cependant pas absolue, et je dois ajouter que des expériences personnelles m'ont démontré qu'il se dissolvait toujours une quantité assez notable de composé mercuriel, pour que l'hydrogène sulfuré donnât un précipité noir dans le liquide attaquant.

La conduite de l'opération ne nécessite pas de nouvelles indications ; le mercure se trouve dans le liquide à l'état de chlorure mercurique ou à l'état de chlorure double de mercure et de potassium, sel plus soluble que le sublimé. On n'a donc pas à redouter qu'il se précipite du sel mercuriel par le refroidissement ; l'évaporation peut se faire au bain-marie, presque à siccité même sans que l'on ait à redouter de perte par volatilisation.

On a proposé de se servir de l'éther pour extraire le chlorure mercurique du résidu ; ce procédé n'est pas à recommander, car Tardieu et Roussin ont fait observer très-justement que l'éther ne dissout pas les chlorures mercuriels doubles, ou n'en dissout que des traces. Le traitement par l'alcool ne présente de même aucun avantage qui puisse m'engager à le recommander.

La destruction de la matière organique devra se faire dans un appareil distillatoire, lorsqu'on suppose la présence de l'iodure de mercure ; on retrouvera dans le ballon du chlore, du chlorure d'iode, de l'acide chlorhydrique, de l'eau, etc. On évapore le liquide après l'avoir neutralisé par de la potasse ; on calcine le résidu pour transformer en iodure l'iodate qui a pris naissance. Ce sel sera caractérisé par l'emploi des réactifs indiqués au § 546.

Je traiterai de la recherche toxicologique du cyanure de mercure en faisant l'histoire du cyanogène et de ses composés.

Il est bien entendu qu'on ne doit jamais employer les procédés de destruction des matières organiques qui nécessitent la déflagration avec l'azotate ou le chlorate de potassium, car le mercure se volatiliserait [1].

§ 78. *Précipitation par l'hydrogène sulfuré.* — Le liquide acide qui résulte de la destruction des matières organiques est soumis à l'action de l'hydrogène sulfuré; s'il y a du mercure, nous verrons se produire un précipité blanc qui deviendra jaune (sulfochlorure de mercure), puis noir. Le précipité est du sulfure mercurique; il se forme plus rapidement que celui d'arsenic. La réaction est très-sensible, car Schneider a obtenu après quelque temps un précipité sensible dans 4 litres d'un liquide qui ne renfermait que 2 décigrammes de bichlorure. Riederer purifie ce précipité en le redissolvant dans le mélange de chlorate et d'acide chlorhydrique, et reprécipitant le liquide qui a dialysé par de l'hydrogène sulfuré.

Ce précipité doit être débarrassé par les lavages de *tous les chlorures* contenus dans l'eau mère. Bien lavé, le précipité est insoluble dans l'ammoniaque et le carbonate d'ammonium (séparation de l'arsenic). Le sulfure d'ammonium, surtout le sulfure polysulfuré, n'en dissout que des traces à chaud (séparation de l'or, de l'étain et de l'antimoine); les sulfures de potassium ou de sodium, surtout lorsque ces derniers renferment un peu de carbonates (Weber), le dissolvent plus facilement. L'acide azotique pur ne dissout le précipité que lorsqu'on ne lui a pas enlevé tous les chlorures par le lavage; on peut séparer de cette manière, très-aisément, le sulfure de mercure des sulfures d'argent, de plomb, de cuivre, de bismuth et de cadmium; l'acide chlorhydrique ne le dissout qu'avec difficulté, même quand on chauffe longtemps et que l'acide est très-concentré; l'eau régale au contraire le dissout avec une très-grande rapidité.

§ 79. *Caractères des sels mercuriques.* — On évapore à siccité la solution du précipité dans l'eau régale, et on redissout le résidu dans de l'eau en ajoutant quelques gouttes d'acide chlorhydrique qui facilitent la solution du sulfate basique de mercure

[1] Voy. pour plus de détails, Schneider, *Wiener Akad. der Wissenschaft.*, t. XXXX.

qui aurait pu se former. Cette solution introduite dans l'appareil de Marsh ne donnerait pas d'anneau (il n'y a donc pas de confusion possible avec l'arsenic et l'antimoine), mais il se déposerait une poudre grise de mercure que l'on pourrait isoler du zinc par décantation ou par l'action modérée de la chaleur.

La solution de bichlorure de mercure est soumise à l'action des réactifs suivants :

1) On ajoute une goutte de *chlorure stanneux* à une petite partie du liquide ; il se forme un précipité blanc qui noircit lorsque la réduction continue ; on obtient ainsi du mercure métallique. Overbeck a indiqué 1/40000 et Schneider 1/50000 comme limite de sensibilité de ce réactif.

2) On introduit dans une petite quantité de liquide qui ne doit pas être trop acide, un fil de cuivre bien décapé dont la partie supérieure est enroulée autour d'une lame de zinc. Le cuivre est bientôt recouvert de mercure ; on le détache, on le dessèche avec précaution, on l'enroule et on le place dans un petit tube que l'on chauffe fortement ; le mercure se volatilise et se dépose sur les parois froides du tube sous forme de gouttelettes isolées. On conserve ce tube comme *pièce de conviction*. Le précipité obtenu par le chlorure stanneux pourrait être sublimé de même dans un petit tube ; il suffirait encore de calciner le précipité sulfhydrique avec du cyanure de potassium et de la soude ; la décomposition du sulfure sera totale. Nous avons déjà dit d'une manière sommaire comment on peut distinguer l'anneau arsenical ou antimonial des gouttelettes de mercure ; il me reste encore à ajouter les réactions suivantes :

L'anneau mercuriel se volatilise sans répandre d'odeur.

Il ne s'oxyde pas quand on le chauffe au contact de l'air.

L'hypochlorite de soude, lorsque la solution n'est pas acide, ne l'attaque pas.

L'hydrogène sulfuré le transforme superficiellement en sulfure noir ; la transformation est complète avec le sulfure d'ammonium.

Les vapeurs d'iode le transforment en iodure rouge. L'essai se fait dans un tube dans lequel on a sublimé du mercure ; on y introduit ensuite un grain d'iode ou une goutte de teinture d'iode que l'on volatilise en faisant passer lentement les vapeurs sur les parois recouvertes de mercure. L'iodure mercurique rouge devient jaune quand on le chauffe; il redevient rouge lorsqu'il se refroidit, mais bien plus rapidement quand on le touche avec un corps dur.

L'acide azotique même étendu dissout le dépôt mercuriel; il se forme du protoazotate de mercure qui se transforme en biazotate lorsque l'acide est plus concentré, qu'il est en excès et que l'on chauffe; l'hydrogène sulfuré produit dans ces cas un précipité qui de blanc jaunâtre devient noir en passant par l'orangé.

3) Kletzinsky, Schneider, Landerer et d'autres, emploient de préférence la *pile de Smithson* pour la réduction du mercure. On enroule une lamelle d'étain autour d'un fil d'or (Rose prend un fil de fer) et on place le tout dans le liquide légèrement acidulé; le mercure se dépose en partie sur l'étain, en partie sur l'or; on le volatilise en suivant les précautions indiquées au paragraphe précédent. Brœck et Landerer croient qu'un élément de platine et de zinc est encore plus sensible. Overbeck a retrouvé ainsi du mercure dans une solution qui en renfermait 1/48000.

On peut encore, s'il reste du liquide, tenter les réactions suivantes qui ont moins d'intérêt :

4) La potasse donne un précipité rouge, puis jaune, difficilement soluble dans un excès de réactif.

5) L'iodure de potassium donne un précipité rouge soluble dans un excès de réactif.

6) L'ammoniaque précipite du chloramidure de mercure blanc.

§ 80. *Recherche électrolytique.* — Il est utile de ne pas passer par la précipitation à l'aide de l'hydrogène sulfuré lorsqu'on ne s'attend à trouver que des traces de mercure; le liquide résultant de la réaction du chlorate est immédiatement soumis à l'électrolyse. Hittorf[1] a constaté que la présence du chlorure de potassium était très-utile, parce que le courant électrique décomposait plus rapidement les sels doubles que le sublimé cor-

Poggendorff, *Annal.*, t. 106.

rosif pur. Schneider s'est servi d'une pile de Smée de 6 éléments ; le pôle positif était une lame de platine large de 1 centimètre et longue de 4 ; un fil d'or de 1 millimètre d'épaisseur à la partie supérieure et de 2 millimètres à la partie inférieure servait de pôle négatif. Après trente-six heures, le mercure contenu dans 5 dixièmes de milligramme de chlorure mercurique dissous dans 1500 cent. cubes d'eau fut isolé.

On ne doit jamais se contenter dans ces essais de l'aspect que présente la feuille d'or ; il faut de toute nécessité sublimer le mercure et le soumettre en outre à l'action de la vapeur d'iode[1].

§ 81. *Le mercure retrouvé a-t-il pu produire la mort ?* — Ici revient la question : « *Le mercure retrouvé a-t-il pu produire la mort ?* » Le chimiste ne pourra répondre que difficilement à cette demande d'une manière catégorique ; car, même lorsqu'il a retrouvé beaucoup de mercure, il ne pourra presque jamais affirmer que ce composé ait été administré réellement à l'état de chlorure mercurique, et non sous forme d'un autre composé moins toxique, comme le sulfure, voir même le mercure métallique. Les essais physiques entrepris au début de l'analyse pourront quelquefois mettre sur la voie lorsque la préparation mercurielle est peu soluble ou insoluble ; il ne faut donc jamais les négliger. Le rapport du chimiste doit toujours, dans ces cas, être complété par ceux des médecins qui auront donné leurs soins au malade ou pratiqué l'autopsie.

[On ne doit pas oublier de plus qu'un certain nombre de préparations mercurielles peu actives peuvent, dans certaines conditions, déterminer des accidents graves et même la mort. Mialhe a fait voir que le calomel, mis en présence d'un chlorure alcalin, se transformait rapidement, au contact de l'air, en sublimé corrosif ; cette transformation se fait dans l'économie, car on connaît plusieurs cas d'empoisonnements suivis de mort à la suite de l'ingestion de calomel très-pur. D'autres fois, le calomel s'est transformé en cyanure de mercure, puisqu'on avait administré simultanément de l'eau distillée d'amandes amères ou de aurier-cerise (Mialhe). L'ingestion de calomel et d'eau chlorée

---

[1] Voit, *Physiol. Chem. Unters.*, 1857.

a de même amené la mort chez un enfant après un temps très-court. Ce que nous venons de dire du calomel s'applique au proto-iodure et au précipité des Allemands ; pour ce dernier, nous devons ajouter que la préparation renferme souvent de 1/2 à 5 °/₀ de sublimé corrosif ; cette impureté la rend nécessairement toxique. Taylor et Pavy (*loc. cit.*) rapportent quatorze cas d'empoisonnement par cette substance, dont l'un se termina par la mort.]

Je dois encore rappeler qu'on a vu un certain nombre d'intoxications dues à l'application extérieure du nitrate acide de mercure ; dans ce cas, l'autopsie ne fournira que peu de points de repère.

[On voit par ce qui précède que le chimiste seul ne pourra que rarement affirmer que le mercure qu'il a retrouvé dans l'économie a déterminé la mort.]

[§ 81 *bis. Pièce de conviction.* — Le chimiste présentera au juge le mercure métallique comme pièce de conviction ; nous avons vu au § 79, 2 et 3, la manière dont se fait la réduction. Roussin (*loc. cit.*, p. 585) a indiqué un procédé très-élégant pour rendre visibles de petites quantités de mercure qui peuvent échapper à la simple vue. Il se sert d'un tube très-capillaire, couvert d'émail blanc sur la moitié de sa surface et semblable à ceux dont on fait actuellement usage pour la construction des thermomètres. Il y souffle à la lampe deux petits renflements distants l'un de l'autre de 10 centimètres ; on façonne l'un d'eux en petit entonnoir et l'on y introduit le petit globule mercuriel ; le mercure est introduit dans le tube capillaire en chauffant légèrement l'autre boule et la laissant refroidir ; un petit globule occupe ainsi une longueur très-appréciable, quelquefois de quelques centimètres. Il ne reste plus qu'à détacher l'entonnoir par un trait de chalumeau, et l'on a ainsi une colonne de mercure que l'on peut faire voyager en chauffant ou en refroidissant l'une des deux boules.]

§ 82. *Principaux composés mercuriels.* — Étudions maintenant les caractères des préparations mercurielles dont la connaissance est indispensable au toxicologiste.

Mercure métallique. — La couleur, l'éclat, l'état liquide à la température ordinaire, la volatilisation à + 560° suffisent pour caractériser ce métal. Le mercure se volatilise presque toujours sans s'oxyder, car l'oxyde de mercure rouge qui pourrait se produire, ne se forme qu'à une température très-voisine du point d'ébullition du mercure; il ne se recouvre d'un enduit gris que lorsqu'il est mélangé avec des métaux étrangers comme le plomb ou le bismuth. Sa densité est de 13,096; il se solidifie à 40°.

Le mercure se combine avec une foule de métaux en formant des *amalgames*, dont un grand nombre sont employés dans l'industrie (fabrication des glaces, dorure, etc. Les amalgames d'étain, de cadmium, d'argent et de cuivre sont fréquemment employés pour plomber les dents cariées[1].

L'eau, aérée ou non, n'a aucune action sur le mercure. Wiggers et Soubeiran ont démontré le contraire. L'eau paraît contenir du mercure à l'état métallique, car on ne peut en déceler la présence qu'après l'avoir traitée par le chlore ou par l'acide azotique.

L'acide chlorhydrique pur et chaud, l'acide sulfurique étendu ne l'attaquent pas; l'acide sulfurique concentré le transforme en un mélange de sulfate mercureux et mercurique avec dégagement d'acide sulfureux. L'acide azotique étendu le transforme à froid en proto-azotate de mercure; il se forme du biazotate lorsqu'on chauffe avec un excès d'acide concentré. Le chlore le transforme en bichlorure et en protochlorure, suivant que ce gaz est en excès ou non sur le mercure. Les bases n'ont pas la moindre action sur ce métal.

La solution des *protosels de mercure solubles*, comme l'azotate mercureux présente les réactions suivantes :

Potasse, soude, chaux ou baryte. — Précipité noir d'oxyde mercureux.

Ammoniaque. — Précipité noir (mercure soluble de Hahnemann).

Carbonate de potassium ou de sodium. — Précipité jaune, mais devenant noir après quelque temps.

Phosphates solubles, chlorures ou acide chlorhydrique. — Précipités blancs; le précipité dû aux chlorures est du calomel qui est insoluble dans l'eau et l'ammoniaque; ce précipité se produit encore dans un liquide dilué au 80 millième.

Ferrocyanure de potassium. — Précipité blanc, gélatineux.

Ferricyanure de potassium. — Précipité rouge.

Iodure de potassium. — Précipité vert.

Chromate acide de potassium. — Précipité rouge brun, prenant une teinte rouge très-brillante par l'ébullition avec de l'acide azotique étendu.

Hydrogène sulfuré et sulfure d'ammonium. — Précipité noir, presque insoluble dans ce dernier réactif.

Chlorures tanneux. — Précipité de calomel, puis réduction à l'état métallique.

Cuivre. — Ce métal se recouvre d'un enduit gris (V. § 42 et 79). Je partage l'opinion de Hahnemann, qui prétend que ce dernier essai ne réussira pas

---

[1] Je ne pense pas que ces alliages soient toxiques, car d'une part le mastic ne présente que peu de surface aux liquides attaquants, d'autre part il ne renferme que peu de mercure, et la solubilité de ce dernier est entravée plutôt que favorisée par la présence des métaux étrangers. Dans le cas d'empoisonnement où le chimiste n'aurait retrouvé que peu de mercure et beaucoup d'un autre métal, tel que le cadmium, ou l'étain, il faudrait se demander si ces métaux ne proviendraient pas du mastic qui s'est détaché d'une dent et a séjourné quelque temps dans l'estomac.

lorsqu'on n'aura dissous les matières organiques que dans l'acide chlorhydrique.

Cyanure de potassium. — Calcinées avec ce réactif (de la soude ou de la chaux), toutes ces préparations fournissent un sublimé de mercure métallique.

Les *sels de bioxydes solubles* (azotate ou chlorure), donnent en outre des réactions indiquées au § 79.

Carbonates neutres ou acides solubles. — Précipité rouge brun (pas de précipité pour le cyanure et précipité blanc avec le carbonate acide et le chlorure).

Ammoniaque ou sous-carbonate. — Précipité blanc dit des Allemands (pas de réaction avec le cyanure).

Phosphates solubles et acide oxalique. — Précipité blanc (par de précipité avec le bichlorure).

Acide chlorhydrique et chlorures. — Pas de précipité.

Ferrocyanure de potassium. — Précipité gélatineux blanc, devenant bleu.

Ferricyanure de potassium. — Précipité jaune (pas de précipité avec le bichlorure).

Chromate de potassium. — Précipité rouge.

Cuivre et chlorure stanneux. — Réduction du mercure ; le chlorure stanneux donne d'abord un précipité blanc de calomel.

Cyanure de potassium. — Réduction du métal même lorsque le composé est un iodure ou un sulfure ; ces deux derniers corps ne sont pas réduits lorsqu'on calcine avec de la chaux ou de la soude.

On reconnaîtra très-souvent à la loupe les gouttelettes de mercure dans les préparations qui renferment ce corps à l'état métallique (onguent gris, pilules bleues, etc.).

Oxyde mercurique (bioxyde, oxyde rouge). — Rouge quand il a été obtenu par voie sèche, il est jaune quand il a été préparé par voie humide. Les deux modifications sont presque insolubles dans l'eau ; leur couleur se fonce quand on les chauffe, mais ils reprennent par le refroidissement leur teinte primitive. Le charbon les décompose en mercure et oxygène ; la lumière les décompose partiellement de la même manière (surtout le précipité jaune). L'oxyde jaune se dissout plus facilement dans les acides que l'oxyde rouge, surtout dans les acides phosphorique et acétique. L'acide oxalique transforme immédiatement l'oxyde jaune en oxalate blanc, tandis qu'il n'attaque pas l'oxyde rouge. Une solution alcoolique de bichlorure de mercure donne à chaud avec l'oxyde jaune un précipité noir d'oxychlorure, et ne modifie pas l'oxyde rouge.

Oxyde mercureux. — Ce composé noir se décompose sous l'influence de la chaleur en mercure et acide mercurique. Le *précipité noir de Hahnemann* dégage quand on le chauffe de l'ammoniaque.

Sulfure mercurique (bisulfure, cinabre, vermillon). — Ce sel présente deux modifications, le cinabre est formé de cristaux rouges (rhomboèdres, mais plus souvent il n'a qu'une structure rayonnée) qui résistent avec beaucoup d'énergie à l'action des réactifs chimiques. La modification noire[1] est plus

---

[1] Le sulfure noir de mercure employé en médecine (Æthiops minéral) s'obtient

facilement attaquée. Chauffé à l'abri de l'air, le sulfure rouge noircit puis se volatilise totalement; le sulfure noir se comporte de même, mais se condense par le refroidissement à l'état cristallisé. Le cyanure de potassium les réduit complétement. Chauffés au contact de l'air, ces deux corps se transforment en acide sulfureux et en métal. Leur meilleur dissolvant est l'eau régale, qui attaque surtout très-énergiquement la modification noire; le liquide renferme de l'acide sulfurique. Le sulfure de sodium les dissout également. L'azotate d'argent ammoniacal colore en noir le cinabre; ce caractère pourrait être mis à profit pour le distinguer d'autres matières colorantes rouges (voy. § 78 pour les autres réactions de ce composé).

Le *chlorure mercureux* (protochlorure, calomel) se présente à l'état amorphe et cristallisé (rhomboèdres); il est blanc, mais prend une teinte jaunâtre quand on le raye. Insoluble dans l'eau et dans l'alcool, il se volatilise par la chaleur sans fondre au préalable; sa vapeur est incolore. La lumière le réduit partiellement en chlorure mercurique et en mercure; il est réduit à l'état métallique par la fusion avec le cyanure, la soude ou la chaux. Les acides étendus le dissolvent avec lenteur; l'acide chlorhydrique concentré le transforme partiellement en bichlorure; il se sépare du mercure métallique; les acides azotique et sulfurique agissent plus énergiquement. Le chlorure de sodium à la longue dissout de même une partie de calomel; dans tous ces cas, le sel mercureux passe à l'état de sel mercurique. Le chlore, le brome, l'iode, le métamorphosent de même en sels mercuriques correspondants. Les alcalis et leurs carbonates, l'eau de chaux et la baryte le transforment en une poudre insoluble et noire d'oxyde; l'ammoniaque le noircit également, mais c'est du chloramidure mercureux et non de l'oxyde qui prend naissance.

Chlorure mercurique (bichlorure, sublimé corrosif). — Cristaux incolores (prismes rhomboïdaux) ne prenant pas de teinte quand on les raye. Le sel fond à + 265° et se volatilise à + 293° sans altération. L'eau chaude en dissout plus que l'eau froide; l'alcool et l'éther en dissolvent bien plus que l'eau. Les chlorures alcalins et celui d'ammonium favorisent sa dissolution dans l'eau puisqu'il se forme des sels solubles. Les solutions aqueuses ne perdent pas de sel en quantité sensible par l'évaporation à l'air libre. Le sel en solution aqueuse rougit la teinture de tournesol; cette solution exposée pendant longtemps à la lumière, se transforme partiellement en oxygène, acide chlorhydrique et calomel insoluble; elle est précipitée par l'azotate d'argent. (Voy., pour les autres réactions, les caractères des sels mercuriques.)

Ce composé est souvent ajouté à l'encre pour empêcher le développement des moisissures; des traverses de chemin de fer imprégnées de ce sel et employées plus tard comme bois de combustion ont provoqué des accidents; ce sont là des faits très-regrettables qu'il eût été facile de prévenir.

Le *précipité blanc des Allemands* selon le mode de préparation qui a été suivi, est ou fusible ou infusible. Le composé est peu soluble dans l'eau qui le décompose à la longue; la chaleur en fait dégager de l'ammoniaque, mais

par la trituration d'un mélange de mercure et de fleur de soufre; il renferme du sulfure en excès; de nos jours on lui associe souvent le sulfure d'antimoine natif.

ce dégagement a surtout lieu quand on le chauffe avec de la chaux ou de la soude ; il se produit en même temps des vapeurs mercurielles. Les acides azotique et chlorhydrique le dissolvent ; la potasse et la soude le transforment en un corps jaune qui ne renferme plus que la moitié d'azote et d'hydrogène[1].

L'*azotate mercureux* (protonitrate), cristallisé en cristaux incolores (syst. monoclinique), est peu soluble dans l'eau ; il laisse déposer petit à petit de l'oxyde, et il se forme dans les solutions trop étendues un précipité blanc de sel basique.

L'*azotate mercurique* (bi ou deutonitrate) cristallise en tables rhomboïdales solubles dans une faible quantité d'eau, mais donnant un précipité de sel basique jaune (surtout quand il a été préparé par l'oxyde rouge), par l'addition d'une quantité d'eau trop forte.

§ 83. *Dosage du mercure.* — On peut doser le mercure, soit à l'état de métal, soit à l'état de sulfure ou de calomel.

Le dosage à l'*état métallique* peut se faire par voie sèche ou par voie humide ; la voie sèche ne convient que lorsqu'on a beaucoup de composé à sa disposition, ce qui n'est pas le cas d'ordinaire, dans les expertises [voy. pour les détails, Erdmann et Marchand, König (*Journ. f. prack. Chem.*, t. XXXI et LXX) et H. Rose (*Traité d'analyse*)]. Le dosage par voie humide se fait en ajoutant un peu d'acide chlorhydrique aux solutions exemptes d'acide azotique, et faisant bouillir avec du chlorure stanneux. On lave le précipité par décantation ; on l'introduit dans une capsule de porcelaine, et on continue l'action du sel stanneux jusqu'à ce que le mercure se soit réuni en globules ; on lave à grande eau, on enlève l'excédant d'eau avec du papier à filtre, puis on dessèche au dessiccateur. On pèse à diverses reprises la capsule, jusqu'au moment où les deux dernières pesées n'indiquent plus de changements de poids.

Pour doser le mercure à l'état de *calomel*, il suffit que la solution renferme un sel de protoxyde ; l'acide phosphatique (obtenu par l'exposition à l'air humide du phosphore) réduit très-facilement les sels mercuriques à cet état. La précipitation se fait par l'acide chlorhydrique ; un excès d'acide, même d'acide azotique, n'entrave pas la réaction ; il suffit de laisser déposer le liquide

---

[1] Nous avons déjà vu que ce corps renfermait souvent près de 5 pour 100 de sublimé corrosif, la même impureté existe fréquemment dans le calomel en poudr des pharmacies.

pendant 12 heures à une température peu élevée, avec le mélange d'acide phosphatique et chlorhydrique, pour pouvoir recueillir le lendemain sur un filtre taré le précipité de calomel ; 100 parties de ce sel renferment 84,94 de mercure.

Le dosage à l'état de *sulfure* ne peut s'effectuer que dans des liquides ne renfermant que des sels mercuriques. On peroxyde d'abord les sels mercureux, et l'on traite par un courant d'hydrogène sulfuré. Le précipité est recueilli sur un filtre taré ; on lui fera subir le même traitement qu'au sulfure d'arsenic, si l'on supposait que le précipité renferme un excès de soufre (emploi du sulfure de carbone ou du sulfite acide de sodium, quand il y aurait beaucoup de soufre).

Il existe encore pour doser le mercure une méthode volumétrique (voy. Mohr, *Analyses par liqueurs titrées*, et Fresenius) qui n'est que peu employée et dont je ne parlerai point.

§ 84. *Séparation du mercure des autres métaux.* — On met à profit la précipitation du mercure à l'état de calomel pour le séparer de l'arsenic, de l'antimoine et de l'étain. On le sépare de l'or en réduisant les deux métaux par n'importe quel procédé, et en soumettant le mélange à l'action de la chaleur.

ARGENT.

§ 85. *Généralités.* — L'*azotate d'argent* est le sel argentique le plus répandu ; c'est de lui également que nous aurons à nous occuper presque exclusivement ; sa saveur est tellement métallique et tellement désagréable, qu'aucun criminel n'a jamais tenté de se servir de cette préparation. Des empoisonnements accidentels seuls ont été signalés par suite de méprises commises avec des médicaments, des liqueurs employées pour la photographie et pour l'argenture, des encres servant à marquer le linge, etc[1].

La solution ammoniacale d'azotate d'argent est usitée pour la teinture des cheveux ; le *cyanure double d'argent et de potassium*

[1 J'ai observé deux cas d'empoisonnements, dans lesquels le crayon de pierre infernale employé pour la cautérisation des amygdales se détacha du porte-caustique ; dans les deux cas, des vomissements énergiques et prompts firent rejeter le toxique et les malades ne furent guère incommodés.]

sert à argenter ; ces deux sels ont été quelquefois l'objet d'une méprise.

§ 86. *Action physiologique.* — L'argent a une grande tendance à se combiner, d'une part au chlore, de l'autre, aux matières albuminoïdes [1] ; ces solutions comme celles d'or se réduisent facilement à l'état métallique sous l'influence de la lumière ; il se produit dans cette réaction de l'acide libre et de l'oxygène qui, au moment où il se dégage, a des propriétés oxydantes très-énergiques. L'argent se combine de même facilement avec le soufre. Les chlorures et les sulfures d'argent sont insolubles dans l'eau et les acides étendus. Le chlorure se dissout en petite quantité en présence des chlorures alcalins, par suite de la formation de sels doubles ; l'ammoniaque libre le dissout avec la plus grande facilité.

Je ne pense pas que l'argent métallique et son sulfure soient attaqués par les liquides du tube digestif ; les chlorures et les iodures d'argent au contraire pourront se dissoudre partiellement, grâce à l'influence des albuminates et chlorures alcalins ou ammoniacaux de l'économie ; mais la majeure partie de ces sels sera éliminée par les fèces à l'état de sulfure d'argent. C'est à ce sel que l'on a attribué la coloration grise que présentent parfois les parois intestinales. Le cyanure d'argent a une action mixte dans laquelle prédomine celle du cyanure.

§ 87. *Résultats de l'autopsie.* — Les empoisonnements par les préparations d'argent se terminent rarement par la mort ; les vomissements prompts et énergiques expulsent le toxique ; il s'en suit que nous ne connaissons qu'imparfaitement la manière dont elles impressionnent les tissus de l'économie. On peut s'attendre dans les cas où l'empoisonnement se termine par une issue fatale, à trouver les parois intestinales et gastriques plus ou moins enflammées ; les parties inférieures du tube digestif seront souvent grises. Le sel d'argent pénètre dans le sang, mais on ne sait à quel état ; le fait est démontré par Bogolowsky [2] ; le même auteur admet que l'hémoglobine est en partie décomposée. Il

---

[1] Lieberkühn, Müller, *Arch.*, 1848, Bermsoz, F. Regnolds, *J. of the royal Dublin. Soc.*, 1864.

[2] *Arch. f. path. Anat.*, t. XXXXVI, p. 409.

a démontré également que l'urine de lapins intoxiqués par une préparation argentique était souvent albumineuse et renfermait de l'argent; la vésicule biliaire est d'ordinaire très-remplie et contient également ce métal. Liouville[1] a observé des dépôts d'argent dans le rein, les capsules surrénales et le plexus choroïde d'une femme qui, cinq ans auparavant, avait subi un traitement par l'azotate d'argent. Orfila prétend avoir retiré de l'argent du foie d'individus qui, quelques mois auparavant, avaient été soumis à un traitement argentique. On ignore si le sang renferme de l'argent à la suite de l'application externe, de fortes quantités de préparations argentiques; le cas est douteux, car les matières albuminoïdes de l'épiderme, du derme et des muscles suffisent à transformer une proportion très-forte du sel d'argent en une combinaison insoluble qui sera éliminée plus tard par desquammation. Il faudrait se rappeler dans un cas d'empoisonnement chronique, que l'usage interne des préparations argentiques longtemps continué (24 grammes d'azotate dans 6 mois, dans un [cas) communique à la peau une coloration ardoisée, due à un dépôt de composé argentique, cette couleur anormale ne disparaît que difficilement au bout de quelques années.

§ 88. *Caractère des taches argentiques.* — Les taches noires que la pierre infernale produit sur la peau se reconnaissent très-facilement; elles ne se dissolvent pas dans les acides étendus comme les taches d'encre, mais s'éclaircissent ou disparaissent quand on les humecte avec du cyanure de potassium ou de l'hypochlorite de soude[2]. Celles dues à l'encre d'imprimerie se ramollissent quand on les frotte avec de l'huile d'amandes douces et peuvent être enlevées en partie.

§ 89. *Cheveux colorés en noir.* — Il suffit d'incinérer les cheveux et d'examiner les cendres pour reconnaître si l'on s'est servi d'une préparation argentique dans le but de leur communiquer une couleur noire.

§ 90. *Destruction de la matière organique.* — L'argent ne

[1] *Gaz. méd. de Paris*, 1862, n° 39.
[2] Ces essais peuvent être entrepris également avec les taches qui se trouvent sur le linge.

saurait être recherché tant que les matières albuminoïdes ne sont pas complétement détruites. Le peu de solubilité du chlorure d'argent dans les liqueurs très-acides et même dans l'acide azotique moyennement concentré, rendent cette recherche plus difficile d'autant plus que l'eau reprécipite de ces solutions acides la petite quantité de sel qui s'y était dissoute.

Les liquides et les tissus de l'économie renferment toujours une quantité suffisante de chlorures alcalins, pour transformer toute la préparation argentique en chlorure, quoiqu'on ne se soit servi que d'acide azotique pur pour la destruction des matières organiques ; ce chlorure sera précipité partiellement lorsqu'on diluera le liquide acide.

Les proportions respectives d'argent et la concentration de l'acide chlorhydrique influeront sur la solubilité totale ou partielle du chlorure d'argent, lorsqu'on se sert du procédé de destruction par le chlorate. Une pareille solution laisse déposer parfois, lorsqu'elle se refroidit, un précipité blanc amorphe, qui ne se modifie que peu tant qu'il reste au fond du liquide, mais qui se fonce en couleur et brunit lorsque, recueilli sur un filtre et bien lavé, on l'expose à l'action de la lumière. L'addition d'eau au liquide refroidi détermine souvent un semblable dépôt ; mais il reste même dans ce cas une quantité suffisante de sel argentique en solution pour que l'hydrogène sulfuré y produise un précipité noir.

En se servant du procédé de déflagration par l'azotate de potassium (§ 22, XI), on obtiendra, suivant la température, du chlorure d'argent (parfois même de l'azotate) ou de l'argent métallique ; ce dernier cas se présentera lorsque la liqueur renferme un excès de base.

On n'est que rarement averti dans les analyses médico-légales de la présence de tel ou tel corps ; il faut donc avoir soin, lorsqu'on se sert du procédé de destruction par le chlorate, de porter son attention sur les points suivants :

1) La liqueur est-elle limpide ou renferme-t-elle des corps insolubles dont l'aspect rappelle celui du chlorure d'argent ?

2) La liqueur limpide à chaud se trouble-t-elle par le refroidissement ou par l'addition d'eau? (C'est en prévision de ce fait

que j'ai insisté en temps et lieu sur la filtration du liquide bouillant.)

On isole le précipité qui s'est formé dans le premier cas, et qui peut être encore souillé par des matières organiques, on le lave, on le mélange avec du carbonate de sodium ou de potassium, puis on lui incorpore de l'azotate de potassium (ou d'ammonium). On fait déflagrer la masse desséchée dans un creuset de porcelaine, et l'on donne un coup de feu à la lampe à émailleur. L'argent sera réduit complétement à l'état métallique surtout si le mélange renfermait un excès de carbonate. Le résidu est repris par de l'eau ; les eaux de lavage peuvent renfermer une petite quantité de sel d'argent, lorsque l'opération n'a pas été bien conduite ; il ne faut donc les jeter qu'après y avoir recherché ce métal. La partie insoluble, traitée par de l'acide azotique pur, donne une solution d'azotate d'argent ; il pourrait rester un peu de chlorure d'argent dans la partie non dissoute si l'on n'avait pas chauffé suffisamment pendant la réduction.

Le précipité qui s'est formé dans le second cas par le refroidissement ou par l'addition d'eau, étant du chlorure d'argent très-pur, peut être réduit par un procédé plus expéditif. Filtré après 12 ou 24 heures et bien lavé, on le traite encore humide par une solution de potasse que l'on porte à l'ébullition en y ajoutant de petites quantités de formiate. L'argent est réduit à l'état métallique, on le lave et on le transforme en azotate.

La réduction du chlorure humide (ou fondu) pourrait se faire également à l'aide du zinc ou du magnésium ; l'acide sulfurique étendu dissoudra l'excès de zinc ; l'argent bien purifié et lavé sera comme précédemment dissous dans de l'acide azotique.

§ 91. *Précipitation par l'hydrogène sulfuré.* — La liqueur résultant de la destruction des matières organiques (après filtration du précipité de chlorure d'argent s'il y a lieu) est traitée par un courant d'hydrogène sulfuré ; il se produit du sulfure noir d'argent qui se tasse facilement ; on décante le liquide et on lave avec soin le dépôt. Ce précipité est insoluble dans l'ammoniaque, les sulfures d'ammonium et de potassium et l'acide chlorhydrique étendu. L'acide azotique de concentration moyenne le transforme rapidement en azotate.

§ 92. *Réactions caractéristiques des sels d'argent.* — Nous avons transformé dans tous les cas, la préparation argentique en une solution acide d'azotate d'argent ; il nous reste à chasser l'excès d'acide par l'évaporation ; on peut même légèrement fondre le résidu.

La solution aqueuse bien *neutre* est soumise à l'examen des réactifs suivants.

1) L'*ammoniaque* donne un précipité brun, très-soluble dans un excès de réactif.

2) L'*acide chlorhydrique et les chlorures alcalins* produisent un précipité blanc caillebotté de chlorure d'argent, soluble dans l'ammoniaque, le cyanure de potassium[1] et l'hyposulfite de sodium. Le précipité devient violet à la lumière ; on peut le fondre sans qu'il se décompose. La calcination avec de la soude, du charbon, ou les corps réducteurs le transforme en argent métallique. On peut encore réduire le chlorure récemment précipité et humide par une solution de glycose ou de formiate alcalin.

Le bromure de potassium donne dans la solution argentique un précipité jaunâtre, l'iodure un précipité jaune.

3) Le *cuivre* se recouvre d'un enduit blanc qui ne se volatilise pas par la chaleur. Le fer, le zinc, le magnésium, le sulfate ferreux, l'acide sulfureux et d'autres corps réducteurs précipitent de l'argent métallique de la solution argentique.

4) L'*hydrogène sulfuré et le sulfure d'ammonium* précipitent du sulfure d'argent noir, qui se distingue des sulfures stanneux et auriques par son insolubilité dans le sulfure d'ammonium. Le cyanure de potassium calciné avec le sulfure desséché régénère de l'argent, qui ne se volatilise pas à cette température même dans un courant d'hydrogène ; ce métal ne saurait donc être confondu un seul instant avec l'arsenic, l'antimoine ou le mercure.

Les réactions suivantes ne doivent être tentées que lorsqu'on a encore du liquide à sa disposition.

---

[1] Cette solution peut être soumise à l'électrolyse ; l'électrode négative est un fil de cuivre, l'électrode positive une baguette de graphite ; un élément de Daniel suffit. Il faut s'assurer que le dépôt blanc métallique ne se volatilise pas. Nicklès, *Compt. rend.*, 1862.

5) *Potasse ou soude,* — précipités bruns d'oxyde insolubles dans un excès de réactif.

6) *Carbonates alcalins,* — précipité de carbonate d'argent blanc soluble dans l'acide azotique.

7) *Carbonate d'ammonium,* — précipité blanc soluble dans un excès de réactif.

8) *Phosphate de sodium,* — précipité jaune, soluble dans l'ammoniaque et l'acide azotique.

9) *Ferrocyanure de potassium,* — précipité blanc.

10) *Ferricyanure,* — précipité rouge brun.

11) *Cyanure de potassium,* — précipité blanc caséeux soluble dans un excès de réactif.

12) *Chromate de potassium,* — précipité rouge brun soluble dans l'acide azotique et l'ammoniaque.

13) L'*aldéhydate d'ammonium,* — réduit les solutions étendues en un miroir métallique très-brillant. Cette réaction peut être mise utilement à profit pour la confection d'une *pièce de conviction*.

§ 93. *Sous quel état l'argent a-t-il été introduit dans l'économie?* — Le chimiste ne peut espérer déterminer la nature de la préparation argentique qui a été ingérée que s'il a pu obtenir quelques indices relatifs à la présence de l'acide azotique, du cyanogène, de l'iode, etc. Même, après avoir réussi à isoler par les essais préliminaires du chlorure d'argent, il devra toujours se rappeler que ce corps a pu prendre naissance dans le tube digestif lui-même par la décomposition d'un autre sel d'argent. L'autopsie facilitera parfois la solution de la question; le chlorure d'argent en effet n'est absorbé que dans les parties assez éloignées du tube digestif, et si de l'azotate d'argent avait été ingéré les muqueuses buccale et gastrique présenteraient certainement des traces d'une irritation plus ou moins profonde; on pourra également rencontrer dans ces parties quelques résidus non encore modifiés d'un composé insoluble. L'expert devra se demander si l'argent trouvé dans une expertise ne provient pas de la solution d'une pièce de monnaie ou d'un autre objet, qui séjournait peut-être depuis assez longtemps dans l'estomac, et qui a échappé à l'examen physique.

Il ne devra pas oublier les faits signalés par Orfila, Liouville, etc., lorsqu'il n'a retrouvé qu'une petite quantité d'argent ; cette dernière pourrait provenir d'un traitement argentique remontant à une époque très-éloignée.

On se souviendra également qu'un certain nombre de pilules, de bonbons sont recouverts de feuilles d'argent très-minces.

L'argent est un des métaux que l'on pourra toujours rechercher dans les produits d'une exhumation.

§ 94. *Caractères des préparations argentiques.* — L'*argent* métallique a une couleur et un éclat caractéristiques ; il peut cristalliser dans le système régulier (hexakisoctaèdre quand il est séparé par l'électrolyse) ; sa densité est de 10,50 ; il fond à 1,000°, se volatilise à une température supérieure et présente le phénomène du rochage lorsqu'il se refroidit brusquement. L'air n'a aucune action sur lui.

L'*azotate d'argent* cristallise en tables rhomboïdales incolores, ne renfermant pas d'eau de cristallisation ; il est soluble dans son poids d'eau. La solution a une saveur métallique très-désagréable, et se décompose à la lumière en donnant un précipité noir. La chaleur le décompose quand on dépasse la température à laquelle il fond ; la décomposition se fait avec explosion lorsque le sel est mélangé avec du charbon ou des matières organiques.

§ 95. *Dosage.* — L'argent peut être dosé sous forme de chlorure ou de sulfure. Les deux procédés exigent que l'argent soit isolé, au préalable à l'état de métal ou de sulfure, que l'on retransforme en azotate à l'aide de l'acide azotique ; on évapore l'excès d'acide et l'on reprend par de l'eau. Cette nouvelle solution est traitée par de l'hydrogène sulfuré ; le précipité recueilli aussi vite que possible sur un petit filtre taré, est traité par un peu de sulfite acide de sodium (Lœwe) si l'on avait à redouter la présence d'un excès de soufre. Le précipité de sulfure d'argent bien lavé est desséché à 100° et pesé ; il renferme 87,07 pour 0/0 d'argent.

On dose l'argent à l'état de chlorure en le précipitant de la solution purifiée à l'aide de l'acide chlorhydrique ; le précipité est abandonné à l'abri de la lumière pour qu'il se tasse, puis jeté rapidement sur un filtre taré. On le pèse après dessiccation à + 110°.

100 de chlorure d'argent correspondent à 75,28 d'argent.

On peut *également détacher* la chlorure du filtre et le calciner dans un creuset de porcelaine.

[Ce procédé est un peu plus long, puisqu'il faut incinérer le filtre, mouiller le résidu avec de l'acide azotique (pour dissoudre l'argent qui s'est réduit) évaporer avec un peu d'acide chlorhydrique et fondre le résidu.]

PLOMB.

§ 96. *Généralités*. — Les empoisonnements aigus dus aux préparations plombiques sont assez rares, ce qui s'explique par la saveur désagréable de ces composés et la dose élevée qu'il faut employer pour produire la mort. Des empoisonnements chroniques au contraire se produisent très-fréquemment.

Le plomb est un des métaux les plus employés dans l'industrie, mais il ne résiste pas autant qu'on le pensait autrefois aux influences chimiques et physiques. Ce métal ou ses composés sont souvent inhalés en vapeurs ou en poussière dans les établissements métallurgiques, dans les verreries (la cire à cacheter et les bougies colorées par le minium produisent des vapeurs plombifères par leur combustion) ; il se produit de même fréquemment des vapeurs saturnines dans les ateliers de peinture et dans les imprimeries[1].

Le plomb est attaqué par un grand nombre d'agents chimiques. L'eau distillée et purgée d'air n'attaque pas ce métal ; mais l'eau qui sert aux besoins culinaires, eau qui est aérée et renferme en dissolution des quantités variables de sels inorganiques (quelquefois même des matières organiques) en dissout des proportions relativement assez notables. Dans beaucoup de localités on a été obligé par mesure d'hygiène de proscrire sévèrement l'usage de réservoirs ou de tuyaux de conduite en plomb[2].

[1] Archambault, *J. de ch. méd.*, 1870, p. 221.

[2] Des travaux nombreux ont été entrepris pour élucider cette question; je vais en citer les principaux ; les résultats sont très-souvent contradictoires : Christison, *A treatise of poisons* 1845, p. 515. — Handwörterbuch, *Chem. Ant. plomb.* — Elsner, *Tech. witth.*, 1854 et 56. — Graham Otto II, 3ᵉ édit., p. 312. — Calvert dans Dingler's *Polyt. Journ.*, 1862. — Kersting, *Corresp. Blatt. d. Rigaer naturu. Ver.*, 1865. — Max Pettenkofer, *Pharm. Zchf. f. Russland.*, IV, p. 42. — Trapp. Etb. (Nordischen Port), 1864. — Köhler, *Ztch. f. ger. Naturwiss.*, 1868, t. XXXI, p. 346. — Papenheim, *Les ustensiles culinaires en plomb pour la con-*

On a vu souvent des accidents se produire dus à la coutume fâcheuse qu'avaient certains fabricants d'entourer avec des feuil-

servation des eaux, Berlin, 1868. — Hirschwald, *Étude approfondie des conditions qui favorisent la solution du plomb*, — Reinveillier, *Empoisonnement des eaux potables par le plomb*. Paris, Dentu, 1870.

Je crois qu'on peut regarder comme établies les proportions suivantes : L'eau dissout d'autant plus de plomb qu'elle est plus pauvre en sels calcaires et plus riche en acide carbonique ; cette règle comporte cependant de nombreuses exceptions lorsque l'eau renferme des matières organiques en solution. Une eau crue et non aérée peut être complétement inoffensive lorsqu'elle s'écoule par une conduite en plomb ; mais par son séjour dans un réservoir de ce métal elle acquiert des propriétés toxiques dues à l'influence de l'air. Les eaux calcaires revêtent l'intérieur des conduites et des réservoirs de dépôts insolubles qui protégent le métal contre une action ultérieure ; mais il convient de ne pas trop se fier à cette action préservatrice, car le carbonate de plomb s'écaille et se détache facilement dans certains cas.

Je crois utile de résumer ici les expériences de Pappenheim :

De l'eau distillée sulfureuse ou privée d'oxygène n'attaque pas ce métal.

L'eau distillée *oxygénée* attaque le plomb ; le métal se recouvre d'un enduit d'oxyde et l'eau dissout en même temps une certaine quantité d'hydrate d'oxyde. L'intensité de l'oxydation dépend de la surface du métal, de la proportion d'oxygène contenue dans l'eau et de la facilité avec laquelle ce gaz peut être remplacé lorsqu'il a été absorbé.

L'eau additionnée d'une faible quantité de *potasse*, de *baryte* et de *chaux*, attaque le plomb avec beaucoup d'énergie ; le métal reste blanc ; le liquide renferme les combinaisons solubles que ces bases forment avec l'oxyde de plomb.

L'eau acidulée faiblement par de *l'acide chlorhydrique* attaque le plomb au contact de l'air ; le métal se recouvre d'une couche translucide de chlorure.

L'eau aiguisée d'*acide sulfurique* se comporte comme l'acide chlorhydrique, mais la couche de sulfate qui se forme est opaque.

L'eau chargée d'*acide carbonique* recouvre le métal d'un enduit gris foncé ; il se forme des dépôts blancs abondants, mais l'eau ne retient presque pas de métal en solution.

L'eau aérée et ne renfermant que peu d'acide carbonique donne naissance à un mélange de carbonate basique, d'oxyde et d'hydrate d'oxyde ; il se produit en même temps une petite quantité d'azotite qui provient probablement de l'oxydation des sels ammoniacaux. Les toitures en plomb se comportent de la même manière : ces couches sont alternativement mouillées et sèches, aussi se détachent-elles très-facilement ; la toiture devient blanche au bout d'un certain temps et se fendille. L'eau ne dissout une partie de ces écailles que lorsqu'elles sont très-minces ; des plaques épaisses résistent souvent plusieurs journées à l'action dissolvante de l'eau.

L'auteur a renfermé en vases clos un mélange à parties égales d'*eau aérée* et d'eau *saturée d'acide carbonique*, au bout d'une quinzaine le plomb était devenu gris ; l'eau avait dissous de 1/20.000 à 1/30.000 de carbonate ou d'hydrate d'oxyde de plomb. La présence du fer n'empêche pas l'attaque du métal, mais le composé plombique soluble est de suite reprécipité à l'état métallique.

Les *matières organiques suivantes :* sucre, alcool, urée, salicine, extraits neutres, matières solubles du bois des conifères, dissoutes dans de l'eau aérée ont plutôt entravé que favorisé l'oxydation du plomb ; ce fait n'est vrai qu'autant que les matières organiques ne se transforment pas elles-mêmes.

L'eau aérée renfermant des *carbonates acides* agit à peu de chose près comme l'eau chargée d'acide carbonique. Une eau qui renfermait par litre 0^{gr},120 de bicarbonate de sodium (ou de chaux) ne dissout pas de plomb, même alors qu'elle contient des matières organiques, de l'azotite et du chlorure d'ammonium.

Les solutions *concentrées* de *sulfates* d'ammonium, de sodium, de magnésium ou d'aluminium, d'*azotates* de potassium, ammonium ou magnésium, d'*acétates* de les de plomb des corps organiques qui attirent facilement l'humidité, comme le chocolat, le tabac à priser, des conserves alimentaires, etc. [1]

L'usage de vases en plomb doit être sévèrement proscrit dans les brasseries, débits de vin, cuisines de restaurant, etc. Les vases étamés présentent également des dangers, car nous avons vu que l'étamage ne se faisait que rarement avec de l'étain pur [2]. On ne devrait jamais employer les grains de plomb pour nettoyer les bouteilles; très-souvent ils se logent dans le fond et passent inaperçus surtout quand le verre est foncé; le vin et la bière que l'on y introduit plus tard attaquent le plomb. Hassen-

potassium ou de sodium dissolvent du plomb. Ce métal est attaqué de même par les solutions au 1/2.000 des sulfates de potassium, ammonium, calcium, magnésium et aluminium, des azotates de potassium, d'ammonium, de calcium, de strychnine et de brucine, du chlorure de calcium, d'ammonium, d'aluminium et d'acétate de sodium.

Ne dissolvent pas de plomb les *solutions concentrées* de chlorure de sodium, de carbonate neutre et acide de sodium, de chromate et de bichromate de potassium, de phosphate de sodium et les solutions au 1/2.000 du chlorure et des carbonates neutres ou acides de sodium. On remarque que lorsqu'une eau renferme à la fois des acides et des sels neutres ou acides, la réaction chimique se passe d'abord comme s'il n'y avait que des sels.

Pappenheim a cherché à expliquer les résultats discordants obtenus par les divers auteurs, en admettant qu'on n'avait pas toujours opéré avec du plomb très-pur (la présence d'un métal étranger modifie parfois les réactions de certains sels) ou que la surface de ce dernier n'avait pas toujours été nette, qu'elle pouvait être grasse, etc.

L'auteur a terminé son travail en étudiant l'efficacité des divers vernis protecteurs que l'on a proposés; le caoutchouc et la gutta-percha se brisent trop facilement; l'étamage n'est jamais parfait et laisse des places dénudées; la sulfuration des conduits ne vaut pas davantage, puisque le sulfure s'écaille en partie, et en partie se sulfatise. La filtration par le charbon est très-lente et n'enlève pas tout l'hydrate d'oxyde; la précipitation par le fer exige un temps trop long. L'auteur conclut qu'un enduit de paraffine peut seul rendre quelques services dans un certain nombre de cas; je renvoie à la lecture de l'original pour ce qui a trait à cette dernière question. En somme, *il faut toujours recourir à l'analyse chimique et à l'examen physiologique pour décider qu'une eau conservée au contact de parois plombifères est ou n'est pas toxique. Les considérations théoriques seules ne permettent pas de résoudre cette question.*

[1] Flinzer a analysé dix échantillons de tabac à priser renfermés dans des enveloppes métalliques; cinq enveloppes étaient des feuilles d'étain très-pur, deux étaient de l'étain plombifère et trois du plomb pur. Le tabac renfermé dans ces dernières contenait 0,76 pour cent de plomb dans les parties voisines de l'enveloppe, et 0,31 dans les parties centrales (*Zch. f. ger. Medic.*, nouv. série, t. IX, p. 175).

[2] Plusieurs ouvriers ont été intoxiqués pour avoir bu du cidre préparé à l'aide d'un meule plombifère (*Pharm. Journ. a. transact.*, IX, p. 395). — Empoisonnement dû à l'ingestion d'une bière qui avait été abandonnée au contact d'un mastic renfermant du minium (Taylor, *Sanat.*, 1871, n° 19). — Décoction de gingembre refroidie dans des réservoirs en plomb et ayant produit des accidents (Keller, *Glascow Med. Journ.*, 1871, p. 123).

stein et moi nous avons fréquemment rencontré, dans des bouteilles de porter venant d'Angleterre, des grains de plomb fortement corrodés à leur surface[1].

Les vernis qui se trouvent sur les poteries communes et sur les vases en fonte renferment du silicate de plomb, obtenu à l'aide de la litharge ou du minium ; ces vernis ne résistent pas plus à l'attaque de l'eau aérée qu'à celle des acides qui sont contenus dans nos préparations culinaires[2]. Les liquides acides du tube digestif dissolvent de même avec la plus grande facilité les enduits colorés à la céruse, au minium, à l'oxychlorure ou au chromate de plomb que l'on applique à la surface de certains bonbons, de pains à cacheter, de cartes de visite, de jouets d'enfants, etc.

On a signalé la présence de la céruse dans des farines ; dans l'un de ces cas ce composé s'y était introduit pendant la mouture ; la pierre meulière avait une fissure que l'on avait comblée avec un mastic plombifère.

Autrefois on avait la fâcheuse habitude de *dulcifier* les vins trop acides (vins lithargirés) en les mettant au contact d'oxyde de plomb.

Des accidents saturnins assez fréquents sont dus à l'emploi des préparations plombiques comme cosmétique pilaire ou cutané (blanc de fard, etc.)[3]. Hitzig prétend même que sept personnes qui avaient été en contact avec du crin teint en noir, ont été intoxiqués[4].

[J'ai vu se produire un empoisonnement qui n'eût pas d'effet fâcheux sur cinq personnes qui avaient mangé d'un civet de lièvre mariné pendant trois jours dans un mélange de vin et de vinaigre ; on isola 17 grains de plomb du corps de l'animal. L'analyse chimique du restant des aliments et des matières vomies décela des traces notables de plomb.]

[1] Des bestiaux furent empoisonnés parce qu'ils avaient avalé accidentellement des feuilles de plomb qui avaient servi à l'emballage du thé. Cartwight, *Edinburgh Peter. Review*, 1865.

[2] *Aertzl. Intellig. Blatt. f.* 1869. Buchners, *Rep. f. Pharm.*, t. XIX. Med. Ctb., 1869, p. 400.

[3] Schotten, *Virch. Arch.*, t. XVIII, p. 177. Béal., *der Chronische Bleivergift*, Berlin, 1870.

[4] *Studien üb. Bleivergift*, Berlin, 1868.

§ 97. *Composés plombiques*. — On voit que les circonstances dans lesquelles peuvent se produire des empoisonnements aigus ou chroniques sont des plus variées. Les composés qui provoquent ces accidents sont très-nombreux ; je me contenterai de nommer ceux que l'on a signalés le plus fréquemment : le *plomb métallique*, les *vernis de silicate*, les *oxydes* (massicot et litharge) ; le *minium*, l'*acide plombique* (oxyde puce) ; le *carbonate* (céruse) ; le *sulfate*, le *phosphate*, les *chromates* (jaunes ou rouges), l'*iodure ;* tous ces composés sont insolubles. L'*azotate*, l'*acétate neutre* (sucre de saturne) et le *sous-acétate* (eau de Goulard) sont au contraire solubles. On a signalé encore un empoisonnement à forme lente dû à l'application, sur une grande surface, d'un *emplâtre à base de plomb ;* on ne doit pas oublier qu'un grand nombre de préparations pharmaceutiques ou cosmétiques renferment des composés plombiques solubles ou insolubles (cérat saturnin, pommades à la céruse, blanc de fard, etc.).

§ 98. *Analogie des sels de plomb et d'argent.* — La tendance que possèdent les préparations de ces deux métaux à se combiner avec les matières albuminoïdes et les chlorures est très-grande ; c'est là une analogie, mais nous ne devons pas oublier que le chlorure de plomb est faiblement soluble dans l'eau. Le plomb s'oxyde plus facilement que l'argent, par contre il se réduit plus difficilement à l'état métallique.

L'azotate de plomb est moins caustique que celui d'argent. Le sulfate de plomb est bien moins soluble que celui d'argent ; mais les deux sulfures possèdent des propriétés identiques. On voit par suite que, à côté de grandes analogies, il existe cependant des différences assez tranchées. Tous les composés insolubles de ce métal (sauf peut être l'oxyde puce) se dissolvent dans les sucs digestifs acides; le plomb métallique lui-même paraît être attaqué.

§ 99. *Symptômes de l'empoisonnement.* —Nous ne connaissons pas la combinaison saturnine qui résulte de la réaction des sucs digestifs et pénètre dans le sang ; il est probable cependant que le plomb se transforme en un chloro-albuminate soluble. Le métal se retrouve dans les poumons, dans le foie, dans les reins, les muscles et les os ; le système osseux et le foie paraissent seuls avoir une affinité d'élection pour les composés plombiques. Gusserow a constaté ce fait que l'on peut expliquer jusqu'à un certain point en admettant que le plomb peut remplacer le calcium dans ses combinaisons; l'apatite, la pyromorphite, l'arragonite et le carbonate de plomb sont en effet isomorphes (plombo-calcite). Le plomb est éliminé en petites quantités par l'urine[1], mais ce sont les excréments qui en renferment le plus, à l'état de sulfure. L'élimination par la bile, la salive et les autres humeurs de l'économie reste douteuse.

§ 100. *Autopsie.* — Les modifications pathologiques qu'entraîne à sa suite l'empoisonnement aigu ne sont que peu connues ; les muqueuses des parties digestives seront plus ou moins enflammées, mais bien moins énergiquement que lorsque de l'azotate d'argent a été ingéré ; on pourra rencontrer par places des masses blanches de chloroalbuminate de plomb.

Orfila a principalement insisté sur ce fait.

L'empoisonnement chronique peut être diagnostiqué assez facilement ; les muqueuses se dessèchent, une constipation opiniâtre en est la suite, la peau prend une teinte ictérique grise, la salivation est augmentée ; l'haleine prend une odeur métallique nauséabonde ; les gencives s'entourent d'un liséré blanc caractéristique, le ventre se rétracte ; il se produit des coliques très-vives, des crampes et quelquefois des paralysies des extrémités. On a signalé à l'autopsie un état catarrhal et une teinte jaune de la muqueuse intestinale ; l'intestin est quelquefois rétréci en divers points ; le cerveau peut être hyperémié.

§ 101. *Destruction des matières organiques.* — Le procédé qui a servi pour la recherche de l'argent peut servir également dans ce cas ; le mélange de chlorate et d'acide dissoudra facilement tous les composés plombiques même le métal lorsque ce dernier est finement divisé. Le chlorure de plomb qui se produit ainsi reste presque toujours en solution dans le liquide acide ; en le filtrant bouillant on n'aura jamais à craindre qu'il reste sur le filtre du chlorure insoluble. Le refroidissement de la liqueur, surtout quand on la dilue, peut amener au contraire une précipitation de chlorure qui se distingue de celui d'argent par son

---

[1] Gusserow a rencontré ce métal dans l'urine d'un chien, qui avait absorbé journellement 2 grammes de sulfate de plomb, pendant vingt-sept jours.

aspect cristallin et sa grande solubilité dans l'acide chlorhydrique. La précipitation ne sera en tout cas jamais complète et l'on
pourra continuer la recherche du toxique dans le liquide filtré,
à l'aide de l'hydrogène sulfuré.

Le chlorure insoluble qui serait resté sur le filtre avec les matières non attaquées sera mélangé avec de la soude et de l'azotate d'ammonium; la masse desséchée est soumise à la déflagration et se convertira, suivant la température, en azotate ou azotite de plomb; il peut même se produire du plombite de sodium
soluble. Le résidu dissous dans de l'eau est acidulé par de l'acide
azotique et soumis à l'action de l'hydrogène sulfuré.

§ 102. *Précipitation par l'hydrogène sulfuré*. — Le précipité
de sulfure qui s'est produit dans l'un ou dans l'autre cas, a une
certaine tendance à se transformer en sulfate; il convient par
suite de filtrer très-rapidement. Ce précipité est insoluble dans
l'ammoniaque, le carbonate d'ammonium, le sulfure d'ammonium et les sulfures alcalins; l'acide chlorhydrique ne l'attaque
que faiblement. L'acide azotique bouillant le dissout partiellement à l'état d'azotate, mais il se forme toujours un peu de sulfate; on évapore avec précaution jusqu'à siccité et l'on reprend
par de l'eau aiguisée de 1 à 2 gouttes d'acide azotique. Le *sulfate* de plomb insoluble pourra alors être séparé par décantation
et soumis aux réactions suivantes : l'hydrogène sulfuré le colorera en noir ; il se dissoudra dans la potasse, l'acide chlorhydrique bouillant et le tartrate acide d'ammonium ; le carbonate
neutre ou acide de sodium le transformera en carbonate; le chromate de potassium en chromate plombique jaune insoluble dans
l'eau mais soluble dans la potasse.

Le précipité dû à l'hydrogène sulfuré est presque toujours
mélangé à des matières organiques ; pour le purifier on ajoute un
peu d'azotate d'ammonium à sa solution azotique[2]; on évapore
et on calcine le résidu dans un creuset en porcelaine. Le résidu
sera dissous, comme nous l'avons dit précédemment, dans de
l'eau faiblement acidulée par de l'acide azotique.

L'hydrogène sulfuré produit dans les solutions de chlorure de

---

[1] Il faut en ajouter une quantité suffisante pour remédier à une volatilisation du
plomb.

plomb un précipité *rouge* ou *brun* de chloro-sulfure, qui ne devient noir, par suite d'une décomposition plus complète, que lorsque le liquide est sursaturé de gaz; la précipitation se fait plus rapidement que celle des sulfures d'arsenic et d'antimoine; mais elle n'est pas toujours complète (Rottwell). Pappenheim dit que la réaction de l'hydrogène sulfuré n'est plus visible avec des solutions diluées au 1/200000, mais qu'elle est très-manifeste avec des solutions au 1/100000 lorsqu'on regarde le liquide dans le sens de la longueur du tube sous une épaisseur d'environ 1 décimètre.

§ 103. *Caractère des sels de plomb.* — La solution d'*azotate de plomb* est soumise à l'examen des réactifs suivants :

1) L'*acide sulfurique et les sulfates solubles* la précipitent en blanc; nous avons vu au § 102 quels étaient les caractères de ce précipité.

2) L'*acide chlorhydrique et les chlorures solubles* produisent un précipité blanc de chlorure insoluble dans l'ammoniaque (celui d'argent est soluble) et ne noircissant pas comme le calomel. Cet essai peut se faire très-bien avec le chlorure qui aurait pu se déposer par le refroidissement ou par la dilution du liquide primitif. On peut encore soumettre à l'action du chalumeau le mélange de ce précipité avec du carbonate de sodium sec; à la flamme de réduction on obtient un globule métallique qui se laisse facilement aplatir; ce globule chauffé à la flamme d'oxydation s'oxyde et recouvre le charbon d'une auréole jaune-rougeâtre. Cette réaction est du reste commune à tous les composés plombiques.

3) *Chromate de potassium*, — précipité jaune qui se dissout dans de la potasse.

4) *Iodure de potassium*, — précipité jaune, qui se dissout à chaud et se précipite par le refroidissement sous forme de paillettes d'un jaune d'or éclatant.

5) *Ferrocyanure de potassium*, — précipité blanc.

6) *Cyanure de potassium*, — précipité blanc, qui n'est pas stable dans un excès de réactif, comme celui d'argent.

7) *Ammoniaque*, — précipité blanc insoluble dans un excès de réactif.

8) *Carbonates alcalins*, — précipité blanc, soluble dans un excès de potasse ou de soude.

9) *Potasse ou la soude*, — précipité blanc d'hydrate d'oxyde de plomb (le précipité est brun avec l'argent, jaune avec les sels mercuriques et noir avec les sels mercureux) ; ce précipité se dissout dans un excès de réactif ce qui le distingue de l'oxyde de bismuth.

10) Le *zinc ou le magnésium* précipitent le plomb de ces solutions ; il ne se forme pas d'hydrure volatil ; on pourra par suite retirer le plomb du résidu de l'appareil de Marsh, mais seulement quand on se sera assuré de la parfaite pureté du zinc employé (le zinc est souvent plombifère).

§ 104. *Pièce de conviction.* — Le chlorure de plomb séparé par le refroidissement, le sulfure de plomb et le globule métallique obtenu par le procédé indiqué au § 103. 2 (§ 103, 2,) pourront servir comme *pièce de conviction*.

§ 105. *Procédé de Gusserow.* — Gusserow[1] s'est servi de l'électrolyse pour isoler le plomb à l'état métallique du liquide obtenu par la réaction du chlorate. On peut employer le dialyseur de Graham, en versant dans le vase extérieur de l'eau aiguisée par de l'acide sulfurique ; deux lames de platine sont placées l'une à la partie inférieure l'autre à la partie supérieure du parchemin végétal et reliées à l'aide de fils de platine, la première avec le pôle positif d'une pile de Growe de 4 éléments, la seconde avec le pôle négatif. Cette dernière se recouvre au bout de 8 à 15 heures d'un enduit gris ou noir de plomb ; on doit s'assurer qu'une lame fraîche replacée dans le liquide reste brillante, car l'opération ne se termine pas rapidement. L'acide azotique bouillant dissout le plomb ; l'azotate évaporé à siccité est redissous dans de l'eau et examiné par les réactifs indiqués au § 103.

§ 106. *Examen d'une eau plombifère.* — L'analyse d'*une eau plombifère* se fait très-aisément en réduisant à un volume de 200 centimètres cubes, 5 à 10 litres d'eau, aiguisés par 15 à 20 gouttes d'acide azotique ; l'évaporation se fait dans une capsule

[1] Virchow, *Arch. f. pathol. Anat.*, t. XXI, p. 444.

de porcelaine chauffée dans un bain de sable. On continue l'évaporation par petites portions dans une petite capsule en porcelaine, capable de supporter une température élevée. Le résidu renferme souvent des matières organiques ; un traitement par l'acide azotique concentré suffit à les détruire lorsqu'il n'y en a que peu ; l'addition d'azotate d'ammonium est nécessaire quand il y en a des quantités plus fortes. Le résidu renferme les sels contenus dans l'eau à l'état d'azotate et de sulfate ; les eaux renfermant presque toutes de sulfates, nous devons nous attendre à obtenir, sinon tout, au moins une notable partie du plomb à l'état de sulfate. Le résidu est traité par 10 à 20 centimètres cubes d'eau aiguisée par de l'acide azotique et l'on décante ; les réactions 1, 2, 3 et 4 indiquées au § 103 seront essayées avec ce liquide. Le sulfate de plomb insoluble qui reste servira à préparer une pièce de conviction ; il suffira de la calciner avec de la soude, pour obtenir un globule métallique malléable.

On rencontre parfois des eaux qui, acidulées par quelques gouttes d'acide azotique, donnent *immédiatement* par l'hydrogène sulfuré, *sinon un précipité noir du moins une coloration brune* ; on ne devra jamais se servir d'une pareille eau pour des usages culinaires.

§ 107. *Analyse d'un vernis.* — Pour s'assurer qu'un *vase en fonte ou en poterie* est enduit d'un vernis plombifère, il suffit d'y laisser séjourner pendant douze heures de l'eau renfermant 1/25 d'acide azotique ou d'acide acétique.

On évapore l'eau à siccité ; le résidu est dissous dans 10 à 20 centimètres cubes d'eau renfermant de 2 à 3 gouttes d'acide azotique et traité par de l'hydrogène sulfuré, en suivant les indications du paragraphe précédent. On pourra réussir par des traitements réitérés à l'acide à enlever au vernis la partie des composés plombifères qui serait nuisible.

§ 108. *Analyse du vin.* — L'analyse *du vin lithargiré* peut se faire très-souvent à l'aide de l'hydrogène sulfuré seul ; le précipité de sulfure après qu'il s'est tassé et recueilli sur un filtre et dissous dans de l'acide azotique[1]. Cet essai n'est pas suffisant

---

[1] On vend dans le commerce sous le nom de liqueur d'épreuve de Hahnemann un liquide que l'on obtient en dissolvant poids égaux de foie de soufre calcaire et

lorsque le vin ne renferme que peu de plomb. On concentre dans ces cas le vin au 1/4 et on lui ajoute 10 centimètres cubes d'acide azotique et 20 à 30 grammes d'azotatate d'ammonium par litre; le liquide est évaporé à siccité et le résidu calciné dans un creuset en porcelaine, ne renferme plus de matières organiques; on y recherche le plomb par les procédés qui nous sont connus. Morer a fait la remarque que l'acide sulfurique ne précipitait pas de sulfate de plomb dans les liquides vineux; je crois que cette particularité s'explique facilement par la grande solubilité de ce sel dans les tartrates que le vin renferme toujours.

§ 109. *Quelle est la forme sous laquelle le composé plombique a été introduit dans l'économie?*— Cette question ne peut être résolue que lorsqu'on a réussi à isoler un composé insoluble dans les opérations préliminaires, ou que l'on a isolé en même temps que le plomb un corps qui, comme l'acide azotique, iodhydrique ou chromique ne se rencontre pas d'ordinaire dans l'économie.

L'intention criminelle qui a présidé à l'administration du toxique ne pourra guère être démontrée par le chimiste. Il se bornera à discuter la possibilité de l'introduction du composé toxique par l'usage de vases ou d'eau plombifères.

La quantité de plomb a-t-elle suffi pour déterminer la mort ou des accidents graves. La solution de cette troisième question doit être réservée au médecin qui aura fait l'autopsie; le chimiste ne pourra y contribuer qu'en faisant une analyse quantitative, mais en tenant compte des faits suivants. Le corps humain et surtout quelques organes comme le poumon, la rate et le foie renferment presque toujours du plomb, qu'on a appelé *plomb normal*; il n'y en a que fort peu; Legrip n'a trouvé que 0^{gr},0054 de plomb sur mille de foie ou de rate; Oidtmann en a trouvé bien moins, 1 milligramme pour mille dans le foie (d'un aliéné) et 3 milligrammes dans la rate[1]. Dans la plupart des cas il sera très difficile de

---

d'acide tartrique dans 64 parties d'eau; le liquide décanté agit comme une solution d'hydrogène sulfuré.

[1] Je crois que le plomb dit *normal*, ne peut exister que dans l'économie humaine, car l'homme fait souvent usage d'eau ou d'aliments conservés ou préparés dans des vases plombifères. Les animaux qui n'ingèrent que des végétaux et des eaux courantes ne doivent pas renfermer de plomb, car la présence de ce métal n'a pas

décider si cette proportion dite normale (qui peut du reste varier) est ou n'est pas dépassée ; même dans les cas où la différence serait très-forte, il faudrait que l'autopsie révélât des symptômes d'empoisonnement aigu, pour que nous pussions nous prononcer en toute connaissance de cause.

§ 110. *Cadavres exhumés.* — Le plomb peut être recherché dans les cadavres exhumés longtemps après leur ensevelissement ; mais il faut se souvenir que le cercueil a pu contenir des ornements plombifères (papier, fleurs, ornements, etc.). Des grains de plomb introduits par la venaison ou par la coutume populaire de s'en servir comme pilules purgatives, peuvent être encore la seule cause de la présence de ce métal. On voit encore par là de quelle importance est l'examen physique entrepris à la loupe et à l'eau distillée[1].

§ 111. *Caractères des principales préparations saturnines.* — Le *plomb métallique* se distingue facilement des autres métaux par sa couleur (gris bleuâtre), sa malléabilité (il est rayé par l'ongle), sa densité (11,57) et sa fusibilité à une température peu élevée (322° suivant Dalton et Crighton, 334° d'après Kupfer et Person). A l'air humide, il se recouvre d'un enduit mince de sous-oxyde ; en chauffant, il se forme du protoxyde ; lorsque la température est plus élevée, il se volatilise en partie, en même temps qu'il se forme de l'oxyde. L'inhalation de ces vapeurs est très-pernicieuse. L'acide chlorhydrique concentré et l'acide sulfurique étendu ne l'attaquent que faiblement ; l'acide sulfurique concentré le dissout à chaud ; l'eau et l'alcool le précipitent de cette solution sous forme d'un dépôt boueux blanc (l'acide sulfurique du commerce précipite toujours en blanc lorsqu'on l'étend d'eau ou d'alcool). L'acide azotique moyennement concentré le dissout à l'état d'azotate ; ce sel est insoluble dans l'acide concentré. Les acides organiques (acétique, tartrique, citrique, lactique) ne l'attaquent, dit-on, qu'au contact de l'air. En arrosant le plomb avec une solution d'hydrogène sulfuré on reconnaîtra facilement toutes les parties oxydées ou carbonatées à la coloration noire qu'elles prennent ; les parties métalliques seules resteront brillantes.

Le *protoxyde de plomb* se trouve dans le commerce sous deux états : à

été signalée jusqu'à présent dans les plantes ou dans l'atmosphère. Ulex, il est vrai, dit avoir rencontré ce métal chez une foule d'animaux ; mais il n'en indique pas la proportion, et ses résultats ont été mis en doute. V. Millon et Meisens, *Annal. de Ch. et de Phys.*, t. XXIII.

[1] [Les parties soumises à l'analyse sont souvent renfermées dans des fioles ou flacons cachetés avec de la cire colorée par du minium (ou du sulfure de mercure) ; le chimiste devra avoir soin de ne pas laisser tomber quelques parcelles de cette cire écaillée sur les organes à examiner au moment où il ouvre les vases ; des méprises ont été commises surtout avec la cire colorée par le minium.]

l'état amorphe (massicot) ou cristallisé (litharge); sa couleur varie du rouge au jaune pâle, on peut même l'obtenir incolore. Il fond quand on le chauffe, mais est moins volatil que le métal; il faut donc avoir soin, dans les analyses toxicologiques, que le plomb reste toujours à l'état d'oxyde, c'est-à-dire qu'il y ait assez de corps oxydant. Il se transforme partiellement en silicate, par sa fusion dans des vases en verre ou en porcelaine. 1 partie d'oxyde se dissout dans 7,000 parties d'eau (l'hydrate est plus soluble) et lui communique une réaction alcaline; l'acide carbonique le reprécipite presque complétement de sa solution. L'oxyde sec absorbe rapidement l'acide carbonique; l'acide sulfurique étendu et chlorhydrique ne le dissolvent presque pas à froid; à l'ébullition il se dissout du chlorure de plomb qui se dépose par le refroidissement; l'acide sulfurique concentré en dissout plus que l'acide étendu; les acides azotique, acétique et autres acides organiques le dissolvent facilement; il est même soluble dans les huiles. Le protoxyde sert à la confection des emplâtres, des huiles siccatives, des verres plombifères (cristal, strass, etc.), des émaux, etc.

Le *sulfate de plomb* (produit accessoire de la préparation industrielle de l'acétate d'alumine), le *carbonate* (céruse), les *phosphates, chromates* et *chlorures* sont peu solubles; les *azotate, acétates neutres et basiques* sont au contraire assez solubles. Le phosphate fond au chalumeau et se fige en une masse cristalline par le refroidissement. Le *chromate neutre* est employé en peinture à cause de sa belle nuance jaune; ses sels basiques sont orangés ou rouges (rouge ou orangé de chrome); nous en reparlerons en faisant l'histoire de l'acide chromique.

Le *carbonate de plomb* (céruse, blanc de Kremnitz, de Clichy, etc.) possède une belle couleur blanche et couvre très-bien les fibres du bois quand on l'applique à l'huile. Chauffé il perd son acide carbonique; il se dissout dans l'acide azotique; la coloration noire qu'il prend sous l'influence de l'hydrogène sulfuré le distingue du sulfure de zinc (emplâtre et onguent à la céruse, blancs de fard, etc.).

L'*acétate de plomb neutre* cristallise en cristaux incolores (syst. monoclinique) renfermant de l'eau de cristallisation; il est efflorescent et perd en même temps un peu d'acide acétique. Il est soluble dans 8 parties d'eau froide et 1 1/2 d'eau bouillante; l'alcool le dissout également.

Le *minium* peut être envisagé comme du plombate de protoxyde de plomb; d'une couleur rouge caractéristique, il est presque insoluble dans l'eau; sa couleur se fonce quand on le chauffe et redevient plus claire par le refroidissement lorsqu'on n'a pas dépassé une certaine limite. Une température plus élevée le décompose en protoxyde et en oxygène. L'acide acétique concentré le dissout en totalité; l'acide azotique ne dissout que l'oxyde et laisse la poudre brune de bioxyde non attaquée.

L'*acide plombique* (bioxyde, oxyde puce) est employé depuis quelque temps dans la fabrication des allumettes; sa présence dans les cas d'empoisonnement par le phosphore peut mettre sur la voie de la forme sous laquelle le toxique a été ingéré. On le rencontre parfois dans le commerce mélangé d'azotate. Sa couleur est brune; humecté il se décompose lentement à l'air. Par le grillage il se transforme en oxyde. C'est un oxydant très-énergique;

il oxyde l'acide sulfureux, beaucoup de matières organiques et colore en bleu le mélange d'amidon et d'iodure de potassium. Quelques acides (acétique) le dissolvent sans le décomposer; d'autres lui font perdre de l'oxygène; avec l'acide chlorhydrique il se produit du chlore.

§ 112. *Dosage.* — Le *dosage* à l'état de sulfure est suffisamment exact pour nos besoins. Le métal peut être en solution azotique ou chlorhydrique; la précipitation doit se faire à froid et dans un liquide qui n'est pas trop acide. Il convient par suite de s'assurer que les eaux de lavage fortement diluées ne précipitent plus par l'hydrogène sulfuré; la liqueur ne doit pas contenir trop d'acide azotique, sans quoi le précipité renfermera un excès de soufre. Le sulfure de plomb est recueilli sur un petit filtre; mais comme ce sel a une grande tendance à se transformer en sulfate, il faut agir rapidement et ne pas essayer d'enlever l'excédant de soufre par le sulfite acide sodium (Loewe).

La voie sèche conduit au but plus sûrement : le précipité séché est détaché du filtre et placé avec un petit excès de soufre dans un creuset en porcelaine; on y ajoute le résidu de l'incinération du filtre ; le mélange est chauffé au rouge pendant que l'on fait arriver dans l'intérieur du creuset un courant d'hydrogène sec. Le résidu de sulfure de plomb renferme pour 100 86,61 de plomb.

On pourrait doser plus rapidement le plomb à l'état de sulfate; l'acide azotique *concentré* transformerait le sulfure en sulfate ; on évaporerait à siccité en présence de l'acide sulfurique concentré pour chasser tout l'acide azotique; un coup de feu est nécessaire à la fin de l'opération. Le résidu renferme pour 100 68,319 de plomb[1].

CUIVRE.

§ 113. *Généralités.* — Les empoisonnements criminels ou accidentels par les préparations de cuivre sont assez fréquents, car ces dernières sont d'un usage assez répandu et leurs propriétés toxiques sont connues du public. Les alliages de ce métal avec l'argent, l'étain, le zinc, etc., servent à la confection des vases

[1] Rodwell, *Journ. of the Ch. Soc.*, XV, p. 59.

culinaires et sont attaqués plus ou moins énergiquement par un certain nombre d'aliments. Cette circonstance est loin de faciliter l'analyse toxicologique d'autant plus qu'il n'est pas rare de rencontrer dans l'économie une certaine quantité de cuivre qui s'y est accumulé. L'expert n'oubliera pas qu'il y a certains alliages qui sont attaqués plus facilement par les réactifs chimiques que le cuivre pur.

§ 114. *Composés cuivriques* — Les composés cuivriques qui ont provoqué des empoisonnements ou des accidents sont assez nombreux. Je citerai : l'*oxyde cuivrique* (usité parfois en médecine sous le nom d'oxyde de Rademacher), la poussière d'*oxyde cuivreux*, qui se détache quand on martelle du cuivre chauffé au contact de l'air ; les *hydrates cuivriques* purs ou combinés avec des sels employés en peinture (bleu de Brême, vert de Brunswick) ; l'*oxyde cuivreux*, employé en peinture et pour colorer les verres et la porcelaine en rouge rubis ; l'*oxychlorure cuivrique* (vert de Brunswick). Le *sulfate cuivrique* (vitriol bleu) doit nous arrêter plus longtemps, car la plupart des intoxications connues sont dues à ce sel. On l'emploie en médecine comme vomitif et comme caustique (pierre divine de Sampso) ; l'industrie en fait une grande consommation soit pour le cuivrage, soit pour les piles, soit pour la conservation des bois, soit pour le chaulage du blé. [De nombreux accidents ont été signalés qui sont dus à la diffusion de ce sel. On a vu d'anciennes traverses de chemin de fer injectées au sulfate de cuivre et brûlées dans un four à boulanger communiquer au pain des propriétés malfaisantes. Du blé chaulé au sulfate cuivrique au lieu d'être enfoui dans le sol a subi la mouture et produit une farine très-vénéneuse. Je dirai en passant que des blés fortement chaulés, donnent une récolte qui contient souvent des proportions de cuivre très-notables et nuisibles à la longue à l'économie (Tardieu et Roussin). Kuhlmann a constaté qu'une partie de sulfate cuivrique mélangée avec 7.000 parties de farine avariée, rendait plus facile la confection du pain ; le boulanger malheureusement pour éviter le travail force la proportion de ce sel ; Roussin en a vu qui introduisaient jusqu'à 1/5.000 de sulfate de cuivre dans leurs farines ; un autre livrait en vente des pains où l'on distinguait à simple vue des parcelles cristallines ; j'ai vu à Strasbourg du pain qui renfermait un cristal de sulfate de cuivre pesant près de 5 décigrammes, quantité plus que suffisante pour incommoder fortement un enfant.] Le *sulfate de cuivre ammoniacal* est usité en médecine et en pyrotechnie. L'*hydrate de sesquicarbonate cuivrique* est employé comme couleur ; c'est le composé qui se produit quand le cuivre est exposé à l'air humide et que l'on nomme communément *vert-de-gris*. L'*acétate cuivrique* neutre, ou *vert-de-gris cristallisé* est usité en médecine et en teinture (encres vertes du commerce) ; l'*acétate basique ou vert-de-gris de Montpellier*, *verdet*, entre dans la composition de certaines préparations pharmaceutiques (cérat, eau vert-de-grisée, pierre divine de certaines pharmacopées) ; il est également employé en peinture. Nous avons déjà parlé des couleurs arsenicales vertes dites *verts de Scheele*, *de Schweinfurt*, *Mitis*, *Neuwieder*, etc. (on s'en est servi pour colorer des bonbons, des pains à cacheter, de l'absinthe, etc.).

Le *cuivre* lui-même ne doit pas être oublié dans cette liste ; grâce à son abondance, à la facilité avec laquelle il se laisse travailler et à sa dureté, c'est le métal qui se prête le plus facilement à la confection des vases destinés aux usages domestiques. L'usage de ces vases provoque des accidents nombreux dus à diverses causes : des vases mal entretenus se recouvrent très-facilement de vert-de-gris que les sucs digestifs dissolvent rapidement ; de plus tous les acides inorganiques ou organiques attaquent le cuivre avec beaucoup d'énergie en présence de l'*air atmosphérique*[1].

Il suffit pour s'en assurer de laisser séjourner du vinaigre quelques instants dans un vase de cuivre ; le liquide s'écoule fortement coloré en vert[2]. L'usage s'est répandu de cuire certains aliments, de préparer certaines confitures dans des vases de ce métal ; on croit que cette coutume n'est pas dangereuse parce que les vapeurs qui se dégagent continuellement empêchent l'arrivée

---

[1] Voy., pour l'attaque des vases en cuivre par les préparations culinaires, Chevallier, *Journ. de Ch. méd.*, 1862, p. 556 et 571. — Saint-Martin, *ib.*, p. 257. — Clapton, *Med. times and gaz*, 1869, n° 20.

[2] Le vinaigre du commerce renferme souvent des traces de ce métal.

de l'air, pourvu qu'on ne laisse pas refroidir dans les vases en cuivre les aliments acidulés. Je ne pense pas que la vapeur d'eau empêche l'attaque du métal et je me base sur le fait suivant: on se sert de vases en cuivre pour confire dans du vinaigre chaud des câpres, des cornichons, etc. Les fruits préparés par cette méthode sont bien plus verts que ceux que l'on a infusés dans des vases en verre ; n'est-on pas en droit de conclure que le vinaigre a dissous une certaine quantité de cuivre, qu'il a abandonné ensuite à la matière colorante du fruit. Il suffit pour s'en assurer d'analyser les câpres confites du commerce. Que dire de ces marchands éhontés qui ajoutent sciemment un sel de cuivre soluble pour rehausser la couleur de leurs cornichons ! [On a prétendu que les corps sucrés qui sont contenus dans la plupart des fruits que l'on cuit empêchaient l'attaque du cuivre ; cette dernière raison me semble plus plausible.]

L'ammoniaque (par suite les vapeurs ammoniacales) et ses sels attaquent le cuivre aussi rapidement que le font les acides dilués.

Les huiles et les corps gras solides qui se fluidifient à une température peu élevée (comme le beurre, le saindoux, etc.) attaquent le cuivre et se colorent en vert ; il est probable que les corps gras s'acidifient dans cette réaction[1].

De Weyde[2] a signalé récemment un empoisonnement dû à l'usage d'axonge renfermant du cuivre.

L'alcool lui-même, au contact de l'air, s'acétifie d'abord, puis attaque et dissout le cuivre ; dans les distilleries d'eau-de-vie on a soin de proscrire ce métal de la confection de toutes les pièces de l'appareil à condensation ; cette précaution est encore plus indispensable lorsqu'il s'agit de la préparation de liqueurs qui renferment souvent des acides libres. Récemment on a signalé un cas d'empoisonnement attribué à de l'eau-de-vie de kirsch préparée dans un appareil distillatoire en cuivre non étamé ; il a pu se former dans ce cas du cyanure de cuivre dont l'action est

[1] Je crois pouvoir expliquer la coloration verte des cheveux et des poils que l'on a signalée parfois chez les ouvriers travaillant le cuivre, par la réaction que la pomade ou les corps gras appliqués sur la tête e   rce sur la poussière cuivreuse qui recouvre la tête.

[2] *Journ. f. Pharm.*, 1869.

encore bien plus énergique[1] que celle d'un sel de cuivre ordinaire.

Je dois avouer que dans la plupart de ces cas il ne se dissout que des quantités si minimes de cuivre que la santé ne saurait être compromise. L'expert devra néanmoins avoir toujours ces faits présents à la mémoire pour les mettre à profit lorsqu'il n'aura retiré qu'une quantité insignifiante de toxique ; j'ajouterai toutefois que la quantité de cuivre qui entre ainsi en solution n'est pas toujours aussi insignifiante et qu'elle a souvent suffi à provoquer des accidents graves.

§ 115. *Absorption du cuivre et de ses préparations.* — Un grand nombre de composés cuivriques sont solubles dans l'eau, de ce nombre sont le sulfate et l'acétate; d'autres se dissolvent partiellement du moins dans les liquides digestifs. Le cuivre pur lui même est légèrement attaqué; Toussaint prétend le contraire, mais j'ai eu occasion de voir sur une pièce de cuivre éliminée par l'anus des traces évidentes de corrosion; la quantité dissoute est toutefois assez insignifiante pour qu'elle ne produise aucune action fâcheuse sur l'économie. Il se forme d'ordinaire à la surface une légère couche de sulfure de cuivre qui empêche toute attaque lorsque la pièce séjourne quelque temps dans fe tube digestif. L'usage de râteliers renfermant du cuivre, causerait cependant des accidents; le contact renouvelé de l'air en serait-il la cause?

Le chlore a bien moins d'affinité pour l'oxyde cuivreux que pour les oxydes mercureux et argentique; par contre les sels cuivreux ont une très-grande tendance à s'oxyder; les sels cuivriques ne se réduisent pas aussi facilement que ceux d'argent ou de mercure. L'albumine et les sels cuivriques produisent par double décomposition de l'albuminate de cuivre qui est insoluble, mais qui dans l'intestin est décomposé. Bielicki a fait voir que l'albumine était résorbée. Les tissus albuminoïdes absorbent de même les sels cuivriques et durcissent en certains points.

---

[1] Un vase mal étamé est plus dangereux qu'un vase qui ne l'est pas; car les parties mises à nu sont atttaquées plus rapidement par suite d'un effet électro-chimique qui se produit entre l'étain et le cuivre.

Le cuivre est-il absorbé et pénètre-t-il dans le sang à l'état d'albuminate, c'est là une question qui est loin d'être élucidée; on sait seulement qu'il pénètre dans le sang et qu'il se localise dans le foie, car cet organe en renferme une proportion qui n'est pas en rapport avec sa richesse sanguine. L'élimination du métal paraît se faire par la bile, et Husemann et d'autres affirment que les fèces renferment alors du sulfure de cuivre noir. L'urine, peut-être la salive, paraissent[1] être également une voie d'élimination.

§ 116. *Symptômes physiologiques.* — L'*empoisonnement aigu* ne se termine que rarement par la mort, puisque les propriétés émétiques si énergiques de ces préparations suffisent pour faire évacuer tout le toxique sans qu'il ait eu le temps d'être absorbé. La peau et l'urine prennent parfois une teinte ictérique. Dans les cas où l'autopsie a pu être faite, on a signalé une inflammation plus ou moins vive de toutes les parties du tube digestif et en certains points une coloration vert brunâtre des muqueuses.

L'*empoisonnement chronique* a moins souvent une issue funeste que celui qui est dû aux préparations de plomb ou de mercure; l'usage continué de doses faibles peut amener une irritation et même une inflammation des muqueuses gastrique et intestinale, qui disparaissent d'ordinaire lorsqu'on suspend l'ingestion de la préparation. La mort n'est à redouter que lorsque l'usage en a été prolongé trop longtemps.

§ 117. *Destruction des matières organiques.* — La destruction des matières organiques doit se faire à l'aide du mélange de chlorate et d'acide chlorhydrique; quelques silicates seuls résistent à son action. Le liquide peut être évaporé sans qu'il y ait à redouter une perte du corps toxique; un excès d'acide doit toujours être évité lorsque la précipitation doit se faire à l'aide de l'hydrogène sulfuré.

§ 118. *Précipitation par l'hydrogène sulfuré.* — L'hydrogène sulfuré donne naissance à un précipité *noir* de sulfure cuivrique, qui se produit plus rapidement que celui d'arsenic et d'anti-

---

[1] [J'ai constaté sur des lapins empoisonnés par du vert de Scheele, que l'urine de ces animaux était *toujours* cuprifère et que l'élimination durait un temps assez long.]

moine. Pour s'assurer que la précipitation est complète, il faut étendre le liquide de son volume d'eau ; souvent alors il se précipite une nouvelle quantité de sulfure.

Ce sel a une grande tendance à s'oxyder et à se transformer en sulfate ; la filtration doit donc être faite rapidement et autant que possible à l'abri de l'air ; les lavages seront faits avec de l'eau purgée d'air à laquelle on aura ajouté un peu d'hydrogène sulfuré. Le sulfure de cuivre est insoluble dans l'ammoniaque lorsqu'on opère à l'abri de l'air ; le sulfure d'ammonium en dissout des traces lorsque le précipité est récent et encore humide. Le cyanure de potassium le dissout, mais son vrai dissolvant est l'acide azotique qui le transforme en azotate.

§ 119. *Caractère des sels de cuivre.* — La solution du sulfure dans l'acide azotique est bleu verdâtre ; on l'évapore à siccité et on détruit le restant des matières organiques par l'évaporation avec l'acide azotique et l'azotate d'ammonium. Le résidu repris par de l'eau est soumis à l'action des réactifs suivants :

1) *Ammoniaque.* — Précipité blanc bleuâtre, donnant avec un excès de réactif une solution bleu foncé (bleu céleste). Cette réaction est sensible au 1/4000.

2) *Ferrocyanure de potassium.* — Précipité brun rougeâtre ; la liqueur doit être acide, puisque le précipité est soluble dans l'ammoniaque et les alcalis. Des traces de cuivre donnent une coloration rose qu'on ne voit souvent qu'en plaçant une feuille de papier blanc derrière le verre [1].

3) *Réaction de Schönbein.* — Un mélange d'acide cyanhydrique dilué et de teinture de gaïac communique à une solution cuivrique au 1/500000 une coloration bleue, qui devient très-visible lorsqu'on agite le mélange avec quelques gouttes de chloroforme, qui se sépare en dissolvant toute la matière colorante.

4) *Fer métallique.* — Le métal se recouvre d'un fourreau rouge de cuivre métallique ; Husemann affirme que la sensibilité de cette réaction est de 1/15000 [2]. La précipitation peut encore se faire à l'aide du zinc ; le métal se dépose sur le platine quand on plonge le zinc dans une capsule de ce métal. Husemann a re-

---

[1] [Je conseillerai de faire l'essai dans ce cas sur une soucoupe en porcelaine.]
[2] V. Tardieu et Roussin, *Étud. méd. lég.*, p. 535.

trouvé 2 dixièmes de milligramme dissous dans quelques gouttes d'eau ; il ne se produit pas de composé volatil comme pour l'antimoine ou l'arsenic. On peut soumettre directement à l'électrolyse le liquide provenant de la destruction par l'eau régale, en le plaçant après évaporation dans un creuset de platine qui communique avec le pôle négatif d'une batterie de Bunsen de deux éléments ; on plonge dans le liquide un fil du même métal un peu fort qui communique avec le pôle positif. Le courant doit être prolongé pendant trois heures. La méthode est très-sensible et pourrait être mise à profit pour une détermination quantitative. On pourra, s'il reste assez de liquide, faire les essais suivants :

5) *Potasse ou soude.* — Précipités d'un vert bleuâtre à froid, devenant noirs par l'action de la chaleur. Un mélange de sel cuivrique, de potasse et de glucose (l'acide tartrique comme la glucose empêche la précipitation de l'oxyde cuivrique) laisse déposer à froid, au bout de quelque temps, de l'hydrate d'oxyde cuivreux jaune ; à chaud il se dépose immédiatement de l'oxyde cuivreux anhydre qui est rouge.

6) *Carbonate de potassium, de sodium ou de baryum.* — Précipités d'un bleu verdâtre devenant noirs par l'ébullition.

7) *Carbonate d'ammonium.* — Se comporte comme l'ammoniaque, mais la solution n'est pas d'un bleu aussi foncé.

8) *Iodure de potassium et sulfocyanure.* — Précipités blancs ; le précipité d'iodure est surnagé par un liquide coloré en brun par la moitié de l'iode qui est mis en liberté.

9) *Sulfure d'ammonium.* — Précipité noir de sulfure un peu soluble dans un excès.

10) La flamme de l'*alcool* ou du gaz devient verte et présente quelques raies particulières à l'analyse spectrale [1] quand on y introduit un sel de cuivre.

Le *borax* fondu prend une teinte verte avec l'oxyde cuivrique ; à la flamme de réduction cette couleur passe au rouge.

§ 120. *Recherche du cuivre dans les cendres.* — On peut calciner les matières organiques suspectes et retirer le cuivre du

---

[1] V. Simber dans *Poggendorff's Annal. d. Phys.*, t. CXV.

charbon qui reste à l'aide de l'acide azotique bouillant ; lorsque la matière organique renferme des chlorures, il peut se volatiliser des traces de chlorure cuivrique, qui colorent en vert les gaz incandescents qui se dégagent pendant la combustion. Quelques auteurs admettent que le cuivre métallique lui-même est un peu volatil à l'état naissant. La même perte se produirait en suivant le procédé de la déflagration au chlorate ou à l'azotate de potassium. Cette cause de déperdition est cependant si minime que je préfère le procédé par voie sèche à celui par voie humide, car on a l'avantage d'avoir détruit toutes les matières organiques qui rendent la précipitation par l'hydrogène sulfuré incomplète [1]. Le cuivre se trouve, suivant la température qui s'est produite pendant la déflagration, soit à l'état d'oxyde, soit à celui d'azotate cuivrique ; le premier corps est noir et insoluble, le second est soluble. Il est bon de traiter le résidu par de l'acide azotique, d'éloigner l'excès de cet acide, et même de décomposer les azotates avant de continuer les recherches. Ce procédé a une réelle utilité lorsqu'il s'agit de rechercher le cuivre dans des mélanges organiques renfermant du sucre ; on évite ainsi la mousse considérable dont la formation retarde l'opération de la destruction de la matière organique.

§ 121. *Recherche du cuivre dans le pain.* — Le procédé par voie sèche doit s'appliquer pour les motifs exposés à l'instant à la recherche du sulfate cuivrique dans le pain. Hadon a proposé [2] le procédé expéditif suivant : on trempe le pain dans de l'eau, qui ne dissout que très-peu de sel cuivrique ; le pain ainsi lavé (pourquoi ?) est mouillé avec une solution étendue de ferrocyanure de potassium et prend au bout de quelque temps une coloration rouge. L'auteur annonce qu'il a pu retrouver ainsi du cuivre dans du pain qui renfermait 20 grammes de sulfate pour 1.000, ce qui n'indique évidemment qu'une faible sensibilité du procédé.

[1] Béchamp. *Annal. d'Hyg. et de Méd. lég.*, 1860. L'auteur neutralise le liquide acide avec de l'ammoniaque et précipite par l'hydrogène sulfuré ; le fer se précipite de même dans ces conditions, mais on dissout facilement le sulfure de fer dans de l'acide chlorhydrique dilué. La précipitation est ainsi plus complète. Béchamp emploie un mélange de 3 d'acide chlorhydrique et de 1 d'acide azotique pour détruire les matières organiques.

[2] *Chem. News*, 1862.

§ 122. *Recherche du cuivre dans les aliments.* — Un procédé plus sensible et plus expéditif pour rechercher le cuivre dans un médicament ou un végétal consiste à épuiser le corps suspect avec de l'eau aiguisée d'acide acétique, ou de l'acidifier seulement quand il est liquide et à y plonger pendant quelques heures un fil de fer-blanc bien décapé ; le fil se recouvre d'un enduit rouge de cuivre métallique. Hager prend un fil de platine qu'il enroule en spirale autour d'un fil de fer ; les deux métaux se touchent à la partie supérieure ; le cuivre se dépose sur le platine et est lavé. En traitant ensuite le fil de platine par de l'acide azotique bouillant on ne dissout que le cuivre.

[Il vaut mieux verser le liquide dans un entonnoir effilé, dont la lumière est presque entièrement bouchée par une aiguille (dégraissée par l'éther) ; le liquide ne doit s'écouler que goutte à goutte.]

§ 123. *Recherche du cuivre dans les eaux-de-vie.* — Varentrapp fait infuser un petit morceau de beurre pendant douze heures dans de l'*eau-de-vie* qui est supposée renfermer du cuivre ; le beurre, si l'essai réussit, prend une teinte verte. Il vaut mieux ajouter à l'eau-de-vie quelques gouttes d'acide chlorhydrique, évaporer et traiter le résidu comme il est dit au § 119. 3.

§ 124. *Cuivre des réactifs.* — On doit analyser au préalable avec *le plus grand soin* l'eau distillée, le papier à filtre et tous les réactifs dont on se sert, car le cuivre est une de ces impuretés que l'on ne rencontre que trop fréquemment dans les produits commerciaux.

[On a même prétendu dans ces derniers temps que l'emploi général des brûleurs de Bunsen, des supports métalliques en cuivre ou en laiton, étaient des causes d'introduction du cuivre. Le fait n'a pas été contredit d'une manière bien nette.]

§ 125. *Du cuivre dit normal.* — L'expert ayant démontré la présence du cuivre doit toujours se demander si ce métal n'a pas été introduit dans l'économie par une cause accidentelle ou par des aliments qui le renfermaient.

J'ai déjà parlé du cuivre qui se dissout lorsqu'on se sert de vases métalliques, etc.; il ne me reste plus qu'à dire quelques mots des matières organiques qui renferment normalement des traces d'un composé cuivrique. La littérature qui concerne cet objet est très-riche, mais elle renferme malheureusement une foule de faits contradictoires, car les auteurs n'ont pas toujours suivi des procédés exacts ou comparables. Je résumerai en peu de mots les faits qui me paraissent le moins sujets à caution.

1) Quelques animaux inférieurs (crabe, sepia, escargot, uniopictorum, limulus, cyclops) paraissent renfermer du cuivre à l'état normal.

2) Quelques organes, notamment le foie et la rate, renferment très-souvent du cuivre chez les animaux supérieurs ; je ne veux pas reproduire les chiffres que l'on a indiqués, car ils ne me paraissent pas mériter confiance.

Meissner, Sarzeau, Commaille et Wicke se sont principalement occupés de la recherche du cuivre dans les végétaux. Sarzeau a retrouvé du cuivre dans deux cents végétaux au moins ; admettrons-nous pour cela une diffusion de ce métal dans toute l'économie végétale? Je ne le pense pas, car d'un côté les traces qui ont été trouvées sont tellement minimes[1] qu'il faut une très-grande habitude pour les déceler, et qu'elles peuvent être dues à l'emploi des réactifs, notamment de la potasse, qui, d'après des essais récents, renferme toujours un peu de cuivre. D'autre part, John Hopff et d'autres ont constaté qu'un certain nombre de plantes pouvaient absorber et fixer une quantité relativement très-considérable de sel cuivrique ; il suffit pour cela de les arroser avec une solution étendue de sulfate de cuivre; cette absorption n'est pas de longue durée, les végétaux périclitent bientôt et peuvent même périr. Comme certains terrains sont cuprifères on pourrait admettre que ce ne sont que les végétaux qui croissent dans ces terrains qui absorbent une petite quantité de ce métal[2].

Durocher, Malagutti, Field et Piesse ont démontré d'une manière irréfragable que l'eau de mer renfermait des traces d'un composé cuivrique ; ce même métal a été retrouvé dans un grand nombre d'eaux minérales ; [j'en ai trouvé des traces dans les eaux de Niederbronn, Soultz, Salzbronn, etc.]

---

[1] [Sarzeau dit que le froment renferme par kilogr. 0^{gr},0.046 de cuivre; la farine n'en contient plus que 0,0006 car la majeure partie du métal est retenue dans le son. Un homme mettrait 50 ans à absorber 6 grammes de cuivre métallique.]

[2] Wackenroder, *Arch. f. Ph.*, t. LXVI, p. 140. Lossen. *Ctb.*, 11ᵉ année.

Les lignes qui précèdent font voir de quelle utilité peut devenir une analyse quantitative dans les cas d'empoisonnement par le cuivre, surtout si la défense invoquait l'introduction accidentelle du toxique, soit par des aliments, soit par des préparations médicamenteuses. Il convient dès lors, dans un certain nombre de cas, d'instituer des expériences comparatives ; on fera, par exemple, bouillir des aliments identiques dans les vases en cuivre suspects, etc.

L'empoisonnement par le cuivre ne me paraît justifié que lorsqu'on a retrouvé de notables quantités de sel cuivrique.

[Je ne crois pas devoir passer sous silence les accidents nombreux dus à l'ingestion d'huîtres ou de moules attachés aux doublures en cuivre des bâtiments échoués, etc. Un fait d'observation personnelle prouvera combien il faut être prudent avant de se prononcer. J'analysai dans un but tout différent le foie d'une fille publique amené à l'hôpital dans un état comateux ; elle paraissait ivre et s'était démise l'épaule, le lendemain la réduction fut entreprise à l'aide du chloroforme et la malade succomba. Je retrouvai dans le foie une quantité de cuivre tellement notable que je crus un instant de mon devoir de prévenir la justice, mais renseignements pris j'appris que la malheureuse avait avalé la veille de sa mort deux douzaines d'huîtres. Il y avait en ce moment sur le marché de Strasbourg des huîtres assez cuprifères pour que l'ammoniaque colorât immédiatement en bleu les écailles et que l'alcool dans lequel je conservai l'un des mollusques devînt vert.]

§ 126. *Recherche dans les cadavres.* — On doit prendre la précaution suivante : il faut dans les cas d'exhumation s'assurer que les terrains avoisinants ne renferment pas de cuivre et qu'ils n'en abandonnent pas aux eaux d'infiltration.

§ 127. *Pièce de conviction.* — La meilleure *pièce de conviction* dans les empoisonnements par le cuivre est l'enduit métallique qui se dépose sur un fil de fer ou de platine. [Le précipité rouge dû au ferrocyanure introduit en suspension dans l'eau dans un petit tube fermé est également très-concluant et est quelquefois plus visibles.]

§ 128. *Caractères des composés cuivriques.* — Les lignes suivantes familiariseront l'expert avec la connaissance des préparations cuivriques qui peuvent être introduites dans l'économie.

Le *cuivre métallique* est rouge et peut cristalliser en cubes ou en octaèdres. Il fond à 1.090° suivant Daniel, à 1.173 suivant Platner ; sa densité varie entre 7,729 et 8,952 et dépend de son état physique ; il est ductile et se laisse facilement souder à lui-même. Le cuivre pur s'oxyde plus difficilement que le fer ; à l'air humide ou dans l'eau renfermant de l'acide carbonique, il se recouvre lentement d'un enduit de sesquicarbonate de cuivre (vert-de-gris) ; l'air sec ou l'eau purgée d'air ne l'attaquent que lorsqu'il a été obtenu par réduction. Chauffé au contact de l'air, le métal se recouvre d'abord d'une couche d'oxyde cuivreux rouge, qui se transforme plus tard en oxyde cuivrique noir. L'eau qui séjourne dans des vases en cuivre prend une saveur métallique désagréable, mais l'analyse ne réussit pas à y déceler la présence du métal. L'acide acétique l'attaque et le dissout au contact de l'air. Le cuivre laminé se dissout difficilement dans l'acide chlorhydrique[1] et l'acide sulfurique étendu. L'acide sulfurique concentré le dissout à chaud ; il se produit de l'acide sulfureux et du sulfate cuivrique, mais il se forme au premier moment des sulfures et oxysulfures noirs qui ne se décomposent qu'à la longue. L'acide azotique, même quand il est très-étendu dissout le cuivre avec une grande facilité ; l'ammoniaque et ses sels le dissolvent de même au contact de l'air. L'hydrogène sulfuré le transforme superficiellement en sulfure noir. Il colore la flamme du chalumeau en vert. Je renvoie aux traités spéciaux pour ce qui concerne l'étude de ses alliages.

L'*oxyde cuivreux* est rouge à l'état anhydre, jaune quand il est hydraté ; sa dissolution dans l'ammoniaque ou l'acide chlorhydrique est incolore. La solution chlorhydrique bouillante laisse déposer par le refroidissement un précipité blanc cristallisé de chlorure. Ses sels sont bruns ou incolores, mais absorbent rapidement l'oxygène de l'air en se transformant en sels de bioxyde verts ou bleus. Les réactifs suivants sont employés pour reconnaître les sels cuivreux.

Ferrocyanure de potassium. — Précipité blanc passant rapidement au rouge.

Ferricyanure. — Précipité rouge.

Iodure de potassium. — Précipité blanc, le liquide qui surnage ne se colore pas.

Sulfocyanure de potassium. — Précipité blanc.

Hydrogène sulfuré et sulfure d'ammonium. — Précipité noir.

Potasse ou soude. — Précipités jaunes à froid, devenant rouges à l'ébullition.

Ammoniaque. — Pas de précipité.

La perle de borax chauffée dans la flamme de réduction est d'un *brun rouge*.

L'*oxyde cuivrique* a une teinte qui varie du brun noir au noir foncé ; il est insoluble dans l'eau, mais donne avec les acides ou l'ammoniaque des solutions dont la teinte est verte ou bleue. Il est réduit à l'état métallique quand on le chauffe dans un courant d'hydrogène ou qu'on le calcine avec du charbon imprégné de soude. Nous avons déjà vu comment ces sels se com-

---

[1] Sur l'influence que les acides exercent sur les métaux et leurs alliages, voy. Calvert et Johnson, *Zlch. f. and Ch.*, t. VI, p. 102. *Jour. of the Chem. soc.*, IV, p. 435.

portaient vis-à-vis des réactifs; ils sont bleus ou verts; les sulfate, azotate et acétate sont solubles et ont une saveur cuivrique très-désagréable; les carbonate, phosphate, sous-acétate et arséniate sont insolubles.

Le *sulfate cuivrique* cristallise en prismes irréguliers volumineux qui renferment 5 atomes d'eau de cristallisation; le sel anhydre est blanc, mais attire avec facilité l'humidité atmosphérique. Il se dissout facilement dans 3 parties d'eau froide et 1/2 partie d'eau bouillante; sa solution est acide et présente à la fois les caractères des sulfates et ceux des sels cuivriques.

§ 129. *Séparation des métaux précédents.* — La *séparation* du cuivre et du plomb se fait à l'aide de l'acide sulfurique; celle de l'argent et des sels mercureux par l'acide chlorhydrique ou les chlorures; celles des sels mercuriques s'effectue par la volatilisation. On mettra à profit la solubilité du cuivre dans l'acide azotique pour le séparer de l'étain et de l'antimoine, qui forment des composés insolubles avec cet acide concentré. L'arsenic se sépare très-aisément à l'aide de l'appareil de Marsh; on pourrait encore mettre à profit la différence de solubilité des deux sulfures dans l'ammoniaque.

§ 130. *Dosage du cuivre.* — On peut se servir soit du résidu laissé par la déflagration, soit de la liqueur résultant de la destruction par le chlorate; dans le dernier cas, on précipite par l'hydrogène sulfuré, on redissout le précipité dans de l'acide azotique fumant et on évapore à siccité dans un creuset couvert en porcelaine ou en platine; on chauffe d'abord faiblement, puis on donne un coup de feu pour chasser tous les composés volatils de l'azote. Le résidu est de l'oxyde cuivrique que l'on ne peut pas peser immédiatement, car le résidu peut contenir un peu d'oxyde cuivreux lorsque le précipité sulfhydrique était mêlé avec une quantité trop forte de matières organiques; il suffit pour écarter cette cause d'erreur d'arroser le résidu avec de l'acide azotique concentré et de calciner à nouveau.

Pour doser le cuivre dans les cendres et dans le résidu de la déflagration, on traite par de l'acide azotique étendu et l'on précipite par l'hydrogène sulfuré; à partir de ce moment l'opération se conduit comme précédemment.

On pourrait, quand la liqueur ne renferme pas d'autre corps précipitable par la soude (oxyde ferreux ou ferrique), se passer de la précipitation par l'hydrogène sulfuré et précipiter directe-

ment la solution bouillante azotique à l'aide de la soude. Le précipité d'oxyde cuivrique est lavé à diverses reprises par décantation avec de l'eau bouillante ; on le dessèche sur un petit filtre. Le précipité est chauffé au rouge dans un creuset de platine ; l'incinération du filtre se fait à part sur le couvercle ; le creuset est pesé après refroidissement sous un dessiccateur à acide sulfurique ; il renferme 79, 85 p. 100 de cuivre métallique. On pourrait, dans les cas où le cuivre serait mélangé avec un sel ferreux ou un sel ferrique, oxyder le premier par le mélange de chlorate et d'acide chlorhydrique et précipiter d'abord l'oxyde ferrique par l'ammoniaque. Mais l'oxyde ferrique entraînera toujours un peu d'oxyde cuivrique, de sorte que ce procédé n'est pas très-exact et doit être modifié (voy. les traités d'analyse quantitative).

On a quelquefois recours à un *procédé colorimétrique*, pour déterminer au moins d'une manière relative la proportion de cuivre qui existe dans les tissus végétaux ou animaux alors que l'hydrogène sulfuré et la soude ne donnent pas de précipités pondérables. On étend les liquides à examiner au même volume, puis on y ajoute un volume déterminé d'ammoniaque (il doit toujours y avoir un excès de ce réactif) ; on obtient ainsi des teintes que l'on compare à celles de liquides renfermant des proportions déterminées de sel cuivrique. Ulex s'est servi comme solution type d'un liquide qui renfermait 1 centigramme de cuivre pour 100 centimètres cubes de liquide ; il mesurait le volume d'eau qu'il était obligé d'ajouter pour obtenir une teinte identique à celles des liquides à examiner. Il est important de se servir pour ces essais de tubes bien blancs et provenant de la même fabrique. [Je me suis assuré que ce procédé d'une exécution très-difficile est des plus inexacts ; on pourrait se servir de préférence du ferrocyanure.]

BISMUTH.

§ 131. *Généralités.* — Ce métal et ses composés ne sont que rarement employés dans l'industrie sous forme d'alliages très-fusibles ; on ne s'en sert d'ordinaire que dans les laboratoires et les cabinets de physique. En médecine on emploie le *sous-azotate de bismuth* (magistère de bismuth) ; l'usage de ce médicament s'est répandu partout pendant ces dernières années ; le *carbonate de bismuth* sert quelquefois comme fard. Les empoisonnements par les sels de bismuth sont une rareté ; on les administre à l'intérieur jusqu'à 2 grammes par dose sans qu'ils produisent d'accidents. [Cette dose a été dépassée depuis longtemps en France par Monneret qui a prescrit jusqu'à 30 et 40 grammes par jour ; j'en ai donné davantage dans des expériences physiologiques et j'en ai continué l'emploi pendant un temps assez long, pour que je ne croie pas que les préparations de ce métal puissent être rangées parmi les corps toxiques ; ce sont les impuretés trop nombreuses qu'il ne renferme que trop souvent, qui provoquent les accidents. J'ai trouvé dans les sous-nitrates français du plomb, du cuivre, de l'argent, de l'antimoine et de l'arsenic [1]].

Le fard ne provoque d'accidents que lorsqu'il est impur. L'azotate neutre pourrait agir comme caustique. L'expert devra, malgré cette innocuité, connaître les caractères de ce métal, puisqu'un de ces composés pourra avoir été administré comme médicament peu de temps avant la mort.

§ 152. *Action physiologique.* — L'azotate neutre se décompose par l'eau en sous-azotate et en acide azotique libre ; les minerais de bismuth étant tous arsénifères, il s'en suit que l'arsenic n'accompagne que trop fréquemment le bismuth dans ses composés [2] ; on a même prétendu que l'efficacité des préparations bismuthiques dans les cas de maladie d'estomac ne devait être attribuée qu'à l'arsenic qu'il renferme presque toujours.

Stephanowitsch Rudnew [3] a étudié les modifications que subissent les muqueuses buccales et intestinales sous l'influence des préparations bismuthiques. La bouche présentait une inflammation analogue à celle que l'on signale dans l'empoisonnement mercuriel chronique ; le foie, le cœur, les reins avaient subi

---

[1] [Pour les détails, E. Ritter, *Quelques faits relatifs à l'histoire du sous-nitrate de bismuth*, Strasbourg, 1864.]

[2] Souvent aussi elles renferment du plomb. Millard, *Bullet. gén. de thérapeut.*, t. LXXII, p. 186.

[3] *Jhb. f. Med.*, 1869, I, p. 365.

une dégénérescence graisseuse comme si l'on avait ingéré du phosphore. Lebedoff prétend avoir démontré que la matière glycogène du foie diminue notablement.

Nous ignorons complètement quelle est la transformation que subit le sel bismuthique dans l'économie et quelle est la nature du composé qui est absorbé.

[Orfila paraît avoir démontré le premier que le bismuth est absorbé, car il a retiré ce métal du foie, de la rate et de l'urine ; la majeure partie de la préparation est cependant éliminée par les excréments à l'état de sulfure noir. Dubinsky a retrouvé ce métal dans la salive et les muqueuses buccales.]

[Le bismuth est éliminé par les urines en quantité faible, il est vrai ; cette élimination commence dès le lendemain de l'ingestion du sous-nitrate de bismuth, et se prolonge pendant les premiers jours qui suivent l'administration de la dernière dose.]

[Il se localise dans le foie en quantité notable ; dans un cas j'ai pu retirer d'un foie humain 45 centigrammes de métal ; le malade avait cessé le traitement bismuthique trois semaines avant sa mort. L'élimination complète est très-lente, puisque j'en ai retrouvé des traces dans le foie d'un aliéné qui avait été soumis au traitement de Monneret, *neuf mois* avant sa mort.]

§ 155. *Destruction des matières organiques.* — Toutes les préparations de ce métal et lui-même quand il est finement divisé sont complétement dissoutes par le mélange de chlorate et d'acide chlorhydrique ; on n'a pas à redouter la volatilisation à la température à laquelle on opère car les solutions concentrées seules sont un peu volatiles. La liqueur renferme toujours assez d'acide pour qu'on n'ait pas à craindre la formation d'un précipité blanc d'oxychlorure, ce qui pourrait amener une confusion avec l'argent ou le plomb. Il ne se produira de précipité blanc d'oxychlorure que lorsqu'on ajoute trop d'eau au liquide filtré ; ce précipité de sel basique, se distingue de celui d'antimoine par son insolubilité dans l'acide tartrique. Le précipité blanc qui se produirait ainsi sera isolé par la filtration, redissous dans une proportion aussi faible que possible d'acide chlorhydrique ou azotique et soumis à l'examen des réactifs que nous indiquons plus loin.

§ 134. *Précipitation par l'hydrogène sulfuré.* — La solution chlorhydrique, ainsi que le liquide qui surnage le précipité formé par l'eau, précipitent en noir brunâtre par l'hydrogène sulfuré ; ce précipité ayant quelque tendance à s'oxyder doit être lavé rapidement à l'abri de l'air avec de l'eau purgée d'air et légèrement sulfureuse. Le précipité est insoluble dans l'ammoniaque et ses sels, les sulfures d'ammonium et de potassium, mais il se dissout dans les acides azotique et chlorhydrique concentrés [1].

§ 135. *Caractère des solutions bismuthiques.*—La solution chlorhydrique ou azotique est évaporée lentement à siccité ; on reprend par 5 à 10 centimètres cubes d'eau acidulée par 2 à 3 gouttes de l'acide qui a servi à dissoudre le sulfure, et l'on examine le liquide par les réactifs suivants :

1) L'*eau* en excès produit un précipité de sel basique ; l'alcool ne trouble pas les solutions chlorhydriques comme il le fait pour celles de chlorure de plomb ; cette solution alcoolique ne sera pas précipitée par l'acide sulfurique étendu.

2) Les *alcalis et leurs carbonates* donnent naissance à des précipités blancs d'hydrate ou de carbonate basique.

Le *carbonate d'ammonium* précipite, mais ne redissout que des traces du précipité même quand on l'emploie en grand excès (caractère distinctif du cuivre). La précipitation par l'ammoniaque est assez complète.

Tous ces précipités sont insolubles dans un excès de *potasse* (caractère distinctif du plomb ; portés à l'ébullition en présence de l'eau ou d'un excès de réactif, ces précipités se déshydratent et deviennent jaunes.

3) Le *chromate de potassium* précipite en jaune ; le précipité est insoluble dans la potasse et soluble dans l'acide azotique (caractère distinctif du plomb).

4) Les sels de bismuth chauffés au *chalumeau* avec de la soude se réduisent en un globule métallique blanc cristallin et

---

[1] L'emploi de l'acide chlorhydrique paraît préférable puisque les sulfures de plomb et d'argent ne seront pas dissous ; l'addition d'eau à la solution azotique suffirait encore pour séparer ces deux métaux du bismuth, mais il faut se rappeler que les solutions chlorhydriques de chlorure de plomb peuvent se précipiter par le refroidissement, ce qui pourrait faire naître une confusion.

cassant. Le sulfure de bismuth exige pour sa réduction 5 parties environ de cyanure.

Les composés bismuthiques introduits dans l'appareil de Marsh entravent le dégagement d'hydrure d'arsenic tant que le composé bismuthique n'est pas réduit à l'état métallique ; une certaine quantité d'arsenic se transforme, pendant ce temps, en hydrure solide et non volatil.

Chauffés au chalumeau à la flamme d'oxydation, les sels de bismuth donnent un enduit jaune.

Les réactions suivantes sont moins caractéristiques.

5) *Ferrocyanure de potassium.* — Précipité blanc.

6) *Iodure de potassium.* — Précipité d'iodure jaune brunâtre, qui passe au rouge lorsqu'on ajoute de l'eau.

Les sels de bismuth dont l'acide n'est pas coloré sont incolores.

§ 136. *Séparation des métaux précédents.* — La séparation du bismuth de l'arsenic, de l'antimoine, de l'étain et de l'or s'effectue pour le mieux en traitant le précipité de sulfures par du sulfure d'ammonium, ou en les calcinant avec un mélange de soufre et de soude ; le résidu est dissous dans de l'eau qui laisse le sulfure de bismuth non attaqué à l'état insoluble.

Le mercure peut également être séparé en mettant à profit ou les propriétés différentes des sulfures, ou l'action de la chaleur qui le volatilise.

La séparation du plomb, de l'argent et de l'oxyde mercureux se base sur la manière différente dont les chlorures se comportent vis-à-vis de l'alcool ; le cuivre et le bismuth se séparent de même très-facilement après transformation en chlorure ; le sel de bismuth seul se précipite sous forme d'un précipité blanc d'oxychlorure, quand on étend d'eau la solution chlorhydrique des deux sels ; le liquide ne doit pas renfermer un excès d'acide chlorhydrique. Lorsqu'on se contente de rechercher la présence du cuivre, il vaut mieux traiter la solution azotique par le carbonate d'ammonium ; un excès de ce réactif précipite en blanc le carbonate bismuthique hydraté et dissout le cuivre à l'état d'un liquide bleu. On peut encore traiter la solution chlorhydrique additionnée d'une petite quantité de chlorure d'ammonium par un excès d'ammoniaque ; la solution bleue renfermera tout le cuivre (sauf quelques traces qui restent dans le précipité) et le précipité blanc contiendra le bismuth.

§ 137. *Pièce de conviction*. — Un globule de bismuth métallique et une petite quantité du précipité brun noir de sulfure peuvent être mis de côté comme *pièce de conviction*.

§ 138. *Dosage*. — La *détermination quantitative* du bismuth se fait le mieux en décomposant par l'eau la solution de nitrate (pas celle de sulfate ou de chlorure), ajoutant un léger excès de carbonate d'ammonium et faisant bouillir quelque temps. Le précipité est recueilli, lavé et desséché; on le détache du filtre et on le calcine dans un creuset en porcelaine; le filtre est incinéré à part; les deux résidus pesés renferment pour cent d'oxyde 89, 665 de bismuth métallique.

Un autre procédé consiste à calciner l'azotate neutre ou basique, qui se transforme directement en oxyde. Fresenius (V. analyse quantitative) indique encore d'autres procédés, que je crois sans intérêt pour notre cas particulier.

CADMIUM.

§ 139. *Généralités*. — Le métal et ses composés, ne présentent qu'un intérêt très-restreint au point de vue toxicologique. On emploie quelques-uns de ses amalgames dans l'art dentaire; le *sulfate* et l'*iodure* sont rarement usités en médecine, le *sulfure* (jaune brillant) l'est quelquefois comme matière colorante en peinture et la photographie, dans ces derniers temps, a fait une notable consommation des *chlorures*, *bromures* et *iodures* de ce métal.

Son action sur l'économie est à peu près la même que celle qu'exercent les sels de zinc; aussi n'en parlerai-je qu'en faisant l'étude de ce dernier métal.

§ 140. *Destruction des matières organiques*. — On se sert du procédé par le chlorate; le chlorure de cadmium, se décompose partiellement lorsque l'évaporation n'est pas ménagée et se volatilise en petite quantité. L'eau ne précipite pas les solutions neutres.

Le procédé par la déflagration à l'aide de l'azotate de potassium nous fournit un résidu dans lequel se trouve ou de l'oxyde

de cadmium (soluble dans les acides azotique ou chlorhydrique)
ou de l'azotate lorsque la température n'a pas été assez élevée.
Il ne faut jamais calciner des matières organiques supposées renfermer du cadmium, sans leur incorporer au préalable un agent
d'oxydation, car le cadmium métallique se volatilise très-facilement.

Marmé[1] s'est servi de l'électrolyse pour isoler le cadmium.

§ 141. *Précipitation par l'hydrogène sulfuré.* — L'hydrogène
sulfuré produit dans les solutions azotique ou chlorhydrique,
même en présence des acides libres un précipité *jaune* de sulfure de cadmium ; ce précipité qui rappelle par sa couleur l'orpiment s'en distingue par son insolubilité dans l'ammoniaque,
la potasse, le sulfure d'ammonium, les sulfures alcalins et le
cyanure de potassium. Il se dissout dans l'acide chlorhydrique
concentré, dans l'acide azotique et l'acide sulfurique dilué au
cinquième et bouillant. Hoffmann[2] s'est servi de ce caractère pour
séparer les sulfures de cuivre et de cadmium. La calcination
avec un mélange de soufre et de soude ne transforme pas le sulfure de cadmium en sel double, tandis qu'elle convertit les sulfures d'arsenic, d'antimoine et d'étain en composés solubles dans
l'eau. Le sulfure de cadmium chauffé avec du cyanure de potassium ne se réduit pas. Marmé a pu retirer par électrolyse des quantités très-faibles de ce métal de la liqueur obtenue par la réaction
du chlorate et de l'acide chlorhydrique sur les matières organiques.

§ 142. *Caractères des solutions cadmiques.* — On soumet à l'action des réactifs suivants les solutions chlorhydrique, azotique
ou sulfurique.

1) *Potasse ou soude.* — Précipités blanc d'oxyde hydraté, insolubles dans un excès de réactif, mais ne se produisant pas en présence
de l'acide tartrique. Il se précipite de l'hydrate lorsqu'on chauffe
des solutions étendues renfermant de l'acide tartrique et de la potasse. L'hydrate chauffé se transforme en oxyde anhydre qui est
brun.

2) *Ammoniaque.* — Précipité blanc très-soluble dans un excès
de réactif.

[1] *Zeitschrift. f. rat. Med.*, 1867.
[2] *Annal. d. Chem. a Pharm.*, t. CXV, p. 286.

3) *Carbonates alcalins et carbonate de baryum.* — Précipités blancs qui ne se redissolvent pas dans un excès de carbonate. Le carbonate d'ammonium se comporte de la même manière.

4) *Ferrocyanure de potassium.* — Précipité blanc, insoluble dans un excès.

5) *Phosphate de sodium.* — Précipité blanc, dans les solutions neutres seulement.

6) *Acide oxalique.* — Précipité blanc.

7) *Chromate de potassium.* — Pas de précipité dans les solutions étendues, même quand elles sont neutres ; ce caractère est distinctif de l'argent, du mercure, du plomb et du bismuth, etc.

8) Les sels de cadmium mélangés avec du charbon sodé, se réduisent à l'état métallique quand on les chauffe dans la flamme de réduction.

Le cuivre (procédé de Reinsch) précipite le cadmium de ses solutions ; Marmé recommande de dissoudre l'enduit bleu verdâtre qui se forme dans de l'acide azotique concentré ; on précipite la solution par l'hydrogène sulfuré et l'on traite le précipité par du cyanure de potassium qui dissout le sulfure de cuivre et laisse inattaqué le sulfure jaune de cadmium.

Le cadmium est après le mercure, le métal le plus volatil ; ses vapeurs s'oxydent au contact de l'air ; chauffé au chalumeau à la flamme d'oxydation il recouvre le charbon d'un large enduit d'oxyde brun au centre et d'un bleuâtre velouté sur les bords (aspect d'une plume de paon).

Les sels de cadmium dont l'acide est incolore sont blancs.

§ 143. *Pièce de conviction.* — Le sulfure de cadmium, étant le composé le plus caractéristique de ce métal, doit être présenté comme pièce de conviction ; on pourrait y joindre un globule de cadmium métallique.

§ 144. *Séparation des métaux précédents.* — Le cadmium ne peut que difficilement être confondu avec l'un des métaux que nous avons étudiés précédemment ; nous avons déjà vu comment on pouvait distinguer les sulfures de cadmium de ceux d'étain et d'arsenic.

Les sulfures de mercure et de cadmium sont séparés soit à l'aide de l'acide azotique, soit à l'aide de l'acide sulfurique.

L'acide sulfurique dilué au cinquième, peut également servir à séparer le cadmium du cuivre. Le plomb et le bismuth peuvent être isolés en mettant à profit la réaction que présentent leurs carbonates neutres avec le cyanure de potassium. Les solutions sont précipitées par un léger excès de carbonate de sodium, puis on fait bouillir quelque temps avec du cyanure de potassium, qui ne doit pas contenir de sulfure. Le cadmium seul se dissout à l'état de cyanure double ; les carbonates de plomb et de bismuth ne sont pas attaqués dans ces conditions.

L'argent et le mercure se dissoudraient également à l'état de cyanures doubles, si leurs solutions n'étaient pas trop acides ; on neutraliserait dans ce cas le liquide alcalin filtré avec de l'acide azotique ; le cyanure d'argent se déposera dès que la liqueur sera acide, et ceux de cuivre et de cadmium se redissoudront dans un excès d'acide azotique.

§ 145. *Dosage.* — Le dosage de cadmium se fait en le précipitant sous forme de carbonate par une solution bouillante de carbonate de sodium ; le précipité est recueilli sur un petit filtre, lavé et desséché. Détaché du filtre aussi complétement que possible il est placé dans un petit creuset en porcelaine ; le filtre humecté avec un peu d'azotate d'ammonium est desséché, et calciné à part ; on réunit les cendres au contenu du creuset ; ce dernier est couvert et chauffé à une température élevée ; il reste ainsi de l'oxyde de cadmium, qui renferme pour cent 87, 5 de cadmium métallique.

On pourrait encore précipiter ce métal à l'état de sulfure, le recueillir sur un petit filtre taré et enlever l'excès de soufre par le sulfure de carbone ou du sulfite de sodium. Le précipité bien desséché renferme pour cent 77, 78 de cadmium.

ZINC.

§ 146. *Généralités.* — Le zinc et ses préparations présentent plus d'intérêt au point de vue toxicologique que les sels de cadmium. Le *sulfate de zinc* connu dans le commerce sous le nom de vitriol blanc ou couperose blanche a été souvent administré dans une intention criminelle ; *les chlorures, iodures, oxyde et hydrocarbonate de zinc* ont donné naissance à des méprises ; ces sels sont employés en médecine, en photographie et en peinture. Le *zinc* métallique lui-même a provoqué des accidents lorsqu'on l'a mis en contact avec des substances alimentaires [1]. Les vapeurs qui se dégagent dans un certain nombre d'opérations métallurgiques, les eaux qui s'écoulent de toitures recouvertes par des plaques de ce métal [2] ont quelquefois été accusées de produire des intoxications. Les composés suivants n'ont pour nous qu'un intérêt très-restreint : l'*oxyde de zinc* entre dans la composition de certaines couleurs comme le vert de Rinmann ; l'*acétate*, le *valérianate*, la *ferro-cyanure* et le *cyanure de zinc* sont employés en médecine ; l'*oxychlorure* sert à plomber les dents. Le zinc entre dans la composition de quelques alliages, laiton, argentan, etc. On s'est servi pendant quelque temps d'objets en caoutchouc (biberons) qui renfermaient de 40 à 50 p. 100 d'oxyde. De Weyde a vu des cols en papier imprégnés de blanc de zinc provoquer une éruption cutanée ; j'ajouterai, pour terminer, que certains boulangers ajoutent à leurs farines du sulfate de zinc, qui produit le même effet que celui de cuivre.

§ 147. *Action physiologique.* — L'action du zinc sur l'économie présente quelque analogie avec celle du cuivre, mais elle se rapproche bien plus de celle du cadmium. Les composés solubles réagissent très-vite;il se forme des albuminates métalliques peu solubles, qui se décomposent ultérieurement. Lieberkühn a étudié un albuminate défini qui renfermait 4, 7 p. 100 d'oxyde de zinc ; il est plus que probable que c'est cette combinaison qui se produit dans l'intestin ; le sang absorbe le zinc et le cadmium, mais il ne paraît pas modifié dans ses propriétés. Ces deux métaux se retrouvent en effet dans l'urine, dans le foie et dans la rate ; Marmé a signalé la présence du cadmium, dans le cerveau et dans les reins. Le zinc qui est attaqué par l'eau, les acides et les alcalis, mais ne peut se transformer en sulfure en présence des liquides acides, est certainement le métal que l'organisme doit

[1] Vin conservé dans des vases en zinc. *J. de Ch. médicale*, 1860, p. 280.
[2] L'eau n'est que peu toxique d'autant plus que le zinc se recouvre très-vite d'un enduit de carbonate basique, qui est très-adhérent et protége le métal subjacent de toute attaque ultérieure. Voy. Pettenkofer Dinglers', *Polyt. Journal*, t. CXLV.

absorber avec le plus de facilité ; mais ces mêmes motifs expliquent également pourquoi ce métal ne s'accumule pas dans l'économie comme le cuivre. [Ce fait n'est pas vrai d'une manière générale ; Hepp a trouvé ce métal dans le foie d'un individu qui avait ingéré de notables quantités d'oxyde de zinc, peu de temps avant sa mort.] Marmé a démontré que l'élimination du cadmium se faisait de même dans un temps très-court, et surtout par les urines. [Cette élimination pour le zinc n'est pas si rapide, car j'ai retrouvé des quantités appréciables de ce métal dans les urines d'une demoiselle traitée par le valérianate de zinc, quinze jours encore après que le médicament fut supprimé.]

L'ingestion de doses un peu fortes de sels de zinc ou de cadmium détermine promptement des vomissements énergiques qui suffisent à éliminer le toxique ; ces vomissements sont quelquefois accompagnés ou suivis d'évacuations alvines ou sanguinolentes. A l'autopsie d'un empoisonnement aigu on retrouva une irritation plus ou moins profonde de la paroi stomacale [1]. On a signalé une affection catarrhale des intestins, mais de peu de gravité dans la majorité des cas, chez les ouvriers qui travaillaient dans des fabriques de blanc de zinc. Hensell [2] a étudié quelques cas d'empoisonnement dus au chlorure de zinc. Les chlorures de zinc ou de cadmium sont des sels qui ont une action assez énergique, qui tient plus à leur action corrosive qu'aux propriétés toxiques du métal qu'ils renferment.

§ 148. *Caractères chimiques.* — Le zinc au point de vue chimique est le type de transition d'une classe de métaux à une autre. L'hydrogène sulfuré précipite les solutions des métaux précédents, même quand les liquides renferment des acides minéraux libres ; le zinc n'est précipité que dans des liqueurs ammoniacales ou acidulées par un acide organique (acétique ou lactique). La précipitation par l'hydrogène sulfuré (ou le sulfure d'ammonium) dans les liquides alcalins caractérise tous les métaux qu'il nous reste à étudier.

---

[1] Michaelis a signalé une altération de quelques organes, par suite de l'usage continu des préparations de zinc. *Arch. f. physiol. Heilkunde. Jahrg.*, X, p. 128.

[2] *Berliner klin. Wochenschrift*, 1866, p. 191, et Brunton, *Glascow Med. Journ.*, 1870, p. 514. — *Pharmaceutical Journ. and Trans*, t. XI, p. 726 et 728.

§ 149. *Destruction des matières organiques.* — On se sert toujours du procédé au chlorate et à l'acide chlorhydrique, qui transforme le composé zincique en chlorure; ce sel ne se volatilise que lorsqu'on évapore à siccité. La solution chlorhydrique ne précipite ni par l'eau ni par le refroidissement.

§ 150. *Précipitation par l'hydrogène sulfuré.* — L'hydrogène ne précipitera cette solution, qui est acidulée par l'acide chlorhydrique, que si elle renferme un des métaux précédemment étudiés; nous possédons dans ce caractère un moyen de séparation très-précieux. On isole par le filtre le précipité dû à l'hydrogène sulfuré, et on ajoute à la liqueur filtrée une quantité suffisante d'acétate de sodium ou d'ammonium, pour transformer tout l'acide chlorhydrique libre en chlorure. L'hydrogène sulfuré que l'on fait repasser au besoin ou le mono-sulfure d'ammonium, précipiteront de la solution acétique, du sulfure de zinc blanc.

Le fer, le manganèse et le chrome resteront en solution tant que le liquide acide n'aura pas été neutralisé par l'ammoniaque.

La séparation du sulfure de zinc doit se faire rapidement; le précipité ayant une grande tendance à se sulfatiser doit être lavé avec de l'eau renfermant de l'hydrogène sulfuré.

On pourrait encore précipiter le sulfure de zinc dans une liqueur renfermant un léger excès d'ammoniaque; le fer, le nickel, le cobalt, le chrome et l'aluminium se précipiteront en même temps; on lave le précipité rapidement par décantation et on le jette sur un filtre; on le traite encore humide par de l'acide acétique moyennement concentré qui dissout les autres corps et laisse du sulfure de zinc blanc.

Le sulfure de zinc est insoluble dans l'ammoniaque, le sulfure d'ammonium, la potasse (l'alumine se dissout dans ce réactif, ainsi que dans l'acide acétique), l'acide acétique moyennement concentré et le cyanure de potassium. Il est difficilement soluble dans l'acide chlorhydrique, mais facilement dans l'acide azotique; l'acide sulfurique moyennement concentré le dissout à chaud avec un dégagement d'hydrogène sulfuré.

§ 151. *Caractères de la solution zincique.* — On obtient une solution zincique en redissolvant le précipité de sulfure dans l'acide azotique ou sulfurique; on peut encore griller le sulfure et dissoudre l'oxyde dans un mélange d'acide sulfurique et azotique (on ne doit pas se servir d'acide chlorhydrique). L'acide sulfurique doit être en quantité suffisante pour dissoudre tout l'oxyde ; et l'acide azotique doit seulement contribuer à donner au liquide une réaction acide. On chasse l'excès d'acide par l'évaporation et l'on examine la nouvelle solution aqueuse par les réactifs suivants :

1) *Potasse, soude* ou *ammoniaque*. — Précipités blancs d'oxyde solubles dans un excès de réactif (caractère distinctif du cadmium) ; la solution se trouble plus ou moins quand on la chauffe.

2) *Carbonates de potassium ou de sodium*. — Précipité blanc de carbonate basique hydraté, insoluble dans un excès de réactif ; le précipité desséché perd son acide carbonique quand on le chauffe et se transforme en oxyde de zinc, qui est jaune pendant qu'il est chaud ; il redevient blanc par le refroidissement et reste lumineux dans l'obscurité pendant quelque temps.

3) *Carbonate d'ammonium*. — Précipité blanc soluble dans un excès (caractère distinctif du cadmium).

4) *Ferrocyanure de potassium*. — Précipité blanc de ferrocyanure de zinc, qui est insoluble dans les acides étendus ; le précipité se dissout à chaud dans une solution de potasse et est reprécipité du liquide filtré, quand on ajoute de l'acide chlorhydrique jusqu'à ce que le liquide soit acide. En Russie les instructions remises aux experts recommandent de rechercher le zinc dans la solution chlorhydrique à l'aide du ferrocyanure ; le précipité bien lavé est traité par de la potasse ; on précipite par l'acide chlorhydrique le ferrocyanure blanc de zinc, qui doit servir comme pièce de conviction. Je ne crois pas devoir recommander ce procédé qui rend la recherche des autres métaux plus difficile et ne réussit pas très-bien en présence du fer.

5) Le *charbon sodé* réduit les composés zinciques à l'état métallique ; le zinc se volatilise à la flamme d'oxydation ; il répand des fumées blanches qui se condensent sous forme d'un enduit jaune à chaud et blanc à froid.

La réaction de l'*hydrogène sulfuré* est à la fois un excellent réactif de séparation et un réactif caractéristique de ce métal.

En se servant du procédé de la déflagration, il faut de toute nécessité ajouter un grand excès de soude pour que le chlorure de zinc ne se volatilise pas ; si l'on calcinait les matières organiques sans addition de soude et d'azotate, on aurait à redouter en plus la volatilisation d'une partie du zinc à l'état de vapeurs métalliques.

§ 152. *Recherche du zinc dans le caoutchouc et le pain.* — On rencontrait dans le commerce, il y a quelques années, des objets soi-disant en caoutchouc blanc notamment des biberons qui renfermaient de l'oxyde de zinc ; des médecins ayant observé des accidents qu'ils ont attribués à l'usage de ces biberons, on s'est empressé dans quelques pays de proscrire d'une manière générale la vente de ces objets. Le procédé le plus expéditif pour rechercher le zinc dans du caoutchouc me paraît être le suivant :

On fond de l'azotate de potassium dans un creuset en porcelaine et on lui ajoute petit à petit des parcelles de caoutchouc finement découpé ; le résidu de la déflagration est repris par de l'eau aiguisée d'acide sulfurique ; on évapore à siccité et l'on reprend par de l'eau ; le zinc est précipité par de l'hydrogène sulfuré ou par le monosulfure d'ammonium, après qu'on a eu soin d'ajouter de l'acétate de sodium. Le précipité ainsi obtenu est quelquefois noir ; il faut avoir soin de s'assurer que cette couleur noire n'est pas due à du sulfure de plomb. Le même procédé peut s'appliquer à l'analyse du pain ou des farines renfermant du sulfate de zinc.

§ 153. *Pièce de conviction.* — Le ferrocyanure ou le sulfure de zinc, blancs tous les deux, peuvent être remis au juge comme *pièce de conviction.*

§ 154. *Du zinc dit normal.* — On admet que ce métal existe toujours dans l'économie en petite quantité ; il y aurait du zinc normal comme du cuivre normal. Le fait ne paraît pas impossible ; on a du reste retrouvé dans le règne végétal du zinc, notamment dans la viola calaminaria (une variété de la violette jaune [1]).

Le zinc peut être recherché avec certitude dans les cas d'exhu-

---

[1] Smith et Braun, *Chem. Ctb.*, 1854, p. 173.

mation ; il faut seulement ne pas perdre de vue dans la discussion, que le sulfate de zinc est fréquemment employé comme médicament, que le chlorure de zinc est usité comme liquide conservateur des préparations anatomiques, et que la peinture du cercueil peut renfermer du blanc de zinc.

§ 155. *Caractères des préparations zinciques.* — Les données suivantes pourront être mises à profit pour décider sous quelle forme le zinc a été introduit dans l'économie.

Le *zinc* a un éclat métallique bleuâtre très-prononcé ; il a l'aspect feuilleté et cristallin ; il est tenace à froid, mais très-cassant quand on le chauffe ; sa densité varie de 7,03 à 7,02 ; il fond à 412° et peut être volatilisé à une température plus élevée. Il brûle au contact de l'air avec une flamme bleue en se transformant en oxyde ; l'air sec ne l'attaque pas ; l'air humide et renfermant de l'acide carbonique le recouvre d'un enduit superficiel d'hydrocarbonate basique.

Les acides chlorhydrique, azotique, sulfurique concentrés ou dilués, l'acide acétique, etc., attaquent le zinc, mais l'attaque est d'autant moins énergique que le zinc est plus pur. Du zinc déjà attaqué par un acide ou platiné s'attaque immédiatement ; le zinc est transformé par les acides en sels correspondants de protoxyde. Les alcalis étendus attaquent le zinc à chaud ; l'action devient très-énergique lorsqu'on met le zinc en communication avec un fil de fer ou de platine ; la solution est une combinaison d'oxyde de zinc et d'alcali ; elle se décompose par une longue ébullition.

L'*oxyde de zinc* (fleur de zinc, blanc de zinc) est blanc ou légèrement jaune, il jaunit fortement quand on le chauffe, mais moins que l'oxyde d'indium ; il ne se dissout dans l'eau qu'en proportion très-faible, mais il s'hydrate. Les acides, les alcalis, l'ammoniaque et le carbonate d'ammonium le dissolvent ; nous avons déjà vu comment se comportaient ces solutions incolores.

Les sels de zinc dont l'acide n'est pas coloré sont incolores. Le *carbonate* neutre et *basique* (minerai de zinc), le *phosphate* neutre et l'*oxalate* sont insolubles ou peu solubles. Le carbonate se comporte à peu près comme l'oxyde, mais il se dissout avec effervescence dans les acides ; il perd une partie de son acide carbonique quand on le chauffe. Les *azotate* et *sulfate* sont solubles.

Le *sulfate* cristallise avec 7 atomes d'eau en prismes quadrangulaires droits assez volumineux, ou en petites aiguilles ; on le trouve dans le commerce (vitriol blanc) ; il se dissout dans 2 parties d'eau froide et 1 d'eau bouillante ; sa solution acide au papier de tournesol n'est décomposée que partiellement par l'hydrogène sulfuré ; l'alcool ne le dissout pas. Le sel chauffé perd son eau de cristallisation au premier moment, puis il se décompose en oxyde, acide sulfureux et oxygène lorsque la température s'élève davantage.

L'*acétate* et le *valérianate de zinc* cristallisent en écailles blanches d'un aspect gras ; ils sont solubles ; le valérianate conservé dans un flacon mal bouché répand une odeur d'acide valérique.

Le *chlorure* et l'*iodure de zinc* sont incolores, mais ce dernier prend une teinte brune au contact de l'air ; hygroscopiques au dernier degré, ces deux sels sont très-solubles dans l'eau ; cette solution présente à côté des caractères des sels de zinc, ceux des iodures et des chlorures. Ils se décomposent partiellement, surtout quand on les évapore à feu nu ou pour les obtenir anhydres ; il se forme des oxychlorures ou iodures par suite de la volatilisation partielle de l'acide ; à une température plus élevée l'oxychlorure (ou iodure) perd tout son chlore (ou iode) et il ne reste que de l'oxyde de zinc. Un mélange d'oxyde et d'une solution sirupeuse de chlorure de zinc, s'épaissit très-rapidement et forme un mastic très-dur, presque insoluble dans l'eau, qui est employé comme mastic dentaire. Le chlorure de zinc en solution concentrée gonfle la cellulose et la transforme en un corps qui bleuit par la teinture d'iode.

§ 156. *Dosage du zinc.* — Le zinc peut être dosé soit à l'aide de la précipitation par l'hydrogène sulfuré, soit au moyen du carbonate de sodium. Un courant d'hydrogène ne réduit pas le sulfure, mais lui enlève l'excédant de soufre. Nous avons vu, en parlant du plomb, quelles étaient les précautions à prendre. Le précipité de sulfure pourrait renfermer un peu de magnésie si le liquide ne renfermait pas un excès de chlorure d'ammonium qui empêche la précipitation de cette dernière.

Le précipité produit par l'hydrogène sulfuré peut être mêlé de matières organiques ; on détruit ces dernières par l'évaporation à l'aide de l'acide azotique fumant, et l'on précipite la solution azotique ou sulfurique par du carbonate de sodium ; on opère comme pour le cadmium (§ 145) ; le précipité est transformé et pesé à l'état d'oxyde en opérant dans des creusets en porcelaine.

Le carbonate de sodium ne doit être versé que dans des solutions zinciques exemptes de chlorure ou de sel ammonique, car ces sels empêchant la précipitation totale de carbonate de zinc, il faut, dans ces cas, évaporer le liquide avec un excès de carbonate de sodium pour décomposer et chasser tout les sels ammoniacaux ; mieux vaudrait dans ce cas, précipiter par l'hydrogène sulfuré.

Les précautions nécessaires doivent être prises pour que le manganèse, le fer et l'alumine ne se précipitent pas en même temps que le zinc.

100 de sulfure ou d'oxyde renferment 67,03 ou 80,26 de métal.

NICKEL ET COBALT.

§ 157. *Généralités*. — Nous ne parlons de ces deux métaux que parce que leurs sels ou leurs alliages sont employés dans l'industrie et pourraient se rencontrer dans une expertise chimique; on n'a pas encore à ma connaissance tenté d'employer ces sels dans un but criminel.

Le *nickel* mélangé avec du cuivre et du zinc, forme la base de l'*argentan* ou *métal d'Alger*. On ne peut affirmer à l'heure qu'il est que les vases culinaires faits avec cet alliage sont inoffensifs dans tous les cas; car on n'a étudié que l'action des acides acétique et malique [1].

Le *cobalt*, surtout à l'état d'oxyde entre dans la composition de certaines couleurs (vert de Rinmann) ou émaux (souvent arsenicaux); quelques sels de cobalt sont usités comme *encre sympathique*.

§ 158. *Action physiologique*. — Orfila et Hasselt (traités de toxicologie) ont fait quelques recherches incomplètes sur l'action que les préparations de ces deux métaux exercent sur l'économie. Les résultats obtenus ne valent pas la peine d'être mentionnés.

§ 159. *Destruction des matières organiques*. — Elle peut se faire sans crainte de volatilisation, par n'importe quel procédé, lorsqu'il ne s'agit que de la recherche de ces deux métaux.

§ 160. *Précipitation par l'hydrogène sulfuré*. — Ce réactif ne précipite les solutions métalliques acides de ces deux métaux que lorsque *l'acide libre est de l'acide acétique* et qu'il n'y en a pas d'excès; dans le cas contraire, le liquide filtré se colore en brun foncé par suite de la redissolution d'une certaine quantité de sulfure de nickel. Les sulfures sont d'un brun noir et doivent être lavés avec de l'eau renfermant du chlorure d'ammonium. Ces métaux se comportent du reste comme les sels de zinc, à l'exception près que le sulfure de nickel n'est précipité qu'incomplètement dans une solution qui renferme un excès d'acide acétique; le zinc dans ce cas sera précipité presque complète-

[1] *Arch. f. Pharm.*, t. XXXIV, p. 282 et 286.

ment ; mieux vaut par suite ne précipiter ces deux métaux que dans une solution neutre ou alcaline, à l'aide du sulfure d'ammonium, les précipités ont une grande tendance à se sulfatiser ; humides, ils ne se dissolvent pas dans l'acide acétique, et se comportent ainsi comme le sulfure de zinc. Le précipité de sulfure de zinc, mêlé de l'un des sulfures précédents sera gris ou noir. Les sulfures ne se dissolvent pas dans l'ammoniaque et dans les sulfures alcalins ou d'ammonium ; mais ils se dissolvent dans l'acide azotique, l'acide chlorhydrique concentré et bouillant, l'acide sulfurique dilué, et le cyanure de potassium.

Les solutions acides renferment des sels de protoxyde ; elles sont vertes pour les sels de nickel et rouges pour ceux de cobalt ; les résidus de l'évaporation ne changent pas de couleur, mais quand on les déshydrate, on obtient une masse jaune avec les sels de nickel et bleue avec ceux de cobalt.

§ 161. *Réactions chimiques des sels de nickel et de cobalt.*

A. NICKEL.

1) *Alcalis.* — Précipité vert d'hydrate d'oxyde, soluble dans l'ammoniaque ; la solution bleue ressemble beaucoup à celle du cuivre, mais s'en distingue puisqu'elle est reprécipitée par un excès de soude.

2) *Ammoniaque et carbonate d'ammonium.* — Précipités se redissolvant dans un excès de réactif en un liquide bleu.

3) *Carbonates alcalins.* — Précipité vert clair de carbonate basique, insoluble dans un excès de précipitant, mais se redissolvant dans l'ammoniaque et le carbonate d'ammonium.

4) *Ferrocyanure de potassium.* — Précipité vert clair.

5) *Cyanure de potassium.* — Précipité vert pomme soluble dans un excès de réactif ; l'acide chlorhydrique précipite cette solution. La potasse redissout également le précipité de cyanure ; le chlore gazeux le reprécipite. Ces deux réactions ne réussissent pas avec les sels de cobalt.

6) *Acide oxalique.* — Précipité vert d'oxalate, qui ne se forme que lentement ; il est difficilement soluble dans un excès du précipitant ; mais se dissout facilement dans l'ammoniaque ; le précipité se reforme au contact de l'air, il n'en est pas de même pour le cobalt.

7) *Hypochlorite de soude.* — Précipité bleu noirâtre dans les solutions neutres d'hydrate de peroxyde; le précipité ne se forme que lentement en présence du carbonate de baryum (caractère distinctif du cobalt). Le précipité se dissout dans l'ammoniaque et l'acide azotique étendu. L'acétate de nickel ne précipite par l'hypochlorite de soude qu'à la température de l'eau bouillante. Lorsque la solution renferme simultanément du nickel et du cobalt, le précipité ne se forme que lorsqu'on a neutralisé par de la soude.

8) *Sulfo-carbonate de potassium.* — Précipité rose dans les solutions étendues, brun rougeâtre dans les solutions concentrées. Braun dit que cette réaction est des plus sensibles et permet de reconnaître 1/100 de milligramme de nickel dissous dans un centimètre cube d'eau.

9) Les perles de *borax* et de phosphate sont colorées en *rouge* à la flamme d'oxydation; l'étain les décolore. Le charbon sodé réduit les sels de nickel en une poudre métallique attirable à l'aimant.

10) Le sulfate ammoniacal de nickel est précipité complétement par voie électrolytique comme le cuivre (§ 119).

B. Cobalt.

1) *Alcalis.* — Précipité d'hydrate vert ou vert bleuâtre, soluble dans l'ammoniaque, l'ammoniaque et ses sels empêchent la précipitation de l'oxyde.

2) *Ammoniaque.* — Précipité bleu qui devient vert; un excès d'ammoniaque donne une solution brune, qui se forme lentement et devient enfin d'un beau rouge au contact de l'air. La soude ne précipite plus cette solution; le sel ammonique empêche même la précipitation initiale par l'ammoniaque.

3) *Carbonates alcalins.* — Précipité d'un sel basique, couleur fleur de pêcher.

4) *Carbonate d'ammonium.* — Précipité d'un sel basique couleur fleur de pêcher; le précipité soluble dans un excès de réactif se transforme en un liquide rouge violet; le chlorure d'ammonium empêche cette précipitation.

5) *Cyanure de potassium.* — Précipité brun de cyanure (la précipitation est complète pour l'acétate) qui se dissout dans un

excès de réactif. Cette solution est verte et n'est précipitée ni par les acides ni par les alcalis ; (le nickel, au contraire serait précipité). Le nickel peut encore être séparé à l'état de protoxyde par l'ébullition avec l'oxyde mercurique ou par une solution de cyanure de mercure argentique. La calcination débarrasse le précipité du mercure qu'il renferme. Le cobalt n'étant pas précipité dans ces circonstances peut être séparé quantitativement du nickel, à l'aide de ce procédé.

6) *Ferrocyanure de potassium.* — Précipité vert clair ; le cyanure rouge donne un précipité brun. Skey a légèrement modifié cette réaction ; il ajoute au sel de cobalt de l'acide tartrique ou citrique et un grand excès d'ammoniaque ; le ferrocyanure colore ce liquide en rouge foncé très-intense ; cette réaction est sensible au 60.000^{me}.

7) *Acide oxalique.* — Précipité rouge cristallin d'oxalate, soluble dans l'ammoniaque (en présence des sels ammoniacaux) ou le carbonate d'ammonium. La solution ammoniacale exposée au contact de l'air ne laisse déposer le cobalt qu'au bout d'un temps très-long.

8) *Phosphate de sodium.* — Précipité violet soluble dans l'ammoniaque.

9) *Azotite de sodium.* — La solution acétique ou azotique des sels de cobalt donne un précipité jaune cristallin d'azotite de cobalt et de potassium, difficilement soluble dans l'alcool et dans les solutions salines. Erdmann a fait voir que le nickel était précipité en partie comme le cobalt, lorsque le liquide renferme des sels de baryum, calium ou strontium.

10) *Hypochlorites alcalins.* — En présence du carbonate de baryum, il se précipite immédiatement de l'hydrate noir d'oxyde de cobalt.

11) Les perles de borate ou de phosphate sont colorées en *bleu* par les sels de cobalt ; elles ne sont pas décolorées par l'étain.

§ 162. *Séparation des autres métaux.* — On ne peut confondre le nickel avec le cuivre, car le nickel n'est pas précipité de ses solutions acides par l'hydrogène sulfuré.

Le *zinc* pourrait être séparé du *nickel* par voie électrolytique (voy. Nickel, 9) ou par le procédé de Wöhler. Les deux sels sont transformés en cyanures doubles de potassium ; le monosulfure de calcium ne précipite de cette solution que du sulfure de zinc. On procède de la manière suivante : on ajoute à la solution un excès de potasse, puis de l'acide cyanhydrique jusqu'à ce que le liquide soit incolore ; on verse en ce moment le sulfure alcalin et on laisse digérer à une température peu élevée ; on sépare le sulfure de zinc par le filtre et l'on décompose le cyanure nickelico-potassique par l'ébullition avec l'eau régale ou par le mélange de chlorate et d'acide chlorhydrique ; le nickel est ensuite précipité par de la soude.

Le procédé de Fresenius et Haidlen[1] pour la séparation du *zinc et du cobalt* est très-recommandable. On ajoute à la solution du cyanure de potassium en quantité suffisante pour redissoudre le précipité qui s'est formé en premier lieu ; on fait bouillir le liquide en ajoutant de temps en temps une à deux gouttes d'acide chlorhydrique ; la solution cependant ne devra pas être acide. Ce n'est que plus tard que l'on fait bouillir avec de l'acide chlorhydrique concentré ; le cobalti-cyanure de zinc est redissous et l'acide cyanhydrique se volatilise ; on neutralise alors par un excès de soude et l'on soumet le liquide limpide à l'action de l'hydrogène sulfuré qui précipite du sulfure de zinc incolore.

Nous avons indiqué au § 161, A 5 comment on pouvait séparer le *nickel du cobalt*.

On peut encore précipiter à froid le fer des solutions auxquelles on a ajouté du phosphate et de l'acétate de sodium ; le nickel, le cobalt et le zinc ne sont pas précipités dans ces conditions.

Le sulfure de fer est noir comme ceux de nickel et de cobalt, mais l'acide acétique redissout le précipité de sulfure ferreux et n'attaque pas les autres.

§ 163. *Dosage*. — Le nickel et le cobalt sont dosés en précipitant leurs solutions exemptes d'un autre métal et de sel ammoniacal par une solution bouillante de soude (mieux de baryte quand la liqueur ne contient pas d'acide sulfurique); le précipité est lavé, desséché et calciné. Le nickel et le cobalt ayant le même poids atomique, chacun de ces deux oxydes renferme

---

[1] *Annal. d. Ch. u. Ph.*, t. XLIII, p. 129.

pour cent 78,62 de métal. (Voy., pour les détails, *Analyse quantitative*, de Fresenius.)

Ces deux oxydes peuvent être présentés comme *pièce de conviction*. [Je crois qu'il serait plus démonstratif de conserver comme telles les perles de borax ou de phosphate.]

FER.

§ 164. *Généralités*. — Il est douteux que les préparations martiales soient toxiques. Le public a souvent, il est vrai, tenté des empoisonnements à l'aide du *sulfate ferreux* qui a la réputation d'être un poison ; mais je ne sache pas qu'aucune de ces tentatives ait été couronnée de succès[1]. Les accidents mortels (!) dus à l'ingestion de l'*encre* ne démontrent pas non plus que le fer soit un élément toxique. L'encre renferme, en effet, des substances organiques astringentes dont les propriétés ne nous sont pas connues ; souvent on la prépare à l'aide d'un mélange de sulfate ferreux et cuivrique et on lui ajoute même du sublimé corrosif pour en faciliter la conservation; les encres dites alizariques renferment de notables quantités d'un acide qui est très-toxique, l'acide oxalique. Or l'on n'a démontré dans aucun des cas signalés que l'encre suspecte était exempte de ces corps étrangers.

§ 165. *Action physiologique*. — Les sels solubles seuls ont été administrés dans les tentatives d'empoisonnement ; de ce nombre sont le *sulfate ferreux*, les *chlorures ferreux* et *ferrique ;* je ne connais pas un seul cas où l'ingestion des composés insolubles comme l'*hydrate d'oxyde ferrique* ou le *sulfure ferreux* (employé comme contre-poison) ont provoqué le moindre accident ; il en est de même du fer métallique. Ces dernières combinaisons, en effet, ne sont absorbées qu'en proportion très-minime. Les préparations solubles elles-mêmes paraissent se transformer rapidement en composés insolubles, qui échappent à l'absorption. Le fer est éliminé principalement par les fèces à l'état de sulfure

[1] Encore doit-on se demander si les phénomènes observés ne sont pas dus aux impuretés que le sel du commerce renferme souvent en quantité notable ; on y a signalé, en effet, la présence de composés arsenicaux et de sels de cuivre, de plomb, de zinc.

ferreux, mais ce fait n'exclut pas la possibilité que ce métal soit absorbé par nos humeurs et excrété au bout d'un certain temps par la bile et les autres sécrétions qui se déversent dans l'intestin [1].

Mitscherlich et quelques autres chimistes ont démontré d'une manière irréfragable que les sels de protoxyde et de sesquioxyde de fer se combinent avec les matières albuminoïdes. Claude Bernard, Mitscherlich et Buchheim ont fait voir que les sels de protoxyde étaient transformés en sel de sesquioxyde pendant leur passage de l'estomac au duodénum [2]; dans les parties plus éloignées du tube digestif, l'on ne rencontre plus que du sulfure ferreux noir, qui est éliminé, mélangé avec les excréments et leur communique une couleur vert noirâtre. L'influence fâcheuse des quantités un peu fortes de sels de fer s'explique peut-être par la modification qu'ils font subir aux muqueuses gastro-intestinales, en donnant naissance dans l'intimité des tissus à des albuminates de fer insolubles.

Nous ne connaissons pas les modifications pathologiques que l'on observe à la suite d'un empoisonnement par les préparations de fer.

Les sels ferriques solubles sont plus actifs que les sels ferreux correspondants; de ce nombre sont le *perchlorure* (employé dans les arts et en pharmacie), le *persulfate* et l'*azotate* (employé dans la teinture du coton). L'*iodure ferreux* a une action mixte ; nous renvoyons l'étude des ferrocyanures à celle du cyanogène.

§ 166. *Le fer a-t-il été introduit dans l'économie dans un but criminel?* — Il sera presque impossible de se prononcer sur la réalité d'un empoisonnement par les préparations de fer, en se basant uniquement sur les caractères chimiques; le juge a besoin d'autres indications. Les caractères physiologiques de l'empoisonnement par les ferrugineux ne sont eux-mêmes que peu prononcés et les caractères chimiques n'acquièrent de valeur que lorsque l'analyse a pu porter sur les matières vomies et les excréments qui ont suivi immédiatement la tentative d'empoisonnement. Le fer fait en effet partie intégrante de nos humeurs,

---

[1] Jeannel, *Journ. de Ph. d'Anvers*, 1b69, p. 255.
[2] V. Buchheim, *Aszneimittellehre*, 1859, p. 216.

de nos tissus, de nos aliments, et le rôle du chimiste sera moins de s'occuper de constater la présence de ce métal, que de chercher à le doser ; sa tâche n'est pas achevée lorsqu'il en trouve un excédant, car il doit s'assurer que ce métal n'a pas été administré à l'état de corps insoluble comme contre-poison ou comme médicament ; nos moyens d'investigation chimique ne permettent que rarement de résoudre cette question. L'urine, en effet, des personnes qui absorbent même des proportions très-fortes de sel ferrugineux ne renferme que des traces de fer ; l'analyse de cette humeur ne nous conduira par suite qu'à un résultat insignifiant. La mort, si elle survient, n'arrive qu'après un temps assez long, et l'examen du contenu du tube digestif ne fournira plus que peu de renseignements utiles. On ne doit pas s'attendre non plus à retrouver, dans le foie ou dans la bile, un excès assez notable de fer, pour que l'on en puisse conclure à un empoisonnement. Il importe surtout d'examiner le restant des aliments des matières vomies et des excréments ; dans quelques cas heureux, on a réussi à retirer par infusion une certaine quantité du sel ferrique soluble qui imprégnait encore l'estomac. Gorup-Bezanès a déterminé la proportion normale de fer que contiennent nos organes et nos humeurs (*Traité de chimie physiologique*) ; l'expert devra consulter ce tableau dans les cas douteux. Des essais par la dialyse pourront également être tentés.

§ 167. *La présence du fer masque parfois celle d'autres métaux.* — Le chimiste aura moins à s'occuper de rechercher les empoisonnements dus au fer, qu'à chercher à tourner les difficultés que lui occasionne sa diffusion dans toute l'économie ; tous les liquides qui résultent de la destruction de nos organes ou de nos tissus le contiennent et souvent il masque plus ou moins complètement la présence d'un métal toxique ; nous en avons dit quelques mots en faisant l'histoire de l'arsenic, du cuivre, du zinc et du cobalt.

§ 168. *Destruction des matières organiques.* — Le procédé au chlorate convient très-bien pour la recherche du fer, car tous les composés qui nous intéressent se dissolvent dans le liquide attaquant. La déflagration par l'azotate ou la simple calcination peuvent également être mis à profit dans un grand nombre de cas ;

une partie très-minime de fer se volatiliserait cependant si les matières organiques renfermaient un excès de sels amoniacaux et de
chlorures ; cette circonstance se présente, du reste, si rarement
que ces derniers procédés peuvent presque toujours être employés avec succès. Le fer se trouvera dans le résidu à l'état
d'oxyde ou de sel ferrique, même alors qu'on aura suivi le procédé de l'incinération ; une petite quantité seulement pourrait
s'y trouver dans ce dernier cas à l'état de sel ferreux. Le résidu
est repris par de l'acide chlorhydrique concentré ; l'ébullition
doit être continuée pendant un temps assez long ; il ne se volatilise pas de chlorure ferrique. Les azotates et les chlorates devront
être détruits lorsqu'on aura suivi pour la destruction de la matière
organique un autre procédé que celui de l'incinération, car ils
entraveraient les recherches ultérieures.

§ 169. *Précipitation à l'état de sulfure.* — L'hydrogène sulfuré ne précipite pas les solutions acides des sels ferreux ou ferriques, que l'acide soit organique ou inorganique ; mais il
réduit les sels ferriques à l'état de sels ferreux et se décompose
ainsi lui-même en déposant du soufre. J'ai fait voir, à propos de
l'arsenic (§ 40), qu'il pouvait être avantageux d'empêcher cette
décomposition. Les solutions même faiblement acidulées par l'a-
cide acétique n'étant pas précipitées, on pourra mettre à profit
ce caractère pour distinguer le fer du nickel et du cobalt et le
séparer du zinc.

L'hydrogène sulfuré précipite par contre les solutions ammoniacales (le sulfure d'ammonium précipite déjà les solutions neutres) à l'état de sulfure noir verdâtre ; le précipité s'oxyde très-facilement au contact de l'air. Il convient par suite de le laver d'a-
bord avec de l'eau bouillante, puis avec de l'eau renfermant des
traces de sulfure d'ammonium et de terminer les lavages avec
un peu d'eau pure.

§ 170. *Caractère des sels de fer.* — Le sulfure ferreux est insoluble dans le sulfure d'ammonium, la potasse et l'ammoniaque,
mais il se dissout avec facilité dans les acides inorganiques étendus et l'acide acétique moyennement concentré avec dégagement d'hydrogène sulfuré. On transformera le sulfure en *chlorure*
ou en *sulfate ferreux*, et l'on versera les réactifs dans la solution

fraîchement préparée, qui n'aura pas encore eu le temps de se peroxyder.

1) *Alcalis et carbonates alcalins.* — Précipités blancs d'oxyde ou de carbonate d'hydrate ferreux ; ces derniers absorbent rapidement l'oxygène atmosphérique et se transforment d'abord en oxyde magnétique, puis en oxyde ferrique ; la couleur blanche, qui passe d'abord au vert, puis au noir et, enfin, au rouge, permet de suivre facilement cette transformation. La précipitation n'est pas complète par l'*ammoniaque ;* il peut même ne pas se former de précipité au début, si la liqueur renferme un grand excès de chlorure d'ammonium. Le *carbonate de baryum* ne précipite pas, même lorsque le liquide contient de l'acétate de potassium ou de sodium.

2) *Ferrocyanure de potassium.* — Précipité blanc dans les solutions acides ; ce précipité passe rapidement au bleu ; le *phosphate de sodium* produit, dans les solutions neutres, un précipité blanc qui devient bientôt gris bleuâtre.

3) *Ferrocyanure de potassium.* — Précipité bleu foncé, connu sous le nom de bleu de Turnbull.

4) *Acide tannique.* — Pas de précipité ; le liquide est coloré en bleu ou en noir, lorsque le sel ferreux s'est partiellement oxydé.

5) Les sels ferreux réduisent déjà à froid le *perchlorure d'or* à l'état d'or métallique ; il en est de même pour l'*azotate d'argent.* L'*hypermanganate de potassium* (en solution acidulée par l'acide sulfurique) oxyde les sels ferreux et se réduit à l'état de sel de protoxyde incolore.

Les sels ferreux dont l'acide est incolore sont incolores ou verts (lorsqu'ils n'ont pas été trop oxydés par leur exposition à l'air) ; l'ébullition avec le mélange de chlorate ou l'action à froid de l'acide azotique et du chlore les transforme en sels ferriques. La couleur de ces derniers à l'état solide ou en solution est ordinairement jaune ou brune ; même les sels qui, desséchés, sont incolores, donnent des solutions de cette couleur ; l'azotate seul fait exception, et sa solution est presque incolore ; l'acétate, le méconate et le sulfocyanure sont d'un rouge foncé. La couleur, pour quelques solutions, varie avec l'élévation de température du jaune au rouge.

Les caractères des sels ferriques sont les suivants :

1) *Alcalis, Ammoniaque, carbonates alcalins, carbonates de calcium ou de baryum.* — Précipités d'hydrate d'oxyde ferrique brun ; la précipitation se fait même dans une solution acidulée par de l'acide acétique (on obtient un pareil liquide par l'addition d'un grand excès d'acétate de sodium). Elle se fait même en présence du chlorure d'ammonium, mais elle ne se produit plus lorsque la liqueur renferme des matières organiques fixes, comme l'acide tartrique ou l'albumine.

2) *Hydrogène sulfuré et sulfure d'ammonium.* — Nous avons vu comment se comportait l'hydrogène sulfuré ; le sulfure d'ammonium donne un précipité qui est un mélange de soufre et de sulfure ferreux.

3) *Ferricyanure de potassium.* — Précipité de bleu de Prusse, soluble dans l'acide oxalique et le tartrate d'ammonium.

4) *Ferricyanure.* — Coloration brune, mais pas de précipité. Ce réactif doit être préparé récemment, car il se décompose avec facilité.

5) *Sulfocyanure de potassium.* — Coloration rouge de sang très-intense avec les solutions acides ; le liquide neutralisé par la potasse redevient incolore, mais reprend sa teinte rouge lorsqu'on ajoute une quantité suffisante d'acide chlorhydrique. L'acide oxalique empêche cette réaction. L'éther dissolvant le corps rouge, on peut, par l'agitation du liquide avec ce réactif, condenser et rendre visible des quantités impondérables de composé ferrique.

6) *Acétate de potassium ou d'ammonium.* — Couleur rouge avec les solutions acides, elle est moins foncée que celle due au sulfocyanure ; ces solutions laissent déposer par l'ébullition de l'hydrate d'oxyde ferrique. Le méconate ferrique est rouge et le salicylate violet.

7) *Tannin.* — Précipité noir qui se dissout dans les acides.

8) *Succinate de sodium.* — Précipité brun rougeâtre dans les solutions neutres ; le benzoate de sodium se comporte de même, mais la couleur du précipité est plus claire.

Les perles de *borax* ou de *phosphate* se colorent en *vert bouteille*, dans la flamme de réduction, et en jaune ou jaune rougeâtre dans la flamme d'oxydation ; cette dernière couleur disparait, partiellement, quelquefois en totalité par le refroidissement. Les corps réducteurs, comme le zinc ou l'acide sulfureux, réduisent les solutions faiblement acidulées en sels ferreux.

§ 171. *Caractères des principales préparations ferrugineuses.* — Le *fer métallique* se reconnaît à sa couleur grise et à son aspect métallique, qui est d'ordinaire un peu mat. On emploie en médecine la limaille de fer, le fer porphyrisé et le fer réduit ; cette dernière préparation n'a aucunement l'aspect métallique, elle est d'un noir velouté, mais est attirable à l'aimant. Toutes ces variétés chauffées au contact de l'air se transforment en oxyde magnétique noir. Les acides étendus inorganiques ou organiques dissolvent le fer ; les eaux renfermant de l'acide carbonique l'attaquent lentement. L'ammoniaque paraît produire au premier abord une combinaison soluble d'oxyde ferreux, qui absorbe rapidement l'oxygène atmosphérique et se dépose à l'état d'hydrate d'oxyde insoluble.

L'*oxyde ferreux* est un corps des plus instables (le « ferrum oxydatum nigrum » des anciennes pharmacopées n'est pas, comme on le croyait, de l'oxyde ferreux, mais de l'oxyde magnétique) ; on emploie fréquemment en médecine son *carbonate* ; mais ce sel renferme toujours un peu d'oxyde ferrique (pilules de Vallet, de Blaud, etc.).

Le *sulfate ferreux* (vitriol vert, couperose verte) cristallise en cristaux volumineux (syst. monoclinique) verts renfermant 7 atomes de cristallisation ; il se dissout dans 1 1/2 fois son poids d'eau froide. Le sel efflorescent s'oxyde au contact de l'air ; sa solution est encore plus instable ; chauffé il perd d'abord de l'eau, puis de l'acide sulfureux et sulfurique et laisse comme résidu l'oxyde ferrique connu dans les arts sous le nom de colcothar ou rouge d'Angleterre. Nous avons déjà dit que le sel du commerce était très-souvent impur.

Le *chlorure ferreux* blanc à l'état anhydre donne des solutions vertes qui passent rapidement au brun ; c'est un des sels ferreux qui s'oxydent le plus facilement ; ce composé est la base de l'éther sulfurique martial et de la teinture alcoolique de fer chloruré (miel et alcool).

L'*oxyde ferrique* n'est plus employé en médecine ; son insolubilité dans les acides étendus l'a fait regarder comme complétement inactif ; l'*hydrate de sesquioxyde* (appelé autrefois carbonate, safran de mars apéritif) se présente sous deux modifications, l'une amorphe (même gélatineuse), qui se dissout facilement dans les acides dilués, l'autre cristalline, qui est insoluble. Il fond mélangé avec le carbonate de sodium en une masse verte que l'eau décompose de nouveau en ses éléments. Le *sulfate basique d'oxyde ferrique* (base du contre-poison de Fuchs) est insoluble dans l'eau. On emploie fréquemment en médecine les *tartrate ferroso ou ferrico-potassique*, le *citrate de fer ammoniacal* ; les caractères des sels ferriques sont tellement masqués dans ces préparations, qu'il faut détruire la matière organique pour obtenir les réactions du fer. Nous avons déjà dit que l'*acétate ferrique* (teinture martiale de Klaproth) avait une grande tendance à se décomposer par l'ébullition. On a introduit récemment en thérapeutique les préparations d'*hydrat d'oxyde ferrique soluble* ou *saccharure de fer*; on ne peut y déceler dans les caractères des sels ferriques qu'après les avoir fait bouillir quelque temps avec de l'acide chlorhydrique concentré. Les propriétés organoleptiques du fer sont masquées dans ces composés.

Le *chlorure ferrique anhydre* se présente sous forme de paillettes cristallines d'un aspect métallique; à l'état hydraté, il forme des masses radiées dont la couleur varie du jaune au brun jaunâtre. Le sel se dissout facilement dans l'eau lorsqu'il ne contient pas un excès d'oxyde; il est également soluble dans l'éther (gouttes d'or). La couleur de sa solution aqueuse varie suivant sa concentration du jaune clair au brun foncé; il forme avec le chlorure d'ammonium des sels doubles, de couleur jaune.

Nous étudierons à un autre moment les combinaisons iodées et cyanogénées de ce métal.

§ 172. *Dosage du fer et séparation des autres métaux.* — On dose presque toujours le fer en le transformant en oxyde ferrique. La liqueur ne doit pas renfermer d'autre métal précipitable par l'ammoniaque et doit contenir tout le fer à l'état de sesquioxyde; on ajoute un grand excès de chlorure d'ammonium et on précipite le liquide bouillant et étendu par un excès d'ammoniaque. On recommande de filtrer de suite, de faire tomber le précipité à l'aide d'une pissette dans un vase à précipités et de continuer les lavages par décantation. Le précipité bien lavé est recueilli sur un petit filtre desséché et incinéré; il renferme, pour cent, 70 de métal.

Séparation des autres métaux, notamment de l'aluminium et de l'acide phosphorique. — Le *cuivre*, le *zinc*, le *nickel*, le *cobalt* et le *manganèse* se retrouvent dans le liquide filtré; l'*alumine*, au contraire, sera précipité, ainsi que l'acide phosphorique, avec l'oxyde ferrique; ces deux corps accompagnent presque toujours le fer dans les analyses toxicologiques.

Le procédé suivant permet de les éliminer assez rapidement; le précipité calciné est trituré avec du carbonate de sodium pur et calciné à la lampe à émailleur, jusqu'à ce qu'il se soit produit une masse homogène. On reprend par de l'eau chaude, qui dissout les phosphates et les aluminates, et l'on repèse le précipité bien lavé et bien recalciné. Ce précipité pourra servir comme *pièce de conviction.*

Dosage volumétrique. — Le fer peut encore être dosé à l'aide d'une méthode volumétrique. On réduit la solution ferrique à l'état de sel ferreux à l'aide du zinc, puis on la retransforme en sel ferrique à l'aide d'une solution titrée d'hypermanganate ; l'opération est terminée lorsque ce réactif n'est plus décoloré. (Voy., pour les détails, Mohr, *Analyse par liqueurs titrées*, ou Fresenius, *Analyse quantitative.*)

MANGANÈSE.

§ 173. *Généralités.* — Ce que nous avons dit du fer, au point de vue toxicologique, s'applique également au manganèse. Je ne connais aucune tentative d'empoisonnement par les sels de protoxyde ou de sesquioxyde, ni même par les hypermanganates. L'introduction de ces derniers sels dans la médecine aurait pu cependant amener des méprises, et je crois que leur ingestion en quantité un peu forte ne serait pas inoffensive, car l'acide hypermanganique et ses sels possèdent des propriétés très-oxydantes.

§ 174. *Le manganèse existe dans l'économie.* — Ce métal paraît exister dans l'économie humaine à *l'état normal* (Voy. Gorup-Besanez) ; on en a même signalé des traces dans quelques végétaux. La proportion cependant de manganèse est toujours bien plus faible que celle du fer.

§ 175. *Séparation du manganèse des matières organiques.* — La méthode de la séparation du fer peut s'appliquer au manganèse ; le sulfure de manganèse accompagne le sulfure de fer dans sa précipitation par le sulfure d'ammonium, mais il est encore bien plus sujet à l'oxydation que ce dernier. Je suppose que le problème se borne à séparer ces deux sulfures ; on redissout le précipité dans l'acide chlorhydrique et l'on transforme le sel ferreux en sel ferrique à l'aide du chlorate de potassium ; on ajoute un excès de chlorure d'ammonium et l'on précipite l'hydrate ferrique par un léger excès d'ammoniaque ; le manganèse reste en solution et pourra être précipité par le sulfure d'ammonium, sous forme d'un corps amorphe couleur de chair ; une partie de ce précipité devra être conservée comme *pièce de conviction.*

On peut, lorsqu'il ne s'agit que de rechercher la présence du manganèse dans le résidu d'une incinération, se contenter de calciner une partie de la cendre avec un mélange de soude et d'azotate alcalin ; l'opération doit se faire dans un creuset en platine et non dans des vases en porcelaine ou en verre, qui sont trop souvent manganifères. Le résidu refroidi traité par de l'eau donne une solution verte ; si la couleur est un peu intense on peut espérer la faire virer au violet par l'action de l'acide azotique ; l'acide manganique se transforme ainsi en acide permanganique.

On peut encore traiter les cendres par de l'acide azotique étendu, ajouter du peroxyde de plomb et faire bouillir jusqu'à ce que tout le chlore (provenant des chlorures se soit volatilisé) ; en ce moment l'addition d'un excès de peroxyde fait apparaître une belle couleur violette caractéristique. Le sulfure de manganèse redissous dans l'acide azotique ou sulfurique donne la même réaction quand on le fait bouillir avec le mélange d'acide azotique et de bioxyde[1].

§ 176. *Caractères des sels manganeux.*

1) *Alcalis*. — Précipité blanc d'oxyde hydraté brunissant rapidement au contact de l'air. L'ammoniaque ne précipite qu'incomplétement ; il ne trouble pas les solutions qui renferment un excès de chlorure d'ammonium.

2) *Carbonates alcalins*. — Précipité blanc de carbonate basique ; le carbonate de baryum ne précipite pas.

3) *Ferrocyanure de potassium*. — Précipité blanc.

4) *Ferricyanure de potassium*. — Précipité brun.

5) *Hypochlorites et chlore*. — Précipités d'oxyde manganique noir en présence des alcalis.

6) Les perles de *borax* et de *phosphate* sont colorées en améthyste.

Les sels de protoxyde de manganèse sont incolores ou roses, si l'acide lui-même n'est pas coloré. On a employé en médecine *le sulfate et le chlorure manganeux*.

§ 177. *Autres préparations de manganèse.* — *L'oxyde manga-*

---

[1] On peut substituer au peroxyde le minium ; il faudra avoir soin, dans ce càs, de bien laisser déposer l'excédant de ce corps pour juger de la teinte. Quelques chimistes croient que la coloration est due à un sel manganique, mais l'analyse spectrale fait voir que c'est de l'acide hypermanganique qui s'est formé.

nique est une base peu puissante dont les sels sont réduits très-facilement. Leurs solutions sont d'un rouge groseille très-foncé et n'ont pas d'intérêt pour nous; la potasse les précipite en brun.

Le *bioxyde de manganèse* est noir, insoluble dans l'eau; il se dissout dans l'acide chlorhydrique en produisant un dégagement de chlore et dans l'acide sulfurique bouillant avec un dégagement d'oxygène. Il est très-douteux que le bioxyde ait été la cause de l'empoisonnement de Glasgow relaté par Christison, car ce corps ne se dissout pas dans les sucs digestifs. [Les manganèses du commerce renferment souvent des composés barytiques qui se dissolvent facilement dans les acides et peuvent peut-être occasionner des accidents].

L'*acide hypermanganique et ses sels* sont caractérisés par leur couleur violette foncée et la propriété de se décolorer en solution acide par l'action des agents réducteurs; lorsqu'ils réagissent sur des matières organiques en l'absence d'un acide, ils ne se réduisent souvent qu'à l'état de manganates verts, puis le liquide laisse déposer des flocons bruns d'hydrate manganique. On ne devra pas s'attendre à retrouver en nature même des traces de ce corps dans un cas d'empoisonnement, car les matières organiques de l'économie le réduisent avec la plus grande facilité, les parties touchées par le sel seront peut-être colorées en brun par l'hydrate manganique. L'expert se contentera de signaler la présence du manganèse en quantité notable; le médecin rapprochera ce fait de la marche des accidents et des symptômes révélés à l'autopsie. L'*hypermanganate de potassium* étant le seul composé de cet acide qui soit employé en médecine, le chimiste pourrait encore rechercher le métal alcalin.

§ 178. *Dosage et séparation du manganèse.* — Je renvoie au traité de Fresenius pour ce qui concerne le dosage de ce corps. Lorsque le liquide ne contient ni zinc, ni cobalt ou nickel, on pourra ajouter du chlorure d'ammonium et précipiter le sel ferrique par de l'ammoniaque; le manganèse sera isolé de la liqueur filtrée à l'aide du sulfure d'ammonium. Le précipité est recueilli avec les précautions indiquées plus haut; on le redissout quand il a été bien lavé dans de l'acide sulfurique étendu et on le précipite à l'état de carbonate [par une solution bouillante de carbonate de sodium. Le nouveau précipité est desséché et calciné en suivant exactement le procédé opératoire que nous avons indiqué en parlant du cadmium ; le résidu d'oxyde manganeux renferme pour cent 72, 05 de manganèse.

CHROME.

§ 179. *Généralités*. — On connaît quelques accidents et empoisonnements peu nombreux dus à *l'acide chromique et à ses sels*[1] ; on se sert dans l'industrie des composés suivants : *chromates neutres et acide de potassium, chromates de calcium et de baryum, chromates neutre et basique de plomb ; chromate de cuivre* en solution ammoniacale. Les autres composés de chrome notamment les sels de chrome paraissent inoffensifs.

§ 180. *Action physiologique*. — Nos connaissances sont très-bornées pour tout ce qui concerne l'action et la résorption de l'acide chromique et de ses sels[2]. L'acide chromique se réduit facilement à l'état de sel de chrome ; on peut donc s'attendre à une oxydation énergique, qui entraîne à sa suite l'inflammation des parois de l'intestin ; les chromates acides agissent moins énergiquement que l'acide libre ; les chromates de baryum et de plomb se comportent en outre comme sel de baryum et sel de plomb ; le chromate neutre de potassium a été essayé comme vomitif ; l'acide chromique et le chromate acide de potassium enfin ont été employés comme caustiques et comme désinfectants.

La coloration intense rouge ou jaune de l'acide et de ses sels fera échouer très-facilement les tentatives criminelles et donnera de plus à l'expert des indices précieux lorsqu'il s'agit de l'examen des matières vomies. Cette couleur pourrait cependant avoir disparu en totalité ou en partie lorsque le contact avec les matières organiques a été prolongé ; elle serait remplacée, dans ce cas, par une couleur verte. C'est cette dernière teinte que l'on retrouvera le plus souvent dans le cas d'empoisonnement par l'acide ou ses sels. Jaillard a démontré que le chrome s'élimi-

[1] Il y a eu un empoisonnement à Charkow. *Pharm. Zeitschrift f. Russland*, t. 1. La toxicologie de Husemann en contient 8 autres accidents. Voy. aussi Wardner, *Med. and. surg. Rep. Tro.*, p. 562.

[2] *Gaz. méd. de Strasb.*, 1865.

naît en partie par les urines à l'état d'acide chromique. Ce corps ne se retrouve jamais dans l'économie normale.

§ 181. *Destruction des matières organiques.* — Le procédé du chlorate et de l'acide chlorhydrique présente ici un grand avantage, car les composés toxiques seuls sont transformés en chlorure de chrome vert ; l'oxyde vert obtenu par la calcination et les autres couleurs employées dans la peinture sur verre ou sur porcelaine ne sont pas attaquées. La déflagration par l'azotate ne permettrait pas de faire cette séparation, car l'oxyde de chorme lui-même serait transformé en chromate jaune soluble ; la calcination transforme presque tous les composés chromiques en oxyde insoluble,

§ 182. *Précipitation à l'état d'oxyde.* — Le chlorure de chrome en solution acide (même dans l'acide acétique) ne précipitera pas par l'hydrogène sulfuré ; on ne peut donc le confondre avec les métaux dont l'arsenic, le cuivre et le zinc sont les représentants. Le sulfure d'ammonium précipite des solutions alcalines de l'*hydrate d'oxyde* d'une couleur gris verdâtre. La potasse ou la soude redissolvent le précipité à froid ; il se forme une liqueur verte (séparation du fer et du manganèse) ; l'ammoniaque ne dissout ce précipité que partiellement ; il se forme un liquide rouge. L'ébullition reprécipite l'oxyde d'une manière plus ou moins complète. L'acide sulfurique ou chlorhydrique transforme le sulfure en un liquide vert qui, exposé au contact de l'air, se colore en violet par suite de la métamorphose du sel vert amorphe en sel rouge cristallisé ; la transformation se fait plus rapidement, lorsqu'on s'est servi comme dissolvant de l'acide azotique.

§ 183. *Caractères des sels de chrome et des chromates.* — A. Les *sels de chrome* présentent les caractères suivants :

1) *Alcalis ou leurs carbonates.* — Précipités gris verdâtre d'oxyde ou de carbonates hydratés, solubles dans un excès de réactif et reprécipitables à chaud : l'acide tartrique empêche la précipitation. L'ammoniaque précipite et ne redissout le précipité qu'incomplétement ; la solution se trouble également par la chaleur ; la précipitation par le carbonate de baryum est complète.

2) Le *peroxyde de plomb* colore en jaune les solutions potassiques d'oxyde de chrome ; l'acide acétique précipite de cette solu-

tion du chromate de plomb jaune (séparation du fer). Les solutions d'oxyde de chrome, desséchées et calcinées avec de l'azotate ou du chlorate de potassium, se transforment de même en chromate jaune ;

3) Les perles de *borate* et de *phosphate* se colorent en vert au chalumeau ;

B. L'*acide chromique et ses sels solubles* présentent les caractères suivants :

Je rappellerai d'abord que le chromate de plomb est soluble dans les solutions alcalines :

1) Les solutions deviennent vertes, quand on les chauffe avec de l'alcool et de l'acide sulfurique ; l'acide sulfureux et quelques autres matières organiques se comportent de même ; l'acide chlorhydrique les réduit avec dégagement de chlore. La solution primitive, traitée par de l'hydrogène sulfuré, se colore en vert et laisse déposer du soufre; le sulfure d'ammonium se comporte d'une manière identique, mais il se forme en sus un précipité vert d'oxyde.

2) *Acétate de plomb neutre.* — Ce sel précipite les solutions neutres ou peu acides d'acide chromique et de chromates en jaune ; le précipité est soluble dans la potasse. On pourra toujours reprécipiter par l'acide acétique le chromate de plomb qu'on aura dissous dans un liquide alcalin.

3) *Chlorure de baryum.* — Précipité jaune clair de chromate de baryum dans les solutions neutres.

4) *Azotate d'argent.* — Précipité rouge foncé de chromate argentique rouge foncé ; l'azotate mercureux et l'azotate mercurique précipitent en rouge foncé et en rouge clair ; l'acide azotique redissout les deux précipités.

5) *Bioxyde d'hydrogène.* — Il donne une coloration bleue très-intense, mais très-fugace ; le composé, soluble dans l'éther, peut être enlevé par l'agitation, et possède, dans ce cas, plus de stabilité. On peut traiter directement la solution chromique par la solution éthérée de bioxyde d'hydrogène.

§ 184. *Composés chromiques.* — L'*acide chromique* forme des aiguilles rouges hygroscopiques, très-solubles dans l'eau ; la couleur de la solution varie, suivant sa concentration, du rouge brun au jaune. Il se réduit en oxyde de chrome non pas seulement en présence des matières organiques, mais encore sous l'influence d'une température de 250°. Ces sels sont jaunes rouges ou orangés; souvent les sels neutres sont jaunes et les sels acides orangés.

Le *chromate neutre de potassium* cristallise en rhomboèdres isomorphes avec le sulfate de potassium ; d'un jaune citrin, il devient rouge, quand on le chauffe, mais reprend sa couleur jaune par le refroidissement. Il se dissout dans 2 parties d'eau froide et bien moins d'eau bouillante. Les acides font passer la solution à l'orangé.

Le *chromate acide* forme des cristaux tabulaires très-volumineux, d'une couleur orangée ; il ne se dissout que dans 9 ou 10 parties d'eau froide ; la solution devient jaune, quand on y ajoute une base. Il fond à une température élevée d'abord sans décomposition, puis il se transforme en oxygène, oxyde et sel neutre.

Le *chromate neutre de plomb* est d'une belle couleur jaune ; il est insoluble dans l'eau, mais se dissout dans les solutions bouillantes de potasse ; il fond et se prend par le refroidissement en une masse brune et radiée. L'alcool et l'acide chlorhydrique le transforment en un liquide vert et en un précipité blanc de chlorure de plomb ; le sel du commerce est souvent sophistiqué avec du sulfate. Le *rouge de chrome* et l'*orangé de chrome* sont deux chromates basiques à base de plomb employés dans la peinture. Tous deux sont insolubles dans l'eau, mais solubles dans la potasse ; ils sont cristallisés, quand on les examine au microscope ; on les reconnaît facilement à la manière dont ils se comportent avec l'alcool et l'acide chlorydrique. On vend, sous le nom de *vert de chrome* (vert d'ultra-marin), un mélange de chromate de plomb et de bleu de Prusse.

Le beurre est quelquefois coloré par le sel jaune ; on s'en assure facilement en dissolvant le corps gras dans l'éther et examinant le résidu.

§ 185. *Dosage du chrome.* — Le métal peut être dosé par l'un des procédés indiqués en détail dans Fresenius.

On peut précipiter l'oxyde de ces solutions étendues et chauffées à 100° par l'ammoniaque ; on continue l'action de la chaleur jusqu'à ce que le liquide se soit décoloré. Le précipité est d'abord lavé par décantation, puis on le recueille sur un filtre, on le dessèche et on le calcine fortement. 100 parties du résidu renferment 68,62 d'oxyde de chrome anhydre.

§ 186. *Uranium.* — Les *composés de l'urane* n'ont pas été employés, jusqu'à présent, comme substance toxique, quoique leur usage se soit répandu beaucoup, pendant ces dernières années, dans l'industrie. Les verreries se servent de l'oxyde jaune, et la photographie consomme de notables quantités d'acétate et d'azotate. Lecomte[1] a institué quelques expériences sur des animaux avec l'azotate et le chlorure, qui permettent d'envisager le chlorure comme un sel appartenant à la classe des poisons irritants.

Les sels de protoxyde ont une grande tendance à se peroxyder; la couleur des sels uraniques est jaune ou verte; ils ont parfois un reflet fluorescent. Les sels solubles (azotates, chlorures, acétates) précipitent en jaune par les alcalis et leurs carbonates; ils sont précipités de la même manière par les carbonates de baryum et de plomb. Le carbonate d'ammonium produit un précipité soluble dans un excès de réactif; la solution ne se trouble pas par la chaleur; cette réaction peut être mise à profit pour séparer le fer de l'uranium. L'acide oxalique et le phosphate de sodium précipitent en jaune, la noix de galle en brun foncé; le sulfocyanure ne donne pas de précipité. [Le ferrocyanure de potassium donne avec les sels d'urane une coloration qui ressemble beaucoup à celle qu'il communique aux sels de cuivre; cette réaction est caractéristique.]

L'hydrogène sulfuré réduit les sels uraniques; la solution devient verte, mais ne se trouble pas; le sulfure d'ammonium précipite immédiatement du sulfure uranique d'une couleur chocolat qui passe rapidement au noir[2].

Les perles de borax et de phosphate se colorent en vert et deviennent fluorescentes.

ALUMINIUM.

§ 187. *Généralités.* — Les empoisonnements par les composés aluminiques se terminent rarement d'une manière fâcheuse; ils

---

[1] *Gazette médicale*, 1854.
[2] Remelé, *Chem. Centralb.*, 11ᵉ année.

sont assez rares quoique leurs composés solubles (sulfate, alun, acétate) soient employés journellement et en masses énormes dans diverses industries. Cette anomalie s'explique, d'une part par la saveur astringente très-prononcée des sels, qui en rend l'emploi presque impossible pour des tentatives criminelles, et, d'autre part, par leur action fortement vomitive qui les expulse rapidement de l'économie ; les doses fortes seules peuvent provoquer des accidents locaux.

§ 188. *Action physiologique*. — Les sels aluminiques solubles ont une grande tendance à former avec les matières albuminoïdes des composés insolubles dans l'eau, mais solubles dans un excès d'albumine ou de sel aluminique. Cette propriété rend compte des irritations et même des inflammations qu'ils provoquent dans le tube digestif ; ils déterminent parfois une véritable gastro-entérite[1]. L'usage prononcé de doses faibles amène quelquefois à sa suite un catarrhe chronique de l'intestin. Les oxydes d'aluminium hydratés ou anhydres et les sels insolubles (silicates, etc.) peuvent être ingérés en quantité très-forte sans produire d'accidents.

§ 189. *Destruction des matières organiques*. — Le mélange de chlorate et d'acide peut également être recommandé dans ce cas, car les composés toxiques, c'est-à-dire solubles, sont seuls transformés en chlorure ; les composés inactifs ou insolubles comme l'argile et les autres silicates ne sont pas attaqués.

§ 190. *Précipitation de l'oxyde d'aluminium*. — L'hydrogène sulfuré ne précipite pas les solutions acidulées des sels d'alumine (que l'acide soit organique ou inorganique) ; le sulfure d'ammonium précipite des solutions neutres non du sulfure mais de l'hydrate d'oxyde d'aluminium. Le précipité blanc est soluble dans la potasse et peut être séparé ainsi des sulfures de fer et de manganèse ; les acides sulfurique étendu, azotique et chlorhydrique le dissolvent ; il est insoluble dans l'ammoniaque.

§ 191. *Recherche par l'incinération et caractères des sels aluminiques*. — On peut employer dans beaucoup de cas le procédé au chlorate ou l'incinération ; on doit être sûr cependant que

---

[1] Je ne puis partager la manière de voir de Tardieu qui attribue les propriétés physiologiques de l'alun uniquement à l'acide sulfurique qu'il renferme.

les matières organiques ne renferment pas de chlorure d'ammonium (il pourrait se volatiliser du chlorure d'aluminium dans ce cas). Les cendres renferment alors de l'oxyde d'aluminium, que l'on en peut retirer par une ébullition prolongée avec de l'acide chlorhydrique ; il se dissout en même temps un peu de silice ; pour séparer ce dernier corps on évapore la solution à siccité, on calcine et on redissout l'alumine dans de l'acide chlorhydrique. On ajoute du chlorure d'ammonium au liquide filtré et l'on précipite le liquide bouillant par de l'ammoniaque. Le précipité peut être mêlé d'oxyde ferrique ; nous avons vu en parlant de ce métal qu'on peut séparer ce corps de l'alumine par la fusion avec le carbonate de sodium ; on redissout la masse fondue dans de l'eau bouillante. Le liquide filtré ne renferme que de l'aluminate de soude et de l'acide phosphorique dont la présence n'entrave pas les réactions suivantes. En neutralisant cette solution par de l'acide chlorhydrique on voit se précipiter de l'oxyde d'aluminium blanc (renfermant s'il y a lieu du phosphate); ce précipité se dissout dans un excès d'acide chlorhydrique ainsi que dans les autres acides ; la solution doit présenter les caractères suivants :

1) *Alcalis.* — Précipité blanc soluble dans un excès de réactif (caractère distinctif du fer) ; cette solution chauffée avec du chlorure d'ammonium se trouble et laisse déposer de l'oxyde d'aluminium (l'oxyde de zinc resterait en solution).

2) *Ammoniaque, carbonate, sulfure d'ammonium, carbonates alcalins.* — Précipités d'oxyde d'aluminium blanc, insoluble dans un excès de réactif, mais soluble dans la potasse[1]. L'acide tartrique empêche la précipitation par l'ammoniaque. Le précipité d'hydrate d'oxyde perd son eau par la calcination; il se colore en bleu quand on le calcine fortement après l'avoir humecté par quelques gouttes d'une solution d'azotate de cobalt (bleu Thénard).

3) Les solutions neutres des sels d'alumine sont colorées en carmin par la teinture de cochenille[2]; l'acide acétique ne mo-

---

[1] [L'ammoniaque du commerce renferme quelquefois des bases ammoniacales organiques qui redissolvent une grande partie d'alumine ; j'ai constaté ce fait à deux ou trois reprises.]

[2] 5 grains de cochenille sont mis en digestion avec 250 centimètres cubes d'un

difie pas la couleur, mais les acides chlorhydrique et sulfurique étendus la font virer à l'orangé.

§ 192. *Recherche de l'alun dans le pain.* — L'alun, comme le sulfate de cuivre, permet d'incorporer à la farine une quantité considérable d'eau et de panifier des farines avariées. On doit avouer que la petite quantité d'alun qui est nécessaire pour atteindre ce but est très-faible et ne peut en rien troubler la santé; mais cette pratique est néanmoins très-blâmable au point de vue de l'hygiène publique, puisqu'elle communique une apparence de bonne qualité à des farines qui ont perdu une partie de leur pouvoir nutritif.

On fera bien, dans les cas d'expertise, d'incinérer le pain et d'examiner les cendres. Hadon a proposé de tremper le pain pendant douze heures dans une décoction aqueuse de bois de Campêche et de l'exposer ensuite au contact de l'air. Le pain ordinaire ne devient orangé qu'à la surface; le pain aluminé devient au contraire pourpre. Hadon dit avoir constaté par ce moyen la présence de l'alun dans un pain qui en renfermait environ 58 centigrammes par kilogramme.

On s'est servi de l'alun pour clarifier les *vins;* la recherche de ce corps se fera dans ce cas en incinérant le résidu de l'évaporation du liquide. Les cendres sont traitées par de l'acide azotique ou chlorhydrique; on fait bouillir le liquide filtré avec de la potasse. Le nouveau liquide filtré traité par du chlorure d'ammonium laisse déposer de l'oxyde d'aluminium pur. Romei et Sestini ont démontré que ce procédé était sensible au millième.

§ 193. *Présence de l'alumine dans l'économie.* — On n'a signalé la présence de l'alumine dans les aliments animaux ou végétaux que dans des cas très-rares; quelques lycopodes (complanatum) et quelques champignons comestibles paraissent en renfermer.

Sa présence, en quantité même peu notable, dans une analyse toxicologique, doit par suite éveiller notre attention; nous ne devons cependant pas oublier qu'il y a une foule de circonstances où des composés aluminiques peuvent avoir été ingérés accidentellement ou sous une forme tout à fait inoffensive. Les essais

mélange de 4 d'eau pour 1 d'alcool. Voy. Luchow, *Journal f. prakt. Chemie*, t. LXXXIV et LXL, et Fresenius, *Zeh. anal. Chem.*, I, p. 386 et III, p. 362.

préliminaires réussissent souvent à isoler les composés aluminiques insolubles ; c'est ainsi que l'on retrouvera de la terre argileuse que les enfants auront avalé par mégarde, ou la matière colorante rouge cochenille insoluble qui colore quelques bonbons. Si nous avions acquis la certitude que l'alumine n'a pas été introduite à l'état insoluble, et que l'autopsie révélât en outre une irritation vive des organes digestifs, nous serions en droit d'éveiller l'attention de la justice sur la possibilité d'un empoisonnement par l'alun ou le sulfate d'alumine ; un dosage quantitatif devrait être fait dans ce cas.

§ 194. *Dosage de l'alumine.* — *Alumine et oxyde ferrique.* — Ce dosage ne présente que peu de difficultés ; on peut précipiter l'alumine, ainsi que l'oxyde ferrique, d'une solution bouillante additionnée d'un excès de chlorure d'ammonium à l'aide de l'ammoniaque ; l'opération doit être conduite comme nous l'avons indiqué en parlant du fer (§ 172). L'oxyde ferrique est précipité en même temps que l'alumine ; nous avons vu comment on les sépare ; on détermine le poids total des oxydes d'alumine et de fer, puis on pèse l'oxyde ferrique que l'on a isolé ; la différence des deux pesées précédentes représente le poids de l'alumine.

Alumine, oxyde ferrique et acide phosphorique. — Le procédé précédent donnera un poids trop fort d'alumine, lorsque le liquide renferme de l'acide phosphorique, car ce dernier est enlevé au précipité primitif en même temps que l'aluminate de sodium.

Le procédé suivant convient dans le cas où le poids de l'acide phosphorique est au moins le 1/20 de celui de l'alumine ; on neutralise la solution sodique par de l'acide chlorhydrique, puis on y ajoute un grand excès d'acide tartrique ; l'ammoniaque, dans ce cas, ne précipite plus l'alumine, et la solution ne doit pas se troubler. L'acide phosphorique sera précipité alors par l'addition du mélange limpide des chlorures de magnésium et d'ammonium ammoniacal. Le précipité est recueilli après 24 heures et lavé avec une eau contenant son cinquième d'ammoniaque ; on le redissout de nouveau dans de l'acide chlorhydrique ; on ajoute 2 à 3 gouttes d'une solution d'acide tartrique et l'on recommence la précipitation par l'ammoniaque. Le précipité est lavé après 12 heures avec de l'eau ammoniacale, desséchée et calcinée, pour le transformer en pyrophosphate qui renferme pour cent 63,76 d'acide phosphorique.

Le poids de l'alumine s'obtiendra en retranchant du poids total les poids partiels de l'oxyde ferrique et de l'acide phosphorique. On peut du reste déterminer directement le poids de l'alumine; il suffit d'évaporer les liqueurs filtrées après la séparation du phosphate ammoniaco-magnésien; le résidu est calciné avec un mélange de soude et d'azotate de potassium; on le redissout dans l'acide chlorhydrique, on y ajoute du chlorure d'ammonium et on précipite l'alumine à l'aide de l'ammoniaque.

Ce procédé n'est plus à recommander, lorsque le mélange ne contient que des traces d'acide phosphorique; il vaut mieux, dans ce cas, aciduler le liquide sodique (bien exempt de silicates) avec de l'acide azotique et précipiter l'acide phosphorique à l'aide d'une solution acide de molybdate d'ammonium[1] versé en grand excès; il faut employer au moins 40 d'acide molybdique pour 1 d'acide phosphorique. On laisse déposer pendant 24 heures à la température de $+35$ à $+40°$ et l'on filtre, après s'être assuré que le liquide ne précipite pas par l'addition d'une nouvelle quantité de réactif. Le précipité jaune de phosphomolybdate d'ammonium est lavé sur le filtre avec des petites quantités d'un mélange à parties égales de réactif molybdique et d'eau; on le redissout ensuite dans de l'ammoniaque, et l'on y ajoute le mélange limpide de chlorure de magnésium et d'ammonium ammoniacal; il est bon de neutraliser une partie de l'ammoniaque à l'aide de l'acide chlorhydrique avant d'entreprendre la précipitation.

§ 195. *Étude des principaux composés aluminiques.* — L'alun (sulfate aluminico-potassique) cristallise en octaèdres réguliers qui renferment 24 atomes de cristallisation; il se dissout dans 7 ou 8 fois son poids d'eau à $+20°$ et dans bien moins d'eau bouillante. La solution a une saveur sucrée, puis astringente; elle rougit le tournesol. Chauffé, le sel perd une partie de son eau à une température inférieure à $+100°$; il fond à $+92°$; à $+120°$ il a perdu 20 atomes d'eau de cristallisation; il devient anhydre et insoluble à $+300°$; en continuant l'action de la chaleur, l'alun perd de

---

[1] Il suffit de dissoudre dans l'eau du molybdate d'ammonium et d'ajouter de l'acide azotique moyennement concentré, jusqu'à ce que le précipité initial se soit redissous.

l'acide sulfurique. L'*alun calciné* des pharmacies est un corps très-poreux qui renferme encore une partie de son eau de cristallisation ; on se sert d'un mélange d'alun, de sulfate de cuivre, de nitre et de camphre comme astringent sous le nom de *pierre divine*.

L'*alun ammoniacal* possède presque toutes les propriétés de l'alun potassique et lui est souvent substitué dans la pratique ; il se décompose par la calcination ; du sulfate d'ammonium se volatilise et il ne reste que de l'oxyde d'alumine ; il dégage des vapeurs ammoniacales quand on le chauffe avec de la potasse.

L'*alun neutre* et l'*alun cubique*, renferment les mêmes éléments que l'alun octaédrique, mais en proportion un peu différente ; ils en ont du reste, toutes les propriétés.

L'*acétate d'alumine* n'est usité qu'en solution ; elles sont incolores, d'une saveur très-astringente et se décomposent par la chaleur en acide acétique et en alumine ; la dilution favorise beaucoup cette décomposition.

§ 196. *Pièce de conviction.* — Je dois encore ajouter que l'acétate d'alumine est souvent employé comme liquide conservateur des cadavres ; ce fait est à considérer, lorsque l'expert aura retiré de notables quantités d'alumine dans un cadavre exhumé.

L'alumine peut être présenté comme *pièce de conviction.* [Je donnerai la préférence au bleu Thénard qui a une couleur si caractéristique.]

CHAPITRE II

**POISONS APPARTENANT A LA CLASSE DES MÉTAUX ALCALINS
ET ALCALINO-TERREUX**

CONSIDÉRATIONS GÉNÉRALES.

§ 197. *Mode d'action.* — Les composés que nous allons étudier dans ce chapitre présentent de notables différences au point de vue de leur action toxicologique. Les uns sont toxiques à la manière des poisons métalliques proprement dits; de ce nombre sont les composés du baryum et peut-être ceux du potassium; dans ces cas peu importe la nature de l'élément acide pourvu que le sel soit soluble dans les liquides digestifs. Il n'en est pas de même pour d'autres composés : les uns sont toxiques à cause de leurs propriétés corrosives (alcalis, oxydes alcalino-terreux, carbonates alcalins); les autres introduisent dans l'économie des acides ou d'autres éléments qui agissent sur l'économie lorsqu'ils sont mis en liberté par les sucs digestifs; de ce nombre sont les sulfures, les cyanures alcalins, etc.

§ 198. *Recherche toxicologique.* — On peut s'attendre d'après ce que nous venons de dire, qu'il n'y a pas de règle générale à établir pour la recherche de ces corps, le baryum excepté. Lorsqu'il ne s'agissait que de la recherche des métaux on se contentait bien souvent de démontrer que le toxique avait été introduit sous un état qui en permit facilement l'absorption; la détermination de la nature exacte du composé n'avait qu'une importance secondaire. Il n'en est plus de même pour les alcalis. A quoi

sert de signaler la présence de leurs sels, lorsqu'on ne peut pas
affirmer que ces derniers ont été introduits dans l'économie à
l'état de bases ou de carbonates, du moment que l'estomac et les
intestins peuvent dans des cas très-divers et nullement suspects
renfermer de notables quantités de chlorures, de lactates ou de
phosphates alcalins. Même alors que l'autopsie révèle des symptômes d'empoisonnements par ces substances le chimiste ne
serait en droit de conclure, que s'il avait réussi à isoler une
certaine quantité d'oxyde ou de carbonate non transformés. Il
en est de même dans les cas d'empoisonnements dus aux sulfures
alcalins ; nous pouvons dire que dans ces cas la connaissance de
la nature de la base ne nous importe pas plus que celle de l'élément acide dans les empoisonnements dus aux poisons métalliques. Il s'agit de retrouver le soufre et de démontrer qu'il a été
introduit à l'état de sulfure ; c'est une chose accessoire de savoir
que c'est du sulfure de potassium et non celui de sodium qui a
été ingéré.

Un caractère général des composés que nous allons étudier,
c'est que l'hydrogène sulfuré ne précipite aucune de leurs solutions.

BARYUM

§ 199. *Généralités*. — On ne possède que des observations
très-rares d'empoisonnement par les sels barytiques. Les sels solubles (*chlorure et azotate*) et la *baryte* (employée en grand dans
quelques sucreries) sont toxiques ; le *carbonate de baryum* quoique insoluble dans l'eau peut le devenir puisqu'il se dissout facilement dans les acides ; on l'a employé comme mort aux rats.
Le *sulfate de baryum*, qui est le minerai barytique le plus répandu, et qui est fréquemment employé dans l'industrie, est insoluble dans l'eau et les acides et paraît être complétement
inactif.

§ 200. *Action physiologique*. — L'action des sels barytiques
sur l'économie n'est pas suffisamment étudiée. On sait que des
doses faibles sont sans action ; des doses fortes déterminent
des accidents où dominent les symptômes d'un catarrhe intestinal très-violent. La mort peut survenir au bout de deux heures

lorsque la dose est très-forte. Il existe cependant à côté de l'action purement locale, une action générale qui prouve que le toxique est absorbé; dans quelques autopsies on a signalé non-seulement une irritation du côté des intestins, mais encore du côté du cerveau et des méninges. Les sels de baryum ont une grande tendance à se transformer en sulfate insoluble; l'économie renfermant beaucoup de sulfates, cette transformation doit se faire. Onsum[1] admet que la mort survient par suite de la formation dans les poumons d'embolies dues au sulfate de baryum; il a toujours, dit-il, rencontré du baryum dans le foie et le poumon; Cyon[2] n'est pas arrivé aux mêmes conclusions.

Le sulfate de baryum n'est pas soluble et n'est pas toxique; sa constatation dans une expertise sans que l'autopsie nous révèle d'autres symptômes qui militent en faveur d'un empoisonnement par les sels barytiques, n'a donc que peu de valeur[3].

Tidy vient de démontrer que, dans les recherches toxicologiques, on pourrait s'attendre à retrouver ce métal autre part que dans les intestins; le foie et les urines de lapins empoisonnés par le chlorure de baryum renfermaient toujours du baryum. Les composés barytiques ne se détruisent pas dans les cadavres inhumés; la terre environnante doit être toujours examinée avec soin, car beaucoup de terrains renferment des composés barytiques (calcaires, terres arables, eaux minérales, etc.).

§ 201. *Sa recherche au milieu de matières organiques.* — Les sels de baryum se transforment facilement en sulfate de baryum insoluble; or, pendant la destruction des matières organiques par le chlorate, les matières sulfurées, surtout l'albumine sont oxydées et peuvent, lorsque leur proportion est assez forte, déterminer la précipitation de tout le baryum à l'état de sulfate. Cette

[1] Virchow's *Archiv*, t. XXVIII, p. 235.
[2] *Arch. f. Anat. u Phys.*, 1866, p. 196.
[3] [Ce composé peut cependant présenter de l'intérêt à un autre point de vue; on s'en sert quelquefois à cause de sa forte densité, pour sophistiquer des matières commerciales. Or voici ce que j'ai vu dans une expertise : la justice avait saisi au domicile de l'inculpé une poudre verte (mélange de sulfate de baryum et de vert arsenical); le cadavre exhumé ne renfermait plus dans les intestins que du sulfate de baryum (ayant le même degré de ténuité que celui retiré de la poudre); le foie contenait beaucoup de cuivre. On voit que dans ce cas la présence du corps étranger rendait plus facile l'interprétation qu'il fallait donner à la présence du cuivre retrouvé dans le foie.]

transformation peut s'être faite déjà dans l'économie lorsqu'on a administré comme contre-poison un sulfate alcalin. Le résidu de la destruction de la matière organique contiendra dans ces cas un précipité blanc de sulfate de baryum, et il n'y aura de chlorure de baryum en solution que si le liquide ne renfermait pas assez d'acide sulfurique pour sulfatiser toute la baryte.

§ 202. *Caractères chimiques*. — Le chlorure de baryum n'est précipité ni par l'hydrogène sulfuré, ni par le sulfure d'ammonium (lorsque le liquide renferme de chlorure d'ammonium). L'acide sulfurique précipite les sels de baryum à l'état de *sulfate blanc insoluble*, insoluble dans l'acide chlorhydrique étendu[1].

On doit s'assurer dans tous les cas que la partie insoluble du liquide résultant de la destruction des matières organiques, ne renferme pas du sulfate de baryum. Pour cela on lave bien le résidu et on le calcine dans un creuset de platine ; les cendres sont reprises par de l'acide azotique concentré et calcinées une seconde fois. On mélange le résidu avec le quadruple de son poids de carbonate potassico-sodique[2], et on chauffe le tout jusqu'à ce que la masse soit fluide et homogène. On la reprend quand elle est refroidie par de l'eau qui dissout et l'excès de carbonate et les sulfates alcalins qui se sont produits ; le baryium reste sur le filtre à l'état de carbonate de baryum insoluble. Ce précipité bien lavé est repris par de l'acide chlorhydrique et évaporé à siccité au bain-marie ; on le redissout dans quelques gouttes d'eau distillée ; il est insoluble dans l'alcool. La solution doit, si elle renferme du chlorure de baryum, présenter les caractères suivants :

1°) *Acide sulfurique*. — Une goutte étendue de beaucoup d'eau, doit précipiter par l'acide sulfurique étendu et les sulfates solubles ; le précipité est insoluble dans l'acide chlorhydrique. Il convient de se servir comme sulfate des solutions de sulfate de calcium ou de strontium.

---

[1] Il est important de s'assurer que l'hydrogène sulfuré et le sulfure d'ammonium sont exempts d'acide sulfurique, et que le liquide ne renferme aucun corps oxydant (chlore ou acide azotique) qui transformerait ces réactifs au moins partiellement en sulfates.

[2] 13 parties de carbonate de potassium sec et 10 de carbonate de sodium anhydre.

2°) *Acide hydrofluosilicique*. — Précipité blanc cristallin.

3°) *Carbonate d'ammonium*. — Précipité blanc.

4°) *Chromate acide de potassium*. — Précipité jaune.

Le chlorure de baryum colore la flamme du gaz, de l'alcool ou de l'hydrogène en vert ; cette flamme examinée au spectroscope donne un spectre très-facile à reconnaître. On peut encore faire l'essai de la manière suivante : le chlorure sec est placé dans une soucoupe et recouvert d'alcool que l'on enflamme.

Pour s'assurer que les matières suspectes renferment un sel de baryum soluble dans l'eau ou dans un liquide acide, comme le carbonate ou le phosphate, il suffit de les faire digérer avec de l'eau ou de l'eau faiblement acidulée. La dialyse peut également rendre des services dans ce cas. La solution est précipitée par le carbonate d'ammonium ; le précipité filtré et bien lavé est redissous dans de l'acide chlorhydrique ; on chasse l'excès d'acide et l'on étudie le résidu dissous dans l'eau, comme nous l'avons indiqué plus haut.

Si les accidents avaient été provoqués par l'ingestion de la *baryte caustique*, il faudrait s'assurer au préalable que la réaction du contenu intestinal est *alcaline;* l'extraction pourrait se faire dans ce cas à l'aide de l'alcool ; le résidu de l'évaporation du liquide alcoolique redissous dans l'eau devra réagir comme un alcali puissant et donner naissance sous l'influence de l'acide carbonique au précipité de carbonate de baryum, très-facile à caractériser.

§ 203. *Pièce de conviction*. — Le chlorure de baryum ou le carbonate de baryum peuvent servir comme tels.

§ 204. *Caractère des sels de strontium*. — Les sels de *strontium* ne sont pas toxiques, mais le toxicologiste doit néanmoins connaître leurs caractères qui présentent quelque analogie avec ceux des sels de baryum. C'est pour ce motif que j'en dirai quelques mots.

1°) Le sulfate de strontium est un peu soluble ; aussi le chlorure de baryum précipite-t-il les solutions concentrées de sulfate de strontium. Le sulfate de calcium ne précipite ces solutions qu'à la longue.

2°) L'acide hydrofluosilicique et le chromate de potassium ne précipitent pas les sels de strontium.

3°) Le chlorure de strontium communique aux diverses flammes une coloration pourpre. [Voy., pour les raies spectrales caractéristiques, l'ouvrage de Fresenius.]

§ 205. *Caractère distinctif des sels de baryum et de calcium.* — Les sels de baryum ne peuvent être confondus avec les *sels de calcium*, car le sulfate de calcium se dissout dans l'eau et surtout dans l'acide chlorhydrique étendu. Cette dernière solution, lorsqu'elle est concentrée, laisse déposer par le refroidissement des cristaux blancs de sulfate de calcium; le liquide surnageant est précipité abondamment par le chlorure de baryum. Le sulfate de calcium (comme celui de strontium) est transformé par une digestion de douze heures avec du carbonate d'ammonium en carbonate de calcium (ou de strontium); le sulfate de baryum n'est pas attaqué dans ces conditions. Les réactions suivantes peuvent encore servir à distinguer les sels de calcium de ceux de baryum.

1) Le chlorure de calcium est très-soluble dans l'alcool, et colore les flammes en orangé. L'azotate de calcium est soluble dans l'alcool absolu; ceux de baryum et de strontium y sont insolubles.

2) L'acide hydrofluosilicique ne précipite pas les sels de calcium.

3) Le sulfate de calcium se dissout dans l'hyposulfite de sodium; le sulfate de baryum y est insoluble [1].

§ 206. *Principaux composés du baryum.* — Le *chlorure de baryum* se présente en cristaux incolores qui perdent leur eau de cristallisation à + 100°; il se dissout à + 50° dans 2 fois son poids d'eau et dans 1 1/4 à la température de l'ébullition. La solution neutre au tournesol a une saveur saline très-prononcée et très-désagréable. Les acides azotique et chlorhydrique concentrés précipitent ce sel de sa solution à l'état cristallin; le pré-

---

[1] L'hyposulfite de sodium peut encore servir à séparer le sulfate de plomb du sulfate de baryum; l'hydrogène sulfuré colore du reste le sulfate de plomb en noir et le tartrate d'ammonium le dissout. Voy. Diehl, *Annal. f. Chem. und. Pharm.*, t. LXXIX.

cipité se redissout dans un excès d'eau. Le chlorure de baryum est difficilement soluble dans l'alcool.

L'*azotate de baryum* cristallise dans le système régulier; il se dissout dans 12 parties d'eau froide et 3 à 4 parties d'eau bouillante; ses solutions sont, comme celles du chlorure, précipitées par les acides concentrés; l'alcool ne le dissout pas; la chaleur le décompose en baryte, oxygène et vapeurs rutilantes.

Le *carbonate et le sulfate de baryum* sont insolubles dans l'eau, mais le premier se dissout dans les acides étendus et même dans les eaux renfermant de l'acide carbonique. Le carbonate de baryum se transforme à une température élevée en baryte qui est soluble dans l'eau. La solution concentrée de baryte laisse déposer par le refroidissement des cristaux feuilletés renfermant 8 atomes d'eau de cristallisation; ces cristaux se dissolvent dans 20 parties d'eau froide (à 15°) et dans 3 parties d'eau bouillante. La solution est alcaline, a une saveur de lessive et absorbe rapidement l'acide carbonique de l'air; chauffés au rouge les cristaux se déshydratent; la baryte se dissout également dans l'alcool.

§ 207. *Dosage.* — Lorsque le liquide ne renferme pas de strontium on précipite le baryum à l'état de sulfate; il suffit d'ajouter beaucoup d'eau à la solution, puis de l'acide sulfurique dilué au 1/300, après avoir acidulé au préalable par un peu d'acide chlorhydrique. Le précipité obtenu dans ces conditions ne sera mélangé de sulfate de calcium que si les liqueurs étaient très-riches en sels calcaires; on pourra lui enlever au besoin ce dernier sel par des lavages avec l'hyposulfite de sodium. Le liquide n'est filtré qu'après douze heures. Le précipité est desséché, détaché du filtre et calciné; l'incinération du filtre se fait à part puisqu'on peut craindre que les matières organiques réduisent une partie du sulfate en sulfure; pour obvier à cet inconvénient on mouille les cendres du filtre avec de l'acide azotique concentré et l'on recalcine. 100 parties de sulfate renferment 65,67 d'oxyde ou 58,8 de métal. (Voy. Fresenius pour la séparation du strontium.)

CALCIUM ET MÉTAUX ALCALINS

§ 208. *Généralités.* — Les composés alcalins méritent d'attirer notre attention pour divers motifs : il y en a dont la toxicité doit être attribuée principalement à leur élément acide : de ce nombre sont les arsénites, arséniates, stannates, chromates, etc.; d'autres ont des propriétés corrosives qui peuvent amener la mort. Les solutions des hydrates alcalins possèdent ce caractère à un très-haut degré ; la causticité des carbonates, silicates et sulfures est moindre, mais ce dernier sel n'en est pas moins toxique à cause de l'hydrogène sulfuré qui se produit lorsqu'il arrive dans l'estomac.

La chaux est caustique également et on a mis à profit cette propriété pour l'employer comme mort aux rats. Des essais récents, mais incomplets encore, ont démontré que certains sels à base de potassium étaient très-toxiques, alors que les sels de sodium correspondants ingérés à la même dose étaient inoffensifs ; de ce nombre sont principalement les azotates et les chlorates. Les accidents sont surtout très-graves et peuvent se terminer par la mort lorsque les sels sont directement injectés dans le sang[1].

Nos connaissances actuelles ne nous permettent pas d'expliquer cette action toxique si remarquable des sels de potassium, et nous devons avouer que l'expert serait très-embarrassé le jour où elle serait mise à profit par une main criminelle.

§ 209. *Azotate et chlorate de potassium. Action physiologique.* — La mort par suite de l'ingestion de quantités trop fortes d'azotate de potassium a toujours été accompagnée de symptômes gastro-intestinaux très-violents. Chevallier cite cependant un cas où la mort est survenue très-rapidement à la suite d'évacuations très-nombreuses, sans que l'on pût observer une irrégularité du pouls ou une irritation stomacale[2].

Il est démontré qu'une partie du toxique est éliminée par les matières vomies ; la majeure partie cependant est absorbée par

[1] Voy. Guttmann, *Klin. Wochenschrift*, 1863. *Arch. f. pathol. Anat.*, XXXIV, XXXV, et Podpocaew, *Arch. f. path. Anat.*, t. XXXIII. *Consult. égal.*, Grandeau et Claude Bernard.

[2] *Journ. de Chim. méd.*, 1863, p. 68.

les parois intestinales et pénètre dans le sang. Nous ne savons pas si le sel est décomposé dans cette humeur ou s'il est éliminé sans être décomposé ; l'urine renferme toujours de l'azotate qui au moins en partie est à base de potassium [1].

L'examen de l'urine ne devra jamais être négligé.

[J'ai pu dans un cas d'empoisonnement qui ne s'est pas terminé par la mort, quoique le malade eût ingéré en trois jours près de 250 grammes d'azotate de potassium, retirer du linge mouillé par la sueur des cristaux d'azotate de potassium reconnaissables à leur forme et à leurs réactions [2].]

Le *chlorate* parait être toxique dans les mêmes circonstances que l'azotate ; comme lui, il est rapidement éliminé par la salive, la sueur, les larmes et le lait.

L'examen des excrétions ou des humeurs doit toujours se faire dans ce cas à l'aide de l'eau qui dissout les deux sels ; on évapore a siccité le liquide filtré et on le reprend par un peu d'eau bouillante. Cette solution est soumise à l'action des réactifs ; l'analyse du contenu des intestins se conduira de la même manière. La dialyse de ces diverses liqueurs pourra faciliter la recherche des composés salins.

§ 210. *Caractères chimiques des azotates et chlorates alcalins.* — *L'azotate de potassium* (nitre, salpêtre) cristallise en prismes anhydres, incolores et cannelés (syst. rhombique, il est quelquefois dimorphe); ce sel décrépite quand on le chauffe, puis fond ; à une température plus élevée, il se décompose en azotite, oxygène et composés rutilants ; le sel déflagre avec le charbon et forme la base de la poudre à canon. Il se dissout dans 7,5 parties d'eau à 0° et dans le tiers de son poids à + 126°.

On cherche quelquefois à s'assurer qu'un coup de feu a été tiré à peu de distance, en soumettant à l'analyse les parties du corps et du vêtement voisines de la partie lésée. Les produits de la déflagration de la poudre renferment du sulfure de potassium ;

---

[1] Regnard et Wöhler ont démontré que l'azotate se trouvait bien à l'état de sel potassique. Orfila avait fait voir depuis longtemps que dans ces cas d'empoisonnement, l'urine, le foie, la rate et les reins étaient très-riches en sels potassiques.

[2] V. Thèse de Champy, Strasbourg, 1870.

on cherche à isoler ce dernier sel par la macération avec l'eau des parties suspectes (tissu pris au voisinage de la blessure, habits, etc.), le nitro-prussiate de sodium donnera avec le liquide la coloration bleu caractéristique des sulfures. (Pour la recherche de l'acide azotique, voy. § 419.)

L'*azotate de sodium* (nitre cubique ou du Chili) cristallise en petits cristaux rhomboédriques, incolores et anhydres ; ce sel est soluble dans un peu plus de son poids d'eau froide ; il est un peu hydroscopique et se dissout en quantité très-faible dans l'alcool. Il se comporte vis-à-vis des réactifs comme celui de potassium ; l'alcool imprégné d'azotate de potassium brûle avec une flamme violette très-pâle ; le sel de sodium communique au contraire à la flamme une coloration jaune très-intense.

Le *chlorate de potassium* cristallise sous forme de lamelles rhomboïdales, réfractant fortement la lumière ; le sel est anhydre et fond dans 30 parties d'eau à 0° et dans 1,4 à $+ 104°$. Le sel chauffé décrépite, puis fond en se transformant en oxygène, chlorure et perchlorate de potassium ; ce dernier sel chauffé à une température plus élevée se décompose en oxygène et en chlorure. Il déflagre vivement lorsqu'on le chauffe avec du charbon ; un mélange de chlorate et de sucre s'enflamme quand on y verse une goutte d'acide sulfurique. Nous avons vu qu'un mélange de ce sel et d'acide chlorhydrique était une source précieuse de chlore que nous avons mise souvent à profit.

§ 211. *Oxydes, carbonates et silicates alcalins. Action physiologique.* — L'empoisonnement dû *aux bases alcalines, à leurs carbonates ou silicates*, se reconnaît plus facilement que celui qui est dû aux sels précédents. Ingéré à dose toxique ces composés développent une odeur de lessive très-prononcée et corrodent souvent les premières voies et l'estomac au point que les parois sont non-seulement ramollies mais souvent perforées ; les matières vomies, la salive, le contenu du tube digestif possèdent une forte réaction alcaline ; l'urine au bout d'un certain temps présente la même réaction. La réunion de tous ces symptômes peut être regardée comme suffisante pour faire admettre une tentative d'empoisonnement par l'un des corps que nous avons nommés.

§ 212. *Leur recherche. Analyse toxicologique.* — L'analyse quantitative pourra seule décider dans ces cas si l'empoisonnement a été déterminé par la potasse ou par la soude, car ces deux composés existent normalement dans l'économie. L'analyse doit porter non-seulement sur les restants du toxique, des matières vomies, du contenu du tube digestif, mais encore sur les excréments et sur les urines. Gorup-Besanez a déterminé les proportions respectives de potassium et de sodium qui se trouvent dans les diverses parties du corps humain. On fera bien dans les cas douteux de consulter ces tableaux.

La recherche toxicologique devra être conduite de la manière suivante : on constatera au préalable la réaction fortement alcaline des parties soumises à l'analyse ; on séparera ensuite, au besoin, par la filtration les solides des liquides, pour les examiner séparément ; l'extraction par l'alcool qui dissout la potasse et la soude me paraît préférable.

On desséchera les matières lorsqu'on veut déterminer l'ensemble des composés potassiques ou sodiques (bases et leurs sels) et on les incinérera. Le charbon est épuisé par de l'eau, puis on l'incinère complètement. Les cendres sont reprises par de l'eau bouillante (la chaux reste dans ce cas à l'état de carbonate insoluble) ; on réunit les deux eaux de lavage et on les concentre s'il est besoin avant de procéder à l'analyse.

§ 213. *Caractères des sels potassiques.* — La potasse et les sels potassiques présentent les caractères suivants :

1) La solution neutralisée par un excès d'*acide tartrique* donnera un précipité blanc, cristallin de crème de tartre ; le précipité ne se forme quelquefois qu'à la longue ou à la suite d'une vive agitation ; l'alcool favorise la précipitation, mais peut entraîner celle de corps étrangers. Il faudrait par suite si l'on s'était servi de l'alcool examiner avec soin le précipité pour voir s'il ne renfermerait pas un peu de chlorure de sodium ou d'un autre corps étranger. Le tartrate laisse par l'incinération un mélange de charbon et de carbonate de potassium. Il faut avant d'employer l'acide tartrique s'être assuré que le liquide est exempt de sel de chaux ; on verse pour cela de l'oxalate d'ammonium dans quelques gouttes du liquide acidulé par de l'acide acéti-

que; il ne doit pas se former de précipité. Ce réactif peut en même temps servir à isoler la chaux ; le liquide précipité sera filtré, évaporé à siccité et calciné; le résidu dissous dans l'eau sera traité par de l'acide tartrique.

2) Une autre partie du liquide est neutralisée par de l'acide chlorhydrique, et l'on y ajoute du *chlorure platinique* et de l'alcool; il se produit un précipité jaunâtre de chlorure double de platine et de potassium; ce précipité se redissout difficilement dans l'alcool et est presque insoluble dans un mélange de 4 parties d'alcool et de 1 d'éther ; il se transforme par la calcination en un mélange de chlorure de potassium et de platine finement divisé. Comme les sels ammoniacaux précipitent par le même réactif, on ne doit jamais verser de chlorure de platine que dans la solution du résidu de l'incinération. Le chlorure de potassium communique aux flammes incolores une couleur violette, que l'on observe le mieux en la regardant à travers un verre bleu foncé de cobalt ; l'analyse spectroscopique donne également des résultats satisfaisants.

3) L'*acide hydrofluosilicique* donne un précipité gélatineux fluorescent et l'acide *perchlorique* un précipité cristallin dans les solutions des sels de potassium qui ne sont pas trop étendues.

§ 214. *Dosage.* — On dose les sels potassiques en précipitant une certaine quantité du liquide obtenu, comme nous l'avons dit aux §§ 212 et 213, par le chlorure de platine, et l'on pèse le précipité de chloro-platinate potassique. Quelques précautions sont nécessaires. On neutralise d'abord le liquide alcalin par de l'acide chlorhydrique et l'on ajoute un excès de chlorure de platine en quantité suffisante pour transformer non-seulement les sels potassiques, mais encore les sels sodiques [1] en combinaison platinique ; le résidu est desséché au bain-marie, lavé avec le mélange de 4 parties d'alcool et de une d'éther, jeté sur un filtre (taré à + 110°), desséché et pesé. Les lavages peuvent être regardés comme achevés, lorsque l'alcool s'écoulera incolore. 100 parties du précipité renferment 19,272 de potasse.

§ 215. *Pièce de conviction.* — Le précipité de chlorure double

[1] Le liquide surnageant les eaux de lavage alcoolico-éthérées devra être fortement coloré en jaune.

de platine et de potassium peut servir comme pièce de conviction.

§ 216. *Rubidium et césium.* — Le sels de *rubidium* et de *césium* ne diffèrent des composés potassiques que par la différence de solubilité de leurs sels et par l'analyse spectrale [1] ; ces sels sont très-rares et très-coûteux ; je ne crois donc pas devoir m'en occuper.

§ 216 *bis. Thallium et ses composés.* — Il existe dans la science des données contradictoires sur l'action toxicologique de ces composés, mais les dernières expériences de Marmé ont, à mon avis, mis hors de doute que les sels de thallium sont toxiques à un très-haut degré. Cet auteur a vu périr sous leur influence non-seulement des animaux (appartenant aux classes les plus variées), mais encore des végétaux. Une dose de 0^{gr},04 à 0^{gr},06 de sel soluble injectée dans les veines d'un lapin détermine la mort ; il en faut 0^{gr},5, lorsque le toxique est administré par la bouche ; les doses mortelles, pour le chien, sont plus élevées ; 0^{gr},15, 0^{gr},5 et même 1 gramme sont nécessaires. Ces composés, appliqués sur la peau, ne provoquent pas d'accidents ; l'économie ne s'accoutume nullement à leur ingestion en dose faible et continue.

Les *effets physiologiques* de ces composés ne se produisent pas aussi rapidement que ceux du mercure ; l'action locale se manifeste par une sécrétion exagérée de mucus quelquefois sanguinolent ; les muqueuses stomacale et intestinale sont rougies, parfois gonflées. L'action générale se traduit par des hémorrhagies pulmonaires ; on retrouve, à l'autopsie, des foyers apoplectiformes dans les poumons et sur le péricarde ; l'activité cardiaque est moins influencée par ces sels que par ceux de potassium.

L'albumine, le sang et les graisses ne décomposent pas les sels de thallium, aussi se diffusent ils rapidement dans toutes les parties de l'économie. On les retrouve d'abord dans l'urine, puis seulement dans les fèces ; on admet, dans ce dernier cas, que le sel de thallium a été déversé dans les intestins par la bile ; cette humeur renferme, en effet, des traces de ce métal 3 ou 5 minutes

---

[1] V. Grandeau et Claude Bernard, *loc. cit.*, et Fresenius. *Zchf. f. anal. Chem*, I 62, etc. *Annal. de Ch. et Ph.*, XVII.

après qu'on l'a injecté dans le système veineux ; il apparaît avec la même rapidité dans les urines. On peut encore le retrouver dans le lait, dans les larmes, dans la salive et dans la liqueur du péricarde, lorsqu'il a été administré dans l'estomac par voie hypodermique ou stomacale. L'élimination par les urines est très-lente et n'est souvent pas achevée au bout de trois semaines.

Recherche du thallium. — Marmé, lorsque les matières organiques n'en renferment que des traces, soumet à l'influence de l'électricité les solutions chlorhydriques ou le liquide qui résulte de la destruction par le chlorate. Il se sert comme électrodes de deux fils de platine qui se recouvrent tous les deux de thallium ; l'examen se fait au moyen du spectroscope.

[Le thallium ne donne qu'une raie verte, très-mince, située très-près de la raie E ; cette réaction est encore visible avec un liquide qui ne renferme que 2 cent-millièmes de milligramme de métal.]

L'auteur a réussi à déceler cette quantité dissoute dans cent centimètres cubes d'urine.

[Ce procédé est certainement d'une sensibilité exquise, mais il faut se rappeler que Niklès [2] a démontré que la présence d'une certaine quantité de sodium pouvait faire disparaître complètement le raie du thallium. Or ce cas peut se présenter facilement dans les recherches toxicologiques.]

On pourra donc, même lorsqu'on a obtenu un résultat négatif, faire bouillir les fils avec de l'acide sulfurique étendu, évaporer l'excès d'acide et examiner la solution par les réactifs suivants [3] :

Sulfure d'ammonium. — Précipité noir ;

Acide chlorhydrique. — Précipité blanc caséeux ;

Iodure ou chromate de potassium. — Précipité jaune.

On pourra, lorsqu'on suppose que le liquide renferme beaucoup de composé thallique, remplacer les fils de platine par des lames du même métal.

§ 217. *Caractères chimiques des sels de sodium.* — Ces composés se distinguent facilement de ceux du potassium, parce qu'ils

[1] *Göttinger Gelehrte Nachrichten*, 1868, n° 20.
[2] *Journ. de Pharm. et de Chimie* (4), t. II.
[3] Lamy, *Annal. de Chim. et de Phys.*, t. XLVII.

ne sont pas précipités par les réactifs qui précipitent ces derniers [1].

La présence du sodium se constate très-facilement à l'aide du
chalumeau ; le résidu laissé par l'incinération précédente, qui ne
peut plus renfermer d'autre métal, colore la flamme en jaune.
On peut juger jusqu'à un certain point de la proportion de ce
métal, en éclairant avec cette flamme un papier recouvert d'iodure rouge de mercure ; ce sel prendra une couleur rouge pâle,
lorsqu'il y a peu de sodium ; jaune, quand il y en a beaucoup.

§ 218. *Dosage du sodium.* — L'analyse quantitative ne peut se
faire qu'après l'élimination des corps étrangers, comme l'a-
cide phosphorique, la chaux et la magnésie. Pour arriver à
ce but, on ajoute à la solution du chlorure ferrique, du chlorure
d'ammonium et l'on précipite dans le liquide bouillant l'acide
phosphorique et l'oxyde ferrique par de l'ammoniaque. La chaux
est séparée par de l'oxalate d'ammonium ; le nouveau liquide, filtré, acidulé par de l'acide chlorhydrique, est évaporé à siccité dans
une capsule de platine (avec addition d'oxyde mercurique précipité, quand le liquide renferme de la magnésie) ; on dessèche le
résidu et on le pèse. On reprend par de l'eau qui ne dissout pas
la magnésie ; ce nouveau résidu est incinéré et représente,
après abstraction des cendres du filtre, le poids de la magnésie [2]. En retranchant ce poids du poids total du précipité,

[1] L'antimoniate de potasse précipite les solutions un peu concentrées des sels
sodiques ; cette réaction ne peut servir qu'à distinguer la potasse de la soude ; on
prépare le réactif en dissolvant dans de la potasse le précipité que produit l'eau
lorsqu'on la verse dans du perchlorure d'antimoine.

[2] On rencontre souvent dans l'analyse du contenu du tube digestif de notables
quantités de composés magnésiques, qui peuvent y avoir été introduits comme
contre-poison ou comme médicament. [On trouve dans *Med. and surg. Rep.*, 1818,
p. 79, la relation d'un empoisonnement dû à l'ingestion d'une très-forte quantité
de sulfate de magnésium.] On pourra retrouver ces composés à l'état soluble dans
la partie supérieure du tube digestif et à l'état de carbonate dans les parties inférieures. Il est très-facile de démontrer qu'une solution renferme ce métal ; elle n'est
pas précipitée à froid lorsqu'on lui a ajouté un excès de chlorure d'ammonium, par
le carbonate de sodium ; le phosphate neutre de sodium ammoniacal la précipite
au contraire sous forme d'un précipité blanc cristallisé. Nos tissus et nos humeurs
contiennent à l'état normal *des composés magnésiques* ; un dosage pondéral pourrait devenir nécessaire dans quelques cas pour déterminer que la magnésie retrouvée ne provient pas de l'économie. Le mieux serait dans ce cas de se débarrasser des matières organiques par la calcination, mais en ayant soin qu'une partie
de la magnésie ne puisse pas se volatiliser à l'état de chlorure ; il suffit pour cela
d'ajouter aux matières organiques avant la calcination un peu de soude, qui donne
naissance à du carbonate de magnésium non volatil.

on obtient le poids du mélange de chlorure de potassium et de sodium. On détermine le poids du chlorure de potassium à l'aide du chlorure de platine (§ 214) ; 100 de précipité platinique correspondent à 30,617 de chlorure ; la nouvelle différence représente le poids de chlorure de sodium ; on peut en déduire le poids de la soude, sachant que 100 de chlorure correspondent à 53,022 d'oxyde de sodium.

Les eaux de lavage du précipité potassique sont portées à l'ébullition et soumises à cette température pendant près d'une heure à un courant d'hydrogène sulfuré ; on sépare le sulfure de platine et l'on obtient par l'évaporation des cristaux cubiques de chlorure de sodium qui peuvent être mis de côté, comme *pièce de conviction*.

§ 219. *Sels de lithium*. — Le mélange de chlorures pourrait encore contenir du chlorure de *lithium* ; mais ce sel se reconnaît facilement à la coloration pourpre qu'il communique aux flammes et à sa réaction spectrale. [Il présente deux raies rouges très-visibles, l'une entre B et C et l'autre entre C et D, mais très-voisine de D.] Il se distingue des sels de strontium, par sa non-précipitation des solutions étendues par le carbonate d'ammonium ; ce sel du reste ne nous intéresse que peu.

§ 220. *Détermination de la richesse alcalimétrique*. — Il peut y avoir de l'intérêt à déterminer dans certains cas la proportion d'alcali libre ou carbonatée qui existe encore dans les liquides de l'économie ; on y arrive facilement à l'aide de l'alcalimétrie. On pèse un poids déterminé des parties soumises à l'analyse et on les épuise par de l'eau ; les liquides filtrés sont réunis et mesurés. On introduit alors dans une fiole à saturation 10 à 20 centim. cubes d'un acide sulfurique titré (49 grammes d'acide par litre), on colore en rouge par la teinture de tournesol si les liqueurs ne sont pas trop foncées et l'on ajoute le liquide alcalin à l'aide d'une burette jusqu'à ce que le mélange prenne une coloration violette persistante, qui passe au bleu foncé par l'addition d'une nouvelle goutte d'alcali. Si le liquide était trop foncé, il faudrait déterminer le point de saturation à l'aide du papier rouge ou du papier curcuma ; on ajoute le liquide de la burette très-lentement, on agite et l'on en prend une goutte à l'aide d'un agitateur. Lorsque la base est à l'état de carbonate, il faut opérer dans le liquide bouillant pour que tout l'acide carbonique soit éliminé. L'acide ne doit pas être versé dans le liquide alcalin, car le changement de couleur ne serait pas aussi prononcé que dans le cas précédent. On pourrait encore ajouter à un volume déterminé du liquide alcalin un volume connu mais plus que suffisant d'acide sulfurique titré ; l'on détermine l'excès d'acide employé en neutralisant le mélange par une solution titrée de soude (40 gram. par litre). Lorsqu'on se sert des liqueurs ayant le titre que nous indiquons 1 cent. cube d'acide sulfurique exige pour sa neutralisation $0^{gr},0562$ de potasse, $0^{gr},040$ de soude, $0^{gr},0692$ de carbonate de potassium et $0^{gr},053$ de carbonate de sodium anhydre et $0,^{gr}143$ de carbonate cristallisé.

§ 221. *Recherche de l'oxyde de calcium.* — On doit examiner, dans ces cas, le résidu de l'incinération obtenue, comme nous l'avons dit au § 212, le dissoudre dans de l'acide chlorhydrique et le soumettre à l'action des réactifs que nous avons indiqués au § 205.

§ 222. *Dosage du calcium.* — Le calcium se rencontre dans nos tissus, dans nos humeurs et dans nos aliments ; on doit par suite procéder, comme pour les métaux alcalins, à une analyse quantitative. On redissout pour cela le résidu de l'incinération dans de l'acide chlorhydrique ; on isole l'acide phosphorique à l'aide du chlorure ferrique et de l'ammoniaque (voy. § 212) ; le liquide filtré bouillant est précipité par de l'oxalate d'ammonium ; on laisse digérer le précipité pendant douze heures, on le filtre on le lave et on le dessèche. Le précipité est détaché du filtre et inciné dans un creuset de platine à une température très-élevée ; l'incinération du filtre se fait à part ; l'opération ne doit être regardée comme achevée que lorsque deux pesées successives ont donné le même poids (le creuset doit être refroidi sous un dessiccateur à l'acide sulfurique). La chaux vive qui reste dans ce cas peut être gardée comme pièce de conviction. [Il vaut mieux doser la chaux à l'état de sulfate, car l'opération se conduit plus sûrement et plus rapidement ; il suffit d'humecter le résidu de l'incinération avec un excès d'acide sulfurique dilué, d'évaporer à siccité et de chasser l'excès d'acide par la calcination.]

§ 223. *Recherche de la chaux libre.* — Pour s'assurer que les matières renferment encore de l'oxyde de calcium non combiné, il suffit de les épuiser par de l'eau distillée dont il faut employer une certaine quantité, car la chaux se dissout avec difficulté ; on fait passer un courant d'acide carbonique, mais comme l'acide carbonique en excès redissout le précipité, il convient de faire bouillir le liquide ; il se précipite alors du carbonate de calcium, qui examiné au microscope, est cristallisé partie en rhomboèdres, partie en prismes. Le précipité se redissout avec effervescence dans l'acide chlorhydrique et la solution peut être soumise à l'examen des réactifs chimiques indiqués.

§ 224. *Causes d'erreur.* — Je dois rappeler encore une fois que toutes ces déterminations n'auront de valeur, que si les poids retrouvés sont notablement supérieurs à ceux qui existent à l'état normal. L'autopsie seule pourra compléter d'une manière absolue l'indication chimique ; lorsque cette dernière n'aura pu être faite, le chimiste devra être très-réservé dans son rapport, car il y a tant de circonstances où ces corps peuvent être introduits accidentellement dans l'économie, qu'un défenseur tant soit peu habile pourra toujours faire mettre en suspicion les conclusions de l'expertise.

J'ai insisté spécialement dans l'empoisonnement par les alcalis sur l'importance que présente la réaction alcaline, mais je dois ajouter que celle-ci peut souvent manquer pour diverses causes. Les acides de l'estomac ont pu neutraliser le restant du toxique qui n'a pas été rejeté par les vomissements ; la résorption a pu avoir lieu ; la mort enfin n'arrive souvent qu'après un temps très-long, de sorte que la neutralisation est complète. Nous ne devons pas oublier non plus que des substances alcalines ont pu être introduites dans l'économie dans un but non criminel peu de temps avant la mort (sel de Vichy, etc.) ; je rappellerai encore que l'on cherche quelquefois à provoquer les vomissements à l'aide d'une solution de savon, qui est toujours alcaline.

§ 225. *Caractères chimiques de la potasse, de la soude et de la chaux.* — La *potasse* se présente sous forme de plaques incolores, à cassure radiée ou cristalline, très-déliquescentes, solubles presque en toute proportion dans l'eau. Les solutions concentrées l'abandonnent quelquefois à l'état cristallisé (les cristaux renferment 4 atomes d'eau). La solution a une saveur de lessive, est très-alcaline, attaque les vases en verre et en argile et absorbe avec la plus grande facilité l'acide carbonique atmosphérique. L'alcool la dissout ; cette solution brunit au bout de quelque temps et laisse déposer une matière résineuse (résine aldéhyde). On emploie en médecine les *bâtons de pierre à cautère*, et la *poudre de Vienne* (mélange de potasse et de chaux). La potasse exempte d'acide carbonique ne doit pas précipiter par la chaux et la baryte, mais doit donner un précipité jaune avec le sublimé corrosif, noir avec l'azotate d'argent, ces deux précipités ne sont pas sensiblement solubles dans un excès de réactif.

La *soude* ressemble complétement à la potasse ; les grandes masses du commerce employées dans les savonneries présentent quelquefois des gros feuillets cristallins. Hygroscopique comme la potasse, elle absorbe de même l'acide carbonique et se transforme en carbonate (qui est efflorescent).

La *chaux vive* se présente sous forme de blocs blancs qui attirent l'humidité de l'air et tombent en poussière. La chaux hydratée se dissout dans 738 parties d'eau à $+ 115°$ et dans 1270 d'eau bouillante. L'eau de chaux est alcaline, a une saveur de lessive, et se trouble au contact de l'air par la formation de carbonate ; évaporée sous le vide de la machine pneumatique, elle abandonne des tables hexagonales d'hydrate calcique. L'eau sucrée et la glycérine dissolvent de notables quantités de chaux. L'alcool ne dissout pas la chaux, mais dissout la baryte. La chaux est infusible au rouge blanc. Elle se distingue de la *magnésie* (employée comme purgatif et comme contre-poison) par sa moindre solubilité dans l'eau, et par le précipité que donne l'oxalate d'ammoniaque dans sa solution chlorhydrique (celle-ci ne doit pas être trop acide) additionnée de chlorure d'ammonium ; la solution acétique est de même précipitée par l'oxalate. L'eau de chaux précipite en jaune les sels mercuriques et en noir les sels d'argent. On peut analyser la *poudre de Vienne*, en isolant la potasse à l'aide de l'alcool.

§ 226. *Carbonates alcalins neutres.* — Les *carbonates* se comportent à peu de chose près comme les bases, mais sont moins caustiques; leur acide carbonique peut être déplacé par d'autres bases ; on pourrait donc retrouver des bases alcalines là où des carbonates auraient seuls été ingérés ; mais l'inverse se présentera plus fréquemment. L'alcool ne peut pas servir à extraire les carbonates, car ils sont insolubles dans ce véhicule.

§ 227. *Principaux caractères des carbonates alcalins neutres.* — Le *carbonate de potassium* (potasse du commerce, cendres lavées, etc.) se rencontre dans le commerce sous divers états. Le sel retiré du chlorure de Stassfurt ou par la calcination du tartrate est incolore, pulvérulent, hygroscopique et déliquescent. Sa solution concentrée abandonne quelquefois des cristaux renfermant 2 atomes d'eau. Les solutions sont alcalines et ont une saveur de lessive très-prononcée ; elles produisent des précipités blancs solubles avec effervescence dans les solutions des sels de calcium, de baryum, de sulfate de magnésium et d'azotate d'argent ; la baryte précipite les carbonates alcalins et ne trouble pas les solutions d'oxyde. L'alcool ne dissout par le carbonate. Ce sel fond quand on le chauffe et se volatilise à une température très-élevée sans perdre son acide carbonique.

Le *carbonate de sodium* cristallise en cristaux renfermant 10 atomes d'eau de cristallisation ; ces cristaux sont efflorescents ; chauffés ils fondent dans leur eau de cristallisation et se déshydratent. Il se dissout dans 5 parties d'eau froide et 0°,25 d'eau bouillante (104°,6). Sa saveur ressemble à celle du sel potassique ; il est presque insoluble dans l'alcool absolu.

§ 228. *Carbonates alcalins acides.* — Ces sels sont bien moins caustiques que les sels neutres et peuvent être employés en médecine en dose assez forte sans provoquer d'accidents ; ils sont moins solubles dans l'eau que les carbonates neutres ; leurs solutions n'ont qu'une saveur salée et peu alcaline ; ils se transforment en sel neutre quand on les chauffe ; leurs solutions éprouvent la même transformation ; ils sont difficilement solubles dans l'alcool ; le sel acide de potassium se distingue du sel neutre, parce qu'il cristallise en cristaux qui se conservent au contact de l'air. Le sel de sodium est soluble dans 11 parties d'eau froide. Le sulfate de magnésium ne doit pas être précipité par les solutions des carbonates acides.

§ 229. *Silicates alcalins.* — [On emploie depuis quelque temps dans le traitement de la goutte des médicaments dits dialytiques et qui renferment du silicate de potasse ou de soude avec un excès de ces bases. Leur saveur est très-caustique.]

Il ne sera pas trop difficile de reconnaître ces empoisonnements. L'acide silicique se sépare en effet avec beaucoup de facilité de sa combinaison, il est de nature colloïde, adhère facilement aux matières organiques et n'est absorbé ou éliminé qu'avec une très-grande lenteur. La cendre d'un corps qui renferme du *verre soluble* doit être recalcinée après avoir été humectée par de l'acide chlorhydrique ; on épuise le résidu par de l'eau acidulée et la silice reste sous forme d'un corps blanc, insoluble dans l'eau et les acides et indécomposable par la chaleur. Il ne faut cependant pas oublier que quelques-uns de nos aliments, surtout les végétaux renferment de petites quantités de silicates.

§ 230. *Sulfures alcalins* et *monosulfure de calcium*. — Ce dernier sel est employé comme dépilatoire dans l'industrie ; tous sont solubles dans l'eau ; on peut donc se servir de ce liquide pour les séparer des matières solides ; mais je ne conseillerai pas de soumettre ces liquides à la dialyse ; car ces composés diffusent encore moins rapidement que les alcalis proprement dits. Les solutions de polysulfures sont jaunes ; celles du monosulfure sont incolores, mais ne tardent pas à jaunir.

Le *nitroprussiate de sodium*, colore leurs solutions en violet ; les sels métalliques solubles de plomb, de cuivre, d'argent et de mercure les précipitent en noir. L'acide chlorhydrique les décompose avec dégagement d'hydrogène sulfuré et dépôt laiteux de soufre quand le sel est un polysulfure. La recherche de la base ne doit se faire que lorsque le sel a été transformé en chlorure par l'action de l'acide chlorhydrique.

Je traiterai des hypochlorites alcalins en faisant l'histoire du chlore.

CHAPITRE III

AMMONIAQUE, DÉRIVÉS AMMONIACAUX ET NITRÉS

AMMONIAQUE

§ 231. *Généralités*. — Orfila rapporte un certain nombre d'empoisonnements dus à l'ingestion d'une solution d'*ammoniaque caustique*[1]. Ce corps en solution aqueuse, quelquefois alcoolique, est fréquemment en médecine et dans les arts. L'inhalation du *gaz* lui-même peut amener la mort; dans ce cas, on a toujours signalé une irritation très-vive des muqueuses de l'appareil respiratoire. Je ne sais si le *carbonate d'ammonium*, dont les propriétés sont si voisines de celles de l'ammoniaque a déterminé des accidents mortels chez l'homme; je n'ai pas plus de données sur l'action des autres sels ammoniacaux (chlorure, sulfate, succinate et acétate, linéament, etc.). L'action de l'ammoniaque et de son carbonate ressemble beaucoup à celle des alcalis; on retrouve de même une réaction alcaline très-prononcée, une inflammation des muqueuses qui peut aller jusqu'à la perforation, une coloration plus claire et une grande diffluence du sang. La matière colorante du sang est modifiée profondément; l'hémoglobine oxydée devient d'abord jaune, puis jaune brunâtre et enfin vert brunâtre; les raies d'absorption disparaissent petit à

[1] Voy. également d'autres cas dans Thomas, *Journ. de Ch. méd.*, 1869, p. 208. — Emp. par l'eau sédative de Raspail. Voy. Tardieu et Roussin.

petit. Ce mode d'action a beaucoup d'analogies avec celui qui est dû à l'hydrogène phosphoré [1].

La volatilité de l'ammoniaque la distingue nettement des alcalis fixes ; cette volatilité atténue également son action locale, et facilite de beaucoup la recherche du toxique dans les matières soumises à l'examen. L'odeur si vive de l'ammoniaque (ou celle du carbonate) sera toujours perçue très-facilement ; on distillera les liquides suspects après les avoir délayés avec de l'eau, mieux encore avec de l'alcool ; le liquide distillé sera alcalin, on le neutralise avec précaution avec de l'acide sulfurique dilué et on l'évapore à siccité ; le résidu salin doit être insoluble dans l'alcool. On pourra rechercher les alcalis non volatils dans le résidu qui reste dans la cornue.

Le résultat obtenu par la distillation n'acquiert de l'importance que lorsque les matières suspectes n'ont pas subi un commencement de putréfaction ou de fermentation ammoniacale et que l'on est sûr que l'ammoniaque qui s'est dégagée n'est pas due à la réaction des bases fixes sur les matières albuminoïdes. L'analyse ne fournira aucune donnée si la mort n'est pas survenue rapidement ; si elle a tardé quelques heures ou même quelques jours, l'économie ne contiendra plus que des traces insignifiantes d'ammoniaque. On sera de plus toujours embarrassé dans ces cas pour décider si l'ammoniaque que l'on a isolée ne provient pas de causes accidentelles ; on a vu des cadavres se putréfier très-rapidement et dégager de notables quantités d'ammoniaque ; les humeurs qui renferment de l'urée subissent souvent très-vite la fermentation ammoniacale, notamment dans quelques maladies ; enfin on ne doit pas oublier qu'un grand nombre de médicaments renferment de l'ammoniaque ou des composés ammoniacaux.

§ 232. *Recherche de l'ammoniaque libre.* — Les matières suspectes sont soumises à la distillation et le liquide volatil est neutralisé par de l'acide sulfurique et évaporé à siccité. Le résidu est introduit dans un petit tube ; décomposé par une solution étendue de soude, cette dernière doit être versée par un

---

[1] *Ctb. d. med. Wiss.*, 1868, n°° 59 et 40.

entonnoir pour que les parois du tube ne soient pas mouillées ; il faut avoir soin également que le mélange ne soit pas projeté pendant l'ébullition sur les parois du vase. La réaction commence déjà à froid, mais on l'active par la chaleur. On reconnaît le dégagement de gaz ammoniaque à son odeur, aux fumées blanches qu'il répand au contact d'une baguette humectée d'acide chlorhydrique et à la coloration bleue qu'il communique au papier de tournesol. On a proposé l'emploi d'autres papiers réactifs, je citerai : le papier de curcuma qui se teint en brun, celui d'azotate mercureux qui se colore en noir; celui de Nessler[1] prend une teinte brune, celui de Campêche passe au violet[2]. Les vapeurs ammoniacales sont condensées dans de l'acide chlorhydrique ; cette solution abandonne par l'évaporation un sel blanc, qui ne se dissout que très-difficilement dans l'alcool absolu. La solution concentrée de ce sel précipite par le bichlorure de platine ; en évaporant à siccité on obtient un résidu de chlorure double de platine et d'ammonium, qui est peu soluble dans le mélange d'alcool et d'éther et qui se prête au dosage. 100 de précipité renferment 7,61 d'ammoniaque. On doit pour éviter toute confusion avec les sels potassiques ne se servir que de soude dans la recherche de l'ammoniaque ; on est ainsi à l'abri des causes d'erreur que pourrait causer la projection du mélange. La distillation doit être continuée pendant un temps assez long, car les dernières portions ne se volatilisent qu'avec difficulté ; on s'assurera de la marche de l'opération en exposant de temps en temps un de nos papiers réactifs aux vapeurs qui se dégagent. L'addition d'alcool au mélange facilite de beaucoup la distillation ; ajoutons encore que le liquide distillé doit précipiter en blanc par l'addition de sublimé corrosif ; c'est un caractère de plus que l'on pourra chercher à constater dans certains cas.

§ 233. *Recherche de l'ammoniaque combinée.* — L'ammoniaque peut se trouver dans les matières à analyser en partie seulement

---

[1] Ce réactif s'obtient en mélangeant 1 partie d'une solution concentrée de chlorure mercurique avec 2 1/2 d'iodure de potassium dissous dans 6 parties d'eau, et 6 parties d'hydrate potassique dissous de même dans 6 parties d'eau.

[2] Le papier doit être trempé au moment de s'en servir dans une solution de bois de Campêche au 1/100 préparée récemment.

à l'état de base libre ; cette dernière quantité seule se volatilise par la distillation ; pour isoler l'ammoniaque combinée aux acides, il faut recommencer la distillation, après addition d'un excès de soude, qui décompose les sels ammoniacaux.

L'emploi de la soude présente cependant un inconvénient assez grave, car cette base peut décomposer des matières albuminoïdes et d'autres corps azotés en en dégageant de l'ammoniaque. On obvie à ces inconvénients en n'opérant que sur des liquides peu concentrés après leur avoir ajouté de l'alcool qui hâte d'une part le dégagement de l'ammoniaque et communique d'autre part aux matières albuminoïdes une plus grande résistance à la décomposition.

Les proportions les plus convenables sont les suivantes :

A une partie de masse fluidifiée soumise à la distillation on ajoute son volume d'alcool marquant 90° et le quart de ce volume d'une solution de soude (1 d'hydrate pour 4 d'eau).

Le mélange est abandonné à lui-même pendant quelques heures, puis on en retire par la distillation un volume de liquide égal à celui de l'alcool que l'on a ajouté ; on pourrait, si l'extraction n'était pas complète, recommencer la distillation, après avoir ajouté une nouvelle quantité d'alcool. Le dosage quantitatif se fait en neutralisant le liquide distillé par de l'acide chlorhydrique et en précipitant la solution par le chlorure de platine ; toutes les précautions indiquées au § 214 pour le dosage du potassium doivent être suivies rigoureusement.

On peut encore mélanger un volume déterminé des matières suspectes avec le double de leur volume de lait de chaux et abandonner le tout sous une cloche renfermant de 20 à 50 centimètres cubes d'acide sulfurique titré (renfermant 4^{gr},9 ou le 1/10 d'équivalent d'acide sulfurique par litre) ; cette cloche est rodée et placée hermétiquement sur une plaque en verre. Après deux ou trois jours, on neutralise le liquide acide avec une solution titrée de soude (renfermant également le 1/10 d'équivalent), et l'on détermine ainsi le nombre de centimètres cubes d'acide sulfurique qui ont été neutralisés par l'ammoniaque ; ce chiffre, multiplié par 0,0017, représente le poids du gaz ammoniaque.

On se sert comme liquide indicateur de la teinture de tournesol;

de rouge elle doit d'abord virer au violet, puis, après quelques minutes, au bleu foncé par l'addition d'une nouvelle goutte de soude.

L'essai ne se fait que sur une partie de la masse à analyser ; mais il faut avoir soin de retarder ou d'empêcher la putréfaction du restant à l'aide de l'addition d'alcool.

Je dois rappeler ici que la distillation du chloramidure de mercure avec de la soude (voy. § 82) ne dégage qu'une partie de l'azote de cette préparation à l'état d'ammoniaque.

§ 234. *Pièce de conviction*. — Le précipité jaune de chlorure double de platine et d'ammonium peut être présenté comme *pièce de conviction*.

§ 235. *Intoxications dues au gaz*. — Ce que nous venons de dire ne s'applique qu'aux empoisonnements produits par l'ammoniaque liquide.

Lorsque l'empoisonnement est dû à l'inhalation du gaz, le chimiste se contentera de démontrer que l'atmosphère dans laquelle la victime a respiré [chambres renfermant du guano, appareils purificateurs du gaz, ammoniaque (cyanure d'ammonium)] contient beaucoup d'ammoniaque. Les papiers colorés dont nous avons parlé suffiront pour en démontrer la présence.

On pourra faire un *dosage approximatif* en faisant passer un volume d'air déterminé dans une solution d'acide sulfurique titré. L'appareil se compose d'un vase aspirateur qui communique avec un flacon à deux tubulures, qui renferme de 50 à 100 centimètres cubes d'acide sulfurique titré. Un tube un peu plus large plonge au fond du liquide et laisse entrer l'air; un second, plus petit et coudé, est coupé au ras du bouchon et établit la communication avec le vase aspirateur. Il suffit, lorsque l'intoxication par le gaz n'est pas douteuse, de faire passer 5 à 10 litres d'eau. Il ne reste plus qu'à déterminer la perte de titre de l'acide sulfurique à l'aide d'une solution de soude ; le titre de ces deux réactifs est d'ordinaire le suivant : 49 grammes d'acide et 40 grammes d'hydrate basique par litre [1] ; les liquides se neutralisent ainsi, centimètre cube par centi-

---

[1] [Il vaudrait mieux prendre les liqueurs décimés.]

mètre cube, et il suffit, pour avoir le poids de gaz ammoniaque, de multiplier par $0^{gr},017$ la différence que l'on obtient en retranchant du nombre des centimètres cubes d'acide employés celui des centimètres cubes de soude. Il va de soi qu'on peut négliger, dans cet essai, les corrections barométrique, thermométrique, etc., du volume d'air sur lequel on a opéré, et que l'on peut admettre également que l'atmosphère normale ne renferme pas d'ammoniaque (il n'en contient du reste que des dix-millionièmes).

Si la mort attribuée à l'inhalation du gaz était arrivée très-vite, comme on en connaît quelques cas, l'expert pourrait, si l'autopsie était faite immédiatement, rechercher la présence du gaz dans l'appareil respiratoire, en modifiant légèrement le procédé opératoire précédent.

[Il suffirait de faire communiquer le tube qui amène l'air avec une sonde introduite dans la trachée-artère.]

§ 256. *Caractères des composés ammoniacaux.* — L'*ammoniaque* des pharmacies est une solution de gaz ammoniaque dans de l'eau, qui n'en renferme environ que 10 pour cent; l'eau cependant pourrait en dissoudre près du double. La solution officinale a une densité de 0,96; elle est incolore, très-caustique, et a une odeur très-prononcée; elle bleuit le papier de tournesol perd peu à peu son gaz au contact de l'air, et s'évapore sans laisser de résidu. L'acide tartrique en excès y produit un précipité de tartrate acide d'ammonium; ce sel est bien moins soluble que le sel correspondant de potassium, et il s'en différencie par l'ammoniaque qu'il dégage sous l'influence de la chaux. L'ammoniaque ne précipite pas les solutions d'hydrate et les sels calciques et barytiques; l'alcool, dissout en toute proportion la solution aqueuse ou le gaz ammoniaque (liqueur vineuse, spiritueuse de Dzondius, etc.). Les liniments ammoniacaux perdent leur gaz déjà à la température ordinaire, mais surtout à chaud.

Le *carbonate d'ammonium* du commerce est un sesquicarbonate; il se présente sous forme de masses solides radiées, cristallines et transparentes, qui deviennent opaques au contact de l'air, et tombent en poussière (bicarbonate). Exposé au contact de l'air, le sel perd du gaz; il en est de même pour des solutions

au 1/4, surtout quand on les porte à la température de l'ébullition. Le sel se volatilise complétement à chaud. Les acides en
dégagent de l'acide carbonique ; sa solution trouble la baryte et
la chaux. Le *carbonate d'ammonium empyreumatique* est obtenu
par la distillation des matières animales ; l'odeur empyreumatique devient surtout très-prononcée, quand on le traite par de
l'acide sulfurique. Les sels ammoniacaux sont incolores et isomorphes avec ceux de potassium ; chauffés avec de la soude, ils
dégagent de l'ammoniaque ; leur solution azotique précipite en
jaune par le phosphomolybdate de sodium.

DÉRIVÉS AMMONIACAUX VOLATILS ORGANIQUES.

§ 237. *Généralités.* — Ce que nous venons de dire de l'ammoniaque s'applique aux composés organiques volatils, *amides* ou
amines, que l'on peut envisager comme dérivants de l'ammoniaque par substitution d'un ou de plusieurs radicaux acides ou
alcooliques à un ou plusieurs atomes d'hydrogène. Beaucoup de
ces composés possèdent des propriétés basiques très-prononcées ;
la méthyl- et la triméthylamine sont des bases presque aussi
puissantes que l'ammoniaque ; l'éthylamine l'est même davantage.
Leurs réactions sur les papiers colorés et les solutions salines sont
les mêmes ; quelques-uns de ces corps possèdent une odeur qu'il
est difficile de distinguer de celle de l'ammoniaque (méthyl et
éthylamine), et se préparent, comme l'ammoniaque, par la distillation des substances animales ou végétales en présence de la
potasse.

Ces corps n'ont pas encore été employés dans un but criminel ;
je ne pense pas qu'ils le soient sous peu ; nous devons néanmoins en dire quelques mots [1], car ils peuvent se rencontrer
comme produit accessoire dans un grand nombre de décomposi-
tions. Les *amines* sont, en général, moins volatiles que l'ammoniaque ; c'est ainsi que la triméthylamine, au lieu d'être gazeuse
à la température ordinaire, est liquide ; *leurs chlorures*, au

[1] Je dois dire cependant que l'on admet que la *mercurialine*, qui est toxique
n'est autre chose que de la méthylamine. Pour l'action physiologique de cette
dernière, voy. *Med. Ctb.*, 1869, p. 432.

moins ceux que nous connaissons actuellement, *sont solubles dans l'alcool absolu;* ce caractère pourrait être mis à profit pour les séparer de l'ammoniaque [1].

Nous devrions nous occuper à cette place de la recherche de la nicotine et de la conicine ; ces deux corps peuvent, en effet, être isolés d'après les principes que nous avons indiqués plus haut, mais nous préférons, pour éviter des redites, renvoyer leur étude à celle des alcaloïdes non volatils.

ANILINE, NITROBENZINE ET COULEURS D'ANILINE.

§ 238. *Généralités*. — Ces corps que l'industrie produit en quantité énorme depuis ces dernières années se retirent tous des parties les plus volatiles du goudron de houille. On peut les envisager comme des dérivés de la *benzine* [2] et de son hydrocarbure homologue, le *toluène*.

Nous réunissons leur étude dans un même chapitre, non qu'ils présentent des réactions chimiques présentant quelque analogie, mais parce qu'ils dérivent les uns des autres. Les résultats de l'analyse préliminaire décideront si la recherche de ces corps est utile.

1° NITROBENZINE.

§ 239. *Nitrobenzine*. — Ce corps est employé à la place de l'essence d'amandes amères dans la parfumerie et dans la fabrication des liqueurs et des bonbons; il porte le nom commercial

---

[1] Voy. pour les caractères distinctifs de l'ammoniaque, de la triméthylamine, de la nicotine, de la conicine, de la lobéline et de l'aniline, § 585, et Hager, *Pharm. Centralb.*, t. VII, p. 285.

[2] La *benzine* est regardée en général comme une substance inoffensive ou comme ne produisant que des accident strés-passagers (voy. Mosler, *Klin. Wochenschr.*, 1864, Perrin, *Union médicale*, 1861, etc.) : l'opinion contraire a été cependant soutenue. On pourrait suivre le procédé suivant pour rechercher la benzine : les matières seraient soumises à la distillation et la benzine surnagerait le liquide distillé sous forme d'une huile incolore et odorante; on pourrait la décanter à l'aide d'un entonnoir à robinet et traiter le liquide huileux par de l'acide azotique fumant, qui la transformerait en nitrobenzine, dont l'odeur d'amandes amères est si caractéristique ; en étendant le liquide d'eau on verrait ce corps se réunir au fond du liquide. Cette dernière réaction suffit pour distinguer la benzine de l'essence de pétrole (éther de pétrole); ce dernier produit a quelques analogies avec la benzine; mais il bout à une température inférieure à 80 ou 81° et ne dissout pas l'asphalte.

d'*essence de mirbane*. Il ne s'en consomme ainsi que des quantités insignifiantes, mais l'industrie des matières colorantes en emploie des masses notables pour la préparation des couleurs d'aniline.

§ 240. *Action physiologique*. — Letheby[1] rapporte des cas d'empoisonnements qui se sont terminés par la mort; une fois le patient avait séjourné très-longtemps dans une atmosphère imprégnée de vapeurs de nitrobenzine; d'autrefois la victime en avait avalé par méprise une certaine quantité. Bergmann[2] a institué quelques expériences sur des animaux; l'animal s'étourdit très-vite, il a des vertiges; son haleine a l'odeur caractéristique du toxique; il tombe dans le coma et meurt dans le sopor; les muqueuses intestinales sont pâles; les poumons présentent des points ecchymotiques; les sinus de la dure-mère sont gorgés de sang; le sang et les urines répandent l'odeur caractéristique de nitrobenzine. Ce corps n'est absorbé que lentement; cette circonstance nous explique pourquoi l'apparition des symptômes d'empoisonnement peut tarder souvent quelques jours. Il n'est pas rare de retrouver à l'autopsie des gouttelettes huileuses adhérentes aux parties du tube digestif; on peut les isoler à l'aide du jet d'une pissette ou les dissoudre dans de l'éther.

§ 241. *Absorption de ce corps*. — La nitrobenzine, d'après les expériences de Letheby, serait toxique parce qu'elle se transforme dans l'économie en aniline; cette transformation se ferait sous l'influence d'agents réducteurs; il annonce avoir retrouvé des traces d'aniline dans le cerveau et l'urine (parfois même dans le foie et dans l'estomac) d'animaux auxquels il avait injecté de la nitrobenzine. Guttmann et Bergmann, en répétant ces expériences n'ont jamais réussi à déceler la moindre trace d'aniline. Je crois que la réduction de la nitrobenzine ne peut pas se faire dans le sang, mais elle pourrait se produire en proportion très-faible dans les intestins. Le sang pourrait dans ces cas absorber l'aniline formée ou l'un de ces sels; la proportion de toxique serait

---

[1] *Med. chir. Review*, 1863, et Wittstein, *Vierteljahrsb.*, t. XIII, p. 562. V. Schenck et Müller, *Vjsch. f. ger. Med. N.*, série II, p. 327. Kreuser, *Med. corr. Bl. f. Wurtemberg*, t. XXXVII, p. 26. Riefkohl, *Deutsche Klinik*, 1868, p. 169.

[2] Prager, *Med. Vierteljahrschrift*, 1866, Guttmann, *Arch. f. Anat. und Phys.*, 1866.

cependant insignifiante, et l'on ne pourrait pas lui attribuer une intoxication mortelle.

Les expériences de Letheby ne devront cependant pas être perdues de vue lorsqu'on aura isolé des traces d'aniline; il faudra rechercher si dans ce cas on ne réussirait pas à déceler la présence de proportions plus fortes de *nitrobenzine*.

§ 242. *Recherche de la nitrobenzine.* — Cette recherche ne présente pas de grandes difficultés, car la nitrobenzine est insoluble et des traces de ce corps sont encore reconnaissables à leur odeur caractéristique. On soumet les matières à la distillation avec de l'acide sulfurique étendu[1]. Si le liquide est faiblement acide la nitrobenzine passera en même temps que la vapeur d'eau. L'opération se fait dans un appareil distillatoire en verre muni d'un réfrigérant, chauffé dans un bain de chlorure de calcium. La nitrobenzine nage dans le liquide sous forme de gouttelettes huileuses que l'on peut isoler à l'aide d'un entonnoir à robinet. On peut encore agiter le liquide distillé avec de l'éther ou du pétrole rectifié, décanter la couche éthérée et l'abandonner à l'évaporation spontanée ; quelques gouttes introduites dans un petit tube qu'on scellera peuvent être gardées comme *pièce de conviction.*

§ 243. *Caractères chimiques.* — La *nitrobenzine* est un liquide huileux incolore ou légèrement jaunâtre; sa densité est de 1,209 ; son odeur est caractéristique et rappelle celle de l'essence d'amandes amères; le produit du commerce a parfois une odeur moins vive, ce qui est dû à la présence des dérivés nitrés homologues (nitrotoluol, etc.). Il bout à +213° et cristallise à +3° ; il est insoluble dans l'eau et soluble en toute proportion dans l'alcool et dans l'éther.

On peut transformer une partie de la nitrobenzine que l'on a isolée en aniline ; pour cela on la dissout dans de l'alcool et on verse cette solution dans un tube un peu large avec de la poudre de zinc et un peu d'acide chlorhydrique dilué ; après 10 ou 15 minutes de dégagement d'hydrogène on neutralise avec de la potasse, puis on ajoute de l'éther qui dissout l'aniline ; on reprend ce traitement deux ou trois fois et l'on évapore l'éther à la température ordinaire. La réduction peut se faire également par un

---

[1] Cette addition d'acide sulfurique est destinée à fixer, à l'état de sulfate, l'aniline qui pourrait s'être formée.

mélange de fer et d'acide acétique ; en distillant à sec le résidu de la réaction il se volatilise de l'acétate d'aniline. Nous verrons au § 249 comment on caractérise l'aniline.

§ 244. *Caractères distinctifs de la nitrobenzine et de l'essence d'amandes amères.* — Le premier de ces corps se transforme facilement en aniline ; l'essence d'amandes amères n'est pas modifiée. Le procédé suivant exige que l'on puisse sacrifier à cet essai au moins 5 ou 8 gouttes du liquide distillé ; on les dissout dans 4 ou 5 gouttes d'alcool et on ajoute à cette solution un morceau gros comme une lentille de sodium. Le métal se recouvre d'un enduit blanc floconneux et le liquide ne brunit pas avec l'essence d'amandes amères ; la nitrobenzine se colore, au contraire, en brun foncé.

L'essence d'amandes amères se dissout encore dans une solution de sulfite acide de sodium dans laquelle la nitrobenzine est insoluble.

§ 245. *Sa recherche dans l'eau-de-vie.* — En Russie quelques fabricants de *liqueurs* ou d'*eau-de-vie* ont ajouté à leurs produits de l'essence de mirbane soit pour masquer l'odeur désagréable des alcools de grains, soit pour remplacer l'essence d'amandes amères dans quelques liqueurs. On peut rechercher cette fraude en évaporant l'alcool à une basse température ; on distille le tiers de l'eau-de-vie et l'on extrait la nitrobenzine du résidu à l'aide de l'éther ou du pétrole.

2° ANILINE.

§ 246. *Généralités.* — L'*aniline*, dérivé secondaire de la benzine se trouve en quantité très-considérable dans le commerce ; en médecine on s'est servi quelquefois de ces sels[1].

§ 247. *Action toxique.* — Bergmann (*loc. cit.*), Sonnenkalb[2] et Schuchardt[3] ont étudié l'action toxique de ce corps qu'ils

[1] J'ai déjà dit que les produits commerciaux d'aniline ou de nitrobenzine renfermaient des corps homologues ; est-ce ceux-là ou l'aniline pure qui sont toxiques ? voilà une question que je ne puis résoudre. Voy., pour la composition des anilines commerciales : Wolff, *Ztschrift f. Anal. Chem.*, t. VI, p. 553, et Rosenstiehl, *Compt. rend.*, t. LXVII, p. 398.

[2] *L'aniline et ses couleurs au point de vue toxicologique.* Leipzig, 1864.

[3] Virchow's *Arch. f. path. Anat.*, t. XX.

ont fait inhaler en vapeurs ou ingérer en solutions. L'empoisonnement n'a jamais eu d'issue fâcheuse chez l'homme ; chez les animaux sacrifiés on a rencontré à l'autopsie une altération du poumon (infiltration des lobes) et un engorgement sanguin de la dure-mère ; l'estomac présentait un état catarrhal, mais les intestins ne paraissaient pas avoir été modifiés [1].

L'aniline entre plus facilement dans le torrent circulatoire que la nitrobenzine parce qu'elle forme des sels solubles ; l'urine, d'après quelques expérimentateurs, acquiert une forte odeur d'aniline [2].

D'après quelques auteurs cette base coagulerait l'albumine, suivant d'autres elle s'opposerait à toute coagulation. Je ne puis me prononcer entre ces deux opinions contradictoires. (Voy. Sonnenkalb, Olivier et Bergeron.) Letheby et Turnbull admettent que ce corps s'oxyde partiellement lorsqu'il se trouve à la surface du corps humain, et expliquent ainsi la coloration pourpre que l'on observe aux lèvres et aux doigts ; Bergmann n'est pas de cet avis. La coloration violette des ongles et des cheveux et la couleur rouge violette de la sueur, que j'ai vue manifestement chez un certain nombre de personnes maniant de l'aniline, ne peut guère s'expliquer cependant qu'en admettant une semblable oxydation. On ne doit cependant pas confondre cette coloration due à l'aniline modifiée, avec celle que l'on peut attribuer à l'arrêt de la circulation veineuse de la peau.

§ 248. *Extraction de l'aniline.* — Le produit commercial renferme souvent de la pseudotoluidine et de la toluidine. Ces corps peuvent être isolés en ajoutant aux matières soumises à l'analyse de la potasse, jusqu'à ce qu'il se produise une réaction alcaline très-prononcée, et en distillant au bain de chlorure de calcium. On peut encore, puisque ces sulfates ne sont pas volatils, les rechercher dans le résidu acide de la distillation qu'on a entreprise pour séparer la nitrobenzine ; on ajoute à ce résidu de l'eau et de la potasse. Letheby le reprend ensuite par de

[1] Action de la méthyl, de l'éthyl et de l'amylaniline. Voy. *Compt. rend.*, t. LXVI, p. 151.

[2] Ce cas ne peut se présenter que si l'urine est alcaline au moment de son émission, ou si elle a subi la fermentation ammoniacale. Wöhler et Frerich, Friedland n'ont jamais perçu cette odeur.

l'alcool marquant 90°, précipite la teinture alcoolique par de l'acétate de plomb (qui élimine des corps étrangers), éloigne l'excès de ce dernier par une solution de sulfate de sodium, concentre fortement le liquide filtré et distille le résidu avec de la potasse. On voit que ces procédés présentent beaucoup d'analogie avec ceux que nous avons employés pour la recherche de l'ammoniaque et de ses dérivés.

L'aniline et ses homologues surnagent le nouveau liquide distillé, sous forme de gouttelettes huileuses, lorsqu'il y en a des quantités un peu fortes; elles ne se séparent pas lorsque le liquide n'en renferme que des traces; le traitement par l'éther ou le pétrole suffira toujours dans ces cas à isoler le toxique.

Je me suis servi dans ces derniers temps avec beaucoup d'avantage d'un autre procédé qui permet de retirer du même corps tous les alcaloïdes volatils. Je recommande beaucoup l'emploi de ce procédé pour la recherche de l'aniline et de ses homologues; je le décris en détail au § 585.

§ 249. *Caractères chimiques*. — La solution éthérée abandonne l'*aniline* sous forme d'une huile rarement incolore, presque toujours colorée en jaune ou brun, ayant une odeur très-désagréable et un pouvoir réfringent considérable. Insoluble dans l'eau, l'aniline se dissout en toute proportion dans l'alcool, l'éther et les huiles essentielles. Volatile à $+182°$, elle ne modifie pas la couleur du papier de tournesol; les solutions aqueuses des acides organiques ou inorganiques la transforment en sels qui presque tous sont incolores. L'aniline précipite les oxydes hydratés des solutions des sels de zinc, d'alumine, de protoxyde et de peroxyde de fer; au contact de l'air elle brunit au bout d'un certain temps et se résinifie. Un copeau de sapin se colore en jaune quand on l'imbibe d'aniline en présence d'un acide libre.

Il faut se rappeler que dans les cas d'empoisonnement par l'aniline commerciale on retrouvera en même temps de la toluidine et de la pseudotoluidine. Il peut devenir très-important de s'assurer que ces derniers corps accompagnent ou n'accompagnent pas l'aniline; cette recherche se fait très-facilement en suivant les indications données par Rosenstiehl.

La solution aqueuse[1] d'aniline pure ou de l'un de ces sels devient bleue ou violette lorsqu'on la traite par quelques gouttes d'hypochlorite de chaux ou de soude, ou par un mélange de chlorate et d'acide chlorhydrique ; on doit éviter l'emploi d'un excès de réactif.

Rosenstiehl recommande d'examiner des solutions qui par 5 cent. cubes renferment 1 gramme d'aniline ; leur densité est de 1,055. L'éther n'enlève pas la couleur bleue, mais une matière de décomposition brune et de nature résineuse ; la couleur bleue devient alors souvent très-nette après ce traitement éthéré. La pseudotoluidine pure se colore sous l'influence de l'hypochlorite en jaune ; l'éther enlève cette matière colorante et prend une teinte rouge violette très-belle lorsqu'on l'agite avec de l'eau acidulée. La toluidine ne se colore pas dans ces circonstances. On pourra d'après cela reconnaître très-facilement que l'aniline commerciale renferme de la pseudotoluine. Il suffit de traiter par un acide l'éther que l'on aura agité avec le produit de la réaction de l'hypochlorite.

Le *peroxyde de manganèse et le chromate acide de potassium* colorent en bleu très-intense les solutions sulfuriques d'aniline et de pseudotoluidine et ne colorent pas celles de la toluidine. Rosenstiehl recommande l'emploi de l'acide sulfurique dihydraté ; je me suis assuré que l'acide monohydraté ne convenait pas pour cette réaction, mais que de l'acide monohydraté auquel on ajoute 2, 3, 4 ou 5 atomes d'eau la donne encore facilement. Ce fait est important pour nous, car la réaction de chromate et de la strychnine ne réussit plus avec un acide sulfurique qui renferme 5 atomes d'eau. La coloration de la strychnine se manifeste du reste au moment même du contact et est très-*fugace* ; celle de l'aniline ne se produit qu'après quelque temps, mais persiste pendant des heures entières. La couleur est d'un bleu franc avec l'aniline, elle est violette et passe au rouge avec la strychnine. Cette couleur disparaît et est remplacée par une teinte jaune quand on ajoute au mélange 2 à 3 volumes d'eau ; la

---

[1] La solution éthérée ne présente pas ce caractère, la solution alcoolique ne devient que rosée.

couleur bleu de l'aniline passe au violet, puis à un rouge cerise foncé persistant sous l'influence de l'eau.

La toluidine dissoute à froid dans l'acide sulfurique monohydraté se colore sous l'influence de l'acide azotique *pur* en bleu ; cette couleur vire très-rapidement au violet, puis au rouge. L'aniline pure et la pseudotoluidine ne sont colorées que lorsque l'acide azotique renferme de l'acide chlorhydrique ou un chlorate. La strychnine n'est pas influencée par ce réactif et se distingue ainsi nettement de ces trois bases.

Des mélanges d'aniline et de toluidine, de toluidine et de pseudotoluidine se colorent en rouge de sang ou bleu violet sous l'influence de l'acide sulfurique renfermant de l'acide nitrique. Braun a proposé l'emploi de cette réaction pour reconnaître des traces de composés azotiques ; on voit qu'on ne peut se servir que de l'aniline commerciale. Böttcher[1] a fait remarquer que les azotites et les chlorates se comportaient souvent comme les azotates, et que cette réaction n'avait par suite qu'une valeur relative. Je ferai remarquer en passant qu'on n'obtient qu'une coloration jaune très-faible à la surface de séparation de l'acide sulfurique si lorsqu'on remplace l'aniline par de la strychnine ; la brucine, au contraire, donne une coloration caractéristique.

Les réactions suivantes de l'aniline peuvent également être mises à profit, lorsqu'on a une quantité suffisante de matière à sa disposition.

Une des plus sensibles est la suivante : on dissout l'aniline dans quelques gouttes d'acide sulfurique et on la place sur une lame de platine qui communique avec le pôle positif d'une pile de Growe ; on ferme le courant en plaçant un fil de platine dans le liquide ; la lame de platine se recouvre d'un enduit bronzé, bleu ou rose selon la quantité de toxique. La réaction de l'hypochlorite de chaux n'est sensible qu'au 1/6000 ; celle-ci l'est encore au 0,00003.

Le chlorure mercurique versé dans les solutions alcooliques d'aniline y produit un précipité blanc, cristallin au moment de sa formation ou peu de temps après.

<hr>

[1] News, *Repert. f. Pharm.*, t. XVII, p. 570.

Le chlorure d'or et celui de platine donnent des précipités cristallins colorés en rouge brun ou jaune orangé ; le précipité platinique est difficilement soluble dans l'alcool ou dans le mélange d'alcool éthéré ; le chlorure de palladium donne également un précipité jaune orangé. Celui dû à l'acide picrique est d'un jaune citrin ; soluble dans l'alcool bouillant, il se dépose à l'état cristallisé par le refroidissement (voy. § 381).

§ 250. *Quelle est l'origine de l'aniline retrouvée ?* — On devra dans un cas d'empoisonnement s'efforcer de déterminer l'état sous lequel l'aniline a été introduite dans l'économie, car les sels d'aniline sont bien moins toxiques que l'aniline elle-même. On ne doit pas oublier de plus que de petites quantités d'aniline pourraient provenir de la réduction de la nitrobenzine.

§ 251. *Pièce de conviction.* — Quelques gouttes d'aniline, obtenues par l'évaporation de la solution éthérée, sont la meilleure *pièce de conviction.*

3° COULEURS D'ANILINE.

§ 252. *Généralités.* — On emploie beaucoup de nos jours sous le nom de *couleurs d'aniline ou de goudron* des matières colorantes rouges, bleues ou violettes[1] d'un éclat très-vif que l'on obtient à l'aide de l'aniline commerciale. Les noms commerciaux de ces couleurs varient beaucoup suivant leurs nuances et leurs procédés de préparation. Les rouges d'aniline comprennent la fuchsine, la roséine, le rouge Magenta, le rouge Solférino, le rouge de Lyon ; les violets portent les noms de violine, de purpurine, de violet de Parme, de cyanine[2] ; le bleu de Mulhouse et de Lyon sont les variétés bleues.

§ 253. *Action physiologique.* — Nos connaissances sur les propriétés toxicologiques des matières colorantes les plus employées sont très-incomplètes ; elles sont nulles en ce qui a trait à celles qui ne sont que peu usitées[3].

---

[1] Le jaune (chrysaniline), l'orangé, le vert (dalléochine), le brun (Havane) et le noir d'aniline sont bien moins employés que les couleurs bleues et rouges.

[2] Une autre couleur de ce nom, mais dérivant de la quinoline, n'est plus employée puisqu'elle est très-altérable.

[3] La *coralline* seule a été bien étudiée à ce point de vue depuis qu'on avait signalé de tous côtes des empoisonnements attribués à l'usage de tissus en coton

La solution du problème est très-difficile puisque ces matières colorantes sont préparées la plupart au moyen de sels toxiques (arsenic, étain, mercure, etc.) que les lavages n'enlèvent qu'incomplétement ; il en résulte qu'un grand nombre de couleurs d'aniline renferment comme impuretés des quantités variables de composés minéraux toxiques ; d'autres couleurs sont des arséniates ; c'est ainsi que le rouge d'aniline paraît être de l'arséniate de rosaniline.

On a réussi ces dernières années à préparer des sels d'aniline complétement purs, mais leur prix de revient est assez élevé pour que leur usage ne se soit pas répandu, de sorte que les liqueurs, bonbons et confitures sont colorés souvent avec ces couleurs qui peuvent renfermer des traces de corps toxiques.

L'attention de l'expert devra toujours se porter sur la présence simultanée des sels minéraux lorsqu'il s'agit d'un empoisonnement par ces couleurs, car Sonnenkalb a démontré que les couleurs d'aniline pures étaient inoffensives. Bergmann et d'autres auteurs, il est vrai, ne partagent pas cette opinion ; ces couleurs, disent-ils, peuvent être exemptes de corps minéraux et avoir néanmoins des propriétés nuisibles que l'on peut attribuer soit à l'aniline libre, soit aux autres matières organiques qu'elles renferment.

§ 254. *Recherche de ces composés.* — L'intensité de coloration de ces matières en rend la recherche très-facile ; l'estomac, les intestins, les excréments, l'urine et la sueur sont presque toujours colorés de manière qu'il ne peut rester aucun doute. La difficulté ne commence que lorsqu'il s'agit d'isoler la couleur

colorés par elle. Un grand nombre de toxicologistes l'ont expérimentée et sont fréquemment arrivés aux résultats les plus discordants. On peut regarder aujourd'hui comme démontré que la coralline pure n'est pas toxique, mais qu'elle renferme souvent des composés très-toxiques qui ne lui ont pas été enlevés par des lavages suffisants au moment de sa préparation. La *lydine*, matière colorante que l'on retire de l'acide phénique paraît au contraire toxique. (Voy. Guyot, *Compt. rend.*, t. LXIX, p. 528 et 1585, et t. LXX, p. 151 et 877.) On consultera pour ce qui a rapport à la coralline, les travaux suivants : Tardieu et Roussin, *Compt. rend.*, t. LXVIII, p. 240, et *Journal de Ch. méd.*, 1869, p. 169. Landrin, *Compt. rend.*, t. LXVIII, p. 1536. Chevreuil, *Journ. de Ph. et de Ch.*, t. X, p. 152. Guyot, *Journ. de Chim. méd.*, 1869, p. 465.

[La coralline rouge appelée aussi péonine s'obtient par l'action de l'ammoniaque sur l'acide rosolique ou coralline jaune (Persoz) ; ces deux corps dérivent de l'acide phénique.]

à l'état de pureté. Toutes ces couleurs sont solubles dans l'alcool; mais ce dernier peut encore dissoudre d'autres corps que l'eau n'a pas enlevé au résidu de l'évaporation[1].

Un grand nombre de ces couleurs adhèrent de plus tellement aux tissus de l'économie que l'alcool bouillant seul ne réussit pas à s'en emparer.

Je me suis assuré par un grand nombre d'essais que la digestion avec de l'eau aiguisée d'acide sulfurique, faite comme je l'indiquerai en parlant des alcaloïdes, enlève aux tissus et aux organes la plus grande partie de ces couleurs[2]. Les dissolvants à leur tour peuvent enlever un certain nombre de couleurs à cette solution acide ou à cette solution alcalinisée au préalable par l'ammoniaque. Je renvoie aux § 287, 308, 309 et 310 pour tout ce qui concerne le procédé opératoire et me contente de consigner mes résultats dans trois tableaux. (Voy. pages 238 à 243.)

Le premier indique la manière dont les dissolvants se comportent avec la solution sulfurique; le second résume leur action sur cette même solution ammoniacalisée. J'ai réuni dans le troisième les réactions que présentent ces diverses couleurs avec les principaux réactifs employés dans l'étude des alcaloïdes. J'ai cru devoir compléter ces tableaux en y comprenant les acides picrique, chrysammique et stiphnique qu'on pourrait confondre avec les couleurs jaunes d'aniline.

L'important est de démontrer que la matière colorante que l'on a isolée, possède ou ne possède pas des propriétés toxiques ; on peut pour cela instituer des expériences physiologiques sur des animaux, mais en se rappelant qu'il n'est pas toujours permis de conclure de l'animal à l'homme. L'analyse spectrale du composé que l'on a isolé et des matières colorantes du commerce fournit souvent de précieuses indications.

4°) *Nitroglycérine.*

§ 255. *Généralités.* — La nitroglycérine est fréquemment employée de nos jours comme matière explosible (huile de Nobell ;

---

[1] Le violet de Perkin et une modification du bleu d'aniline sont seuls solubles dans l'eau ; les autres couleurs rouges, violettes ou bleues sont insolubles.

[2] *Beiträge zur gericht. Chemie.* Saint-Pétersbourg. 1872.

on nomme dynamite un mélange de sable et de nitroglycérine, etc.); les médecins homœopathiques l'ont expérimentée
sous le nom de glonoïne. Ce composé peut être envisagé au
point de vue théorique comme de la glycérine dans laquelle
3 atomes d'hydrogène ont été remplacés par 3 radicaux d'azotyle.

§ 256. *Action toxicologique.* — Pelikan, Demone, Onsum, Albers et d'autres expérimentateurs admettent que ce produit est
toxique; Eulenberg n'attribue cette propriété qu'aux impuretés
qui souillent les produits commerciaux; le composé pur serait
inoffensif. Werber[1] a récemment affirmé de nouveau la toxicité
de ce corps, mais il dit qu'elle diminue par le temps[2]. Husemann[3] a observé une tentative d'empoisonnement sur l'homme.

§ 257. *Recherche de la nitroglycérine.* — Elle se fait en se basant sur sa solubilité dans l'alcool concentré; on ajoute assez
d'alcool absolu aux matières organiques pour que le liquide
marque environ 95°. Les bases et les corps réducteurs doivent
être éloignés, car la nitroglycérine se réduit très-facilement sous
leur influence en glycérine. On acidule faiblement avec de l'acide
sulfurique; on laisse digérer le mélange à 40 ou 50° pendant
vingt-quatre heures, on filtre et on distille les 5/6 du liquide alcoolique au bain-marie. Le résidu est traité par de l'éther qui
dissout la nitroglycérine et l'abandonne par l'évaporation spontanée sous forme d'une huile incolore ou jaunâtre; on pourrait
dans certains cas épuiser de suite les masses par l'éther. Husemann et Nystrom se sont servi de ce dernier dissolvant pour retirer la nitroglycérine des organes. Nystrom recommande cependant, lorsqu'il y a trop de corps gras, de substituer à l'éther
l'alcool méthylique; l'eau reprécipite de même la nitroglycérine
de cette solution. Werber a employé le chloroforme, mais ce liquide dissout également une quantité trop forte de corps gras.

§ 258. *Caractères chimiques.* — Une goutte de nitroglycérine

---

[1] *Deutsche Klinik*, 1866, 49.

[2] [Comme la nitroglycérine se décompose assez facilement et donne naissance à
des produits cyanés, on pourrait admettre que ce sont ces derniers qui communiquent au produit leurs propriétés vénéneuses.]

[3] *Deutsche Klinik*, 1867, n° 18 et n° 9. Voy. aussi Nystrom dans *Upsala Lakercfo-
renning Forhandl.*, t. II, p. 232. Husemann a résumé tout ce qu'on savait sur ce
corps en 1868 dans son ouvrage intitulé *Jahrbuch f. Medizin.*

NOM DE LA COULEUR.	COULEUR DE LA SOLUTION SULFURIQUE.	PÉTROLE.	BENZINE.
Rouge d'aniline.	Rouge (teintes fausses.)	N'enlève rien.	Dissout des impuretés.
Violet d'aniline.	Peu colorée, car le composé est peu soluble.	Id.	Id.
Nouveau violet d'aniline.	Une petite quantité se dissout en violet.	Id.	Traces.
Bleu d'aniline insoluble.	Rien ne se dissout.	Id.	Traces, qui se colorent au contact de l'air et laissent un résidu bleu.
Bleu soluble.	Bleue.	Id.	Id. le résidu est vert bleuâtre.
Jaune d'aniline.	Jaune clair.	Couleur jaune clair; par l'évaporation il se dépose des cristaux jaunes.	Se comporte comme le pétrole.
Acide picrique	Id.	Solution incolore; mais le résidu de l'évaporation est jaune.	Id.
Acide styphnique.	Id.	Solution incolore; mais encore moins soluble.	Id.
Acide chrysammique.	Jaune; la solution neutre est rouge.	Rien.	Solution jaune; la benzine se colore en rouge par la potasse.
Orangé d'aniline.	Jaune clair, flocons verts.	Ne dissout que des impuretés.	Solution jaune; résidu jaune brunâtre.
Brun havane.	Brun foncé.	Id.	Solution jaune bleuâtre; résidu brun amorphe.
Vésuvine.	Brun.	Id.	Solution jaune résidu brun amorphe.
Coralline.	Jaune ne se dissout que faiblement.	Id.	Dissout des impuretés.

ÉTHER.	CHLOROFORME.	ALCOOL AMYLIQUE.
races; dissout des solutions incolores; résidu de l'évaporation rougit.	Agit comme l'éther.	Solution rouge, résidu chatoyant.
Couleur lilas; résidu violet très-faible.	Se colore peu; résidu insignifiant.	Couleur violette; dissout la matière tenue en suspension; résidu chatoyant.
Traces.	Comme la benzine.	Id.
ssout beaucoup; solution très-colorée; la partie insoluble est jaune pure.	Comme l'éther.	Comme l'éther mais en dissout plus.
Traces.	Traces.	Id.
comporte comme le pétrole, mais en dissout davantage.	Se comporte comme le pétrole, mais en dissout davantage.	Se comporte comme le pétrole, mais en dissout davantage.
Solution jaune et résidu jaune.	Comme le pétrole.	Comme l'éther, mais en dissout plus.
?	Id.	Solution jaune se faisant plus rapidement que la précédente.
?	Comme la benzine.	Comme la benzine, mais plus soluble.
omme pour la benzine, mais plus soluble.	Id.	Solution jaune verdâtre, résidu brun.
en dissout que des traces.	N'en dissout que des traces.	Solution d'un rouge brun très-foncé; résidu brun amorphe.
Id.	Id.	Id.
lution abondante, résidu orangé.	Solution jaune ou brun foncé.	Comme l'éther et le chloroforme.

NOMS DES COULEURS.	COULEUR DE LA SOLUTION.	PÉTROLE.	BENZINE.
Rouge d'aniline.	Presque incolore.	Devient fluorescente mais ne dissout que des traces d'impuretés.	Solution jaune foncée fluorescente ; résidu rouge.
Violet d'aniline.	Id.	Id.	Id. mais résidu violet.
Nouveau violet d'aniline.	Id.	Ne dissout rien.	Ne dissout rien.
Bleu d'aniline insoluble.	Teinte fausse.	Solution rouge brunâtre le résidu est bleu.	Se comporte comme le pétrole.
Bleu soluble.	Rougeâtre.	Ne dissout rien.	N'enlève que des traces.
Jaune d'aniline.	Brun foncé.	Solution jaune au premier moment qui se décolore en abandonnant la matière dissoute.	Id.
Orangé d'aniline.	Brun.	Rien.	Id.
Brun havane.	Brun clair (teinte fausse).	Fluorescence verdâtre, résidu brun.	Comme le pétrole.
Vésuvine.	Brun clair.	Solution jaune, résidu brun.	Solution orangée, résidu brun.
Coralline.	Pourpre magnifique.	Ne dissout que des impuretés.	Ne dissout que des impuretés.

ÉTHER.	CHLOROFORME.	ALCOOL AMYLIQUE.
Solution bleue ; le résidu est rouge.	Solution bleue ; le résidu est rouge.	Solution rouge foncé, résidu bleu rougeâtre.
Solution bleuâtre, résidu violet.	Solution bleu violette, résidu violet.	Solution rouge violet foncé, résidu violet.
Ne dissout que des traces.	Ne dissout que des traces.	Comme pour la solution acide, mais il s'en dissout moins.
Se comporte comme le pétrole.	Se comporte comme le pétrole.	Meilleur dissolvant que le pétrole.
N'enlève que des traces.	N'enlève que des traces.	Solution jaunâtre, résidu bleu.
Solution jaune ; mais n'en dissout que peu.	Comme la benzine.	Solution et résidu jaune ; il s'en dissout moins que dans la solution acide.
Id.	Id.	Dissolvant moins énergique que pour les solutions acides.
Dissout moins que la benzine.	Dissout moins que la benzine.	Brun foncé fluorescent ; résidu brun.
Solution jaune, mais dissout moins que la benzine.	Solution jaune, mais dissout moins que la benzine.	Solution d'un brun foncé ; résidu brun.
Jaune pâle ; le résidu rouge brun devient pourpre par l'ammoniaque.	Il s'en dissout moins que dans la solution acide.	Solution framboisée ; résidu semblable à celui laissé par l'éther.

NOMS DES COULEURS.	ACIDE SULFURIQUE CONCENTRÉ.	ACIDE AZOTIQUE.	AMMONIAQUE CAUSTIQUE.
Rouge.	Solution jaune.	Solution verte puis brune; redevenant rouge par l'eau.	Solution rouge violet qui se décolore rapidement.
Violet.	Solution jaune foncé, puis brune.	Solution brune, qui vire au vert émeraude, l'eau fait virer au rouge brun.	Solution violette se décolorant presque complétement.
Nouveau violet.	Solution rouge de sang.	Solution d'un bleu foncé.	Solution violette ne devenant pas incolore.
Bleu insoluble.	Solution rouge de sang ou brune.	Solution bleue.	Solution incolore.
Bleu soluble.	Id.	Id.	Id.
Jaune.	Solution jaune.	Solution jaunâtre.	Solution orangée.
Acide picrique.	Solution rouge brunâtre.	Solution jaune.	Solution jaune.
Acide styphnique.	Solution presque incolore.	Solution incolore.	Id.
Acide chrysaminique.	Solution; mais précipité violet.	Solution vert jaunâtre.	Solution rouge.
Orangé.	Solution brune.	Solution jaune pâle.	Solution rougeâtre.
Brun havane.	Ne change pas de teinte.	Solution brune.	Solution brune; cette solution se fait difficilement.
Vésurine.	Solution brune.	Solution rouge de sang, puis brune.	Solution brune se faisant très-vite.
Coralline.	Solution jaune.	Solution jaune.	Solution pourpre.

| LA SOLUTION SULFURIQUE DONNE AVEC | | | TANNIN. | SOLUTION CHLORHYDRIQUE. | |
L'IODE.	L'IODURE DE BISMUTH ET DE POTASSIUM.	L'IODURE DE MERCURE ET DE POTASSIUM.		CHLORURE DE PLATINE.	CHLORURE D'OR.
Coloration verte.	Pas de précipité ou précipité peu abondant.	Un précipité rouge violet.	Pas de pré-cipité.	Pas de précipité.	Précipité verdâtre,
Id.	Précipité noir.	Précipité bleu.	Id.	Précipité bleu.	Précipité noirâtre.
Id.	Pas de précipité.	Pas de précipité.	Id.	Pas de précipité.	Pas de précipité.
Id.	Id.	Id.	Id.	Id.	Id.
Coloration brune.	Id.	Id.	Id.	Id.	Id.
Pas de précipité.	Id.	Trouble insignifiant.	Trouble insignifiant.	Id.	Id.
Id.	Id.	Pas de précipité.	Pas de pré-cipité.	Id.	Id.
Id.	Id.	Id.	Id.	Id.	Id.
Id.	Id.	Id.	Id.	Id.	Id.
Id.	Id.	Trouble insignifiant.	Trouble insignifiant.	Id.	Id.
Id. Coloration rouge.	Id. Solut. ammoniacale, précipité brun.	Précipité rouge brun.	Précipité brun.	Précipité brun.	Précipité brun.
Id.	Id.	Précipité brun.	Id.	Id.	Id.
Pas de précipité.	Pas de précipité.	Pas de précipité.	Trouble insignifiant.	Pas de précipité.	Pas de précipité.

détonne violemment par le choc quand on la frappe sur une enclume ; elle fait de même explosion quand on la chauffe au rouge sur une lame de platine. On peut encore la chauffer dans un tube capillaire. Lorsqu'on la traite par de l'acide sulfurique, elle colore en rouge l'aniline ou la brucine ; ce caractère lui est commun avec tous les azotates. Elle est insoluble dans l'eau et l'alcool étendu ; elle se dissout dans l'alcool marquant 95°, dans l'éther, dans les alcools méthylique et amylique ; elle possède une saveur sucrée et aromatique. L'hydrogène sulfuré la transforme à la longue et surtout à chaud en glycérine, qui reste par l'évaporation sous forme d'un sirop très-sucré, soluble dans l'alcool ; la glycérine chauffée avec du sulfate acide de potassium répand l'odeur caractéristique d'acroléine. L'ébullition avec de la potasse la décompose en glycérine et en azotate de potassium.

§ 259. *Organes à examiner.* — La nitroglycérine doit être recherchée dans le contenu du tube digestif ou les matières vomies ; souvent on pourra la retrouver à la loupe sous forme de gouttelettes huileuses incolores, que l'on peut parfois isoler mécaniquement. Elle n'est résorbée que lentement, et nous ignorons complètement la nature des transformations qu'elle subit dans l'économie. Werber a pu la retirer du contenu stomacal d'un cadavre entré déjà en putréfaction ; il l'a recherché en vain dans l'urine, dans le foie et dans le sang.

CHAPITRE IV

DÉRIVÉS ALCOOLIQUES, ESSENCES, RÉSINES, GLUCOSIDES ET CORPS GRAS

CONSIDÉRATIONS GÉNÉRALES.

§ 260. *Généralités.* — Très-souvent, au moment de l'autopsie, le contenu de l'estomac répandra une odeur tellement caractéristique, que l'on reconnaitra de suite la présence de l'alcool, des anesthésiques ou des huiles essentielles. Ce caractère est si général qu'on pourra se dispenser de rechercher ces substances lorsqu'il fait défaut.

Quelques auteurs cependant sont moins affirmatifs et pensent qu'on devra néanmoins procéder à l'analyse du sang, du cerveau et de quelques autres organes sanguins.

[Ludger Lallemand, Maurice Perrin et Duroy ont déterminé dans quelles proportions relatives les anesthésiques se fixaient au sein des divers tissus de l'économie, en prenant comme unité de comparaison la quantité connue dans le sang. Nous reproduisons les chiffres suivants :

	Alcool.	Chloroforme.	Éther.
Sang.	1,00	1,00	1,00
Cerveau..	1,34	3,92	3,25
Foie.	1,48	2,08	2,25
Tissus cellulaires et musculaires..	traces.	0,16	0,25

On voit d'après ce qui précède que l'analyse du foie et du cerveau ne devra jamais être négligée.]

Ces diverses substances ne pourront pas toujours être décelées avec une égale facilité, surtout lorsque la vie de la victime s'est prolongée quelque temps, car elles auront pu être éliminées en nature ou décomposées. On admet qu'une partie de l'alcool est éliminée en nature par la sueur, les reins et le poumon; le restant serait décomposé.

Le chloroforme et l'éther se comporteraient d'une manière identique[1]. L'analyse toxicologique n'aura quelques chances de réussite que lorsque la mort est survenue rapidement, que l'analyse a été commencée peu de temps après et que le cadavre n'a pas subi un commencement de putréfaction. Le contenu du tube digestif et le sang devront être isolés rapidement, conservés dans des flacons bien bouchés et soumis à l'examen le plus promptement possible; on peut encore soumettre à l'analyse le cerveau[2] [et le foie].

Je n'ai rien à dire de général sur la recherche des huiles essentielles; et je ne m'occuperai des autres corps qu'à un point de vue très-restreint.

ANESTHÉSIQUES.

§ 261. *Généralités*. — [On a essayé un grand nombre de substances volatiles pour produire des effets anesthésiques; je citerai l'*éther*, le *chloroforme*, la *liqueur des Hollandais*, l'*éther chlorhydrique monochloré*, l'*amylène*, le *bichlorure de méthylène* (éther de Richardson), le *perchlorure de carbone* (chlorocarbone de Simpson), l'*hydrate de chloral*, etc.

[L'éther et le chloroforme seuls sont restés dans le domaine de la thérapeutique pour provoquer l'anesthésie générale; les autres composés sont ou déjà tombés en oubli ou ne servent plus qu'à produire l'insensibilité locale.

[L'expert devra néanmoins être familiarisé avec leurs carac-

---

[1] L'urine des individus narcotisés par le chloroforme renferme un corps qui réduit le tartrate cupro-potassique, mais ne possède pas les autres caractères de la glucose.

[2] Je ne parle ici que des empoisonnements alcooliques où la mort est survenue soit à la suite de l'ingestion de quantités immodérées de liqueurs spiritueuses, soit à la suite de l'ingestion d'un alcool assez concentré pour coaguler les tissus albuminoïdes.

tères, puisqu'ils ont été ingérés parfois d'une manière accidentelle.]

La recherche de tous les composés volatils se fait d'une manière identique ; on distille et l'on sépare ainsi la substance volatile des composés albuminoïdes et autres qui les retiennent
souvent avec beaucoup d'énergie. La distillation doit par suite
être prolongée pendant un temps assez long et il est bon, même
utile de faire passer un courant d'air dans le liquide soumis à
l'action de la chaleur ou de distiller dans le vide.

Le liquide distillé obtenu avec tous les corps précédents présentera une odeur caractéristique ; il doit être neutre au papier
de tournesol, mais cette réaction peut être modifiée par la présence de corps étrangers.

CHLOROFORME.

§ 262. *Action physiologique*. — [D'après Tardieu, le chimiste
n'aura guère à s'occuper que de l'intoxication due à l'action du
chloroforme liquide pris à l'intérieur ; cette opinion est trop absolue, car souvent la justice demande à être éclairée sur la possibilité d'une narcose déterminée par l'exhalation des vapeurs
de ce corps.

[La quantité de chloroforme ingérée nécessaire pour déterminer la mort ou des accidents est des plus variables ; 4 grammes
ont suffi dans un cas, d'autres fois 60 à 120 grammes n'ont provoqué que des accidents passagers (Taylor). On a retrouvé à
l'autopsie des animaux empoisonnés par le chloroforme une irritation de l'estomac et de l'œsophage, assez vive pour amener
l'inflammation des muqueuses ; les poumons sont fortement con-
gestionnés, les pupilles sont dilatées et tous les tissus ont l'o-
deur caractéristique du chloroforme. La putréfaction des cadavres est retardée et la rigidité cadavérique persiste au delà des
limites ordinaires (Tardieu) ; j'ai pu retrouver du chloroforme
dans le cadavre d'un lapin tué 10 jours auparavant par l'inhalation de ces vapeurs.]

Caractères chimiques. — Le chloroforme est un liquide blanc,
incolorein, soluble dans l'eau, mais soluble dans l'eau et l'éther ;

son odeur est caractéristique, sa saveur est un peu sucrée ; sa densité est de 1,5 ; il bout à + 62° (61°,8) et brûle difficilement avec une flamme bordée de vert. Sa vapeur aqueuse est décomposée par la chaux vive portée au rouge ; le chlore se transforme tout entier en chlorure de calcium et peut être caractérisé dans la solution azotique par l'azotate d'argent[1]. Cette réaction a été mise à profit par Schmiedeberg[2] pour la recherche du chloroforme dans le sang.

[Les vapeurs de ce corps se décomposent également lorsqu'on les fait passer à travers un tube de porcelaine chauffé au rouge. Lallemand, Perrin et Duroy[3] se sont servis de cette réaction pour la recherche toxicologique ; leur procédé m'a rendu de très-bons services ; il est plus expéditif et aussi sensible que celui de Schmiedeberg. Le chloroforme n'est pas modifié par une solution aqueuse de potasse ; une solution alcoolique bouillante le transforme rapidement en formiate et en chlorure alcalin ; ces deux sels précipitent les sels d'argent et ce dernier le réduit, ce que ne doit pas faire le chloroforme pur.]

Le chloroforme chauffé avec une solution alcoolique de soude et quelques gouttes d'aniline se transforme en *isonitrile ;* cette substance a une odeur tellement caractéristique qu'on la reconnaît toujours quand même on ne l'a perçue qu'une seule fois. Cette réaction est des plus sensibles, mais elle se produit également avec le bromoforme, l'iodoforme et le chloral.

[*Recherche toxicologique.* — Le contenu de l'estomac sera introduit dans un appareil distillatoire et chauffé au bain-marie à la température de 100° ; les vapeurs se condenseront dans un réfrigérant de Liebig et dans un ballon placé dans un mélange réfrigérant. On obtiendra de cette manière quelques gouttes de liquide rendues laiteuses par la présence du chloroforme ; l'odeur seule n'est pas caractéristique ; on fractionne le produit et on le traite par la solution alcoolique de potasse, par l'aniline et la so-

---

[1] La chaux doit être très-pure ; celle obtenue par la calcination du marbre ne vaut pas celle que l'on prépare par la décomposition de l'azotate de calcium très-pur.

[2] *Arch. f. Heilk.*, t. VIII.

[3] Voy. Du rôle de l'alcool et des anesthésiques dans l'économie: *Rech. expériment.* Paris, 1860.

lution alcoolique de soude ; on peut encore y ajouter une parcelle d'iode qui se dissoudra avec la couleur pourpre caractéristique. J'ai réussi par ce procédé à déceler la présence de ce corps dans le contenu stomacal d'un lapin auquel j'avais injecté 4 grammes de chloroforme à l'aide d'une sonde et qui fut sacrifié deux heures après ; l'animal n'avait vomi que très-peu.

[Lorsqu'il s'agit de rechercher le chloroforme dans le sang ou dans les tissus, on ne peut espérer l'isoler par le procédé distillatoire sous forme de gouttelettes. On suit alors une voie détournée. On chauffe les liqueurs organiques et l'on y fait passer un courant d'air qui entraîne les vapeurs de chloroforme ; ces dernières se décomposent en passant sur de la porcelaine ou de la chaux vive chauffées en produisant de l'acide chlorhydrique dont il est facile de constater la présence ; mais tous les autres anesthésiques chlorés présentent le même caractère ; on n'arrive donc pas comme dans le cas précédent à une certitude absolue.

[L'appareil de Lallemand et Perrin se compose d'un fourneau allongé traversé par un tube en porcelaine rempli de fragments de ce corps lavés et calcinés préalablement. Ce tube communique d'une part avec un tube de Liebig renfermant une solution d'azotate d'argent et de l'autre avec une cornue ; cette cornue est chauffée au bain-marie et l'on y fait passer un courant d'air à l'aide d'un soufflet. L'appareil primitivement employé par Cailliot est un peu plus compliqué, mais il présente de grands avantages au point de vue pratique. Ce chimiste interpose entre le tube de porcelaine et le flacon où se trouve le sang, un second flacon et un second tube rempli d'azotate d'argent. On est sûr de cette manière que la mousse qui se forme parfois n'entravera pas l'opération et que les produits que l'air enlève du sang ne précipitent l'azotate d'argent que lorsqu'ils ont été décomposés par la chaleur.

[Le procédé de Schmiedeberg n'est qu'une variante des deux procédés précédents ; le chloroforme au lieu d'être décomposé par la chaleur seule l'est par de la chaux ; la décomposition n'est pas plus complète et l'on complique l'analyse de la présence d'un corps qu'il est souvent difficile de se procurer tout à fait exempt de chlore.]

Le liquide est introduit dans un ballon ayant une capacité cinq fois plus grande que lui, car le sang a une forte tendance à mousser; ce ballon communique avec un second ballon de 150 à 200 cent. cubes de capacité, qui est toujours porté à la température de 65 à 70° pour que les vapeurs de chloroforme ne s'y condensent pas. Le premier ballon est traversé par un courant d'air (produit à l'aide d'un gazomètre) qui surtout à chaud entraîne les vapeurs de chloroforme, d'abord dans le récipient, puis dans un tube en argent de 16 à 18 centimètres de long et de 4 millimètres d'épaisseur. Ce tube métallique s'engage dans un tube en verre de Bohême de 24 à 26 cent. de longueur et de 10 à 12 millimètres de diamètre; à 6 cent. de l'une des extrémités de ce tube se trouve un peu d'amianthe; on y introduit de petits fragments de chaux vive pure en ayant soin que l'ouverture du tube d'argent en soit légèrement recouverte; le tube à combustion est étiré ou fermé par un bouchon traversé par un tube effilé. On le chauffe fortement, puis on fait passer le courant d'air à travers le liquide à examiner; on peut, vers la fin de l'opération, chauffer un peu ce ballon. La chaux neutralisée par de l'acide azotique pur est précipitée par de l'azotate d'argent; on peut peser le chlorure d'argent qui s'est formé et en déduire la quantité de chloroforme sachant que 143,5 de chlorure d'argent correspondent à 355,5 de chloroforme.

[§ 262 bis. *Chloral.* — On a employé fréquemment dans ces derniers temps l'hydrate de chloral, dans le but de produire des effets calmants. L'introduction de ce corps en médecine a été basée sur la propriété suivante; le chloral sous l'influence des alcalis faibles se transforme en formiate et en chloroforme; le sang serait, dit-on, assez alcalin pour que cette réaction se produisit dans l'économie. Ce fait est controversé.]

Le toxicologiste devra cependant se demander si le chloroforme qu'il a retiré du sang ne provient pas du chloral qui s'est modifié dans l'économie vivante ou pendant les procédés d'extraction. Les considérations théoriques m'avaient porté à ne pas admettre cette modification, mais Almen[1] a institué des expé-

---

[1] *Upsala Lokarefa. Torhand.* 1871.

riences récentes qui ne laissent plus aucun doute. L'alcalinité et la température du sang ne sont jamais assez fortes pour que cette transformation puisse avoir lieu dans l'économie[1]; de plus il ne se produira pas de chloroforme tant que la distillation des matières organiques se fait en présence d'une petite quantité d'acide sulfurique ; cette production ne serait possible que si l'on distillait des liquides neutralisés par de la soude.

[D'après cela, il ne faudrait rechercher ce composé dans le contenu de l'estomac qu'après l'avoir accidulé ; je me suis assuré que le chloral introduit dans le sang était également entraîné par le courant d'air et décomposé par la chaleur en acide chlorhydrique. On voit que cette partie de la toxicologie nécessite de nouvelles recherches, car nous ne possédons aucun moyen d'isoler et de caractériser facilement de petites quantités de ce corps.

[§ 263. *Éther chlorhydrique monochloré, liqueur des Hollandais.* — Je ne veux parler de ces corps qui ne sont plus guères employés, que pour indiquer les caractères qui peuvent servir à les distinguer du chloroforme. La distinction est facile à établir lorsqu'on en possède des quantités un peu notables.

[Le chlorure d'éthylidène bout entre 60° et 62° ; il est insoluble dans l'eau mais soluble en toutes proportions dans l'alcool et l'éther ; il est plus dense que l'eau, $d = 1,189$. Ce corps est d'après Beilstein, identique avec l'éther chlorhydrique monochloré ; sa saveur est douce et sucrée et rappelle celle du chloroforme ou de la liqueur des Hollandais ; la solution alcoolique de potasse l'attaque à peine, même à chaud ; il ne donne pas avec l'aniline la réaction si caractéristique de l'isonitrile. Ces deux caractères le distinguent nettement du chloroforme et de la liqueur des Hollandais.

[A l'éther chlorhydrique monochloré pur, on a substitué pendant quelque temps les produits de la réaction du chlore sur l'éther chlorhydrique qui n'entre en ébullition qu'à une température plus élevée ; ce sont des éthers chlorhydriques tri ou quatrichlorés. Les produits rectifiés à la température de 110 à

---

[1] [Personne vient de démontrer le contraire.]

130° servent à la préparation de l'*éther anesthésique d'Aran*. Ce dernier entre en ébullition vers + 110°.

[Le *bichlorure d'éthylène ou liqueur des Hollandais* est un corps huileux, insoluble dans l'eau, mais soluble en toute proportion dans l'alcool et dans l'éther. Il est inflammable, brûle avec une flamme bordée de vert et entre en ébullition à + 82°,5 (Regnault). Il a une odeur qui rappelle celle du chloroforme. La solution alcoolique de potasse le transforme en chlorure de potassium et en éthylène chloré ; il ne donne pas la réaction de l'isonitrile.

[Le point d'ébullition des autres anesthésiques est moins élevé, l'*amylène* bout à + 35° et le *bichlorure de méthylène* entre également en ébullition à cette température. Ces divers composés chlorés sont décomposés par la chaleur seule ou par la chaux ; les procédés d'extraction du chloroforme du sang donneront par suite les mêmes résultats avec ces substances.

[J'ai réussi à distinguer et à reconnaître l'un de ces corps dont je ne possédais que quelques gouttes à l'aide du procédé empirique suivant. J'avais remarqué que la coloration que donne l'iode à ces liquides était des plus différentes ; je me suis préparé alors une certaine quantité de solutions typiques très-affaiblies et j'ai dissous une parcelle microscopique d'iode dans les gouttes du liquide à examiner ; l'odeur du composé jointe à ce caractère de coloration me permit de conclure à la présence de l'éther monochlorhydrique chloré ; cette conclusion fut vérifiée lorsqu'on retrouva plus tard le pharmacien qui avait vendu le produit.]

§ 263 *bis*, *Éther*. — L'éther ou oxyde d'éthyle est un liquide très-mobile et transparent, il est incolore et possède une odeur caractéristique ; on n'a pas encore réussi à préparer de l'éther absolu. L'éther du commerce se solidifie à — 31° ; sa densité à + 20° est de 0,7155 ; il entre en ébullition à + 35°,66 ; la densité de sa vapeur est de 2,58 ; elle forme avec l'air un mélange explosif.

L'eau et l'éther se dissolvent mutuellement ; 9 d'eau dissolvent 1 d'éther et 1 d'éther dissout 1/36 d'eau. Il est miscible en toute proportion dans l'eau et n'a guère de réaction caractéristique.

Je joins l'étude de sa recherche toxicologique à celle de l'alcool.

ALCOOLS ET LEURS DÉRIVÉS.

1) ALCOOL ÉTHYLIQUE.

§ 264. *Recherche toxicologique.* — Nous ne possédons pas de réactions bien nettes et bien sensibles pour caractériser l'*alcool* et l'*éther*.

On a proposé de traiter l'alcool par un mélange de bichromate de potassium et d'acide sulfurique; on obtient, en chauffant, une coloration verte, qui se produit encore avec de l'alcool très-étendu ; mais cette réaction étant commune à un grand nombre d'autres corps réducteurs, ne peut suffire à elle seule à caractériser l'alcool; elle n'est de quelque valeur que lorsqu'on a perçu en même temps une odeur alcoolique très-nette et que l'on réussit plus tard à transformer le corps que l'on a isolé en acide acétique ou en aldéhyde.

La combustibilité du liquide appartient également à un trop grand nombre de corps; l'alcool brûle avec une flamme peu éclairante, mais qui ne dépose pas de noir de fumée; l'éther, au contraire, brûle avec une flamme plus éclairante et un peu fuligineuse.

Taylor, se basant sur la réaction du chromate, a proposé de rechercher l'alcool par le procédé suivant : il fait passer les vapeurs du liquide distillé dans un tube de verre qui renferme, à l'un des bouts, un tampon d'amianthe imprégné d'un mélange de bichromate et d'acide sulfurique. Les vapeurs d'alcool réduisent le mélange en sel de chrome *vert* et prennent une odeur d'aldéhyde. L'hydrogène sulfuré réduirait de même le chromate; pour s'assurer que cette réduction n'est pas due à ce corps, on isole quelques gouttes du liquide qui n'a pas subi le contact du mélange de chromate et on les essaye par le papier imprégné de nitro-prussiate.

On a également proposé d'exposer sous une cloche, en présence de la mousse ou du noir de platine, une partie du liquide que l'on a distillé (§ 261) ; l'alcool se transformera de cette manière en aldéhyde et en acide acétique. Cette réaction est surtout très-utile, lorsqu'on veut s'assurer qu'une huile essentielle renferme de l'alcool.

Buckheim [1] a basé sur ce caractère son procédé de recherche de l'alcool dans le sang et dans les tissus ; il introduit les parties finiment divisées dans une cornue en y ajoutant une quantité suffisante de solution étendue de potasse, pour en neutraliser l'acidité ; la cornue est chauffée au bain-marie ou au bain de chlorure de calcium, mais elle est disposée de manière que son col soit presque horizontal ; on le coupe à un endroit qui permette d'y placer une nacelle renfermant du noir de platine ; un papier bleu est attaché à chaque bout de la nacelle, et le système est introduit aussi avant que possible dans le col de la cornue ; si le liquide renferme de l'alcool, le papier du côté de la cornue restera bleu, et celui qui se trouve à la suite du noir de platine sera rougi, par l'action de l'acide acétique qui s'est produit par l'oxydation de l'alcool.

On réussit parfois, dans cet essai, à isoler quelques gouttes d'un liquide acétique ; on les neutralise avec de la potasse, on les évapore avec un peu d'acide arsénieux et l'on perçoit par la calcination une forte odeur de cacodyle. (Voy. *Arsenic*, § 44.)

Les réactions de chromate et du noir de platine se produiraient également avec de l'éther et n'ont ainsi qu'une valeur relative.

Lieben a fait connaître récemment une autre réaction de l'alcool, qui est des plus sensibles [2]. Un liquide distillé qui ne renferme que des traces de ce composé laisse déposer, après quelque temps, un précipité jaune cristallin, lorsqu'on le traite par un peu de potasse et une quantité suffisante d'iode pour communiquer au liquide une teinte jaune brunâtre. Le précipité, examiné au microscope, se compose de lamelles hexagonales ; c'est de l'iodoforme. Cette réaction ne peut guère servir au toxicologiste, car elle réussit avec un grand nombre d'autres corps que l'alcool ; elle ne se produit pas avec de l'éther pur,

<hr>

[1] *Ch. Cbl.*, 1854, p. 428. Straush. Dorpat, 1852. *De demonst. spirit. vini in corpus ingesti.*
[2] *Annal. der Chem. u. Pharm. suppl.*, t. VII, p. 248.

mais est tellement sensible qu'elle se manifeste avec l'éther commercial qui renferme toujours des traces d'alcool. Lieben fait du reste remarquer lui-même que les produits de distillation de l'urine donnent également naissance à de l'iodoforme. Je n'ai pas obtenu ce corps avec les produits de la distillation du sang normal, mais bien avec ceux que j'avais retirés du sang d'un individu qui, peu de temps avant sa mort, avait ingéré des substances spiritueuses.

[Le procédé suivant, qui est plus expéditif, peut servir dans le plus grand nombre de cas ; je l'ai vu réussir très-souvent dans un grand nombre de recherches toxicologiques. Les matières suspectes neutralisées sont soumises à la distillation ; on rectifie le produit distillé sur du carbonate de potassium sec ; la cornue est placée dans un bain de chlorure de calcium, et on refroidit fortement le ballon. On promène, au bout d'une heure de distillation, 2 ou 3 centimètres cubes d'acide sulfurique concentré sur les parois du ballon, et l'on y ajoute 1 à 3 gouttes d'acide butyrique ; il se produit immédiatement une odeur de fraise due à la formation du butyrate d'éthyle ; cette odeur se développe d'une manière plus nette, lorsqu'on ajoute, au bout de quelque temps, 4 à 6 centimètres cubes d'eau.]

§ 265. *Pièce de conviction.* — On pourrait soumettre le liquide distillé à une rectification sur du chlorure de calcium pour chercher à isoler de l'alcool ou de l'éther en nature ; on ne réussit à produire cette pièce de conviction que lorsque les liquides renferment une notable quantité de toxique.

§ 266. *Caractères chimiques de l'alcool.* — *L'alcool* est un liquide incolore dont l'odeur et la saveur sont connues ; il ne se solidifie pas par les plus grands froids mais devient seulement visqueux ; il est miscible en toutes proportions avec l'eau, mais le mélange subit une contraction. Il dissout un grand nombre de corps. Sa densité quand il est absolu est de 0,791 à + 20° ; il bout à + 78°,41 ; la densité de sa vapeur est 1,613 ; nous avons vu comment il se comporte avec la mousse de platine et le bichromate de potassium acidulé.

L'alcool s'enflamme quand on le verse gouttes à gouttes sur de l'acide chromique solide ; il se forme en même temps de l'oxyde vert. La solution aqueuse d'alcool chauffée avec de l'hypochlorite de chaux se transforme en chloroforme. L'action de l'acide sulfurique concentré varie suivant sa proportion et la température; on obtient de l'éther (9 d'acide pour 5 d'alcool) ou du gaz hydrogène bicarboné (4 d'acide pour 1 d'alcool). L'acide hyperosmique est réduit par l'alcool. Le potassium et le sodium s'y dissolvent avec dégagement d'hydrogène; il se forme au début un sel cristallin blanc, qui ne tarde pas à brunir. La potasse et le sulfure de carbone dissous dans l'alcool se transforment en sulfocarbonate cristallisé.

§ 267. *Dosage de l'alcool et de l'éther.* — Il est très-difficile, pour ne pas dire impossible, de déterminer la quantité de ces deux corps, qui sont très-volatils et difficiles à obtenir à l'état de pureté; on pourrait tout au plus déterminer la densité du liquide distillé et en conclure la richesse alcoolique ou éthérée à l'aide des tables de Gay-Lussac.

§ 268. *Provenance de l'alcool retiré de l'économie.* — L'examen des parois intestinales et gastriques, des muqueuses de l'œsophage, pourra seul décider si l'alcool a été ingéré dans un état assez concentré pour produire la mort; on voit quelquefois se produire dans ces cas des phénomènes de coagulation et de froncement de l'épithélium qui sont dus à l'action de l'alcool fort.

On peut se demander si l'alcool retrouvé en petite quantité dans les liquides de l'économie, y a pris naissance par suite d'une fermentation alcoolique des corps sucrés; le fait serait très-possible, quand il s'agit de restants d'aliments et de matières vomies. La démonstration rigoureuse que cette fermentation a eu lieu peut devenir cependant très-difficile; car il faudrait constater le dégagement simultané d'acide carbonique et la présence de quelques globules de levûre alcoolique.

Mais, comme on sait d'autre part que gaz et globules peuvent encore se produire dans d'autres circonstances, on voit qu'il n'est encore nullement démontré que l'alcool puisse se former, dans l'économie, dans les circonstances normales ou pendant la putréfaction.

§ 269. *Éther acétique et sulfure de carbone.* — En distillant les liquides suspects, on obtient encore d'autres corps volatils, comme la *benzine*, le *pétrole*, l'*éther acétique*, le *sulfure de carbone*, l'*alcool méthylique*, l'*éther azotique, chlorhydrique*, etc. Je ne veux parler ici que de l'éther acétique et du sulfure de carbone.

L'*éther acétique* est incolore, neutre et très-fluide; il a une odeur agréable de fruits; sa densité est de 0,90; il bout à + 74°. Chauffé en vases clos pendant quelques heures avec de la baryte, il se transforme en alcool et en acétate de baryum; ce sel, desséché et chauffé avec de l'acide arsénieux, donne l'odeur de cacodyle. L'éther acétique est soluble dans environ 10 fois son volume d'eau et se dissout en toutes proportions dans l'alcool.

Le *sulfure de carbone* est un liquide incolore, très-réfringent, d'une odeur désagréable et un peu sucrée de raifort. Il se décompose lentement à la lumière; le soufre qui est ainsi mis en liberté se dissout dans l'excès de liquide. Il est insoluble dans l'eau, mais soluble en toutes proportions dans l'alcool. Sa densité est de 1,293; il bout à + 47°. La solution alcoolique d'acétate de plomb se colore en noir par le sulfure de carbone; les solutions éthérées de triétylphosphine donnent naissance à un précipité rouge cristallin : cette dernière réaction a été mise à profit pour rechercher la présence de vapeurs de sulfure de carbone dans l'atmosphère des fabriques de caoutchouc. L'eau le décompose, à la température de 140 à 160°, en acide carbonique et en hydrogène sulfuré. Le sulfure de carbone brûle avec une flamme bleue en produisant de l'acide sulfureux et de l'acide carbonique.

On peut mettre à profit les caractères que nous venons d'indiquer pour constater que le liquide distillé renferme l'un de ces corps.

L'odeur caractéristique indiquera toujours si cette recherche est nécessaire.

§ 270. *Corps étrangers dissous dans l'alcool.* — Lorsqu'on a constaté la présence de l'alcool dans un cas d'empoisonnement, il faut encore rechercher si cet alcool n'était pas mélangé de corps étrangers, qui souvent ont une action plus fâcheuse que lui.

L'origine de ces corps étrangers est très-variable. Il y en a qui proviennent d'une rectification incomplète des liquides fermentés obtenus avec le blé, la pomme de terre, le riz, les betteraves, etc.; d'autres ont été ajoutés dans un but frauduleux; de ce nombre est l'alcool méthylique qui est moins coûteux que l'alcool de vin. On a souvent coutume d'ajouter à l'alcool des substances qui lui donnent de l'arome, et qui masquent en même temps l'odeur désagréable des alcools de mauvais goût; ceci est surtout le cas pour les liqueurs qui tiennent en dissolution les huiles essentielles d'absinthe, d'anisette, de menthe, etc. Les liqueurs sont parfois colorées par des matières colorantes (bois de Campêche pour le curaçao, etc.); dans ces derniers temps on a même constaté la présence de la myrrhe, de l'aloès, de l'agaric blanc dans certaines eaux-de-vie suspectes. L'expert devra se rappeler également qu'un certain nombre de médicaments tant organiques qu'inorganiques sont administrés sous forme de teintures alcooliques; c'est la forme ordinaire sous laquelle on administre l'iode, le phosphore, parfois le chlorure ferrique et le sublimé corrosif (liqueur de van Swieten). Nous verrons successivement comment on peut reconnaître tous ces corps et nous ne nous occuperons ici que de la recherche de l'alcool amylique.

2) ALCOOL AMYLIQUE

[§ 271. Les eaux-de-vie de marc, de grains, de pommes de terre et de betteraves renferment lorsqu'elles n'ont pas été rectifiées d'une manière convenable une certaine quantité d'alcools homologues de l'alcool éthylique. On en a retiré dés alcools propylique butylique (Würtz), amylique (Balard) et caproïque, en quantité très-variable. Le point d'ébullition de tous ces corps est plus élevé que celui de l'alcool éthylique; il varie entre + 100 et + 150°.

[L'action sur l'économie de l'alcool amylique, qui en forme le produit principal, a été étudiée par Cros; de petites quantités de ce corps déterminent une ivresse lourde ou une céphalalgie très-pénible; des doses un peu fortes amènent la mort d'animaux de forte taille. L'alcool amylique est bien plus toxique que l'alcool de vin, il a également une action irritante plus vive sur les parois stomacales. Cros a retiré l'alcool amylique de tous les organes des animaux empoisonnés ; il en a constaté également la présence dans les eaux-de-vie de mauvaise qualité et dans la bière à l'aide du procédé suivant.

[Les matières suspectes ont été soumises à une première distillation à 100° ; la vapeur d'eau entraîne l'alcool amylique qui ne bout qu'à + 132° ; ce produit est rectifié sur du chlorure de calcium. On ajoute au liquide distillé quelques gouttes d'acide acétique et de l'acide sulfurique concentré, et l'on distille en recohobant plusieurs fois le liquide. Il se produit ainsi de l'éther amylacétique, qui a une forte odeur de poire ; cette réaction est des plus sensibles.]

On a encore proposé de rechercher l'alcool amylique à l'aide de la réaction suivante : on chauffe le liquide distillé avec un mélange de bichromate de potassium et d'acide sulfurique ; il se transforme ainsi en éther valérianique dont l'odeur est caractéristique ; on peut transformer cet acide en éther valérianique qui a une odeur framboisée. Il suffit pour cela d'évaporer à siccité le liquide neutralisé par du carbonate de sodium et de le reprendre par un mélange d'alcool et d'acide sulfurique ; [l'odeur devient plus nette quand on ajoute un peu d'eau au produit de la réaction.]

La recherche de ces alcools homologues ne réussira plus guère lorsqu'il s'agit de les retirer d'un cadavre, surtout lorsqu'ils n'y ont pas été introduits à l'état de pureté.

L'expert a quelquefois à sa disposition un restant de la liqueur alcoolique qui a été ingérée ; je crois donc utile de mentionner quelques réactions empiriques qui permettent de reconnaître l'origine d'un certain nombre de liqueurs commerciales.

L'alcool obtenu par la fermentation et la distillation des *pommes de terre et des betteraves*, et rectifié d'une manière incomplète se colore en rouge quand on le mélange avec une liqueur composée de 5 parties d'alcool et de une d'acide sulfurique concentré. *Les esprits de vin et de grains* resteront incolores ou prendront une coloration brune, quand ils auront séjourné quelque temps dans les tonneaux.

Le *rhum et le cognac* véritables conservent leur odeur quand on leur ajoute le tiers de leur volume d'acide sulfurique concentré ; ces mêmes liqueurs fabriquées artificiellement perdent tout leur arome sous l'influence du réactif précédent.

3) ALCOOL MÉTHYLIQUE

§ 272. *Sa recherche dans l'alcool de vin.* — On a ajouté dans ces derniers temps à l'alcool de vin de l'alcool méthylique ou esprit de bois [1] ; on peut reconnaître cette addition de la manière suivante. On dissout 125 centig. de chromate acide de potassium dans 125 centig. d'eau, et l'on ajoute 50 gouttes de l'alcool suspect et de 20 gouttes d'acide sulfurique concentré. Après dix minutes de mélange on neutralise par de la chaux, on filtre et on décompose la liqueur par de l'acétate de plomb. On filtre de nouveau et on concentre le liquide jusqu'à ce qu'il ne pèse plus que 7,5 grammes ; on l'introduit dans un tube avec de l'acide acétique et de l'azotate d'argent et l'on porte à l'ébullition ; l'azotate d'argent doit être réduit. Voici ce qui s'est passé ; l'alcool méthylique dans la première partie de la réaction s'est transformé en acide formique et celui ci réduit ultérieurement l'azotate d'argent ; le dépôt argentique reste adhérent aux parois du verre. Cet essai peut être mis à profit également pour reconnaître si le liquide obtenu par la distillation est bien de l'esprit de bois et non pas de l'alcool [2].

On peut encore faire l'essai de la manière suivante : on ajoute au liquide distillé 2 à 5 gouttes d'une solution très-étendue de sublimé corrosif, ou mieux encore pour 2 gr. de liquide 8 à 9 gouttes du mélange suivant (iodure mercurique 0,972 ; iodure de potassium 1,62, eau 52 gr. et solution potassique 52 gr.). On verse un excès de potasse et l'on chauffe légèrement ; le précipité se dissout s'il y a de l'esprit de bois ; cette solution est alors divisée en deux parties ; l'une d'elles portée à l'ébullition

---

[1] [Cros a démontré que cet alcool était bien moins toxique que l'alcool de vin ; on peut s'en servir pour préparer des liqueurs qui peuvent être bues sans inconvénient, comme je m'en suis assuré en buvant journellement une certaine quantité de liqueur anisette préparée à l'aide d'alcool méthylique rectifié.]

[2] *Zeitschrift f. Ch. Jahrg.*, II, et *Zeitsch. f. analyt. Chemie Jah.*, IV, p. 240.

donne un précipité floconneux blanc jaunâtre ; l'autre neutralisée par de l'acide acétique précipite déjà à froid [1].

Il est presque impossible de distinguer les alcools méthylique et éthylique *purs* à l'odeur ; mais les produits commerciaux renferment toujours assez de matières empyreumatiques pour que cette distinction soit très-facile.

L'alcool méthylique entre en ébullition vers 60° ou 66°,5, sa densité est de 0,8142 ; il est incolore et miscible en toutes proportions avec l'eau, l'alcool et l'éther. Il brûle avec une flamme très-éclairante, forme comme l'alcool vinique des combinaisons cristallines avec la baryte et le chlorure de calcium et transforme le potassium et le sodium en méthylates. L'alcool pur ne produit pas la réaction de l'iodoforme (Lieben) ; mais le produit commercial renferme souvent de l'alcool de vin, de l'aldéhyde, de l'acétone et d'autres composés qui donnent cette réaction. [Le produit très-pur ne se brunit pas par l'action de la potasse ; le produit purifié par simple distillation brunit au contraire, ce qui permet de le distinguer de l'alcool vinique.]

RÉSINES

§ 273. *Recherche de ces corps dans les liqueurs et la bière.* — Les teintures alcooliques d'*aloès*, de *myrrhe*, de *jalap*, d'*agaric*, de *coloquinte*, etc., doivent être évaporées d'abord à siccité au bain-marie ; le résidu pulvérisé est épuisé par de l'eau qui dissout les corps étrangers ; on le dessèche de nouveau et on redissout les corps résineux à l'aide de l'éther ou du chloroforme ; ces deux agents enlèvent les principes résineux contenus dans l'agaric, la myrrhe et la scammonée, mais ne dissolvent pas ceux du jalap, de la coloquinte et de l'aloès.

La résine de l'*agaric blanc* est soluble dans le sulfure de carbone, plus difficilement soluble dans la benzine, presque insoluble dans les solutions alcalines et insoluble dans le pétrole. L'acide oxalique en solution bouillante ne lui enlève rien, car le tannin ne précipite pas le liquide filtré. La résine desséchée est d'une couleur rougeâtre et a une saveur très-amère.

[1] *Zeitschrift f. analyt. Chemie*, 4ᵉ année et 5ᵉ année, p.

La partie résinoïde de la *myrrhe* enlevée par l'alcool ne se dissout qu'en partie dans le sulfure de carbone ; elle se redissout en totalité dans l'alcool. La partie dissoute dans le sulfure de carbone évaporée à siccité, se colore en violet quand on l'humecte avec 20 ou 25 pour 100 d'acide azotique ; la soude n'a presque pas d'action sur elle. Chauffée, elle répand l'odeur si connue d'encens ; sa saveur est moins amère, mais plus aromatique que celle de la résine d'agaric.

La *résine scammonée* ne possède pas de saveur amère ; le sulfure de carbone n'en dissout que 2 pour 100 ; la soude ne l'attaque pas. Chauffée avec de l'acide azotique la résine fond dans le liquide qui ne se colore que peu.

Le résidu insoluble dans l'éther ou le chloroforme peut renfermer les matières résineuses de l'aloès, de la coloquinte et du jalap. Une solution aqueuse de soude dissoudrait à froid l'aloès et la coloquinte, mais n'attaquerait pas le principe amer de la *vraie résine de jalap*, la *convolvuline*[1]. Cette dernière est insoluble dans l'éther et la benzine ; le chloroforme n'en dissout que 7 pour 100 ; l'acide sulfurique concentré la colore en rouge.

L'*aloès* a une saveur très-amère et se dissout dans la soude ; l'acide oxalique en dissout également une partie qui est reprécipitée par le tannin. Chauffé avec de l'acide azotique de 1/4 de densité l'aloès se colore en jaune rougeâtre ; on évapore l'excès d'acide, et on redissout le résidu dans de l'eau chaude ; cette solution chauffée avec un peu de potasse et de cyanure, ou avec un mélange de potasse et de sulfure d'ammonium, ou enfin avec un mélange de glucose et de potasse, prend dans les trois cas une couleur très-foncée, rouge de sang. Une solution de glucose dissout l'aloès mais non la coloquinte.

La partie soluble que l'alcool enlève à la *coloquinte* se nomme *colocyntine* ; elle est très-amère ; se dissout en grande partie dans la soude et dans l'acide oxalique, le tannin la précipite de cette dernière solution en blanc jaunâtre. L'acide azotique n'en

---

[1] Les tiges de jalap renferment une résine nommée *jalapine*, soluble en partie seulement dans l'éther et dans les autres agents de dissolution ; elle se colore également en rouge par l'acide sulfurique concentré.

dissout qu'une faible quantité et se colore en jaune. L'acide sulfurique concentré la colore en rouge clair ; le réactif de Fröhde (p. 286, 16 e) en rouge cerise. La benzine enlève la colocynthine à ses solutions acides et alcalines ; le chloroforme et l'alcool amylique agissent plus rapidement sur les solutions alcalines. (Voy. § 287 pour la manière de faire ces traitements.)

L'*élatérine*, le principe retiré de l'élaterium et employé en médecine dans ces derniers temps se comporte comme le corps précédent, mais il s'en distingue par sa couleur jaune qui passe lentement au rouge sous l'influence de l'acide sulfurique, et la coloration jaune (et non violette) que lui communique le réactif de Fröhde, § 287.

Le principe actif de la *gomme-gutte*, l'acide cambogéique, se dissout dans l'alcool et l'éther avec une belle couleur orangée ; l'eau agitée avec cette solution se colore en jaune ; la potasse et la soude font virer cette couleur au rouge sanguin ; l'acétate de plomb en précipitée du cambogéate de plomb qui est jaune.

On a signalé la présence de la matière amère du *poivre indien* (nommée *capsicine*) dans l'analyse d'une eau-de-vie ; elle est soluble dans l'alcool, l'éther et l'essence de térébenthine ; l'eau la reprécipite sous forme d'une résine molle.

Les procédés d'extraction des alcaloïdes (§ 287, E) pourront servir à isoler cette matière ; il suffira de soumettre la solution aqueuse et acide à l'action des dissolvants suivants : pétrole, benzine et chloroforme. Pelletier a retiré du capsicum un alcaloïde qui a beaucoup d'analogies avec la conicine, mais qui s'en distingue néanmoins par quelques caractères (voy. § 585).

Je parlerai à un autre moment des propriétés que possèdent les principes retirés des *clous de girofle*, du *piment* (§ 562. Rem.), de *la cascarille, de l'absinthe* (§ 287, IV) et du *poivre* (§ 520). Je dirai seulement que le pétrole enlève au résultat de la digestion acide les huiles essentielles contenues dans les clous de girofle et le piment. La liqueur ainsi épuisée par le pétrole abandonne à la benzine, lorsqu'elle provient des clous de girofle, la caryophylline que l'on peut en retirer ainsi à l'état cristallisé. Le chloroforme, la benzine et l'alcool amylique enlèvent à la solution acidulée du piment, une substance qui se dépose par l'évaporation à l'état amorphe ; l'acide sulfurique la colore lentement en rouge et l'acide azotique quelquefois en violet. Le pétrole enlève aux solutions rendues alcalines par de l'ammoniaque un corps qui présente beaucoup d'analogies avec la conicine. La benzine enlève également aux solutions acides la *cascarilline* et l'*absinthine*.

La matière colorante du *safran* (crocine) est précipitée de sa solution aqueuse par l'acétate de plomb ; le précipité bien lavé est délayé dans de l'eau et soumis à un courant d'hydrogène sulfuré ; on sépare le précipité de sulfure de plomb et on lui enlève à l'aide de l'alcool la crocine qui a été entraînée mécaniquement, la solution alcoolique abandonne par l'évaporation un résidu jaune rougeâtre, soluble dans l'eau et l'alcool, insoluble dans l'éther et devenant d'un bleu indigo foncé par l'action de l'acide sulfurique concentré (la matière colorante de l'orléan, des carottes jaunes se comporte de la même manière).

Recherche des substances amères contenues dans la bière. — Enders[1] a publié quelques recherches sur cette question. Il conseille d'évaporer la bière à consistance sirupeuse et d'en précipiter la dextrine par l'addition de 3 à 4 volumes d'alcool concentré ; il précipite dans le liquide filtré la glucose par de l'éther et évapore le liquide alcoolico-éthéré à siccité. Le résidu dissous dans un peu d'alcool est après addition d'eau précipité par une solution d'acétate de plomb. On filtre ; nous dirons plus loin ce qu'on fait du liquide filtré. Le précipité plombique est lavé rapidement, délayé dans de l'eau et soumis à l'action de l'hydrogène sulfuré ; on recueille le précipité de sulfure de plomb et on le lave avec de l'alcool. Les eaux de lavage aqueuses et alcooliques sont évaporées à siccité, le résidu est traité par le chloroforme. On ajoute à cette solution de l'eau et on fait bouillir jusqu'à ce que tout le chloroforme se soit évaporé ; la *résine* contenue dans le houblon se dépose ainsi et est isolée par filtration ; la solution aqueuse est évaporée à siccité ; elle renferme de la *lupuline* ; le résidu doit présenter une saveur très-amère, être très-acide, se dissoudre avec facilité dans l'alcool, dans l'éther et

____

[1] *Arch. f. Pharm.*, t. CLXXXV, p. 225.

dans le chloroforme ; sa dissolution dans l'alcool affaibli ne doit pas être précipité par le tannin, mais par l'acétate de plomb ; la lupuline ne réduit pas à l'état métallique une solution ammoniacale d'azotate d'argent.

Le liquide filtré après précipitation par l'acétate de plomb est débarrassé de l'excès de sel de plomb qu'il renferme par un courant d'hydrogène sulfuré ; le précipité de sulfure est lavé à l'eau bouillante. Le liquide et les eaux de lavage sont chauffés jusqu'à ce qu'ils ne renferment plus d'hydrogène sulfuré ; on les précipite ensuite par du tannin. Si ce réactif ne produit pas de précipité, on peut être sûr de l'absence de l'*absinthine*, de la *quassine* et de la *ményanthine*. Le précipité tannique est évaporé à siccité avec de la céruse ; on épuise le résidu par de l'alcool bouillant et l'on filtre. On évapore à siccité ce nouveau liquide et on reprend le résidu par de l'éther qui dissout l'*absinthine*. Ce principe se dissout dans l'alcool, ainsi que dans une quantité suffisante d'eau ; la solution aqueuse est précipitée par le tannin, mais non par l'acétate de plomb ; elle se dissout dans l'acide sulfurique concentré et prend une coloration bleue violette lorsqu'on ajoute avec quelques précautions de l'eau à cette solution ; elle réduit la solution ammoniacale d'azotate d'argent.

La *ményanthine* et la *quassine* sont insolubles dans l'éther, mais se dissolvent dans l'alcool. Cette solution après addition d'eau précipite par le tannin, mais non par l'acétate de plomb. La ményanthine réduit la solution ammoniacale d'azotate d'argent ; la quassine est sans action sur ce même réactif.

L'expert qui sera amené à supposer l'existence de l'un des composés précédents ne devra jamais négliger de soumettre les matières qu'il a isolées à un examen comparatif avec la substance telle qu'elle lui est fournie par le commerce.

§ 274. *Recherche de ces corps dans l'économie.* — Je dois encore prévoir les cas où les corps précédents auraient été administrés en nature dans un but criminel ; la toxicologie n'en rapporte qu'un petit nombre de cas. La seule marche qui me paraisse rationnelle c'est de dessécher les matières vomies ou le contenu du tube digestif et de les soumettre à l'action de l'alcool concentré. La solution alcoolique serait purifiée, évaporée et le résidu soumis à l'action des dissolvants et des réactifs que nous avons passé en revue dans le paragraphe précédent. Beaucoup de ces substances se retrouveront lorsqu'on recherche les alcaloïdes par les procédés que nous indiquerons au chapitre suivant. Köhler et Zwicke[1] se sont occupés de la recherche toxicologique des principes contenus dans le *Jalap vrai* et le *Jalap faux, la scammonée* et *le turbith.*

Ils isolèrent la *convolvuline* des matières vomies et du contenu de l'estomac et des intestins d'animaux qu'ils empoisonnèrent; l'examen de l'urine et de la bile ne conduisit qu'à un résultat négatif. Le procédé que ces deux auteurs ont suivi est le suivant: dessiccation des matières et extraction par l'alcool bouillant; précipitation de la matière résineuse en ajoutant de l'eau à la solution alcoolique évaporée à moitié; purification de la résine par des traitements à l'éther et à la benzine; constatation des caractères propres à la matière résineuse par l'acide sulfurique concentré.

Les deux auteurs ont procédé d'une manière identique à la recherche de la *jalapine* qu'ils avaient incorporée dans des mélanges organiques de nature très-diverse. Les opérations de purification furent plus longues. La résine isolée fut dissoute dans l'éther; cette solution évaporée à siccité fut reprise par de l'acide chlorhydrique qui ne dissout pas les corps gras; la jalapine fut précipitée de cette solution acidulée par une solution affaiblie de potasse, dont on ne doit pas employer un excès. La partie insoluble lavée et desséchée fut repurifiée par une nouvelle dissolution dans l'éther; le résidu de la nouvelle évaporation fut dissous dans une solution concentrée de potasse. La benzine ou l'éther agités avec ce liquide lui enlevèrent enfin de la jalapine très-pure, que l'on pût soumettre à l'action de l'acide sulfurique.

J'ai observé[2] que les deux variétés de jalap abandonnent à l'eau aiguisée d'acide sulfurique une petite quantité d'un principe que l'on peut de nouveau isoler par l'agitation avec l'alcool

[1] *Voy. Jahrb. f. Pharm.*, t. XXXII, p. 1; et *Die wirksam. Bestandth. der Convolvulac.* v. G. Zwicke, *Inaug. dissert.* Halle, 1869.

[2] *Beit. z. gerichl. Cher.*, p. 5.

amylique et qui donne avec l'acide sulfurique la même réaction que la convolvuline et la jalapine.

Köhler[1] a pu retirer l'*élatérine* du contenu stomacal et des urines d'animaux empoisonnés par ce corps. Le procédé qu'il a suivi a beaucoup d'analogie avec celui qui nous a servi dans la recherche de la convolvuline ; on précipite de même l'élatérine à l'aide de l'eau de sa solution alcoolique concentrée ; le précipité étant mélangé de beaucoup de graisse doit être purifié. On le dissout dans le pétrole ; cette solution est évaporée à siccité et reprise par de l'acide chlorhydrique ; le pétrole agité avec ce liquide acide filtré ne lui enlève que l'élatérine. L'urine acidulée par de l'acide chlorhydrique peut être soumise directement à l'action dissolvante du pétrole. Ces recherches ont de l'intérêt, car Gray a observé un empoisonnement par cette substance sur l'homme (*Am. Journ. of Pharm.*, 1868, p. 73).

Tidy[2] s'est occupé de la recherche de la *colocynthine* ; il n'a pas réussi à la retrouver dans le contenu intestinal de personnes mortes quelque temps après avoir ingéré ce corps ; il obtint les mêmes résultats en expérimentant sur des chiens dès que ces derniers ne succombaient pas très-vite après l'ingestion du toxique.

Nous parlerons de la recherche de la *picrotoxine* aux §§ 475 et 480.

HUILES ESSENTIELLES.

§ 275. *Recherche toxicologique.* — On peut s'attendre à retrouver ces substances dans le contenu du tube digestif, car elles sont fréquemment ingérées en solution alcoolique, soit comme boisson, soit comme médicament. L'une d'elles, l'*essence de sabine* est quelquefois employée pour provoquer des avortements. L'essence de térébenthine[3] qui n'était administrée autrefois que

---

[1] Voy. *Rep. f. Pharm.*, t. XVIII, p. 577 et 602.

[2] *The Lancet*, I, n° 5.

[3] L'urine qui, après son ingestion, a une odeur de violette reprend fort souvent l'odeur d'essence de térébentine, quand on la chauffe avec de l'acide chlorhydrique. L'essence d'amandes amères est éliminée par les urines à l'état d'acide hippurique ; l'essence de girofle, de cannelle et d'anis paraissent subir la même trans-

comme médicament est devenue aujourd'hui le contre-poison par excellence des empoisonnements produits par le phosphore.

Ces corps ne se retrouvent en quantité un peu notable que dans le contenu du tube digestif; on doit chercher à les isoler par la distillation comme s'il s'agissait de rechercher la nitrobenzine (§ 242). On agite le liquide distillé avec du pétrole rectifié à une température aussi basse que possible ; ce liquide évaporé à la température ordinaire abandonne l'essence souvent dans un grand état de pureté. L'évaporation doit se faire dans une capsule en verre, mais il est bon pour éviter les pertes dues au grimpage du liquide, de placer cette dernière dans un second vase. Ce procédé réussit avec les essences les plus usitées, quand on n'oublie pas la précaution *importante* suivante : on ne doit jamais perdre de vue l'évaporation et s'arrêter au moment où le pétrole est volatilisé, car à partir de ce moment c'est l'essence elle-même qui se volatiliserait.

Il sera plus difficile de dire quelle est l'huile essentielle que l'on a isolée. L'odeur caractéristique de ces corps permet quelquefois de résoudre cette question[1], car peu d'essences possèdent des réactions chimiques caractéristiques. Nous avons indiqué celles qui caractérisent l'essence d'*amandes amères* au § 244. L'huile essentielle retiré du *sedum palustre* devient rouge brun ou violet par l'acide sulfurique concentré ; cet acide mélangé de chlorure ferrique colore de suite en violet puis en vert pré la solution chloroformique de cette essence. L'*essence de moutarde* est rubéfiante et vésicante. On voit que nos connaissances à cet égard sont rudimentaires.

L'examen de l'urine ne doit jamais être négligé dans ces cas; on agite l'urine acidulée avec de l'acide chlorhydrique et du pétrole; le résidu de l'évaporation chauffé légèrement développe fréquemment dans ces circonstances l'odeur caractéristique de l'essence.

Pièce de conviction. — On introduit quelques gouttes de l'essence que l'on a isolée dans un petit tube qu'on ferme.

formation. Almen a remarqué de plus que l'urine renfermait dans ces cas un corps qui réduisait la liqueur de Bareswill.

[1] Classification des huiles d'après leur odeur. Voy. *Arch. f. Pharm.*, t. CXCVII, p. 225.

Essences contenues dans les plantes. — Les essences ne sont pas toujours introduites dans l'économie à l'état de pureté, de solution alcoolique ou d'eau distillée ; ou ingère fréquemment les parties des plantes qui les renferment, clous de girofle, écorce de citron, fruits des ombellifères, anis, fenouil, coriandre, poivre, feuilles de sabine, etc.

On ne doit, par suite, jamais négliger l'examen à la loupe du contenu du tube digestif ou des matières vomies ; on réussira souvent à retrouver ainsi des débris qui démontrent que la victime a ingéré de la sabine, des baies de genièvre ou d'autres substances abortives.

L'empoisonnement par les huiles essentielles administrées en nature s'accompagne presque toujours d'une irritation très-vive des muqueuses du tube digestif ; on rencontre souvent des points ecchymotiques très-nombreux. Les inflammations ont surtout été signalées chez les personnes empoisonnées par l'huile de sabine. Tardieu et Roussin (p. 500) rapportent un empoisonnement dans lequel ils ont pu retirer du tube digestif de la victime de l'huile essentielle et de la poudre d'herbe de sabine.

§ 276. *Camphre.* — Ce corps pourrait également se rencontrer dans une expertise ; il possède quelques caractères qui lui sont communs avec les huiles essentielles, comme la volatilité, l'insolubilité dans l'eau et la solubilité dans l'alcool et l'éther. Il est solide et facile à reconnaître à son odeur. Le chimiste devra instituer, dans les cas douteux, des expériences comparatives avec du camphre pur et se rappeler que la présence de ce corps n'indique pas toujours une tentative d'empoisonnement, car c'est un médicament populaire dont on fait un fréquent usage dans certaines contrées (voy. § 287.)

HUILES GRASSES.

§ 277. Il nous reste à indiquer en quelques lignes comment il faut s'y prendre pour retrouver quelques huiles grasses, comme l'*huile de ricin* ou l'*huile de croton* ; on sait que ces deux corps ou les graines dont on les retire ont déterminé fréquemment des accidents ; on sait que les semences de ricin sont bien plus toxiques que l'huile que l'on en retire[1].

J'ai déjà, en parlant des essais préliminaires, indiqué l'importance qu'il y avait à rechercher la présence des restants de ces graines, ou celle de corps huileux en quantité anormale. Les fèces se prêtent également très-bien à ces recherches. On peut isoler les corps gras en épuisant les matières desséchées par du pétrole ou de l'éther ; les solutions éthérées abandonnent l'huile sous forme de gouttelettes huileuses, mais il est difficile de dire quel est le corps huileux que l'on a séparé, car les caractères chimiques nous font défaut.

[Je ferai cependant remarquer qu'il est relativement très-facile de caractériser l'huile de ricin, car cette substance est soluble dans l'alcool concentré et se boursoufle quand on la chauffe en répandant une odeur de punaise (œnanthol) ; elle n'est pas vésicante.

[L'huile de croton varie beaucoup en activité suivant son mode de préparation ; l'alcool en dissout seulement les 2/3 ; la partie soluble est huileuse, renferme de l'acide crotonique et exerce sur la peau une action vésicante très-prononcée. Blanquinque s'est servi de ce caractère pour reconnaître un empoisonnement dû à l'ingestion de fraises dans lesquelles on avait introduit quelques gouttelettes de ce corps (voy. Tardieu et Roussin, *loc. cit.*, p. 311).

On pourrait essayer dans certains cas de tirer partie du phénomène de coloration que présentent les huiles avec l'acide sulfurique (voy. Gerhardt et Chancel, *Traité d'analyse qualitative* et *Dict. de Chimie* de Würtz, II, p. 52).

---

[1] Voy. Houzé de l'Aulnoît, *Arch. génér. de méd.*, 1869, p. 284. Pécholier, *Jour. de Ch. méd.*, 1869, p. 119. Little, *Med. Times*, 1870 mai.

CHAPITRE V

CONSIDÉRATIONS GÉNÉRALES.

§ 278. *Fonctions. Caractères chimiques.* — J'étudierai dans ce chapitre les composés toxiques du règne organique, qui renferment des quantités variables d'azote, manifestent des propriétés basiques plus ou moins énergiques et se combinent avec les acides organiques et inorganiques pour former des sels plus ou moins définis. Je ne m'occuperai pas de leur constitution qui, pour un certain nombre d'entre eux, paraît se rapporter au type des ammoniaques complexes ; je me placerai au point de vue purement pratique de l'analyse toxicologique. Je traiterai dans le même chapitre des alcaloïdes qui ne sont pas toxiques, mais qui sont employés comme médicaments. Je crois même devoir m'occuper également de certains corps qui ne sont pas azotés, comme la digitaline, et de quelques autres substances qui pourraient être rangées dans le groupe des *glucosides*. Tous ces composés sont extraits des matières organiques à l'aide des procédés qui nous servent pour la recherche des alcaloïdes ; c'est ce caractère seul qui légitime notre manière de procéder.

§ 279. *Action physiologique.* — C'est dans ce groupe que se rencontrent les poisons les plus énergiques ; des doses très-

---

[1] J'étudierai dans le même chapitre tous les composés organiques qui peuvent accompagner les alcaloïdes, lorsqu'on se sert des procédés d'analyse que nous indiquons.

faibles suffisent pour amener une mort très-rapide. Leur *action* ne présente rien de commun; les uns agissent sur tel organe, les autres sur tel autre, et nous devons dire de suite que, pour reconnaître un certain nombre d'entre eux, la réaction physiologique a plus de valeur que la réaction chimique (strychnine, curarine, atropine, vératrine). Malheureusement ces caractères, très-prononcés sur le vivant, disparaissent par la mort, au point que l'autopsie ne révèle plus aucun symptôme qui puisse justifier l'existence d'un empoisonnement. C'est en faisant l'histoire de chaque alcaloïde que nous parlerons de ses réactions physiologiques.

§ 280. *Organes qui doivent être soumis à l'analyse.* — Les alcaloïdes doivent être recherchés dans les organes suivants : tube digestif (vomissement et fèces), sang, foie, rate, cerveau, reins, urine.

L'empoisonnement peut se terminer rapidement par la mort ; on pourra retrouver dans ces cas des restants du toxique dans l'estomac, lorsque le composé a été administré par cette voie ; le contenu et les parois de cet organe, bien lavés, grattés au besoin, seront soumis à l'analyse. Lorsque la mort tarde à survenir, l'alcaloïde aura progressé dans sa marche et on le retrouvera dans les parties supérieures de l'intestin, quelquefois même dans les fèces.

Un résultat négatif ne prouverait pas l'absence d'empoisonnement, car un grand nombre de ces toxiques sont absorbés avec la plus grande facilité, les uns sans transformation, les autres après transformation en composés solubles.

Le sang lui-même doit, par suite, être examiné avec soin, ainsi que le foie, la rate, les reins et le cerveau; ces organes sont choisis non pas tant parce que le poison organique s'y accumule (la strychnine exceptée, elle peut être retrouvée dans cet organe quelques jours après l'administration du toxique), mais parce qu'ils constituent des organes très-riches en sang. Les alcaloïdes pourront également être éliminés par les urines; l'examen de cette excrétion ne devra jamais être négligé, surtout quand il s'agit d'un empoisonnement par la strychnine, l'atropine, la vératrine ou la morphine.

L'analyse du sang est d'autant plus importante que le toxique n'est pas toujours administré par la bouche ; dans ces derniers temps, on s'est servi de la méthode sous-cutanée, dans un but criminel. L'expert ne doit pas perdre de vue ce fait dans les cas douteux.

§ 281. *Résistance des alcaloïdes à la putréfaction.* — On ne connaît pas d'une manière bien certaine *le temps que les alcaloïdes résistent à la putréfaction cadavérique ;* il y en a qui se décomposent très-vite, mais un grand nombre d'entre eux possèdent un pouvoir de résistance plus considérable qu'on ne le croyait jusqu'à présent.

§ 282. *Plantes renfermant des alcaloïdes.* — Les alcaloïdes ne sont pas toujours introduits dans l'économie à l'état de pureté ; on se contente parfois d'employer les parties des plantes qui les renferment. Les débris végétaux qui résistent plus longtemps à la décomposition et peuvent être reconnus à la loupe facilitent beaucoup la recherche dans ces cas ; c'est ainsi que la noix vomique se reconnaît à ses poils caractéristiques ; les semences de belladone à leur forme ; et les baies de la même plante à leur matière colorante bleue chatoyante qui persiste très-longtemps. La présence de ces matières étrangères justifiera la recherche de la strychnine dans l'un des cas, et celle de l'atropine dans l'autre. Les préparations impures renferment souvent des corps étrangers faciles à reconnaître, qui mettent sur la voie de l'alcaloïde ; la présence de l'acide méconique, par exemple, indique celle des alcaloïdes de l'opium. L'expert ne devra pas négliger l'étude de ces corps accessoires, qui devient encore importante à un autre point de vue, parce qu'elle permet souvent de reconnaître la nature et la forme sous laquelle le corps toxique a été administré.

§ 283. *Recherche de l'alcaloïde.* — Le chimiste doit isoler des matières suspectes l'alcaloïde dans un état de pureté suffisant pour que les réactions caractéristiques se produisent avec la plus grande netteté.

La solution de ce problème présente malheureusement de grandes difficultés qui tiennent à des causes très-diverses ; le toxique a été presque toujours administré en quantité très-faible, et se diffuse facilement dans toute l'économie ; pour l'isoler des corps étrangers, il faut user de beaucoup de précautions, car un grand nombre des réactifs que nous avons pu employer jusqu'ici sans inconvénient détruisent les alcaloïdes eux-mêmes ; ces difficultés sont souvent insurmontables.

§ 284. *Caractères chimiques des alcaloïdes*. — Les alcaloïdes sont *volatils et liquides* ou *fixes et cristallisés* (quelquefois amorphes) ; la distinction entre alcaloïdes volatils et fixes n'est cependant pas aussi tranchée qu'on le pensait autrefois, car un grand nombre d'alcaloïdes fixes ont pu, dans ces derniers temps, être sublimés sans décomposition. La plupart des alcaloïdes sont insolubles ou peu solubles dans l'eau, mais très-solubles dans l'alcool, l'éther, l'alcool amylique, la benzine et le chloroforme. Leurs sels inorganiques (sulfates, phosphates, chlorures) et organiques (tartrates, oxalates, etc.) sont solubles dans l'eau[1], et souvent dans l'alcool ; le sulfate de berbérine fait exception, car ce sel est moins soluble dans l'eau que la berbérine.

Ces sels peuvent être décomposés par un excès d'ammoniaque ou de base minérale ; les dissolvants des alcaloïdes qui ne sont pas solubles dans l'eau les enlèvent à la solution aqueuse (excepté la curarine).

Inversement, les liquides acides enlèveront l'alcaloïde aux solutions éthérées, amyliques, chloroformiques, etc. ; la benzine et les autres dissolvants retiendront souvent, dans ce cas, une certaine quantité de matières colorantes et d'autres substances étrangères ; ce caractère peut être mis à profit pour la purification de certains alcaloïdes.

§ 285. *Extraction des alcaloïdes*. — Il existe un certain nombre de procédés qui reposent tous sur l'application des réactions chimiques que nous venons d'indiquer.

I. PROCÉDÉ DE STAS[2].

Les matières organiques soumises à l'analyse sont d'abord divisées, puis acidulées par une quantité très-faible d'acide tar-

---

[1] Ces sels diffusent facilement et peuvent être dialysés.

[2] *Annal. der Chem. u. Pharm.*, t. LXXXIV, p. 579. J'indiquerai non le procédé primitif de Stas mais le procédé actuel qui diffère du premier par un grand nombre de modifications heureuses dues principalement à Otto.

trique ($0^{gr},5$ pour 100 centimèt. cubes de mélange); l'emploi de l'acide oxalique n'est pas à recommander. On leur ajoute le double de leur volume d'alcool marquant 90°, et, après s'être assuré que le liquide est *franchement acide* (on ajoutera au besoin une nouvelle quantité d'acide tartrique), on fait digérer le mélange pendant un temps assez long à la température de + 70° à 75° ; la masse est exprimée à chaud, mais on ne filtre le liquide qu'après refroidissement. On recommence l'extraction à deux ou trois reprises différentes. Les liquides alcooliques filtrés sont introduits dans une cornue et évaporés à la température de + 35°; on hâte l'évaporation en faisant passer un courant d'air sec dans le liquide à l'aide d'un vase aspirateur ; on s'arrête lorsque la majeure partie de l'alcool a distillé, et on laisse refroidir ; les corps gras sont séparés à l'aide d'un filtre mouillé. Otto [1] recommande avec beaucoup de raison de traiter immédiatement le liquide filtré acide par de l'éther qui enlève ainsi la *colchicine* et la *digitaline*, ainsi qu'un certain nombre de substances étrangères, qui pourraient entraver les recherches ultérieures. On ajoute au liquide filtré du verre en poudre (pour éviter que la masse ne se réunisse en un seul bloc) et l'on évapore à siccité sous le vide de la machine pneumatique. Le résidu est mélangé d'une manière intime avec de l'alcool absolu, et l'on filtre, après avoir fait macérer le tout à froid pendant 24 heures ; on évapore en suivant les précautions que nous avons déjà indiquées.

Le nouveau résidu est dissous dans une petite quantité d'eau et décomposé par du carbonate acide de potassium ou de sodium; on s'arrête lorsque le dégagement du gaz a cessé, et que la réaction est devenue alcaline [2] ; alors, sans perdre de temps, on agite avec de l'éther pur (4 fois le volume de la solution aqueuse); la couche éthérée qui surnage est décantée rapidement, filtrée dans une petite capsule qui est abandonnée à l'évaporation spontanée. Il faut avoir soin que l'éther n'entraîne pas une petite quantité

----

[1] *Annal, d. Chem. u. Pharm.*, t. C, p. 44.

[2] La morphine amorphe au moment où elle est mise en liberté est soluble dans l'éther, mais elle passe très-rapidement à l'état cristallisé et n'est alors plus dissoute par ce réactif ; il faut, par suite, mener avec rapidité tous le tra tements éthérés.

de liquide alcalin aqueux. Le résidu qui reste dans la capsule renferme l'alcaloïde; on note son aspect, s'il est liquide ou solide, amorphe ou cristallisé, inodore ou odorant (conicine, nicotine), et l'on obtient ainsi souvent du premier coup des renseignements très-utiles pour la conduite ultérieure des opérations.

1) Le résidu peut être *huileux*, avoir une *odeur piquante* qui rappelle un peu celle des bases organiques volatiles ; on ajoute dans ce cas au liquide alcalin (qui a subi le traitement précédent par l'éther) 1 à 2° cent. cub. d'une solution concentrée de potasse et de soude et on épuise le liquide 3 ou 4 fois par de nouvelles quantités d'éther. Les liqueurs éthérées claires sont isolées par décantation et agitées avec de l'eau faiblement acidulée par de l'acide sulfurique ; la couche éthérée abandonne les alcaloïdes au liquide sulfurique et ne retient que les impuretés et un peu de conicine. On décante soigneusement le liquide sulfurique, on le neutralise avec de la potasse et l'on reprend par de l'éther, qui enlève l'alcaloïde à la solution alcaline dans un état de pureté suffisant pour que le résidu laissé par la nouvelle évaporation spontanée puisse être soumis directement à l'examen des réactifs de coloration. On isole de cette manière la *conicine*, la *nicotine*, la *spartéine*, la *mercurialine; l'aniline* et ses homologues, la *picoline*, la *lutidine*, la *collidine* peuvent les accompagner.

2) Le résidu abandonné par l'éther est *solide;* on renouvelle le traitement du liquide par de la soude ; il convient dans ces cas d'évaporer *rapidement* les liqueurs éthérées. Le résidu sera quelquefois laiteux et fortement alcalin ; on le redissout dans quelques gouttes d'alcool et on cherche à le faire cristalliser en l'abandonnant à l'évaporation spontanée. La présence de corps étrangers empêche souvent cette cristallisation ; on reprend alors par le liquide sulfurique et on décante le liquide clair du résidu poisseux qui adhère d'ordinaire aux parois du vase ; ce liquide est évaporé sous le vide de la machine pneumatique ; on le redissout dans un peu d'eau et on précipite l'alcaloïde par une addition modérée de carbonate de potassium très-pur ; le mélange est concentré sous le vide de la machine pneumatique

et traité par de l'alcool absolu, qui dissout l'alcaloïde. La solution alcoolique laisse alors déposer ce dernier dans la ma'eure partie des cas dans un état de pureté suffisant.

La méthode de Stas permet comme on le voit d'isoler un grand nombre d'alcaloïdes à un état de pureté suffisant, pour que l'on puisse toujours constater la nature alcaloïde du résidu et souvent même employer de suite les réactifs de coloration. Elle présente cependant un certain nombre d'imperfections qui tiennent à des causes très-diverses que nous allons passer en revue : les tartrates ou oxalates ne sont pas tous solubles dans l'alcool ; de ce nombre est l'oxalate de brucine ; l'éther ne dissout pas avec la même facilité tous les alcaloïdes ; un même alcaloïde peut y être soluble et insoluble suivant qu'il est à l'état amorphe ou à l'état cristallisé.

Un grand nombre de chimistes ont cherché à tourner ces difficultés en remplaçant l'éther par d'autres dissolvants. Pöllnitz a recommandé le premier l'emploi de l'acétate d'éthyle pour isoler la morphine et Valser fit voir que l'emploi de ce dissolvant convenait également pour l'extraction d'autres alcaloïdes. Pettenkofer, Rodger et Girdwood, Prollius ont substitué le chloroforme à l'éther ; j'ai proposé en 1864 l'emploi de la benzine pour isoler la strychnine ; j'ai étendu depuis l'extraction par ce réactif à d'autres alcaloïdes. Cependant malgré tous ces essais, la chimie ne possède pas encore un dissolvant qui convienne également bien à tous les cas particuliers[1].

Le procédé de Stas présente encore un autre inconvénient ; le

[1] *Rodger et Girdwood (Pharmaceutical Journal and Trans.*, t. XVI, p. 497) emploient le procédé suivant pour isoler la strychnine et quelques autres alcaloïdes. On épuise les matières suspectes par de l'acide chlorhydrique dilué au dixième et l'on évapore au bain-marie : on épuise le résidu avec de l'alcool et l'on évapore à siccité la solution alcoolique filtrée. Ce résidu est dissous dans de l'eau, filtré, alcalinisé par de l'ammoniaque et agité pendant un certain temps avec 10 centimètres cubes de chloroforme. La solution chloroformique évaporée laisse un résidu que l'on traite à froid par de l'acide sulfurique concentré ; l'acide sulfurique charbonne et décompose ainsi un certain nombre de corps étrangers ; après quelques heures de contact, on ajoute de l'eau et l'on filtre. Le liquide filtré est derechef traité par de l'ammoniaque et 2 à 3 centimètres cubes de chloroforme ; on évapore et l'on recommence les traitements par de l'acide sulfurique concentré, jusqu'à ce que le résidu ne noircisse plus. L'auteur dit avoir pu retrouver ainsi 1/400 de centigramme de strychnine. J'avoue ne pas être rassuré complétement sur l'innocuité du traitement par les acides chlorhydrique et sulfurique concentrés surtout en ce qui concerne la strychnine ; ce procédé, en tout cas, n'est pas susceptible d'une appli-

passage des alcaloïdes d'une solution alcaline dans l'éther et réciproquement d'une solution éthérée dans un liquide acide ne réussit pas d'une manière complète pour tous les alcaloïdes (morphine et conicine). Nous verrons cependant en poursuivant notre étude que le procédé de Stas est encore le meilleur, lorsqu'on lui fait subir quelques légères modifications.

Schrœder[1] a simplifié le procédé primitif ; il alcalinise les matières suspectes par le bicarbonate, et les agite avec de l'éther ; la séparation de la couche éthérée ne se fait pas toujours avec acilité lorsque les matières suspectes ne sont pas très-divisées. Le liquide éthéré est repris avec de l'eau aiguisée par de l'acide sulfurique étendu ; on neutralise le liquide acide par de la soude et on enlève l'alcaloïde par une nouvelle addition d'éther. L'auteur dit avoir retrouvé de la strychnine et de la brucine du contenu stomacal d'une personne qui avait avalé 15 grammes de poudre de noix vomique ; cette affirmation même indique que a sensibilité du procédé n'est pas très-grande. J'ai réussi par mon procédé à caractériser très-facilement la strychnine dans un mélange qui ne renfermait qu'un gramme de noix

cation générale puisqu'un grand nombre d'alcaloïdes sont décomposés par ces acides concentrés.

Prollius (*Chem. Centralb.*, 1857, p. 251) laisse digérer les matières divisées avec de l'alcool et de l'acide tartrique, évapore l'alcool filtré à une basse température, neutralise le liquide aqueux qui reste par de l'ammoniaque et agite vivement avec du chloroforme. La solution chloroformique mélangée avec le triple de son volume d'alcool est abandonnée à l'évaporation spontanée.

Husemann recommande le procédé un peu modifié de *Rabourdin*. L'extraction se fait à l'aide de l'acide chlorhydrique dilué ; on filtre après quelque temps de contact ; on ajoute au préalable de l'alcool si le liquide est trop visqueux pour filtrer rapidement ; l'alcool précipite les matières albuminoïdes. L'évaporation du liquide alcoolique se fait au bain-marie ; on s'arrête lorsque le liquide est très-concentré mais encore assez fluide pour que l'on puisse refiltrer au besoin ; on sursature par de la potasse ou de la soude, on filtre rapidement et l'on conserve le précipité ; le liquide filtré est agité avec du chloroforme (de 15 à 20 grammes pour 500 grammes de liquide). Le chloroforme se dépose au bout de quelque temps sous forme d'un liquide clair que l'on décante et évapore à l'étuve ou à l'air libre. Le résidu renferme l'alcaloïde ; on lui ajoute celui qu'on obtient en traitant par le chloroforme la partie insoluble laissée sur le filtre.

Thomas (*Zeitschrift f. anal. Chem.*, t. I, p. 517) entreprend la digestion à chaud avec de l'acide acétique affaibli qui dissout les tannates d'alcaloïdes ; il exprime à la presse, filtre, sursature avec de la potasse et agite avec du chloroforme. L'auteur avait surtout en vue de séparer la strychnine de la morphine ; la première est soluble dans le chloroforme et la morphine ne s'y dissout qu'en quantité très-faible.

[1] Dingler's *Polyt. Journ.*, t. CXLIII.

vomique, et depuis j'en ai isolé des quantités plus minimes
encore.

II. Procédé de Erdmann et Uslar[1].

Ce procédé, pas plus que celui de Stas, ne permet de retrouver
tous les alcaloïdes avec la même facilité et le même degré de
précision. Les deux auteurs divisent finement les matières suspectes et les transforment en une bouillie très-fluide ; ils acidu-
lent avec de l'acide chlorhydrique (Palm ajoute de l'acide phosphorique[2] ; je préfère pour ma part l'acide sulfurique), laissent
digérer pendant 1 ou 2 heures à la température de $+$ 60 à 80°,
expriment et recommencent deux ou trois fois la digestion avec
une nouvelle quantité de liquide acide. Les liqueurs acides sont
filtrées, neutralisées avec de l'ammoniaque et évaporées à siccité
après addition d'une certaine quantité de sable[3]. Le résidu pulvérisé est repris à diverses reprises par de l'alcool amylique bouillant. Les liquides alcooliques filtrés bouillants sont versés dans le
décuple de leur volume d'eau acidulée par de l'acide sulfurique ;
le mieux est de prendre un large flacon bouché à l'émeri ; on
secoue vivement et l'alcaloïde passe dans le liquide acide ;
l'alcool amylique retient des matières étrangères et les corps
gras. On renouvelle plusieurs fois ce traitement avec de nouvelles quantités d'alcool amylique.

On décante avec soin la couche d'alcool amylique ; on concentre au besoin un peu la liqueur aqueuse et on la sursature
par de l'ammoniaque. L'alcool amylique pur agité avec le liquide ammoniacal chaud enlève l'alcaloïde ; on décante la
couche qui surnage et on la remplace par une nouvelle quantité d'alcool amylique qui dissout les dernières traces du toxique.
On évapore les liquides amyliques[4], et l'alcaloïde se précipite

---

[1] *Annal. d. Chem. u. Pharm.*, t. CXX, p. 121 et 360.
[2] *Pharm. Zeitschrift f. Russland*, 1re année.
[3] Cette manière de procéder a des inconvénients lorsqu'il s'agit de rechercher
les alcaloïdes volatils ; je préfère pour éviter toute perte, traiter directement par
l'alcool amylique le liquide chauffé pendant quelque temps à $+$ 150°, après qu'il a
été alcalinisé par de l'ammoniaque.
[4] La conicine et la nicotine se volatilisent dans ce cas ; l' tropine se décompose
en partie.

souvent dans un état de pureté suffisant à tous les besoins, s'il
n'en était pas ainsi on le repurifierait en le retransformant en
sel, le lavant à l'alcool amylique puis le reprécipitant, etc.

Je ferai à ce procédé le même reproche qu'à celui de Stas;
l'alcool amylique pas plus que l'éther ne dissout avec la même
facilité tous les alcaloïdes et ne les enlève pas complétement à
leurs solutions acides. Les vapeurs d'alcool amylique sont de
plus très-irritantes, déterminent la toux et des migraines, de
sorte que je crois qu'on doit renoncer autant que possible à
l'emploi de ce corps qui, somme toute, ne présente pas de
grands avantages sur l'éther. L'urée se dissout également dans
l'alcool amylique ; l'expert ne doit pas perdre de vue ce fait
lorsqu'il recherche les alcaloïdes dans l'urine ; il s'évitera ainsi
de fâcheuses méprises.

III. procédé de l'auteur[1].

Le procédé que j'avais d'abord imaginé pour rechercher spécialement la strychnine et la brucine est susceptible d'une application plus générale.

Les matières à examiner sont finement divisées et délayées
avec de l'eau distillée de manière que la masse soit très-fluide;
on ajoute pour 100 centimètres cubes de mélange 10 centimètres cubes d'acide sulfurique dilué au cinquième, et on laisse
digérer *le liquide qui doit être acide* pendant quelques heures
à + 50° ; on exprime et l'on recommence le même traitement
avec 100 nouveaux centimètres cubes d'eau. Les deux liquides
sont réunis, filtrés, évaporés à consistance légèrement sirupeuse
(jamais à siccité) et introduits dans un flacon ; on leur ajoute
un volume triple ou quadruple d'alcool marquant 95°, et on laisse
digérer le tout pendant 24 heures ; on sépare par le filtre les matières étrangères qui se sont déposées, et l'on évapore l'alcool
dans une cornue. Le résidu aqueux est étendu à 50 centimètres
cubes[2] et agité avec 20 ou 30 centimètres cubes de benzine ; on

---

[1] *Pharm. Zeitschrift f. Russland.*, 5ᵉ et 6ᵉ année. *Beit. f. gericht. Chemie*,
p. 282.

[2] Une petite quantité d'alcool peut rester dans le liquide ; loin d'avoir un inconvénient elle favorise plus tard la séparation de la benzine.

reprend une seconde fois le liquide avec la même proportion de benzine. Les deux portions de benzine sont réunies[1].

Le liquide aqueux acide est rendu alcalin par de l'ammoniaque, chauffé à + 40 ou 50° et agité à deux reprises chaque fois avec 50 centimètres cubes de benzine; les solutions de benzine abandonnent souvent l'alcaloïde du premier jet sous forme d'un corps blanc, qu'on lave à l'eau froide; cette première eau est rejetée; on redissout le résidu dans de l'eau bouillante et lorsque le liquide est limpide on l'évapore doucement; le résidu peut être examiné par les divers réactifs. Mieux vaut encore évaporer et redissoudre le résidu dans de l'acide sulfurique très-dilué; on reprécipite par de l'ammoniaque et l'on isole l'alcaloïde au moyen de la benzine; cette dernière est décantée, agitée à diverses reprises avec de l'eau distillée, filtrée, puis évaporée. Si l'on a eu soin de séparer de la benzine toutes les parties aqueuses, on obtiendra un produit incolore et pur; il peut être avantageux d'éparpiller le liquide sur divers verres de montre; l'évaporation se fait ainsi plus rapidement[2]; la température ne doit pas dépasser 40°.

Cette méthode s'applique non-seulement à la recherche de la *strychnine* et de la *brucine*, mais encore à celle de la *quinine*, de la *quinidine*, de la *cinchonine*, de l'*émétine*, de l'*atropine*, de l'*hyoscyamine*, de l'*ésérine*, de l'*aconitine*, de la *vératrine*, de la *delphine*, de la *narcotine*, de la *codéine*, de la *papavérine*, de la *thébaïne*, de la *nicotine* et de la *conicine* (au moins dans certaines conditions.)

La benzine ne dissout que des traces de *morphine* et de *solanine*; l'alcool amylique les enlève au contraire avec facilité aux solutions alcalines aqueuses. On dissoudrait également tous les alcaloïdes précédents, en employant au lieu de benzine, immédiatement de l'alcool amylique; mais on ne devrait pas, dans ces

[1] La cantharidine se dissoudrait dans la benzine et resterait dans le résidu de l'évaporation à un état de pureté assez grand pour qu'on puisse tenter avec elle la réaction physiologique (production de la vésication). La caféine, la pipérine, la cubébine et la digitaline se retrouveraient de même dans le même liquide.

[2] La benzine employée doit toujours être très-pure, sans quoi il se produit pendant l'évaporation lente des produits d'altération qui empêchent de reconnaître facilement de petites quantités d'alcaloïdes.

cas, prolonger les purifications, car l'alcool amylique enlève de suite quelques alcaloïdes à la solution acide (vératrine et narcotine) ; on voit que dans ces mêmes cas, le procédé d'Erdmann et d'Uslar pourra faire perdre une certaine quantité d'alcaloïdes.

L'alcool amylique et le chloroforme dissolvent beaucoup de corps étrangers (et notamment les acides lactique, oxalique, tartrique et citrique). On peut se servir par suite de ces liqueurs pour purifier les solutions acides lorsqu'on sait à l'avance que les alcaloïdes que l'on recherche (comme la morphine ou strychnine) sont de ceux qui ne sont pas enlevés aux solutions acides.

La *caféine*, la *colchicine*, la *pipérine*, la *delphine*, la *digitaline* et la *cubébine* passent totalement ou partiellement de leurs solutions acides dans la benzine ; ces alcaloïdes se retrouveront par suite dans les liquides benziniques qui ont servi à la purification des liqueurs acides ; l'*escrine (physostigmine)*, et la *vératrine* se dissoudront de même en petite quantité. La benzine enlève du reste les mêmes alcaloïdes aux solutions alcalines.

La benzine ne dissout pas la *théobromine* quand elle est en solution acide.

L'alcool amylique chaud enlève, au contraire, à ces mêmes solutions acides, la *théobromine*, la *colchicine*, la *pipérine*, la *digitaline*, la *vératrine*, la *delphinine*, la *caféine*, la *cubébine*, la *narcotine* et des traces de *brucine*.

La *berbérine*, au contraire, se dissout, mais incomplétement dans tous les dissolvants, qu'elle soit en solution acide ou alcaline ; la solution aqueuse en retient toujours une certaine partie.

La benzine n'enlève la *narcéine* ni aux solutions acides ni aux solutions alcalines ; l'alcool amylique et le chloroforme ne l'extraient qu'avec difficulté des solutions alcalines.

La *curarine* reste presque tout entière dans les solutions aqueuses, acides ou alcalines ; la benzine, l'alcool amylique et le chloroforme ne l'entraînent pas.

La manière différente dont les alcaloïdes se comportent avec ces dissolvants, loin d'être un inconvénient de ma méthode, me semble, au contraire, très-avantageuse, car elle permet de séparer les divers toxiques en un certain nombre de groupes. J'ai même essayé de baser sur ces faits une méthode générale de séparation et d'isolement, en mettant à profit, outre l'action dissolvante de la benzine et de l'alcool amylique, celle du chloroforme et des parties les plus volatiles du pétrole. Ma méthode, quoique encore bien imparfaite, donne néanmoins des résultats utiles.

Je commence les traitements en me servant du *pétrole rectifié* ou éther de pétrole dont j'ai indiqué la préparation en parlant des réactifs. Je fais agir ce dissolvant d'abord sur les solutions acides, puis sur les solutions alcalines. Les liquides épuisés par le pétrole sont ensuite soumis à l'action dissolvante du chloroforme, que l'on fait agir successivement sur les solutions acidulées et alcalines.

Le *pétrole* agité avec les *solutions acidulées* par l'acide sulfurique dissout la *pipérine;* il n'a pas d'action sur les autres alcaloïdes que la benzine dissout dans ce cas, et la caféine même est réfractaire à son action.

Le *pétrole* agité avec la solution rendue alcaline et portée à la température de 50 à 60° dissout la *strychnine*, la *brucine*, la *quinine*, l'*émétine*, la *vératrine*, la *conicine* et la *nicotine;* et des traces de cinchonine, berbérine, aconitine, narcotine et delphine. Tous ces corps ne se dissolvent pas avec une égale facilité et d'une manière complète. Les alcaloïdes suivants, que la benzine sépare facilement des solutions alcalines, ne peuvent l'être par le pétrole rectifié; ce sont la quinidine, la cinchonine, l'atropine, l'hyoscyamine, l'aconitine, la narcotine, la codéine et la thébaïne.

Le *chloroforme* enlève aux *solutions sulfuriques*, la *caféine*, la *théobromine*, la *colchicine*, la *digitaline*, la *delphinine* (incomplétement ou seulement par traces), la *thébaïne*, la *pipérine*, la *cubébine*, la *papavérine*, la *narcotine;* la solution les renferme à l'état d'alcaloïdes et non à celui de sulfates. Le chloroforme peut encore dissoudre des traces de codéine, de narcéine, de vératrine, d'ésérine, d'aconitine, de cinchonine (peut-être ne sont-ce que des impuretés de ces corps qui se dissolvent) et de berbérine.

Le *chloroforme* enlève aux *solutions alcalines* tous les alcaloïdes cités plus haut, et en outre : la *strychnine*, la *brucine*, la *quinine*, la *cinchonine*, l'*émétine*, l'*atropine*, l'*hyoscyamine*, l'*ésérine*, l'*aconitine*, la *vératrine*, la *morphine* (lentement et incomplétement), la *codéine*, la *thébaïne* (lentement), la *conicine*, la *nicotine* et des traces de *berbérine* et de *narcéine*.

Je veux, avant de discuter la valeur de ma méthode, étudier au préalable les réactions qui permettent non-seulement de reconnaître qu'un corps est un alcaloïde, mais encore de lui assigner son nom ; j'aurai occasion de parler ainsi de quelques autres procédés particuliers, de sorte que la comparaison des diverses méthodes deviendra plus complète.

§ 286. *Réactifs employés pour caractériser les alcaloïdes.* — Il est très-difficile de décider d'une manière rapide qu'une substance est un alcaloïde. Tous les alcaloïdes renferment de l'azote. On peut constater la présence de cet élément en calcinant une petite quantité de la matière desséchée avec du sodium ; le résidu est dissous avec précaution dans un peu d'eau ; on ajoute au liquide filtré quelques gouttes d'un mélange de sel ferreux et ferrique et de l'acide chlorhydrique. L'azote s'est transformé en cyanure de potassium et celui-ci se transforme en bleu de Prusse, dont la couleur est arrivée par l'acide chlorhydrique qui dissout l'excédant d'oxyde ferrique. Je ne recommanderai pas cette réaction qui exige une certaine quantité de matière et qui est la même pour tous les corps azotés.

Le caractère tiré de la *basicité* n'est pas plus décisif. Presque tous les alcaloïdes sont des bases puissantes, mais tous ne bleuissent pas le papier rouge de tournesol ; quelques-uns ne manifestent aucune propriété basique (colchicine). La basicité n'est donc pas un caractère absolu, surtout depuis que l'on connaît des bases organiques très-puissantes qui ne renferment pas d'azote (bases éthyléniques).

La solubilité de leurs chlorures dans l'alcool (caractère distinctif de l'ammoniaque) n'a guère plus de valeur lorsqu'on ne constate que ce caractère isolé.

On voit par suite que nous ne possédons aucun réactif qui permette de décider d'une manière certaine qu'un corps est un alcaloïde ; un ensemble de réactions est nécessaire. Je vais les passer en revue.

1) *Phosphomolybdate de sodium* ou réactif de *Sonnenschein*[1].
— De Vry avait proposé le premier l'emploi de ce réactif, mais
c'est Sonnenschein qui a étudié d'une manière détaillée la manière dont ce sel se comporte avec les divers alcaloïdes. La réaction[2] ressemble beaucoup à celle qui a lieu avec les sels ammoniacaux. On dissout l'alcaloïde dans quelques gouttes d'un
liquide acidulé par de l'acide azotique, chlorhydrique ou sulfurique, et on lui ajoute quelques gouttes de réactif. D'après Sonnenschein sont précipités : la *morphine*, la *narcotine*, la *quinine*,
la *cinchonine*, la *codéine*, la *strychnine*, la *brucine*, la *vératrine*,
la *jervine*, l'*aconitine*, l'*éméline*, la *caféine*, la *théobromine*, la
solanine, l'*atropine*, la *colchicine*, la *delphinine*, la *berbérine*, la
daturine, la *conicine*, la *nicotine*, la *pipérine*. Les précipités se
forment après quelques temps, sont presque toujours amorphes
et jaunâtres ; ceux de la narcotine, de la codéine et de la brucine
sont d'un brun jaunâtre ; ceux de la brucine ocreux ; de la solanine jaune citron ; ceux de la quinine, de la cinchonine, de la
strychnine sont blanc jaunâtre ; celui de la delphinine est gris
jaunâtre et celui de la berbérine jaune sale. Un grand nombre
de ces précipités se colore en bleu ou en vert lorsqu'on les laisse
en contact avec le liquide, ce qui tient à la réduction de l'acide
molybdique, réduction à laquelle l'alcaloïde lui-même participe
très-souvent. L'ammoniaque dissout un certain nombre de ces précipités ; la couleur de la solution est *bleue* avec la berbérine, la
bebéerine, la conicine et l'aconitine, *verte* pour la brucine et la
codéine ; les solutions deviennent incolores par la chaleur, sauf
celle de la brucine, qui devient brune, et celle de la codéine, qui
passe à l'orangé. Le précipité de quinoïdine humecté avec de la
potasse se colore en bleu de Prusse[3]. L'alcool, l'éther, les acides
minéraux étendus (l'acide phosphorique excepté) ne dissolvent

[1] *Ueber ein neues Reagens auf Alkaloïde.* Berlin, 1857. E. Kühne, *Annal. d. Chem. u. Pharm.*, t. CIV.

[2] Le réactif se prépare de la manière suivante : la solution azotique de molybdate d'ammonium est précipitée par la solution azotique de phosphate de sodium ; le précipité est lavé après 24 heures et redissous dans une solution de soude ; on éva-pore à siccité et on calcine jusqu'à ce qu'il ne se dégage plus d'ammoniaque. Le résidu refroidi est dissous dans l'eau et l'on ajoute petit à petit de l'acide azotique pour redissoudre le précipité qui s'est formé en premier lieu.

[3] *Pharm. Zeitsch. f. Russland*, 1re année.

pas ces précipités à froid; l'acide chlorhydrique concentré, les solutions bouillantes d'acides azotique, acétique, oxalique et tartrique les dissolvent à chaud. Les précipités sont décomposés par les alcalis, et leurs carbonates, borates et phosphates, par la chaux, par la baryte et par les oxydes de plomb et d'argent; l'alcaloïde est mis en liberté.

La réaction est très-sensible; on a obtenu un précipité dans 1 centimètre cube de liquide qui ne renfermait que 71 millièmes de milligramme de strychnine. Un certain nombre de dérivés ammoniacaux précipitent par le même réactif; ce sont l'*aniline*, la *quinoline*, la *sinamine*, les *éthyl-methyl-amylamine*, etc.; la *digitaline* et l'*helléborine* qui ne sont pas des alcaloïdes sont également précipités. Le précipité de digitaline, chauffé dans le liquide dans lequel il a pris naissance se colore en vert foncé et devient bleu foncé par l'addition d'ammoniaque; Trapp a vu ce précipité se produire avec 6 dixièmes de milligramme de digitaline. L'urée, l'acide urique, l'acide hippurique et l'asparagine ne sont pas précipités.

Mayer[1] a proposé l'emploi de ce réactif comme procédé général pour isoler l'alcaloïde des matières organiques et inorganiques dissoutes dans l'eau; il reprend le précipité par la baryte et sépare l'alcaloïde mis en liberté à l'aide de l'alcool.

Je pense que l'on ne doit pas trop se fier à cette méthode, car les infusions aqueuses ne précipitent pas toujours d'une manière complète et le précipité subit au bout d'un temps variable une décomposition qui porte, comme nous l'avons déjà dit, non-seulement sur l'acide molybdique, mais encore sur l'alcaloïde.

2) *Acide métatungstique* ou *réactif de Scheibler*. — On se sert du sel de soude ou du phosphotungstate de sodium[2]; c'est Scheibler[3] qui a proposé l'emploi de ce réactif, qui se comporte à peu de chose près comme le réactif précédent; les précipités sont parfois moins solubles et moins stables de sorte qu'il me paraît inutile de le substituer au phosphomolybdate de sodium. D'après Scheibler, on peut reconnaître 3 dix-millièmes de milligramme

---

[1] *OEst. Zeitsch. f. Pharm.*, t. II, p. 232.
[2] On ajoute un peu d'acide phosphorique au tungstate de sodium.
[3] *Arch. f. Pharm.*, t. LIX, et Erdm., *Journ. f. pr. Chemie*, t. LXXX, p. 211.

de strychnine, car le liquide devient opalescent; avec 15 millièmes il se produit un précipité assez abondant pour qu'on
puisse le séparer par le filtre.

5) *Acide phospho-antimonique* ou *réactif de Schulze*[1].— On dissout l'alcaloïde dans une solution acidulée par de l'acide sulfurique; les précipités obtenus avec les alcaloïdes sont amorphes et
d'ordinaire blancs; celui de brucine rougit quand on le chauffe
et se dissout en prenant une belle couleur de vin rouge; en continuant l'action de la chaleur la couleur rouge disparaît et fait
place à un précipité blanc. Cette réaction se produit encore avec
un liquide étendu au 1/10000. On a étudié l'action de ce réactif
sur les alcaloïdes suivants; j'indiquerai en même temps sa limite
de sensibilité.

Strychnine; trouble avec un liquide au 1/25000; précipité
floconneux blanc dans les solutions au 1/5000.

Quinine; solutions au 1/5000, opalescence; flocons blancs dans
celles au millième.

Cinchonine; solutions au 1/5000 opalescence; flocons blancs
dans celles au millième.

Caféine; pas de réaction dans les solutions au millième.

Théobromine; léger trouble dans une solution au millième.

Pipérine; trouble jaune dans des solutions très-étendues.

Atropine; les solutions au millième abandonnent un précipité
blanc, qui se dissout en partie quand on le chauffe, mais qui se
reprécipite bientôt presque en totalité. La réaction est encore
assez nette avec une solution diluée aux 5 millièmes.

Aconitine; opalescence très-faible avec une solution au
1/25000; précipité blanc dans la solution au millième.

Vératrine; opalescence dans les liquides dilués au 1/5000;
précipité blanc sale dans la solution au millième.

Morphine; pas de réaction avec la solution au millième.

Narcotine; solutions au millième, flocons blanc jaunâtre;
trouble très-faible dans celles au 1/25000.

Codéine; trouble blanc sale dans un liquide au 1/1000.

---

[1] *Annal. d. Chem.,* t. CXIX, p. 177; on prépare le réactif en ajoutant goutte à
goutte à une solution de phosphate de sodium du perchlorure d'antimoine; 5 parties du premier sel pour 1 du second sont des proportions convenables.

Nicotine; trouble très-faible dans une solution au 1/250.

Conicine; opalescence dans une solution de même concentration.

Digitaline; trouble très-faible dans les solutions au 1/1000; le précipité disparaît au premier abord quand on le chauffe, mais il se redépose alors plus abondamment.

On peut dire d'une manière générale que ce réactif est bien moins sensible que le réactif molybdique; il n'a d'importance réelle que pour la recherche de l'*atropine*.

4) *Iodure double de mercure et de potassium* (*nommé parfois réactif de Mayer*). — L'emploi de ce réactif a été préconisé par Planta et Delfs, Cossa et Carpené[1]; les sels neutres des alcaloïdes donnent des précipités blancs ou jaunâtres, amorphes ou cristallins; un certain nombre de précipités amorphes au début prennent une structure cristalline après vingt-quatre heures. Le précipité, d'après mon observation, ne devient jamais cristallin avec les alcaloïdes suivants : narcotine, thébaïne, narcéine, émétine, aconitine, delphine, bébéerine. Les solutions étendues de caféine, de théobromine, de solanine, de digitaline, de colchicine ne sont pas précipitées. Le réactif se comporte d'une manière très-caractéristique avec la *conicine* et la *nicotine*; le précipité blanc d'abord, se réunit bientôt sous forme d'une masse poisseuse qui adhère aux parois du vase; 24 heures après le précipité s'est métamorphosé en cristaux visibles à l'œil nu (quelquefois de 1 cent. de longueur); aucun autre alcaloïde ne se comporte ainsi. Mayer a déterminé la limite de la sensibilité de ce réactif pour les alcaloïdes suivants :

Morphine, est encore précipitée dans les solut. diluées au			1/2500
Strychnine,	id.	id.	1/150000
Brucine, quinidine, narcotine,		id.	1/50000
Quinine,	id.	id.	1/125000
Cinchonine,	id.	id.	1/7500
Atropine,	id.	id.	1/7000
Nicotine,	id.	id.	1/25000
Conicine,	id.	id.	1/800

[1] Mayer emploie la solution suivante : chlorure mercurique 13gr,546; iodure de potassium 49,8, eau q. s. pour faire 1 litre (*Pharm. Zeitsch. f. Russland*, 2e année).

Je ne crois pas devoir recommander l'emploi de ce réactif pour isoler les alcaloïdes des matières organiques. Mayer affirme, il est vrai, que les corps étrangers n'entravent pas la précipitation, mais il est cependant obligé de convenir que l'ammoniaque, l'alcool et l'acide acétique peuvent un peu modifier la réaction; je suis sûr que le nombre de ces derniers corps est plus considérable encore. Le précipité n'est du reste stable qu'avec quelques alcaloïdes; très-souvent il brunit très-vite par suite de la mise en liberté de l'iode qui s'évapore; on doit toujours craindre dans un cas semblable que l'alcaloïde lui-même ne participe à cette décomposition et ne soit modifié au point qu'on ne puisse plus le caractériser.

Mayer a proposé l'emploi d'une solution titrée de ce réactif pour doser les alcaloïdes à l'aide d'une méthode volumétrique ; chaque cent. cube de sa solution correspond à :

1/20000	d'équivalent de	*strychnine*	$0^{gr},0167$
1/20000	—	*brucine*	$0^{gr},0233$
1/60000	—	*quinine*	$0^{gr},0108$
1/60000	—	*cinchonine*	$0^{gr},0102$
1/60000	—	*quinidine*	$0^{gr}.0120$
1/20000	—	*atropine*	$0^{gr},0145$
1/10000	—	*aconitine*	$0^{gr},0218$
1/20000	—	*vératrine*	$0^{gr},0269$
1/30000	—	*morphine*	$0^{gr},0200$
1/20000	—	*narcotine*	$0^{gr},0215$
1/40000	—	*nicotine*	$0^{gr},00405$
1/20000	—	*conicine*	$0^{gr},00416$

En contrôlant les résultats de Mayer, j'ai trouvé des chiffres un peu différents sauf pour la brucine et la strychnine; je les indiquerai en traitant de chaque alcaloïde en particulier. Le dosage ne doit pas être entrepris dans des solutions trop concentrées ; elles doivent renfermer tout au plus 1/200 d'alcaloïde ; on laisse écouler le réactif goutte à goutte d'une burette en s'arrêtant dès qu'une goutte du mélange éclairci précipite une goutte d'une solution étendue d'alcaloïde que l'on a placée sur une plaque de verre recouverte à sa partie inférieure d'un vernis noir (asphalte et caoutchouc dissous dans de la benzine). On frotte énergiquement la baguette de verre avant de s'en servir ; de cette manière le précipité n'y adhère pas et l'on n'enlève qu'une goutte de liquide limpide. En s'arrêtant à ce moment, on est sûr que l'on a employé un excès de réactif ; l'opération doit par suite se conduire avec beaucoup de prudence pour que l'on soit assuré que cette limite n'est pas trop dépassée.

Delfs, qui prépare ce réactif en dissolvant l'iodure rouge de mercure dans de l'iodure de potassium, a obtenu des résultats un peu différents ; d'après lui une solution acide de caféine est précipitée à l'état amorphe ; après quelque temps le précipité devient cristallin ; ce caractère n'appartiendrait qu'à la caféine [1].

De Vry et Valser [2] en se servant du réactif de Delfs ont obtenu avec la plupart des alcaloïdes des précipités jaunes blanchâtres, qui sont solubles dans l'alcool ou l'éther lorsque l'alcaloïde lui-même y est soluble ; d'après eux la caféine et la théobromine ne seraient pas précipitées.

5) *Iodure double de bismuth et de potassium* [2]. Ce composé est, d'après mes essais, un réactif d'une grande sensibilité. On dissout l'alcaloïde dans de l'*eau* aiguisée d'acide sulfurique (4 gouttes d'acide concentré pour 10 cent. d'eau) ; une petite quantité d'alcool n'entrave pas la réaction, mais il n'en est pas de même d'un excès d'alcool, d'éther, ou d'une trace d'alcool amylique. La plupart des alcaloïdes précipitent en rouge orangé ; de ce nombre sont la *brucine*, la *strychnine*, la *morphine*, la *curarine*, l'*atropine*, l'*aconitine*, l'*hyoscyamine*, le *quinine*, la *cinchonine*, la *conicine*, la *nicotine*, la *narcotine*, la *codéine*, la *papavérine*, la *thébaïne*, la *delphinine*, la *chélidonine*, la *caféine*, la *berbérine* et la *bébéerine*. La *narcéine*, la *théobromine*, la *vératrine*, la *digitaline* et la *solanine* ne produisent qu'un léger trouble dans les solutions étendues ; les solutions concentrées précipitent ; le précipité de théobromine est cristallin.

Les précipités s'agglutinent quand on les chauffe, se dissolvent

---

[1] *N. Jahrb. f. Pharm.*, t. II, p. 31.

[2] *Pharm. Zeits. f. Russland.* Année V. Je dissous à chaud l'iodure de bismuth dans une solution concentrée d'iodure de potassium, et j'y ajoute ensuite autant d'iodure de potassium qu'il m'en a fallu pour obtenir la solution.

en partie par une ébullition prolongée, mais se déposent de nouveau par le refroidissement. L'ammoniaque, les alcalis et leurs carbonates décomposent le précipité ; il se dépose de l'oxyde ou de l'hydrocarbonate bismuthiques blancs. Le réactif ne se prête pas à la séparation des alcaloïdes des matières organiques, car les précipités sont encore moins stables que ceux que l'on a obtenus par les autres précipitants. La valeur de ce réactif tient exclusivement à sa sensibilité qui souvent égale celle des réactifs précédents et dépasse fréquemment celle du réactif phosphomolybdique. J'ai obtenu les résultats suivants en opérant toujours sur 10 cent. cube d'une solution (acidulée par 4 gouttes d'acide sulfurique) renfermant des proportions variables d'alcaloïde : le liquide se trouble faiblement quand il renferme 1/50000 de gramme de *strychnine*, 1/25000 de *brucine*, 1/16000 d'*atropine*, 1/5000 de *morphine* ; il se trouble abondamment quand il tient en dissolution 1/25000 de gramme de *strychnine* ; on obtient des précipités avec les solutions qui renferment 1/10000 de gramme de *brucine* ou d'*atropine* et 1/2500 de *morphine*.

La *quinine* produit encore un trouble sensible, quand elle est étendue au 1/50000.

Le réactif ne précipite pas les corps azotés suivants : urée, acide hippurique, acide urique, créatine, créatinine et asparagine.

6) *Iodure double de cadmium et de potassium réactif de Marmé.* — C'est cet auteur [1] qui recommande l'emploi de ce réactif.

Sont précipités :

La *strychnine*, la *brucine*, la *curarine*, la *quinine*, la *quinidine*, la *cinchonine*, l'*émétine*, la *berbérine*, l'*atropine*, l'*hyoscyamine*, l'*aconitine*, la *vératrine*, la *morphine*, la *narcotine*, la *codéine*, la *thébaïne*, la *narcéine*, la *nicotine*, la *coniéine*, la *delphine*, la *bébeerine*, la *cytisine*, la *pipérine*. La strychnine et la quinine sont précipités complétement à l'état floconneux, même d'une solution diluée au 1/10000.

Ne sont pas précipités :

Les *glucosides* (comme l'amygdaline, la salicine, la phlo-

[1] *Zeitsch. f. rat. Med.*, année 1867 ; le réactif se prépare comme le précédent.

ridzine, l'ésculine, la saponine, la cyclamine, l'ononine, la digitaline, la glicyrrhyzine, la colocynthine, l'elléborine), l'*asparagine*, l'*allantoïne*, l'*alloxane*, la *cystine*, la *guanine*, l'*urée*, la
créatine, la *créatinine*, la *leucine*, la *xanthine*, la *taurine*, la
caféine et les *sels ammoniacaux*.

Les précipités se dissolvent dans l'alcool et dans un excès du
précipitant, et ne sont guère plus stables que les précipités
mercuriques et bismuthiques. Les résultats de Marmé sont exacts;
je les ai contrôlés et j'ai obtenu la réaction avec la plupart de
alcaloïdes dilués au 1/10000; la vératrine, l'atropine et la
narcéine ne précipitent que dans des solutions plus concentrées.
La cocaïne, la sanguinarine et la papavérine précipitent également; je n'ai pas obtenu de précipités avec les solutions étendues de théobromine, de solanine et de colchicine. Ces précipités, incolores au premier abord, prennent peu à peu une
teinte jaune; le précipité de berbérine cependant est jaune au
moment de sa formation, et celui de sanguinarine rouge. Amorphes au début, ces précipités ont une grande tendance à passer
à l'état cristallin; ce dernier caractère n'appartient pas aux
précipités de berbérine, de narcotine, de delphinine, d'aconitine, de thébaïne, de cocaïne, de sanguinarine, de pipérine et
de conicine. Le précipité de nicotine cristallise aussi bien que le
précipité mercurique; celui de morphine se transforme en aiguilles soyeuses, celui de codéine en tables quadrangulaires, et
ceux de cinchonidine et de papavérine [1] en un feutrage de cristaux très-longs et très-fins [1].

Quelques alcaloïdes précipitent également avec l'*iodure double de zinc et de potassium*; j'ai obtenu des précipités dans des
solutions dont la dilution variait de 1/3000 à 1/6000, avec la
strychnine, la *brucine*, la *quinine*, la *quinidine*, la *codéine* et la *papavérine*; les précipités étaient cristallisés au premier moment ou
le devinrent très-rapidement; blancs au moment de leur formation,
ils ne tardent pas à prendre une teinte jaune. La *quinidine* fournit
immédiatement un précipité jaune cristallisé et dichroïque; la
berbérine, au contraire, donne un précipité qui reste amorphe. Les

[1] Voy. *Schroff. Apothel, Jahrg.*, t. IX, p. 148.

alcoloïdes suivants ne donnent que des précipités insignifiants qui paraissent être dus à la décomposition du réactif lui-même et non à la précipitation de l'alcaloïde; ce sont : la cinchonine, la cinchonidine, la narcotine, la vératrine, l'atropine et la thébaïne. La morphine, la nicotine, la conicine et la caféine ne précipitent pas. La *narcéine laisse déposer peu à peu de longs cristaux très-tenus qui se colorent en bleu après 24 heures.* Ce même réactif est également très-utile pour reconnaître la codéine; la cristallisation qu'on obtient est assez abondante pour que l'on puisse retourner le verre dans lequel elle s'est produite, sans que le liquide s'écoule.

On peut retirer facilement l'alcaloïde de tous ces précipités bismuthiques, cadmiques, etc., à l'aide de la potasse qui le met en liberté; il sera isolé à l'aide d'un dissolvant approprié qui l'abandonnera par l'évaporation.

7) *Platino-cyanure de potassium.* — L'emploi de ce précipitant a été proposé à la fois par Schwarzenbach et par Delfs [1]. Le premier a obtenu avec la *morphine* et la *strychnine* un précipité blanc cristallisé; la *quinine* n'a laissé déposer qu'un précipité blanc amorphe. Delfs [1], au contraire, n'obtient pas de précipité dans les solutions de quinine et de cinchonidine, mais bien dans celles de *cinchonine* et de *quinidine.* Les précipités sont cristallins; celui de cinchonine se résout quand on le chauffe avec précaution en un liquide violet. La *brucine* donne de même un précipité cristallin.

Tous ces précipités se dissolvent, quand on les chauffe, et se déposent de nouveau par le refroidissement (le précipité de strychnine est irisé); les combinaisons manifestent encore les réactions des alcaloïdes. Il convient avant d'employer ce réactif dans une expertise, d'instituer de nouvelles expériences qui lui assigneront sa valeur réelle.

8) *Cyanure double d'argent et de potassium* [2]. — Le réactif doit être versé en excès dans une solution aussi neutre que possible

---

[1] *Wittstein Vierterj.,* t. VI. *Zeitschrift f. Chem. u. Pharm.,* 1865.

[2] Je prépare ce réactif, dont la conservation n'est pas facile, au moment même de m'en servir, en redissolvant dans un excès de cyanure de potassium le précipité que l'on obtient en versant du cyanure dans de l'azotate d'argent.

d'alcaloïde ; j'ai employé ce précipitant avec des solutions dont la dilution variait de 1/3000 à 1/6000, et j'ai obtenu des précipités dont quelques-uns cristallisent.

Voici quels sont les caractères des alcaloïdes examinés :

Ne sont pas précipités :

La caféine, l'atropine, l'aconitine, la narcéine, la nicotine, la conicine, la colchicine et la digitaline.

Strychnine. — Précipité cristallisant lentement sous forme de cristaux aiguillés incolores ;

Brucine. — Pas de précipité au premier abord, puis dépôt cristallin incolore ;

Quinine, quinidine, cinchonine, cinchonidine. — Précipités blancs caséeux, se contractant et présentant des traces de cristallisation après 24 heures ;

Vératrine, berbérine. — Précipités amorphes ne se modifiant pas ;

Morphine, codéine. — Précipitation cristalline incomplète ne se produisant qu'au bout de quelques heures ;

Narcotine, papavérine. — Précipités amorphes, se formant de suite ; celui de narcotine se gélatinise peu à peu, mais tous les deux deviennent cristallins à la longue ;

Solanine. — Précipité amorphe tardant à se produire ;

Le *cyanure double de cuivre et de potassium* précipite de même quelques alcaloïdes, mais il est bien moins sensible que le réactif argentique. Le sulfate de *morphine* au 1/200 abandonne lentement un précipité cristallin ; les solutions de même concentration de *cinchonine,* de *quinine* et de *strychnine* précipitent immédiatement ; la *brucine* ne laisse déposer que quelques cristaux ; l'atropine et la conicine ne précipitent pas.

Les *ferro* et *ferricyanure de potassium,* le *sulfocyanure de potassium,* le *nitroprussiate de sodium,* donnent également des précipités avec quelques alcaloïdes ; j'en reparlerai à propos des alcaloïdes, pour lesquels cette réaction présente quelque avantage.

9) Le *chlorure platinique* précipite les solutions des alcaloïdes en gris, blanc jaunâtre ou jaune ; le sel ne doit pas renfermer d'excès d'acide ; il se comporte de la manière suivante avec les solutions d'alcaloïdes dilués au 1/1000 :

Strychnine, brucine, curarine. — Précipités jaunes, prenant peu à peu l'aspect cristallin et insolubles à froid dans l'acide chlorhydrique ;

Quinine et quinidine.—Précipités blancs, insolubles dans l a-cide chlorhydrique froid ;

Cinchonine. — Précipité jaune citrin, restant amorphe et insoluble dans l'acide chlorhydrique froid ;

Caféine. —Pas de précipité au début ; au bout de deux heures cristaux feutrés, presque blancs, insolubles à froid dans l'acide chlorhydrique ;

Théobromine. — (La solution doit être acide). Opalescence au début, puis dépôt de flocons bruns ;

Emétine. — Précipité blanc jaunâtre ;

Berbérine. — Précipité jaune, soluble à froid dans l'acide chlorhydrique;

Atropine, aconitine, vératrine. — Ne sont pas précipités à cet état de dilution [1] ;

Esérine (physostigmine). — Pas de précipité.

Morphine. — Léger trouble qui augmente lentement ; après 24 heures, précipité cristallin, insoluble à froid dans l'acide chlorhydrique ;

Narcotine, codéine. — Pas de précipité.

Papavérine. — Précipité presque blanc, soluble à froid dans l'acide chlorhydrique.

Thébaïne. — Précipité jaune citrin, devenant cristallin après quelque temps.

Narcéine. —Pas de précipité au début; après une 1/2 heure on voit se former des cristaux jaunes visibles à l'œil nu.

Nicotine.— Précipité presque blanc soluble dans l'acide chlor-hydrique.

Conicine. — Pas de précipité (même pas à la suite de l'addi-tion d'alcool ou d'éther).

Colchicine. — Se comporte comme la morphine.

Delphinine. — Légère opalescence, puis dépôt de flocons gris jaunâtres, solubles dans l'acide chlorhydrique.

---

[1] Les solutions concentrées, au contraire, sont précipitées. Voy. *Ztch. d. oest. Apoth. Vereins.*, XII, p. 142.

Solanine, digitaline. — Pas de précipités.

Berbérine. — Précipité jaune orangé, amorphe et ne se dissolvant pas dans l'acide chlorhydrique.

Ce réactif, pas plus que les précédents, ne peut servir à isoler les alcaloïdes des matières étrangères ; il a par contre une valeur assez grande pour en caractériser quelques-uns. Ces précipités peuvent en effet être obtenus facilement exempts de substances étrangères ; ils ont une composition constante et ne se décomposent pas spontanément. Ils se transforment par la calcination en platine, dont le poids varie nécessairement avec le poids atomique de l'alcaloïde ; ce poids a été déterminé pour les divers alcaloïdes et l'on peut souvent différencier deux alcaloïdes à l'aide de la pesée du résidu platinique, de leurs précipités, surtout dans les cas où cette différence est un peu notable.

100 parties du précipité platinique bien sec, laissent par la calcination les résidus suivants de platine métallique :

Strychnine, 18,16 (Nickolson et Abel).

Brucine, 16,52 (Varrentrapp et Well).

Curarine, 32,65 (Preyer).

Quinine, 26,26 (Gerhardt).

Quinidine, 27,38 (Hesse) ; le précipité doit être desséché à 130°.

Cinchonine, 27,36 (Hlasiwetz).

Caféine, 24,58 (Nickolson).

Théobromine, 25,55 (Keller).

Pipérine, 12,70 (Northheim).

Berbérine, 18,11 (Fleitmann).

Morphine, 19,52 (Liebig).

Narcotine, 15,72-15,95 (Wertheim) ; (15,66 pour l'aconelline de Smith).

Codéine, 19,11 (Anderson).

Narcéine, 14,52 (Hesse).

Papavérine, 17,82 (Merck).

Thébaïne, 18,71 (Anderson).

Delphine, 17,40 (Erdmann).

Nicotine, 34,25 (Barral).

Conicine, 29,38 (Ortigosa).

On peut essayer de retirer l'alcaloïde de sa combinaison platinique, en faisant passer un courant d'hydrogène sulfuré dans de l'eau bouillante tenant en suspension le précipité; on évapore et on traite le résidu par un dissolvant approprié à la nature de l'alcaloïde.

10) Le *chlorure d'or* donne avec les alcaloïdes des précipités jaunes ou blanchâtres; on l'a essayé avec les solutions suivantes diluées au 1/1000, en ayant soin de conserver les précipités à l'abri de la lumière.

Strychnine et *brucine*.— Précipités amorphes d'un jaune sale, solubles à froid dans l'acide chlorhydrique.

Quinine, *quinidine*, *cinchonine*, *émétine*. — Précipités amorphes d'un jaune citrin.

Caféine. — Rien au début, précipité cristallin jaune citrin après 10 à 15 heures.

Théobromine. — (Solution acide) rien au début, il se dépose après quelque temps de rares cristaux aiguillés.

Berbérine. — Précipité immédiat d'un bel orangé.

Atropine. — Précipité hyalin d'un beau jaune citron.

Aconitine. — Précipité qui se réduit après 24 heures.

Vératrine. — Précipité amorphe d'un jaune clair et très-abondant.

Ésérine (*physostigmine*). — Réduit lentement le réactif.

Morphine.— Précipité immédiat et abondant; la couleur jaune citrin se fonce après quelque temps; le précipité est insoluble à froid dans l'acide chlorhydrique.

Narcotine. — Trouble qui disparaît très-vite; la solution laisse déposer un corps bleu et les parois du verre sont dorées après 24 heures.

Codéine. — Ne précipite pas.

Papavérine. — Précipité jaune foncé qui fait voir des traces de cristallisation.

Thébaïne. — Précipité rouge brunâtre très-abondant.

Narcéine. — Précipité jaune amorphe se formant de suite; après 24 heures on trouve de l'or réduit.

Nicotine. — Pas de précipité; les solutions plus concentrées

donnent un précipité jaune rougeâtre qui se dissout avec difficulté dans l'acide chlorhydrique.

Conicine. — Léger trouble qui augmente lentement ; le précipité se dissout avec difficulté dans l'acide chlorhydrique.

Colchicine. — Le liquide reste clair, puis se trouble et laisse
déposer des flocons bruns après une 1/2 heure ; après 24 heures
on trouve de l'or réduit.

Solanine. — (Solution acide); pas de précipité.

Digitaline. — Rien au début ; précipité jaune cristallin à la
longue.

Delphine. — Précipité amorphe jaune citrin.

Berbérine. — Précipité jaune foncé.

Les précipités auriques partagent avec les précipités platini-
ques l'avantage d'avoir une composition invariable et peuvent
comme eux servir à déterminer la nature d'un alcaloïde.

100 parties de précipité bien desséché laissent par la calcination les résidus d'or suivants :

Strychnine, 29,15 (Nickolson et Abel).

Quinidine, 40,04 (Hesse).

Caféine, 37,02 (Nickolson).

Berbérine, 29,16 (Perrins).

Atropine, 31,37 (Planta).

Hyoscyamine, 54,6 (Kletzinsky); (31,15 Renard).

Aconitine, 22,06 (Planta).

Vératrine, 21,01 (Merck).

Émétine, 29,7 (Masing).

L'alcaloïde peut être retiré du précipité aurique, à l'aide de
l'hydrogène sulfuré en procédant comme nous l'avons indiqué
pour le composé platinique.

Le *chlorure d'iridium* (mêlé de chlorure de sodium) précipite,
d'après Planta[1], un grand nombre d'alcaloïdes, la morphine
n'est pas précipitée ; on a également essayé sans trop d'avantages le *chlorure de palladium*[1].

11) Le *sublimé corrosif* se comporte de la manière suivante
avec les solutions renfermant 1/500 d'alcaloïde :

[1] Planta, *Verhalt. der wicht. Alkal. g. Reag.*, Heidelberg, 1846.

Strychnine. — Précipité amorphe devenant cristallin.

Brucine, quinine, quinidine, cinchonine. — Précipités amorphes, solubles à froid dans l'acide chlorhydrique ; les solutions concentrées de brucine donnent seules un précipité qui a une tendance à devenir cristallin ; le précipité de quinine se dissout dans le chlorure d'ammonium.

Émétine. — Léger trouble.

Caféine. — Cristaux aiguillés très-longs se formant après quelque temps, solubles à froid dans l'acide chlorhydrique.

Théobromine. — Trouble insignifiant.

Berbérine. — Précipité jaune amorphe très-abondant, que l'acide chlorhydrique bouillant ne dissout qu'incomplétement.

Atropine. — Trouble léger qui augmente peu à peu ; l'acide chlorhydrique redissout partiellement le précipité.

Aconitine. — Comme la strychnine.

Vératrine. — Précipité amorphe qui ne se forme qu'après un temps très-long ; il est soluble dans l'acide chlorhydrique.

Morphine. — Pas de précipité.

Narcotine, codéine. — Trouble très-faible qui augmente peu à peu, et ne devient cristallin qu'après 24 heures.

Papavérine, thébaïne. — Précipités jaunâtres, se formant lentement et se dissolvant rapidement dans l'acide chlorhydrique.

Narcéine. — Pas de précipité.

Nicotine, conicine. — Comme pour la strychnine ; le précipité de nicotine se dissout passagèrement dans le chlorure d'ammonium.

Colchicine. — Pas de précipité.

Delphine. — Trouble blanchâtre, puis précipité amorphe soluble dans l'acide chlorhydrique bouillant.

Solanine, digitaline. — Pas de précipité.

Berbérine. — Précipité amorphe jaunâtre, soluble dans l'acide chlorhydrique froid.

L'alcaloïde peut être retiré aussi facilement du précipité mercurique que des précipités platinique et aurique.

12) Le *bichromate de potassium* en solution concentrée se comporte de la manière suivante avec les solutions des alcaloïdes au *cinq-centième.*

Strychnine. — Précipité jaune devenant cristallin ; l'acide sulfurique concentré colore les cristaux en bleu fugace.

Brucine. — Précipité composé d'aiguilles visibles à l'œil nu, mais ne se formant que très-lentement. (Nous verrons plus tard quel est leur aspect au microscope.)

Quinine, quinidine, cinchonine, émétine. — Les solutions ne se troublent que lentement et laissent déposer un précipité amorphe. Les solutions neutres et plus concentrées précipitent de suite et le précipité devient cristallin pour la quinine et la quinidine.

Caféine. — Pas de précipité,

Théobromine (solutions acides). — Précipité amorphe qui ne se forme qu'au bout d'un certain temps.

Berbérine. — Précipité jaune amorphe.

Atropine, aconitine, vératrine, morphine, narcotine, codéine, papavérine et thébaïne. — Le précipité ne se forme qu'à la longue et n'a pas une grande tendance à passer à l'état cristallin.

Narcéine (solutions acides). — Le précipité se forme à la longue et prend l'aspect cristallin ; les solutions neutres ne sont pas précipitées ;

Nicotine, conicine, colchicine et *delphine* (se comportent comme 'atropine) ;

Solanine. — Pas de précipité.

Digitaline (comme l'atropine) ;

Bébéerine. — Précipité immédiat de flocons qui restent amorphes.

13) *Acide picrique.* — J'ai étudié l'action des solutions concentrées de cet acide sur les solutions concentrées d'alcaloïdes, de leurs sulfates et de leurs chlorures. Les précipités sont jaunes et acquièrent très-vite l'aspect cristallin s'ils ne l'ont pas au moment même de leur formation. Les précipités de brucine, d'atropine et de strychnine sont très-caractéristiques[1].

Les soluions au 1/500 se comportent de la manière suivante avec la solution concentrée de cet acide :

---

[1] Consultez pour leur aspect au microscope, Helwig, *Der Mikroscop in der Toxicologie.* Mayence, Zabern., 1865). *Arch. f. Pharm.*, t. XXXIV, p. 204 ; Hagers, *Ctb.*, 1869, p. 131.

Ne sont *pas* précipitées : la *caféine*, la *théobromine*, l'*atropine*[1], l'*aconitine*, la *morphine*, la *codéine*, la *conicine*, la *colchicine*, la *solanine*, la *digitaline;*

La *nicotine* ne se trouble que passagèrement ; les solutions parfaitement neutres donnent un précipité jaune cristallin (feutrage de longues aiguilles).

La *quinine*, l'*émétine*, la *vératrine*, la *narcotine*, la *thébaïne*, la *delphine* et la *bébéerine* précipitent, mais le précipité reste amorphe. Les précipités suivants, au contraire, passent à l'état cristallin : *strychnine, brucine, quinidine, cinchonine, berbérine* (orangé), *papavérine* et *narcéine.*

14) Le *tannin*[2] précipite très-bien un grand nombre d'alcaloïdes ; les précipités sont incolores ou jaunes, mais ne sont guère caractéristiques parce que ce réactif précipite un grand nombre d'autres substances qui ne sont nullement toxiques. On peut, au contraire, s'en servir quelquefois avec avantage pour isoler les alcaloïdes de solutions neutres ou faiblement acides. Le précipité est filtré, mêlé encore humide à de l'oxyde de plomb et desséché ; l'alcool ou un autre dissolvant enlèvent l'alcaloïde. Le tannin se comporte de la manière suivante avec les alcaloïdes en solution au 1/500.

Strychnine et *brucine.* — Précipités blancs abondants, solubles dans l'acide chlorhydrique.

Curarine. — Précipité jaunâtre, soluble dans l'acide chlorhydrique.

Quinine, quinidine, cinchonine. — Précipités blancs jaunâtres solubles à chaud dans l'acide chlorhydrique ; la solution se trouble par le refroidissement.

Caféine. — Trouble se formant lentement et se comportant comme les précipités précédents avec l'acide chlorhydrique.

Théobromine. — Léger trouble après vingt-quatre heures ; l'acide éclaircit le liquide.

Berbérine. —Léger trouble, qui augmente par l'addition d'a

---

[1] Il est bien entendu que des solutions plus concentrées peuvent précipiter ; cela est le cas notamment pour l'atropine (après vingt-quatre heures) et l'aconitine.

[2] L'acide doit être dissous au moment de s'en servir ; on ne doit pas employer la teinture aqueuse qui renferme trop d'acide gallique.

cide, disparaît à l'ébullition et reparaît par le refroidissement.

Atropine. — Précipité blanc abondant, soluble dans les acides.

Ésérine (physostigmine). — Précipité rougeâtre, soluble dans l'acide.

Aconitine. — Trouble passager mais se reproduisant de nouveau ; l'acide chlorhydrique à froid augmente le précipité ; la chaleur le redissout et le liquide se trouble de nouveau par le refroidissement.

Vératrine. — Précipité floconneux après vingt-quatre heures, se dissolvant à chaud dans l'acide chlorhydrique et se reprécipitant à froid.

Morphine. — Trouble très-faible à la longue, qui disparaît immédiatement dans l'acide chlorhydrique même à froid.

Narcotine. — (Comme l'aconitine.)

Codéine. — Trouble blanc abondant, qui disparaît à froid dans l'acide.

Papavérine et *thébaïne*. — Précipité jaune soluble dans l'acide chlorhydrique bouillant et se déposant par le refroidissement.

Narcéine. — Trouble blanchâtre.

Nicotine et *conicine*. — Comme la quinine.

Colchicine. — Trouble peu abondant, qui ne se forme que lentement et disparaît à froid par l'acide.

Delphine. — Trouble blanc abondant, soluble partiellement dans l'acide chlorhydrique chaud.

Solanine. — Précipité floconneux peu abondant après vingt-quatre heures ; l'acide chlorhydrique augmente passagèrement le précipité qui se redissout à chaud et se reprécipite par le refroidissement.

Digitaline. — Pas de précipité, mais se comporte avec l'acide comme la solanine.

Bébéerine. — Comme la quinine.

15) L'*iodure de potassium ioduré* et la *teinture d'iode* donnent des précipités bruns[1]. Les solutions aqueuses de la concentration indiquée se comportent de la manière suivante :

[1] Wagner a proposé l'emploi de ces réactifs (Fresenius, *Zeitsch. f. anal. Ch.*, t. IV) pour isoler les alcaloïdes, mais je crains de recommander cette méthode

Précipités couleur kermès avec la *strychnine*, la *brucine*, la *quinidine*, la *cinchonine* (v. § 311), la *berbérine*, l'*aconitine*, la *vératrine*, la *morphine*, la *narcotine*, la *codéine*, la *papavérine*, la *thébaïne*, la *conicine*, la *colchicine*, la *delphine*, la *bébéerine*.

Précipités rouge brun avec la *quinine*, l'*atropine* et la *nicotine*. La nicotine parfaitement pure donne un précipité jaune qui prend la couleur kermès quand on ajoute un excès de précipitant.

Précipités brun foncé sale avec la *caféine*.

Précipité brun qui jaunit et devient cristallin avec la *narcéine*.

Louche très-faible dans les solutions acides de *théobromine*.

Louche passager avec la *digitaline*.

Pas de précipité avec les solutions acides de *solanine* (v. § 394).

Les précipités sont insolubles à froid dans l'acide chlorhydrique étendu, mais un certain nombre d'entre eux passent ensuite à l'état cristallin. Hilger s'est basé sur ce caractère pour reconnaître quelques alcaloïdes [1].

Les solutions alcooliques d'alcaloïdes ne sont d'ordinaire pas modifiées par la teinture alcoolique d'iode. La *berbérine* fait exception ; sa solution alcoolique abandonne immédiatement un précipité cristallin jaune brunâtre ; si l'on ajoute à cette solution alcoolique une solution aqueuse d'iodure iodé, on obtiendra un précipité cristallisé feutré, vert lorsqu'on a employé peu de réactif et jaune brunâtre quand on en a mis un excès ; il se forme suivant les cas un iodure ou un biodure de berbérine.

Ce précipité, examiné à la lumière polarisée, se comporte comme le précipité vert d'hydroquinon [2].

La *delphine* donne immédiatement un précipité amorphe ; la *brucine* et la *papavérine* ne sont précipités que très-lentement à l'état brun cristallisé.

La potasse peut servir à retirer l'alcaloïde de quelques-uns de ces précipités ; pour d'autres, on aurait à redouter une décomposition profonde.

16) *Acide sulfurique concentré* [3]. — Cet acide dissout un grand

puisque l'iode mis en liberté par des réactions secondaires peut décomposer les alcaloïdes eux-mêmes.

[1] *Ueb. d. Verb. der Jods mil d. Pflanzenalkaloïden*. Würzburg. Stuber, 1869.

[2] Fresenius, *Zeitsch. f. anal. Chem.*, 2° année, p. 79.

[3] Il est important de s'assurer que l'acide sulfurique ne renferme plus de traces

nombre d'alcaloïdes en les transformant en des liquides colorés; la présence d'une petite quantité de composés rutilants favorise d'ordinaire la coloration (Erdmann). L'acide sulfurique pur colore la *vératrine*, la *curarine*, la *pipérine* (William, A. Guy[1]), la *delphine*, la *sanguinarine*, la *codéine*, la *narcotine*, la *papavérine*, la *quinine*, la *cubébine*, la *strychnine*, la *brucine*, la *pipérine* et la *morphine* (Hesse dit que la *porphyroxine* est colorée en rouge).

J'ai institué quelques expériences dont les résultats ne concordent pas complétement avec ceux de Guy, d'Erdmann et d'autres auteurs ; je laisse au lecteur le soin de comparer et de décider :

a) *Acide sulfurique concentré.* — L'acide employé ne renfermait pas des traces d'acide azotique, car, essayé par le procédé de Kersting, il ne colora point la brucine. Les essais furent faits de la manière suivante : 2 milligrammes d'alcaloïde furent évaporés à siccité dans un verre de montre placé sous une cloche à l'abri de la poussière ; le résidu fut traité par 0,25 centimètres cubes d'acide sulfurique à la température ordinaire.

On observa les phénomènes suivants :

Strychnine ; ne se colore pas même après 24 heures ;

Brucine ; coloration rose très-faible (due peut-être à des traces impondérables d'acide azotique) ;

Curarine ; couleur rouge, très-belle, passant au rouge violet, puis pâlissant après 5 à 6 heures ;

Quinine ; incolore, même après 24 heures ;

Quinidine ; coloration légèrement jaunâtre ;

Cinchonine, caféine, théobromine ; pas de coloration ; même après 24 heures ;

Émétine ; solution brun verdâtre, qui ne se produit que très-lentement ;

Pipérine ; couleur jaune clair, qui passe au brun foncé et devient vert brunâtre après 24 heures ;

Cubébine ; les cristaux prennent une teinte ardoisée ; l'acide prend une coloration rouge carmin, qui persiste encore pendant 24 heures ;

de composés rutilants, car souvent les réactions qu'on a indiquées pour certains alcaloïdes ne réussissent pas avec l'acide complétement purifié.

[1] *Pharm. Journ.*, t. II, p. 555 et 602. t. III, p. 11 et 112 ; et Fresenius, *Ztch. f. anal. Chem.*, t. I. p. 92.

Berbérine; solution d'un vert olive sale, qui s'éclaircit après 15 à 20 heures ;

Atropine; solution incolore (une légère coloration rouge qui ne se produisit qu'après 15 heures, doit être attribuée à une impureté) ;

Aconitine; couleur jaune brunâtre clair, passant d'abord au violet, puis à la couleur brune chevreuil après 24 heures ;

Vératrine; solution jaune qui après 5 minutes passe à l'orangé, puis au rouge sanguin, et au bout d'une 1/2 heure au rouge carmin le plus vif ; la couleur persiste longtemps;

Morphine; le liquide reste incolore même après 15 à 20 heures;

Narcotine ; la solution n'est pas modifiée au premier moment ; elle devient jaune clair après quelques instants ; au bout de dix minutes, la teinte est rouge jaunâtre; après 15 heures, coloration framboisée très-claire, dont l'intensité augmente pendant quelques jours. Il y a des variétés de narcotine qui se colorent de suite en bleu violet, puis en orangé. (On peut se demander si le produit examiné était pur.)

Codéine; la solution incolore encore après 20 heures, prend une coloration bleue au bout de 8 jours;

Papavérine ; l'alcaloïde se dissout sans coloration (voy. § 368);

Thébaïne; couleur rouge sanguin, qui passe à l'orangé ; une autre variété se colora en brun et donna une solution jaune ;

Narcéine; coloration grise passant au rouge sanguin ;

Nicotine conicine ; les solutions ne se colorent pas ;

Colchicine ; couleur jaune intense qui persiste longtemps ;

Delphine ; brun clair ou rouge brunâtre ; la couleur persiste pendant au moins 18 heures ;

Solanine ; couleur rouge clair, passant au brun clair après 20 heures ;

Digitaline ; couleur brun foncé, puis rouge brunâtre ; la couleur se fonce après quelques heures et devient rouge cerise après 15 heures ;

Bébéerine ; couleur vert olive sale, s'éclaircissant après 15 à 20 heures ;

Chélidonine ; solution incolore.

Je dois faire remarquer qu'il y a un grand nombre de corps

qui ne sont pas des alcaloïdes, mais des glucosides qui sont également colorés par l'acide sulfurique.

La *salicine*, la *populine*, la *phloridzine* se colorent en rouge ; la *sénégine*, la *smilacine*, l'*hespérine*, la *limonine*, se colorent en jaune rougeâtre ; la *syringine* et la *ligustrine* prennent une teinte violette. Nous avons indiqué au § 273 les réactions de la *colocynthine*, de l'*élatérine*, de la *crocine*, de la *convolvuline* et de la *jalapine*. Ces réactions doivent être connues du toxicologiste, car nous avons vu que les procédés de séparation des alcaloïdes qu'il emploie peuvent entraîner un certain nombre de ces derniers corps, comme la colocynthine et l'élatérine. L'alcool amylique enlève la salicine et la théobromine à leurs solutions acides et alcalines, et la syringine passe de ces mêmes solutions dans l'alcool amylique ou le chloroforme. L'acide chlorhydrique concentré colore la syringine en rouge carmin ; la solution est décolorée par la chaleur.

b) *L'acide sulfurique concentré du commerce et rectifié*, c'est-à-dire un acide renfermant toujours des composés nitreux en quantités plus ou moins notables, a donné, dans les mêmes conditions, des réactions identiques à celles obtenues avec l'acide pur avec les alcaloïdes suivants : *strychnine, brucine, curarine, quinine, quinidine, cinchonine, caféine, théobromine, pipérine, cubébine, atropine, vératrine, papavérine, nicotine, conicine, delphine, digitaline, solanine, bébéerine*. La *berbérine* donna à la longue une coloration plus intense ; il en fut de même de l'*aconitine*. La *morphine* prit une teinte jaunâtre après 10 minutes, qui devint gris jaunâtre après 24 heures. La *narcotine* se colora d'abord en jaune (couleur gomme-gutte), puis en rouge ; après 15 heures, la teinte était violette. La *codéine* présenta au début la même réaction qu'avec l'acide sulfurique pur ; après 15 heures, la solution devint gris bleuâtre, et bleu foncé après quelques jours. La *thébaïne* prit immédiatement une couleur rouge oignon ; après 15 heures, cette couleur vira au jaune gomme-gutte.

c) *L'acide sulfurique concentré additionné d'un peu d'acide azotique* a été employé comme réactif de coloration des alcaloïdes par Erdmann. On nomme *réactif d'Erdmann* de l'acide sulfurique concentré, qui renferme par 20 grammes 10 gouttes d'une solution aqueuse qui contient 6 gouttespar cent d'acide azotique de 1,25 de densité. Ce réactif donna les réactions de l'acide sulfurique pur avec la *strychnine*, la *curarine*, la *quinine*, la *quinidine*, la *cinchonine*, la *caféine*, la *théobromine*, la *pipérine*, la *cubébine*, la *berbérine*, l'*atropine*, la *vératrine*, la *narcotine*, la *codéine* (la coloration bleue fut plus vive et se manifesta plus vite), la *papavérine*, la *nicotine*, la *conicine*, la *delphine*, la *solanine*, la *bébéerine*. Les cristaux de *brucine* se colorent de suite en rouge et se transforment en un liquide d'un rouge très-foncé. L'*émétine* se dissout rapidement en un liquide vert brunâtre qui passe au vert, puis à l'orangé. L'*aconitine* prend une teinte jaune vive, comme avec l'acide pur. La teinte rouge de la *morphine* est plus prononcée ; elle devient plus tard vert jaunâtre. La *thébaïne* se colore en jaune rouge après 18 heures. La *narcéine*, d'abord colorée en jaune intense, passa au brun, puis à l'orangé foncé après 15 à 18 heures. La *digitaline*, d'abord rouge brun, se colora ensuite en rouge qui se fonça davantage et vira au rouge cerise après 15 heures. La *chélidonine* fut dissoute avec une couleur verte. La *colchicine* ne fut colorée en bleu que d'une manière très-passagère.

d) L'*acide sulfurique concentré et chaud* donne[1] des réactions caratéristiques avec un certain nombre d'alcaloïdes. Les solutions de *morphine* chauffées à 150° deviennent d'un rouge clair, puis elles se colorent en violet et en vert sale lorsqu'on continue l'action de la température. La solution de *narcotine* passe à l'orangé puis au rouge; il se forme ensuite des bandes violettes; lorsque l'acide commence à s'évaporer, le liquide a pris une teinte rouge grenat (Husemann). La solution de *codéine* devient vert brunâtre foncé à +160°, rouge par le refroidissement et d'un bleu très-franc quand on s'est servi du réactif d'Erdmann. Celle de *thébaïne*, chauffée à +150°, se fonce et passe au vert olive; celle de papavérine devient bleu foncé. La *digitaline*, chauffée avec de l'acide sulfurique étendu ou de l'acide chlorhydrique, répand l'odeur caractéristique des infusions d'herbe de digitale. La solution d'*aconitine*, chauffée dans un verre de montre avec de l'acide un peu étendu, devient violette,

[1] V. Husemann, *Annal. de Ch. u. Ph.*, t. CXXVII, p. 303, et Dragendorff, *Pharm. Zeits. f. Russl.*, II, p. 459.

dès que l'acide se concentre; la réaction réussit encore mieux quand on remplace l'acide sulfurique par de l'acide phosphorique (§ 34 3); celle d'*atropine* passe au brun; si l'on interrompt l'action de la chaleur et que l'on ajoute un peu d'eau, on perçoit une forte odeur de prune (§ 53 4). J'indiquerai la réaction que présente la solanine au § 394. Il vaut mieux, quand on fait ces essais, dissoudre l'alcaloïde dans de l'acide sulfurique étendu, et évaporer le mélange pour concentrer l'acide (cette modification est surtout très-utile pour la narcotine, la codéine, la papavérine, la narcéine et la curarine).

e) *Réactif de Fröhde*[1]. On obtient ce réactif en dissolvant par cent. cube d'acide sulfurique concentré un milligramme de molybdate de sodium. Fröhde a proposé ce réactif spécialement pour la recherche de la morphine; j'en ai étendu l'emploi à quelques autres alcaloïdes.

La *strychine* reste incolore.

La *brucine* devient rouge, puis passe rapidement au jaune et se décolore après 24 heures.

Les cristaux de *quinine* deviennent verts, puis se décolorent; la solution verdit après une heure et ne se modifie plus dans les vingt-quatre heures suivantes. Il en est de même de la *quinidine.*

La *cinchonine*, la *caféine*, la *théobromine* se comportent comme la strychnine.

La *pipérine* devient rapidement jaune, puis brune, puis noire; après vingt-quatre heures, il s'est produit une solution brune qui renferme un dépôt floconneux.

L'*émétine* se dissout; la solution d'abord rouge verdit rapidement.

La *berbérine* donne une solution vert brunâtre, qui passe au brun après un quart d'heure, et laisse déposer après vingt-quatre heures un dépôt floconneux.

Atropine. — Se comporte comme la strychnine.

Aconitine. — Solution jaune brunâtre qui se décolore.

Vératrine. — Solution jaune gutte, passant au rouge cerise et persistant pendant vingt-quatre heures.

---

[1] *Arch. f. Pharm.*, t. CLXXVI.

Morphine. — Couleur violette magnifique; le liquide devient vert, puis vert brunâtre, puis jaune, et redevient bleu violet après vingt-quatre heures.

Narcotine. — Solution verte passant rapidement au vert brunâtre, puis au jaune et enfin au rouge.

Codéine. — Solution d'un vert sale, puis d'une teinte bleu royal ; après vingt-quatre heures la teinte est devenue jaune.

Papavérine. — Solution verte, passant au violet et puis au rouge cerise.

Thébaïne. — Solution orangée qui se décolore après vingt-quatre heures.

Narcéine. — Couleur brune qui passe successivement au vert, au rouge puis au bleu.

Nicotine. — Couleur jaune virant à la longue au rouge.

Conicine. — Couleur jaune clair.

Colchicine. — Couleur jaune passant au vert jaunâtre, puis redevenant jaune après vingt-quatre heures.

Solanine. — Couleur franche rouge cerise, passant au brun rougeâtre, puis au jaune et laissant déposer après vingt-quatre heures des flocons noirs qui nagent dans un liquide vert.

Digitaline. — Couleur orangée foncée, passant rapidement au rouge cerise, puis au brun foncé après une demi-heure ; après vingt-quatre heures la solution devenue jaunâtre, renferme des flocons noirs.

Bébéerine. — Couleur vert brunâtre s'éclaircissant après une demi-heure et devenant jaune après vingt-quatre heures.

Quelques glucosides sont également modifiés par le réactif de Fröhde : je citerai :

La *salicine* qui se colore en violet ; cette couleur passe au rouge cerise et persiste très-longtemps, ce dernier caractère distingue ce corps de la morphine.

La *colocynthine* se colore en rouge cerise très-vif au bout d'une demi-heure et prend plus tard une couleur de noix.

La *phloridzine* se colore immédiatement en bleu royal ; cette couleur est très-fugace.

L'*ononine* acquiert une teinte rouge très-nette, qui persiste quelque temps.

L'*élatérine* se colore en jaune, la *populine* en violet et la *syringine* en rouge sanguin, qui vire au violet.

f) *Acide azotique de 1, 4 de densité*[1]. — J'ai traité comme je l'ai indiqué en parlant de l'acide sulfurique les mêmes quantités d'alcaloïdes par 8 ou 10 gouttes d'acide azotique et j'ai observé les réactions suivantes :

Strychnine. — Solution jaune clair se fonçant peu à peu.

Brucine. — Le résidu se colore en rouge, se dissout et prend une teinte orangée.

Curarine. — Couleur pourpre.

Quinine, quinidine, cinchonine, caféine, théobromine. — Solutions incolores.

Emétine. — Solution orangée qui s'éclaircit.

Pipérine. — Couleur orangée; l'alcaloïde se dissout lentement en un liquide jaune verdâtre.

Cubébine. — Solution jaune.

Berbérine. — Solution brune très-foncée.

Atropine. — Les cristaux se colorent en brun; la solution est incolore.

Aconitine et *vératrine.* — Solution d'un jaune très-faible qui ne se modifie plus.

Morphine. — Solution orangée qui s'éclaircit et passe au jaune clair.

Narcotine. — Solution jaune qui se décolore.

Codéine. — Solution jaune.

Papavérine. — Solution jaune qui passe à l'orangé foncé.

Thébaïne et *narcéine.* — Solution jaune comme la codéine.

Nicotine. — Solution faiblement jaunâtre; une proportion d'alcaloïde plus forte (1/2 goutte) donne à la solution une teinte violette, qui passe au rouge sanguin et se décolore finalement.

Conicine. — Solutions incolores ou jaunes quand il y a beaucoup d'alcaloïde; la solution se décolore toujours; l'acide azotique fumant produit une teinte bleuâtre qui passe à l'orangé.

Colchicine. — Belle couleur violette qui passe au brun, puis

---

[1] Les acides de densités différentes donnent des résultats un peu différents.

au jaune. L'acide fumant donne une couleur dont la teinte varie du violet à l'indigo La solution brune devient jaune quand on l'étend d'eau et orangée lorsqu'on la neutralise par de la potasse (Kabel).

Solanine. — Solution incolore qui se colore finalement en bleu magnifique.

Digitaline. — Solution faiblement brune.

Delphine. — Solution légèrement jaunâtre.

Bébéerine. — Solution brune.

Toutes ces réactions n'ont que peu d'importance ; on remarque que les phénomènes de coloration de la brucine et de la colchicine sont plus nettes lorsqu'on ajoute de l'acide azotique à la solution sulfurique.

g) Action de l'acide azotique concentré sur la solution sulfurique de l'alcaloïde. — Il convient de laisser l'action de l'acide sulfurique se prolonger pendant quinze à dix-huit heures, car les solutions acides récemment préparées ne donnent pas toujours des réactions comparables. L'acide azotique est versé le long des parois du verre de montre; on ne remue le liquide que lorsqu'on n'aperçoit plus de changement. On a encore proposé de verser la solution sulfurique sur de l'azotate pulvérisé [1]. Les changements de coloration sont les suivants :

Strychnine. — Ne se modifie pas.

Brucine. — Couleur rose, orangée puis jaune ; les vapeurs seules de l'acide suffisent à produire ce phénomène ; en approchant de la surface du liquide une baguette imprégnée d'acide fumant, on peut reproduire à diverses reprises la couleur rouge.

Quinine, quinidine, cinchonine, caféine et *théobromine*. — Ne sont pas colorées.

Cubébine. — Couleur violette qui passe au brun.

Berbérine. — Couleur vert olive qui passe au brun orangé foncé.

Atropine. — Pas de modification.

Aconitine. — La solution rouge passe au jaune clair.

Vératrine. — Couleur rouge cerise foncée qu s'éclaircit.

---

[1] Fröhde, *Arch. f. Pharm.*, t. CLXXVI.

Morphine. — La solution rougeâtre passe au bleu violet, puis au rouge foncé et enfin à l'orangé ; une solution chauffée à une température de + 150° ou pendant une 1/2 heure à celle de 100° se colore encore en rouge quand on l'a laissée refroidir et qu'on y ajoute des quantités très-faibles d'acide azotique. Il vaut mieux employer pour produire la réaction de la morphine de l'acide azotique étendu ou quelques grains d'azotate ; les hypochlorites, les chlorates et le chlore peuvent être substitués à l'acide azotique. Le perchlorure de fer colore la solution chauffée à 150° en rouge foncé, puis en violet et enfin en vert sale.

Narcotine. — On doit examiner de préférence la solution que l'on a obtenue en chauffant pendant quelque temps à 150° ; la couleur rouge passe au brun, puis au jaune clair et enfin au jaune rougeâtre. L'hypochlorite de soude la colore en cramoisi ; le perchlorure de fer en violet, cette couleur se change en rouge cerise.

Codéine. — La solution bleuâtre devient rouge cerise, puis rouge sanguin et enfin orangée ; chauffée à + 150° et traitée par de l'acide azotique elle prend par le refroidissement une couleur rouge de sang.

Papavérine. — La solution ne reste violette que pendant un temps très-court ; elle passe à l'orangé, puis au jaune sale.

Thébaïne. — La solution jaune devient orangée, puis jaune clair ; le chlorure ferrique ne la modifie pas.

Narcéine. — La solution devient passagèrement violette, elle passe ensuite au rose et se décolore.

Les solutions acides récemment préparées présentent parfois d'autres réactions.

Nicotine, conicine. — Ne sont pas modifiées.

Colchicine. — Solution jaune qui passe au violet, puis au bleu et enfin à la couleur de noix.

Solanine, digitaline. — Solutions d'un jaune faible.

Delphine. — La couleur s'éclaircit un peu.

Berbérine. — N'est pas modifiée.

Le réactif colore également quelques glucosides ; ainsi Kromayer a obtenu une coloration bleu avec la *syringine* et la *ligustrine*.

h) Colorations produites par les vapeurs de brome. — Quelques auteurs exposent les solutions sulfuriques des alcaloïdes aux vapeurs de brome; on place quelques gouttes de réactif sur une soucoupe; le verre de montre est placé au-dessus et le tout est recouvert d'une cloche. Cette réaction essayée d'abord seulement avec la digitaline donne les résultats suivants avec les autres alcaloïdes :

Strychnine et *brucine.* — Coloration brune au bord, devenant brun jaunâtre après 24 heures.

Quinine et *cinchonine.* — Coloration jaunâtre sur les bords.

Caféine. — Les bords se colorent en orangé.

Théobromine. — N'est pas modifiée.

Berbérine, atropine. — Colorations jaunes sur les bords.

Aconitine. — Coloration rouge brunâtre tardant à se produire et devenant brune après 24 heures.

Vératrine. — Coloration rouge cerise ou violette; cette couleur très-nette se conserve pendant 24 heures.

Morphine. — Se décolore bientôt.

Narcotine. — Coloration brune passant lentement au rouge cerise.

Codéine. — Solution incolore devenant bleue après 24 heures.

Papavérine. — La solution décolorée devient brune sur les bords.

Thébaïne. — Couleur rouge de sang passant à l'orangé.

Narcéine, nicotine, conicine. — Pas de coloration.

Colchicine. — Solution brune, orangée sur les bords.

Solanine. — Couleur brune.

Digitaline. — Couleur violette.

Berbérine. — Couleur rouge sale, persistant pendant 24 heures.

Otto recommande de traiter la solution sulfurique directement par une solution d'eau bromée. Je préfère verser dans la solution sulfurique quelques gouttes du mélange de bromure et de bromate que l'on obtient en dissolvant le brome dans de la potasse. Les réactions obtenues de cette manière présentent quelques particularités. La solution de *digitaline* devient ainsi d'un pourpre très-clair et ne se décolore qu'après quelques jours. La *vératrine* (solution récemment préparée) additionnée de son volume d'eau bromée, se colore immédiatement en pourpre. La *solanine* et la *codéine* donnent dans les mêmes conditions d'abord des stries rouges, puis, une coloration uniforme qui persiste assez longtemps ; la solution de solanine finit par se troubler et abandonner des flocons bruns ; la *delphine* se colore en rouge très-fugace ; la *brucine* se comporte comme avec l'acide azotique. L'*aconitine*, la *cochicine*, la *narcotine*, la *morphine* et la *thébaïne*, ne présentent pas de réactions caractéristiques ; la solution sulfurique de *narcéine* qui est colorée se décolore par l'addition d'eau bromée ; la solution sulfurique de *physostigmine* prend avec l'eau bromée une coloration rouge brune très-persistante ; il se produit, au contraire, un précipité d'un beau jaune quand on verse la solution sulfurique dans de l'eau bromée.

i) Les *solutions sulfuriques* des alcaloïdes abandonnées à elles-mêmes pendant 18 heures, manifestent souvent des réactions très-intéressantes, lorsqu'on les étend avec de l'eau distillée.

La *cubébine*, l'*aconitine*, la *codéine*, la *papavérine* et la *thébaïne* sont incolores ; la *pipérine* donne une solution brune et la *berbérine* laisse déposer des flocons jaunes. La solution de *morphine* devient brun clair ; celle de *narcotine* d'un brun clair un peu rouge ; celle de la *narcéine* rouge cerise ; la *delphine* prend une teinte d'un rouge clair sale ; ces deux dernières teintes ne sont pas franches.

La couleur des solutions de *brucine* et de *colchicine* n'est pas modifiée. En neutralisant les liquides acidulés dilués par de l'ammoniaque ; on a constaté que la couleur de la solution neutralisée n'était pas toujours la même que celle de la solution traitée par un excès d'ammoniaque. La *brucine* se colore en rouge, en rouge jaunâtre dans un excès ; la *pipérine* et la *berbérine* laissent déposer des flocons bruns, les précipités se redissolvent dans un excès d'ammoniaque ; la *vératrine* précipite des flocons bruns qui se dissolvent avec une teinte jaune dans un excès de réactif ; la *morphine* se colore en brun et un excès d'ammoniaque fait passer la couleur au jaune ; la *narcotine* se comporte comme la berbérine ; la solution de *thébaïne* se trouble et devient jaune par un excès ; la *narcéine* laisse déposer des flocons jaune brunâtre ; un excès de réactif les redissout et produit un liquide jaune ; la *colchicine* donne un liquide brun, (rouge brunâtre avec un excès) ; la *solanine*, la *delphine* et l'*aconitine* restent incolores.

Je reviendrai en détail sur quelques-unes de ces réactions en faisant l'histoire de chaque alcaloïde.

Nous avons déjà vu que les alcaloïdes libres présentaient des différences très-notables à l'égard des divers dissolvants ; l'expert devra connaître ces particularités qui lui permettront souvent de séparer quelques-uns de ces corps, soit immédiatement, soit lorsqu'ils ont déjà subi une première précipitation.

En voici quelques exemples :

L'alcool amylique enlève, je suppose, à une solution qui n'a pas été traitée par de la benzine, à la fois de la strychnine et de la morphine ; rien n'empêchera de séparer ces deux alcaloïdes par une solution bouillante de benzine qui ne dissout que la strychnine.

L'alcool pourra servir à séparer la brucine de la strychnine ; l'éther enlèvera à la cinchonine toute la quinine ; l'eau dissout la narcéine et laisse la morphine. Un mélange plus complexe tel que le suivant, narcotine, codéine, papavérine et thébaïne peut être séparé par l'action unique des dissolvants ; l'alcool amylique froid enlève la codéine ; l'eau acidulée faiblement par de l'acide acétique (10 centimètres cubes ne doivent renfermer que 15 à 20 gouttes d'acide acétique) dissout la papavérine et la thébaïne et laisse la narcotine inattaquée. (Procédé de séparation de Kubly.)

L'expert doit également se familiariser avec les réactions que présentent les sels des alcaloïdes quand on les traite par des bases minérales employées en excès. Un certain nombre d'alcaloïdes insolubles ou peu solubles, sont précipités de leurs solutions salines par les bases, mais se redissolvent dans un excès ; c'est ainsi que se comporte la morphine avec la potasse, la soude et l'ammoniaque ; cette dernière solution perd son ammoniaque par l'évaporation et laisse déposer l'alcaloïde à l'état cristallin. La narcotine est au contraire précipitée complétement par la potasse. Les carbonates acides alcalins peuvent également pré

cipiter de leurs solutions un certain nombre d'alcaloïdes ; la
narcotine par exemple est précipitée et la strychnine ne l'est
pas ; il se forme sans doute dans ce dernier cas un bicarbonate
d'alcaloïde soluble ; les solutions dans le bicarbonate se décomposent lentement quand on les chauffe, et nous verrons que Janssen a mis à profit cette propriété pour rechercher la strychnine.

Fresenius a imaginé une méthode de séparation des alcaloïdes
(et de la salicine), basée sur les particularités que ces corps
présentent dans leurs précipitations. Elle se trouve exposée en
détail dans son traité d'analyse quantitative ; elle ne me paraît
guère plus utile que celle de Kletzinsky[1] avec laquelle elle présente beaucoup d'analogies, et je crois pouvoir me permettre de
les passer toutes deux sous silence.

On a à diverses reprises cherché à mettre à profit pour la recherche des alcaloïdes leurs propriétés physiques. C'est un savant de Paris, *Bouchardat*, qui a proposé le premier l'emploi de
la *lumière polarisée* (*Annal. de phys. et de chim.*, 3e série, t. IX) ;
Buignet a repris récemment l'étude de la même question[2].

La toxicologie malheureusement ne peut tirer aucun parti de
ces études, car elle ne peut disposer souvent que de quantités insignifiantes de matière toxique. L'examen au microscope
polarisant des précipités ou des sublimés obtenus par le procédé
de Helwig, fournirait peut-être des résultats plus pratiques.

La *fluorescence* des solutions n'appartient qu'à quelques alcaloïdes ; elle permet de distinguer, par exemple, la quinine de la
cinchonine. (Le chlorogénine de Hesse possède ce caractère au
suprême degré.)

Helwig a constaté dans ces derniers temps qu'un certain
nombre d'alcaloïdes pouvaient être *sublimés ;* il a étudié la
forme et a reproduit l'aspect microscopique de ces divers sublimés. Le travail de Helwig est encore bien incomplet ; il est souvent inexact, mais il ouvre une voie nouvelle qui peut conduire
à de très-bons résultats.

Cet auteur a réussi à sublimer la *vératrine*, la *solanine*, la
morphine, la *strychnine*, la *brucine*, l'*atropine*, l'*aconitine* et la

[1] *Mitheil. v. d. Gebs. der rein u. ang. Chemie*, 1865.
[2] *Journ. de Pharm. et de Chimie*, t. XX, p. 252.

digitaline. Les sublimés sont cristallins pour les deux premiers, grumeleux pour la morphine, la strychnine et la brucine et sous forme de gouttelettes pour les trois derniers; les précipités amorphes de morphine, strychnine et brucine cristallisent quand on les touche avec une baguette imprégnée d'eau; l'ammoniaque agit de la même manière sur ceux de morphine et de strychnine. Les acides minéraux étendus (azotique, sulfurique et chlorhydrique) transforment les sublimés en sels cristallins, immédiatement pour la morphine et la strychnine, après quelque temps pour la brucine, l'atropine, l'aconitine, la solanine et la digitaline; la solution étendue d'acide chromique agit de la même manière sur la strychnine et la brucine (j'ai constaté le même fait pour la narcéine). La sublimation de la caféine, de la théobromine et de la cinchonine étaient connues longtemps avant les travaux de Helwig[1], mais on n'avait pas songé à tirer parti de cette propriété.

La *forme cristalline* et la facilité avec laquelle se produit la cristallisation sont des caractères que l'on ne doit pas négliger. Les dissolvants ou les impuretés les modifient bien quelquefois mais la connaissance exacte de ces faits facilitera souvent nos recherches. Le travail de Helwig nous donne de précieux renseignements à cet égard[2].

§ 287. *Procédé général pour l'extraction des alcaloïdes.* — Nous possédons maintenant les éléments nécessaires pour pouvoir isoler à l'aide d'un procédé général tous les alcaloïdes ainsi que les substances organiques qui se comportent comme eux. Il est bien entendu que ce procédé qui est très-long n'est utile à suivre que dans les cas où tout renseignement sur la nature de l'alcaloïde que l'on recherche, fait défaut.

---

[1] La sublimation et l'étude microscopique des sublimés fournis par les alcaloïdes a été l'objet de nombreux travaux; je dois en citer quelques-uns : Guy, *Pharmac. Journ. a. Trans.*, t. VIII, p. 718, t. IX, p. 10, 58, 106, 195 et 370. Waddington, *ib.*, t. IX, p. 269 et 409. Stoddart, *ib.*, p. 173. Brady, *ib.*, p. 534. Elwood, *ib.*, t. X, p. 152. Ludowick, *Beit. Rev.*, t. LXXXI, p. 262. — J'avais une parfaite connaissance de ces travaux; on n'a, pour s'en assurer, qu'à consulter ma première édition, aussi ne puis-je comprendre le reproche d'oublir que Körner m'a adressé publiquement.

[2] Hünefeldt, 1825; Anderson, 1848; Taylor et Guy, Briand et Chaudé, *Médecine légale*, Paris, 1858, ont appelé l'attention du toxicologiste sur ces faits bien avant Helwig.

I. Les matières suspectes, divisées au besoin, sont soumises, comme nous l'avons déjà indiqué, à la digestion avec de l'eau étendue d'acide sulfurique à la température de 40 à 50°; on exprime, on filtre et on renouvelle l'extraction à deux ou trois reprises différentes. Ce traitement avec l'acide de la concentration que nous indiquons, ne peut avoir d'influence fâcheuse que sur la solanine, la colchicine et la thébaïne; la digestion ne doit être faite dans ces derniers cas qu'à la température ordinaire ou avec de l'acide acétique. La berbérine est un peu plus soluble dans l'eau pure que dans l'eau acidulée, mais cette circonstance ne présente aucun inconvénient puisque les quantités de liquide que l'on emploie seront toujours assez fortes pour la dissoudre. On aurait plutôt à craindre que la pipérine qui est moins soluble dans les liquides acides que la berbérine, restât en partie dans le résidu[1].

II. Les liquides acides sont évaporés à consistance légèrement sirupeuse[2]; le résidu est mélangé avec le triple ou le quadruple de son volume d'alcool et filtré après 24 heures de digestion pour séparer les matières non dissoutes. On lave le filtre à plusieurs reprises avec de l'alcool marquant 70°.

III. Le liquide filtré est distillé dans une cornue, jusqu'à ce que tout l'alcool se soit évaporé; le résidu aqueux refroidi (dilué au besoin avec un peu d'eau) est filtré dans un flacon d'une assez grande capacité. On y verse du pétrole rectifié à la température ordinaire et l'on agite le mélange de temps en temps; on attend que les deux couches se soient séparées nettement et on enlève le pétrole par décantation. Ce dissolvant enlève au liquide qui est acide, outre un certain nombre de matières colorantes et étrangères, la *pipérine*, les *huiles essentielles*, le *camphre*, l'*acide phénique*, l'*acide picrique*, etc. Le traitement

---

[1] Il vaut mieux lorsqu'on a à analyser le sang, évaporer ce dernier à siccité et épuiser le résidu pulvérisés avec de l'eau aiguisée d'acide sulfurique; cette évaporation doit être évitée lorsque le sang renferme des alcaloïdes volatils.

La filtration des liquides provenant du traitement du sang, des nerfs et du cerveau présente parfois de grandes difficultés; on la facilite en écrasant la matière dans un mortier en porcelaine, et en ajoutant à la bouillie homogène après qu'elle a été soumise à la macération le quintuple ou le sextuple de son volume d'alcool absolu.

[2] L'évaporation du liquide filtré ne doit pas se faire lorsqu'il renferme des substances qui se décomposent facilement, comme la solanine ou la thébaïne.

par le pétrole doit être recommencé jusqu'à ce que l'action de dissolvant soit épuisée.

La solution de pétrole est répartie dans un certain nombre de verres de montre et abandonnée à l'évaporation spontanée. On examine attentivement le résidu qui peut présenter les caractères suivants :

1°) *Résidu cristallisé.*

a) Jaune et difficilement volatil.

α) Les cristaux se dissolvent dans l'acide sulfurique concentré, la solution d'abord jaune clair, devient plus tard brune, puis brune verdâtre. — *Pipérine* (voy. § 320).

β) La solution sulfurique reste jaune ; le mélange de potasse et de cyanure de potassium donne à chaud une coloration rouge. — *Acide picrique* (voy. § 453).

b) Résidu incolore, faible et très-odorant. — *Camphre* et corps analogues (voy. § 277).

2°) *Résidu amorphe.*

a) Le résidu est solide.

α) L'acide sulfurique concentré le colore en violet, cette couleur vire au vert bleuâtre. — *Principes de la racine d'ellébore* (voy. § 349, note).

β) L'acide sulfurique colore en jaune ; la couleur passe au brun chevreuil après avoir passé par le violet. — *Principes de l'aconit, et produit de décomposition de l'aconitine* (voy. § 342).

b) Le résidu est mou, a une odeur vive et est rubéfiant. — *Capsicine* (voy. § 273).

3°) *Résidu liquide et odorant.* — *Huiles essentielles, acide phénique* (voy. § 275 et 488).

Tous les corps précédents, sauf la pipérine et l'acide picrique pourront être isolés en totalité par ce dissolvant.

IV. La solution acide est soumise ensuite à l'action dissolvante de la benzine ; on décante la couche supérieure et l'on s'assure par l'évaporation que ce dissolvant a enlevé une substance de nature alcaloïde ; la caféine se dépose souvent dans ces conditions à l'état cristallisé. Il est inutile de renouveler le traitement lorsque la benzine n'abandonne qu'un résidu insignifiant.

On lave à l'eau distillée les diverses solutions de benzine que l'on a obtenues[1] et on les soumet à la distillation après les avoir soigneusement décantées. On éparpille les dernières gouttes qui restent dans la cornue sur plusieurs verres de montre, et on les abandonne à l'évaporation spontanée ; il faut veiller avec soin que la benzine que l'on soumet à l'évaporation ne soit pas mélangée avec une petite quantité du liquide aqueux avec lequel on l'a agité.

Le résidu laissé par la benzine peut renfermer les corps suivants : *caféine, delphine, colchicine, cubébine, digitaline, cantharidine, colocynthine, élatérine, caryophylline, absinthine, cascarilline, populine, santonine;* et des traces de *vératrine, d'ésérine* et de *berbérine.*

Le résidu sera cristallisé ou amorphe.

I. RÉSIDU CRISTALLISÉ.

a) *Cristaux incolores et distincts.*

α) L'acide sulfurique dissout les cristaux aiguillés et soyeux ; évaporés avec du chlore ils donnent avec l'ammoniaque la réaction de la murexide. — *Caféine* (voy. § 318).

β) L'acide sulfurique ne colore pas les cristaux rhombiques; dissous dans l'huile et appliqués sur la peau, ils produisent un effet vésicant. — *Cantharidine* (voy. § 462).

γ) L'acide sulfurique ne colore pas les cristaux écaillés au premier moment; ils rougissent plus tard, ne sont pas rubéfiants et se colorent passagèrement en rouge sous l'influence d'une solution chaude de potasse. — *Santonine* (voy. § 481).

δ) L'acide sulfurique colore en orangé les cristaux agglomérés en sphérules, et les dissout. L'acide azotique les colore passagèrement en violet.—*Caryophylline* (voy. § 273 et 361).

ε) L'acide sulfurique colore les cristaux en noir ; la solution devient rouge. — *Cubébine* (voy. § 322).

[1] On réunit les eaux de lavage de la benzine au liquide primitif; si le volume de ce liquide devenait trop considérable il faudrait le concentrer au bain-marie ; cette évaporation peut se faire sans crainte quand le liquide est acide ; s'il était alcalin comme cela sera le cas dans la suite des opérations, il faudrait pour plus de sécurité l'acidulter légèrement.

b) Cristaux colorés en jaune pâle ou foncé.

α) *Pipérine.* (V. III, b. 1, a. α.)

β) *Acide picrique (ibid.* β).

c) Cristaux incolores, mais peu distincts.

α) L'acide sulfurique les dissout en rouge brun; le brome colore cette solution en rouge; cette dissolution devient verte quand on y ajoute de l'eau. La substance ralentit les battements du cœur d'une grenouille. — *Digitaline.* (V. § 396.)

β) La solution sulfurique est rouge brunâtre; le brome y fait apparaître quelquefois des stries violettes; la substance n'agit pas sur la circulation. — *Cascarilline.* (V. § 273.)

d) Cristaux jaunes et peu distincts.

L'acide sulfurique donne une solution couleur olive. L'iodure de potassium ioduré produit dans sa solution alcoolique un précipité cristallin chatoyant. — *Berbérine.* (V. § 323.)

II. RÉSIDU AMORPHE.

a) Résidu incolore ou jaune pâle.

α) L'acide sulfurique le dissout en produisant une coloration jaune qui passe ensuite au rouge; coloration violette avec le réactif de Fröhde. — *Élatérine.* (V. § 273.)

β) La solution sulfurique est rouge; le réactif de Fröhde colore en rouge violet; le tannin ne précipite pas. — *Populine.* (V. § 320, Rem.)

γ) Solution sulfurique d'un rouge vif; coloration rouge cerise avec le réactif de Fröhde; le tannin précipite en blanc jaunâtre. — *Colocynthine.* (V. § 273.)

δ) L'acide sulfurique se colore lentement en rouge; le tannin ne précipite pas. — *Principes retirés du piment,* (V. § 273 et 361.)

b) Résidu jaune.

α) La solution sulfurique jaune, se colore par l'acide azotique en vert qui passe au bleu et puis au violet. — *Colchicine.* (V. § 386.)

β) L'acide sulfurique le dissout mais laisse précipiter une poudre violette; la potasse le colore en rouge, le sulfure d'ammonium à froid, en violet et en bleu indigo à chaud. — *Acide chrysamique.* (V. § 458 et 254.)

c) Résidu vert.

Résidu très-amer se dissolvant en brun dans l'acide sulfurique ; le réactif de Fröhde le colore d'abord en brun ; cette coloration passe au vert, bleu violet et violet ; le changement de coloration commence près des bords. — *Principes retirés du vermouth et de l'absinthe.* (V. § 273.)

Je dois convenir que l'extraction complète des corps précédents à l'aide de la benzine présente de grandes difficultés.

V. La solution acidulée aqueuse, après avoir subi les traitements par le pétrole et par la benzine, est soumise à l'action du *chloroforme.* Le dissolvant enlève les composés suivants : la *théobromine*, la *narcéine*, la *papavérine*, la *cinchonine*, la *jervine*, et les corps non alcaloïdes comme la *picrotoxine*, la *syringine*, la *digitaléine*, l'*elléborine*, la *convallamarine*, la *saponine*, la *sénégine* et la *smilacine.* La solution contiendra en outre une certaine quantité des substances que la benzine n'a pas dissoutes en totalité, et de plus des traces de brucine, de narcotine, d'ésérine, de vératrine et de delphinine. Le chloroforme est lavé avec de l'eau, et évaporé à la température ordinaire après l'avoir réparti dans quatre ou cinq verres de montre.

1°) *Le résidu est cristallisé plus ou moins distinctement.*

a) Sa solution dans l'eau aiguisée d'acide sulfurique présente la réaction des alcaloïdes avec l'iodure de potassium ioduré.

α) Solution sulfurique incolore ; pas de coloration par le chlore et l'ammoniaque. — *Cinchonine.* (V. § 311.)

β) Solution sulfurique incolore ; le chlore et l'ammoniaque donnent la réaction de la murexide. *Théobromine*[1]. (V. § 319.)

γ) Solution sulfurique incolore à froid, bleu violet à chaud. *Papavérine.* (V. § 368.)

δ) Solution sulfurique bleue à froid. — *Impuretés contenues dans la papavérine du commerce.* (V. § 368.)

ε) Solution gris brunâtre, devenant d'un rouge de sang après vingt-quatre heures. L'eau iodée colore le résidu en bleu. — *Narcéine.* (V. § 370.)

---

[1] Il faut s'être assuré de l'absence de la caféine ; on pourrait séparer ces deux corps en mettant à profit la presque insolubilité de la théobromine dans l'eau.

b) Sa solution sulfurique ne présente pas la réaction des alcaloïdes.

α) Solution sulfurique jaune ; le résidu mélangé avec de l'azotate, humecté par de l'acide sulfurique et neutralisé par la potasse se colore en rouge brique. *Picrotoxine*. (V. § 475.)

β) Solution sulfurique d'un rouge magnifique ; la substance ralentit l'activité cardiaque de la grenouille. *Elléborine*. (V. § 349. Rem.)

2°) *Le résidu est amorphe.*

a) La solution acétique ralentit l'activité cardiaque de la grenouille.

aa) Repos dans la systole.

α) Solution sulfurique rouge brunâtre ; le brome colore en pourpre ; l'eau reproduit la couleur verte ; l'acide chlorhydrique donne une solution vert brunâtre. *Digitaleine*. (V. § 396.)

β) Solution sulfurique jaune, puis rouge brunâtre ; cette solution vire au violet quand elle attire de l'eau ; l'acide chlorhydrique colore le résidu en rouge quand on chauffe. *Convallamarine*. (V. § 402. Rem.)

bb. Repos dans la diastole.

α) Solution sulfurique brune ; elle devient violette quand elle attire l'humidité atmosphérique et reste encore colorée en violet même quand on lui ajoute le double de son volume d'eau. *Saponine*. (V. § 402. Rem.)

β) Solution sulfurique jaune ; l'eau agit comme avec la saponine. Ce corps est moins actif que le précédent ; il se dépose avec une couleur jaune de sa solution chloroformique. *Sénégine*. (V. § 402. Rem.)

γ) Solution sulfurique jaune devenant rouge par l'addition d'eau ; ce principe est peu actif. *Smilacine*. (V. § 402. Rem.)

δ) Solution sulfurique d'un rouge sale ; solution chlorhydrique rouge brunâtre ; cette dernière solution brunit quand on la chauffe. *Principes de l'Hellebore et principalement la jervine* [1] (V. § 345. Rem. et 349).

b) La solution n'influe pas sur l'activité cardiaque ; coloration

---

[1] Je ne puis pas regarder comme des principes purs la viridine et la vératroïdine que Bullock a retirées du veratrum viride ; ces deux principes ne sont pas en tout

rouge cerise foncée par le réactif de Fröhde ; la solution chlorhydrique est jaune et se décolore par l'ébullition. *Syringine*.
(V. § 348.)

VI. On enlève au liquide la benzine et le chloroforme qu'il retient en solution en l'agitant avec du pétrole ; on le neutralise
ensuite avec de l'ammoniaque. Nous savons que cet agent peut
décomposer l'*aconitine* et l'*émétine ;* je me suis assuré que cette
décomposition ne se fait que d'une manière peu prononcée et
qu'on peut hardiment rechercher ces corps en employant le
traitement ammoniacal.

VII. La solution *ammoniacale* est soumise ensuite à l'action dissolvante du *pétrole*. J'avais d'abord recommandé de faire ce traitement à la température de + 40° et d'enlever rapidement ce
dissolvant, espérant que la brucine, la strychnine, l'émétine, la
quinine et la vératrine seraient enlevés avec plus de facilité. Des
essais postérieurs m'ont fait voir que l'élimination complète de
ces alcaloïdes était non-seulement très-difficile, mais souvent
impossible. Je préfère par suite faire le traitement à froid et sans
me hâter ; je me suis assuré que le pétrole n'enlevait de cette manière qu'une quantité insignifiante des alcaloïdes que j'ai cités.

Le résidu peut renfermer des alcaloïdes volatils ; on s'en assure en évaporant le pétrole dans deux verres de montre ; on
ajoute de l'acide chlorhydrique concentré dans l'un d'eux ; on
obtiendra dans ce cas un sel cristallisé ou amorphe dans l'un des
verres et un résidu huileux et odorant dans l'autre. Un résidu
amorphe dans les deux cas indiquerait l'absence d'un alcaloïde
volatil, et il ne resterait plus dans ce cas qu'à s'occuper de la recherche des alcaloïdes fixes.

Le pétrole enlève aux solutions ammoniacales les corps suivants :

1°) *Résidu solide et cristallisé.*

   a) Les cristaux se volatilisent difficilement.

     aa) Solution sulfurique incolore.

       α) Le chromate de potassium colore le résidu en bleu
fugace puis en rouge. *Strychnine*. (V. § 296.)

cas les principes actifs de la plante. Il est étonnant que Bullock ne signale pas l'existence de la jervine qui existe cependant dans les variétés viride, album et nigrum.

β) Le chromate ne colore pas ; le chlore et l'ammoniaque produisent une coloration verte (Dalléochine). *Quinine*[1]. (V. § 308.)

bb) Solution sulfurique jaune.

Elle se colore en rouge foncé. *Sabadilline*. (V. § 349.)

b. Les cristaux se volatilisent facilement. *Conhydrine*. (V. § 383. Rem.)

2°) *Résidu solide et amorphe*.

a) Solution sulfurique incolore, rouge puis orangée lorsque l'acide renferme des traces d'acide azotique. *Brucine*. (V. § 299.)

b) Solution sulfurique jaune passant au rouge foncé. — *Vératrine*. (V. § 345.)

c) Solution sulfurique vert brunâtre : le réactif de Fröhde donne une coloration rouge qui ne tarde pas à passer au vert. *Émétine*. (V. § 527.)

3) *Résidu fluide et odorant*.

a) Le résidu traité par l'acide chlorhydrique est *cristallisé*.

aa) La solution n'est pas précipitée par le chlorure de platine.

α) Les cristaux aiguillés ou prismatiques ont une action sur la lumière polarisée. — *Conicine et méthylconicine*. (V. § 383.)

β) Les cristaux sont cubiques ou tétraédriques. — *Alcaloïdes de capsicum*. (V. § 385.)

bb) La solution chlorhydrique est précipitée par le chlorure platinique. — *Sarracénine*. (V. § 385.)

b) Le résidu chlorhydrique est *amorphe*, ou ne cristallise qu'en se décomposant.

aa) La solution aqueuse est précipitée par le chlorure de platine.

α) Le sel traité immédiatement par le réactif de Fröhde donne après deux minutes une coloration violet foncé qui diminue peu à peu d'intensité. — *Lobéline*. (V. § 385.)

β) Le sel a une odeur de nicotine et ne devient rouge pâle par le réactif de Fröhde qu'après 24 heures. — *Nicotine*. (V. § 381.)

[1] Les cristaux ne sont pas toujours très-nets.

γ) Le sel est inodore ; la base libre a une odeur d'aniline. — *Spartéine*. (V. § 385.)

bb) Le chlorure de platine ne précipite pas les solutions étendues.

α) La solution dans le pétrole ne se trouble pas par l'addition d'une solution d'acide picrique dans le pétrole ; elle abandonne par l'évaporation des cristaux (lames triangulaires). — *Triméthylamine*. (V. § 257.)

β) La solution dans le pétrole traitée de la même manière, abandonne par l'évaporation des cristaux mousseux ; elle bleuit par l'hypochlorite de chaux et par le mélange de chromate et d'acide sulfurique. — *Aniline*. (V. § 246.)

γ) L'alcaloïde a une odeur de triméthylamine, mais n'est pas coloré par l'hypochlorite de chaux et le mélange de chromate et d'acide sulfurique. — *Alcaloïde volatil du (piment. V. § 385.)*

VIII. La solution aqueuse ammoniacale est traitée par de la *benzine*.

Le pétrole, la benzine et le chloroforme se séparent plus facilement de la solution acide que de la solution ammoniacale ; les gouttelettes de benzine et de chloroforme surtout se réunissent avec une telle difficulté, que beaucoup de personnes hésitent à se servir de mon procédé. Je puis affirmer que je n'ai pas rencontré un seul cas où cette séparation de la benzine et du liquide aqueux ne se soit réalisée en suivant les petites précautions suivantes : J'enlève la couche de benzine alors qu'elle a encore l'aspect d'une masse gélatineuse ou émulsionnée (je décante pour cela l'eau à l'aide d'un syphon), j'y ajoute quelques gouttes d'alcool absolu et je filtre. Au début il ne passe que de l'eau ; lorsque cette dernière s'est séparée en majeure partie, on peut en agitant la masse sur l'entonnoir voir se former une couche claire de benzine qui filtre très-rapidement en même temps que l'eau. On renouvelle ce traitement un certain nombre de fois ; la masse gélatineuse se contracte de plus en plus et toute la benzine passe limpide. Je sépare finalement les deux couches à l'aide d'un entonnoir à robinet.

La benzine enlève ainsi : la *strychnine*, la *méthyl et éthylstrych-*

nine, la *brucine*, l'*émétine*, la *quinine*, la *quinidine*, la *cinchonine*, l'*atropine*, l'*hyoscyamine*, l'*ésérine*, l'*aconitine*, la *népaline*,
l'*alcaloïde* retiré de l'aconitum lycoctonum, l'*aconelline*, la *napelline*, la *delphinine*, la *vératrine*, la *sabatrine*, la *sabadilline*,
la *codéine*, la *thébaïne* et la *narcotine*.

Ce résidu est examiné de la manière suivante :

1) *Résidu presque toujours cristallisé.*

a) *Solution sulfurique incolore* qui ne se colore pas à la
longue, ni par l'acide azotique.

aa) Il dilate la pupille des chats.

α) Le chlorure platinique ne précipite pas la solution
aqueuse; la solution sulfurique chauffée répand une odeur
caractéristique. — *Atropine*. (V. § 530.)

β) Le chlorure platinique (il ne faut pas en verser un
excès) précipite. — *Hyoscyamine*. (V. § 535.)

bb) Il ne dilate pas la pupille.

α) La solution sulfurique bleuit par le bichromate.

αα) Le résidu provoque le tétanos chez les grenouilles.
—*Strychnine*. (V. § 296.)

ββ) Le résidu ralentit la respiration des grenouilles. —
Éthyl et méthylstrychnine. (V. § 296.)

β) La solution sulfurique ne bleuit pas par le bichromate.

αα) La solution sulfurique aqueuse est fluorescente et
donne la réaction de la dalléochine. — *Quinine et quinidine*. (V. § 508 et 510.)

La quinidine se dissout plus difficilement dans le pétrole que
la quinine.

ββ) La solution n'est pas fluorescente. — *Cinchonine*.
(V. § 511.)

b) *Solution sulfurique incolore*, mais devenant *rose* après
quelque temps; l'acide azotique la fait passer au bleu violet,
au rouge de sang ou au brun.

α) La dissolution dans l'acide sulfurique affaibli se colore
en rouge de sang foncé quand on chauffe; l'acide azotique
la colore en violet quand elle a été refroidie. L'ammoniaque
précipite la solution aqueuse. — *Narcotine*. (V. § 565.)

β) La solution sulfurique bleuit quand on la chauffe

(quelquefois elle devient vert brunâtre) ; l'ammoniaque en excès ne précipite pas les solutions aqueuses étendues. — *Codéine*. (V. § 365).

c) *Solution sulfurique jaune.*

α) La solution reste jaune. — *Acolyctine*. (V. § 341.)

β) Elle passe au rouge intense. — *Sabadilline*. (V. § 349.)

d) *Solution sulfurique rouge brun foncé.* — *Thébaïne*. (V. § 369.)

e) *Solution sulfurique bleue.* — Impuretés qui accompagnent la papavérine. (V. § 368.)

2) *Résidu presque toujours amorphe.*

a) La *solution dans l'acide sulfurique pur est incolore*, légèrement rose, ou jaunâtre.

α) L'acide azotique la colore rapidement en rouge, puis en orangé. — *Brucine*. (V. § 299.)

β) Cette solution brunit lentement ; la substance devient rouge par le chlorure de chaux et contracte la pupille. — *Ésérine*. (V. § 350.)

b) *Solution sulfurique jaune, plus tard rouge* (la delphinine se colore plus rapidement en rouge plus foncé).

α) La solution dans l'acide chlorhydrique rougit quand on la chauffe.

αα) Le résidu détermine des vomissements chez les grenouilles et provoque à forte dose le tétanos. — *Vératrine*. (V. § 345.)

ββ) Le résidu n'a pas d'action sur les grenouilles. — *Sabatrine*. (V. § 349.)

β) La solution chlorhydrique reste incolore à chaud. — *Delphinine*[1]. (V. § 376.)

c) *Solution sulfurique jaune, qui passe plus tard au rouge brun, puis au rouge violet.*

α) La substance même à petite dose paralyse les grenouilles et dilate la pupille des chats ; elle se dissout difficilement dans l'éther. — *Népaline*. (V. § 341.)

---

[1] La delphinine que l'on trouve actuellement dans le commerce se comporte ainsi ; ce corps est peut être mêlé de staphysagrine, car la delphinine pure de Brunner ne se colore qu'en brun par l'acide sulfurique.

β) Elle est moins active, ne dilate pas la pupille et est très-soluble dans l'éther. — *Aconitine.* (V. § 340.)

γ) Action très-faible, ne dilate pas la pupille et se dissout difficilement dans l'éther. *Napelline.* (V. § 341.)

d) *Solution sulfurique d'un gris brunâtre foncé, mais devenant très-rapidement rouge de sang.* — Mat. de nature alcaloïde retirée de l'aconitinum lycoctonum [1]. (V. § 341.)

e. Solution sulfurique brun verdâtre.

Le réactif de Fröhde colore en rouge ; cette solution passe rapidement au vert. — *Émétine.* (V. § 327.)

IX. On soumet le liquide ammoniacal au traitement par le *chloroforme*, qui dissout le restant de la *cinchonine*, de la *papavérine*, de la *narcéine*, des traces de *morphine* et une substance alcaloïde qui est contenue dans la *chélidoine* [2]. On examine le résidu de la solution chloroformique par les réactifs suivants :

a) *Solution sulfurique incolore à froid.*

aa) Cette solution se colore légèrement quand on la chauffe.

α) L'acide azotique colore la solution refroidie en bleu violet ; le résidu se colore en bleu par le chlorure ferrique et en violet par le réactif de Fröhde. — *Morphine.* (V. § 358.)

β) L'acide azotique et le chlorure ferrique ne colorent pas. — *Cinchonine.* (V. § 341.)

bb) La solution se colore en *bleu violet* quand on la chauffe. — *Papavérine.* (V. § 368.)

b) *Solution sulfurique d'un gris brunâtre ;* elle devient rouge de sang après un certain temps. — *Narcéine.* (V. § 370.)

c) *Solution sulfurique bleue violette.* — Matière de nature alcaloïde retirée de la chélidoine. (V. § 361.)

X. On épuise finalement le liquide ammoniacal par de l'*alcool amylique*. Ce dissolvant entraîne le restant de la *morphine*, la *solanine*, la *salicine*, les restants de *convallamarine*, de *saponine*, de *sénégine* et de *narcéine*. Le résidu de l'évaporation de l'alcool amylique est examiné de la manière suivante :

---

[1] Quelquefois aussi des produits de décomposition de l'aconitine ous l'influence des bases.

[2] *Pharm. Ztsch. f. Russl.,* VI, p. 71.

a) Solution sulfurique incolore à froid. — *Morphine.* (V. IX.)

b) Solution sulfurique jaune clair rougeâtre, passant au brun; l'eau iodée colore en brun foncé; la solution alcoolique se prend en gelée. — *Solanine.* (V. § 391.)

c) Solution sulfurique gris brunâtre, devenant rouge. — *Narcéine.* (V. IX.)

d) Solution sulfurique jaune puis rouge brunâtre et passant au violet par l'absorption de l'eau.

     α) L'acide chlorhydrique donne une solution rouge à chaud; le cœur reste inactif pendant la systole. — *Convallamarine.* (V. § 402. Rem.)

     β) L'acide chlorhydrique ne donne pas de coloration; le cœur reste inactif pendant la diastole. — *Saponine.* (V. § 402. Rem.)

     γ) L'action est moins énergique que celle du corps précédent. — *Sénegine.* (V. § 402, Rem. et IX.)

e) Solution sulfurique d'un rouge foncé; chauffée avec du bichromate de potassium, elle répand l'odeur caractéristique de l'hydrure de salicyle. — *Salicine.* (V. § 302. Rem.)

XI. On dessèche le résidu avec du verre pilé, et on l'épuise par le choroforme. Le résidu laissé par l'évaporation des premières solutions ralentit la respiration de la grenouille; celui des deuxième et troisième traitements prend, par le bichromate de potassium et l'acide sulfurique, une teinte bleue, qui passe au rouge et persiste; une autre partie du résidu se colore en rouge par l'acide sulfurique étendu. — *Curarine.* (V. § 303.)

Je viens de résumer la marche que je suis dans les recherches toxicologiques; on voit que je m'efforce de retrouver le plus grand nombre d'alcaloïdes, en ne consacrant à cette recherche que des quantités très-faibles de matière. Je ne sais si mon procédé sera suivi par d'autres expérimentateurs. Je dois seulement les prévenir, que je ne le donne pas comme parfait; il permet il est vrai, d'isoler un grand nombre de corps, mais il peut également laisser l'expert dans le plus grand embarras; ce dernier cas m'est arrivé personnellement il y a peu de temps[1].

---

[1] *Beiträge zur gerichtlichen Chemie*, p. 294.

§ 288. *Pièce de conviction.* — Le chimiste doit s'efforcer d'isoler une certaine quantité de l'alcaloïde ; cela sera la meilleure pièce de conviction.

§ 289. *Dosage.* — La *détermination pondérale*, serait certes de la plus grande utilité dans les empoisonnements par les alcaloïdes ; elle est malheureusement irréalisable dans la majeure partie des cas à cause de la petite quantité de toxique que l'on parvient à isoler. On pourrait, il est vrai, peser l'alcaloïde que l'on a retiré d'un poids déterminé de matière organique, mais cette détermination sera toujours entachée de beaucoup d'erreurs, car on est sûr d'avoir perdu une grande partie de l'alcaloïde pendant le courant des longues opérations que je viens d'énumérer et rien ne garantit la pureté absolue du produit isolé. J'indiquerai à propos de chaque alcaloïde la méthode qu'il convient de suivre pour le doser le plus sûrement.

ÉTUDE PARTICULIÈRE DES PRINCIPAUX ALCALOÏDES[1].

ALCALOÏDES DES STRYCHNÉES : STRYCHNINE ET BRUCINE.

§ 290. *Généralités.* La *strychnine* et la *brucine* sont les principes actifs que l'on retire d'un certain nombre de produits de la famille des strychnées que l'on se procure facilement dans le commerce de la droguerie. Je citerai en premier lieu : la *noix vomique (strychnos nux vomica)*, qui renferme, d'après mes essais, de 1,167 à 1,121 pour cent de strychnine et de brucine[2] ; *l'écorce de fausse angusture* (qui est l'écorce de l'arbre qui produit la noix vomique, contient 2,4 pour cent de brucine et des traces seulement de strychnine. La *fève de saint Ignace (strychnos Ignatii*, Berg.) renferme 1,59 pour cent d'un alcaloïde qui est surtout de la strychnine ; le *bois de couleuvre* et *l'écorce de la racine du strychnos tieuté* servent à la préparation des poisons dont les Javanais enduisent leurs flèches (*Upas tieuté*[3]) ; on retrouve

[1] Je ferai remarquer que l'ordre que je suivrai dans cette étude n'est motivé que par des facilités d'exposition et non par des considérations théoriques.

[2] *Pharm. Zeitsch. f. Russland*, année 4.

[3] Mankopf y a signalé de 65 à 62 °/₀ d'alcaloïdes. *Wiener med. Wochens.*, 1862 n° 50 et 51. Voy. *ib.*, la relation d'un empoisonnement dû à l'une de ces flèches.

ces mêmes alcaloïdes dans quelques autres poisons indiens [1]. Les teintures aqueuse et alcoolique de noix vomique sont usitées parfois en médecine à cause de leur richesse en brucine et en strychnine [2].

On prescrit plus souvent, de nos jours, les alcaloïdes à l'état de pureté parfaite, et plus souvent encore à cause de leur plus grande solubilité, leurs sels, *chlorhydrate, acétate, azotate* et *sulfate*, etc. On se sert encore de ces alcaloïdes pour détruire des animaux malfaisants (rats, souris, loups, renards, lions, etc.). En Angleterre, on a même mis à profit l'amertume si prononcée de ces composés pour économiser le houblon dans la préparation de certaines bières fortes, notamment du porter.

[Le crime commis par le docteur Palmer, en 1855, en Angleterre et l'empoisonnement du sieur Trumphy, de Berne, dont était accusé le professeur Demme, en 1864, ont appelé l'attention générale sur l'emploi de cet alcaloïde. Il est très-facile de se procurer cette substance dans quelques pays, notamment en Angleterre; on vend dans ces contrées, comme mort aux rats, des poudres nommées « *Buttlers* ou *Battle's vermin Killer* », qui renferment, par paquet, pesant 1^{gr},30 de 0^{gr},10 à 0^{gr},15 de strychnine pure. On y incorpore bien du bleu de Prusse ou du noir de fumée pour éveiller la suspicion des personnes, ce qui n'empêche pas que ces préparations ont été fréquemment la cause de tentatives d'empoisonnement, de suicides ou d'accidents.]

Aussi n'est-il pas étonnant que les empoisonnements par la strychnine se soient multipliés pendant ces dernières années; je ne sache pas que la brucine ait jamais été employée dans un but criminel; elle est du reste bien moins toxique que la strychnine.

Desnoix [3] a extrait de la noix vomique un troisième alcaloïde, l'*igasurine*; Schützenberger dit avoir retiré 9 alcaloïdes de la

---

[1] Dans le poison nommé Akazga, voy. *N. Repert. f. Pharm.*, t. XVII, p. 367.

[2] Mayer a déterminé la contenance en alcaloïdes de ces préparations. *Chem. Ctb.*, t. X. Un de mes élèves O. Lieth, a trouvé que la teinture de noix vomique contenait °/₀ 0,122 de strychnine et 0,09 de brucine; celle de fausse angusture 0,4 °/₀ d'alcaloïde dont la 1/8ᵉ partie est de la strychnine. L'extrait alcoolique de noix vomique contient 6,4 de strychnine et 0,9 de brucine; l'extrait aqueux n'en renferme que 4,5. [Toutes ces analyses se rapportent aux produits de la pharmacopée russe.]

[3] *Neues Jahrb. f. Pharm.*, t. XXV.

brucine et 5 de la strychnine [1] ; ces données, intéressantes au point de vue théorique, ne doivent pas nous préoccuper au point de vue de nos recherches toxicologiques, d'autant plus que tous ces composés possèdent les caractères généraux des produits que nous avons étudiés.

§ 291. *Action physiologique.* — La strychnine est certainement l'un des poisons les plus redoutables que nous connaissions ; des doses relativement très-faibles amènent une mort très-rapide, que le toxique ait été administré par la bouche, par l'anus ou par la voie hypodermique ; nous ne connaissons pas son mode d'action, mais nous savons que le toxique est rapidement absorbé et qu'il est éliminé au moins partiellement par les urines [2]. Le foie paraît avoir la propriété d'enlever cet alcaloïde du sang et de le localiser pendant quelque temps ; la résorption se fait ensuite peu à peu, et l'élimination s'effectue par les urines.

Je me base sur les faits suivants pour étayer mon opinion. On ne réussit pas à déceler la présence de cet alcaloïde dans le sang et dans les organes riches en sang (le foie excepté) de chiens et de chats morts peu de temps après l'administration du toxique. Dans des recherches faites par G. Masing sous ma direction, on a obtenu parfois des résultats contradictoires que l'on n'a pu expliquer. Il administra à des chiens des doses journalières d'alcaloïdes assez fortes, mais insuffisantes cependant pour amener une mort rapide ; l'urine de ces animaux ne renfermait pas d'alcaloïdes les premiers jours ; l'élimination une fois éta-

---

[1] *Compt. rendus,* t. XLVI et XLVII.

[2] Cette opinion n'est pas admise par tous les chimistes, mais je crois que ces divergences s'expliquent par les faits suivants : l'urine ne paraît pas renfermer de la strychnine à tous les moments, et les procédés d'analyse ne sont pas toujours assez rigoureux. Ainsi Cloetta dit que son procédé lui a permis de retrouver dans 650 centièmes d'urine 1/4 de centigramme de strychnine, tandis qu'un huitième lui échappait (voy. Virchow, *Arch. für path. Anat.,* t. XXXV) ; ce fait prouve que le procédé de Cloetta est loin d'être aussi sensible que celui que j'ai suivi. Cet auteur recommande de se débarrasser des matières albuminoïdes des infusions aqueuses des organes ou du sang qu'il soumet à l'analyse à l'aide de l'ébullition ; le liquide est ensuite précipité par de l'acétate de plomb qui précipite les matières étrangères. Le nouveau liquide filtré est débarrassé de l'excès de plomb par un courant d'hydrogène sulfuré et évaporé à siccité. On redissout ce résidu dans de l'eau, et on l'agite avec du chloroforme après avoir ajouté un excès d'ammoniaque ; le résidu de l'évaporation laissé par ce dissolvant est dissous dans de l'eau acidulée par de l'acide azotique et précipité par du bichromate de potassium ; ce précipité est examiné au microscope, puis traité par de l'acide sulfurique.

blie par cette voie continua même alors que l'animal ne reçut plus de nouvelles quantités de toxique. On retrouva par contre de la strychnine dans le foie d'un animal tué quelques jours après avoir reçu une certaine dose de toxique.

Nos résultats concordent avec ceux que Husemann avait obtenus antérieurement. L'*analyse chimique* du foie devra donc *toujours* être entreprise, lorsqu'il s'agit de la recherche des alcaloïdes. Hérapath a réussi à isoler ce toxique du foie, du sang et du cœur. D'autres personnes en ont constaté la présence dans le lait d'animaux intoxiqués.

Je n'ai pas réussi à retirer ce corps du cerveau, même en consacrant à l'analyse l'organe tout entier. Gay[1] dit avoir isolé l'alcaloïde de quelques parties spéciales du système nerveux, comme la moelle allongée, le pont de Varole.

J'ai réussi pour ma part à déceler la présence de la strychnine dans la moelle allongée d'hommes et d'animaux empoisonnés, ainsi que dans la moitié supérieure de l'intestin grêle d'animaux (chats et chiens) morts au bout d'une 1/2 heure.

Nous ne savons rien de positif sur la manière dont se distribue le poison administré par voie hypodermique; il me fut impossible de le retrouver dans le foie et dans le sang d'un animal qui périt très-rapidement à la suite d'une injection sous-cutanée d'acétate; cette question mérite cependant l'attention des observateurs, car nous avons vu que certaines flèches sont empoisonnées par une préparation à base de strychnine.

[A l'occasion du procès Demme, on a passé en revue toutes les méthodes que l'on pouvait employer pour empoisonner par ce toxique, surtout celles qui sont difficiles à constater. Des faits nombreux ont démontré que la strychnine, injectée dans la vessie ou appliquée sur un vésicatoire, produisait des accidents graves. Le docteur Schuler a même écrit les lignes suivantes : « 6 à 15 centigrammes de strychnine pure ou d'un de ses sels placés sur l'angle interne de l'œil d'un homme qui dort, seraient suffisants pour détruire la vie rapidement et sans laisser de traces ; la découverte du poison, qui ne pourrait être trouvé que dans les canaux lacrymaux et sur la muqueuse de l'œil, serait

[1] *Med. Cib.*, 1865.

très-difficile d'autant plus que le criminel ou le mourant lui-même pourrait l'enlever. » Cette observation peut paraître banale au premier abord, mais, comme elle a eu l'honneur d'une reproduction et de commentaires dans les journaux politiques, on n'e pas assuré qu'une main criminelle n'en fasse pas usage, et l'expert doit être prévenu de cette possibilité.]

[Les réactions physiologiques de l'empoisonnement par la strychnine sont étudiées avec beaucoup de soin dans l'ouvrage de Tardieu et Roussin (*Procès Palmer*, etc.).]

Les crampes tétaniques que l'on observe toujours indiquent que la strychnine irrite le système nerveux et principalement les nerfs qui animent les muscles volontaires; l'autopsie n'a pas encore révélé de lésions constantes; le cœur, les gros vaisseaux, le poumon, les méninges et la moelle sont gorgées de sang; la rigidité cadavérique se produit très-vite (comme dans le choléra), mais tous ces symptômes peuvent se présenter dans d'autres cas.

La brucine se comporte comme la strychnine, mais elle est bien moins énergique; on peut consulter à cet égard le travail récent d'Abée (*Ueber den Einfluss des Brucins auf den thierisch. Org.*, thèse de Marburg, 1864). Elle se localise dans les mêmes organes que la strychnine.

§ 292. *Recherche toxilogique.* — On peut se servir, pour *isoler* la strychnine, soit du procédé de Stas, soit de celui d'Erdmann-Uslar, mais en ayant soin d'employer beaucoup d'éther, lorsqu'on fait usage du premier procédé, car la strychnine passe facilement à l'état cristallisé, et est alors peu soluble dans ce véhicule. Je recommanderai l'emploi de la benzine pour le cas particulier; j'ai pu retrouver ainsi 15 centièmes de milligramme contenus dans 320 centimètres cubes d'urine. La limite de la sensibilité fut même plus forte dans d'autres expériences. Le chloroforme peut être employé également avec avantage; le pétrole ne dissout pas facilement l'alcaloïde, mais on peut néanmoins s'en servir pour séparer la strychnine d'autres alcaloïdes qui sont solubles comme elle dans le chloroforme, la benzine, l'alcool amylique et l'éther.

§ 293. *Procédé de Janssen.* — Cet auteur[1] a modifié récem-

---

[1] *Zeitschrift f. anal. Chemie*, année 4e.

ment le procédé de Stas pour la recherche spéciale de la strychnine. La matière est finement divisée, mise en contact avec le double de son volume d'alcool, additionnée de 2 grammes d'acide tartrique (l'auteur ne dit pas si cette quantité est toujours suffisante) et chauffée à + 70°. Le liquide refroidi est filtré, et évaporé à une basse température ; on enlève mécaniquement les corps gras et albuminoïdes qui se séparent petit à petit, et l'on évapore à siccité (l'addition de sable me paraîtrait utile). On fait digérer le résidu desséché, pendant vingt-quatre heures avec de l'alcool absolu et l'on filtre. Le résidu de l'évaporation du liquide alcoolique est redissous dans 25 à 30 cent. cubes d'eau distillée ; on y ajoute 2 grammes de bicarbonate de sodium finement pulvérisé et l'on filtre très-rapidement, s'il se formait un dépôt de corps étrangers. La strychnine reste en solution en faveur de l'acide carbonique ; elle se précipite quand on chauffe, dès que ce gaz se volatilise. Le dépôt est recueilli sur un filtre de papier Berzelius, et redissous dans de l'eau aiguisée au 1/200 par de l'acide sulfurique ; le liquide filtré est neutralisé par le carbonate de sodium et agité avec six fois son volume d'éther. Le résidu éthéré est soumis à l'examen des réactifs spéciaux. J'ai comparé cette méthode à la mienne et je puis affirmer que les deux s'équivalent soit au point de vue qualitatif, soit au point de vue quantitatif.

§ 294. *Procédé de Graham et Hoffmann.* — Ces deux auteurs[1] ont proposé la méthode suivante pour rechercher la strychnine dans la bière. *Macadam* et d'autres[2] auteurs l'ont étendue à la recherche d'un certain nombre d'autres alcaloïdes contenus dans les cadavres. On commence, si la matière suspecte n'est pas liquide, à faire macérer les parties solides avec de l'eau aiguisée d'acide oxalique ; le liquide filtré est porté à l'ébullition et filtré ; on lui incorpore ensuite du charbon de sang (30 grammes pour

---

[1] *Annal. d. Chem. u. Pharm.*, t. LXXXIII. On se prépare le charbon nécessaire en desséchant du sang et en l'incinérant à une très-basse température ; le résidu trituré est épuisé par de l'eau bouillante, puis par de l'acide chlorhydrique moyennement concentré et ensuite par de l'eau. Le résidu desséché est chauffé au rouge sombre dans un creuset hermétiquement fermé ; la poudre doit être introduite immédiatement dans un flacon bien bouché.

[2] *Pharmaceut. Journ. and. Trans.*, t. XVI.

un litre de liquide) et l'on secoue de temps en temps pendant 12 à 24 heures, puis l'on filtre. Le charbon est lavé à deux reprises différentes avec de l'eau ; on le transvase ensuite dans une fiole contenant de 120 à 130 cent. cubes d'alcool marquant 90° et l'on fait bouillir pendant une demi-heure ; la fiole est fermée par un bouchon traversé par un tube assez long pour que les vapeurs se condensent et retombent. On filtre bouillant ; le liquide alcoolique est évaporé, repris par un peu d'eau alcalinisée par de la potasse et traité par de l'éther. La solution éthérée abandonne l'alcaloïde dans un état de pureté assez grand pour que l'on puisse essayer sans nouvelle purification toutes les réactions de coloration.

Je me suis assuré que ce procédé convient très-bien pour la recherche de la strychnine, mais qu'il ne donne pas d'aussi bons résultats pour celle d'autres alcaloïdes ; je dois encore ajouter que le charbon, quelque bien préparé qu'il soit, renferme toujours des corps étrangers (acide libre, etc.) qui peuvent jeter du doute sur les résultats ; que de plus il n'absorbe pas complètement tout l'alcaloïde[1] ; un commençant surtout fera bien de ne pas suivr ce procédé.

§ 295. *Autres procédés.* — Je ne dirai rien des procédés qui consistent à isoler la strychnine à l'aide de l'hydrate d'oxyde de plomb, du sous-acétate de plomb, du sublimé corrosif et de quelques autres solutions métalliques. J'ai dit déjà d'une manière générale qu'il fallait dans une recherche toxicologique éviter autant que possible l'emploi d'un réactif toxique lui-même ; ces procédés ne possèdent pas d'avantages assez marqués pour que je déroge à cette manière de voir.

§ 296. *Caractères chimiques.* — L'alcaloïde a été isolé ; il reste à démontrer que ce corps est bien de la strychnine, en se servant des réactifs que nous avons appris à manier. Mais avant d'aborder cette étude, je veux indiquer en peu de mots les propriétés capitales de cet alcaloïde et de ces sels.

La *strychnine* se dépose facilement à l'état cristallisé de ses solutions dans l'alcool, l'éther, l'alcool amylique, le chloroforme, la benzine et le pétrole ; les cristaux appartiennent au système

---

[1] J'ajouterai que le charbon ne cède pas toujours à l'alcool tout le toxique qu'il a absorbé. (N. du trad.)

rhomboédrique (prismes quadrangulaires à pointements très-divers.). Elle est blanche et inaltérable au contact de l'air. L'eau en dissout très-peu ; 6667 d'eau froide et 2500 d'eau bouillante dissolvent une partie de strychnine (Pelletier) ; l'ammoniaque et la potasse en excès ne modifient pas cette solubilité ; on admet cependant sans l'avoir démontré que la strychnine amorphe au moment où elle se précipite, est plus soluble dans l'eau et dans l'ammoniaque que la modification cristalline ; le fait est vrai en ce qui concerne l'éther. Merck a constaté que la strychnine était insoluble dans l'alcool absolu ; elle est d'autant plus soluble dans l'alcool que ce dernier est plus étendu d'eau ; celui de 0,936 de densité en dissout à froid 0,415 p. 100, celui de 0,863 à froid, 0,833 p. 100 (10 p. 100 quand on chauffe) (Wittstein), et celui à 0,815, 0,936 p. 100 (Dragendorff). L'éther du commerce n'en dissout que 0,08 p. 100 ; elle est même complétement insoluble dans l'éther absolu.

L'alcool amylique en dissout 0,55 et la benzine 0,607 p. 100 à la température ordinaire ; le chloroforme en dissout 14,3 d'après Schlimper et 20 p. 100 d'après Pettenkofer ; la glycérine en dissout 0,33 p. 100 d'après Cap. La solution alcoolique de strychnine dévie la lumière polarisée à droite ; son pouvoir rotatoire varie de 132°,08 à 136° 78 ; les solutions acides possèdent un pouvoir rotatoire moindre.

Toutes les solutions de strychnine ont une saveur amère caractéristique, que l'on perçoit encore facilement en goûtant la solution aqueuse diluée au centième[1] ; sa dissolution alcoolique bleuit fortement le papier de tournesol. Nous avons déjà dit que la strychnine pouvait être sublimée ; si l'on chauffe trop brusquement, elle se charbonne en se boursouflant beaucoup.

Les acides sulfurique, azotique et chlorhydrique étendus, les solutions aqueuses d'acide oxalique, tartrique, etc. dissolvent très-bien la strychnine et la transforment en sels neutres. Les solutions sont précipitées par l'ammoniaque (lentement), par la potasse et par la soude à l'état cristallisé ; l'ammoniaque en excès

---

[1] D'après quelques auteurs 1/420000 de strychnine, communiquerait encore à l'eau une saveur amère perceptible. Hérapath reconnaît à ses caractères chimiques la strychnine dans 6 milligrammes d'une solution au 7000.

redissout le précipité, mais la strychnine ne tardant pas à passer à la modification cristalline se précipite sous forme de cristaux. Une solution acidulée de strychnine, neutralisée à froid par une solution de carbonate ou de bicarbonate alcalins ne précipite pas ; la strychnine reste dissoute en faveur de l'acide carbonique et ne se précipite que par l'ébullition (§ 293).

Les *sels* de strychnine dont l'acide n'est pas coloré sont incolores. L'*azotate* se dissout dans 50 parties d'eau froide et 2 d'eau bouillante ; le *sulfate* exige 10 parties d'eau ; l'*acétate* et le *chlorure* sont encore plus solubles.

Il me reste à passer en revue les divers réactifs que l'on peut employer pour caractériser la strychnine.

Le *chlorure platinique* donne un précipité blanc jaunâtre, à peine soluble dans l'eau et dans l'éther et difficilement soluble dans l'alcool absolu. La solution alcoolique bouillante laisse déposer la combinaison sous forme de masses cristallines qui ont l'aspect de l'or mussif. Cette réaction se produit encore dans les solutions *au millième*.

Le précipité produit par le *chlorure aurique* est peu soluble dans l'eau et dans l'éther, très-soluble au contraire dans l'alcool ; il se dépose de cette dernière solution sous forme de cristaux d'un jaune orangé. Ce réactif précipite encore les solutions *au dix-millième*.

L'*acide picrique* donne encore un précipité cristallin vert jaunâtre dans une solution qui, par goutte, ne renferme que 1/20000 de gramme d'alcaloïde.

L'*acide tannique*, d'après de Vry et Burg, serait plus sensible encore, car il précipite des solutions ne renfermant qu'un vingt-cinq-millième de gramme.

L'*iodure de potassium iodé* (ou la teinture d'iode) produit, dans dans les solutions aqueuses et alcooliques des sels, un précipité couleur kermès. Le précipité est soluble dans de l'alcool bouilant ; cette solution abandonne par le refroidissement des cristaux prismatiques colorés en rouge brun, qui sont bi-réfringents. Ce réactif précipite des solutions qui ne renferment que 12 dix-millièmes de milligramme d'alcaloïde.

Le *bichromate de potassium* (au 1/200) colore en jaune des solutions de strychnine acidulées par de l'acide sulfurique, et en précipite immédiatement des cristaux (non des prismes) d'un jaune d'or aiguillé. Cette réaction se produit également d'une manière très-nette avec la strychnine sublimée ou le résidu de l'évaporation de la solution aqueuse.

L'*acide sulfurique concentré* dissout ces cristaux et les colore en bleu foncé.

Cette réaction est très-sensible et réussit encore avec des liquides qui ne contiennent que deux centièmes de milligramme d'alcaloïde.

C'est là la *réaction caractéristique* de la strychnine [1]; la coloration bleue se manifeste également, quand on introduit une parcelle de bichromate dans une solution sulfurique refroidie; la couleur est très-fugace, elle passe au violet, puis au rouge cerise et disparaît rapidement. Lorsqu'on a à sa disposition une certaine quantité d'alcaloïde et qu'on n'a pas à craindre que l'acide sulfurique se délaye par trop, on peut se servir d'une solution de bichromate de potassium que l'on introduit, goutte à goutte, à l'aide d'une baguette, dans la solution de strychnine. L'emploi du sel solide est toujours à recommander, lorsqu'on ne possède qu'une quantité très-faible de toxique; on en introduit un fragment gros comme la tête d'une épingle dans la solution sulfurique, et, en remuant les surfaces, on voit de temps en temps se produire des stries colorées. On a proposé de remplacer le bichromate par le cyanure rouge, le peroxyde de plomb [2], les acides hypermanganique, chlorique, iodique et leurs sels; toutes ces substitutions ne présentent aucun avantage [3]. L'alcaloïde doit être transformé pour ces essais en sulfate, car un excès d'acide azotique ou chlorhydrique peut entraver la réaction; pour le même motif l'hypermanganate de potassium doit être exempt de chlorure.

[1] J'indiquerai à propos de chaque alcaloïde sa réaction caractéristique; les autres réactions que je décrirai ne doivent être essayées que lorsque la première a été tentée et que l'on a encore assez de matière à sa disposition.

[2] Dans ce cas il est bon d'ajouter à l'acide sulfurique 1 % d'acide azotique concentré.

[3] Wenzell, *Vtjschrift f. Pharm.*, t. XX, p. 201, recommande l'emploi de l'hypermanganate comme plus sensible; mais je ne suis pas du même avis et je préfère toujours celui du bichromate.

Une très-bonne manière de faire cet essai est la suivante : le résidu laissé par la solution de l'alcaloïde dans un verre de montre est mis en contact avec une solution aqueuse très-étendue de bichromate ; on décante le liquide, on dessèche les cristaux avec un morceau de papier à filtre, et on arrose le tout avec de l'acide sulfurique concentré (Otto).

D'après quelques nouveaux essais, l'acide sulfurique quadrihydraté me paraît convenir davantage ; la réaction se produit, il est vrai, un peu plus lentement, mais l'acide de cette concentration ne colore pas un certain nombre de substances étrangères qui pourraient être colorées par un acide plus concentré et masquer la réaction principale.

Le bioxyde de manganèse produit une coloration rouge jaunâtre très-foncée, qui persiste assez longtemps, lorsqu'on ajoute goutte à goutte 4 à 6 fois le volume d'eau distillée. La solution devient violet pourpre, lorsqu'on la neutralise exactement par de l'ammoniaque ; sursaturée, elle devient jaune.

L'*acide iodique* colore en rouge fugace ; cette couleur passe rapidement au rouge brun qui persiste très-longtemps.

Letheby propose de décomposer la strychnine en solution sulfurique par l'électricité ; le liquide est placé dans une capsule de platine qui communique avec le pôle positif ; on y introduit un fil de platine qui communique avec le pôle négatif d'une pile qui ne doit pas être très-puissante ; un élément de Bunsen suffit. Le liquide devient rouge pourpre. Cet essai ne doit être entrepris que lorsqu'on a assez de matière à sa disposition ; la réaction du bichromate et de l'acide sulfurique suffit dans tous les cas ; Vry et Burg ont retrouvé ainsi un millième de milligramme d'alcaloïde (Jordan n'en a retrouvé que 12 dix-millièmes de milligramme) ; d'après mes propres essais, la sensibilité indiquée par Vry et Burg est encore plus grande.

Il me reste à parler d'un nouveau réactif d'oxydation des alcaloïdes, dû à Sonnenschein ; je veux parler de l'*oxyde de cérium*[1]. Ce réactif, mis en présence de la solution sulfurique concentrée de strychnine, produit la même réaction que le bichromate ; la

____

[1] *Ber. d. deutsch. chemisch. Ges.*, t. III, p. 655.

coloration est bien plus stable ; elle vire lentement au rouge cerise et persiste à cet état pendant plusieurs jours. Cette réaction réussit encore avec un millième de milligramme d'alcaloïde ; nous avons vu que le bichromate possède la même sensibilité ; je ne crois donc pas qu'il faille substituer au bichromate un réactif aussi difficile à se procurer que l'oxyde de cérium.

Cet oxyde ne réagit pas seulement sur la strychnine, mais encore sur quelques autres solutions sulfuriques d'alcaloïdes :

La brucine se colore en orangé, puis en jaune ;

La morphine, en couleur olive, puis en brun ;

La narcotine, en couleur cerise brunâtre foncée, qui vire au rouge cerise franc ;

La codéine, en vert olive, puis en brun ;

La quinine, en jaune pâle ;

La vératrine, en brun rougeâtre ;

L'atropine, en jaune brunâtre (teintes fausses) ;

La solanine, en jaune puis brun ;

L'émétine, en brun ;

La colchinine, en vert, puis en brun sale ;

L'aniline se colore en bleu ; la coloration commence aux bords. (L'acide trihydraté communique immédiatement au mélange une couleur violette qui persiste pendant quelques heures ; on obtient encore une couleur violette très-faible avec de l'acide concentré étendu au huitième.) ;

La conicine se colore en jaune clair ;

La pipérine, en brun foncé, qui paraît presque noir ;

La cinchonine et la théine ne se colorent pas ;

L'acide trihydraté produit de même avec l'oxyde de cérium, la réaction caractéristique de la strychnine ; la curarine, au contraire, ne s'est colorée que lentement en bleu et la teinte n'a pas viré au rouge. Ce dernier alcaloïde ne se colore du reste pas en bleu par le bichromate.

On voit donc somme toute que l'emploi de l'oxyde de cérium ne présente pas de grands avantages.

J'ai indiqué, en parlant de l'*aniline* (§ 249), la manière de différencier ce corps de la strychnine. Les combinaisons de *méthyl* et *éthylstrychnine*, qui possèdent les mêmes réactions chimiques que la strychnine, n'en ont pas les propriétés toxiques redoutables; on pourrait donc avoir à redouter, dans certains cas, des confusions regrettables, si l'on ne soumettait à dès essais physiologiques le composé qu'on a isolé[1].

La réaction du bichromate n'est pas entravée par la présence de petites quantités d'amidon, de dextrine, d'émétique, d'acide tartrique, de crème de tartre[2], etc ; le sucre au contraire masque la réaction.

Les procédés de Stas, d'Erdmann-Uslar, que nous avons conseillé de suivre, éliminent du reste tous ces corps très-facilement.

On a vu, par suite de méprises funestes, la *santonine* être mélangée de strychnine; j'ai pu retrouver facilement ce dernier corps dans un mélange au 1/50, en consacrant à l'examen un centigramme qui ne renfermait par suite que $0^{gr},00032$ d'alcaloïde. La santonine, en suivant nos procédés de séparation, ne pourra jamais accompagner la strychnine, car d'une part les liquides sulfuriques acidulés ne la dissolvent que faiblement, et, d'autre part, l'éther, l'alcool amylique, la benzine et le chloroforme l'enlèveraient déjà à la solution acidulée.

D'autres alcaloïdes peuvent être mélangés avec de la strychnine; je citerai notamment la *brucine* qui l'accompagne presque toujours, lorsque l'empoisonnement par la strychnine a été provoqué par l'un des produits végétaux de la famille des strychnées (fève de saint Ignace, etc.). De notables quantités de brucine peuvent masquer la réaction de la strychnine ; mais cette circonstance ne se présente que rarement, car toutes les préparations médicinales usitées ne contiennent pas assez de brucine pour que cet effet se produise ; la couleur, due au bichromate et à l'acide sulfurique, pourra tout au plus devenir un peu plus rouge; il est du reste facile, pour éviter toute méprise, de séparer ces deux alcaloïdes. (V. § 279.)

---

[1] Ces deux dérivés de la strychnine se dissolvent du reste encore plus difficilement qu'elle, dans le pétrole, lorsqu'ils sont contenus dans le liquide aqueux ammoniacal; ils se comportent comme la strychnine vis-à-vis de la benzine, du chloroforme et de l'alcool amylique; ce caractère les distingue de la curarine.

[2] Voy. *Jahrb. f. pr. Pharm.*, t. XX, p. 87. — Erdmann et Marchand, *J. f. pr. Chem.*, t. XXXI, p. 374. — Vogel, *Buchn. Repert.*, t. II, p. 369. — Gorup-Besanez, *Handw. f. Chem.*, t. I, p. 468. — Hagen, *Annal. f. Ch. u. Pharm.*, t. 103, p. 159.

La présence de la strychnine peut être constatée facilement dans un mélange de *quinine* et de *cinchonine*, lorsque ces deux alcaloïdes ne prédominent pas trop [1]. G. P. Masing a entrepris à cet égard quelques recherches sous ma direction; il a retrouvé 0^{gr},000025 de sulfate de strychnine contenu dans 20 fois son poids de sulfate de quinine et 0^{gr},00004 de sulfate de strychnine mélangé à 33 fois son poids de caféine. La vératrine n'entrave pas la réaction caractéristique de la strychnine, surtout lorsqu'on se sert de l'acide trihydraté.

J'indiquerai au § 528 comment on peut rechercher la présence de la strychnine à côté de celle de l'*émétine*.

La *morphine* et la *strychnine* peuvent se rencontrer simultanément dans les liquides de l'estomac, puisque la morphine a été proposée comme contre-poison de la strychnine. Worsley [2] dit que la présence de la morphine empêche la réaction du bichromate, mais Reese [3] a fait voir que cet effet ne pouvait se produire que lorsque le mélange renfermait un notable excès de morphine. Il a réussi à déceler 1/50000 de gramme dans un mélange à parties égales des deux alcaloïdes; 1/30000 seulement, lorsqu'il y avait, pour 1 de strychnine, 2 de morphine; 1/15000, 1/10000, 1/8000, 1/1000 et 1/500, lorsque la proportion de morphine devenait le triple, le quadruple, le quintuple, le décuple, le vingtuple de celle de la strychnine. La limite de la sensibilité est plus grande encore, car G. P. Masing a pu retrouver 1/5000 et non 1/1000 dans le mélange de 1 de strychnine et de 10 de morphine. On peut du reste toujours séparer facilement ces deux alcaloïdes, si ce n'est à l'état de pureté absolue, au moins dans un état qui permette facilement de constater leurs caractères de coloration.

La *curarine* est le seul des alcaloïdes connus qui pourrait être confondu avec la strychnine, puisqu'elle donne avec le bichromate et l'acide sulfurique concentré une coloration analogue; il y a cependant quelques petites nuances que je vais signaler et qui

[1] Vogel et Brierer admettent le contraire, mais le premier auteur dit que ces inconvénients disparaissent, quand on dissout au préalable l'alcaloïde dans de l'acide sulfurique.
[2] Canstatt, *Jahrb. f. Pharm.*, t. XX.
[3] *Pharm. Zeitsch. f. Russland.*, t. I.

permettent d'éviter l'erreur. La coloration due à la curarine n'est pas aussi fugace ; le changement de couleur du violet au rouge cerise est plus lent, mais la coloration rouge finale persiste pendant quelques heures, parfois même pendant quelques journées. La curarine se colore du reste immédiatement par l'acide sulfurique.

Les procédés de Stas, d'Erdmann-Uslar et le mien séparent du reste nettement ces deux alcaloïdes ; nous n'avons donc aucune crainte à avoir à cet égard, dans le cas où la curarine eût été employée comme contre-poison de la strychnine.

On peut encore, si l'on a assez de matière, soumettre la solution de l'alcaloïde dans l'acide sulfurique affaibli aux réactions suivantes :

1) Le *ferricyanure de potassium* donne un précipité cristallin vert jaunâtre dans les solutions renfermant au moins 1/250 d'alcaloïde.

(Le ferrocyanure précipite des prismes carrés, presque incolores dans les solutions au millième.)

2) Le *perchlorate de potassium* donne un précipité blanc cristallin dans les liqueurs qui renferment plus que 1 pour 100 d'alcaloïde.

3) L'*acide iodique* à chaud donne une solution d'un rouge foncé qui abandonne par l'évaporation des cristaux aiguillés rougeâtres.

4) Le *sublimé corrosif* (mélangé avec un peu de chlorure de sodium) ou le cyanure de mercure donnent naissance à des précipités blancs cristallins dans les solutions au 1/500 ; le bichromate de potassium ajouté à ce précipité (cette réaction peut se faire au microscope) le colore fortement en jaune ; celui de morphine reste incolore.

5) Le *sulfocyanure de potassium* précipite en blanc cristallin des solutions qui ne renferment que deux centièmes de milligramme ;

6) Le *nitro-prussiate de sodium* (au 1/6) précipite en brun clair cristallisé (Helvig dit que la limite de la sensibilité est 1/5000) ;

7) Le *perchlorure de fer* donne un précipité brun jaunâtre cristallin, mais peu caractéristique, qui ne se produit plus dès que la solution est diluée au centième.

8) Le *chlorure double d'iridium et de potassium* (en solution récemment préparée) précipite en brun foncé ; le précipité se redissout par l'agitation, mais laisse déposer, après quelque temps, un précipité bien cristallisé ; la solution ne doit pas être étendue plus qu'au cinquantième.

9) Le *sesquichlorure d'iridium et d'ammonium* précipite en blanc ; le précipité se dissout par l'ébullition.

10) Le *sesquichlorure de rhodium*, mélangé de chlorure de potasssium, précipite en blanc ; le précipité se dissout à chaud et se reprécipite par le refroidissement.

11) Le *chlore* en excès précipite la strychnine en blanc ; le précipité se forme encore dans une solution qui n'en renferme que 2 millièmes de milligramme.

§ 296 *bis*. *Expérimentation physiologique*. — Il faut du reste consacrer toujours une certaine quantité de matière à l'expérimentation *physiologique* sur une grenouille ; six centièmes de milligramme, injectés sous la peau, détermineraient, d'après Pickford, de violentes contractions tétaniques. Cet essai doit *toujours* être tenté, surtout si l'on avait lieu de croire que la strychnine eût été ingérée à l'état de combinaison méthylique ou éthylique [1]. Ni la strychnine ni la brucine ne modifient le diamètre de la pupille des animaux supérieurs, lorsqu'on les applique directement ; cette dilatation se produit lorqu'on administre la strychnine à l'intérieur.

[Voici la manière dont Tardieu et Roussin conseillent de faire l'expérience physiologique ; il convient de prendre des grenouilles, animaux qui sont très-sensibles à l'action de la strychnine, n'exigent qu'une minime quantité de toxique, et peuvent être observés facilement. On choisit trois animaux de même taille et on leur fait, à la partie interne de la cuisse, une incision qui intéresse simplement la peau et dénude les muscles ; on décolle un peu la peau à l'aide d'une baguette de verre.]

[On introduit au fond de la plaie de la première grenouille 2 milligrammes de strychnine pure réduite en poudre fine ; la

---

[1] Voy. Schroff, *Wiener Arztl. Wochenblatt*, 1807. — Brown et Fraser, *Jour. of Anat. et Phys.*, II, 1868, pour les dérivés éthyliques et méthyliques de la brucine, de l codéine, de la morphine, de la nicotine. — *Compt. rendus*, 1868.

seconde reçoit la même quantité du résidu suspect que nous avons isolé à l'aide des opérations chimiques ; la troisième grenouille ne sert que comme témoin. Les incisions sont recousues par plusieurs points de suture, et les animaux sont placés dans trois vases de 1 à 2 litres remplis d'eau pure ; il vaut mieux opérer ainsi que de placer les grenouilles sur une table, car il est plus facile d'observer leurs mouvements. L'action commence quelquefois au bout de cinq minutes déjà, et, si le résidu suspect contient de la strychnine, on sera frappé de la similitude des contractions que l'on observera sur les deux premiers animaux. Elles sont soudaines ; les membres postérieurs s'allongent brusquement, les membres antérieurs sont projetés en avant ; la colonne vertébrale s'incurve en arrière et la gueule de l'animal s'ouvre assez fréquemment à chaque contraction violente ; l'animal paraît alors rigide ; au bout de deux secondes à dix minutes, l'attaque recommence. La grenouille témoin, pendant tout ce temps, nage librement.

[Les auteurs cités recommandent, lorsqu'on n'a que peu de matière à sa disposition, de la transformer en un sel soluble (sulfate), d'en étendre le volume à 3 ou 4 centimètres cubes et de l'injecter dans le tissu cellulaire au moyen d'une seringue de Pravaz. Ce procédé est préférable au précédent.]

§ 297. *Résistance à la putréfaction.* — La strychnine est certainement un des alcaloïdes qui présente le plus de résistance à la décomposition ; soumise avec du sucre à la fermentation alcoolique, elle ne se décompose pas. Macadam affirme avoir retrouvé l'alcaloïde dans les restes d'animaux empoisonnés trois ans auparavant. Cloetta, Erdmann et Uslar, Riecker, Heintz et moi avons confirmé cette grande résistance à la décomposition.

§ 298. *Sels de strychnine.* — On réussit quelquefois, dans les essais préliminaires, à isoler une certaine quantité du toxique qui ne s'est pas encore dissous. La strychnine se distingue de ces sels, chlorhydrate, azotate, sulfate, acétate, par sa moindre solubilité ; on pourra du reste reconnaître la nature de l'acide par les réactions employées dans l'analyse inorganique.

§ 299. La *brucine* (caniramine) peut être séparée des matières étrangères à l'aide de l'un quelconque des procédés généraux indiqués[1] ; les caractères suivants différentient la brucine de la strychnine.

La brucine cristallise de ses solutions aqueuses en prismes obliques quadrangulaires, transparents ; les cristaux sont efflorescents et renferment 18, 5 p. 100 d'eau de cristallisation. Ils deviennent anhydres quand on les chauffe à +130° ou qu'on les dessèche sous le vide de la machine pneumatique. La brucine cristallisée fond dans son eau de cristallisation à +100", et se prend en masse amorphe par le refroidissement. Les solutions dans la benzine, l'alcool absolu et l'alcool amylique laissent déposer l'alcaloïde à l'état amorphe. Une solution de strychnine et de brucine dans la benzine, abandonnée à l'évaporation spontanée, laisse d'abord déposer de la brucine à l'état amorphe sur les bords ; la strychnine en cristaux bien formés reste au centre de la capsule. La brucine se dépose à l'état cristallisé par l'évaporation de la solution chloroformique. Chauffée avec précaution (§ 286), elle se volatilise ; chauffée au contraire brusquement elle se décompose comme la strychnine. La brucine effleurie du commerce se dissout dans 850 parties d'eau froide et 500 parties d'eau bouillante (Pelletier, Caventou-Abl indiquent d'autres chiffres ; 768 parties d'eau froide à +15°). La brucine cristallisée transparente est plus soluble (dans 520 d'eau froide et 150 d'eau bouillante d'après Duflos). La saveur des solutions est très-amère. L'alcool absolu et celui de 0,936 de densité dissolvent très-facilement la brucine d'après Merck[2] ; le même auteur dit que la brucine est insoluble dans l'éther absolu ; la benzine en dissout 1,66[3] ; le chloroforme 56 p. 100 d'après Pettenkofer et 14, 44 d'après Schlimpert ; l'alcool amylique la dissout facilement[4], il n'en est pas de même du pétrole rectifié.

La brucine en solution alcoolique dévie la lumière polarisée

---

[1] Le pétrole dissout cet alcaloïde avec beaucoup de difficulté ; je n'ai pu la retrouver dans certains organes qui n'en renfermaient que des proportions très-faibles. Il vaut mieux dans la recherche de la brucine se servir directement de la benzine.

[2] Cap et Garrot disent que l'alcool (densité inconnue) en dissout 66 pour 100.

[3] J'ai constaté que cette solution de brucine pouvait encore dissoudre 0,806 pour 100 de strychnine, ainsi plus que n'aurait dissous la benzine pure.

[4] [Voy. pour les solubilités dans les autres dissolvants, Gerhardt, *Chimie organique ou dictionnaire de chimie*, de M. Wurtz.]

à gauche [$\alpha^r = -64°$, 27 pour les solutions des cristaux hydratés]; la déviation diminue pour les solutions acides. Les acides sulfurique, chlorhydrique, oxalique et tartrique étendus dissolvent la brucine et la transforment en sels blancs bien cristallisés. La potasse, la soude, leurs carbonates, la magnésie, l'ammoniaque, même la morphine et la strychnine déplacent la brucine de ses sels; les solutions concentrées abandonnent presque toujours l'alcaloïde à l'état amorphe, mais celui-ci ne tarde pas à cristalliser. L'ammoniaque se comporte d'une manière particulière dans ces cas; employée en quantité strictement suffisante, elle précipite complétement toute la brucine; employée en excès, elle ne donne de précipité que lorsqu'on chasse l'excès d'ammoniaque par la chaleur; l'alcaloïde se dépose alors à l'état de gouttelettes huileuses, qui ne tardent pas à cristalliser. La cristallisation se produit également lorsqu'on abandonne la solution ammoniacale à l'évaporation spontanée. Les carbonates neutres ou alcalins ajoutés en excès à une solution acide de brucine se comportent comme avec la strychnine; l'acide carbonique maintient la brucine en solution et cette dernière ne se précipite sous forme de cristaux nacrés que par l'action de la chaleur.

Nous savons déjà comment se comporte la brucine avec la plupart des réactifs; je dois cependant ajouter encore quelques mots sur la réaction caractéristique qu'elle présente avec l'acide azotique ou avec l'acide sulfurique mélangé d'acide azotique.

Je rappellerai d'abord que l'acide sulfurique pur ne donne pas de coloration, ce qui exclut de suite l'idée de la présence de la vératrine et de la salicine. L'acide sulfurique ne colore que lorsqu'il renferme des traces d'acide azotique; il vaut encore mieux se servir de l'acide trihydraté, auquel on ajoute un peu d'acide azotique. On a pu retrouver de cette manière un centième de milligramme de brucine contenue dans 1/4 ou 1/2 centimètre cube d'acide sulfurique; la présence de la caféine n'entrave pas la réaction. (§ 320 Rem. et § 548.) On peut encore traiter la solution sulfurique de brucine par de l'eau bromée. La couleur rouge, que produit l'acide azotique seul (densité de 1, 27 à 1, 3) vire à l'orangée après un temps très-court et passe enfin au jaune. Cette solution jaune prend une couleur d'un *rouge violet très-intense* par l'addition du chlorures tanneux ou du sulfure d'ammonium. On peut déceler par ce moyen un dixième de milligramme de brucine, lorsque sa solution ne renferme pas d'excès d'acide.

Stanislas Cotton a publié en 1869 comme nouvelle une réaction de la brucine dans laquelle il substitue au sulfure d'ammonium, le sulfhydrate de sulfure de sodium ; il chauffe au préalable la brucine avec de l'acide azotique à la température de 40 ou de 50°. Cette réaction ne me paraît être d'aucune utilité ; il n'est pas nécessaire de chauffer pour obtenir une coloration violette et la modification verte que l'on obtient est due à l'excès du sulfure ; elle ne se produit que lorsque tout l'acide azotique a été neutralisé et a lieu également avec le sulfure d'ammonium. Le soufre qui se dépose dans cette réaction, peut entraver la production de la coloration dès que le liquide renferme moins que 25 centièmes de milligrammes de brucine ; il convient en tout cas d'éviter autant que possible un excès de soufre, en n'employant que la proportion justement nécessaire d'acide azotique.

La solution jaune, obtenue par le réactif d'Erdmann, se recolore en rouge fugace qui passe au jaune de coing, quand on lui ajoute un petit grain de bioxyde de manganèse ; le bioxyde de plomb ne modifie pas la teinte jaune, mais le chromate la fait passer au vert foncé ; la solution jaune étendue de quatre fois son volume d'eau, se colore en jaune d'or quand on la neutralise exactement par l'ammoniaque.

On peut essayer de produire la réaction de l'acide azotique dans une solution aqueuse en procédant comme suit ; le liquide additionné de quelques gouttes d'acide azotique est placé dans un verre à pied ; on verse de l'acide sulfurique le long des parois de manière que l'acide tombe au fond sans se mélanger au liquide ; la surface de séparation présentera au bout de peu de temps des zones rouges qui passent à l'orangé et au jaune ; en renouvelant avec précaution la surface de séparation on pourra reproduire un grand nombre de fois cette succession de teintes ; 1/50 de milligramme de brucine suffit.

On peut reconnaître un mélange de strychnine et de brucine, sans les séparer au préalable ; on arrose le résidu de l'évaporation avec de l'acide sulfurique trihydraté qui contient un peu d'acide azotique ; la coloration rouge qui passe au jaune indique la présence de la brucine ; en ajoutant à cette solution sulfurique du bichromate de potassium ou de l'oxyde de cérium, on obtient la coloration bleue caractéristique de la strychnine. 1 et 2 centièmes de milligramme de brucine ont pu être décelés ainsi dans leur mélange avec un dixième de milligramme de strychnine ; inversement la même proportion de strychnine fut reconnue dans son mélange avec le décuple de brucine. On a pu également retrouver un centième de milligramme de brucine, mélangée avec un dixième de milligramme de caféine.

Une solution de brucine dans de l'acide sulfurique concentré, prend également les teintes rouge, orangé et jaune, lorsqu'on la traite par un peu d'hypermanganate de potassium.

L'acide *phospho-antimonique* donne avec la brucine une réaction caractéristique, qui est la même que celle que produit le chlore et qui doit être évidemment attribuée à l'excès de chlore ou de perchlorure d'antimoine que le réactif renferme toujours [1].

Le courant de *chlore* colore en rose ou rouge de sang la solution chlorhydrique de brucine, mais ne la précipite pas. Une solution de strychnine *ne se colore pas* dans ces conditions, mais se recouvre d'une écume de strychnine chlorée. L'eau chlorée concentrée colore en rouge clair les solutions concentrées des sels de brucine ; l'ammoniaque transforme cette couleur en jaune.

Helwig attache beaucoup d'importance à la réaction de l'*acide chromique* (ou du bichromate) ; on délaye dans une solution étendue de cet acide le résidu amorphe de l'évaporation de la solution dans la benzine, l'alcool ou l'alcool amylique ; on voit alors se déposer de beaux cristaux prismatiques d'un jaune intense, groupé quelquefois en étoiles et différant complétement par leur forme cristalline de ceux que la strychnine fournit dans des conditions identiques. L'aspect de ces cristaux à la lumière polarisée est de toute beauté. La réaction peut se faire avec la brucine sublimée, sur le porte-objectif du microscope.

Les sels de brucine possèdent encore les caractères suivants :

1) Le *ferricyanure de potassium* donne un précipité jaune cris-

---

[1] Le réactif débarrassé de ces deux corps n'agit plus.

tallisé, qui, examiné au microscope, se présente sous forme de prismes quadrangulaires.

2) Le *sulfocyanure de potassium* selon la concentration du sel de brucine, produit un précipité caséeux, globulaire ou cristallin, soluble à chaud.

3) Le *chlorure double d'iridium et de potassium* se comporte comme avec la strychnine; le précipité est cristallisé (prismes à trois pans effilés à leurs deux extrémités).

4) Le *mélange* de *chlorure d'ammonium et de sesquichlorure d'iridium*, réagit comme avec les sels de strychnine à la différence près que la solution bouillante du précipité blanc se dépose de nouveau par le refroidissement.

5) Le sel de sodium correspondant donne, d'après Planta, un précipité dont la couleur varie du chamois au rouge brun.

6) Le *sesquichlorure de rhodium* et de *sodium* se comporte avec la brucine comme avec la strychnine ; le précipité blanc se dissout à chaud, *mais se reprécipite à l'état cristallin par le refroidissement.*

Il me reste à indiquer la limite de dissolution à laquelle les réactifs suivants cessent de précipiter les solutions très-étendues de brucine :

Iodure double de mercure et de potassium. . 1/50000

On obtient un précipité abondant dans les solutions au 1/25000 ; cette dernière donnée a été vérifiée par Meyer.

Acide phospho-antimonique 1/5000
Iodure double de bismuth et de potassium. . 1/5000
—   de cadmium et de potassium . . 1/2000
Iodure de potassium iodé.. . . . . 1/50000
Acide tannique.. . . . . 1/2000
Chlorure d'or. 1/25000
Chlorure de platine 1/1000

La brucine présente, ainsi que la strychnine, une grande résistance à la décomposition; j'ai pu en retrouver 2 milligrammes que j'avais mêlés à 100 centimètres cubes de sang qui furent abandonnés pendant plus de trois mois d'été à la putréfaction.

§ 300. *Empoisonnements dus aux produits végétaux de la famille des strychnées.* — L'empoisonnement peut être dû à la strychnée, à la brucine ou au mélange de ces deux alcaloïdes tel qu'on le rencontre dans les produits végétaux de la famille des strychnées. *Il est donc toujours important, lorsqu'on a signalé la présence de l'un de ces alcaloïdes, de s'assurer de l'absence ou de la présence du second.*

La présence simultanée des deux permettrait d'admettre que l'empoisonnement a eu lieu par une préparation médicinale de noix vomique ou de fausse angusture.

La noix vomique (*strychnos nux vomica*) elle-même a été fréquemment administrée à l'intérieur dans des tentatives d'empoisonnement ; les essais préliminaires isoleront alors souvent dans ces cas des fragments faciles à reconnaître à leur forme (vulgairement nommée *bouton de guêtre*), à leur consistance cornée et aux poils qui recouvrent toute la surface. La noix vomique est aplatie, ronde ou légèrement ovale, d'une couleur jaune grisâtre, et offrant, sur ses deux surfaces, vers le centre, une sorte d'ombilic. Elle est large d'environ 25 millimètres et épaisse de 6 à 8 millimètres ; elle a une consistance cornée et n'a pas d'odeur. Sa surface est veloutée et recouverte de petites soies courtes, serrées, fixées obliquement et dirigées du centre à la circonférence où celles des deux faces s'entre-croisent avec celles de l'autre. L'intérieur de la graine est blanc et translucide (souvent il est noir); elle a une saveur âcre et très-amère. L'aspect microscopique des poils est très-remarquable (voy. Guibourt).

Les fruits et l'écorce du *strychnos tieuté* renferment, d'après Bernelot Mœrs, 1,429 pour 100 de strychnine et bien moins de brucine que la noix vomique. Husemann a constaté que le venin des flèches d'upas est complétement exempt de brucine.

§ 301. *Séparation de la strychnine et de la brucine.* — Cette séparation peut se faire à l'aide de l'ammoniaque ; l'ammoniaque en *excès* précipite assez rapidement les solutions concentrées et froides de sulfate de strychnine ; la brucine reste en solution et peut être enlevée par l'agitation avec la benzine. La grande solubilité de la brucine dans l'alcool absolu peut également être mise à profit pour en séparer la majeure partie de la strychnine. On peut encore précipiter une solution alcoolique des deux alcaloïdes par de l'oxalate acide de potassium, évaporer à siccité, triturer le résidu et le faire macérer à 0° avec 4 parties d'alcool absolu; l'oxalate de strychnine se dissout en totalité et l'oxalate de brucine reste presque en totalité à l'état insoluble [1].

§ 302. *Dosage.* — *Le dosage pondéral dans les recherches toxicologiques ne pourra presque jamais s'effectuer*, puisque les quantités de toxique que l'on parvient à isoler sont insignifiantes. J'ai traité cette question en détail dans la *Pharmaceutische Zeitschrift f. Russland*, 2ᵉ année, p. 503, et IV, p. 232. Je me contente d'indiquer ici les principes du procédé que l'on peut suivre.

On commencera par séparer les alcaloïdes en mettant à profit les réactions précédentes; l'alcaloïde isolé est ensuite dissous dans de l'eau aiguisée par de l'acide sulfurique et dosé par la méthode volumétrique de Mayer. J'ai fait voir (*loc. cit.*) dans quels cas ce procédé est applicable; il ne donne guère de bons résultats, lorsque la brucine accompagne la strychnine.

Le dosage volumétrique de Mayer peut servir comme moyen de contrôle de la nature de l'alcaloïde isolé, quand on en connaît le poids. On peut, en effet, connaissant la nature et le poids d'un alcaloïde, calculer combien de centimètres cubes du liquide de Mayer sont nécessaires pour obtenir la précipitation complète; le calcul doit coïncider avec l'expérience lorsqu'il n'a pas été commis d'erreur.

CURARINE.

§ 303. *Généralités.* — La curarine est la partie active du curare ou urari, employé par les sauvages de l'Amérique du Sud pour empoisonner leurs flèches; la curarine se retrouve dans l'écorce du *strychnos toxifera* (Benth) et les fruits du *paullinia cururu* (Linn.); c'est de cette écorce principalement que l'on paraît retirer le curare.

La curarine, introduite directement dans le sang, tue avec une rapidité foudroyante; je ne crois pas que le chimiste réussira à retirer l'alcaloïde du sang d'un animal qui a succombé à la suite d'une blessure produite par une flèche.

[1] Wittsteins, *Vierteljarhsschrift*, t. VIII, p. 409, et *Darstellung u. Prüf. Chem. Präparate.*

Ce corps a été essayé une fois comme contre-poison de la strychnine; on s'en est servi également comme médicament, et à ces divers titres il mérite notre attention, d'autant plus que la réaction du bichromate et de l'acide sulfurique lui est commune, jusqu'à un certain point, avec la strychnine.

§ 304. *Son extraction de mélanges organiques.* — Je tiens avant tout à faire voir qu'il est impossible, en suivant nos procédés d'extraction, de confondre la curarine et la strychnine. J'ai démontré en temps et lieu[1] :

1°) Qu'une solution sulfurique renfermant de la curarine n'abandonne pas des traces de cette dernière ni à l'éther, ni à la benzine, ni au pétrole; l'alcool amylique, le chloroforme, n'en dissolvent que des quantités insignifiantes.

2°) Que cette solution, neutralisée par de l'ammoniaque ou de la magnésie, n'abandonne également que des traces de curarine aux dissolvants indiqués plus haut.

3°) L'alcool marquant 95° dissout, au contraire, toute la curarine, lorsqu'on le fait digérer avec le résidu de la solution précédente, évaporée (après addition de verre pilé), desséchée et pulvérisée.

4°) Le résidu laissé par l'évaporation de cette solution alcoolique se dissout avec facilité dans l'eau distillée.

5°) L'alcool enlève de nouveau l'alcaloïde au résidu desséché de la solution aqueuse dans un état de pureté suffisant pour qu'on puisse le consacrer aux réactions chimiques et physiologiques.

On voit donc que notre procédé d'extraction de l'alcaloïde ne permet aucune confusion avec la strychnine et les autres toxiques, car on ne recherche la curarine que dans un liquide déjà débarrassé par les dissolvants appropriés de la plupart des autres alcaloïdes.

Ce procédé est, il est vrai, un peu long, mais je le préfère encore à celui que Roussin a publié en 1866[2].

Le procédé plus ancien de Boussingault-Roullin[3] ne me pa-

---

[1] Voy., pour les détails, *Pharm. Zeitsch. f. Russland*, 5ᵉ année, p. 155. J'ai réussi à retirer la curarine qui avait été administrée comme contre-poison dans un empoisonnement dû à la strychnine.

[2] *Annal. d'Hyg. publ. et de méd. légale*, t. XXVI, p. 165.

[3] Voy. Claude Bernard, *Leçons sur les substances toxiques*, Paris, 1857.

rait pas aussi exact que le mien. Ces auteurs précipitent la curarine par le tannin ; l'acide oxalique en solution aqueuse dissout l'oxalate de curarine ; cette solution, évaporée à siccité avec un excès de magnésie, est reprise par de l'alcool qui dissout la curarine.

Preyer[1] précipite la curarine par le phospho-molybdate de sodium ; mais nous savons que ce précipité est peu stable et que l'on court ainsi le risque de perdre une certaine quantité de toxique. Cette crainte est encore justifiée par l'emploi de la baryte dont on se sert pour décomposer le précipité, car cette base décompose la curarine.

Preyer propose encore de précipiter la curarine par le sublimé corrosif et de décomposer le précipité par l'hydrogène sulfuré ; le chloroforme enlève la curarine au résidu desséché. Ce procédé présente, à mon avis, quelques inconvénients.

Koch et moi, nous croyons qu'il est important de soumettre la curarine obtenue par le procédé de Preyer à une purification assez complète. Nous procédons de la manière suivante : le liquide, après qu'on a épuisé sur lui l'action de l'alcool amylique, est neutralisé au besoin par de l'acide sulfurique et évaporé à consistance de sirop ; on délaye ce résidu avec le quadruple de son volume d'alcool marquant 95°, et on filtre après 24 heures. Ce liquide filtré est neutralisé par une solution de baryte ; on se débarrasse de l'excès de cette base par un courant d'acide carbonique et on évapore le nouveau liquide filtré, après y avoir ajouté du verre pilé. Ce résidu est épuisé à diverses reprises par le chloroforme. Le premier extrait renferme un certain nombre d'impuretés ; on peut le consacrer aux expériences physiologiques ; les résidus laissés par les extraits chloroformiques suivants sont d'ordinaire assez purs pour qu'on puisse les examiner par les réactifs de coloration.

Nous avons pu retirer de cette manière de la curarine du contenu de l'estomac et des intestins, des fèces, du sang, du foie et d'autres organes sanguins, de l'urine. Les matières vomies et les fèces doivent être desséchées avant qu'on ne les épuise par de

---

[1] *Apotheker Jahrgang*, année 5ᵉ, p. 225.

l'eau aiguisée d'acide sulfurique. La recherche dans l'urine peut être abrégée ; on précipite ce liquide par de l'eau de baryte ; on évapore à siccité et on reprend le résidu par de l'alcool absolu ; on dissout dans de l'eau le résidu laissé par la solution alcoolique évaporée ; on se débarrasse de l'excès de baryte par un courant d'acide carbonique et on enlève l'urée par des traitements réitérés avec de l'alcool amylique. Le liquide épuisé est soumis à une nouvelle dessiccation, et l'on enlève la curarine par le chloroforme.

Salomon[1] s'est occupé en même temps que nous de la recherche de la curarine et de la narcéine ; cet auteur se sert, comme dissolvant, de l'acide phénique ; il enlève au résidu de l'évaporation que laisse cet acide la curarine à l'aide de l'alcool absolu ; j'avoue ne pas comprendre l'utilité de cette modification, et j'hésiterai toujours à me servir comme dissolvant d'un corps qui se décompose aussi facilement que le phénol.

J'ai pu retrouver, par mon procédé, 5 milligrammes de curarine mélangée à 100 centimètres cubes de sang ou d'urine.

§ 505. *Caractères chimiques de la curarine.* — Preyer a réussi le premier à isoler la curarine à l'état cristallisé ; il lui attribue les propriétés suivantes :

La curarine cristallise en prismes quadrangulaires, incolores, hygroscopiques, d'une saveur très-amère et solubles en toutes proportions dans l'eau et l'alcool ; ces solutions bleuissent le papier de tournesol rougi. L'éther absolu, la benzine, l'essence de térébenthine, le sulfure de carbone, ne la dissolvent pas ; l'alcool amylique et le chloroforme en dissolvent, mais bien moins que l'eau et l'alcool.

Elle se décompose par la chaleur ; ses sels (azotate, sulfate, chlorure et acétate), sont cristallisables.

L'acide *sulfurique concentré* doit la colorer en bleu foncé ; je n'ai observé pour ma part qu'une coloration violet pâle, qui se fonça après 1 heure et demie en passant au rouge ; elle devint terne après 2 heures et passa au rose vers la cinquième heure ; cette dernière coloration persista pendant toute la journée. La réaction se produit très-bien avec une solution qui n'en renferme que 6 centièmes de milligramme ; elle est surtout très-belle

[1] *Zeitschr. f. anal. Chem.*, t. X, p. 151.

quand on chauffe la solution sulfurique au bain-marie. On voit qu'en tout cas cette réaction de coloration est bien différente de celle de la strychnine.

Le *réactif d'Erdmann* la colore d'abord en violet brunâtre, puis en violet pur ; cette réaction peut servir à distinguer la curarine de la brucine.

L'*acide azotique concentré* produit une coloration pourpre (différente de celle de la strychnine) ; l'acide sulfurique et le bichromate de potassium se comportent comme avec la strychnine ; mais la coloration n'est pas fugace (v. § 296) ; la limite de la sensibilité de ce réactif est de 12 centièmes de milligramme.

J'ai indiqué en temps et lieu la manière dont elle se comporte avec le chlorure de platine, le phosphomolybdate, le tannin, les iodures doubles, etc. La sensibilité des deux premiers réactifs est très-grande ; le chlorure de platine en précipite encore 6 centièmes de milligramme d'une solution au dix-millième ; le sublimé corrosif donne un précipité avec une solution qui ne renferme que 48 centièmes de milligramme. L'eau chlorée ne modifie pas la curarine d'une manière sensible ; la solution neutralisée par de l'ammoniaque ne donne pas de précipité coloré par l'addition de ferrocyanure de potassium.

La curarine est principalement caractérisée par ses *réactions physiologiques* sur les grenouilles et quelques autres animaux. Cette étude a été faite avec le plus grand soin par Claude Bernard[1] et par quelques autres observateurs, Pelikan[2], Kölliker[3], Bidder et Böhlendorff[4].

Des doses très-faibles introduites par la voie hypodermique paralysent le jeu des poumons ; le cœur continue à battre ; les mouvements péristaltiques de l'intestin cessent ; les muscles répondent toujours à l'excitation électrique. La pupille est dilatée dans tous les cas, que la curarine ait été injectée sous la peau ou ingérée par le tube digestif.

Nous avons, Koch et moi, étudié d'une manière plus appro-

[1] *Compt. rendus*, t. XXXI, p. 553.
[2] *Beiträge zur gericht. Mulizin*, Würzburg, 1858.
[3] Virchow's *Archiv*, t. X, p. 1.
[4] *Physiol. Unters. u. die Wirksamk. der amerik. Pfeilgiften*, Thèse, Dorpat, 1865.

fondie les empoisonnements dus à la curarine, introduite par le
tube digestif ou par la voie hypodermique ; une certaine partie
de cette substance passe inaltérée dans le sang et est éliminée
partiellement par les urines, partiellement par les fèces. La bile
la déverse dans le tube digestif, même alors qu'elle a été introduite par voie hypodermique. Tardieu et Bidder ont reconnu les
premiers que l'urine des animaux empoisonnés renfermait de
la curarine inaltérée ; Tardieu et Roussin ont constaté que
l'urine devenait dans ces cas glucosurique. Ce dernier fait a
été nié ; on attribuait la réduction de la liqueur de Barreswill à
l'action de la curarine même ; je me suis assuré que cette réduction n'avait pas lieu et que le fait avancé par les chimistes
français était hors de doute.

J'ai indiqué au § 296. Rem. les caractères qui permettent de
distinguer la curarine de l'éthyl et méthylstrychnine ; je rappellerai seulement que ces deux substances ne se colorent pas en
rouge par l'action de l'acide sulfurique seul.

305 *bis. De quelques principes qui pourraient être confondus
avec la curarine. — Poison putride.* — J'ai voulu m'assurer que
les liquides putréfiés (sang, etc.) n'abandonnaient pas quand on
leur fait subir le traitement d'extraction de la curarine, la matière que l'on désigne quelquefois sous le nom de poison putride
(Bergmann). Les dissolvants n'ont enlevé ni aux solutions acides,
ni aux solutions alcalines, aucune substance qui présentât une
réaction physiologique de nature particulière ou une coloration
caractéristique avec les réactifs chimiques. La solution aqueuse
renfermait par contre la substance que Bergmann nomme poison
putride, mais elle ne l'abandonna pas lorsqu'elle fut traitée par
mon procédé de recherche de la curarine ; on pourrait probablement retirer le même corps de la levûre putréfiée [1].

Antiarine. — Il y a des flèches qui sont trempées dans le suc
laiteux de l'antiar (antiaris toxicaria) ; le principe actif de ce suc
est nommé *antiarine*, il est souvent accompagné de strychnine.

L'*antiarine*, glucoside non azoté, cristallise en écailles, incolores et neutres, qui fondent à + 225° et se décomposent à

---

[1] Bergmann, *Zur. Kenntniss d. putrid. Gifte*, Dorpat, 1868, et *Med. Ctb.*, 1868,
n° 52.

+ 245°; elle se dissout dans 251 parties d'eau à 22° et dans 27 d'eau bouillante, dans 70 d'alcool et dans 2800 d'éther. Elle est soluble dans les acides et les alcalis étendus ; l'acide sulfurique et azotique la dissolvent sans se colorer ; elle ne présente pas de réactions chimiques spéciales[1].

Cynoglossine. — On nomme *cynoglossine* une substance que Didulin a isolée de la racine du cynoglossum officinale ; Loos et Buchheim l'ont retirée également de l'échium vulgare et de l'anchusa officinalis. Nous n'avons pu, en suivant le procédé d'extraction de la curarine, retirer de la racine de cynoglosse un alcaloïde actif. La cynoglossine n'a pas encore du reste été isolée à l'état de pureté ; d'après les deux auteurs cités elle est précipitée par le tannin et par le phospho-molybdate de sodium ; l'éther l'enlève lentement aux solutions alcalines et l'acide phosphorique en solution aqueuse l'enlève de nouveau à l'éther. Ce principe est en tout cas bien moins actif que la curarine. (Voy. Didulin, *Med. Ctb.* 1868, p. 212, et Buchheim, *Die pharmacolog. Gruppe des Curarins*, p. 14.)

Salamandrine. — La *salamandrine* est le principe vénéneux que l'on a retiré des crapauds et des salamandres. Elle a été étudiée par Zalewsky ; d'après lui, elle se dissout facilement dans l'eau, est alcaline aux papiers, précipite le chlorure de platine et le réactif phospho-molybdique, et est insoluble dans l'alcool et dans l'éther. (Voy. Hoppe-Seyler, *Med. chim. Unters.*, t. I, p. 85.)

ALCALOÏDES DES QUINQUINAS : QUININE, QUINIDINE, CINCHONINE.

§ 306. *Généralités.* — Nous étudions à la suite des alcaloïdes des strychnées ceux que l'on retire de la famille des cinchonées ; ces alcaloïdes loin d'être toxiques peuvent être administrés à dose assez forte comme médicaments. Leurs préparations, à doses trop élevées, peuvent bien provoquer des accidents redoutables, mais quoique je ne pense pas que l'expert rencontre souvent une pareille intoxication, il devra cependant être familiarisé avec les réactions chimiques de ces alcaloïdes. Il peut s'attendre en effet

[1] *Ztsch. für Oest. Apothek. ler.*, 1869, p. 92.

à les retrouver dans le contenu du tube digestif, vu que ce sont des médicaments d'un emploi très-fréquent.

Les alcaloïdes dont nous nous occupons se retirent des diverses variétés des écorces des cinchonas (quinquinas jaune, gris, royal, etc.); on les emploie à l'état de *bases* ou de *sels simples*, (sulfate, chlorure, arséniate, arsénite, acétate, citrate, urate, quinate, etc.) *ou doubles* (citrate de fer et de quinine, etc.). La richesse des écorces en alcaloïdes varie de 0,5 à 5 p. 100; les écorces rouges sont les plus riches en alcaloïdes; la quinine prédomine dans le quinquina jaune ou royal, la cinchonine dans les variétés brunes ou grises.

§ 306 *bis. Diffusion dans l'économie.* — Kerner [1] a publié récemment des travaux sur la *quinine;* il s'est occupé de la recherche, des voies d'élimination et d'absorption de ce corps, non-seulement au point de vue qualitatif, mais encore au point de vue quantitatif. D'après cet auteur la quinine arrivée dans l'estomac, se diffuse rapidement dans le sang, mais subit une transformation chimique. Le composé qui prend naissance (hydroylquinine) possède encore les réactions de la quinine avec l'eau chlorée et l'ammoniaque, l'eau chlorée et le ferrocyanure de potassium ; il est fluorescent, mais n'a plus de saveur amère, et possède quelques autres caractères. Les 90 p. 100 de la quinine sont éliminés par les urines ; les fèces n'en renferment que des quantités très-faibles. Johannson a réfuté l'ancienne erreur qui consistait à admettre que la quinine administrée en lavements n'était pas absorbée.

Ce dernier auteur a étudié, sous ma direction, la diffusion de la *cinchonine* dans l'économie [2]. Nos essais démontrent que la cinchonine manifeste des propriétés physiologiques plus prononcées que la quinine ; sa résorption, sa diffusion et son élimination se font à peu de chose près comme pour cette dernière. Elle est également transformée dans le sang en un nouvel alcaloïde, qui n'a pas de saveur amère, se dissout facilement dans l'eau pure et plus difficilement dans l'eau acidulée ; ces dernières solutions peuvent être précipitées en partie par l'addition d'eau. La cin-

---

[1] *Arch. für Phys.*, II, p. 295 et 200, III, p. 95.
[2] *Beit. z. gericht. Chem.*, p. 96 et Johannson, *Beit. z. Kennt. der Cinchoninresorbpt*, Dorpat, 1870.

chonine est éliminée par les urines, en petite quantité seulement par les fèces; on en retrouve des traces dans la salive.

Je renvoie aux traités spéciaux de toxicologie pour tout ce qui se rapporte à l'action toxique de ces trois alcaloïdes, je dirai seulement qu'il en faut des doses assez élevées pour produire des accidents de quelque gravité.

§ 307. *Recherche de ces trois alcaloïdes*. — L'extraction des trois alcaloïdes se fait avec la plus grande facilité soit à l'aide du procédé Erdmann-Uslar, soit à l'aide de mon procédé au chloroforme. La benzine bouillante les dissout également très-bien, mais elle abandonne facilement la cinchonine à l'état cristallisé, surtout par le refroidissement; l'extraction doit donc toujours se faire à une température voisine du point d'ébullition de la benzine, ce qui peut avoir des inconvénients. La benzine enlève·au contraire avec la plus grande facilité aux solutions alcalines la modification de la cinchonine qui s'est produite par son passage dans l'économie.

Le pétrole rectifié ne peut servir qu'à la recherche de la quinine et là encore son emploi n'est pas à recommander, car cet alcaloïde se dépose également avec beaucoup de facilité à l'état cristallisé. Par le procédé de Stas on ne peut isoler que la quinine et la quinidine, puisque la cinchonine est insoluble dans l'éther.

§ 308. *Caractères chimiques des sels de quinine*. — La *quinine* se dépose par l'évaporation spontanée de ses solutions dans l'alcool, l'éther, l'alcool amylique, le chloroforme et la benzine[1], sous forme d'une masse blanche amorphe, qui fond quand on la chauffe avec précaution; la quinine est inodore, a une saveur amère, n'est pas altérée au contact de l'air et bleuit le papier de tournesol rougi. Elle se dissout dans 1167 parties d'eau froide et 902,5 parties d'eau bouillante. L'alcool absolu et l'alcool marquant 90° la dissolvent avec la plus grande facilité; l'alcool étendu en dissout moins; l'alcool de 0,956 de densité dissout 3,5 pour 100 de quinine à la température ordinaire et 50 pour 100 à la température de l'ébullition. L'éther en dissout 1,66 pour 100, le chloroforme 55 pour 100, d'après Pettenkofer;

---

[1] La solution chaude; à la température ordinaire, la benzine abandonne des cristaux.

15.2 pour 100 seulement d'après Schlimpert; elle est également très-soluble dans la benzine. Les solutions de quinine dévient la lumière polarisée à gauche ($\alpha^r = - 129°,59$ à la température de $+ 16°$) ; la déviation des sels est encore plus forte (c'est l'inverse pour la strychnine et la brucine).

Les solutions aqueuses de quinine présentent une *fluorescence bleue* caractéristique [1].

La quinine ne se sublime pas quand on la chauffe ; elle fond d'abord, brunit, puis brûle en abandonnant un volumineux résidu de charbon.

Les acides étendus la dissolvent et la transforment en sels ; ces solutions sont décomposées par l'ammoniaque, les bases et les carbonates alcalins, la chaux et la magnésie ; la quinine se sépare, partiellement ou en totalité, à l'état cristallin ou amorphe ; elle renferme souvent beaucoup d'eau de cristallisation ; un excès de réactif dissout une partie ou la totalité du précipité. Le chlorure d'ammonium et l'eau de chaux en dissolvent plus que l'eau distillée [2]. Les bicarbonates alcalins précipitent immédiatement les solutions au 1/100, après 2 heures seulement, celles au 1/150 ; la précipitation ne se fait qu'après 24 heures, quand la solution est étendue au 1/200.

Les réactions suivantes sont *caractéristiques* pour la quinine :

1°) L'*eau chlorée*, convenablement employée, ne colore, ni ne précipite les solutions des sels de quinine ; en ajoutant un excès de chlore [3], puis de l'*ammoniaque*, on obtient un précipité vert floconneux qui se dissout dans un excès de réactif en produisant une belle solution vert émeraude. Cette réaction se produit encore dans un liquide dilué au cinq-millième. La solution

[1] Flückiger dit que l'on peut reconnaître ainsi 1/10000 pour 100 de quinine dans une solution ; 1/100000 lorsqu'on ajoute un excès d'acide et que l'on expose la solution sur un fond noir aux rayons solaires et 1/200000 quand on éclaire le vase latéralement à l'aide d'une lentille biconvexe. La fluorescence se manifesterait avec des solutions plus étendues encore en se servant comme lumière du magnésium incandescent. Bence Jones a isolé une substance fluorescente qu'il a nommée quinine animale ; je crois que ce corps que l'on n'a retiré jusqu'ici que du rein ne fera jamais commettre d'erreur à un expert ; on l'isole en macérant cet organe avec de l'acide sulfurique, neutralisant par de la soude et agitant avec de l'éther.

[2] Kerner a essayé de séparer les trois alcaloïdes de la quinine à l'aide de l'ammoniaque. Voy. *Zeitsch. f. analyt. Chemie*, 1re année, p. 150.

[3] Trop peu de chlore donne un précipité blanc verdâtre, un excès produit une coloration jaune. L'eau bromée ne paraît pas pouvoir remplacer l'eau chlorée.

verte, neutralisée exactement par un acide, passe au bleu de ciel, puis au violet, et enfin au rouge de feu ; l'ammoniaque fait reparaître la couleur verte.

La présence mutuelle des sels de quinine et de strychnine n'entrave la recherche simultanée de ces deux alcaloïdes que lorsqu'il y a un trop grand excès de l'un ou de l'autre ; on a pu retrouver $0^{gr},005$ de quinine mélangée au même poids de strychnine.

2°) Le *ferrocyanure de potassium* colore en rouge foncé la solution des sels de quinine traités par le chlore, quand on ajoute avec précaution de l'ammoniaque ; la réaction se produit encore dans un liquide étendu au 1/2500.

3°) La quinine réduit l'*acide iodique* ; l'iode, mis en liberté, colore en bleu l'empois d'amidon ou se dissout en violet pourpre dans le chloroforme ou le sulfure de carbone.

4°) Le *quintisulfure de potassium* précipite des solutions de quinine au corps rouge, d'aspect résineux.

5°) Le *cyanure de potassium* colore la solution en rouge.

§ 309. *Sels de quinine.* — On emploie en médecine principalement sulfate neutre ; il cristallise en aiguilles blanches, soyeuses et flexibles ; le sel se dissout difficilement dans l'eau pure, facilement dans l'eau acidulée. L'alcool de 0,85 de densité en dissout son propre poids.

[On préconise depuis quelque temps l'*arséniate de quinine* ; ce sel a donné naissance à une méprise fâcheuse ; un pharmacien a donné à sa place de l'arséniate de strychnine, ce qui a causé la mort de deux personnes.]

Le même fait s'est reproduit en d'autres endroits, et l'on m'a assuré que la confusion provient d'une erreur d'étiquette commise par une grande maison de droguerie allemande ; un fait analogue s'est passé, il y a une vingtaine d'années, avec de la salicine qui était mélangée de strychnine.]

§ 310. *Quinidine.* — La *quinidine* (bêtaquinine, cinchotine)[1] partage les principaux caractères de la quinine ; c'est ainsi qu'elle se colore en vert par le chlore et par l'ammoniaque, en rouge bien plus foncé (il peut même se déposer des flocons bruns)

---

[1] Je ne veux pas parler des variétés α, β, γ admises par Kerner.

par le chlore, le cyanure jaune et l'ammoniaque. Elle est de plus alcaline, fluorescente, et possède une saveur amère, etc.

La différence capitale entre la quinine et la quinidine est que cette dernière se dépose à l'état cristallisé de ses solutions alcooliques et éthérées ; elle dévie la lumière polarisée à droite ($a^r =$ $+ 259°,75$); elle ne se dissout que dans 1,680 parties d'eau froide et est plus difficilement soluble dans l'ammoniaque. Le bicarbonate de sodium ne la précipite que dans des *solutions bouillantes;* le précipité amorphe au premier moment cristallise peu à peu.

La quinine se dissout à $+ 10°$ dans $76°,5$ parties d'éther et 19,7 d'alcool marquant 80 p. 100. Le chlorhydrate se dissout dans 325 parties d'éther (à $+ 10°$); celui de cinchonine est bien plus soluble. Le tartrate neutre ne se dissout presque pas dans le sel de seignette ; 1 partie se dissout dans 1,215 parties d'eau froide à 10° ; le tartrate de cinchonine n'exige pour se dissoudre que 30,6 parties de solution saline. Le pétrole rectifié ne dissout que la cinchonine amorphe, et encore ne se charge-t-il que de quantités très-faibles.

La quinidine se distingue des autres alcaloïdes du quinquina par le précipité blanc pulvérulent qui se produit quand on mélange des solutions bien neutres de sel de quinidine et d'iodure de potassium.

§ 311. *Cinchonine.* — Cet alcaloïde se différencie des deux alcaloïdes précédents par les caractères suivants :

Les solutions alcooliques abandonnent facilement des cristaux blancs, non efflorescents et anhydres ; on obtient les mêmes cristaux en décomposant ses sels par les bases alcalines. La cinchonine fond à $+ 150°$ et se fige par le refroidissement à l'état cristallisé ; elle se sublime à $+ 220°$. Elle dévie la lumière polarisée *à droite* ($a^r = + 257°,5$ en solution alcoolique); ses sels ont un pouvoir rotatoire moins prononcé (ce qui est l'inverse pour la quinidine). La cinchonine est difficilement soluble dans l'eau [1] ; 1 partie d'alcaloïde exige, pour sa solution, 3810 parties d'eau froide à 0° et 2500 d'eau bouillante.

L'alcool (de 0,825 de densité) en dissout à froid 0,79 pour

---

[1] Le sulfate de quinidine par contre est plus soluble que celui de quinine ; il se dissout dans 54 parties d'eau.

100 et beaucoup plus à la température de l'ébullition; l'alcaloïde se sépare de la solution refroidie à l'état cristallisé. L'éther
(0,7305 de densité) ne dissout à + 20° que 0,29 pour 100 de
cinchonine ; Hesse et d'autres indiquent une solubilité encore
moindre ; elle est en tout cas bien moins soluble que la quinine.
D'après Pettenkofer, le chloroforme en dissout 4,3 pour 100 [1] ;
le pétrole ne dissout que des traces de cinchonine amorphe. La
benzine la dissout à chaud et l'abandonne par le refroidissement
à l'état cristallisé. Les solutions de ces sels ne sont *pas fluorescentes.* Elles sont précipitées par les bases et les carbonates alcalins, par l'ammoniaque, mais un excès du dissolvant redissout
le précipité. Les bicarbonates précipitent immédiatement les solutions diluées au 1/200.

*La cinchonine en solution chlorée est précipitée en blanc par
l'ammoniaque et ne se colore pas en vert comme la quinine et la
quinidine; cette même solution reste incolore quand on la traite
par le ferrocyanure de potassium et l'ammoniaque.*

Il ne nous reste qu'à indiquer la limite de sensibilité des divers réactifs généraux des alcaloïdes. La cinchonine avait été dissoute pour ces essais dans de l'acide sulfurique dilué au 1/50;
on n'en employa jamais plus qu'un dixième de centimètre cube.

Iodure de mercure et de potassium. — Opalescence avec un
liquide dilué au 1/600000.

Phospho-molybdate de sodium. — Opalescence avec un liquide
au 1/500000 ; trouble très-faible avec la solution au 1/400000,
manifeste avec celle au 1/200000.

Iodure double de bismuth et de potassium. — Se comporte de
la même manière.

Acide picrique. — Trouble faible au 1/200000, très-visible au
1/100000; un excès d'acide fait disparaître les précipités.

Chlorure d'or. — Précipité à peine visible avec les solutions au
1/200000, très-faible avec celles au 1/100000.

Iodure double de cadmium et de potassium. — Précipité abondant au 1/500000; trouble très-faible avec celles au 1/100000.

Tannin. — Précipité faible, après quelque temps, dans les solutions au 1/100000.

---

[1] La variété de bétacinchonine exige même 268 parties de chloroforme.

Chlorure mercurique. — Réagit encore avec les solutions au 1/10000.

Chlorures de platine et de palladium.— Les réactifs cessent de précipiter, le premier, les solutions qui sont plus étendues qu'au 1/500, et le second, celles qui sont plus diluées qu'au 1/1000.

Bichromate de potassium. — Ne trouble déjà plus la solution au 1/500.

La teinture d'*iode* produit, dans les sels de cinchonine, un précipité brun qui cristallise après peu de temps; l'iodure iodé précipite de la même manière des solutions diluées au 1/500000; ce dernier précipité est décoloré par l'hyposulfite de sodium qui met en liberté de la cinchonine.

On a encore mentionné pour la cinchonine les réactions suivantes:

1) L'*acide periodique* est réduit et l'iode est mis en liberté.

2) Le *chlorure de cadmium* la précipite en blanc; le précipité devient cristallin.

3) Le *ferrocyanure de potassium* (quand le liquide ne renferme pas un excès d'acide) précipite en blanc jaunâtre; le précipité se dissout à chaud et se reprécipite à l'état cristallin par le refroidissement; la quinine se dépose au contraire à l'état amorphe. La réaction n'est que peu sensible; elle cesse de se produire dans les solutions au 1/500. Il en est de même du réactif suivant:

4) Le *sulfocyanure de potassium* précipite les solutions aqueuses; le précipité caséeux cristallise lentement et se dissout facilement à chaud, ainsi que dans l'alcool.

5) Le *quintisulfure de potassium* précipite en blanc.

6) La solution de *gélatine* n'est pas précipitée.

§ 312. *Séparation des alcaloïdes déjà étudiés.* — *Séparation de la quinine et de la strychnine.* —On peut se servir de l'alcool ou mettre à profit la précipitation immédiate des solutions concentrées de quinine par les carbonates acides.

Séparation de la quinine et de la brucine. — L'emploi des bicarbonates alcalins est également à recommander.

La *quinidine* se comporte dans ces cas comme la quinine.

Séparation d'un mélange de quinine, quinidine et cinchonine. — On peut mettre à profit l'insolubilité presque absolue de la quinidine dans le pétrole rectifié.

Séparation d'un mélange de quinine, quinidine et brucine. — Le pétrole peut servir comme dans les cas précédents.

Séparation d'un mélange de strychnine, brucine et cinchonine. — La cinchonine est précipitée immédiatement de ses solutions par les carbonates acides.

Séparation des alcaloïdes du quinquina et de la curarine. — (Voy. §§ 285 et 287.)

§ 313. *Altération de ces alcaloïdes.* — Les alcaloïdes des quinas ne présentent pas à la décomposition une aussi grande résistance que la strychnine ; les solutions aqueuses brunissent rapidement et abandonnent des dépôts bruns. J'ai pu cependant, après 4 semaines, retirer encore une certaine quantité de cinchonine que j'avais mêlée à 100 centimètres cubes de sang et abandonnée à la température d'une chambre chauffée.

§ 314. *Cinchonidine.* — La *cinchonidine* a beaucoup d'analogies avec la cinchonine, mais elle dévie la lumière polarisée à gauche ($\alpha^r = -144^\circ,61$ et $142^\circ,8$) ; ses sels ont un pouvoir rotatoire plus considérable. Elle se dissout dans 2580 parties d'eau à $+17^\circ$, et ses solutions ne sont pas amères. Cet alcaloïde, à l'heure qu'il est, ne présente aucun intérêt pour le toxicologiste.

§ 315. *Quinoïdine.* — On emploie quelquefois en médecine un produit accessoire obtenu dans la fabrication des alcaloïdes du quinquina, que l'on nomme *quinoïdine des Allemands*. C'est une matière brune amorphe qui renferme des matières résineuses et divers produits d'altération des alcaloïdes du quinquina.

La benzine isole des produits livrés par le commerce, il y a quelques années, des parties qui cristallisent ; on ne retire du produit commercial préparé actuellement que des substances amorphes.

La quinoïdine est insoluble dans l'eau pure, mais se dissout dans l'eau aiguisée d'acide sulfurique, dans l'alcool et dans l'éther. La benzine n'enlève aux solutions acides qu'une partie de leur quinoïdine ; elle en dissout une nouvelle portion quand on neutralise le liquide par de l'ammoniaque. La quinoïdine a une saveur amère très-prononcée. Nous avons vu au § 286 comment elle se comportait avec le phospho-molybdate de sodium.

CAFÉINE (THÉINE), THÉOBROMINE.

§ 316. *Généralités*. — Les motifs que nous avons indiqués pour motiver l'étude des principes contenus dans les quinquinas, ont encore toute leur valeur dans le cas actuel ; ces alcaloïdes sont introduits dans l'économie journellement par nos boissons familières ; quelquefois même on les emploie comme médicaments. Ils ne sont toxiques qu'à doses très-élevées ; nous ne connaissons que peu les modifications qu'ils subissent dans l'économie.

D'après quelques essais de Strauch, la caféine passe dans les urines lorsqu'on en absorbe des quantités un peu fortes ; on a voulu se baser sur ces observations et sur celles de Schwenger pour admettre que l'urine des buveurs de café et de thé renfermait toujours des traces de cet alcaloïde. Almen, Neubauer et moi n'avons pu retirer de traces de ce corps de l'urine des personnes qui ingèrent habituellement du café ou du thé.

La *caféine* (théine, guaranine) a été retirée *des feuilles et des semences* de l'arbre à café (les semences en renferment environ 1 p. 100), des *feuilles de thé* (0,5 à 4 p. 100), *des fruits du paullinia sorbilis*. Mart. et de la pâte nommée *guarana* que l'on en prépare (5 p. 100), des feuilles et des jeunes branches du *houx du Paraguay* (ilex paraguayensis. Hock ; on peut en extraire 0,5 p. 100), de la *noix du Cola acuminata* (2 p. 100).

La *théobromine* n'a été signalée jusqu'à présent que dans les *fèves de cacao* qui en contiennent environ 1,5 p. 100.

§ 317. *Recherche toxicologique*. — Ces deux alcaloïdes sont caractérisés d'une part par la facilité avec laquelle ils se subliment, d'autre part par le peu de tendance qu'ils ont à se combiner avec les acides pour former des sels. Ce dernier caractère est surtout très-important pour nous, car leur recherche ne pourra pas se faire comme celle des alcaloïdes déjà étudiés. Les dissolvants que nous employons la *benzine*, le *chloroforme* ou l'*alcool amylique*, enlèvent en *effet toute la caféine à la solution aqueuse acidulée*. La théobromine en solution acide ou ammoniacale n'est presque pas dissoute par la benzine ; elle est presque insoluble dans ce véhicule. Elle est, au contraire, très-soluble dans le chloroforme et l'alcool amylique employés à chaud. Il est bien entendu que ces mêmes dissolvants enlèveraient les alcaloïdes aux solutions alcalines si on n'avait pas épuisé auparavant leur action sur les solutions acides. On voit qu'en suivant mon procédé on ne sera jamais exposé à trouver la caféine ou la théobromine mélangées avec les autres alcaloïdes. La caféine se trouvera surtout dans la benzine dont j'ai conseillé de se servir principalement pour débarrasser les solutions acides de corps étrangers [1]. *La caféine est caractérisé par sa grande tendance à se déposer sous forme de longs cristaux de ses solutions chloroformiques ou benziniques abandonnées à l'évaporation spontanée ou non.* On recherchera la *théobromine*, à l'aide de l'alcool amylique ou du chloroforme dans le liquide acide (après traitement préalable par la benzine [2]); la digestion se fait à la température de $+70^{\circ}$. Les solutions benziniques ou chloroformiques évaporées à l'étuve abandonnent de la théobromine cristallisée, dont les cristaux ne sont jamais aussi nets que ceux de la caféine. Le pétrole n'enlève pas de traces d'alcaloïdes ni aux solutions acides ni aux solutions alcalines.

§ 318. *Réactions chimiques de la caféine.* — La caféine se présente sous forme de cristaux aiguillés, soyeux, blancs, d'un aspect feutré (prisme hexagonal), d'une saveur peu amère; sa réaction est faiblement alcaline; elle fond à $+177^{\circ},8$ et se sublime sans décomposition à $+184^{\circ},7$ sans répandre d'odeur caractéristique [3]. Elle se disout dans 98 parties d'eau froide et dans une quantité bien plus faible d'eau bouillante; cette solution laisse déposer des cristaux hydratés. L'alcool marquant 85° en dissout 4 p. 100 (à $+20^{\circ}$); elle est moins soluble dans l'alcool absolu. L'éther en dissout 0,33 p. 100; la benzine, l'alcool amylique et le chloroforme en dissolvent des quantités notables.

Les acides étendus dissolvent la caféine; les bases en solution

---

[1] Il faut renouveler les traitements par la benzine; le liquide ne doit pas être trop acide si l'on veut être sûr que toute la caféine soit dissoute.

[2] On doit comme pour la benzine renouveler plusieurs fois les traitements avec de nouvelles quantités de dissolvant.

[3] La caféine ne se détruit et ne se volatilise pas pendant la torréfaction du café; j'ai pu la retrouver dans des empoisonnements où le café avait été administré comme contre-poison.

aqueuse ne précipitent pas les solutions salines, car l'alcaloïde est plus soluble dans la potasse étendue et dans l'ammoniaque que dans l'eau pure.

Réaction caractéristique. — La caféine soumise à l'action de l'eau chlorée ou d'un mélange de chlorate et d'acide chlorhydrique et évaporée très-lentement à siccité, se colore en rouge brun; cette couleur passe *au pourpre violet*, quand on la soumet à l'influence de l'ammoniaque. Il faut prendre quelques précautions lorsqu'on n'a que des traces d'alcaloïde, car l'ammoniaque en excès empêche la production de la couleur pourpre. Le mieux dans ces cas est d'évaporer dans un verre de montre, d'humecter légèrement le résidu et de renverser le vase sur une plaque en verre sur laquelle on a versé une goutte d'ammoniaque.

L'ammoniaque produit la même réaction avec le résidu de l'évaporation d'un mélange d'acide azotique concentré et de caféine; l'acide azotique étendu donne naissance au contraire, suivant sa concentration, à des produits de décomposition très-variés. L'émétine et la brucine entravent la réaction de la caféine; la strychnine même quand elle se trouve en parties égales ne présente aucun inconvénient; j'ai pu déceler de cette manière encore 0^{gr},0005 de caféine.

Quelques autres réactions moins importantes de la caféine sont les suivantes :

1) L'*azotate d'argent* précipite les solutions neutres de caféine; le précipité est blanc et cristallisé en mamelons.

2) Le *sublimé corrosif* donne naissance à un précipité caractéristique que nous avons décrit en temps et lieu.

3) Le *chlorure de palladium* précipite des écailles jaunes.

4) Le *cyanure de mercure* précipite en blanc cristallin la solution alcoolique de caféine.

§ 319. *Caractères chimiques de la théobromine.* — La *théobromine* est une poudre blanche cristalline, plus amère que la caféine; elle se sublime entre + 290 et 295°. Très-peu soluble dans l'eau chaude, elle se dissout encore plus difficilement dans l'alcool, l'éther, la benzine et surtout dans le pétrole; le chloroforme et l'alcool amylique au contraire en dissolvent une certaine quantité.

Elle se dissout dans les acides étendus en formant des sels peu stables qui sont déjà décomposés par l'eau.

Le *chlore et l'ammoniaque la colorent en pourpre violet comme la caféine.*

La théobromine présente encore quelques autres réactions qui peuvent être mises parfois à profit.

1) Chauffée pendant un temps qui ne doit pas être trop long avec de l'acide sulfurique et du bioxyde de plomb, elle donne par la filtration un liquide incolore qui colore la peau en rouge brunâtre et se colore en bleu indigo par l'addition de magnésie.

2) L'eau de baryte même à l'ébullition n'en dégage pas d'ammoniaque.

3) L'azotate d'argent se comporte avec elle comme avec la caféine.

4) Le sublimé corrosif ne précipite que ses solutions concentrées, tandis qu'il précipite encore les solutions étendues de caféine.

PIPÉRINE, CUBÉBINE.

§ 320. *Généralités.* - Ces deux corps peuvent également se rencontrer comme produit accessoire dans une analyse toxicologique. La *pipérine* existe en effet dans un certain nombre de condiments comme le poivre noir (2,5 pour 100), le poivre blanc et le piment; la *cubébine* se rencontre dans un médicament souvent usité, le *poivre cubèbe.* La cubébine n'est pas azotée, n'est pas toxique, mais elle se sépare en même temps que les alcaloïdes et présente quelques réactions de coloration avec l'acide sulfurique qui pourraient faire naître des confusions[1].

[1] Je crois devoir dire également quelques mots de la *salicine* (principe glucoside qui se retire de l'écorce des saules) ainsi que de ses dérivés, la *saligénine* et la *saliréthine*, qui se colorent en rouge par l'acide sulfurique, comme le fait la vératrine. Le pétrole, la benzine et le chloroforme n'enlèvent pas la salicine aux solutions aqueuses acidulées ou basiques; l'alcool amylique en dissout au contraire de petites quantités dans les deux cas. La salicine est caractérisée par l'odeur d'essence de spirea (acide salicyleux), qui se développe quand on la soumet à l'action du bichromate et de l'acide sulfurique (1 : 4); le produit distillé donne avec le chlorure ferrique neutre une magnifique coloration violette. La coloration due à l'acide sulfurique se produit également lorsque l'acide renferme très-peu d'acide azotique; mais seulement après quelques minutes, ce caractère est distinctif de la brucine. La vératrine se différentie de la salicine, par les produits de décomposition qu'elle donne avec l'acide chlorhydrique (voy. § 348). Le réactif de Fröhde commu-

§ 321. *Caractères chimiques de la pipérine.* — En suivant les procédés d'extraction que j'ai recommandés, on ne saurait confondre la pipérine avec la strychnine. La pipérine est en effet si peu soluble dans une solution acide, que le liquide de macération n'en contiendra que des traces ; la benzine, l'alcool amylique, le chloroforme et le pétrole à chaud (mais lentement), l'enlèveront du reste très-facilement à la solution acide.

On doit par suite rechercher principalement la pipérine dans les parties qui ne se sont pas dissoutes dans le liquide acide ; ce résidu est desséché, pulvérisé et traité par de l'alcool marquant 90 à 95° ; on chauffe, on filtre le liquide bouillant et on l'évapore à siccité après lui avoir ajouté de la chaux. On reprend par de l'alcool (de la benzine ou du pétrole chaud). La solution dans le pétrole l'abandonne par l'évaporation à l'état de beaux cristaux.

La pipérine se dépose de ses solutions alcooliques sous forme de masses cristallines jaunes appartenant au système rhombique ; la solution est neutre, et possède quand on la goûte une saveur forte qui ne se manifeste qu'après quelque temps ; la solution alcoolique provoque immédiatement cette sensation. L'éther ne la dissout qu'avec difficulté.

Nous avons déjà vu que l'acide sulfurique pouvait caractériser la pipérine, quand on l'a isolée.

§ 322. *Cubébine.* — Ce principe est également très-peu soluble dans l'eau pure, mais se dissout en partie quand on fait bouillir le poivre cubèbe avec de l'eau aiguisée d'acide sulfurique. La benzine, le chloroforme, l'alcool amylique (plus difficilement le pétrole) l'enlèvent aux solutions acides. La cubébine se dépose de ces solutions sous forme d'une masse jaune ou blanche. Elle fond entre 100 et 105°, est peu soluble dans l'alcool froid, mais très-soluble dans l'alcool bouillant. Nous avons vu déjà comment elle se comportait avec l'acide sulfurique.

nique à la salicine une belle coloration rouge violette, qui est plus stable que celle de la morphine.

La *populine* se colore de même en rouge par l'acide sulfurique et en rouge violet par le réactif de Fröhde ; mais cette couleur n'est pas aussi vive que pour la salicine. J'ai pu la retirer de l'extrait acide de l'écorce de peuplier (récoltée au printemps), à l'aide du pétrole, de la benzine, de l'alcool amylique et du chloroforme.

La cubébine devra comme la pipérine être recherchée de préférence dans le résidu insoluble dans l'eau aiguisée d'acide sulfurique.

Bernatzik a démontré qu'elle était absorbée par le sang et éliminée par les urines.

BERBÉRINE[1].

§ 523. *Généralités.* — La *berbérine* est contenue dans un
grand nombre de plantes usitées en médecine, parmi lesquelles
je citerai : la *racine du berberis vulgaris*, la *racine de columbo*,
(cocculus palmatus), les *racines de l'hydrastis canadensis* et du
xanthorrhiza apiofolia, etc.

§ 524. *Recherche toxicologique.* — La *benzine, l'alcool amylique et le chloroforme n'enlèvent l'alcaloïde aux solutions acides
ou alcalines que d'une manière très-incomplète.* Le pétrole rectifié
ne le dissout pas. Pour le rechercher on épuise d'abord l'action
dissolvante de la benzine sur les liquides acidulés, puis ammo-
niacalisés ; la berbérine restera dans le liquide ammoniacal et
se reconnaîtra à sa *couleur jaune* qui se manifeste dès qu'il y en
a une quantité un peu notable.

Il n'est pas toujours nécessaire de l'isoler, puisqu'elle n'est pas
toxique ; on y arrivera du reste facilement en suivant le procédé
indiqué pour la curarine. Le liquide évaporé à siccité est soumis
à chaud à l'action dissolvante de l'alcool absolu ; le résidu de
cette solution filtrée est évaporé à siccité et traité par de l'éther
qui dissout la berbérine.

§ 525. *Caractères chimiques.* — La *berbérine* se présente sous
forme de cristaux *jaunes* renfermant de l'eau de cristallisation ;
elle perd son eau à 100° et fond à 120° en une résine d'un brun
rouge qui peut être sublimée à une température élevée. L'eau
la dissout avec difficulté ; la solution est neutre ; il en est de
même de la benzine ; elle est complétement insoluble dans

[1] Les corps décrits sous le nom de xanthopicrite, hydrastine, jamaïcine, sont
identiques avec la berbérine. Le nom d'*hydrastine* a été donné récemment à un
autre alcaloïde incolore retiré de l'hydrastis canadensis; du berberis vulgaris on a
retiré un autre alcaloïde incolore nommée l'*oxyacanthine*; l'étude de ces deux
corps n'est pas assez avancée, pour que nous en puissions parler ici.

l'alcool et dans l'éther; son vrai dissolvant est l'alcool. Ses solutions n'ont pas de pouvoir rotatoire; elles présentent une saveur amère. Le charbon enlève l'alcaloïde aux solutions aqueuses, et l'alcool bouillant l'enlève de nouveau au charbon. Elle se combine avec quelques acides en donnant des sels solubles d'un rouge orangé. Ces sels (notamment le sulfate) sont plus solubles dans l'eau distillée que dans l'eau acidulée; l'ammoniaque ne précipite pas ces solutions, mais la potasse en précipite des masses résineuses brunes.

Nous avons vu comment se comportait la berbérine avec l'*acide sulfurique* et le *réactif d'Erdmann*.

Elle possède encore quelques autres réactions :

1) Son *réactif caractéristique est l'iode;* une solution alcoolique traitée par de l'iodure ioduré donne un précipité vert chatoyant, qui examiné au microscope est formé par un mélange de cristaux rouge brun irisés en violet d'iodure de berbérine et de cristaux incolores de biiodure, les premiers polarisent la lumière. La narcéine se comporte d'une manière identique, mais elle est *incolore*.

2) Le *chlore* gazeux colore en rouge le chlorure de berbérine, puis produit un dépôt floconneux brun.

3) Le *chlorate de potassium* précipite en jaune très-abondant la solution chlorhydrique.

4) Le *ferrocyanure de potassium* précipite des aiguilles d'un brun verdâtre; le sulfocyanure donne naissance à un précipité vert jaunâtre.

5) Le *sublimé corrosif* ne trouble pas les solutions alcooliques bouillantes, mais il se dépose des cristaux jaunes par le refroidissement. (Voy., pour la manière de se comporter des solutions aqueuses, § 286, 11.)

§ 526. *Séparation des autres alcaloïdes*. — L'eau chaude peut servir à isoler la *berbérine* de la *strychnine*, de la *cinchonine* et de la *théobromine*; le pétrole la sépare de la *brucine* et de la *pipérine*; l'éther de la *quinine*, de la *quinidine* et de la *cubébine*. La séparation de la berbérine de la *caféine* se ferait en traitant la solution aqueuse par de la potasse qui ne précipiterait que de la berbérine.

ÉMÉTINE.

§ 527. *Généralités.* — L'émétine est le principe actif contenu dans la *racine d'ipécacuanha* et de ses diverses variétés (psycothria emetica, striata, nigra, alba aut farinosa) ; on la rencontre peut-être également dans les racines de l'ionidium ipécacuanha vert. On n'a pas encore observé chez l'homme d'empoisonnements dus à cette substance, mais on peut être exposé à la retrouver dans le contenu du tube digestif, où introduite comme vomitif elle peut faire naître l'idée d'un empoisonnement par un autre alcaloïde [1].

§ 528. *Réaction toxicologique. Recherche.* — Cette crainte est d'autant plus justifiée que j'ai constaté que l'émétine pouvait facilement être extraite en même temps que les autres alcaloïdes. L'alcool amylique, le chloroforme, la benzine et le pétrole ne l'enlèvent pas aux solutions acides ; les trois derniers dissolvants l'enlèvent aux solutions alcalines. En relisant le § 287 on verra que l'émétine peut être confondue avec la *strychnine*, la *brucine*, la *quinine* et la *vératrine* ; mais cette confusion cesse si l'on songe que l'émétine est très-soluble dans l'alcool absolu. On la sépare de la *brucine* en la précipitant de la solution sulfurique par un excès d'ammoniaque ; la brucine n'est pas précipitée dans ces conditions. Elle se différencie de la *quinine*, parce qu'elle ne se colore pas en vert par l'eau chlorée et l'ammoniaque, de la *vératrine* par l'absence de coloration rouge par l'acide sulfurique concentré. Je ne connais pas de procédé expéditif pour séparer la quinine de l'émétine. Elle peut être séparée de la vératrine à l'aide de la précipitation des solutions concentrées par le bicarbonate de sodium.

§ 529. *Caractères chimiques.* — L'*émétine pure* se présente sous forme d'une poudre blanche ; le produit commercial est d'ordinaire coloré. Larderer prétend l'avoir obtenue cristallisée sous forme de cubes ; pour ma part je l'ai toujours vue se déposer à l'état amorphe de ses solutions dans le pétrole, la benzine et l'éther. Presque insoluble dans l'eau froide, elle se dissout plus facilement

---

[1] Un cas semblable s'est présenté à moi. *Beit. z. ger. Chem.*, p. 194.

dans l'eau chaude ; elle est très-soluble dans l'alcool, mais peu soluble dans l'éther. La solution aqueuse n'exerce aucune action sur la lumière polarisée ; retirée de l'ipécacuanha, elle m'a donné en solution acide une fluorescence d'un bleu manifeste. L'émétine a une saveur âcre désagréable ; elle bleuit le papier rougi de tournesol, fond à + 50° ; sa solution sulfurique est précipitée par l'ammoniaque, la potasse, les carbonates et les bicarbonates alcalins ; ces solutions s'altèrent au contact de l'air atmosphérique. Ces sels sont peu solubles et n'ont pas une grande tendance à cristalliser[1].

L'émétine ne possède pas de réaction caractéristique connue. Le *réactif de Fröhde* présente le plus d'avantages lorsqu'on se sert d'émétine pure ; elle s'y dissout immédiatement, en donnant naissance à une belle couleur rouge qui passe au vert ; la coloration était encore très-manifeste avec 1/100 de milligramme, mais presque invisible au 1/150.

L'acide *sulfurique concentré et pur* dissout l'émétine, la solution est vert brunâtre, et cette coloration est encore visible avec 1/100 de milligramme.

Le *réactif d'Erdmann* la colore en vert ; cette couleur vire au jaune ; la réaction se produit avec 1/100 de milligramme.

Je vais indiquer la limite de la sensibilité des autres réactifs généraux des alcaloïdes.

Iodure de potassium ioduré, 1/25000.

Phospho-molybdate de sodium, 1/25000.

Iodures doubles de bismuth, de mercure ou de cadmium et de potassium. Limite extrême 1/25000.

Chlorure d'or, chlorure de platine, 1/2500.

Chlorure mercurique, 1/1000.

Acide picrique, 1/25000.

Tannin, 1/5000.

Chromate de potassium, 1/5000 ; on doit éviter l'emploi d'un excès de réactif.

Sulfocyanure de potassium, 1/2500.

Ferrocyanure de potassium, 1/1000.

Un mélange *d'acide sulfurique trihydraté et d'acide azotique*

[1] Lefort, *Journ. de Pharm. et de Chim.*, 1863, p. 117 et 241.

dissout l'émétine sans la colorer ; ce réactif peut servir à distinguer la brucine de l'émétine ; j'ai pu retrouver le premier corps dans des mélanges qui pour 0,1 de milligramme d'émétine ne renfermaient qu'un ou deux centièmes de milligramme de brucine.

La réaction due au réactif de Fröhde se manifeste encore lorsque le mélange renferme deux centièmes de centigramme de brucine pour un dixième de milligramme d'émétine ; elle cesse de se produire lorsque le mélange n'en contient qu'un centième de centigramme.

L'alcool absolu ne pouvant séparer de petites quantités d'*émétine* et de *strychnine*, j'ai dû chercher à caractériser simultanément ces deux corps sans les séparer au préalable. La réaction du bichromate et de l'acide sulfurique, ainsi que celle du réactif de Fröhde peuvent être mises à profit. On ajoute au mélange des deux alcaloïdes de l'acide sulfurique trihydraté et de petites quantités de chromate acide ; la coloration bleue ne se produit pas, car toute l'action oxydante se porte d'abord sur l'émétine ; ce n'est qu'en ajoutant successivement de nouvelles quantités de sel que l'on voit apparaître cette couleur ; j'ai pu déceler de cette manière la présence d'un centième de milligramme de strychnine dans un dixième de milligramme d'émétine.

Le réactif de Fröhde caractérise encore deux et un centième de milligramme d'émétine dans un dixième de milligramme de strychnine.

Le même réactif indique encore la présence de 0,1 milligramme d'*émétine* mélangée à son poids égal de *caféine* ; la réaction de murexide de la caféine au contraire ne se produit que lorsque le mélange renferme dix fois plus de caféine que d'émétine.

Expérimentation physiologique. — Pander et moi, nous avons étudié l'action physiologique que peut manifester la petite quantité d'émétine qu'un toxicologiste peut espérer retirer des matières suspectes. Dès le début de nos expériences nous avons constaté que la grenouille n'était que peu sensible à l'action de ce toxique. Une solution de 1 milligramme d'émétine dans un dixième de centimètre cube d'eau, injectée par voie hypodermique n'a influencé que très-peu la respiration; deux milligrammes, au contraire, déterminèrent au bout de 20 minutes des troubles sensibles. L'animal parut inquiet, ouvrit la bouche et la laissa ouverte pendant une ou deux minutes; quelque temps après il vomit, et les vomissements se répétèrent 13 à 15 fois pendant les trois heures suivantes, souvent avec assez d'énergie pour que l'animal fût projeté contre les parois du vase en verre dans lequel il se trouvait. La respiration se régularisa dès que les vomissements cessèrent, mais l'animal parut encore incommodé, car il évita tout mouvement inutile; ce n'est que 36 heures après qu'il parut complétement rétabli. J'obtins des résultats analogues avec une seconde grenouille. La vératrine produisit déjà des effets vomitifs avec 4 millièmes de milligramme. Je ne sais pas si des petits oiseaux ou des mammifères seraient plus sensibles [1] que la grenouille à l'action de ce corps. L'expérimentation physiologique n'est pas, comme on le voit, d'un grand secours, et je dois avouer en outre que le toxicologiste ne pourra que rarement consacrer à cet essai deux milligrammes, qui est la quantité d'alcaloïde contenue dans un décigramme d'ipécacuanha.

Pander et moi avons pu retirer le toxique du contenu stomacal et des matières vomies d'animaux morts rapidement à la suite de l'ingestion d'émétine ou d'ipéca. Les parois stomacales sont irritées, même lorsque l'émétine a été introduite par la voie hypodermique ; j'ai souvent pu retrouver le toxique dans les intestins et dans les excréments.

Le foie et le sang renferment quelquefois de l'émétine ; les reins, la rate et le cerveau n'en contiennent presque jamais ; elle passe au contraire très-facilement dans l'urine.

L'*irritation des parois stomacales et intestinales, du rein et de la vessie* mérite d'être prise en sérieuse considération dans les empoisonnements par l'émétine. La recherche doit se faire très-rapidement, car l'alcaloïde se décompose assez facilement. Je n'ai pu retrouver deux milligrammes d'émétine que j'avais abandonnés pendant trois semaines avec 100 cent. cubes de sang dans une chambre chaude.

[1] Je ne recommande pas d'expérimenter sur des chats.

ATROPINE (DATURINE [1]), HYOSCYAMINE.

§ 330. *Généralités.* — L'*atropine* se trouve contenue dans toutes les parties de la belladone (*atropa belladona*, de la *stramoine* (datura stramonium) et de leurs variétés. L'*hyoscyamine* n'a été signalée jusqu'à présent que dans l'herbe et les semences de jusquiame (hyoscyamus niger L.). On emploie souvent en médecine la racine et les feuilles de belladone, les feuilles et les semences de stramoine, les feuilles et les semences de jusquiame, les extraits et les teintures de ces diverses plantes. Le plus souvent les empoisonnements sont dus à des méprises, mais on en connaît également un certain nombre de volontaires ou de criminels qui ont été provoqués par le sulfate d'atropine (employé par les oculistes), la stramoine ou la jusquiame. Des enfants et des adultes se sont empoisonnés avec les baies de belladone que l'on prenait pour des cerises et avec les racines de jusquiame que l'on confondait avec celles du persil.

§ 331. *Effets toxiques de l'atropine.* — Des doses très-faibles d'alcaloïde suffisent pour provoquer des accidents redoutables chez l'homme ; les lapins, les rats, les cabiais au contraire en supportent relativement des doses considérables. (Voy. *les traités de toxicologie.*)

L'*atropine* passe rapidement dans le sang et se répand dans toute l'économie ; j'ai, avec le concours du docteur Koppe [2], démontré que l'urine des lapins intoxiqués renfermait bientôt de l'atropine ; le même fait a été observé chez l'homme. Harley a démontré le même fait pour l'hyoscyamine. L'élimination se fait en tout cas très-rapidement, et on n'est sûr de ne rencontrer l'alcaloïde que quelques heures après son ingestion. Ce fait est très-important à connaître, surtout lorsqu'un contre-poison a été administré avec succès. Je n'ai pu retrouver le toxique dans les fèces d'un lapin empoisonné, mais je l'ai retiré du sang de chiens et de chats tués après avoir été empoisonnés ; je crois par

---

[1] Je regarde d'après Planta l'atropine et la daturine comme identiques, quoique Schroff prétende que l'atropine exerce une réaction physiologique moins énergique que la daturine et que Erhard a signalé des différences dans la forme cristalline de leurs sels. Voy. *Neues. Jahrb. f. Pharm.*, 1866.

[2] *Pharmac. Zeitsch. f. Russland*, 5ᵉ année.

suite que l'élimination du toxique se fait rapidement par les reins. Le foie, le cerveau et les autres organes ne renfermaient qu'une quantité de toxique qui ne correspondait pas à leur richesse sanguine. Le cerveau était presque toujours hypérémié et la rate au contraire anémiée, il vaut mieux soumettre à l'analyse le premier de ces organes. Quant au tube intestinal j'ai rencontré chez les chats et les lapins de notables quantités de toxique dans les parties supérieures du tube digestif au bout d'un temps variable qui n'était pas très-long. J'ai nourri pendant quelque temps un lapin avec des feuilles de belladone; la chair de ces animaux renfermait une quantité d'atropine assez forte pour pouvoir être dosée[1]; cette circonstance a été mise à profit dans un but criminel, et l'expert ne doit pas oublier que la chair de lapins nourris sans inconvénients avec des feuilles de belladone peut provoquer des accidents[2].

La dilatation très-forte de la pupille est le symptôme le plus caractéristique de l'empoisonnement par l'atropine; elle se produit toujours sans que l'alcaloïde ait été ingérée ou appliquée extérieurement. La *dilatation par l'application locale est constante* et n'appartient qu'à l'atropine et à la hyoscyamine[3].

L'étude chimique de l'*hyoscyamine* n'a été faite que dans ces dernières années; l'expérimentation physiologique n'a été instituée qu'avec un alcaloïde ne présentant pas de caractères suffisants de pureté. D'après Schroff, elle serait moins énergique que l'atropine; je conteste ce fait en ce qui touche l'action sur la pupille, car son effet me paraît même se prolonger plus longtemps.

§ 332. *Recherche toxicologique.* — La méthode de séparation des alcaloïdes par la benzine enlève l'*atropine* lorsqu'on a soin *de n'opérer qu'à chaud :* cette précaution est nécessaire car l'atropine se dépose facilement à l'état cristallin de ces solutions benziniques refroidies; les cristaux sont très-fins et longs. Les solutions concentrées obtenues à froid l'abandonnent souvent sous forme de cristaux capillaires, quand on les conserve dans un flacon bouché.

---

[1] Cette assertion est contradictoire avec celle de Lemaître qui admet que l'immunité des lapins est due exclusivement à la lenteur avec laquelle l'atropine est absorbée.

[2] Voy. un cas semblable dans *Pharmaceut. Journal and. Trans.*, 1865.

[3] Voy. Pelikan, *Pharmac. Zeitsch. f. Russland*, 1re année.

J'ai cherché à tourner cette difficulté qui embarrasse les commençants ; j'ai constaté, avec l'aide du docteur Koppe, que le procédé d'Erdmann-Uslar, très-sensible pour l'analyse qualitative ne se prêtait guère à une recherche quantitative. L'eau acidulée enlève bien aux matières organiques tout l'alcaloïde ; cette solution neutralisée l'abandonne à son tour à l'alcool amylique (à $+ 50$ ou $60°$), au point que le liquide restant n'a plus aucune action sur la pupille ; mais on ne retrouve jamais de cette manière que 40 p. 100 environ de l'alcaloïde que l'on avait ajouté ($0^{gr},05$). Comme j'avais, pour éviter toute cause de décomposition, supprimé l'évaporation du liquide acidulé neutralisé par de l'ammoniaque, il en résulte que la perte doit se produire pendant l'évaporation des solutions amyliques (ces dernières pèsent de 50 à 60 grammes car il faut renouveler souvent l'épuisement). J'ai constaté en effet que l'atropine se volatilise en partie et en partie se décompose. Le produit d'altération dû à l'action de la chaleur dilate bien encore la pupille, mais il est amorphe et n'a plus la même capacité de saturation pour le réactif de Mayer. 1 centimètre cube de solution de Mayer précipite 0,0193 d'atropine (dans 200 centimètres cubes d'eau) et seulement 0,014 d'atropine amorphe. Elle reste même amorphe quand on la redissout dans l'alcool et qu'on l'abandonne de nouveau à l'évaporation spontanée.

Nous avons par suite modifié le procédé d'Erdmann-Uslar ; nous continuons à enlever l'alcaloïde par l'alcool amylique, mais au lieu d'évaporer cette solution nous lui enlevons l'atropine par l'agitation avec un liquide acide ; ce liquide acide neutralisé par de l'ammoniaque est traité par de l'éther. Mais il faut prendre au préalable une nouvelle précaution ; on ne peut empêcher que l'eau acide n'enlève une certaine quantité d'alcool amylique qui est dissous plus tard par l'éther ; on aurait donc à craindre une décomposition pendant l'évaporation ; j'élimine pour cela toute trace d'alcool amylique en agitant le liquide acide avec du chloroforme qui ne dissout pas le sulfate d'atropine ; ce n'est qu'après ce traitement que je neutralise le liquide acide débarrassé d'alcool amylique et que je le soumets à l'action dissolvante de l'éther.

Le traitement éthéré doit être repris à trois ou quatre reprises différentes, car la solubilité de l'alcaloïde dans ce véhicule est très-faible ; la couche éthérée est décantée une ou deux fois avec de l'eau distillée et abandonnée à l'évaporation spontanée. Le résidu est presque toujours incolore, cristallin, mais renferme parfois un peu de sulfate d'ammonium que l'on sépare très-facilement à l'aide de l'alcool absolu qui ne dissout que l'atropine. J'essayerai, lorsque l'occasion s'en présentera, de remplacer l'éther par le chloroforme ; le pétrole ne peut pas servir à isoler l'atropine.

La recherche de ces corps dans le sang, se fait le mieux de la manière suivante : on ajoute à 100 centimètres cubes de sang 15 ou 20 centimètres cubes de liquide acidulé et on fait digérer le tout pendant vingt-quatre heures à la température ordinaire ; on triture le coagulum mou qui s'est formé, et l'on continue la digestion à chaud ; le liquide est exprimé, filtré, et l'on continue de la manière que nous avons indiquée plus haut. La rate, le foie et les muscles sont digérés avec de l'eau aiguisée d'acide sulfurique jusqu'à ce qu'on puisse les écraser au mortier et les réduire en une masse homogène.

La recherche dans l'urine est plus facile ; nous avons toujours obtenu du premier coup un résidu incolore, que l'on pouvait immédiatement soumettre aux réactifs de coloration ; il suffisait de l'aciduler fortement par de l'acide sulfurique, de la soumettre à l'extraction deux fois par l'alcool amylique et deux fois par l'éther ; le liquide acide neutralisé par de l'ammoniaque a été repris par de l'éther et l'opération continuée comme plus haut. Dans ces derniers temps j'ai eu de nouveau recours à l'emploi de la benzine et je me suis assuré qu'elle donne des résultats très-exacts, lorsqu'on suit les précautions indiquées ; ce moyen d'isolement me paraît convenir également pour la recherche d'autres alcaloïdes.

§ 333. *Résistance de l'atropine à la décomposition.* — Nous avons pu retirer de l'atropine du résidu d'une digestion artificielle abandonnée à la putréfaction dans un lieu chaud pendant deux mois et demi.

§ 334. *Caractères chimiques.* — L'atropine se présente sous forme d'une masse brillante, cristallisée, qui fond vers 90° en un liquide transparent qui, refroidi lentement, cristallise en partie, mais se dépose à l'état amorphe lorsque le refroidissement est brusque. Elle se décompose en partie quand on la chauffe à +95°; à 140 elle se volatilise partiellement; elle est entraînée par les vapeurs d'eau et d'alcool amylique, mais non par celles d'éther, d'alcool, de chloroforme et de benzine. Elle ne se décompose pas à l'air, possède une réaction fortement alcaline, une saveur très-amère et est sinistrogyre. Elle est soluble dans 300 parties d'eau froide et dans 58 parties d'eau bouillante; le noir animal l'enlève à cette solution. L'alcool la dissout presque en toute proportion; le résidu de l'évaporation retient avec beaucoup d'énergie les dernières traces de ce dissolvant. L'éther du commerce n'en dissout que 3,6038 p. 100 à froid [1]; la solubilité dans la benzine à froid est plus forte au premier moment, mais cette solution abandonne bientôt une partie de l'alcaloïde à l'état cristallisé; les cristaux sont longs et soyeux et la solution n'en retient plus que 2,339 p. 100. L'alcool amylique semble dissoudre l'atropine en toute proportion; le chloroforme au contraire n'en dissout que 51 p. 100 d'après Pettenkofer et 35 p. 100 seulement d'après Schlimpert.

L'atropine se dissout très-facilement dans les solutions acidulées; l'ammoniaque, la potasse et les carbonates alcalins précipitent partiellement ses solutions concentrées; le précipité se redissout dans un excès d'ammoniaque. On se sert en médecine du *sulfate neutre d'atropine* et du *valérianate*; ce dernier sel a un aspect résineux.

On doit éviter avec le plus grand soin d'évaporer des solutions de cet alcaloïde qui renferment des bases libres (potasse, chaux, baryte), car Kraut et Losser ont démontré que l'atropine se dédoublait sous leur influence en tropine et en acide tropique. On peut cependant chauffer sans crainte d'altération pendant quelques heures à +50° avec de l'ammoniaque étendue; l'évaporation avec les acides concentrés peut être également très-préjudiciable.

L'atropine est très-difficile à caractériser, car elle possède beaucoup de réactions qui lui sont communes à d'autres alcaloïdes, et d'autres sont ou peu nettes ou exigent trop de matière.

---

[1] Quelques auteurs indiquent une solubilité moindre que celle indiquée par Koppe.

Ces considérations s'appliquent à l'emploi du tannin, de l'acide phosphoantimonique, de l'acide tungstique, du phospho-molybdate de sodium (la réaction décrite par Trapp ne me semble pas être aussi sensible et aussi caractéristique qu'il le dit), des iodures doubles de mercure, de bismuth, du chlorure de platine, du chlorure d'or, de l'iode, du sublimé corrosif et de l'acide picrique. Helwig, (*loc. cit.*, p. 60) a principalement recommandé l'emploi du microscope, mais je ne sais quelle est la part qui revient à l'alcaloïde et quelle est celle qui appartient à l'acide picrique employé en excès [1].

Je me contente d'indiquer la limite de la sensibilité des principaux réactifs caractéristiques des alcaloïdes, pour l'atropine :

Iodure de potassium. — Précipité manifeste dans les solutions au 1/8000.

Phospho-molybdate de sodium. — Trouble dans les solutions au 1/4000.

Acide métatungstique. — Trouble les solutions au 1/1000.

Acide phospho-antimonique. — Trouble faible au 1/5000.

Iodure de bismuth et de potassium. — Trouble visible au 1/4000.

Iodure de cadmium et de potassium. — Trouble visible au 1/500.

Iodure de mercure et de potassium. — Les liquides au 1/4000 ne précipitent presque plus ; Meyer indique 1/5000 comme limite de la sensibilité.

Chlorure d'or. — Trouble faible au 1/1000.

Acide picrique. — Précipité abondant dans les liquides au 1/200 ; plus rien dans ceux au 1/500. Le précipité est soluble dans un excès d'acide picrique.

Tannin. — Ne précipite plus les solutions au 1/200.

Bichromate de potassium. — Ce réactif se comporte comme le tannin.

La réaction de Hinterberger n'est d'aucune utilité pour nous, car elle exige l'emploi de solutions tellement concentrées qu'on n'en rencontrera jamais de pareilles dans les recherches toxicologiques ; elle se base sur l'action que le cyanogène gazeux

[1] *Wiener Acad.*, Ber. VII, p. 433.

exerce sur les solutions alcooliques d'atropine. Gulielmo [1] a fait remarquer que *l'acide sulfurique concentré et chaud* développait avec l'atropine une odeur caractéristique ; la réaction se produit, il est vrai, très-facilement, mais elle détruit une notable quantité d'alcaloïde ; l'odeur, du reste, ne peut être sentie que par quelques personnes et il ne reste pas de pièce de conviction. Toutes les personnes n'ont pas en outre la même appréciation olfactive ; Gulielmo dit avoir senti l'odeur de la fleur d'oranger, d'autres, et je suis du nombre, celle du prunier ; Otto celle de spirea. L'odeur se développe d'une manière plus nette quand on dissout l'alcaloïde dans un mélange d'acide sulfurique et de chromate (de molybdate d'après Herbst) chauffé à + 150° et qu'on y projette quelques gouttes d'eau.

L'essai de la dilatation de la pupille doit toujours être entrepris ; une goutte d'une solution au 1/130000 suffirait encore d'après Donders et Ruyter pour produire cet effet. Nous avons vu que l'hyoscyamine seule produisait le même effet, la dilatation se manifeste peut-être un peu plus lentement, mais elle persiste d'avantage. L'aconitine à laquelle on avait attribué la même propriété ne la possède nullement d'après Pelikan ; je suis du même avis (j'ai expérimenté avec le produit retiré des feuilles d'aconit). La népaline seule la présente quelquefois (voy. § 541).

§ 535. *Caractères distinctifs de l'atropine et de l'hyoscyamine.* — Lorsque nous avons constaté la dilatation de la pupille à la suite d'une application externe, nous sommes en droit d'admettre un empoisonnement par l'atropine ou par l'hyoscyamine ; ces deux corps sont des poisons très-toxiques. Ce caractère à lui seul suffit pour faire admettre l'existence d'un empoisonnement, mais nous devons encore nous efforcer de démontrer lequel de ces deux corps a été employé et sous quelle forme il a été administré. La solution de cette dernière question est souvent impossible.

§ 536. *Dosage.* — On cherche quelquefois à déterminer le poids de l'alcaloïde contenu dans les matières soumises à l'analyse pour cela isoler l'atropine à l'état de pureté en évitant soigneusement toutes les causes de perte que nous avons signalées ; on le pèse après dessiccation à + 95°.

[1] *Wittstein Viertelj.* t. XII, p. 219.

On peut encore redissoudre le résidu alcaloïdique dans de l'acide sulfurique étendu et le doser volumétriquement par la solution titrée de Mayer (iodure de mercure et de potassium), en observant soigneusement un certain nombre de précautions. Mayer admet qu'un centimètre cube de sa solution précipite $0^{gr},0145$ d'atropine; d'après mes essais, la quantité de sel mercurique nécessaire est variable et dépend de la concentration de la solution. La rapidité avec laquelle se fait le dosage a de même une certaine influence; si l'on verse rapidement la liqueur titrée, on obtient un précipité d'atropine amorphe qui ne cristallise qu'après 24 heures. Le réactif titré est-il versé au contraire goutte à goutte dans une solution qui en renferme environ 1/200, on aura un précipité qui est immédiatement cristallisé et se dépose très-vite, de sorte que la fin de l'opération peut être observée très-facilement[1].

Le commerce nous livre l'atropine sous des formes qui ne sont pas toujours identiques; deux échantillons provenant de sources différentes diluées au 1/200 ont exigé pour leur précipitation ($0^{gr},00889$ et $0^{gr},00955$ de liqueur mercurielle par centimètre cube), ce qui correspond à $0^{gr},0191$ d'atropine; un troisième échantillon exigea au contraire le même volume de liquide mercuriel pour $0^{gr},001778$ d'alcaloïde. Je crois, jusqu'à plus ample informé, que les deux premiers échantillons étaient les plus purs et que la solution titrée de Mayer correspond réellement par centimètre cube à $0^{gr},00191$ d'atropine.

Le dosage volumétrique de Mayer entrepris dans une solution diluée au 1/200, et conduit très-lentement, me semble mériter une grande confiance; les différences observées rentrent dans la limite des erreurs d'observation; je crois même qu'on pourrait s'en servir comme moyen de contrôle pour démontrer qu'un corps qui dilate la pupille est réellement de l'atropine.

§ 337. *Séparation des alcaloïdes étudiés précédemment.* — *Séparation de l'atropine*, de la *strychnine*, de la *brucine*, de la *qui-*

---

[1] On ne peut pas se servir de la méthode des touches répétées, que j'ai proposée pour le dosage de la brucine et de l'atropine, parce que le précipité mercuriel n'est pas complétement soluble dans l'eau et qu'il paraît se former des combinaisons renfermant des proportions variables d'alcaloïde et d'iodure.

nidine, de la *quinine*, de la *cinchonine*, de l'*émétine*. Tous ces corps sont isolés simultanément par la benzine. La solution est alcalinisée et épuisée par le pétrole qui enlève la strychnine, la brucine, la quinine et l'émétine ; l'éther dissout la cinchonine ; la quinidine et l'émétine se séparent en décomposant une solution acide qui n'est pas trop concentrée par un excès d'ammoniaque ; l'aconitine n'est pas précipitée. (Voy. plus haut pour la séparation de la caféine, de la théobromine, de la pipérine, de la cubébine et de la curarine.)

§ 358. *Recherche toxicologique dans des parties des plantes qui renferment l'alcaloïde.* — Les données suivantes serviront quelquefois à décider sous quelle forme l'atropine a été administrée :

1) Lorsque l'intoxication est due aux fruits de la belladone (fig. 15), on rencontrera dans les matières vomies, le contenu du tube digestif et les fèces, les semences de cette plante qui ont un

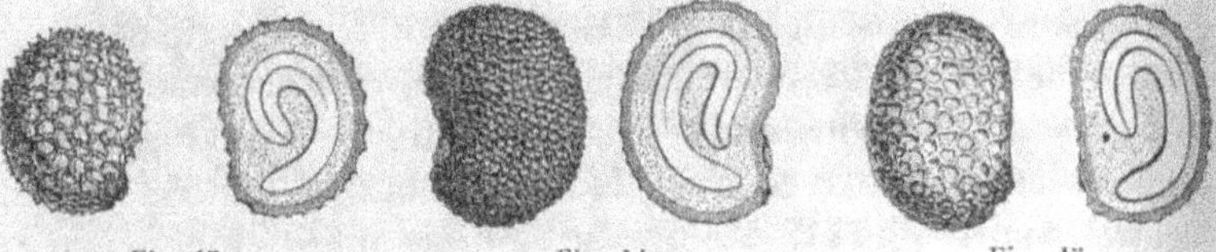

Fig. 13.   Fig. 14.   Fig. 15.

aspect caractéristique. Leur forme est celle d'un rein, l'embryon central est recourbé en fer à cheval ; leur couleur est *grise*, elles ont 2 millimètres de longueur et 1 1/2 de largeur ; leur surface est rugueuse. Ces caractères les distinguent nettement d'autres semences non toxiques (myrtille, etc.). Elles se distinguent de celles de datura (fig. 14) (4 à 5 millimètres de longueur) par leur grandeur et leur couleur (*noire* pour le datura) ; il en est de même pour les semences de jusquiame (fig. 13) qui sont d'un gris brunâtre et ont de 1 à 1,5 millimètre de longueur.

2) La couleur rouge violette de l'enveloppe du fruit de la belladone n'a d'importance que si elle est accompagnée de la présence des semences elles-mêmes. On rencontrera souvent dans ce cas une substance fluorescente, soluble dans les acides ; l'alcool amylique l'enlève aux solutions alcalines et l'abandonne

de nouveau aux solutions acides. Richter a décrit depuis long-temps cette *matière fluorescente bleue*, qui se rencontrerait encore dans la semence et dans les feuilles ; je n'ai pas réussi à isoler un corps semblable en traitant les feuilles de datura et de jusquiame. Les semences de ces dernières plantes renferment un corps fluorescent vert, qui ne se rencontre pas dans les autres parties de la plante et qui est soluble dans l'alcool.

§ 359. *Hyoscyamine.* — J'ai retiré l'hyoscyamine des feuilles de jusquiame à l'aide du même procédé qui m'a servi à isoler l'atropine ; le pétrole ne peut pas remplacer la benzine ou le chloroforme (alcool amylique). Koppe et moi nous l'avons retirée des feuilles de jusquiame sous forme d'un corps blanc, en partie seulement cristallisé, qui se comporta comme l'atropine vis-à-vis de l'iodure mercurique ioduré (c'est-à-dire que le précipité d'abord amorphe, cristallisa petit à petit), du phospho-molybdate, du tannin, de l'iodure bismuthico-potassique, etc. Ce corps appliqué sur l'œil d'un chat a provoqué des mouvements violents de dégurgitation, de nature spasmodique ; cet effet se produit quelques instants après l'application et dure près de dix minutes. L'essai a été répété avec beaucoup de soins de manière qu'on ne peut pas admettre que l'effet soit dû à une irritation directe de la muqueuse buccale. La même réaction se produit quand on fait avaler le poison à l'animal ; il s'y ajoute une violente salivation qui ne dépend pas de l'irritation directe des muqueuses, car on observe le même phénomène dans le premier cas ; c'est donc une salivation qui est due à la cause mécanique de la déglutition[1].

On s'est beaucoup occupé pendant ces dernières années de l'étude de l'hyoscyamine[1] ; les divers travaux concordent à faire admettre que ce corps ne cristallise que difficilement ; il fond à + 90° et est très-soluble dans l'eau, l'alcool, l'éther, le chloroforme et la benzine. Elle se dédouble d'après Höhn par l'ébullition avec la baryte en acide hyoscyamique (isomère de l'acide phlorétique) et en une matière alcaloïde nommée hyoscine. Höhn a obtenu le sel d'or de l'hyoscyamine à l'état cristallisé.

[1] Rennard, *Pharm. Zeitsch. f. Russland*, 1867, p. 295. — Thorey, *ib.*, 1869, p. 265 et 355. — Ludwig, *Arch. f. Pharm.*, II, t. CXXVII, p. 202. — Höhn, *ib.*, t. CXLII, p. 215 et *Annal. der Chem. u. Pharmac.*, t. CLVII, p. 98.

Cet alcaloïde paraît se volatiliser plus facilement encore que l'atropine avec les vapeurs d'eau ou d'alcool amylique ; la même volatilisation se produit partiellement avec l'alcool bouillant, la benzine et le chloroforme ; elle n'a pas lieu lorsqu'on se sert comme dissolvant de l'alcool à 60 ou 70°.

ACONITINE ET NÉPALINE.

§ 340. *Généralités.* — L'*aconitine* existe dans les diverses variétés d'aconit (A. napellus, L. variegatum, L. stoerkeanum, Reich et Berg) ; on emploie en pharmacie les feuilles et les tiges d'aconit, pour préparer la teinture et l'extrait.

§ 341. *Action physiologique.* — Schroff[1] a étudié l'influence que ce corps exerce sur l'économie animale. Il le regarde comme un poison déprimant qui ralentit les pulsations cardiaques, déprime la pression artérielle, trouble la respiration, fait baisser la température et produit la cyanose. D'après Aschscharunow[2] l'aconitine est un poison asphyctique qui paralyse les ganglions moteurs du cœur ; chez quelques personnes empoisonnées on a signalé une dilatation passagère de la pupille qui a fait place peu de temps avant la mort à une contraction.

Cette dilatation de la pupille par application externe admise autrefois est niée formellement par Pelikan et Aschscharunow (§ 334). Les effets toxiques si énergiques observés avec les sommités fleuries de l'*aconitum ferox* Wall. ne doivent pas être attribués à une plus grande richesse en aconitine, mais plutôt à la présence d'un autre alcaloïde[3] que je propose de nommer *népaline*.

Cette dernière plante sert à ce qu'il paraît à l'extraction de 'alcaloïde dans quelques fabriques anglaises ; ceci nous expliquerait les grandes différences que présentent les produits livrés par le commerce.

[1] Schroff attribue les propriétés narcotiques de l'aconit à l'aconitine et les propriétés irritantes à un principe âcre. Je ferai remarquer qu'on n'a pas encore réussi à isoler ce dernier corps, et que les propriétés de l'aconitine sont narcotiques ou irritantes, selon la dose.

[2] *Prager Viertelj. f. pr. Heilkunde*, t. XI, p. 129. *Wochenblatt d. Wiener Aerzte*, I, n° 28.

[2] *Arch. f. Anat. u. Phy.*, 1866, p. 255. — *Empoisonnements sur l'homme*, par Ogier Ward. (*Brit. mal. journ.*, 1860, et Strecker, *Edinb. med. journal*, 1864).

[3] *Wittstein. Viertelj.*, 15ᵉ année, p. 40. Substitution au jalap de l'aconitum ferox.

On a retiré de l'aconit napel un second alcaloïde nommé *aconel-line* : ce corps d'après Jellet ne serait autre chose que de la *narcotine* je n'ai pu, pour ma part, la retirer des feuilles de l'aconit napel.

Hübschmann prétend avoir isolé de cette plante un troisième alcaloïde qu'il nomme *napelline* ; Schroff confirme les résultats précédents [1]. Lui-même [2], en analysant l'aconit lycoctonum, a obtenu deux nouveaux alcaloïdes qu'il a nommés *acolyctine* et *lycoctonine* ; le premier ne serait, d'après Hübschmann, que de la napelline.

Adelheim et moi nous avons étudié récemment l'intoxication produite par l'aconitine et par la népaline. Des vomissements se produisirent très-fréquemment chez les chats intoxiqués par l'*aconitine* ; les matières vomies renfermaient une certaine quantité du toxique. Les parois intestinales sont fortement irritées, gonflées et remplies de mucosités ; l'aspect est le même que celui que l'on observe à la suite de l'intoxication par la cantharidine. Nous avons pu retrouver le poison dans le contenu stomacal et intestinal, et même en quantité assez forte dans les fèces. Il ne faudrait pas se hâter de conclure de ce fait, que l'absorption se fait difficilement, car l'urine renferme également de l'aconitine ; le foie et la rate contiennent ce corps en quantité correspondante à leur richesse sanguine. Les reins et la vessie présentèrent les mêmes phénomènes d'irritation, que l'on a signalés à la suite de l'empoisonnement par les cantharides.

L'action de la *népaline* est différente de celle de l'aconitine, déjà au point de vue des doses. La mort survient si promptement chez les animaux intoxiqués par ce corps et par l'aconit ferox, que le toxique n'arriva pas jusqu'au gros intestin ; nous n'avons jamais pu recueillir d'urine. Une seule fois nous avons réussi à en signaler la présence dans le sang et dans les reins [3].

§ 342. *Extraction de l'aconitine.* — On peut retirer l'aconitine des feuilles d'aconit en suivant le procédé qui nous a servi à l'extraction de l'atropine des feuilles de belladone. On se sert de

[1] Voy. pour cet alcaloïde et les deux suivants les travaux récents de Schroff, junior. *Beit. z. Kenntn. des Aconits*, Wien, 1871, Braunmüller.

[2] *Wittstein. Viertjsch.*, t. XV, p. 22.

[3] *Beit. z. ger. Chemie*, p. 55 et Adelheim, *Forens chem. Unt. üb. die wicht. Aconitumarten*, Dissert. Dorpat, 1869.

préférence du chloroforme ou de la benzine ; l'éther et l'alcool amylique l'enlèveraient également aux solutions acides ; il n'en serait pas de même du pétrole. Ce dissolvant enlève néanmoins aux extraits des diverses parties de l'aconit ainsi qu'aux organes des animaux intoxiqués par cette plante, un corps qui se colore par l'acide sulfurique comme l'aconitine, mais qui ne se comporte pas comme un alcaloïde avec le phosphomolybdate et les autres réactifs généraux. Ce corps me semble être un produit de décomposition de l'aconitine et mériter quelque attention au point de vue toxicologique.

J'ai pu retirer par mon procédé des sommités fleuries de l'aconit napel une masse blanche d'aconitine qui ne présentait pas de traces de cristallisation, et qui était très-soluble dans l'acide sulfurique étendu.

§ 343. *Caractères chimiques de l'aconitine.* — L'aconitine est peu soluble dans l'eau ; 4,25 d'alcool, 2 d'éther et 2,6 de chloroforme dissolvent 1 d'aconitine. La benzine et l'alcool amylique la dissolvent également et l'abandonnent à l'état amorphe. L'aconitine est insoluble dans le pétrole ; elle ne se modifie pas au contact de l'air ; elle fond vers 98° et se fige par le refroidissement en une masse amorphe jaune et transparente. Sa réaction est alcaline ; elle se dissout dans les acides et est reprécipitée de ses solutions concentrées par l'ammoniaque, la potasse et le carbonate de potassium. La reprécipitation ne paraît pas être totale et une partie de l'alcaloïde semble être décomposée. Le bicarbonate ne la précipite pas à froid, mais à chaud lorsque la solution n'est pas trop étendue et qu'on n'a pas versé un trop grand excès de précipitant. Le précipité dû à l'ammoniaque se dissout dans un grand excès de réactif ; et se précipite de nouveau par l'ébullition. Hottot et Liégeois ont prétendu que l'aconitine du commerce se compose d'un mélange de deux corps, l'un cristallisé, l'autre amorphe : le dernier seul serait actif. Adelheim et moi, croyons que cette opinion est erronée, car l'aconitine et son sulfate peuvent toujours cristalliser. Cette cristallisation ne se produit pas toujours très-facilement, mais Duquesnel l'a obtenue récemment sous cette forme, et Erhard et Helwig ont décrit il y a longtemps les formes cristallines des chlorure, azotate et sulfate.

Hasselt a indiqué la réaction suivante comme pouvant servir à caractériser avec facilité l'aconitine. On chauffe lentement dans un verre de montre l'aconitine avec 1 ou 2 grammes d'*acide phos-phorique* officinal ; la couleur devient *rouge* ; si en ce moment on remue la masse en continuant à chauffer, on voit se produire une couleur *violette :* la masse se boursoufle beaucoup. Otto fait remarquer que la digitaline et la delphinine se comportent de la même manière ; ces deux alcaloïdes ne sauraient cependant être confondus avec l'aconitine, puisque leurs solutions sulfuriques prennent avec l'eau bromée des teintes que ne produit pas cette dernière.

D'après Adelheim, la réaction précédente vantée par Rug, Hasselt et Otto ne se produit d'une manière sensible que lorsque le liquide renferme au moins 2 milligrammes d'aconitine et 88 p. 100 d'acide trihydraté, et est porté à la température de 100°[1] ; elle se produit plus facilement dans un verre de montre que dans un tube à essais. Dans ces derniers temps je me suis servi avec avantage d'une feuille de platine un peu épaisse sur laquelle je place le verre de montre, et que je fais lécher latéralement par la flamme.

La réaction de l'*acide sulfurique concentré* est plus sensible. L'alcaloïde s'y dissout ; la solution d'abord jaune, devient brune s'il y a beaucoup d'alcaloïde ; cette couleur passe par le brun rougeâtre, le brun rougeâtre clair, le violet et se change après 24 heures en couleur brun chevreuil. La couleur violette se manifeste d'abord sur les bords et se produit d'autant plus lentement qu'il y a plus d'aconitine ; deux heures suffisent lorsqu'il n'y a que des traces d'alcaloïde ; elle ne se produit qu'après 5 heures lorsqu'il y en a des quantités plus fortes. Cette réaction se produit encore avec 7 millièmes de milligramme d'alcaloïde. L'acide sulfurique bihydraté ne la produit que d'une manière peu nette et avec des quantités plus fortes d'alcaloïde (0^{gr},0009 et 0,0018) ; un acide plus étendu est sans action.

Nous avions pensé qu'on pourrait dissoudre l'alcaloïde dans de l'acide sulfurique étendu et concentrer la solution par l'éva-

---

[1] J'ai vu se produire à 80° une teinte jaune, à 89° une teinte rouge et à 133° une coloration violette.

poration à une température de 80 ou 90° ; cette modification n'est pas heureuse, car la couleur violette ne se produit plus avec netteté. On n'obtient pas de meilleur résultat en chauffant l'alcaloïde avec de l'acide sulfurique concentré ; le mieux est d'abandonner le verre de montre à la température ordinaire. Hübschmann dit que l'aconitine ne se colore qu'en jaune par l'acide sulfurique, mais cet auteur n'a pas assez prolongé la réaction. J'ai obtenu parfois avec de l'aconitine retirée des organes intoxiqués une belle coloration rougeâtre, qui persista plus ou moins longtemps et passa ensuite au brun puis au violet.

Nous résumons ici la limite de sensibilité des principaux réactifs de précipitation.

Phospho-molybdate. — Ce réactif tient le premier rang ; on l'a expérimenté avec une solution en quantité variable d'aconitine dans de l'acide sulfurique, dilué au cinquantième, dont on prenait chaque fois un cent. cube. Il se produit immédiatement un précipité gris qui devient bleuâtre à la longue lorsque le liquide renferme plus de 7 centièmes de milligramme par centimètre cube; le précipité est très-faible avec 6 centièmes et ne se produit qu'après une demi-heure avec 7 centièmes. Trapp a fait voir que l'ammoniaque bleuissait rapidement le précipité.

Teinture d'iode. — Précipite abondamment les solutions qui renferment plus de $0^{gr},00003$ d'alcaloïde.

Chlorure d'or. — Ne précipite que celles qui en contiennent 10 fois plus; le précipité se réduit après 24 heures et devient jaune grisâtre.

Iodure de bismuth et de potassium. — Limite extrême de la précipitation, $0^{gr},0005$.

Tannin. — Id. $0^{gr},00002$.

Iodure de mercure et de potassium. — Trouble laiteux avec $0^{gr},0009$; opalescence quand le liquide en contient moins; cette dernière ne se produit plus avec $0^{gr},0001$.

Iodure double de cadmium. — Réactif bien moins sensible; précipite les solutions qui renferment au moins $0^{gr},005$ et ne trouble que légèrement celles qui en contiennent moitié moins.

Chlorure mercurique. Bichromate de potassium. Acide picrique. — Les solutions concentrées sont seules précipitées.

Chlorure de platine. — Ne précipite même pas ces dernières.

On devra toujours avoir recours à l'*expérimentation physiologique*, en mettant à profit les travaux de Schroff et d'Aschscharunow dont j'ai parlé plus haut.

§ 344. *Séparation des autres alcaloïdes.* — Je n'entends pas traiter ici de la séparation au point de vue quantitatif. La *quinidine*, la *cinchonine*, l'*atropine* et l'*hyoscyamine* ne se colorent pas par l'acide sulfurique concentré comme le fait l'aconitine. Le chlorure de platine n'a aucune action sur les solutions étendues ou concentrées d'aconitine, mais il précipite celles de *quinidine*, de *cinchonine* et d'*atropine* pour peu qu'elles soient concentrées.

§ 344 *bis. Empoisonnement par l'aconit.* — On a proposé lorsque l'empoisonnement est dû à une préparation pharmaceutique obtenue par les feuilles ou la racine d'aconit de rechercher, outre l'aconitine, l'acide particulier qui se trouve dans ces végétaux.

[Cet acide, nommé *acide aconitique*, est caractérisé par son sel de chaux; ce sel est plus soluble à froid qu'à chaud. On peut faire cet essai de la manière suivante; l'extrait acidulé est traité par de l'éther qui dissout l'acide aconitique et d'autres principes. On évapore à siccité la solution éthérée, on la reprend par de l'eau et l'on précipite l'acide aconitique par de l'acétate de plomb; le précipité lavé est décomposé par l'hydrogène sulfuré; on évapore le liquide filtré à consistance sirupeuse, on neutralise par un lait de chaux épais et l'on fait bouillir le liquide clair qui filtre. Il se produit un précipité abondant qui redisparait lorsque le liquide se refroidit.]

§ 345. *Des autres alcaloïdes retirés des aconits.* — La *napelline*, que Hubschmann regarde comme identique avec l'*acolyctine*, est insoluble dans l'éther et la benzine, mais très-soluble dans le chloroforme, l'alcool étendu et absolu et l'eau. L'éther la précipite de sa solution dans l'alcool affaibli sous la forme d'une masse gélatineuse; les carbonates alcalins troublent les solutions aqueuses. L'ammoniaque précipite des solutions chlorhydriques une masse également gélatineuse. Le tannin et l'acétate de plomb précipitent en blanc; ce dernier précipité est soluble dans un excès de précipitant; le sous-acétate de plomb ne précipite que les solutions aqueuses. Le chlorure d'or donne un précipité jaune pâle ; le réactif molybdique précipite les solutions sulfuriques ; l'acide sulfurique concentré ne la colore pas [1]. Elle se différencie de l'aconelline, autrement dit de la narcotine, parce qu'elle ne se dépose jamais à l'état cristallisé de ses solutions aqueuses, alcoliques ou acides. Marquart de Bonn m'a remis un échantillon de la napelline de Hübschmann, qui avait l'apparence d'un extrait brun ; Adelheim l'a soumis à quelques essais. Le pétrole enleva à la solution acidulée de cette matière une petite quantité d'une substance qui après l'évaporation se comporta avec l'acide sulfurique et le phospho-molybdate comme l'aconitine. La benzine enleva de même à la solution rendue ammoniacale une matière qui présenta les mêmes caractères que l'aconitine. Schroff a expérimenté un produit qui diffère en quelques points du précédent ; aussi n'admet-il pas que ces deux composés soient identiques.

L'*aconelline* (narcotine?), qui me fut également remise par Marquart, est insoluble et cristallisée, le pétrole n'enlève à sa solution acidulée que des traces d'un corps qui possédait les caractères de l'aconitine ; la benzine l'enleva très-facilement à la solution ammoniacalisée ; le résidu se colora en jaune par l'acide sulfurique ; mais ne prit pas de teinte violette même après quelques heures. On pourra distinguer facilement l'aconelline de l'aconitine à l'aide du chlorure de platine ; car si l'aconelline n'est que de la narcotine ses solutions chlorhydriques diluées au 1/300 devront être précipitées.

La *népaline* ou *pseudoaconitine* se dissout d'après Hübschmann dans 100 parties d'éther bouillant et dans 230 parties de chloroforme ; ces dissolvants l'abandonnent à l'état cristallisé. Elle se dissout dans 20 parties d'eau froide et est par conséquent plus soluble que l'aconitine ; la masse ne s'agglutine pas avant de se dissoudre ; la solution refroidie laisse déposer des cristaux. Elle se comporte de la même manière avec la benzine chaude et ne prend pas l'aspect résinoïde. L'auteur n'a pas encore obtenu le produit à l'état de pureté absolue ; la matière qu'il a isolée est d'un

[1] *Vtjahrssch. f. pr. Ph.*, t. XIV, p. 101. Dans une lettre adressée à Flückiger, il dit que l'ammoniaque ne précipite pas les solutions chlorhydriques de napelline.

blanc sale, et laisse quand on le traite par de l'éther ou par de l'eau
un résidu brun insoluble. L'échantillon que j'ai examiné (acheté
chez un droguiste de Hambourg qui le tenait de Morson) était
blanc et complétement soluble dans l'eau et dans l'éther. Sa solution acide ou ammoniacale se comporta comme l'aconitine pure
à l'égard du pétrole, de la benzine, de l'alcool amylique et du chloroforme. Le pétrole notamment ne se chargea d'aucun principe,
quand on le mit en contact avec l'alcaloïde pur; il isola au
contraire des organes des animaux intoxiqués par la népaline
comme de ceux qui avaient succombé à l'aconitine un corps de
nature inconnue (voy. § 342); le même principe est contenu dans
les tubercules de l'aconitum ferox.

La népaline a tous les caractères d'un vrai cristalloïde; elle
se comporte comme l'aconitine avec l'acide phosphorique[1], l'acide
sulfurique et les autres réactifs, notamment avec le chlorure de
platine. Le résidu chauffé à + 80° avec de l'acide sulfurique
étendu se colore lentement en rouge plus intense que celui que
fournit dans ces cas l'aconitine. L'ammoniaque ne précipite que
les solutions chlorhydriques concentrées; le précipité produit
par le chlorure d'or est jaune et renferme 22, 2 pour 100 de
métal.

5 dixièmes de milligramme suffirent à Adelheim pour para-
lyser une grenouille; les solutions concentrées *seules*, appliquées
localement *dilatent* la pupille.

Flückiger prétend que l'on retire, en Angleterre, l'aconitine
tantôt de l'aconit napel, tantôt de l'aconit ferox. Les expériences
de Hübschmann, d'Adelheim et les miennes, démontrent que le
produit anglais ne contient pas toujours de la népaline, et qu'il
n'est pas toujours identique avec celui que l'on prépare en
Suisse; j'ai pu retirer de tubercules qui ressemblaient beaucoup à ceux de l'aconit ferox décrits par Schroff, un alcaloïde
qui avait beaucoup d'analogies avec le produit de Morson.

La *lycoctonine* retirée par Hübschmann de l'aconitum lycoctonum, est d'après cet auteur très-soluble dans l'alcool, difficilement soluble dans l'éther et peu soluble dans l'eau; cette der-

---

[1] Flückiger dit que le produit de Hübschmann ne se colore pas en violet par l'acide
phosphorique; le produit que j'ai examiné se colora au contraire très-bien.

nière solution est cependant très-amère et réagit à la manière
des alcalis. L'éther ne précipite pas les solutions alcooliques.
Elle se distingue de la narcotine, par son alcalinité, sa forme
cristalline, et la non-précipitation de sa solution alcoolique par
l'eau. L'acide sulfurique concentré la colore en jaune (Flückiger
dit que les acides sulfurique, azotique, phosphorique, chromique ne la colorent pas). Le tannin précipite en blanc des solutions dans les acides chlorhydrique ou sulfurique étendus.
L'alcaloïde fond vers + 98°, à 100 ou 104° seulement quand on
le chauffe en quantité un peu notable (Flückiger); le produit fondu
est amorphe, mais cristallise de nouveau quand on l'expose à la vapeur d'eau. La lycoctonine (d'après Flückiger) est de plus très-soluble dans le chloroforme; elle se dissout à chaud dans l'alcool
amylique, l'essence de térébenthine, l'huile d'amandes douces et
le pétrole. 800 parties d'eau froide à +17° et 5 à 600 parties d'eau
bouillante dissolvent 1 de lycoctonine. Le sublimé corrosif, le
platinocyanure de potassium, le chlorure de platine, le cyanure
double d'argent et de potassium, le phospho-molybdate (les solutions salines font exception), l'iodure et le bromure de potassium ne la précipitent pas. Le bromure de mercure, l'iodure
double de cadmium et de potassium, celui de bismuth, l'iodure
ioduré, l'eau bromée, le bromure bromuré, l'iodure de mercure
et de potassium précipitent; le dernier de ces précipités devient
cristallin à la longue. Le bromure double de mercure et de
potassium précipite après quelques jours à l'état cristallisé les
solutions au 1/600. Les bases et les carbonates alcalins ne précipitent pas les solutions chlorhydriques.

Adelheim a expérimenté avec le produit qu'il a retiré des
feuilles (35 gr.), du tubercule (200 gr.) et des radicelles (127 gr.)
d'un échantillon d'aconitum lycoctonum, cultivé au jardin bo-
tanique de Dorpat. Le produit enlevé par la *benzine* à la *solution
ammoniacale* des feuilles se colora par l'acide sulfurique concentré d'abord en gris brunâtre foncé, puis en rouge de sang;
cette coloration vira après quelques minutes au rouge brunâtre
et disparut peu à peu. L'acide sulfurique plus étendu est sans
action.

Le réactif de Fröhde se comporte comme l'acide sulfurique

concentré, mais les changements de coloration se succèdent plus rapidement. La solution fut également précipitée par l'iode, le phospho-molybdate et l'iodure de bismuth.

Deux centigrammes de ce corps furent sans effet sur une grenouille ; Schroff, du reste, avait déjà démontré que les feuilles d'aconit lycoctonum ne contenaient pas de principe actif. Ces essais d'Adelheim, incomplets encore, il est vrai, me font croire que Hübschmann n'avait pas à sa disposition le même produit.

L'*alcool amylique* enleva à la *solution ammoniacale* des mêmes feuilles un alcaloïde, qui se comporta avec l'acide sulfurique, l'acide phospho-molybdique et l'iodure de bismuth comme l'alcaloïde retiré de l'aconit napel ; ce corps est peut-être identique avec l'acolyctine de Hübschmann.

Les produits retirés par les dissolvants de la racine et du tubercule du même aconit paraissaient identiques à ceux qu'on avait retirés des feuilles, à la différence près que 2 milligrammes du composé isolé par la benzine se montrèrent aussi actifs que le même poids d'aconitine. Je crois même que la benzine avait dissous deux alcaloïdes, l'un peu actif rougissant par l'acide sulfurique et le réactif de Fröhde, l'autre plus actif et comparable par ses caractères chimiques et son action physiologique à l'aconitine. Les solutions aqueuses n'abandonnent du reste que difficilement ce dernier corps à la benzine ; le contraire devrait avoir lieu si ce composé était réellement de l'aconitine.

On voit, d'après ce qui précède, que nous pourrons démontrer qu'un empoisonnement est dû à l'un des principes toxiques contenus dans les diverses variétés d'aconit, mais que nous serons très-embarrassés de dire auquel. L'empoisonnement par l'aconit lycoctonum ou par son alcaloïde se reconnaîtra le plus facilement. Le doute sera plus grand lorsqu'on a administré de l'aconitine ou des extraits préparés à l'aide de l'aconit napel et de ses variétés ; on ne saura pas si l'intoxication doit être attribuée à l'aconitine ou aux divers principes contenus dans les variétés d'aconit ferox et lycoctonum. On ne peut pas espérer une solution de ces questions que lorsqu'on aura réussi à isoler une certaine quantité d'alcaloïde. On pourrait essayer dans ces cas de séparer ces trois alcaloïdes en mettant à profit leurs différences de solubilité. L'*aco-nitine* se dissout facilement dans l'éther et la benzine, et est presque insoluble dans l'eau. La *népaline* au contraire est moins soluble dans l'éther, mais plus soluble dans l'eau ; sa solution concentrée dilate la pupille. L'*acolyctine* enfin est presque insoluble dans l'éther.

L'histoire chimique des principes que l'on peut retirer des diverses vari étés d'aconit, présente encore, comme on le voit, bien des points obscurs et douteux ; de nouvelles recherches sont nécessaires.

VÉRATRINE [1], SABADILLINE ET SABATRINE.

§ 346. *Action physiologique.* — La *vératrine* est le principe actif que l'on retire des semences de *cévadille* (veratrum sabadilla, Retz, et officinalis, Brandt). Cet alcaloïde détermine une irritation très-vive des diverses parties du tube digestif, qui se traduit par des vomissements et des phénomènes inflammatoires plus ou moins prononcés ; on a vu se produire chez les animaux de véritables symptômes de gastro-entérite. Cet alcaloïde est absorbé par le sang [2] comme le démontrent l'accélération, puis le ralentissement des battements du cœur ; cet effet se produit très-rapidement. G. P. Masing a, du reste, sous ma direction, retiré ce corps du sang et de l'urine. L'élimination du toxique par les urines paraît même être très-rapide ; je ne crois pas que le foie, la rate, le pancréas, etc., aient une affinité quelconque pour ce toxique ; nous ne l'avons pas retrouvé dans les fèces, mais dans le contenu de l'estomac et dans les parties supérieures du tube digestif. La vératrine déterminant promptement des vo-

---

[1] Brandes a nommé d'abord cet alcaloïde *sabadilline*; plus tard ce nom a été donné à un second alcaloïde qui se trouve en petite quantité dans les semences de cévadille. Dans la racine du veratrum album et lobelianum ainsi que dans celle du veratrum viride il n'y a pas de vératrine, mais une autre substance de nature alcaloïde que l'on nomme *jervine*. Bulloch, dit avoir retiré de cette plante deux nouveaux alcaloïdes, la viridine et la vératroïdine, mais il n'a pas trouvé de jervine. Les bulbes de colchique ne renferment pas de vératrine comme le croyait Pelletier.

[2] Voy. pour son action physiologique, Guttmann, *Arch. für Anat. u. Phys.*, 1866, p. 495; voy. aussi Pegnitaz, *Arch. f. klin. Medizin*, t. VI, p. 156. Cet auteur confirme les données de Vollsker.

missements très-énergiques, l'expert ne devra pas négliger l'examen des matières vomies et du sang. A l'autopsie on a signalé une hypérémie du cerveau et des méninges, des poumons et des reins.

Appliquée à l'extérieur (onguent de vératrine), elle détermine des démangeaisons locales suivies d'une douleur piquante, puis une sensation de froid. Une quantité très-faible de ce corps mise en contact avec la muqueuse nasale provoque une douleur très-violente et de violents éternuments ; par son contact avec la conjonctive, cet alcaloïde développe principalement des accidents inflammatoires. La pupille se dilate quelquefois, mais souvent aussi elle se contracte.

§ 347. *Recherche toxicologique.* — La vératrine peut être isolée de la solution ammoniacale par le pétrole, le chloroforme, l'alcool amylique ou la benzine ; on ne doit cependant pas oublier qu'une quantité très-faible d'alcaloïde est déjà enlevée à la solution acide par les trois derniers dissolvants. L'extraction se fera par suite de préférence à l'aide du pétrole, qui s'il dissout moins d'alcaloïde ne l'enlève cependant pas à la solution acidulée. Ces diverses solutions abandonnent par l'évaporation (à l'aide de la chaleur) une masse amorphe résinoïde à peine colorée ; ce n'est que par l'évaporation spontanée que l'on voit quelquefois se déposer des cristaux.

La vératrine se présente sous forme d'une masse blanche, cristallisant difficilement en prismes incolores par l'évaporation spontanée de sa solution alcoolique ou éthérée ; elle devient porcelanée au contact de l'air. Elle fond à + 115° en une masse résinoïde qui se sublime en partie à l'état cristallisé à une température plus élevée. Elle se dissout dans 3 parties d'alcool, dans 2 de chloroforme, dans 10 d'alcool amylique, de benzine et d'éther ; le pétrole en dissout des quantités plus faibles. Elle est presque insoluble dans l'eau ; les acides la transforment en sels solubles cristallisant difficilement. Ces solutions sont précipitées par la potasse, la soude, l'ammoniaque et les carbonates alcalins ; le précipité amorphe devient cristallin à la longue ; il se dissout en partie dans un excès de précipitant, l'ammoniaque exceptée ; une partie de l'alcaloïde qui s'est dissoute se reprécipite par la chaleur. Les carbonates acides alcalins ne précipitent qu'incomplètement à chaud et pas du tout à froid.

La *réaction caractéristique* de la vératrine est la coloration qu'elle prend avec l'*acide sulfurique*, le *réactif d'Erdmann* et le *réactif de Mayer* (Voy. § 286, 16, a, c, h et 4). On ne peut confondre la belle coloration rouge que prend la vératrine sous l'influence de l'acide sulfurique concentré ou de son volume d'eau bromée avec celle de la brucine. La salicine, la populine, la colocynthine et la syringine se distinguent de la vératrine, par la manière dont elles se comportent avec le réactif de Fröhde, les agents d'oxydation et l'acide chlorhydrique.

La vératrine chauffée pendant quelque temps avec une solution concentrée d'acide chlorhydrique prend une magnifique coloration rouge.

J'ai fait comparer par Masing la sensibilité de ces deux réactions ; l'acide sulfurique permet de reconnaître facilement 0^{gr},00034 de vératrine ; il ne donne qu'une coloration faible avec 0^{gr},00017 et une coloration douteuse avec ce dernier liquide dilué de moitié (0^{gr},000085). L'acide chlorhydrique ne donne plus de coloration avec le liquide qui ne contient plus que 0^{gr},00017 de vératrine, mais produit encore très-nettement la réaction avec le premier liquide (0^{gr},00034).

Aucun autre alcaloïde ne présente une réaction semblable avec l'acide chlorhydrique. Elle se constate le mieux de la manière suivante : Le résidu de l'évaporation dans un verre de montre est dissous rapidement dans quelques centimètres cubes d'acide chlorhydrique concentré ; le liquide est versé dans un petit tube que l'on porte pendant 1 ou 2 minutes à l'ébullition. La présence de la strychnine, de la caféine, de la quinine n'entravent ni la réaction sulfurique, ni la réaction chlorhydrique ; le liquide rouge conserve sa couleur des journées entières. La *syringine* se colore, il est vrai, en rouge ou en bleu par l'action de l'acide chlorhydrique, mais cette coloration ne se produit qu'à froid et disparaît à chaud ; la *sanguinarine* se comporte de la même manière ; la *rhoeadanine* se colore également déjà à froid et très-rapidement.

La vératrine se comporte de la manière suivante avec les autres réactifs : Sa solution sulfurique diluée au 1/5000 (0,1 de milligramme dissous dans 1/2 centimètre cube d'eau), précipite distinctement par l'iodure ioduré, le phospho-molybdate, l'iodure mercurique et le tannin ; faiblement par le phospho-tungstate et l'iodure bismuthique ; très-faiblement par l'iodure de cadmium et pas du tout par le chlorure d'or.

La solution au millième précipite distinctement par le chlorure d'or et l'acide picrique, faiblement par le chlorure de platine et pas du tout par le bichromate.

Une solution au 1/500 est précipitée d'une manière très-nette par le bichromate, faiblement par le sulfocyanure et l'iodure de potassium, et presque pas par le sublimé corrosif.

Indiquons encore les réactions suivantes :

Le *perchlorate* et le *ferricyanure de potassium* ne donnent pas de précipités cristallins, même dans les solutions très-concentrées.

Le *nitroprussiate* ne produit qu'un trouble très-léger.

§ 348. *Séparation des alcaloïdes précédents*. — En suivant notre procédé d'extraction on pourrait obtenir la vératrine mélangée de *strychnine*, de *brucine*, de *quinine* et d'*émétine ;* la réaction de l'acide chlorhydrique se produira néanmoins dans tous ces cas et permettra de caractériser la vératrine.

L'éther sépare la vératrine de la *brucine* et de la *strychnine*. La *quinine* et l'*émétine* pourraient être précipitées à froid par une solution de carbonate acide de sodium, qui est sans action sur la vératrine.

§ 349. *Des autres alcaloïdes qui accompagnent la vératrine*. — Nous avons dit dans les généralités que les semences de cévadille renfermaient un second alcaloïde que l'on a nommé *sabadilline*. Weigelin et moi [1] nous avons étudié cette base au point de vue toxicologique ; cette étude est d'autant plus importante que cette substance accompagne la vératrine dans tous les procédés d'extraction et donne avec l'acide sulfurique et chlorhydrique des liquides colorés que l'on ne peut même pas différencier par l'analyse spectrale. L'expérimentation physiologique seule

[1] *Bent. z. ger. Ch.* p. 85 et Weigelin, *Unters. u. die Alk. d. Sabadillsamens.* Diss. Dorpat, 1871.

permet de les distinguer, *la sabadilline est si peu active* qu'elle mérite à peine le nom de poison ; on voit par suite de quelle importance devient l'expérimentation physiologique, lorsque l'expert a isolé un corps qui présente les réactions chimiques de la vératrine.

Action physiologique. — Weigelin a expérimenté avec une solution de *vératrine* dans l'acide acétique qui renfermait 4 pour 1000 d'alcaloïde ; 1 dixième de centimètre cube de cette solution (c'est-à-dire $0^{gr},0004$ de vératrine, administrée par voie hypodermique suffit pour réagir fortement sur une grenouille de forte taille ; il se produit rapidement des vomissements et l'activité cardiaque se ralentit. De 60 le nombre de pulsations est devenu

$$
\begin{array}{cccc}
50 & \text{après} & 3 & \text{minutes} \\
40 & » & 5 & » \\
52 & » & 10 & » \\
8 & » & 90 & »
\end{array}
$$

A partir de ce moment le pouls devint complétement irrégulier et s'arrêta même parfois pendant un temps plus ou moins long.

On injecta à une petite grenouille 0,15 cent. cube de la dilution précédente ($0^{gr},0006$ de vératrine) ; l'animal vomit après une minute ; après 5 minutes le pouls était tombé de 52 à 44 ; il baissa à 42 après 10 minutes et à 15 après 35 minutes ; à partir de ce moment le pouls devint irrégulier comme dans le premier cas.

La vératrine ne provoque *d'accès tétaniques* chez les grenouilles, que lorsqu'on en administre des quantités un peu fortes. On injecta à un animal de moyenne taille 0,5 de cent. cube ($0^{gr},002$) de la solution acétique de vératrine ; l'animal vomit de suite ; au bout de 15 minutes il présenta manifestement, quand on le touchait, des accès tétaniques réflexes ; la mort survint au bout d'une heure. Une seconde grenouille reçut 1 cent. cube ($0^{gr},004$) de solution ; elle vomit immédiatement et fut prise d'un accès tétanique persistant encore après 10 minutes.

Les expériences faites avec la sabatrine et la sabadilline donnent des résultats bien différents.

0,15 cent. cubes d'une solution acétique de *sabatrine* contenant $0^{gr},0006$ d'alcaloïde n'ont produit au début qu'une légère augmentation du pouls. Le nombre de pulsations de 56 après 5 minutes s'éleva à 60 après 20 minutes pour retomber à 56 après une demi-heure.

2 milligrammes ($0,5^{cc}$ de solution) injectés à une grenouille de moyenne taille et 4 milligrammes (1 cent. cube) donnés à une petite grenouille furent même sans action. 1 décigramme d'alcaloïde solide fut introduit sous la peau ; le train postérieur se paralysa très-lentement ; la mort ne survînt que le lendemain, mais on n'observa aucun des symptômes que produit la vératrine.

La *sabadilline* se comporta comme la sabatrine. On injecta à une petite grenouille 0,3 de cent. cube renfermant $0^{gr},0012$ d'alcaloïde ; le nombre de pulsations qui était au début de 52 tomba à 56 puis à 52 au bout de 8 et 17 minutes. 4 milligrammes n'affectèrent en rien une petite grenouille. 1 décigramme introduit sous la peau à l'état solide détermina peu à peu la paralysie complète du train postérieur et la mort après 24 heures.

Caractères chimiques. — La sabatrine et la sabadilline se comportent comme la vératrine avec les iodures doubles de mercure, de bismuth, de cadmium, l'iodure ioduré, le chlorure d'or, les phosphomolybdates, les tungstates et le tannin ; leurs solutions concentrées sont également précipitées par le ferrocyanure, le chlorure ferrique, le sesquichlorure d'iridium et de sodium ; l'eau bromée ne les précipite pas.

Ce qui distingue ces corps de la vératrine, c'est qu'ils ne sont pas précipités de leurs solutions au 1/150 par les bichromate, sulfocyanure, ferricyanure et phosphate alcalins, par le chlorure de palladium, l'acide picrique, le sesquichlorure d'iridium et de potassium, le chlorure mercurique, le chlorure de platine et l'*iodure de potassium.*

Ces caractères ne peuvent malheureusement pas être mis à profit dans les recherches toxicologiques, car nous savons que la vératrine peut exister sous forme d'une modification très-soluble dans l'eau dont les précipités sont également plus solubles ; l'action toxique de cette modification est identique à celle de la vératrine.

Il ne reste, par suite, comme caractère distinctif que l'action de l'*eau chlorée*, qui dissout et colore la vératrine en jaune ; l'ammoniaque fait passer cette couleur au jaune d'or ; la sabatrine et la sabadilline ne sont pas colorées par ces deux réactifs.

La modification soluble de la vératrine, dont nous venons de parler, se produit quand on précipite l'infusion aqueuse faite à froid des semences de cévadille ; on l'obtient encore en petite quantité en précipitant à froid les solutions acides diluées de vératrine pure. Le précipité dans ce cas ne représente qu'une proportion très-faible de la vératrine contenue dans le liquide ; il se dissout en totalité dans l'eau pure. Cette solution de vératrine modifiée peut être évaporée lentement à siccité au bain-marie, mieux encore sous le vide de la machine pneumatique, sans perdre sa solubilité dans l'eau. Elle ne devient insoluble que par une ébullition longtemps prolongée ou par sa dissolution dans l'éther ou la benzine. L'ammoniaque précipite la solution aqueuse de vératrine modifiée sans la modifier. Cette circonstance explique un fait que l'on observe parfois dans la précipitation par l'ammoniaque des solutions froides de vératrine ; le liquide qui surnage le premier précipité se trouble derechef quand on lui ajoute un grand excès d'ammoniaque. Anciennement on croyait que l'ammoniaque précipitait complétement la vératrine de ses solutions ; la précipitation ne peut être regardée comme complète, que lorsqu'elle s'est faite à chaud dans un liquide porté à l'ébullition pendant un temps assez long ; le précipité est alors formé par de la vératrine insoluble.

Les solutions chlorhydriques au 1/150 de sabadilline et de sabatrine ne sont précipitées ni à froid ni à chaud par l'ammoniaque et le carbonate d'ammonium ; la potasse et son carbonate ne précipitent pas les mêmes solutions à froid, mais celle de sabatrine se trouble légèrement quand on chauffe ; elle s'éclaircit par l'addition d'un excès de réactif ; les carbonates acides alcalins ne précipitent ces deux alcaloïdes, ni à chaud ni à froid.

Les trois alcaloïdes sont très-solubles dans l'*alcool*.

Leur solubilité dans l'*eau* est très-différente. 1 de vératrine se dissout dans 1000 parties d'eau ; 1 de sabadilline n'en exige que 150, et la sabatrine se dissout déjà dans 40 parties.

L'*éther* dissout facilement la sabatrine, moins facilement la vératrine et presque pas la sabadilline.

La sabatrine n'a pas été obtenue à l'état cristallisé; une seule de ses combinaisons cristallise; c'est le sel aurique qui se dépose lentement quand on ajoute un excès de chlorure d'or à sa solution chlorhydrique; on obtient des sphérules composées d'un enchevêtrement de petits cristaux prismatiques allongés.

La vératrine cristallise très-facilement (Merk) quand on ajoute de l'eau à sa solution alcoolique; les cristaux s'effleurissent rapidement au contact de l'air.

La sabadilline cristallise également; elle se dépose sous forme de tétraèdres de ses solutions benziniques chaudes.

Ces trois alcaloïdes sont des bases puissantes, qui renferment beaucoup d'oxygène; elles bleuissent fortement le papier de tournesol et sont diatomiques. Leurs sels quoique ne cristallisant pas, dialysent comme les substances cristalloïdes; leurs solutions aqueuses n'exercent pas d'action sur la lumière polarisée.

J'étais très-enclin pendant longtemps à envisager la sabatrine comme de la sabadilline impure. Je ne puis plus admettre cette dernière opinion, car les différences de solubilité de ces deux corps dans l'eau et dans l'éther sont trop prononcées; la sabatrine du reste fond à $+ 170°$ tandis que la sabadilline ne fond qu'à $200°$; la vératrine fond déjà à $150°$. Les réactions physiologiques s'opposent de même à ce qu'on l'envisage comme un mélange de vératrine et de sabadilline.

La *jervine* [1] est caractérisée par son sulfate peu soluble; elle se colore par l'acide sulfurique.

[1] Je me contenterai d'indiquer en note que les principes actifs de la racine d'ellébore (noir vert et fétide), ne sont pas des alcaloïdes, mais deux glucosides (Husemann et Marmé) l'*elléborine* et l'*elléboréine*.

La dernière est soluble dans l'eau mais est précipitée de cette solution par le tannin, le phosphomolybdate et le métatungstate de sodium. Difficilement soluble dans l'alcool, elle est presque insoluble dans l'éther; c'est un corps blanc d'une saveur sucrée et amère, qui fait éternuer. L'acide sulfurique concentré la dissout en la colorant presque immédiatement en rouge foncé; l'acide bihydraté se comporte de la même manière; l'acide plus étendu n'a plus d'action. La solution dans l'acide chlorhydrique est incolore.

L'*elléborine* se dissout facilement dans l'alcool et le chloroforme, difficilement dans l'eau et dans l'éther. L'acide sulfurique concentré le colore lentement en violet. Son étude présente surtout de l'intérêt pour le toxicologiste, car l'action de ce corps est assez puissante et ressemble beaucoup à celle de la digita-

J'ai obtenu les résultats suivants en soumettant le *veratrum* viride et album au traitement par les dissolvants.

Le pétrole enlève aux solutions acides une quantité très-faible d'un corps qui ne se colore pas par les acides sulfurique ou azotique concentrés, mais qui prend une teinte rouge pâle quand on traite sa solution sulfurique par de l'eau bromée. La ben zine en enlève davantage; le résidu présente la même réaction avec l'acide sulfurique bromé. L'acide sulfurique concentré et le réactif d'Erdmann produisent des solutions d'un brun très-sale. L'alcool amylique enlève beaucoup de matière à la solution acide; cette substance se colore en rouge par l'acide sulfurique, mais la couleur n'est jamais aussi franche ni aussi pourpre que celle de la vératrine; l'acide sulfurique bromé lui communique une teinte rouge brunâtre peu nette. L'acide chlorhydrique produit à froid une solution rouge brunâtre, qui, au lieu de devenir rouge cerise (vératrine) quand on la chauffe passe au brun; cette réaction appartient à la jervine. Le chloroforme enlève le même principe que l'alcool amylique. La solution du résidu dans l'acide sulfurique dilué ne précipite que faiblement par les chlorures d'or et de platine, par l'iodure ioduré, l'iodure double de bismuth et de potassium et le phospho-molybdate de sodium.

Le pétrole n'enlève que peu de matière à la solution ammoniacale; la benzine et l'alcool amylique, au contraire, dissolvent la jervine; cette dernière se colore en brun par l'acide sulfurique; la solution verdit à la longue; elle est précipitée par l'iodure double de bismuth et de potassium et par le phospho-molybdate de sodium.

line. Le chloroforme et l'alcool amylique l'enlèvent aux solutions aqueuses acidulées. Je me suis assuré que ces deux dissolvants enlevaient aux infusions acides de racines d'ellébore verte et noire, un corps qui présentait les plus grandes analogies avec l'elléborine au point de vue physiologique, et qui souvent était assez pur du premier jet, pour produire la réaction de l'acide sulfurique avec une grande netteté. Le pétrole et la benzine enlèvent ensuite à la solution acidulée un second principe qui est inactif au point de vue physiologique, mais qui se colore en violet, puis en bleu verdâtre et enfin en brun par l'acide sulfurique concentré. (Voy. *Beit. z. gerich. Chemie*, p. 45.)

ÉSÉRINE OU PHYSOSTIGMINE.

§ 350. *Généralités*. — L'*ésérine* est le principe actif contenu dans la fève de Calabar (semences du physostigma venenosum, Balf); cette dernière usitée en Afrique comme moyen d'épreuve juridique a été employée dans ces derniers temps par les oculistes. On a signalé récemment des empoisonnements sur l'homme dus à la fève de Calabar [1]; on constate toujours une *contraction de la pupille* qui peut aller jusqu'à l'occlusion; le composé doit être appliqué sur la conjonctive, car, ingéré à l'intérieur, il ne produit pas toujours le même effet. Cette *réaction physiologique* est le meilleur réactif de la fève de Calabar ou de la physostigmine.

Il résulte des expériences que Pander a faites dans mon laboratoire que ce toxique même alors qu'il est administré par voie hypodermique provoque de violents accidents d'entérite. L'alcaloïde peut être retrouvé pendant un temps assez long dans l'estomac et dans les intestins, car il est éliminé par la salive et par la bile; les fèces en renferment également des traces. Cette élimination du toxique par la salive, sa résorption par l'estomac peuvent souvent durer assez longtemps; le foie et le sang le renfermeront par suite pendant un temps très-long. L'élimination se fait du reste également par les reins, et le chimiste ne devra jamais négliger l'analyse de l'urine.

§ 351. *Recherche toxicologique*. — Jobst et Hesse [2], Amédée Vée et Leven [3], ont étudié les caractères chimiques de l'ésérine; leurs indications ne sont pas toujours d'accord sur tous les points, ce qui peut tenir à la décomposition facile que subit l'alcaloïde pendant sa préparation; on est sûr que cette altération s'est produite lorsque la solution primitivement incolore rougit (surtout en présence d'un acide) quand on l'expose à la lumière et qu'on la chauffe entre 40 et 50°.

Cette particularité explique pourquoi l'extraction de l'alcaloïde par les liquides acides ne doit se faire qu'à une température

---

[1] Voy. Lingen, *Pharm. Zeitsch. f. Russland.* 2e année, p. 499 et 4, p. 55.
[2] *Annal. de Ch. u. Ph.*, t. CXXIX, p. 115 et 141, p. 82.
[3] *Compt. rendus*, t. LX, p. 1194.

peu élevée et autant que possible dans l'obscurité. L'ésérine peut être enlev ée aux solutions alcalines par la benzine, par l'alcool amylique, par le chloroforme, mais non par le pétrole. Les solutions acides n'en cèdent aux dissolvants qu'une quantité si faible, qu'elle ne peut être constatée que par sa réaction physiologique sur l'œil d'un chat.

§ 352. *Caractères chimiques.* — La physostigmine ou ésérine possède les propriétés suivantes :

Elle cristallise en masses incolores, présentant des traces de cristallisation, peu sapides et ayant une réaction alcaline très-prononcée. Peu soluble dans l'eau, elle se dissout facilement dans l'alcool[1], l'éther, le chloroforme, la benzine, le sulfure de carbone et l'alcool amylique. Le charbon l'enlève à la solution éthérée; l'ammoniaque aqueux, la potasse et la soude la dissolvent avec facilité. La solution acétique traitée par le carbonate de sodium laisse précipiter des gouttelettes huileuses. Les acides étendus, même l'acide carbonique, la dissolvent. Ces diverses solutions, acides ou alcalines sont d'abord incolores, mais ne tardent pas à rougir, puis à se transformer en un liquide rouge cerise. Le sulfure de carbone, l'acide sulfureux et l'hyposulfite de sodium décolorent la solution rouge[2].

L'ésérine présente un certain nombre d'autres réactions chimiques assez caractéristiques :

1) L'*acide sulfurique concentré* la colore en jaune; cette réaction est très-visible avec 1 milligramme et même avec 1/2 milligramme; le mélange rougit après 24 ou 36 heures[3].

2) L'*acide sulfurique et l'eau bromée* la colorent en rouge brunâtre; la réaction est encore visible avec 0,05 de milligramme.

5) L'*hypochlorite de chaux* colore en rouge; la couleur se produit au bout de 10 minutes quand on traite 1 ou 1/2 milli-

---

On peut retirer l'alcaloïde des fèves de Calabar à l'aide de l'alcool (acidulé ou non).

[2] Une ébullition prolongée colore en brun foncé le chlorhydrate; on ne peut donc pas confondre l'ésérine avec la vératrine.

La solution rouge évaporée à siccité au bain-marie avec un excès d'ammoniaque asse par une série de couleurs — rouge pâle, jaune, verte et bleue; — cette réaction serait caractéristique d'après Petti.

gramme d'alcaloïde, par 1 centimètre cube d'une solution d'hypochlorite.

4) L'*eau bromée* précipite en jaune des solutions diluées au 1/5000.

5) L'*iodure ioduré* y donne un précipité couleur kermès.

6) Le *phospho-molybdate* précipite également ; la limite de sensibilité de ces deux réactifs est de 1/25000.

Je me contenterai d'indiquer la limite de la sensibilité des réactifs suivants :

Iodure de bismuth et de potassium. — Précipite fortement les solutions au 1/10000 et faiblement celles au 1/25000.

Iodure de mercure et de potassium. — Précipité dans les solutions au 1/5000, trouble faible dans celles au 1/10000.

Iodure de cadmium et de potassium. — Précipité blanc jaunâtre qui cesse de se produire quand le liquide est plus dilué qu'au millième.

Chlorure d'or. — Précipite les solutions au 1/2000 ; le précipité se réduit facilement.

Chlorure platinique. — Ne précipite pas les solutions au 1/250.

Chlorure mercurique. — Précipite les solutions au 1/250 ; mais pas celles au 1/500 ; le précipité rougit rapidement.

Tannin. — Précipité dans les liqueurs moins diluées qu'au millième.

Acide picrique. — Ne précipite pas les solutions au 1/250.

Chromate acide de potassium. — Se comporte d'abord comme l'acide picrique ; mais colore en rouge de sang après quelque temps.

L'alcaloïde préparé par Pander provoquait la contraction de la pupille chez des chiens déjà à la dose de 1 centième de milligramme ; son action cependant n'était jamais aussi énergique que celle du produit de Vée et Leven[1] ; 5 dix-millièmes de milligramme de ce dernier composé déterminent encore des modifications dans le diamètre de la pupille des lapins et des cabiais.

La physostigmine ne présente pas une grande *résistance à la décomposition* ; je n'ai pu en retrouver 2 milligrammes dans 100 centimètres cubes de sang, au bout de trois mois.

[1] *Compt. rendus*, t. LX, p. 194, et *Union médicale*, 1865, n° 43.

§ 353. *Séparation des autres alcaloïdes.* — La *physostigmine* pourrait être accompagnée en suivant notre procédé d'extraction par la *quinidine*, la *cinchonine*, l'*atropine*, l'*hyoscyamine* et l'*aconitine*. L'ammoniaque suffirait pour la séparer des deux premiers alcaloïdes. Je n'ai pas encore réussi à la caractériser en présence de l'aconitine et de l'atropine ; la réaction de l'hypochlorite de chaux pourrait peut-être réussir dans ce cas.

ALCALOÏDES DE L'OPIUM.

MORPHINE, NARCOTINE, CODÉINE, PAPAVÉRINE, THÉBAÏNE, NARCÉINE[1].

§ 354. *Généralités.* —L'opium qui est le suc laiteux desséché que l'on obtient en faisant une incision aux capsules du *papaver somniferum* avant leur maturité, renferme un grand nombre d'alcaloïdes ; lui-même est employé en médecine, en nature, en extrait ou en teinture alcoolique ou vineuse (laudanum), etc. Les *têtes de pavot* desséchées de nos climats contiennent également quelques-unes de ces bases.

La richesse en alcaloïdes des diverses variétés d'opium que livre le commerce, est sujette à de grandes variations ; les qualités inférieures recherchées par les fumeurs et les mangeurs d'opium n'en renferment que de 3 à 6 pour 100 ; le pharmacien, au contraire, n'emploie que des échantillons qui renferment au moins de 10 à 15 pour 100 d'alcaloïde ; récemment on a même signalé des opiums de très-bonne qualité qui titraient 20 pour 100. La *morphine* est celui des alcaloïdes de l'opium qui domine ; on en trouve de 3 à 17 pour 100 ; vient ensuite la *narcotine* (0,5 à 7 pour 100[2]) ; la *codéine* et la *papavérine* n'existent qu'en quantité très-faible de 0,3 à 0,6 pour 100 ; la *papavérine* ne se rencontre que par traces (0,1 pour 100), tandis que la *narcéine*, d'après Mülder, formerait les 13 pour 100 de l'opium. Ce dernier point ne me semble pas démontré d'une manière suffisante. Ces alcaloïdes n'existent pas

---

[1] Je ne puis parler ici des autres alcaloïdes de l'opium, principalement obtenus par Hesse, car je n'ai jamais réussi à me les procurer en quantité un peu notable. Voy. *Annal. de Ch. u. Ph.*, t. CLIII, p. 63 et *Supplément*, 7, p. 170 et 177, et 8, p. 261.

[2] Les chiffres plus élevés méritent constatation.

dans l'opium à l'état de liberté ; ils sont combinés en partie au moins avec des acides, parmi lesquels l'*acide méconique* est le plus caractéristique.

L'usage si répandu des préparations thébaïques comme moyen thérapeutique ou comme moyen de jouissance, explique pourquoi nous rencontrons souvent accessoirement ces alcaloïdes dans les analyses toxicologiques. Le public connaît du reste les propriétés toxiques de ces composés, de sorte que les tentatives d'empoisonnement ou de suicide par eux ne sont pas rares ; il sera souvent très-difficile de décider dans ces derniers cas si l'opium a été administré comme médicament ou comme toxique. Il va de soi que dans les intoxications par l'opium, on doit rechercher avant tout les alcaloïdes qui s'y trouvent en quantité un peu notable, comme la morphine et la narcotine.

On trouve dans le commerce de la *morphine*, du *chlorhydrate*, de l'*acétate* et du *sulfate* purs ; ces différents corps ont été plus d'une fois employés comme toxiques. La *codéine*, la *narcéine* et la *papavérine* ne sont entrés dans le domaine de la thérapeutique que dans ces derniers temps.

§ 355. *Action physiologique de l'opium et de la morphine.* — L'opium agit à peu de chose près comme la morphine, ce qui ne doit pas nous étonner parce que nous savons que c'est cet alcaloïde qui domine dans l'opium et que c'est lui qui possède les propriétés les plus énergiques, surtout quand on le compare à la narcotine[1].

[Claude Bernard a expérimenté comparativement les principaux alcaloïdes de l'opium à trois points de vue différents. Il les a rangés par ordre d'intensité décroissante : dans l'ordre soporifique nous avons la narcéine, la morphine, la codéine ; les trois autres principes sont dépourvus de cette propriété. Dans l'ordre convulsivant nous trouvons la thébaïne, la papavérine, la narcotine, la codéine, la morphine et la narcéine. L'ordre toxique est différent : thébaïne codéine, papavérine, narcéine, morphine et narcotine.

---

[1] Voy. Claude Bernard, *Compt. rendus*, t. LIX, p. 406, et Albers, *Arch. f. path. Anat.*, t. XXVI, p. 225. Pour ce qui a trait à l'étude comparée des propriétés physiologiques de ces derniers alcaloïdes.

[La constatation de ces caractères est très-difficile et exige une sagacité et une habileté expérimentale qui ne se rencontre pas souvent ; on ne peut donc pas espérer tirer parti de ces faits pour soumettre à l'expérimentation physiologique les résidus d'alcaloïde que l'on aura retirés d'un cadavre.]

Les symptômes de l'empoisonnement par la morphine (ou par l'opium) sont les suivants : Excitation initiale, suivie bientôt d'une période de coma, qui peut se terminer par l'asphyxie ou par l'apoplexie. L'autopsie nous fait voir que le cerveau est fortement hypérémié, qu'il y a souvent des extravasions sanguines et que les ventricules sont gorgés de liquides. Les poumons sont de même parfois le siége de semblables désordres ; les muqueuses de l'estomac et des intestins ne sont que rarement enflammées.

L'alcaloïde passe dans le sang, mais n'y séjourne pas long-temps ; Kauzmann a fait quelques essais dans mon laboratoire qui démontrent que la morphine administrée à l'intérieur ou par la voie hypodermique était rapidement éliminée par les urines. On n'a obtenu que des résultats négatifs chez l'homme, parce que l'on s'est servi d'un procédé d'extraction peu exact. Lefort et moi nous avons toujours constaté cette élimination partielle de la morphine par l'excrétion rénale. Rien ne s'oppose du reste d'admettre qu'une partie de l'alcaloïde est décomposée dans le sang.

L'examen dans les recherches toxicologiques doit porter sur les matières vomies, le contenu du tube digestif, les fèces et l'urine ; on ne devra pas négliger l'analyse des organes sanguins ; le toxique ne se localise pas spécialement dans ces organes ; il y sera contenu en quantité proportionnelle au sang qu'ils renferment. (Il y a une exception à faire peut-être pour le foie.)

§ 556. *Résistance à la décomposition.* — La morphine résiste du moins pendant un certain temps aux causes d'altération, car on a pu la retrouver après quelques semaines dans un mélange de matières organiques en solution. [Tardieu et Roussin ont repris les expériences d'Orfila à cet égard ; après quarante-cinq jours ils purent constater les caractères de la morphine dans un mélange de 500 grammes de foie de bœuf et de 0^{gr},50 d'extrait d'opium abandonné à la putréfaction. Les réactions de la morphine et de l'acide méconique sont cependant plus difficiles à manifester lorsque la décomposition des organes est plus avancée.]

§ 357. *De l'absorption des autres alcaloïdes de l'opium.* — Je rapporterai dans ce paragraphe le résumé des travaux qui ont été faits dans mon laboratoire par les docteurs Kubly, Kauzmann et Schmemann [1].

La *narcotine* est absorbée par le sang et éliminée par les urines ; on peut la retrouver dans le foie, la rate, l'estomac et les intestins (encore 48 heures après son injection) ; j'ai réussi à l'isoler des organes précédents dans un empoisonnement par l'opium.

La *codéine* se comporte comme la morphine et la narcotine ; je l'ai retirée du sang, de l'urine et du foie d'une personne qui avait été traitée par des injections hypodermiques. Elle s'élimine principalement par les urines ; comme je m'en suis assuré dans un cas d'empoisonnement qui ne se termina pas par la mort.

La *thébaïne* donna les mêmes résultats que la codéine ; l'élimination par les urines est plus faible, ce qui pourrait tenir à la décomposition partielle qu'elle paraît subir dans le sang.

La *papavérine*, administrée par la bouche, se rencontre en proportion très-notable dans tous les organes et surtout dans le foie ; la rate fait exception ; la bile et l'urine en renfermèrent de notables quantités. Injectée par voie hypodermique, on la retrouva abondamment dans l'urine et dans le foie, mais en quantité bien plus faible dans le cerveau et dans l'intestin grêle. Nous verrons plus loin que le produit commercial renferme souvent une substance étrangère qui se colore de suite en bleu violet foncé par l'acide sulfurique concentré ; ce corps étranger accompagne encore la papavérine retirée des organes à la suite de l'empoisonnement par le produit commercial.

La *narcéine* n'est absorbée que très-lentement et séjourne par

[1] Voy. *Beit. z. g. Chemie*, et les *Thèses inaugurales* de Dorpat.

suite pendant un temps très-long dans l'estomac et dans les intestins ; nous n'avons pas réussi à la retirer du foie et des autres organes riches en sang ; elle paraît être éliminée rapidement du torrent circulatoire par l'urine et par la bile.

Nous avons pu retirer la *codéine*, la *papavérine*, la *thébaïne*, la *narcéine* d'un mélange de sang abandonné à lui-même pendant deux mois ; la substance étrangère qui accompagne souvent la papavérine ne résista pas à cette cause d'altération.

§ 358. *Recherche toxicologique de la morphine.* — Le procédé de Stas appliqué à la recherche de la morphine renferme plusieurs causes d'erreur qui sont les suivantes. La morphine se sépare de ses sels à l'état amorphe, mais devient très-facilement cristalline et n'est alors plus soluble dans l'éther. Précipitée d'une solution par une base, elle est en partie redissoute par un excès de précipitant, et l'éther n'enlève qu'une partie de cette morphine redissoute. La solution éthérée de morphine amorphe abandonne après un temps très-court la majeure partie de l'alcaloïde à l'état cristallisé insoluble dans l'éther.

On a proposé pour obvier à ces inconvénients de substituer à l'extraction par l'éther celle par l'éther acétique ; mais on n'a pu isoler de cette manière que la moitié de la morphine, ce qui tient à la solubilité de l'éther acétique dans l'eau et à l'énergie avec laquelle l'eau ammoniacale retient l'alcaloïde. L'extraction se fait d'une manière plus complète en la déplaçant par la magnésie.

Le pétrole n'enlève la morphine ni aux solutions acides ni aux solutions alcalines ; la benzine n'en enlève que des traces aux solutions ammoniacales. Le chloroforme ne l'enlève que très-lentement aux solutions acides et pas du tout aux solutions alcalines.

Le meilleur procédé d'extraction consiste à faire conduire la recherche de la morphine comme celle de la strychnine, en remplaçant la benzine par de l'alcool amylique. L'extraction doit se *faire à chaud* (de $+$ 50 à $+$ 70°) et la morphine ne doit être mise en liberté par une base que lorsque le mélange du liquide et de l'alcool amylique est bien intime ; de cette manière l'alcaloïde est dissous à l'état naissant et n'a pas le temps de devenir cristallisé et par suite moins soluble. Le traitement par ce dissolvant doit être répété un certain nombre de fois ; les solutions amyliques sont évaporées ; la morphine reste à l'état amorphe. On n'a pas à redouter comme pour l'atropine la volatilisation d'une partie du toxique pendant l'évaporation.

La recherche de cet alcaloïde dans la bile et dans l'urine exige que les solutions acidulées soient épuisées un grand nombre de fois par l'alcool amylique, de manière que l'urée et les acides biliaires soient éliminés complètement. Si cela n'était pas le cas, l'alcool amylique les enlèverait à la solution ammoniacale en même temps que la morphine. La présence des acides biliaires surtout pourrait conduire à de graves inconvénients, car ils donnent avec le réactif de Fröhde une coloration qui présente quelque analogie avec celle que donne la morphine.

§ 359. *Recherche toxicologique des autres alcaloïdes.* — Lorsque l'empoisonnement est dû à l'opium ou à une de ses préparations, l'alcool amylique dissoudra, en outre de la morphine, la *narcotine*, la *codéine*, la *thébaïne*, la *papavérine* et de petites quantités de *narcéine*. On procède dans ce cas de la manière suivante : la benzine agitée avec la solution ammoniacale dissoudra la narcotine, la codéine et la thébaïne ; le chloroforme employé en second lieu entraînera la papavérine et une partie de la narcéine (la solution pourrait même être acide). Le liquide est acidulé et chauffé pour redissoudre un peu de morphine cristallisée, qui aurait pu se déposer ; on ajoute ensuite de l'alcool amylique, un faible excès d'ammoniaque, et l'on agite vivement. L'alcool amylique dissout la morphine et la narcéine ; l'on reprend le résidu de l'évaporation du liquide amylique par de l'eau bouillante qui dissout la *narcéine*.

L'extraction complète de la narcéine ne se fera que très-difficilement par l'alcool amylique ou par le chloroforme. La solution chloroformique en renfermera cependant des quantités assez notables, pour que l'on puisse tenter avec succès l'essai par les réactifs. J'ai déjà parlé au § 304 du procédé de Salomon et je n'y reviendrai pas.

§ 360. *Séparation des alcaloïdes retirés de l'opium.* — On peut séparer très-facilement les alcaloïdes retirés de l'opium, quand on est sûr qu'ils existent seuls dans le liquide. Le résidu de l'évaporation du traitement par la benzine renferme la *narcotine*, la *codéine*, et la *thébaïne*. L'alcool amylique froid lui enlève la codéine; l'eau aiguisée par de l'acide acétique (10 à 15 gouttes pour 10 cent. cubes d'eau) dissout la thébaïne, et la narcotine reste à l'état insoluble.

Nous avons déjà vu que le chloroforme enlevait aux solutions acidulées par l'acide sulfurique la *narcotine*, la *thébaïne* la *papavérine* et la *narcéine*; on pourrait donc séparer d'abord ces quatre alcaloïdes; le liquide serait ensuite ammoniacalisé et agité avec la benzine qui dissoudra la codéine; il ne resterait plus maintenant qu'à isoler la morphine et le restant de la narcéine à l'aide de l'alcool amylique. La narcotine pourrait encore être séparée des solutions acides par l'alcool amylique.

Nous ne pouvons guère espérer dans les recherches toxicologiques des empoisonnements par l'opium de retrouver d'une manière certaine les quantités si faibles de thébaïne, de codéine et de narcéine qu'il contient.

§ 361. *Caractères chimiques de la morphine.* — La *morphine* se présente sous forme de longs cristaux prismatiques (syst. rhomb.) inodores, inaltérables au contact de l'air, devenant opaques quand on les chauffe à $+ 108°$ et perdant 5, 95 p. 100 d'eau de cristallisation; à la température de $+ 120°$, elle fond en un liquide huileux, qui cristallise par le refroidissement; nous avons déjà parlé de sa sublimation à une température plus élevée.

La morphine se dissout dans 1000 parties d'eau froide (d'après Abl dans 960 à $+ 18°,75$) et dans 4 à 500 parties d'eau bouillante; sa solution brunit le curcuma et bleuit le papier de tournesol rougi; elle est sinistrogyre ($\alpha^r = 89°,8$); son pouvoir rotatoire diminue dans les solutions alcalines. La morphine se dissout d'après Merk dans 90 parties d'alcool marquant 96° (l'eau ne précipite pas cette solution); elle est plus soluble dans l'alcool absolu; 40 parties d'après Pettenkofer et 20 d'après Duflos dissolvent 1 de morphine; à chaud il n'en faut que 30 ou 15, 5. Elle est peu soluble dans l'éther, et trois fois moins soluble quand elle est cristallisée, que lorsqu'elle est amorphe; l'éther aqueux n'en dissout que des traces, mais l'éther renfermant de l'alcool en dissout davantage. L'éther acétique en dissout 0,213 pour cent. 60 parties de chloroforme d'après Schlimpert et 175 d'après Pettenkofer dissolvent 1 de morphine. Elle est presque insoluble dans la benzine. L'alcool amylique en dissout de notables quantités à chaud ; à froid la solubilité est de 0,260 p. 100 ; elle se dépose à l'état amorphe par l'évaporation de ses solutions amyliques et chloroformiques. Les acides étendus la dissolvent facilement et la transforment en sels d'ordinaire bien cristallisés, qui précipitent par l'ammoniaque, la potasse, la baryte, la chaux et la magnésie ; les précipités amorphes au moment de leur formation deviennent bientôt cristallins. Tous ces précipitants, sauf la magnésie, employés en excès redissolvent une partie du précipité ; la solution dans l'ammoniaque laisse déposer la morphine à l'état cristallisé, dès que l'ammoniaque commence à s'évaporer (soit par l'exposition à l'air, soit par la chaleur) ; la séparation n'est jamais complète puisque des corps étrangers retiennent toujours une partie de l'alcaloïde en solution. Les dissolutions de morphine dans les autres bases alcalines abandonnent une partie de l'alcaloïde, sous l'influence de l'acide carbonique ou par l'addition du chlorure d'ammonium. Le noir animal récemment calciné enlève également la morphine aux solutions acides et alcooliques.

Nous avons déjà appelé l'attention du lecteur sur les réactions qu'elle présente avec le mélange d'*acide sulfurique et d'acide azotique*, le *perchlorure de fer* (§ 286. 16. g), l'*acide azotique pur*[1] et le *réactif de Fröhde*. L'acide sulfurique mélangé d'acide azotique est sensible au cent millième ; le réactif de Fröhde l'est encore davantage ; sa réaction se produit encore avec $0^{gr},000.005$ de morphine. La caféine, la strychnine et d'autres alcaloïdes n'empêchent pas la production de la coloration. Les réactions du *chlorure d'or* et de l'*iode* fournissent également de précieuses indications[2]. La morphine possède encore quelques autres réactions que je vais passer en revue.

[1] La solution orangée dans l'acide azotique se décolore par l'addition de sulfure d'ammonium et se colore en rouge brunâtre par le chlorure stanneux.

[2] D'après Favre et Hasselden les clous de girofle et le piment renferment un principe qui se colore avec l'acide azotique pur ou mélangé d'acide sulfurique comme

1° Le *chlorure ferrique* colore en bleu royal les *solutions neutres* de chlorhydrate ou de sulfate de morphine ; un excès d'acide doit être évité avec le plus grand soin [1]. La réaction ne réussit nettement que lorsque la morphine est très-pure et que sa dilution est comprise entre 1/100 et 1/1500. Cette réaction perd de sa sensibilité lorsque la morphine est mélangée de strychnine.

2) La morphine réduit les acides *hyperiodique* et *iodique* [2], en mettant en liberté de l'iode ; le liquide devient jaune. Une solution au 1/2000 bleuit encore l'empois d'amidon ou colore en pourpre le chloroforme ou le sulfure de carbone que l'on agite avec elle. La réduction se constate encore par la coloration jaune du liquide, qui devient plus intense par l'addition d'ammoniaque. L'essai réussit encore avec des solutions au 1/10000 même en présence de la strychnine.

3) L'*azotate d'argent* est réduit à froid ; il en est de même du ferricyanure de potassium ; cette dernière réaction se fait plus lentement, et exige que la solution ne soit diluée qu'au millième.

4) Le *sulfocyanure de potassium* donne un précipité blanc octaédrique avec les solutions neutres de chlorure ou du sulfate, lorsque la solution est plus concentrée que 1/100.

J'ai déterminé la limite de sensibilité de quelques autres réactifs :

le fait la morphine. J'ai pour vérifier le fait traité ces deux matières par le procédé d'extraction des alcaloïdes. Le pétrole enlève aux extraits acides l'huile essentielle ; la benzine agit encore mieux, l'alcool amylique dissout la *caryophilline*, c'est cette dernière qui produit avec des réactifs cités la réaction de la morphine. On ne pourra cependant jamais confondre ces deux corps, puisque la benzine enlève la caryophylline aux *solutions acides* qui n'abandonnent pas de morphine.

La benzine, le chloroforme et l'alcool amylique enlevèrent à la solution acide du piment un corps qui présenta la réaction de la morphine avec le réactif de Husemann ; le réactif de Fröhde dissolvit ce corps ; la solution d'abord brune, passa ensuite au rouge cerise ; c'est là un premier caractère différentiel. La solution ammoniacale abandonna au pétrole une substance de nature alcaloïde ayant beaucoup d'analogies avec la conicine (§ 585). Ces données devront être mises à profit lorsque l'examen physique du contenu intestinal ou des matières vomies y décelera la présence de fragments de clous de girofle et de piment.

[1] On doit employer le chlorure ferrique sublimé ; on humecte avec quelques gouttes d'acide chlorhydrique le résidu de l'évaporation d'une solution de morphine dans un verre de montre ; on l'évapore à + 50 ou 60° et on reprend par un peu d'eau.

[2] On emploie d'ordinaire en place des acides l'iodate de sodium auquel on ajoute un excès d'acide sulfurique.

Deux dixièmes de centimètre cube d'une solution au 1/5000 de sulfate de morphine, ont donné avec le *phosphomolybdate*, un trouble très-faible qui ne s'est produit que lentement.

Avec l'*iodure de bismuth et de potassium*. — Un précipité visible.

Avec le *chlorure d'or*. — Un trouble abondant.

Avec l'*iodure de potassium ioduré*. — Un précipité très-visible.

Avec le *bromure de potassium bromuré*. — Un précipité très-visible.

Deux dixièmes de centimètre cube d'une solution au 1/1000 précipitent encore les solutions de :

Phosphotungstate de sodium. — Trouble visible.

D'*iodure de mercure et de potassium*. — Le précipité est abondant et reste amorphe.

D'*iodure de cadmium et de potassium*. — Le précipité devient cristallin au bout de deux heures.

De *tannin*. — Faible louche.

Le même volume d'une solution au 1/100, ne précipite plus avec le ferrocyanure de potassium, mais avec

Le *chlorure de platine*. — Précipité peu abondant.

Le *chlorure de mercure*. — Précipité cristallisé.

Le *bichromate de potassium*. — Louche.

L'*acide picrique*. — Précipité abondant.

Kauzmann a retiré quelquefois des fèces de chats empoisonnés par la morphine, un corps qui se comportait comme elle avec le réactif de Fröhde, mais qui se colorait déjà en violet par l'action de l'acide sulfurique seul. On peut retirer des feuilles fraîches de chélidoine une substance semblable qui se colore également en beau violet par le réactif de Fröhde et par l'acide sulfurique ; il suffit pour cela d'épuiser la solution acide par le chloroforme ou la solution alcaline par le pétrole, la benzine, l'alcool amylique ou le chloroforme. Cette substance inconnue est précipitée de ses solutions étendues par le réactif iodo-bismuthique, le chlorure d'or, le chlorure de platine, l'iode, le phospho-molybdate, mais ne saurait être confondue avec la chélidonine ou la sanguinarine. Serait-elle peut-être la « base végétale amère » que Walz dit avoir retiré de l'eschholtzia? et ne serait-elle pas également le produit de décomposition de la morphine qui se produit sous l'influence de l'organisme et qui a été signalé par Kauzmann?

Les glucosides comme la salicine, la populine, la syringine, pouvaient être confondus au premier abord avec la morphine si l'on ne prenait pas les précautions que nous avons indiquées en temps et lieu.

§ 362. *Séparation de la morphine des autres alcaloïdes.* — Cette séparation, si l'on a suivi les indications du § 287, ne présente pas de grandes difficultés. Le pétrole enlève à la solution acidulée la *pipérine;* la benzine entraîne la *caféine* et l'alcool amylique la *théobromine.* On neutralise alors par l'ammoniaque et l'on sépare la *strychnine,* la *brucine,* la *quinine,* l'*émétine* et la *vératrine* à l'aide du pétrole; la benzine employée à son tour dissout la *quinidine,* la *cinchonine,* l'*atropine,* l'*hyoscyamine,* l'*aconitine* et la *physostigmine.* L'alcool amylique dissout la *morphine* et le résidu de la solution aqueuse renferme la *curarine* et une partie de la *berbérine.*

Le procédé d'Erdmann-Uslar isole la *morphine* en même temps que la *strychnine* et l'*atropine;* il suffit pour séparer ces trois alcaloïdes de dessécher le produit de l'évaporation; on isole la morphine par la benzine ou par le chloroforme, qui ne dissout que les autres alcaloïdes.

§ 363. *Caractères chimiques de la narcotine.* — La *narcotine* forme des cristaux prismatiques incolores (syst. rhomb.), plus lourds que l'eau[1]; elle fond à $+170°$ en perdant de 2 à 3 pour 100 d'eau; par le refroidissement la narcotine fondue se fige à $+150°$ et reprend l'état cristallin. Chauffée à l'air au delà de son point de fusion, la narcotine devient rouge, brune, puis noire. Elle se dissout dans 25000 parties d'eau froide (20°) et 7000 parties d'eau bouillante; la solution est neutre aux papiers réactifs. Elle se dissout dans 120 parties d'alcool marquant 96° et dans 20 à 24 parties d'alcool froid; l'éther la dissout également; 1 de narcotine exige pour sa solution 126 parties d'éther froid et 48 d'éther bouillant (l'éther doit avoir 0,735 de densité). Cette solution refroidie laisse déposer une partie de la narcotine sous forme de

---

[1] La narcotine retirée des organes ou du sang cristallise presque toujours très-facilement.

beaux cristaux. 1 de narcotine se dissout dans 2,69 de chloroforme et dans 60 d'éther acétique ; l'alcool amylique en dissout
0,325 pour 100 et la benzine 4^{gr},614. Le pétrole n'en dissout que
des traces tellement insignifiantes, que l'on peut admettre qu'il
n'en enlève pas aux solutions alcalines. La narcotine est sinistrogyre ($a^r = 130°,6$ [$151°,4$]), mais ses sels sont dextrogyres.
Les acides étendus sauf l'acide acétique (de la concentration
que nous avons indiquée) dissolvent assez facilement la narcotine, mais les sels qui se produisent ont peu de stabilité. L'ammoniaque, les bases alcalines et leurs carbonates précipitent
les solutions de narcotine ; les précipités se dissolvent difficilement dans un excès de réactif. La narcotine ne paraît pas former de carbonate, car ses sels sont déjà précipités à froid par
les bicarbonates alcalins. *Les solutions acidulées agitées avec du
chloroforme l'abandonnent à ce dernier véhicule.*

La narcotine présente un certain nombre de réactions caractéristiques.

Husemann recommande de la chauffer avec de l'*acide sulfurique concentré* qui la colore en rouge ; 5 milligrammes donnent
très-nettement la réaction avec deux dixièmes de centimètre
cube d'acide ; elle se produit encore avec 2 et 1 milligramme. Je
préfère dissoudre la narcotine dans de l'acide sulfurique dilué
au cinquième et concentrer le mélange par la chaleur ; on peut
de cette manière obtenir un résidu rouge encore bien distinct
avec 1 milligramme d'alcaloïde ; ce résidu humecté par une trace
d'acide azotique passe au violet. Cette coloration se produit sans
addition d'acide azotique lorsqu'on chauffe à +200°. La curarine
se colore déjà en violet entre + 90 et 100° (caractère différentiel).

La narcotine abandonnée à froid avec de l'acide sulfurique
concentré prend au bout de deux heures une coloration rouge
très-distincte quand on lui ajoute quelques gouttes d'acide azotique ; cette réaction est très-nette avec 5 milligrammes d'alcaloïde et se produit encore faiblement avec un millième. On obtient des stries brunes en remplaçant dans cet essai l'acide
azotique par de l'eau bromée. La solution sulfurique abandonnée
pendant 24 heures prend elle-même une coloration rouge (même

avec 1 milligramme) qui ne se fonce que peu par l'addition d'acide azotique. On a prétendu que cette coloration rouge n'était pas due à la narcotine, mais à un principe qui l'accompagne et que l'on a nommé *laudanine*.

Le *réactif de Fröhde* la transforme en un liquide vert; en ajoutant à ce réactif un excès de molybdate de sodium (1 centig. de sel pour 1 centimètre cube d'acide) on obtient une couleur rouge cerise très-vive qui se manifeste encore avec un milligramme d'alcaloïde.

L'*eau chlorée* colore encore en vert 5 milligrammes de narcotine ; l'ammoniaque fait passer cette coloration au jaune ; elle se produit également avec la morphine, mais la solution ammoniacale se fonce plus que celle de la narcotine.

Le *chlorure double d'iridium et de sodium* précipite en jaune d'ocre le chlorhydrate de narcotine.

Le *sulfocyanure de potassium* précipite à l'état amorphe les solutions de ce sel diluées au 1/200 (caract. dist. de la morphine).

L'*acide gallique* ne précipite pas ; le *chlorure ferrique* ne se colore pas en bleu, et les *acides iodique et periodique* ne sont pas réduits.

Voici la manière dont se comportent les solutions de *narcotine* au 1/8000 (0,2 de centimètre cube) avec les réactifs généraux des alcaloïdes :

Phospho-tungstate et iodure double de cadmium. — Précipités à peine visibles.

Iodure de mercure et de potassium et bromure bromé. — Précipités visibles.

Iodure de potassium. — Précipité abondant.

Les solutions au 1/4000 précipitent distinctement avec les solutions de *phospho-molybdate* et d'*iodure double de bismuth et de potassium*; le *chlorure d'or*, le *tannin* et l'*acide picrique* ne précipitent que faiblement.

Le *chlorure de platine* précipite abondamment une solution au 1/400; le bichromate de potassium ne la précipite pas.

Le *sublimé corrosif* trouble légèrement une solution au 1/200; le *ferrocyanure* ne la modifie pas.

La narcotine est bien moins toxique que la morphine ; je rap-

pellerai qu'on a cru en constater la présence dans l'aconit napel
(aconelline).

§ 364. *Séparation de la narcotine.* — L'extraction de la narcotine doit se faire comme celle de la strychnine; j'ai pu en retirer 2 milligrammes que j'avais incorporés à 200 centimètres
cubes de sang.

Elle peut être accompagnée dans les procédés d'extraction par
la *strychnine*, la *brucine*, la *vératrine* et l'*émétine*; on peut l'en
séparer en mettant à profit la différence que présentent ces corps
quand on les précipite de leurs solutions aqueuses par les bicarbonates alcalins; le même procédé permettrait de la séparer de
l'*atropine*, de l'*hyoscyamine* et de l'*ésérine*.

En suivant le procédé d'Erdmann-Uslar, on obtiendrait à la
fois de la morphine et de la narcotine; la séparation de ces deux
corps se fera à l'aide de l'éther ou du chloroforme qui ne dissolvent pas la morphine.

§ 365. *Caractères chimiques de la codéine.* — La *codéine* se
dépose de la solution éthérée sous forme de cristaux incolores et
anhydres; les bases précipitent de ces solutions concentrées des
cristaux hydratés; ces derniers chauffés à $+ 100°$ perdent 5,6
d'eau de cristallisation; en continuant l'action de la chaleur, la
codéine fond et se fige à l'état cristallisé par le refroidissement.
1000 parties d'eau dissolvent 12,6 de codéine à $+ 15°$ et 58,8, à
l'ébullition. La solution aqueuse possède les caractères d'une
base forte; elle est sinistrogyre ($[\alpha]$ r $= 118°,2$); les acides ne
modifient que peu son pouvoir rotatoire. Elle est soluble dans
l'alcool, dans l'éther, dans l'alcool amylique (15,68 pour 100),
dans la benzine (9,6 pour 100). Le pétrole la dissout en quantité
si faible qu'il n'en enlève aux solutions alcalines que des traces
insignifiantes. Le chloroforme la dissout facilement quand elle
est en solution alcaline; il est sans action sur les solutions
acides. La codéine se dépose sous forme de cristaux nets par l'é-
vaporation de ses solutions dans la benzine, l'alcool amylique et
le chloroforme.

Les acides étendus la dissolvent et la transforment en sels qui
cristallisent presque tous avec une grande facilité; leurs solutions ne sont pas précipitées par l'ammoniaque en excès, les

carbonates acides alcalins à froid ; la potasse ne les précipite qu'incomplètement.

Sont caractéristiques pour la codéine les réactions que donnent l'*acide sulfurique*, le *réactif d'Erdmann* (coloration bleue qui se produit après quelque temps[1]), l'*acide azotique*, le *réactif de Fröhde*[2] (solution vert brunâtre passant au bleu indigo après quelque temps ; la réaction se produit plus vite qu'avec l'acide sulfurique pur) et l'*iodure double de zinc et de potassium* (§ 286-6).

La coloration bleue que prend la codéine sous l'influence de l'*acide sulfurique* (0,5 de centimètre cube), se produit faiblement au bout de 24 heures avec un milligramme d'alcaloïde. En chauffant et en suivant les précautions indiquées en parlant de l'aconitine, on obtient avec les mêmes quantités de matière une coloration rouge pâle qui devient lentement grisâtre. Il y a parfois avantage à évaporer la solution de codéine dans l'acide sulfurique dilué au cinquième ; dans beaucoup de cas cependant je n'ai pu obtenir ainsi qu'une teinte vert brunâtre.

La solution sulfurique de codéine prend par l'addition de quelques gouttes d'acide azotique, une coloration brune qui passe au gris et disparaît au bout de 12 heures. Cette réaction très-sensible avec 1 dixième de milligramme, ne se produit que d'une manière peu distincte avec 5 ou 1 centième de milligramme.

L'eau *chlorée* dissout la codéine sans se colorer ; l'ammoniaque fait passer la solution au rouge brun.

Le cyanogène gazeux colore en jaune, puis en brun les solutions alcooliques de codéine ; il se dépose ensuite un précipité cristallisé de bicyanure de codéine. Cette réaction qui a quelque analogie avec celle que présente l'atropine, ne se prête pas plus qu'elle aux recherches toxicologiques.

Je mentionnerai encore les réactions suivantes de la codéine :

1) L'*acide iodique* n'est pas réduit (caractère distinctif de la morphine).

---

[1] Après 72 heures pour 5 milligrammes.
[2] La coloration se produit encore faiblement avec deux centièmes de milligramme de codéine.

2) Le *perchlorure de fer* ne donne pas de coloration.

5) Le *chlorure double d'iridium et de sodium* ne précipite pas (caractères distinctifs de la narcotine).

4) Le *chlorure de palladium* donne un précipité jaune qui se réduit à l'ébullition, lorsque la solution est plus concentrée que 1/250.

5) Le *ferrocyanure de potassium* précipite les solutions alcooliques; le précipité amorphe devient cristallin, se dissout à chaud et se reprécipite à froid. (On ne doit pas employer trop de réactif, car l'alcool pourrait le précipiter.)

6) Le *sulfocyanure de potassium* précipite lentement un corps cristallin, incolore, soluble à chaud et se déposant de nouveau par le refroidissement.

7) Le *tannin* précipite encore les solutions étendues au 1/5000.

La sensibilité des réactifs généraux des alcaloïdes est la suivante :

Phospho-molybdate de sodium. — 1/50000 au maximum.

Iodure de bismuth et de potassium. —   idem.

Iodure ioduré. — Une solution de ce réactif, couleur vin de Madère, colore encore en rouge violet un fragment de codéine ne pesant qu'un centième de milligramme.

Iodure de mercure et de potassium. — Précipité abondant dans un liquide dilué au 1/5000; trouble faible dans une solution dix fois plus étendue.

Iodure de cadmium et de potassium. — Précipité blanc abondant dans les liquides au 1/500, qui devient cristallin après 2 heures; les solutions au 1/5000 ne sont pas troublées au premier moment.

Iodure de zinc et de potassium. — Ne précipite pas les solutions acidulées diluées au 1/1000.

Ferrocyanure de potassium. — Trouble très-faible dans les solutions de même concentration.

Chlorure d'or. — Pas de précipité dans les solutions de même concentration.

Chlorure mercurique et chromate acide de potassium. — La solution au 1/500 n'est pas troublée.

Chlorure de platine. — Trouble à peine les solutions au 1/250.

Acide picrique. — Trouble sensible dans les liquides de même concentration.

§ 366. *Séparation de la codéine.* — La codéine peut être isolée en même temps que la *quinidine*, la *cinchonine*, l'*atropine*, l'*hyoscyamine*, l'*aconitine*, l'*ésérine* et la *narcotine*. On la sépare de ces derniers alcaloïdes en précipitant les solutions par un excès d'ammoniaque, et agitant le liquide ammoniacal avec de la benzine qui dissout la codéine qui n'a pas été précipitée. La réaction physiologique suffit pour différencier la codéine de l'*atropine*, de l'*hyoscyamine* et de l'*ésérine*. L'*aconitine* se reconnaît par la réaction de l'acide sulfurique. Je ne connais pas encore de procédé qui permette de séparer facilement ces quatre derniers alcaloïdes.

§ 367. *Caractères chimiques de la thébaïne.* — L'étude de cette substance examinée principalement par Hesse était pour moi d'un grand intérêt, puisque cet auteur a démontré que ce corps se décompose sous l'influence des acides concentrés ou étendus. L'acide sulfurique étendu transforme la thébaïne en deux produits, la *thebenine* et le sulfate de *thébaïcine*; l'acide chlorhydrique opère un pareil dédoublement après 24 heures et déjà à la température ordinaire; la coloration jaune qui se produit indique que la transformation a eu lieu. Comme ces produits de décomposition ne possèdent plus les caractères de la thébaïne, il devenait très-important de savoir :

1°) Si la thébaïne se décompose d'une manière identique dans l'économie.

2°) Si cette substance contenue dans les organes ou dans les aliments ne se dédoublerait pas par le traitement qu'on est obligé de leur faire subir quand on cherche à l'isoler.

3°) Si on pouvait espérer dans ce dernier cas retrouver les produits de décomposition.

Ma réponse est négative pour la troisième question ; mes expériences me permettent même de répondre négativement à la seconde ; les procédés d'extraction décomposent, il est vrai, la thébaïne ; mais cette décomposition ne se fait que partiellement, et il reste toujours assez d'alcaloïde inaltéré pour qu'on puisse le retrouver.

La *thébaïne* se présente sous forme de tablettes carrées incolores (en forme de choux-fleurs si elle s'est précipitée d'une solution alcoolique); elle fond à $+130°$ (à $150°$ d'après Kane) et se fige de nouveau à $+110°$. Insoluble dans l'eau, elle se dissout dans 10 d'alcool froid et dans l'éther; 100 d'alcool amylique ou de benzine en dissolvent 1,67 et 5,27. Le pétrole ne l'enlève ni aux solutions acides, ni aux solutions alcalines; le chloroforme ne la dissout qu'avec difficulté et l'abandonne à l'état amorphe. Sa solution alcoolique est alcaline; les acides la transforment en solutions salines, qui sont précipitées à froid par l'ammoniaque, par la potasse et les carbonates neutres ou acides.

La sensibilité des divers réactifs généraux des alcaloïdes est la suivante :

Phospho-molybdate.— Précipité visible avec 0,1 de milligramme (solution au 1/5000); précipité faible avec 0,05 de milligramme; trouble à peine sensible avec 1 centième de milligramme (solution au 1/50000).

Iodures doubles de bismuth et d'argent. — Se comportent comme le phospho-molybdate.

Iodure double de cadmium et tannin. — Précipités visibles dans un liquide dilué au 1/10000; la solution diluée au 1/50000 n'est pas troublée.

Iodure de zinc et de potassium et acide picrique. — Ne précipitent que les liquides au 1/500 ($0^{gr},001$).

Iodure de potassium ioduré. — Précipité abondant dans les solutions au 1/10000 ($0^{gr},00005$), visible encore dans celles au 1/50000.

Chlorure d'or. — Précipite 1 dixième de milligramme (solution au 1/500); mais cesse de précipiter cette solution diluée de moitié (1/10000). Le précipité d'abord jaune ne tarde pas à brunir.

Chlorure de mercure. — Les solutions au 1/250 ne sont pas précipitées.

Chlorure de palladium. — Ne trouble que faiblement les liquides de même concentration.

Ferricyanure de potassium. — Le précipité qui se produit

dans les solutions au 1/500 se dissout dans un excès de sulfate de thébaïne.

Le *tartrate acide de thébaïne* est soluble dans 150 parties d'eau à +20°; Hesse tire parti de ce caractère pour séparer la thébaïne de la morphine.

La coloration rouge que donne la thébaïne avec l'acide sulfurique concentré se produit encore avec 5 centièmes de milligramme d'alcaloïde; quand on emploie 1/2 centimètre cube d'acide avec 1 centième de milligramme, la teinte n'est que jaunâtre. Cette réaction n'est pas masquée par la présence de la codéine.

Le chlore et l'ammoniaque se comportent avec la thébaïne comme avec la morphine.

On réussit parfois à isoler la thébaïne à l'état cristallisé; une solution alcoolique abandonnée à l'évaporation spontanée a laissé déposer des cristaux microscopiques pesant environ 1 centième de milligramme; les cristaux avaient un aspect gras et avaient la forme d'aiguilles quadrangulaires réunies en groupes.

§ 368. *Caractères chimiques de la papavérine.* — Hesse a démontré que la papavérine que l'on avait isolée jusque dans ces derniers temps n'était pas un produit pur; la coloration que prend la papavérine sous l'influence de l'acide sulfurique doit être attribuée à l'une de ces impuretés. La papavérine pure reste incolore à froid; elle se colore légèrement quand on chauffe et ne prend la teinte violette que lorsqu'on continue longtemps l'action de la chaleur. J'ai trouvé dans le commerce un échantillon de papavérine qui se comportait comme celui de Hesse; d'autres échantillons au contraire se colorent immédiatement en bleu ou en bleu violet par l'action de l'acide sulfurique.

J'ai jugé par suite nécessaire de soumettre à un examen comparé les deux produits:

La solution acidulée par de l'acide sulfurique était obtenue en dissolvant 5 milligrammes d'alcaloïde dans un mélange de 5 centimètres cubes d'alcool et de 25 centimètres cubes d'eau.

<table>
<tr><td align="center">ALCALOÏDE PUR.</td><td align="center">ALCALOÏDE SE COLORANT EN BLEU OU EN
VIOLET PAR L'ACIDE SULFURIQUE.</td></tr>
</table>

La solution acidulée fut agitée avec les dissolvants suivants :

Pétrole. — Sans action.	Sans action.
Benzine id.	Enlève des traces d'un corps que l'acide sulfurique dissout en brun, et qui est précipité par l'iode.
Alcool amylique.— Enlève des traces d'alcaloïde.	Id.
Chloroforme. — Dissout beaucoup d'alcaloïde.	Dissout beaucoup d'alcaloïde; l'acide sulfurique le colora en bleu.

La solution ammoniacale fut reprise par les mêmes dissolvants.

Pétrole. — Sans action.	Enlève des traces d'une substance de nature indéterminée.
Benzine. — Enlève des traces d'alcaloïdes.	
Alcool amylique. *Chloroforme*. — Ces deux dissolvants enlèvent l'alcaloïde avec une grande facilité.	Ces trois dissolvants enlèvent l'alcaloïde qui se colore en bleu par l'acide sulfurique[1].
Phospho-molybdate. —Trouble dans les solutions au 1/10000 (0^{mm},85).	Se comporte de même, mais louchit encore les solutions au 1/50000.
Iodure double de bismuth et de potassium. — Trouble faible dans la solution au 1/10000.	Trouble faible dans la solution au 1/50000.
Iodure double de cadmium et de posium. — Trouble faible dans la solution au 1/1000.	Même réaction, mais le précipité devient cristallin.
Iodure de mercure et de potassium. — Id.	Même réaction que pour l'alcaloïde pur id.
Iodure de potassium iodé. — Précipité abondant dans la solution au 1/5000.	Id.
Eau iodée. —1 cent. de milligramme d'alcaloïde solide humecté par ce réactif se fonce, devient passagèrement rouge brique, puis redevient rouge foncé.	Id.
Chlorure d'or. — Précipité dans les solutions au 1/5000.	Id.
Tannin. — id.	Id.

[1] N'est-il pas étonnant de voir cette impureté accompagner l'alcaloïde dans toutes ses solutions.

Chlorure de platine. — Ne précipite plus les solutions au 1/500.	Précipite encore celles au millième.
Chlorure mercurique. — Id.	Ne précipite plus les solutions au 1/500.
Iodure de zinc et de potassium. — Id.	Précipite les solutions au 1/10000.
Ferrocyanure de potassium. — Id.	Précipite faiblement les solutions au 1/1000.
Acide picrique. — Id.	Précipite les solutions au 1/500 à l'état amorphe.
Bichromate. — Id.	Précipite abondamment les solutions au millième. Le précipité devient cristallin après 24 heures; traité par de l'acide sulfurique, le précipité brunit (car dist. de la strychnine).
Acide sulfurique. — Ne se colore en bleu qu'à chaud, avec $0^{gr},00005$ d'alcool; ne se colore pas avec $0^{gr},00001$.	Se colore de suite par l'addition de $0^{gr},0001$ à froid; la couleur bleue disparaît après 24 heures; $0^{gr},00005$ ne peuvent plus être reconnus.
Acide sulfurique bihydraté. — Solution incolore avec 2 milligrammes; elle devient bleue violette en chauffant; la même coloration se produit encore avec l'acide dilué au 1/5.	
Réactif de Fröhde. — Solution de suite verte avec $0^{gr},0001$ et $0^{gr},0005$ d'alcaloïde; chauffée, elle devient bleue violette et enfin rouge cerise. Le même effet se produit par la digestion à froid. La réaction est très-faible avec les solutions précédentes diluées au 1/10.	Se comporte comme l'acide sulfurique pur.

L'*eau chlorée* agit d'une manière identique sur les deux variétés de papavérine; la solution se trouble et verdit; l'addition d'ammoniaque produit une couleur rouge foncée, qui après quelque temps devient d'un noir brunâtre.

Le réactif de Fröhde donne de préférence la réaction de la papavérine (la couleur bleue se produit peut-être un peu plus tard) avec des mélanges de 1 de codéine et 1, 5 ou 10 de papavérine pure et impure; celle de la codéine se manifeste dans les mélanges de 1 de papavérine pure avec 5 ou 10 de codéine; la colo-

---

* L'acide sulfurique additionné d'acide azotique colore encore en rouge les solutions qui renferment 0,00001 d'alcaloïde.

ration bleue de la papavérine se produit au contraire dans ces cas si le mélange contient de la papavérine *impure*.

L'acide sulfurique produit les réactions de la papavérine dans les mélanges de 1 de thébaïne et de 1 ou 10 de papavérine *pure* ; celles de la thébaïne lorsque le mélange renferme pour 1 de papavérine, 5 ou 10 de thébaïne. Il n'en est pas ainsi lorsque la papavérine est impure ; la réaction de la thébaïne se produit dans les mélanges de 1 de papavérine et de 10, 5 ou 1 de thébaïne ; les réactions de la thébaïne et celles de la papavérine se produisent à peu près avec la même facilité dans un mélange de 1 de thébaïne pour 5 de papavérine ; celle de la papavérine prédomine quand le mélange renferme 10 fois plus de papavérine que de thébaïne.

Le réactif de Fröhde se comporte comme avec l'alcaloïde pur lorsqu'il réagit sur un mélange de 1 de produit pur et de 1 ou de 10 parties de papavérine *impure* ; la réaction de la papavérine impure se produit, au contraire, quand on fait réagir l'acide sulfurique sur des mélanges qui, pour 10 ou 5 d'alcaloïde pur, ne renferment qu'un alcaloïde impur.

D'après Hesse, l'oxalate acide de papavérine pure qui n'est soluble que dans 388 parties d'eau froide à + 10°, peut servir à la séparer de la narcotine ; le tartrate acide est au contraire très-soluble.

On obtient en abandonnant à l'évaporation spontanée une solution alcoolique de 0^{gr},00005 de papavérine pure, une masse amorphe, qui cristallise en partie en rhomboèdres. Le produit impur se reconnaît encore à ses cristaux très-fins lorsqu'on opère sur 1 cent-millième de milligramme.

La *papavérine* est ainsi que ses sels presque insoluble dans l'eau ; l'alcool froid et l'éther la dissolvent avec difficulté ; l'alcool bouillant la dissout en quantité notable, et le liquide se prend en bouillie par le refroidissement. Elle est presque insoluble dans la benzine ; l'alcool amylique en dissout 1,30 pour 100 ; le pétrole ne la dissout qu'à chaud et la laisse déposer à l'état cristallisé par le refroidissement ; le chloroforme l'enlève lentement aux solutions acides et alcalines et l'abandonne cristallisée par l'évaporation. Elle bleuit le papier rouge et retient l'ammoniaque avec beaucoup d'énergie. L'ammoniaque, la potasse, les carbonates alcalins neutres ou acides la précipitent de ces solutions.

Lorsqu'on veut rechercher directement la papavérine, il suffit d'épuiser l'extrait aqueux acidulé par de la benzine et de reprendre ensuite par le chloroforme le liquide acide après neutralisation par de l'ammoniaque. Le résidu abandonné par ce dissolvant est soumis à l'action du réactif de Fröhde ou de l'acide sulfurique chauffé. J'ai pu retirer une quantité suffisante d'alcaloïde pour le caractériser d'un mélange de 100 centimètres cubes d'urine ou de lait, et de 5 dixièmes de milligramme d'alcaloïde.

On pourrait si l'on avait à rechercher l'alcaloïde impur, se servir du procédé qui nous a servi à l'extraction de la strychnine.

§ 569. *Séparation de la thébaïne et de la papavérine des autres alcaloïdes.*

1°) *Thébaïne.* — On peut isoler cet alcaloïde de la *quinidine* et de la *cinchonine* en mettant à profit sa grande solubilité (déjà à froid) dans la benzine.

Comme la thébaïne est déjà précipitée à froid par les bicarbonates alcalins, on peut se servir de ce caractère pour l'isoler de l'*atropine*, de l'*hyoscyamine*, de l'*aconitine*, de l'*ésérine* et de la *codéine*. L'*atropine*, l'*hyoscyamine*, l'*aconitine*, la *physostigmine* et la *quinine* peuvent être déjà enlevées aux solutions acides ; la thébaïne pourrait être accompagnée dans ce cas par de la théobromine, mais il est facile de séparer ces deux corps à l'aide de la benzine qui ne dissout que la thébaïne.

Ce dernier dissolvant enlève à la fois la *narcotine*, la *codéine* et la *thébaïne* aux solutions ammoniacales ; la *morphine* reste dans le liquide et peut être extraite par l'alcool amylique. On évapore la benzine et l'on reprend le résidu par de l'eau acidulée : l'ammoniaque précipite de cette solution la thébaïne et la narcotine, la codéine reste en solution ; nous avons indiqué au §566 la manière de l'isoler. Il ne reste par suite qu'à séparer la thébaïne de la narcotine ; l'acide tartrique employé en excès ne conduirait au but que si l'on avait une quantité un peu forte de matière à sa disposition. Le plus souvent on se verra obligé de se contenter d'une analyse qualitative. La réaction de l'acide sulfurique caractérise très-facilement la thébaïne ; la narcotine se reconnait d'autre part à l'aide du réactif de Fröhde ou de l'acide sulfurique étendu ; il suffit de chauffer la narcotine avec un peu d'acide sulfurique étendu. La thébaïne pure ne prendrait ainsi qu'une coloration rouge passagère, qui passerait au jaune, brun, violet, vert et noir. La belle coloration rouge violette de la narcotine se reconnaît encore lorsque le mélange renferme deux fois plus de thébaïne que de narcotine. Le réactif de Fröhde se comporte d'une manière identique, mais la réaction de l'eau chlorée sur la narcotine ne se produit plus nettement dans ces cas.

2°) *Papavérine*. — Les réactions de la *papavérine pure* avec l'acide sulfurique pur et le réactif de Fröhde présentent de grandes analogies avec celles de la codéine ; les changements de couleur pour cette dernière se produisent, il est vrai, un peu plus lentement et l'on obtient à la fin une coloration rouge par le réactif de Fröhde. La solution ammoniacale de ces deux corps se comporte d'une manière un peu différente avec la benzine ; ce dissolvant entraîne facilement la codéine et plus difficilement la papavérine (Hesse dit, au contraire, que la papavérine est très-soluble ; il parle, il est vrai, du produit solide).

Il existe malheureusement quelques autres alcaloïdes et notamment la *lanthopine* de Hesse que le chloroforme n'enlève pas aux solutions alcalinisées par la potasse mais bien aux solutions ammoniacales. La séparation de la papavérine de ces dernières solutions pourrait être difficile. L'emploi de la benzine est par suite un moyen imparfait ; les premières portions agitées avec la solution ammoniacale enlèvent presque toute la codéine ; la papavérine ne s'y dissoudra qu'en quantité peu notable, mais elle sera enlevée ensuite par le chloroforme. Ce procédé m'a donné de bons résultats avec un mélange qui contenait un centigramme de chacun des deux alcaloïdes ; la réaction du chlore et de l'ammoniaque se manifeste encore très-nettement avec le résidu de la solution chloroformique.

§ 370. *Caractères chimiques de la narcéine.* — La *narcéine* se présente sous forme de cristaux hydratés, longs et soyeux, elle fond à + 145°,2 et se fige en une masse cristallisée par le refroidissement. 1 partie de narcéine se dissout dans 1285 parties d'eau à + 10°; l'eau chaude la dissout facilement et l'abandonne à froid à l'état cristallisé. Elle se dissout dans 945 parties d'alcool à 80 0/0 (à la température de + 15°); l'alcool bouillant en dissout davantage; elle est insoluble dans l'éther: la benzine et le pétrole ne l'enlèvent pas aux solutions aqueuses. Les solutions acides l'abandonnent à l'alcool amylique et au chloroforme. La narcéine est sinistrogyre ($\alpha^r = 66°,7$.)

Nous avons pu retrouver facilement de la narcéine en épuisant la solution acide ou ammoniacale par le chloroforme; très-souvent le chloroforme agité avec le liquide acide l'enlève en totalité. J'ai pu retirer 1 et même 1/2 milligramme de ce corps dissous dans 100 centimètres cubes de lait, de sang ou d'urine.

Chauffée jusqu'au moment où il se dégage de l'ammoniaque, la narcéine abandonne à l'eau une matière qui bleuit par le perchlorure de fer.

La sensibilité des divers réactifs des alcaloïdes pour la narcéine est très-grande.

Phospho-molybdate. — Trouble dans les solutions au 1/10000 ($0^{gr},00005$); limite extrême de la réaction d. l. s. au 1/50000.

Iodure de mercure et de potassium. — Trouble faible d. l. s. au 1/10000; le précipité fourni par $0^{gr},0001$ ne devient pas cristallin.

Iodure de bismuth et de potassium. — Trouble faible d. l. s. au 1/50000.

Iodure de cadmium et de potassium. — Précipite les solutions au 1/1000; le précipité ne devient pas cristallin.

Iodure double de zinc et de cadmium. — Précipité abondant d. l. s. au 1/1000, faible dans celles au 1/5000. Le précipité bleuit rapidement. Je suis de l'avis de Stein, qui admet que cette coloration est due à de l'iode qui est mis en liberté. Pelletier et Winckler ont annoncé il y a longtemps que la narcéine était colorée en bleu par l'iode.

Iode. — Coloration bleue; 1 centième de milligramme évaporé sur un verre de montre bleuit manifestement quand on le mouille avec de l'eau iodée.

Une solution concentrée d'iode produit dans les solutions aqueuse ou sulfurique de narcéine un dépôt brun ; cette réaction réussit avec 0gr,00001 ; avec 0gr,00005 on peut même constater la formation subséquente d'iodure cristallisé.

Chlorure d'or. — Précipite les solutions au 1/1000.

Chlorure de palladium et de mercure. Ne précipite plus les solutions au 1/100.

Chlorure de platine, tannin et bichromate. — Ne précipitent pas les solutions au 1/500.

Ferrocyanure et sulfocyanure de potassium. — Ne précipitent pas même celles au 1/250.

Acide sulfurique concentré. — Solution gris brunâtre avec 0gr,0001, devenant rouge de sang après 24 heures ; la réaction est peu prononcée avec une quantité dix fois moindre. La narcéine se comporte comme la narcotine quand on la chauffe avec de l'acide sulfurique affaibli.

Réactif de Fröhde. — Solution vert brunâtre, puis verte, puis rouge comme avec l'acide sulfurique ; on obtient une couleur rouge cerise si l'on chauffe quelques instants. Des quantités un peu fortes de narcéine, donnent avec un réactif qui renferme 1 centig. de molybdate pour 1 cent. cube d'acide, une coloration vert brunâtre qui passe au vert, puis au rouge et finalement au bleu. Cette dernière réaction se produit finalement même en présence de la morphine ; la réaction de cette dernière n'apparaît qu'au commencement. L'iode, au contraire, n'agit pas nettement dans ces cas, même alors que la narcéine se trouve en grand excès dans le mélange ; le précipité dû à l'iodure double de cadmium et de potassium ne bleuit également que d'une manière peu sensible dans ce dernier cas. Je pensais d'abord que cette différence devait être attribuée à ce que la narcéine, quand elle est accompagnée de morphine, se dépose presque toujours à l'état amorphe de ses solutions, mais je me suis assuré depuis qu'il n'est pas nécessaire que la narcéine soit cristallisée pour produire la coloration.

Le *chlore* et l'*ammoniaque* se comportent avec la narcéine comme avec la narcotine. La réaction de Fröhde de la narcéine, se produit dans un mélange de 1 de codéine et de 10 de narcéine; celle de la narcéine avec de l'eau iodée se manifeste encore quand elle est mélangée avec son décuple de codéine.

La réaction de la thébaïne avec le réactif de Frõhde se produit dans un mélange de 1 de thébaïne et 10 de narcéine; celle de la narcéine avec l'eau iodée se manifeste encore dans son mélange avec son décuple de thébaïne.

Le réactif de Frõhde indique la papavérine dans un mélange de papavérine *pure* avec 1 ou 10 de narcéine; l'eau iodée se comporte, au contraire, comme avec la narcéine même alors qu'elle est mélangée avec son décuple de papavérine. Si le mélange précédent renferme de la papavérine impure, le réactif de Frõhde donne la réaction de la narcéine; celle due à l'eau iodée ne varie pas.

§ 371. *Séparation de la narcéine.* — La narcéine pourrait être accompagnée dans son extraction par la *curarine* et la *berbérine*; qualitativement la distinction est facile car la berbérine est jaune et la curarine se reconnaît à sa réaction avec l'acide sulfurique et le bichromate. On pourrait tenter la séparation de ces trois corps à l'aide du sublimé corrosif qui ne précipite pas les solutions étendues de narcéine. Je me suis efforcé de retirer successivement chacun des alcaloïdes du mélange suivant: narcotine $0^{gr},025$; codéine $0^{gr},025$; narcéine $(0,025)$ et morphine $0,0187$.

La solution ammoniacale fut traitée par de la benzine qui enleva $0^{gr},0382$, d'un mélange de codéine et de narcotine qui furent séparées d'après le procédé indiqué au § 366. L'alcool amylique employé en second lieu abandonna un résidu qui pesait $0^{gr},0301$, ne se colora pas en bleu par l'eau iodée, mais donna avec le réactif de Frõhde d'abord la réaction de la morphine, puis celle de la narcéine. Le liquide fut enfin épuisé par deux traitements successifs au chloroforme; le résidu donna de même avec le réactif de Frõhde la réaction de la morphine, puis celle de la narcéine; le résidu du deuxième traitement par le chloroforme se colora en bleu par l'eau iodée.

Dans un autre essai, j'avais mélangé $0^{gr},025$ de morphine avec son poids de narcéine; j'épuisai la solution alcaline d'abord par le chloroforme puis seulement par l'alcool amylique. Le chloroforme laissa un résidu qui pesa $0^{gr},068$ et qui donna les réactions de la narcéine et celles de la morphine ; la majeure partie de la morphine ne fut cependant dissoute que par l'alcool amylique.

§ 372. *Rhœadine.* — Je terminerai l'étude des alcaloïdes de l'opium en disant que Hesse a retiré de toutes les parties du coquelicot (*papaver rhœas*) un alcaloïde qu'il a nommé *rhœadine ;* il l'a retrouvé également dans les fruits non mûrs du papaver somniferum et dans l'opium. Cette rhœadine paraît former la majeure partie de la substance nommée par Merk *porphyroxine ;* elle est caractérisée par sa réaction avec les acides minéraux ; chauffée, même à une basse température, la rhœadine se dédouble et donne une coloration *rouge de sang* encore visible dans un liquide dilué au 1/800.000.

La rhœadine est presque insoluble dans l'éther, la benzine, le chloroforme, l'alcool et l'eau ; l'acide acétique étendu la dissout, mais la décompose. La solution sursaturée par l'ammoniaque et agitée avec de l'éther, abandonne la rhœadine ; ce caractère tendrait à prouver que la rhœadine est plus soluble à l'état amorphe (voy. § 348 les caractères qui la distinguent de la vératrine). Elle est précipitée par les chlorures d'or et de platine, l'iodure de mercure ioduré [1].

§ 373. *Empoisonnements par l'opium ; méconine.* — Les empoisonnements par l'opium et ses préparations sont très-fréquents ; on peut, dans ces derniers cas, rechercher en outre des alcaloïdes l'*acide méconique* et la *méconine.*

Nous traiterons en détail de la recherche de l'acide méconique au § 450.

La *méconine* est enlevée en petite quantité aux solutions acidulées par le pétrole ; le résidu de l'évaporation du pétrole me paraît être un mélange de corps étrangers et de méconine, car l'acide sulfurique donne avec lui la réaction de cette dernière. La benzine enleva, au contraire, à cette solution acide la méconine en proportion assez notable pour que le résidu abandonnât des cristaux incolores. Ces derniers dissous dans l'acide sulfurique se colorèrent en vert ; la coloration verte passa au rouge après 24 heures. On obtient, en chauffant avec précaution la so-

---

[1] *Annal. d. Chem. u. Ph.*, 140, p. 145. *Supplem.* 4, p. 50, et Hesse, *loc. cit.*

lution verte (ou rouge), la succession de teintes suivantes : vert émeraude, bleu, violet et rouge. Le chloroforme et l'alcool amylique enlèvent également la méconine aux solutions acides, mais l'emploi de la benzine est préférable, puisque le résidu laissé par elle est très-pur et ne renferme que peu de corps étrangers.

Je conseillerai de suivre, dans la recherche de l'empoisonnement par les préparations d'opium, la marche suivante :

1°) Le liquide filtré *acide* (provenant de la digestion de matières à analyser) est traité par de la *benzine*, qui dissout la *méconine*.

2° Ce liquide *acide* est traité par de l'*alcool amylique*, qui enlève l'*acide méconique*.

3°) On enlève à ce liquide l'alcool amylique qu'il retient en l'agitant avec du pétrole.

4°) Le liquide acide est neutralisé par un excès d'*ammoniaque*; on l'agite avec de la *benzine*. Ce traitement est renouvelé deux ou trois fois ; le résidu laissé par l'évaporation des solutions benziniques, renferme de la *codéine*, de la *narcotine* et de la *thébaïne*.

5°) Le *chloroforme* enlève ensuite au liquide ammoniacal une partie de la *narcéine* et de la morphine.

6°) L'*alcool amylique* dissout le restant de ces deux alcaloïdes.

En soumettant à ce traitement l'*extrait aqueux et la teinture d'opium*, j'ai pu obtenir les réactions de la méconine, de la narcéine, de la codéine, de la narcotine, de la thébaïne et de la morphine. La teinture opiacée benzoïque a abandonné au pétrole (en solution acide) du camphre et de l'essence d'anis; le chloroforme enleva l'acide benzoïque. L'infusion aqueuse d'opium ne contenait qu'une faible quantité de morphine.

[Les empoisonnements par le laudanum sont très-fréquents; l'expert devra se rappeler que le laudanum de Sydenham renferme toujours du safran. On rencontrera par suite à l'autopsie une coloration vert jaune ou safranée des muqueuses buccale, stomacale et intestinale, qui mettront sur la trace de l'empoisonnement. G. Tourdes a publié une autopsie d'un suicide par le laudanum, dans laquelle ces caractères sont très-bien étudiés[1].]

---

[1] *Gazette médicale de Strasbourg*, 1858, p. 102, et Tardieu et Roussin, *Étud. méd. lég. de l'emp.*, p. 905.

[L'odeur vireuse des préparations opiacées persiste également très-longtemps et peut être mise à profit pour distinguer l'empoisonnement par l'opium de celui dû à la morphine pure.

[Ces caractères accessoires ne sont pas à dédaigner, car l'intoxication est souvent produite par des doses très-faibles ; 10 grammes de laudanum administrés par le rectum ont déterminé la mort, tandis que d'autres fois 30 à 40 grammes ont pu être tolérés par l'estomac. Les enfants surtout sont très-sensibles à l'action des préparations opiacées ; 12 gouttes ont suffi pour tuer un nouveau-né ; Taylor cite même un cas où 4 gouttes ont fait périr un enfant de 9 ans.

[A l'autopsie faite par Tourdes (*loc. cit.*), j'ai vu appliquer un procédé très-curieux mais encore inexpliqué ; (L. Coze) tous les liquides de l'économie de la victime, inoculés sous la peau, en quantité impondérable (ce qui restait après une aiguille) faisaient naître promptement une papule ; l'expérience faite d'une manière comparée avec le cadavre d'une personne morte d'une maladie non infectieuse n'a conduit qu'à un résultat négatif. Je ne sais si ce caractère se manifeste avec les autres alcaloïdes ou s'il se produit encore avec d'autres substances ; c'est en tout cas un caractère empirique d'une sensibilité exquise dans le cas spécial.]

374. *Empoisonnement par les capsules de pavots.* — On a signalé assez fréquemment des tentatives d'empoisonnement à l'aide des *capsules de pavot*, que l'on emploie surtout en décoction[1]. Winckler[2] a démontré que les capsules renfermaient le plus de morphine, quelque temps avant leur maturité, que la proportion en est toujours faible et n'est pas la même pour les diverses espèces. Il y a de plus constaté la présence de la narcotine, de la codéine, de la narcéine ; Hesse y a signalé celle de la rhœadine. J'ai soumis à l'analyse par le procédé indiqué au § 287 plusieurs variétés de têtes de pavots achetées dans diverses pharmacies, et j'y ai toujours constaté la présence de la thébaïne, de la codéine, de la morphine et quelquefois de la narcéine.

---

[1] Winckler et Buchner, *N. Repert. f. Pharm.*, t. XVI, p. 35 et 38.
[2] Voy. *Buchner. Repert.*, 2ᵉ série, t. IX, p. 1 ; 1ʳᵉ série, t. XXXIX et 2ᵉ série, t. I, III, VII, et Meurin, *N. Repert. f. Ph.*, t. II, p. 462.

L'extrait aqueux de ces capsules renfermait toujours de la morphine, mais souvent en quantité presque impondérable [1].

§ 375. Le *dosage de la morphine* peut se faire à l'aide de la méthode volumétrique de Mayer, en se rappelant que la concentration du liquide influe sur l'exactitude du dosage autant que pour l'atropine (V. § 536) 1 cent. cube du liquide de Mayer correspond à $0^{gr},02$ de morphine, à 0,01886 seulement d'après Kubly. On reconnaît de la manière suivante que l'opération est terminée ; chaque goutte du réactif produit, quand l'opération touche à sa fin, un précipité gélatineux qui se contracte et adhère fortement aux parois du verre ; lorsque la précipitation est achevée ce phénomène ne se produit plus ; s'il restait le moindre doute, il faudrait filtrer avant d'ajouter une nouvelle quantité de réactif.

Le dosage de la *narcotine* se fait plus aisément encore, par le procédé de Mayer, car les résultats sont plus indépendants de la concentration ; Kubly a obtenu les mêmes chiffres avec une solution diluée au 1/200 ou au 1/350, la fin de la précipitation seulement ne se reconnaît que difficilement dans les solutions très-étendues. On a proposé pour ce dosage d'étendre de son volume d'eau le réactif de Mayer, de manière que chaque cent. cube n'indique plus que $0^{gr},009595$ de narcotine (chiffre de Kubly ; Mayer admet $0^{gr},01065$). La fin de la réaction se reconnaît comme pour l'atropine (V. § 536). Un mélange de morphine et de narcotine, exige pour sa précipitation un nombre de centi-

[1] Je veux ajouter ici quelques lignes relatives à deux autres substances narcotiques, le *lactucarium* et l *haschisch* qui sont employées quelquefois de nos jours en médecine. L'étude de ces deux composés au point de vue chimique et physiologique étant à peine ébauchée, je ne m'occuperai que de la manière dont ces deux substances se comportent avec les liquides qui nous servent à l'extraction des alcaloïdes. J'ai fait préparer par Masing du lactucarium avec des feuilles de lactuca virosa (et non du sativa) et du haschisch avec du chanvre indien provenent d'Alexandrie. Les solutions acidulées n'abandonnèrent au pétrole, à la benzine, à l'alcool amylique et au chloroforme aucun corps qui pût être confondu avec les alcaloïdes. L'alcool amylique enleva, au contraire, à la solution ammoniacalisée du haschisch des traces d'un corps qui fut précipité de sa solution aqueuse par l'iodure double de bismuth et de potassium et se colora en rouge violet fugace par le réactif de Fröhde. Cette substance ne peut néanmoins pas être confondue avec la morphine, puisque toutes ses autres réactions sont différentes. Le lactucarium en solution alcaline abandonna, à l'alcool amylique seulement, des traces d'une matière qui précipita également par le réactif bismuthique, mais qui ne se colora pas par celui de Fröhde.

mètres cubes égal à la somme de ceux qu'il faudrait pour chaque précipitation isolée.

DELPHINE.

§ 376. Cet alcaloïde qui existe dans les semences de la *dauphi-nelle* (delphinium staphysagria) peut être retiré par la benzine des solutions aqueuses acidulées; le pétrole l'extrait avec difficulté des solutions acides et n'exerce aucune action dissolvante sur les solutions alcalines. Le chloroforme l'enlève avec beaucoup de rapidité aux solutions acides et bien plus facilement encore aux solutions alcalines. Elle se dépose à l'état amorphe de ses solutions dans la benzine ou le chloroforme.

Les solutions acides sont précipitées par l'ammoniaque, par la potasse et par les carbonates alcalins, mais on ne doit pas employer un excès de réactif. Le bicarbonate précipite plus complétement à chaud qu'à froid. L'éther dissout facilement la delphine et la sépare ainsi d'un second alcaloïde nommé *staphysagrine*, qui l'accompagne dans les semences du delphinium.

Cette substance n'est que rarement employée, nous avons déjà indiqué ses réactions caractéristiques au § 287, III ; son action physiologique présente beaucoup de traits de ressemblance avec celle de la vératrine et de l'aconitine. On a signalé récemment un empoisonnement dû à cet alcaloïde[1].

ALCALOÏDES VOLATILS.

NICOTINE, CONICINE, LOBELINE, ETC.

§ 377. *Généralités.* — Nous avons déjà, en parlant des alcaloïdes en général, appelé l'attention sur la liquidité, la volatilité et l'odeur caractéristique que présentent la *narcotine* et la *co-nicine*.

La *nicotine* est contenue dans les feuilles des diverses variétés de tabac (nicotiana tabacum, rustica, macrophylla) à l'état de malate, tannate, citrate, etc., de nicotine. [Elle s'y trouve en

[1] *Ztschr. f. d. oest. Apothek.*, VII, p. 195.

quantité variable de 7,34 à 5,21 pour 100. Les préparations que l'on fait subir au tabac lui font perdre une certaine quantité de nicotine ; c'est ainsi que le tabac à fumer n'en contient plus que 2 à 5 pour 100 ; le tabac à priser qui a subi une fermentation en renferme encore 2 pour 100. Une notable quantité de nicotine s'échappe à la combustion du tabac que l'on fume, et peut être condensée dans les réservoirs des pipes à forme allemande ; quelques gouttes de ce liquide déterminent la mort d'un oiseau de petite taille. Chaque année malheureusement on voit survenir des accidents quelquefois mortels dus à la trop grande quantité de tabac fumé dans un espace de temps trop court.] L'usage habituel du tabac à fumer chez un grand nombre de personnes, introduit dans l'économie de petites quantités d'alcaloïde que l'on retrouve parfois dans l'estomac ; il en est de même chez celles qui mâchent le tabac.

[L'expert doit être prévenu qu'il pourra dans ces cas s'attendre à retirer de petites quantités de nicotine du contenu stomacal. Il m'est arrivé dans une expertise d'isoler de l'estomac d'un fumeur mort par accident, une à deux gouttelettes d'un corps huileux, volatil, odorant et présentant les caractères généraux des alcaloïdes avec les réactifs employés d'ordinaire.

[Les empoisonnements dus à la nicotine pure sont très-rares ; le plus célèbre est celui tenté par Bocarmé sur son beau-frère (voy. Tardieu et Roussin, *Étud. méd.*, p. 790). On a mis quelquefois à profit pour se suicider le liquide qui se condense dans les réservoirs de certaines pipes ; des accidents nombreux se sont produits à la suite de l'administration de lavements préparés par l'infusion de feuilles de tabac. Dans ces derniers temps enfin on a signalé des intoxications dus à l'application externe de feuilles de tabac (soit comme cataplasmes, soit pour soustraire les feuilles à la vue de la régie[1]).]

La *conicine* se trouve contenu principalement dans le conium

---

[1] Empoisonnement par l'application externe de feuilles de tabac ; *Zeitsch. f. Pharm.*, t. II, p. 441. Tardieu et Roussin, *Étude méd.*, p. 780. — De la présence de la nicotine dans le poumon et le foie d'un priseur. Morin, *Gaz. hebd.*, 1861, p. 52. — Empoisonnement par la nicotine. Schotten, *Arch. f. path. Anat.*, t. XLIV, p. 172. Vohl. et Eulenberg, *Arch. f. Pharm.*, t. CXCVII, p. 150. — Dragendorff, *Beit. z. gericht. Chemie*, p. 18.

maculatum et l'œthusa cynapium. Le conium maculatum (*cicuta major*, ciguë officinale, grande ciguë) renferme encore deux autres alcaloïdes, la *conhydrine* et la *méthylconicine* (Wertheim). La conhydrine est un alcaloïde solide volatil et oxygéné, qui paraît agir comme la conicine, à la différence près que son action, à doses égales est plus faible ; le produit artificiel l'éthylconine se comporte de la même manière. Wertheim a retiré 17 gra m mes de conhydrine de 280 kilos de feuilles de ciguë. La méthylconicine retiré depuis du lupinus luteus, par Siewert, agit à doses égales comme la conicine. Cette dernière existe en quantité variable dans les diverses parties de la plante ; comme elle est volatile, il s'ensuit que les parties desséchées en renferment souvent moitié moins que les parties fraîches. Les feuilles et les tiges fraîches en contiennent de 0,01 à 0,03 pour 100 ; il y en a 0,14 pour 100 dans les fruits (Dragendorff).

[Geiger donne d'autres chiffres qui me paraissent plus exacts ; herbe fraîche 0^{gr},008 ; fruits récents 1 et fruits conservés 0,5 pour 100.

[La cicuta virosa (aquatica, ciguë vireuse) a occasionné des accidents, puisqu'on a confondu sa racine avec celle du céleri ; on sera très-embarrassé de reconnaître l'empoisonnement produit par elle, puisque d'une part elle ne renferme pas de conicine et que d'autre part on ne connaît pas la substance qui la rend vénéneuse.

[L'*œthusa* cynapium (petite ciguë, faux persil), que l'on confond si fréquemment avec le persil ordinaire a donné naissance à des accidents très-nombreux, qui quelquefois se sont terminés par la mort.

[La conicine du commerce renferme presque toujours de la conhydrine et de la méthylconicine qu'il est très-difficile de séparer ; elle est très-toxique (Orfila). Christison la regarde comme un poison aussi violent que l'acide cyanhydrique ; deux gouttes appliquées sur une blessure ou sur l'œil d'un animal occasionnent souvent la mort en moins de 90 secondes. Cette circonstance explique pourquoi il devient souvent impossible de la retrouver dans les cas d'empoisonnement lorsque la dose n'a pas été exagérée.

§ 378. *Action physiologique et diffusion.* — Les connaissances que nous possédons sur les propriétés toxiques de ces deux alcaloïdes pourraient être plus précises. La *nicotine*, dit-on, paralyse le cerveau et les muscles inspirateurs[1] ; la *conicine*, au contraire, paralyse les nerfs périphériques, tandis que le cœur continue à battre. Les parois gastriques et intestinales sont quelquefois plus ou moins enflammées dans l'empoisonnement par la nicotine[2]. Zalewsky et Adelheim ont sous ma direction retiré la conicine du sang, des organes sanguins et de l'urine ; on la retrouve dans l'estomac souvent très-longtemps après son ingestion ; les intestins n'en renferment que des traces[3].

Wright prétend que la nicotine empêche l'oxydation du sang ; on peut la retirer facilement du contenu du tube digestif. Taylor en a constaté la présence dans la langue et dans le sang des animaux empoisonnés ; il ne réussit pas à la retrouver dans le foie, le cœur et le poumon. Je suis arrivé à un résultat tout opposé ; j'ai échoué dans la recherche de la nicotine dans la langue, mais je l'ai retrouvée dans le sang, dans le foie, dans le cerveau et dans le poumon.

§ 379. *Recherche toxicologique.* — Ces deux alcaloïdes ont une grande tendance à se décomposer quand on les chauffe au contact de l'air, en présence de bases ou d'acides puissants ; ils se volatilisent également avec la plus grande facilité ; ce sont là des motifs qui exigent une modification du procédé primitif de Stas. Nous avons vu dans les généralités que l'acide sulfurique n'enlevait qu'incomplétement ces alcaloïdes à la solution éthérée, ce qui s'explique par la grande solubilité dans l'éther de leurs sulfates, de celui de conicine surtout. Le procédé d'Erdmann-Uslar doit également être modifié pour éviter les pertes qui se produisent pendant l'évaporation de la solution amylique et du liquide sursaturé par l'ammoniaque.

---

[1] Traube, *Med. Centralbl.*, 1865, p. 105 ; et Nasse, *Beit. z. Physiol. der Darmbeweg.*, 1866.

[2] Modifications que subissent le cerveau et la moelle dans l'empoisonnement par la nicotine et la conicine. Jacubowitsch, *Mittheilungen u. d. feinere Structur des Geh. u. Rückenm.*, 1857, p. 44 ; et Guttmann, *Klin. Woch.*, 1866.

[3] *Beit. z. gerich. Chemie*, p. 1 ; et Zalewsky, *Unters. u. das Conin.* Thèse de Dorpat, 1869. — Trechart, *Ein Beitrag z. Nicotinwirkung.* Dissert. ; Dorpat, 1869, et Krocker, *U. d. Wirkung des Nicotins.* Dissert. ; Berlin, 1868.

Les mêmes considérations s'appliquent *a priori* au procédé d'extraction par la benzine. Cette dernière, il est vrai, se volatilise à une température assez basse, mais rien ne garantit que sa vapeur n'entraîne pas en même temps une certaine quantité d'alcaloïde.

Je recommanderai de préférence l'extraction par le chloroforme. Ces divers dissolvants n'enlèvent l'alcaloïde qu'aux solutions acidulées; j'ai obtenu de meilleurs résultats encore en combinant l'extraction par l'alcool amylique avec le traitement éthéré, comme je l'ai indiqué pour l'atropine (§ 352.) Reichhardt a trouvé très-utile de modifier d'une manière identique le procédé d'Erdmann-Uslar [1]. J'ai également trouvé très-avantageux de modifier le procédé d'extraction par la benzine, en la remplaçant en un moment donné par de l'éther.

Le procédé dont je me sers actuellement pour rechercher tous les alcaloïdes volatils consiste à traiter par la benzine la solution acide qui enlève des substances étrangères; j'enlève l'alcaloïde en agitant la solution ammoniacalisée avec du pétrole chaud et bien rectifié. L'évaporation se fait dans un verre de montre humecté par de l'acide chlorhydrique concentré, à une température qui ne doit pas dépasser $+30°$. Le résidu est examiné par les procédés indiqués au § 287, VII. On reconnaît souvent l'alcaloïde quand il y en a des quantités un peu notables à l'odeur de sa solution dans le pétrole; dans ce cas on peut même évaporer sans ajouter d'acide (il s'en perd cependant toujours un peu par l'évaporation simple). Ce procédé m'a permis de retrouver facilement par 2 centigrammes d'alcaloïde dissous dans 100 ou 200 centimètres cubes de liquide renfermant des matières organiques.

On a proposé d'isoler ces deux alcaloïdes par la distillation. Les matières suspectes sont transformées par addition d'eau en une masse fluide à laquelle on ajoute un excès de solution potassique; le mélange est porté à l'ébullition dans un appareil distillatoire dont le récipient est fortement refroidi. Le liquide

---

[1] Analyse du contenu de l'estomac de porcs qui avaient mangé des feuilles de ciguë; mon procédé vaut mieux que celui de l'auteur, puisque j'opère sur une solution éthérée qui ne renferme pas de traces de benzine ou d'alcool amylique.

condensé a une odeur caractéristique; on l'agite avec de l'éther qui dissout l'alcaloïde. Ce procédé peut être utile comme essai préliminaire, mais l'extraction définitive de l'alcaloïde doit toujours se faire par une autre méthode. La décomposition des deux alcaloïdes est en effet favorisée par l'alcalinité du liquide et la température très-élevée à laquelle ils se volatilisent, qui exige que l'on évapore presque à siccité les matières suspectes.

§ 380. *Caractères communs.* — La *nicotine* et la *conicine* se déposent par l'évaporation de leurs solutions dans l'éther, le pétrole, le chloroforme ou la benzine, sous forme de *gouttelettes huileuses*, qui chauffées à la main, répandent l'odeur caractéristiques de l'alcaloïde. Il nous reste à différencier les deux alcaloïdes.

§ 381. *Caractères chimiques de la nicotine.* — La *nicotine* présente les caractères suivants : elle se présente sous la forme d'un liquide huileux incolore, de 1,048 de densité, répandant des fumées blanches quand on la chauffe à près de 100° et se volatilisant à 240° en éprouvant une décomposition partielle ; elle laisse un résidu brun composé de matières résinoïdes. Elle se volatilise facilement en présence des vapeurs d'eau et d'alcool amylique ; elle se solidifie à — 10°, se comporte comme une base puissante, est fortement sinistrogyre, a une odeur désagréable de tabac surtout à chaud et possède une saveur très-âcre. Elle attire l'humidité atmosphérique et paraît se dissoudre dans l'eau en toute proportion ; la potasse concentrée la sépare en partie de ces solutions. La solution aqueuse se comporte dans un grand nombre de réactions comme l'ammoniaque. L'alcool et l'éther la dissolvent en toute proportion ; les premières portions de la solution alcoolique distillée ne renferment pas (à ce qu'on dit) de nicotine. Les acides étendus la dissolvent avec la plus grande facilité ; ses sels doivent être évaporés avec précaution, car un excès d'acide peut les décomposer surtout à chaud. Les bases alcalines et alcalino-terreuses déplacent la nicotine de ses solutions salines, mais elle-même précipite les solutions métalliques (plomb, cuivre, cobalt, etc.). Le chlorhydrate de nicotine se volatilise plus facilement que l'alcaloïde lui-même ; il est soluble dans l'alcool (caractère distinctif et séparatif du chlorure d'ammonium) et insoluble dans l'éther. L'oxalate de nicotine est également soluble dans l'alcool (celui d'ammonium ne l'est pas. La nicotine exposée à la lumière se colore bientôt en jaune, puis en brun ; elle s'épaissit en même temps et abandonne par la distillation des masses résineuses brunes que le pétrole ne dissout qu'en partie.

Les réactifs généraux des alcaloïdes se comportent de la manière suivante avec les solutions *acides* de nicotine.

Iodure de bismuth et de potassium. — Trouble manifeste dans les solutions au 1/40000.

Phospho-molybdate de sodium. — Trouble peu sensible dans les liquides de même concentration.

Les réactifs suivants doivent être versés dans les solutions *neutres.*

Iodure de mercure et de potassium. — Trouble dans les solutions au 1/15000.

Chlorure d'or. Trouble dans les solutions au 1/10000 après quelque temps de repos.

Chlorure de platine. — Trouble dans les solutions au 1/5000.

Tannin. — Trouble dans celles au 2/1000.

Chlorure mercurique. — Trouble dans celles au 1/1000.

Le *chlorure de platine* produit un précipité blanc jaunâtre, amorphe qui se dissout à chaud et se précipite par le refroidissement sous forme de cristaux jaunes. Une solution de chlorhydrate de nicotine très-acide ne se trouble pas de suite par le refroidissement, mais elle abandonne après quelque temps un précipité bien cristallisé.

Les réactions suivantes peuvent être mises à profit pour caractériser la nicotine.

1) Le *chlore* la colore en rouge de sang puis au brun ; ce produit de décomposition est soluble dans l'alcool et s'en sépare à l'état cristallisé par le refroidissement.

2) Le *cyanogène* produit la même coloration brune ; mais le produit ne cristallise pas dans l'alcool ; je n'accorde pas une grande valeur à ces deux réactions.

3) Le *chlorure de platine* donne un précipité rougeâtre cristal-

lisé, qui se dissout à chaud et se reprécipite par le refroidissement.

4) L'*acide gallique* donne un précipité floconneux.

5) Une goutte de nicotine projetée sur de l'*acide chromique sec* s'enflamme avec production d'une odeur camphrée de tabac.

Les réactions des chlorures de platine et d'or, peuvent servir à différencier la conicine de la nicotine ; celles du chlore, du cyanogène et de l'acide chromique exigent trop de matière ; l'acide gallique et le chlorure de platine donnent d'excellents résultats dans les solutions au 1/100. J'ai observé avec l'*acide chlorhydrique* une réaction un peu différente de celle qui est décrite par beaucoup d'auteurs. La nicotine chauffée avec précaution avec de l'acide chlorhydrique de 1,12 de densité devient brune ou rouge brunâtre ; en ajoutant de l'acide azotique de 1,3 de densité à la solution chlorhydrique évaporée à consistance sirupeuse et refroidie on obtient une coloration violette plus ou moins nette qui passe au brun orangé. Cette réaction ne réussit bien qu'avec une certaine quantité de matière.

La réaction due à *Roussin* est plus nette. On ajoute à une solution éthérée de nicotine au 1/100 son volume d'une solution éthérée d'iode ; il se dépose après quelques minutes déjà des cristaux ayant quelquefois la longueur de 1 centimètre. Une solution au 1/150 se troubla au premier moment, puis abandonna un dépôt brun amorphe, qui après une heure présenta des traces manifestes de cristallisation ; après 4 heures, tout le précipité était remplacé par de longues aiguilles cristallines. L'éther iodé au premier moment ne produisit aucun trouble dans une solution au 1/500 ($0^{gr},08$ dans 40 d'éther) ; mais après 4 heures le liquide renfermait un dépôt cristallin surmonté de quelques cristaux très-longs et très-bien formés.

§ 582. *Résistance à la décomposition.* — La nicotine s'altère quand elle est conservée dans des flacons mal fermés, car elle jaunit très-rapidement ; elle paraît néanmoins se conserver très-longtemps en présence des matières organiques. On a pu la retrouver au bout de sept ans dans les restes d'un animal intoxiqué.

§ 583. *Caractères chimiques de la conicine.* — La conicine est un liquide clair altérable à la lumière et par la chaleur ; sa densité est de 0,89. Elle se volatilise déjà sous le vide de la machine pneumatique, émet beaucoup de vapeurs à une température inférieure à 100° et se volatilise entre 187°,5 et 189° (212° d'après d'autres). La vapeur d'eau l'entraîne mais la décompose partiellement. Son odeur rappelle quand elle est délayée celle de l'urine de souris ; chauffée au contact de l'air elle se laisse enflammer. Sa solution aqueuse est alcaline ; elle est moins soluble que la nicotine (1/100 environ). Elle attire la vapeur d'eau et se trouble ensuite quand on la chauffe. L'eau précipite la solution alcoolique concentrée ; l'éther, la benzine, l'alcool amylique, le chloroforme et le pétrole la dissolvent avec facilité ; elle n'est pas aussi soluble dans le sulfure de carbone. La conicine coagule l'albumine ; ni la nicotine ni les alcaloïdes solides ne possèdent ce caractère. Les acides étendus la dissolvent avec facilité, mais les sels se décomposent facilement pendant l'évaporation et une partie de l'alcaloïde se volatilise. L'acide chlorhydrique en excès colore le liquide en bleu ou en violet ; les cristaux de chlorhydrate de conicine examinés à la lumière polarisée, présentent les teintes les plus vives, ce qui les distingue facilement du chlorure d'ammonium. Le chlorure et l'oxalate sont solubles dans l'alcool.

Le chlorhydrate de conicine doit être examiné dès qu'il s'est déposé de sa solution dans le pétrole, car il se modifie rapidement ; le résidu examiné à un grossissement de 180 à 250 se compose de groupes étoilés de cristaux prismatiques ; quelquefois les cristaux sont enchevêtrés, dendritiques ou ont l'apparence de la mousse. Helwig en a donné un dessin très-fidèle[1], mais Erhard n'a figuré que des produits de décomposition. Les cristaux peuvent être examinés avec avantage au microscope polarisant ; ils sont presque toujours incolores, quelquefois un peu jaunâtres. Exposés pendant quelque temps à l'air, ces cristaux se modifient ; les prismes disparaissent et si la cristallisation avait l'apparence de la mousse, on voit se produire en certains points des formes qui rappellent celles des sporanges ; peu à peu on voit se former des cristaux jaunes, présentant des formes

---

[1] *Mikroskop in der Toxicologie*, t. XVI.

cubiques, octaédriques, tétraédriques ; ces cristaux sont quelquefois groupés et simulent des croix, des poignards ; ils sont sans action sur la lumière polarisée. Ce sont ces derniers cristaux qu'Erhard a figurés [1]. Ces formes rappellent celles que l'on obtient en évaporant à 20 ou 30°, une solution de chlorure d'ammonium ; je ne serais pas étonné que le produit de la décomposition du chlorhydrate de conicine fût en effet ou du chlorure d'ammonium ou le chlorure d'une base organique d'une constitution moins compliquée que celle de la nicotine.

Zalewsky s'est demandé si la présence de l'ammoniaque ne pouvait pas faire naître des confusions ; il a épuisé des solutions ammoniacales par le pétrole et évaporé ce dernier comme pour la conicine dans un verre de montre humecté par de l'acide chlorhydrique ; le pétrole lavée à l'eau distillée n'abandonna pas de cristaux par l'évaporation ; il ne s'en produisit que lorsque l'air ambiant était ammoniacal. Les cristaux de chlorure d'ammonium ne peuvent être confondus avec ceux de chlorhydrate de conicine, car leur forme est différente et ils n'ont pas d'action sur la lumière polarisée.

Il n'y a aucun avantage à transformer la conicine en sulfate ; l'excès d'acide, au contraire, que l'on ne peut éloigner aussi facilement que l'acide chlorhydrique, peut décomposer facilement l'alcaloïde.

Les cristaux sont aiguillés et mélangés de grands feuillets analogues à ceux que l'on obtient avec le sulfate d'ammonium (Erhard, pl. I, fig. 4). La même remarque s'applique à l'emploi de l'acide phosphorique ; le phosphate de conicine figuré par Erhard ressemble à s'y méprendre au phosphate d'ammonium.

La conicine ne possède pas de réactif bien caractéristique ; les uns exigent trop de matière, les autres se comportent de la même manière avec d'autres alcaloïdes. On a même signalé des réactions qui n'appartiennent pas à l'alcaloïde pur, et qui doivent être évidemment attribuées à ses produits de décomposition ou à ses impuretés. La réaction de l'acide chlorhydrique de 1,2 de densité appartient à cette dernière catégorie, car la

___

[1] *Neues. Jahrb. f. Pharm.*, t. 1, fig. 2.

coloration bleu verdâtre se produit d'autant moins nettement que le produit est plus pur; c'est ainsi qu'on ne l'observe pas avec le résidu abandonné par le pétrole. L'acide chlorhydrique gazeux, le chlore, l'acide iodique et l'azotate d'argent ne donnent pas de réaction assez sensible, car ils exigent l'emploi d'une quantité de matière que le toxicologiste n'a jamais à sa disposition. Nous ne pouvons également pas songer à mettre à profit la coagulation de l'albumine par la conicine.

Nous allons passer en revue la manière dont se comporte cet alcaloïde avec les réactifs généraux ; les essais ont été faits toujours avec 1/10 de cent. cube d'une solution de sulfate de dilution variable.

Iodure de bismuth et de potassium. — Précipité rouge orangé foncé dans les solutions au 1/2000; celles au 1/3000 et au 1/400 se troublent; la goutte de réactif versée dans le liquide s'entoure d'une auréole opaque ; celle au 1/5000 donne l'auréole, mais le liquide mélangé reste clair et ne paraît trouble que lorsqu'on place le verre de montre sur un fond noir. Un liquide dilué au 1/6000 ne se trouble plus; la goutte de réactif elle-même ne produit qu'une auréole peu visible.

Phospho-molybdate de sodium. — Solutions au 1/1000, précipité jaunâtre abondant ; — au 1/2000, précipité plus faible, mais visible ; — au 1/3000, précipité plus faible, mais visible ; — au 1/4000, trouble très-faible; la goutte de réactif s'entoure d'une auréole opaque très-visible ; — au 1/5000, auréole peu visible ; — au 1/6000, plus d'auréole.

Iodure de mercure et de potassium. — *Solutions aqueuses* au 1/200, précipité caséeux abondant ; — au 1/800, trouble visible ; — au 1/1000, limite extrême de la réaction; cette limite est déjà atteinte pour un liquide acide quand il est dilué au 1/800.

Iodure de cadmium et de potassium. — Précipité amorphe et abondant dans les solutions au 1/100 ; trouble faible dans celles au 1/200 ; trouble à peine visible dans les liquides dilués au 1/300.

Tannin. — Précipité faible dans les solutions au 1/100.

Chlorure de platine. — Se comporte de la même manière dans les liquides qui ne sont pas acides.

Chlorure d'or et chlorure de mercure. — Les solutions au 1/100 précipitent difficilement.

Iodure de potassium ioduré. — Ce réactif est des plus sensibles; la précipitation est distincte dans un liquide dilué au 1/8000; elle est encore visible dans une solution au 1/10000.

La présence de la conicine n'est démontrée que lorsqu'on peut constater avec le produit que l'on a isolé l'ensemble des réactions suivantes :

1) Le résidu abandonné par l'évaporation du pétrole dans un verre de montre humecté d'acide chlorhydrique, doit être cristallisé soit à simple vue, soit au microscope; les cristaux doivent être aiguillés, prismatiques ou dendritiques.

2) Ces cristaux doivent posséder une action sur la lumière polarisée.

3) Ils répandent l'odeur de la conicine surtout quand on projette sur eux l'haleine humide.

4) On les dissout dans 1/10 de cent. cube d'une eau acidulée par de l'acide sulfurique (1/30); cette solution doit se troubler par l'iodure double de bismuth et de potassium et par le phospho-molybdate de sodium.

Le sublimé corrosif ne doit être employé que lorsqu'on a à sa disposition une quantité un peu forte de conicine.

Le résidu de l'évaporation de la solution de nicotine dans le pétrole acidifié est tout à fait différent de celui de la conicine. J'ai obtenu avec 0^{gr},001, 0,0005 et 0,0002 de nicotine un résidu jaune *amorphe* qui ne devint cristallin qu'après quelque temps en présentant les formes de croix, poignards, etc., du chlorhydrate de conicine décomposé; je crois que ces cristaux sont également des produits de décomposition (Erhard, pl. II, fig. 3). La nicotine présente de même quelques légères différences avec les réactifs généraux; elle est encore précipitée de solutions très-étendues.

La conicine du commerce renferme souvent de la *conhydrine*; cette dernière possède à peu de chose près les mêmes caractères que la conicine; s'il y en avait beaucoup on pourrait obtenir par l'évaporation du pétrole (non acidifié) des cristaux de conhydrine. La conhydrine dissoute dans le pétrole et évaporée sur un verre de montre humecté d'acide chlorhydrique abandonne des cristaux incolores qui ont l'apparence de feuilles de roseaux ou de mousse lorsque la solution est peu chargée ; les cristaux sont mieux formés lorsque la solution renferme plus d'alcaloïde. Wertheim n'a pas obtenu de chlorhydrate de conhydrine cristallisé. Ceux que j'ai obtenus n'étaient pas encore décomposés complétement au bout de trois jours. Les solutions de ce sel se comportent comme celles de conicine avec le phospho-molybdate de sodium, l'iodure ioduré, et les iodures doubles de bismuth et de mercure.

La *methylconine* est isolée par les mêmes procédés que la conicine ; ces deux corps sont très-difficiles à différencier, car ils possèdent la même odeur, précipitent tous deux par l'iode, l'acide picrique, le tannin, le phospho-molybdate, l'iodure double de bismuth et ne précipitent pas le chlorure de platine. La même remarque s'applique aux composés artificiels d'*ethyl et de méthyl-éthylconine* ; leurs chlorhydrates cristallisent. L'éthylconine a une odeur un peu différente qui tient le milieu entre celle de la conicine et celle de la nicotine.

§ 384. *Empoisonnements par la ciguë.* — On a prétendu dans ces derniers temps que certains animaux comme les alouettes et les cailles étaient réfractaires aux propriétés toxiques de la ciguë, au point que l'on pouvait les nourrir sans inconvénients avec cette plante. Leur chair se sature dans ce cas d'une telle quantité de toxique, que son ingestion peut suffire pour empoisonner des carnivores.

Pour constater un empoisonnement par la ciguë, il faut chercher par les moyens mécaniques à isoler les débris végétaux que l'on reconnaît alors souvent à leur aspect quand ils ne sont pas trop altérés ; la forme des feuilles et des fruits est en effet assez caractéristique.

Fig. 16.

[On peut, lorsqu'on a réussi à isoler quelques parties végétales, les laver à grande eau et les triturer dans un mortier avec une solution concentrée de potasse ; on perçoit ainsi suivant Christison une odeur vireuse plus ou moins prononcée ; cet essai ne réussit pas toujours.

[On connaît un empoisonnement tenté par l'administration de la racine d'œnanthe crocrata, qui ressemble au panais (Toulmouche [1]). Les symptômes présentés à l'autopsie sont peu caractéristiques et peuvent se présenter dans un grand nombre d'autres cas (putréfaction hâtive du cadavre, plaques livides, taches pétéchiales sur tout le corps, congestions passives dans les organes, suffusions disséminées sur le cœur, le poumon et les intestins).

[La tâche du chimiste deviendra des plus difficiles lorsqu'on n'a administré que le liquide provenant de la décoction ou de la macération de la plante vénéneuse ; Taylor cite un cas où l'on ne put constater chimiquement l'empoisonnement d'un enfant, qui, d'après les aveux de la mère, avait avalé une cuillerée de café de décoction de ciguë.]

§ 385 *a. Séparation de ces deux alcaloïdes des alcaloïdes fixes.* — La volatilisation de ces deux corps peut être mise à profit pour les séparer des alcaloïdes que le pétrole enlève aux solutions aqueuses alcalinisées, à savoir : de la *strychnine*, de la *brucine*, de la *quinine*, de l'*émétine*, de la *vératrine* et de la *papavérine*. La solubilité dans l'eau de la nicotine et de la conicine (cette dernière est moins soluble que la narcotine) permet encore de les séparer d'une manière satisfaisante des alcaloïdes précédents. On pourrait également se servir de l'action différente des divers dissolvants ; l'éther ne dissout pas la strychnine et la brucine, et le pétrole laissera dans le résidu la quinine, la vératrine et la papavérine.

§ 385 *b. Séparation de ces deux alcaloïdes d'autres corps volatils.* — L'*aniline* sera isolée par les procédés que nous avons mis en usage pour l'extraction de la conicine et de la nicotine. Elle coagule l'albumine comme la conicine, mais possède une odeur différente et se caractérise facilement par la couleur qui se développe quand on la traite par le mélange de chromate et d'acide sulfurique ou par l'hypochlorite (voy. § 248) ; le chlorhydrate d'aniline qui se dépose par l'évaporation de la solution de pé-

trole ne cristallise pas. L'aniline se distingue en outre de la conicine par sa non-précipitation par le chlorure platinique.

Lobéline. — Zalewsky a soumis à un examen comparatif la
conicine et la *lobéline*; nos connaissances chimiques sur cette
substance sont très-bornées, mais nous savons d'une manière
certaine qu'elle existe, qu'elle est toxique et que c'est à elle qu'il
faut attribuer les propriétés vénéneuses des feuilles et des semences des lobéliacées.

On soumit 50 grammes de feuilles de lobelia au traitement
que nous avons décrit en parlant de l'extraction des alcaloïdes
volatils ; la benzine n'enleva pas d'alcaloïde aux solutions acides,
mais bien aux solutions ammoniacales; le pétrole agit de même.
L'analogie avec la conicine est donc frappante. Le résidu laissé
par l'évaporation à + 20°, ternit légèrement le verre de montre,
répandit l'odeur des feuilles de lobelia quand on y projetait l'haleine, se laissa dissoudre dans l'eau et bleuit le papier de tournesol.
L'évaporation en présence de l'acide chlorhydrique ne fournit
pas, comme on le dit parfois, des prismes à 4 pans, mais une
masse amorphe jaune qui ressemblait beaucoup au résidu chlorhydrique de la nicotine; c'est là un bon caractère distinctif de
la conicine. Le chlorhydrate dissous dans de l'eau acidulée précipita distinctement par les iodures doubles de mercure et de
bismuth et par le phospho-molybdate de sodium.

La solution dans l'eau pure se comporta de la manière suivante :

Iodure de cadmium et de potassium. — Précipité abondant laiteux et floconneux.

Tannin. — Trouble faible d'une couleur jaune sale.

Chlorure de platine. — Trouble jaune blanchâtre.

Chlorure d'or. — Précipité jaunâtre très-faible.

Chlorure mercurique. — Précipité soluble dans un excès de
réactif.

Iodure de potassium ioduré. — Précipité abondant rouge
brunâtre.

Bichromate de potassium. — Précipité jaune très-abondant.

Acide picrique. — Précipité jaune intense.

Réactif de Fröhde. — La réaction du chlorhydrate de lobéline est très-intéressante. Le résidu examiné *immédiatement* après sa dessiccation, se colore en violet foncé par le réactif de Fröhde après deux minutes ; l'intensité de cette coloration augmente pendant 2 heures, reste inaltérée pendant 12 heures, puis passe au brun, et enfin au jaune. Le chlorhydrate abandonné pendant quelque temps dans le laboratoire ne se colore plus. La sixième partie du produit que j'avais retiré de 30 grammes suffit à donner cette réaction d'une manière bien distincte. La réaction de la lobéline ne saurait être confondue avec celle de la morphine, de la salicine, de la populine et des autres glucosides. On ne peut la confondre également avec la conicine, à cause des réactions qu'elle présente avec l'acide picrique et le bichromate.

Je recommanderai de suivre le procédé de Zalewsky, dans les cas où il y aurait lieu de rechercher un empoisonnement par les feuilles de lobelia.

Triméthylamine. — Le pétrole ne dissout que des quantités très-faibles de cette base ; le résidu de l'évaporation a une odeur caractéristique ; son chlorhydrate ne cristallise pas. La solution acide ne précipite pas l'iodure de bismuth et de potassium.

L'acide picrique peut encore servir à distinguer ces corps volatils. Une solution de cet acide versée dans du pétrole renfermant en solution de la conicine, de la nicotine, de la lobéline, de l'aniline ou de la triméthylamine se trouble immédiatement quand elle contient de la lobéline. Le liquide se trouble peu à peu avec la conicine, la nicotine et l'aniline ; la solution de triméthylamine reste limpide très-longtemps, mais abandonne un dépôt par l'évaporation lente. L'évaporation complète fournit des gouttes jaunâtres avec la conicine, la nicotine et la lobéline ; le résidu d'aniline est en partie cristallisé (au microscope on voit des formes dendritiques) ; le picrate de triméthylamine cristallise en lamelles triangulaires très-nettes (voy. § 237).

Principe volatil du seigle ergoté. — J'ai traité cette substance comme s'il s'agissait de rechercher la conicine ; le résidu chlorhydrique de l'évaporation du pétrole était cristallisé, mais peu abondant. La solution précipita faiblement par l'iodure de bismuth et de potassium, par le phospho-molybdate, par l'iode ;

l'acide picrique ne modifia pas la solution aqueuse (voy. encore § 404).

Principe volatil de la jusquiame. — Je n'ai pas réussi à démontrer d'une manière bien certaine l'existence de l'alcaloïde volatil que quelques auteurs prétendent avoir retiré de cette plante.

Principe volatil du sarracenia purpurea. — Björklund et moi avons signalé, il y a quelque temps, la présence d'une amide volatile dans cette plante. On obtient en effet, en la traitant comme la ciguë, un chlorhydrate cristallisé qui précipite par l'iode, l'iodure de bismuth et le phospho-molybdate de sodium.

Mercurialine. — Je n'ai pu soumettre à la recherche des alcaloïdes que des échantillons de mercuriale conservés depuis longtemps ; je n'ai pas réussi à en retirer une substance volatile basique, ce qui ne veut pas dire qu'elle n'existe pas dans la plante fraîche.

Principe volatil du capsicum annuum. — Pelletier en a retiré un alcaloïde volatil[1]. J'ai traité toujours d'après le même procédé 50 grammes de ce poivre finement pulvérisé ; le pétrole n'enleva presque rien aux solutions acides ; la benzine et le chloroforme, au contraire, dissolvèrent une notable quantité d'une résine molle, rougissant la peau, que l'on a nommée jusqu'à ce moment capsicine. L'alcool amylique s'empara du même corps.

Cette résine rougit après 3 ou 5 heures par l'acide sulfurique concentré et le réactif de Fröhde. La solution acide épuisée par ces dissolvants fut agitée une dernière fois avec du pétrole. Ce dernier fut enlevé et l'on ajouta un excès d'ammoniaque. Le pétrole dans ces conditions entraîna une petite quantité d'une substance alcaloïdique qui présentait l'odeur de la conicine ; le résidu chlorhydrique cristallisa en donnant naissance aux formes que nous avons regardées comme appartenant aux produits de décomposition des chlorhydrates de nicotine et de conicine (croix, poignards, tétraèdres et octaèdres). La solution chlorhydrique fut précipitée abondamment par le phospho-molybdate, par l'iodure ioduré, par les iodures doubles de bismuth et de mercure

---

[1] *Arch. f. Pharm.*, t. XVII, p. 563.

et par le chlorure d'or ; les solutions étendues furent précipitées par le chlorure de platine et par le tannin. Le réactif de Fröhde ne se colore pas.

On pourra différencier cet alcaloïde, de la conicine et de la nicotine par les formes cristallines de son chlorhydrate, de la lobéline par le réactif de Fröhde, de l'aniline par les hypochlorites ou par le bichromate. Ce procédé d'extraction pourra être employé avec succès pour rechercher dans certaines eaux-de-vie les principes contenus dans les fruits du capsicum.

Le *piment*, traité de la même manière, fournit un chlorhydrate amorphe, qui fut précipité par tous les réactifs généraux des alcaloïdes, le tannin et le chlorure de platine exceptés, il ne se colora pas par le réactif de Fröhde.

Spartéine. — (Voy. § 287, VII.)

Je ne dois pas m'arrêter davantage à l'étude de ces corps volatils dont la nature chimique ne nous est que peu connue et dont les réactions physiologiques n'ont pas encore été étudiées. Ce que j'en ai dit suffira, je le pense, actuellement aux besoins du toxicologiste.

COLCHICINE.

§ 386. *Généralités.* — La colchicine se retire des *semences* et des *tubercules* du colchique d'automne; l'emploi des préparations de colchique, le vin, le vinaigre ou la teinture de colchique, est d'un usage tellement répandu qu'il n'est pas rare d'observer des empoisonnements à issue plus ou moins funeste dues à l'exagération des doses. A Berlin plusieurs personnes ont été empoisonnées simultanément par du vin de colchique[1].

La mort ne survient pas très-rapidement, aussi faudra-t-il rechercher le toxique dans le gros intestin, les excréments, le rein et l'urine; l'analyse du contenu stomacal, du sang et du foie ne conduira souvent qu'à un résultat négatif. Les désordres locaux observés à la suite de l'intoxication par la colchicine rappellent beaucoup ceux produits par l'aconitine. Son absorption

[1] *Arch. f. Pharm.*, t. CXXXI, p. 1; et Husemann, *Toxicologie et supplément*, 1866. *Ib.*, t. CXLVII, p. 130 et *Gazette de Paris*, 1869.

se fait très-lentement et on peut la retrouver pendant un temps plus ou moins long dans le contenu des intestins et dans les excréments ; elle est absorbée par le sang et est excrétée par l'urine[1].

§ 587. *Dissolvants de la colchicine.* — La colchicine se comporte à l'égard de nos dissolvants, à peu près comme la caféine ; la benzine, l'éther, le chloroforme, l'alcool amylique, l'enlèvent aux solutions acides. L'extraction par quelques-uns de ces dissolvants, notamment par l'éther, ne me semble pas complète. Le chloroforme est le dissolvant le plus énergique ; je recommanderai néanmoins, de préférence à lui et à l'alcool amylique, l'emploi de la benzine qui a l'avantage de ne pas dissoudre un certain nombre de corps étrangers qui peuvent entraver les réactions de coloration. L'agitation préalable avec le pétrole qui ne dissout pas la colchicine débarrasse le liquide d'un certain nombre de ces corps. Les solutions de colchicine abandonnent par l'évaporation un résidu *amorphe jaunâtre*, assez pur souvent pour être soumis directement à l'examen chimique.

§ 588. *Recherche toxicologique.* — Wittstock a suivi le procédé suivant pour la recherche du toxique dans l'empoisonnement par le vin de colchique déjà mentionné. Le contenu de l'estomac fut délayé avec une grande quantité d'alcool et quelques gouttes d'acide chlorhydrique ; le mélange fut bien remué, filtré et évaporé à consistance sirupeuse à une température qui n'atteignit pas + 40°. Le résidu fut repris par de l'eau qui sépara une partie des corps gras ; le liquide filtré, évaporé avec précaution, fut traité par de l'alcool qui enleva des corps étrangers ; au nouveau liquide alcoolique filtré et évaporé à consistance sirupeuse, on ajouta une quantité suffisante d'eau pour obtenir 30 centimètres cubes, puis on le traita par 2 grammes de magnésie et 90 grammes d'éther ; ce dernier fut enlevé après une digestion prolongée et abandonné à l'évaporation spontanée. En redissolvant le résidu éthéré dans l'eau on sépara le restant des corps gras ; la solution aqueuse fut soumise à l'action du tannin, du chlorure de platine et de l'iode.

[1] *Beit. z. gerich. Chem.*, p. 79 ; et Speyer, *Rech. de la colchinine.* Thèse de Dorpat, 1870.

Schacht, à cette occasion, chercha à retirer la colchicine de la teinture de colchique en suivant le procédé de Stas ; il n'obtint ainsi qu'un vernis jaune et perdit beaucoup de matière.

§ 389. *Caractères chimiques*. — La colchicine possède les caractères suivants :

Les solutions alcooliques et éthérées l'abandonnent sous forme d'une masse résineuse jaune ; on dit que l'alcool aqueux la laisse déposer quelquefois sous forme de petits cristaux. Elle se ramollit à + 130°, fond à + 140° sans perdre d'eau et se transforme par le refroidissement en une masse vitrée colorée en brun. La colchicine se dissout lentement mais en toute proportion dans l'eau ; sa solution est neutre ; l'alcool la dissout avec la plus grande facilité. Hübler dit que l'éther ne dissout pas la colchicine pure. Geiger et Hesse disent, au contraire, que cette solution se fait avec la plus grande facilité[1]. J'ai démontré qu'elle est insoluble dans le pétrole, mais très-soluble dans la benzine, l'alcool amylique et le chloroforme. Les acides et les bases étendus la dissolvent ; ces solutions se décomposent et se colorent plus ou moins rapidement en jaune. L'ébullition avec des acides étendus ou avec de l'eau de baryte en tubes clos, transforme la colchicine en colchicéine[2]. La potasse concentrée la transforme à chaud en une masse résineuse brune.

Nous avons indiqué au § 286 la manière dont elle se comporte avec les réactifs généraux des alcaloïdes. Sont *caractéristiques* pour elle les réactions de l'acide azotique pur exempt de composés nitreux[3], de l'acide sulfurique, du réactif d'Erdmann.

L'acide sulfurique colore la colchicine en jaune ; la réaction est d'autant moins sensible que l'acide est plus étendu ; l'acide monohydraté permet de reconnaître 1/20 de milligramme, le dihydrate 1/10, le trihydrate 1/5 et le tétrahydrate seulement 0^{gr},0016.

L'acide azotique de 1,4 de densité colora manifestement au

---

[1] On doit admettre que Hübler, dont le travail est le plus récent, a étudié un tout autre corps que celui qui avait servi aux études de Geiger et Hesse, voy. *Pharm. Zeitsch. f. Russl.*; 4ᵉ année, p. 245. — Geiger et Hesse, *Annal. de Pharm.*, t. VII, p. 274. — Walz. *Neues Jahrb. f. Pharm.*, t. XVI, p. 1.

[2] On a prétendu que ce corps préexistait dans le colchique ; Hübler admet le contraire.

[3] La colchicéine se colore également en rouge violet, puis en jaune par cet acide.

bout de 8 minutes 1/5 de milligramme et même encore 1/10.

L'acide azotique fumant ne donna qu'une réaction faible avec 1/5 de milligramme et plus rien avec 5/20 ; la réaction ne persiste pas aussi longtemps que celle de l'acide de 1/4 de densité ; ce dernier ne peut être remplacé par un acide plus étendu comme celui qui marque 1,5.

De petites quantités de colchicine dissoutes dans 1/2 cent. cube d'acide sulfurique et abandonnées pendant 24 heures prennent par l'acide azotique (de 1/5 de densité au moins) une coloration verte, qui passe au violet et enfin au jaune pâle. La réaction réussit avec un dixième de milligramme ; on peut même abréger la durée de l'action de l'acide sulfurique.

Le *tannin* précipite les solutions au 1/2500 (0^{gr},0002 ; le précipité se dissout facilement dans l'acide acétique.

Le *chlorure d'or* précipite celles au 1/1000 (0^{gr},0005.)

Le *chlorure de platine* ne précipite même pas celles au 1/125.

L'*iodure de potassium ioduré* donne un précipité dans les solutions au vingt-cinq millième ; celles au 3/10000 blanchissent faiblement.

L'*iodure de bismuth et de potassium* précipite les solutions qui renferment 5/20 de milligramme et trouble celles au 3/10000.

Le *phospho-molybdate* précipite les solutions ayant la concentration précédente.

Les *iodures doubles de cadmium, de mercure, le sublimé corrosif, l'acide picrique*, ou le *ferrocyanure de potassium* ne précipitent que les solutions concentrées ou fortement acidulées.

L'*eau chlorée* précipite en jaune les solutions aqueuses de colchicine ; le précipité se dissout dans un excès d'ammoniaque avec une couleur orangée.

Expérimentation physiologique. — Cette expérimentation devient très-difficile, puisque l'animal qui sert d'ordinaire à ce genre d'essais n'est que peu sensible à l'action de la colchicine. 4 milligrammes injectés par voie hypodermique à une grenouille n'ont pas provoqué d'accidents (hiver de 1869-70) ; 10 milligrammes amenèrent la mort après 24 heures, mais sans avoir provoqué de symptômes caractéristiques. Joly n'a obtenu d'accès tétaniques accompagnés de contractions fibrillaires des muscles qu'avec des solutions renfermant de 1 à 5 centigr. d'alcaloïde dissous dans le quadruple de leur poids d'eau. Je ne sais si dans les expertises on réussira à isoler une quantité de toxique suffisante pour pouvoir expérimenter sur des oiseaux ou sur des petits mammifères.

[L'histoire chimique et physiologique de la colchicine est loin d'être complète ; Oberlin [1] admet que la colchicine de Hesse, qu'il n'a pu obtenir cristallisée est un mélange de matières impures et d'une substance qui cristallise très-facilement et pour laquelle il propose le nom de *colchicéine*. Ce principe préexisterait dans le colchique et ne serait pas vénéneux, car 0^{gr},50 injectés dans l'estomac n'ont provoqué que des accidents passagers. Ludwig a confirmé les expériences d'Oberlin ; Hübler a isolé une substance isomère de la colchicéine, qui serait très-soluble dans l'eau, elle se présente sous forme de masse résinoïde jaune. On voit qu'il reste à coordonner ces divers travaux.]

§ 390. *Séparation des autres alcaloïdes.* — La colchicine se différencie de la *caféine*, de la *cubébine*, de la *vératrine* et de la *delphine* par sa couleur, par les réactions du chlore et de l'ammoniaque et par celles de l'acide azotique fumant. Je dois avouer que l'on ne possède pas à l'heure qu'il est de méthode générale qui permette de la séparer des autres alcaloïdes.

SOLANINE.

§ 391. *Généralités.* — La *solanine* est contenue dans les pousses de la pomme de terre, les fruits de la morelle (solanum nigrum) et dans quelques parties d'autres solanées. On n'est pas d'accord sur sa composition chimique. O. Gmelin et quelques autres chimistes admettent que la solanine n'est pas un alcaloïde, puisqu'elle ne contient pas d'azote ; Zwenger et d'autres soutiennent avec beaucoup d'énergie l'opinion contraire. Ce dernier chimiste dit avoir réussi à dédoubler la solanine en une matière sucrée et en *solanidine* principe azoté : c'est en se basant sur cette réaction qu'on a voulu nier la nature alcaloïde de la solanine pour la ranger dans la catégorie des glucosides : cette conclusion ne me

____

[1] *Annal. de Chem. et de Phys.*, I, p. 108 ; 5ᵉ série.

paraît nullement justifiée, car on ne voit pas pourquoi un alcaloïde ne serait pas en même temps un glucoside.

Rien d'étonnant que les empoisonnements par la solanine soient une rareté, si on songe que cet alcaloïde n'existe que passagèrement dans les pousses de pomme de terre au commencement de la germination [1]. Quelques animaux présentent une immunité très-grande pour ce corps, de sorte que la présence de la solanine dans leur estomac ou leur tube digestif ne légitimerait pas la suspicion d'un empoisonnement [2].

§ 392. *Extraction de la solanine.* — Cette extraction présente quelques difficultés qui tiennent à la facilité avec laquelle ce corps se décompose sous l'influence des acides étendus et concentrés. L'acide sulfurique ou chlorhydrique étendus la dédoublent déjà à froid en glucose et en solanidine [3]; l'acide chlorhydrique concentré donne naissance à de la solanicine. La solanine peut être chauffée sans décomposition avec les solutions alcalines affaiblies. L'alcaloïde peut être regardé comme insoluble dans l'eau, mais ses combinaisons avec les acides étendues sont très-solubles. Il est inutile d'aciduler le liquide lorsqu'on recherche la solanine dans les pousses de pomme de terre car elles sont toujours acides; on doit s'assurer par contre que les autres liquides suspects (matières vomies, etc.) possèdent une réaction franchement acide. La macération ne doit être prolongée ni trop longtemps ni à une température trop élevée; il vaut mieux recommencer la digestion avec une nouvelle quantité de liqueur acide [4]. Le liquide aqueux ne doit pas être trop abondant; on le neutralise par de la chaux mieux encore par de la magnésie, on le concentre à un petit volume et on filtre le liquide refroidi. La partie

---

[1] La solanine est contenue dans la racine du *Solanum dulcamara* en quantité tellement insignifiante (si elle y existe) que nous n'avons pas besoin d'en parler; nous ne savons que peu de chose de la *Dulcamarine*; la solution alcaline de la douce-amère abandonne à l'alcool amylique (mais non à la benzine et au pétrole un corps de nature alcaloïde, qui est précipité par les réactifs généraux des alcaloïdes et se colore en jaune, puis en rouge par le réactif de Fröhde.

[2] Empoisonnement par la morelle; Tardieu et Roussin, *Étude médico-légale*, p. 755.

[3] Voy. Kromayer, *Arch. d. nord. Apotheker*, t. CIV, p. 113.

[4] On a proposé d'évaporer le liquide après addition de magnésie et d'épuiser le résidu avec de l'alcool bouillant; il se dissout ainsi trop de matières organiques étrangères.

insoluble est traitée par de l'alcool bouillant, le liquide doit être filtré à chaud ; il se *gélanitisera* par le refroidissement même lorsqu'il ne contient que peu d'alcaloïde. La solution dans l'alcool amylique présente la même particularité ; des solutions diluées au millième et même aux deux millièmes qui restent limpides et fluides à chaud, se gélatinisent par le refroidissement au point que l'on peut sans crainte retourner le verre. Des solutions alcooliques moins concentrées laissent déposer quelquefois la solanine sous forme de cristaux. Cette *gélatinisation* des solutions de solanine dans l'alcool ou dans l'alcool amylique est *caractéristique* pour ce corps et n'a été signalée jusqu'à présent pour aucun autre alcaloïde[1]. La solanidine présente le même caractère ; ce fait est très-important pour nous, puisque nous sommes sûrs de retrouver ainsi un des produits du dédoublement de la solanine ; cette décomposition se fait en effet très-facilement sous l'influence de tous les acides, même du suc gastrique.

Je me suis assuré que la benzine n'enlevait aux solutions acides de solanine qu'une trace très-faible d'un corps qui paraît être de la solanidine. Kromayer a démontré en effet que cette dernière était soluble dans la benzine, tandis que la solanine pure est d'après Helwig insoluble dans ce dissolvant. Les solutions sursaturées par l'ammoniaque n'abandonnent rien à la benzine, au chloroforme et au pétrole. L'éther dissout une petite quantité d'un corps étranger qui est peut-être de la solanidine. *L'alcool amylique, au contraire, l'enlève à chaud aux solutions alcalines.* On voit par suite que la présence de la solanine n'entravera guère nos divers procédés d'extraction des alcaloïdes.

§ 593. *Séparation des autres alcaloïdes.* — La morphine seule accompagnerait la solanine en suivant le procédé modifié que nous avons recommandé, mais ces deux corps se comportent d'une manière si différente vis-à-vis des dissolvants et des réactifs de coloration qu'il n'y a pas de confusion à redouter. La solanine, il est vrai, est insoluble dans l'éther comme la morphine, mais

---

[1] Kletzinsky a fait voir que les solutions aqueuses de solanine pouvaient gélatiniser quand on ajoute à leur solution ammoniacale une quantité insuffisante d'azotate d'argent ou de soude pour produire un précipité.

cette dernière ne se dédouble pas en solanidine. *Cette solanidine qui prend naissance sous l'influence de l'acide chlorhydrique étendu est très-soluble dans l'éther, tandis que le chlorhydrate de morphine y est insoluble.* On reconnaît même que le dédoublement est complet lorsque le résidu se dissout en totalité dans l'éther; un second caractère distinctif, c'est que l'acide chlorhydrique concentré ne dissout pas le chlorure de solanidine, tandis qu'il dissout celui de morphine; on pourra encore pour plus de certitude chercher à constater les propriétés réductrices de la glucose qui a pris naissance dans ce dédoublement [1].

§ 394. *Propriétés chimiques.* — La *solanine* se dépose de ses solutions tantôt à l'état amorphe, tantôt à l'état cristallin (cristaux longs aiguillés ou feutrés). Elle fond à + 235° et peut être facilement sublimée. Nous avons vu comment elle se comporte avec les dissolvants, les acides et les bases; ses sels sont précipités à l'état gélatineux. La saveur de la solanine est amère, brûlante, faiblement alcaline; ces sels sont solubles dans l'eau mais peu stables; ils deviennent acides et la solanine est mise en liberté; l'alcool les dissout facilement, mais ils sont difficilement solubles dans l'éther.

La solanine donne d'après Clarus avec l'*acide sulfurique concentré et le bichromate de potassium*, une coloration bleue fugace, qui passe au vert, cette réaction est loin d'être aussi sensible que celle de la strychnine.

D'après Helwig une trace de solanine dissoute dans de l'acide sulfurique au 1/100 et évaporée sur une plaque de microscope, se transforme en prismes quadrangulaires. La masse encore humide chauffée davantage se colore en rouge, puis en pourpre, puis en brun rougeâtre; elle devient par le refroidissement violette, noir bleuâtre et enfin verte. Le microscope y décèle quelques cristaux incolores.

Je mentionnerai encore les réactions de l'acide sulfurique pur et de l'acide sulfurique bromé. Une solution saturée d'iode dans l'eau, qui est d'un brun clair se fonce quand on lui ajoute une solution étendue de solanine.

---

[1] J'ai retiré par l'alcool amylique du contenu stomacal de porcs empoisonnés un alcaloïde qui était de la solanine.

L'acide picrique et le tannin ne précipitent la solanine que de ses solutions acides (Hager).

La solanine chauffée avec du bioxyde de manganèse et de l'acide sulfurique étendu, donne par la filtration un liquide qui est précipité par le phospho-molybdate; l'ammoniaque colore ce précipité en bleu et le dissout partiellement.

§ 395. *Solanidine*. — Ce produit de dédoublement de la solanine est presque insoluble dans l'eau, mais soluble dans l'alcool et dans l'éther; elle cristallise en aiguilles soyeuses ou en prismes carrés, suivant qu'elle se dépose de l'alcool ou de l'éther. Elle fond à 200° et se volatilise partiellement mais sans décomposition quand on la chauffe rapidement. Sa saveur est amère, elle a des propriétés basiques plus énergiques que la solanine; ses sels sont mieux définis quelquefois même cristallisés. La solution alcoolique du chlorure est précipitée par le chlorure de platine.

L'acide sulfurique la colore comme la solanine (il n'y a qu'une différence dans l'intensité de la couleur); l'acide même étendu donne encore avec la solanine et la solanidine une coloration bleu rougeâtre très-fugace, qui devient plus manifeste par l'addition de l'alcool.

APPENDICE AUX ALCALOÏDES.

DIGITALINE ET DIGITALÉINE.

§ 396. *Généralités*. — La *digitaline* et la *digitaléine* sont les deux principes actifs que l'on a retirés de la digitale (digitalis purpurea, L.); on les extrait des feuilles ou des semences. On emploie en médecine les alcaloïdes purs et plus fréquemment peut-être les feuilles; ces dernières servent à la préparation des infusions, des teintures, des extraits, etc.

[Les accidents à la suite de cette administration sont fréquents; souvent ils sont mortels.

[Un empoisonnement par la digitaline (affaire Couty de la Pommerais) est devenu célèbre à cause des débats animés auxquels il a donné lieu; le procès-verbal de Tardieu et Roussin, malgré les attaques dont il a été l'objet mérite d'être cité comme un modèle à suivre[1].]

§ 397. *Nature chimique de ces corps.* — Il paraît avéré que ces deux corps ne sont pas azotés et qu'ils ne remplissent pas non plus les fonctions de glucosides[2]. L'étude de ces substances était d'autant plus difficile, que le commerce livrait deux produits dont les réactions les plus caractéristiques différaient du tout au tout. C'est ainsi que la digitaline dite française se colore en vert de pré par l'acide chlorhydrique concentré; le produit allemand (Merk) ne se colore qu'en jaune clair ; le produit français est insoluble dans l'eau, le produit allemand y est soluble.

Nativelle[3] a démontré depuis que la digitaline française est un mélange de trois substances : l'une amorphe et inactive paraît être une résine; la seconde cristallisée insoluble dans l'eau, mais soluble dans l'éther serait la véritable *digitaline* ; la troisième amorphe et soluble dans l'eau serait de la *digitaléine* ; les deux dernières substances seules sont actives. J'ai fait préparer ces deux corps par Brandt et nous nous sommes assurés que leur action physiologique à doses égales était la même et qu'on pouvait les extraire des matières organiques dans les cas d'empoisonnement. La digitaline des Allemands ne serait, d'après nos essais, qu'un mélange d'impuretés et de *digitaléine*[4]. Personne n'a confirmé l'existence de l'alcaloïde volatil qu'Engelhardt prétendait avoir retiré des feuilles de digitale.

§ 398. *Action physiologique.* — Ces deux substances produisent des phénomènes tellement caractéristiques que le médecin ne s'y trompera que rarement; les pulsations et la respiration sont notablement diminuées; du côté des intestins on voit survenir en même temps des troubles qui aboutissent à une véritable gastro-entérite. La *pupille des malades sera dilatée;* cet effet, produit à la suite de l'ingestion d'une substance, doit appeler l'atten-

[1] Tardieu et Boussin, *Étude médico-légale,* p. 604.
[2] Homolle avait nié depuis longtemps l'existence de la glucose dans les produits de dédoublement. *Union méd. N. S.,* t. XXII, p. 566 et 581 ; Nativelle est arrivé à la même conclusion.
[3] *Monit. scient.,* 1867. *Journ. de Phys. et de Chem.,* t. LXXIX, p. 255. Homolle et Kossmann avaient déjà obtenu un produit cristallisé.
[4] Voy. *Beit. z. gericht. Chemie,* p. 25 ; et Brandt, *Thèse inaugurale,* 1869. Dorpat.

tion au plus haut degré. Il sera plus difficile de reconnaître un empoisonnement lorsque le malade a succombé.

La digitaline ne paraît pas être éliminée par les urines ; Homolle et Quevenne n'ont jamais pu la retrouver ; Brandt et moi nous n'en avons trouvé que deux fois dans les urines d'un chat ; la constatation de l'intoxication deviendra par suite presque impossible lorsque le malade n'a pas succombé, à moins qu'on n'ait pu conserver les matières vomies et les excréments ; on pourra espérer dans ces cas d'en retirer de la digitaline ou de la digitaléine.

Ces deux alcaloïdes sont lentement absorbés par le sang et paraissent s'y décomposer ; on n'en retrouvera que des traces après la mort. On soumettra dans ces cas à l'analyse non les organes sanguins, mais l'estomac et les intestins, qui retiennent souvent pendant un temps très-long une certaine quantité du toxique.

Résistance à la décomposition. — Cette résistance est plus grande qu'on ne l'admettait généralement ; j'ai pu retirer après quatre mois de la digitaléine du contenu stomacal d'un porc dans lequel se trouvait deux feuilles de digitale.

§ 399. *Recherche toxicologique.* — La digitaline en solution acide ne se dissout pas dans le pétrole, mais dans l'éther et la benzine, et se comporte ainsi comme la caféine et quelques autres alcaloïdes ; le chloroforme et l'alcool amylique ne l'enlèvent qu'en partie aux solutions acides ; il se dissout également un peu de digitaléine. Il sera possible dans l'immense majorité des cas d'enlever le toxique par la benzine en ne faisant l'extraction qu'à une température assez basse et en solution acide ; la benzine évaporée abandonnera la digitaline dans un état suffisant de pureté.

Ce procédé peut être perfectionné ; il suffit de traiter auparavant la solution acidulée par du pétrole pour enlever un grand nombre de substances étrangères ; le résidu est alors épuisé par de la benzine bouillante qui dissout la *digitaline* : ce traitement doit être recommencé un certain nombre de fois. Le chloroforme enlève ensuite au liquide (débarrassé de la digitaline), la *digitaléine*.

Les matières suspectes peuvent être traitées comme s'il s'agissait de rechercher les alcaloïdes ; l'acide sulfurique étendu décompose bien un peu de digitaline, mais cette décomposition est insignifiante, et il en reste toujours assez pour qu'on puisse la caractériser. Il vaudrait cependant mieux faire macérer les matières qui ne renferment pas trop d'eau, avec de l'acide acétique cristallisable et les épuiser ensuite par de l'eau ; ce procédé convient très-bien pour la recherche de la digitaline dans les organes.

§ 400. *Procédé de Homolle*. — Homolle isole la digitaline française des matières organiques par le procédé suivant :

On sépare par expression les liquides des parties solides ; on dessèche ces dernières avec précaution ; le résidu pulvérisé est épuisé par un traitement alcoolique 2 ou 3 fois répété ; on agite d'autre part les liquides avec du chloroforme et l'on redissout également dans l'alcool le résidu de l'évaporation chloroformique. Les deux liquides alcooliques sont réunis, mélangés à de l'hydrate plombique récemment précipité et filtrés après quelque temps de contact ; on décolore avec le noir animal et on évapore à consistance de sirop. On épuise ce sirop par le chloroforme. Le liquide chloroformique est évaporé avec précaution ; il suffit de reprendre le résidu par de l'alcool marquant 50° pour séparer quelques impuretés.

Ce procédé réussit dans beaucoup de cas, mais il ne permet pas comme le mien de séparer la digitaline de la digitaléine. Je ne veux pas parler du procédé suivi par Tardieu et Roussin et plus tard par Grandeau ; il n'a plus qu'un intérêt historique, et ne fournit du reste qu'un extrait très-impur. On a également proposé dans ces derniers temps d'isoler la digitaline de ses solutions acides à l'aide de l'éther (voy. Otto, *Analyse toxicologique*, 3e édit.) ; je ne vois pas quel est l'avantage que ce dernier procédé pourrait avoir sur le mien.

§ 401. *Caractères chimiques. Digitaline*. — La digitaline de Nativelle est un corps neutre, inodore, incolore et cristallisé ; il fond par l'action de la chaleur en un liquide incolore qui brunit quand on chauffe trop ; la décomposition est accompagnée d'un dégagement abondant de vapeurs blanches. L'eau distillée n'en dissout que des traces, même à la température de l'ébullition, mais elle acquiert néanmoins une saveur très-amère. L'alcool marquant 90° en dissout le 1/12 de son poids à froid et la moitié à la température de l'ébullition. La solution possède également une saveur amère. L'alcool étendu d'eau en dissout des quantités plus faibles. Elle est peu soluble dans l'éther absolu et dans la benzine, mais se dissout en toute proportion dans le chloroforme.

Digitaléine. Ce corps est très-soluble dans l'eau, l'alcool étendu, difficilement soluble dans l'alcool absolu et dans l'éther. La saveur de ces solutions est amère et âcre. Elle ne se dissout pas dans la benzine ; le chloroforme la dissout avec facilité, aussi nous sommes-nous servis de ce dissolvant pour l'extraire des matières organiques.

L'acide *chlorhydrique* colore la digitaline (cristallisée) en *vert*, la digitaléine (amorphe) en brun verdâtre.

L'acide sulfurique dissout la digitaline et la colore en vert brunâtre ; cette couleur passe au rouge groseille sous l'influence des vapeurs de brome ; l'addition d'eau fait passer la couleur rouge groseille au vert émeraude. La digitaléine traitée de la même manière se colore en rouge ; les vapeurs de brome la colorent en pourpre et l'addition d'eau ne produit qu'une teinte de vert très-mat. Les acides bi et trihydratés se comportent comme l'acide concentré. Cette réaction réussit avec 0^{gr},0004 de digitaline pure et avec 0^{gr},0002 du produit commercial.

Ce dernier réactif pourrait donner lieu à des confusions avec la delphine, la solanine, peut-être même avec la brucine, l'ésérine et la vératrine ; mais cette confusion ne serait que de peu de durée. La couleur de la solution de brucine s'affaiblit bien vite, celle de la digitaline persiste quelques heures (les réactions de l'acide azotique et du chlorure stanneux sont tout à fait différentes). La couleur des solutions de vératrine est plus foncée et plus persistante et l'alcaloïde se comporte d'une manière toute particulière avec l'acide sulfurique et l'acide chlorhydrique bouillants. La réaction de la solanine exige le concours de l'eau bromée (l'eau iodée donne un bon caractère distinctif). La réaction de la delphine est très-fugace ; de plus cette dernière se dissout très-facilement dans l'éther. La physostigmine se reconnaît à sa réaction physiologique.

L'acide phosphorique donne avec la digitaline une réaction qui lui est commune avec l'aconitine ; mais ce dernier alcaloïde n'est pas coloré par l'acide sulfurique bromé, de sorte qu'il n'y a pas de confusion possible.

Nous avons déjà indiqué au § 286 les autres réactions de la digitaline.

§ 402 a. *Expérimentation physiologique*. — Ces deux substances ralentissent, comme on le sait, l'activité cardiaque ; une quantité très-faible, $0^{gr},0012$, injectée par la voie hypodermique, produit ce caractère d'une manière très-nette.

[L'action sur le cœur consiste en une accélération initiale, suivie bientôt d'un ralentissement croissant des battements ; irréguliers et tumultueux, ils diminuent de fréquence et tombent à intervalles inégaux au point de s'arrêter complétement. Le cœur examiné immédiatement après la mort se détend d'abord et s'affaisse, mais quelque temps après il est envahi par une rigidité cadavérique très-hâtive et qui persiste plusieurs heures ; il perd très-rapidement son excitabilité par le courant électrique (Tardieu et Roussin). L'apparition de la rigidité est tellement rapide, qu'elle se montre chez les chiens presque après la dernière systole ventriculaire ; d'après Pelikan, le ventricule du cœur d'une grenouille s'arrête toujours en état de forte conaction.

[On choisira pour faire ces expériences des chiens ou des grenouilles, se laissent guider dans ce choix par la quantité du toxique que l'on a à sa disposition ; on suivra toutes les précautions que nous avons indiquées en parlant de l'atropine (animaux témoins auxquels on injectera de petites quantités de digitaline, d'extrait ou d'infusion de feuilles de digitale, etc.]

§ 402 b. *Substances qui présentent une action physiologique analogue à la digitale*. — L'expert ne saurait s'entourer de trop de précautions, car on connaît un certain nombre de substances organiques dont l'action physiologique se rapproche de celle de la digitaline et qui peuvent être extraites par les mêmes procédés ; nous allons les passer rapidement en revue.

Convallamarine. Ce produit a été étudié par Walz et Marmé ; Brandt a constaté que son action sur le cœur d'une grenouille était en tout analogue à celle de la digitaline. Ce corps est insoluble dans l'eau ; l'acide sulfurique concentré le dissout ; sa solution d'abord jaune devient rouge brunâtre, et prend quand elle attire l'humidité atmosphérique une teinte violette qui se manifeste d'abord sur les bords. Cette réaction se rapproche de celle que présente la vératrine ; l'acide chlorhydrique réagit de la même manière sur ces deux substances, mais le tannin les différencie (la convallamarine n'est pas précipitée.) Elle se distingue en outre de la digitaline par la réaction de l'acide chlorhydrique et par l'action de l'eau bromée sur sa solution sulfurique ; elle devient brune ; une coloration violette ne se produit que lorsque le mélange attire de l'humidité.

Convallarine. Ce corps est un glucoside insoluble que l'on retire également des fleurs du convallaria maïalis (sceau de Salomon) ; il se comporte comme le précédent avec l'acide sulfurique, mais n'en possède pas les propriétés physiologiques. J'ai voulu m'assurer si ces deux substances pouvaient être confondues avec la digitaline, et j'ai soumis au traitement indiqué plus haut 50 grammes de fleurs. La solution acétique épuisée par de l'eau, puis purifiée par l'alcool, n'abandonna au pétrole qu'une trace d'un corps blanc ayant l'odeur des fleurs, se colorant en brun par l'acide sulfurique et le réactif de Fröhde, ne devenant pas rouge par l'acide sulfurique bromé et ne se colorant pas par l'acide chlorhydrique. La benzine fit dissoudre une quantité plus forte d'un corps amorphe, qui brunit par l'acide sulfurique et le réactif de Fröhde. Le chloroforme se comporta comme la benzine ; l'alcool amylique enleva des quantités plus considérables d'un corps brun, qui se colora passagèrement en jaune par l'acide sulfurique et le réactif de Fröhde et redevint brun ; l'acide sulfurique bromé ne le colora point en jaune.

La solution alcaline ne céda aucun principe actif à la benzine et au pétrole, mais elle abandonna à l'alcool amylique un corps qui présentait les caractères de la convallamarine.

Le principe que la benzine avait enlevé à la solution acide ne possédait aucune action sur le cœur de la grenouille ; celui retiré par le chloroforme (solution acide) fit tomber au bout de 21 minutes les contractions de 28 à 0. Le corps dissous par l'alcool amylique était encore plus actif et se comporta comme la digitaline ; après 5 minutes, les contractions du cœur diminuèrent et le viscère cessa de battre après 9 minutes ; injectée dans la cuisse, elle paralysa très-rapidement le train postérieur.

Les substances retirées de la solution ammoniacale furent également examinées ; la convallamarine, isolée par l'alcool amylique, se comporta comme le corps retiré de la solution acide, mais d'une manière un peu plus faible. Je me suis assuré, par des essais entrepris sur le glucoside pur, que si la convallamarine extraite des solutions acides ne donnait pas la réaction de l'acide sulfurique, cela ne tenait qu'à des impuretés. Dans un empoisonnement par le convallaria, on consacrera par suite à l'expérimentation physiologique, le corps impur retiré par le chloroforme ou l'alcool amylique aux solutions acides ; il devra se comporter comme la digitaline, mais ne donnera pas les réactions avec l'acide sulfurique bromé ; la convallamarine pure retirée par l'alcool amylique des solutions alcalines sera examinée par l'acide sulfurique (coloration rouge) et l'acide bromé ; l'emploi du brome n'est du reste pas nécessaire pour produire cette coloration rouge.

L'*elléboréine* produit également l'irrégularité des pulsations et l'arrêt de la circulation, le cœur s'arrête dans la diastole. Nous avons étudié cette substance au § 549 et Rem. et nous avons vu que l'acide sulfurique pouvait également servir à la caractériser.

Saponine. Malapert, Pelican, Buchheim et Eisenmeyer ont appelé l'attention sur les propriétés toxiques de ce composé. La saponine, telle qu'on la trouve dans le commerce, donne souvent avec l'acide sulfurique bromé une coloration qui rappelle celle que prend la digitaline ; cette coloration ne se produisit pas, ou faiblement seulement avec des échantillons que je regarde comme purs. Un d'eux prit sous l'influence d'une petite quantité d'acide sulfurique bromé une coloration bleue, qui, par l'addition d'une nouvelle quantité de réactif, passa au violet, puis au rouge, et redevint bleue par un excès de réactif. La solution dans l'acide sulfurique concentré fut brune ; abandonnée au contact de l'air elle devint bleu violette à partir des bords. L'acide sulfurique bi et trihydraté ne colora d'abord que faiblement la saponine ; après quelque temps, la couleur devint d'un beau pourpre. Le réactif de Fröhde la colora en brun ; plus tard la couleur passa au violet mais en certains points seulement.

Pelican a démontré que la saponine (Nathanson, du reste, dit que ce n'est pas de la saponine) retirée de l'agrostemno githago ou de la racine de quillaya n'était pas identique au point de vue physiologique avec le produit de la saponine. Je pensais que le produit commercial pouvait renfermer certaines impuretés, et notamment un produit qui se comportait vis-à-vis du brome comme fait la digitaléine.

J'ai, pour résoudre cette question, soumis au traitement d'extraction des alcaloïdes 50 grammes de racine de saponaire.

Le pétrole enleva à la solution *acide* un corps que l'acide sulfurique colora en jaune ; cette solution prit une teinte rouge pâle par l'eau bromée ; l'acide azotique éclaircit également la teinte de la solution sulfurique. Le réactif de Fröhde produisit une coloration d'un brun sale.

La benzine fit dissoudre plus de matière que le pétrole ; la substance isolée *se comporta comme la digitaline avec l'acide sulfurique bromé* ; le réactif de Fröhde la colora en brun.

Cette substance se laissa dissoudre encore plus abondamment dans l'alcool amylique et le chloroforme. La coloration observée avec l'acide sulfurique bromé persista plus longtemps avec ce corps qu'avec la digitaline, et se manifesta encore quand on traita le résidu par un mélange contenant un équivalent d'acide sulfurique et deux d'eau avant de le traiter par le brome. *La couleur du mélange persista également et même plus longtemps que 24 heures, quand on lui ajouta peu à peu son volume d'eau ;* ce caractère différencie nettement cette substance de la digitaléine. Brandt s'est assuré qu'elle possédait une action très-énergique sur le cœur ; cet organe cesse de battre après une diastole ; Buchheim et Eisenmeyer ont signalé d'autres caractères distinctifs qui se manifestent lorsqu'on applique le corps localement.

La solution obtenue avec la saponaire, rendue *ammoniacale*, abandonna aux dissolvants des substances analogues à celles qu'on avait retirées de la solution acide. Le pétrole seul n'enleva rien à une solution acétique de saponine pure. L'extrait par la benzine se colora en brun par l'acide sulfurique et rougit lentement par l'eau bromée; l'alcool amylique laissa dissoudre le plus de matière ; son résidu se colora en brun, puis en rouge, par l'acide sulfurique pur ou bromé.

Le chloroforme se comporta comme l'alcool amylique avec les solutions acides. 1 centigramme de cette saponine fut sans action sur le cœur d'une grenouille.

Je soumis à l'extraction par le procédé qui nous a servi pour la digitaline 50 grammes de racine de saponaire ; la benzine et le pétrole enlevèrent aux solutions acides une petite quantité d'un corps incolore, qui se colora en brun, puis en rouge par l'acide sulfurique, en brun par le réactif de Fröhde et l'acide sulfurique bromé, et resta incolore à froid et à chaud quand on le traita par de l'acide chlorhydrique.

Le chloroforme se comporta de la même manière, mais la solution sulfurique bromée prit des teintes violettes très-manifestes. L'alcool amylique enleva une grande quantité d'un corps amorphe et brun ; la solution sulfurique brune devint lentement pourpre sur les bords ; l'addition d'eau provoqua immédiatement l'apparition de la couleur rouge ; l'acide sulfurique bromé le colora en violet magnifique, le réactif de Fröhde en brun ; l'alcool amylique agit d'une manière identique sur la solution alcaline.

La substance retirée par le chloroforme et la benzine n'est pas active ; celle qui se trouve dans l'alcool amylique injectée dans la cuisse paralysa le train postérieur après 25 minutes ; la respiration continua régulièrement et on n'observa que peu de phénomènes réflexes. Les pulsations restèrent uniformes même après 40 minutes. Le corps retiré par l'alcool amylique de la solution alcaline diminua un peu l'activité cardiaque, mais ne provoqua pas de paralysies.

La racine de *quillaya* fut traitée d'une manière identique, et fournit les mêmes résultats ; les coloration rouge et violette étaient encore plus nettes. Le résidu abandonné par la solution acide au chloroforme diminua les pulsations de 36 à 28 ; celui obtenu par l'alcool amylique de 40 à 36. L'extrait benzinique et amylique (solution alcaline) était indifférent.

On voit par suite qu'on ne saurait confondre l'empoisonnement dû à la digitale avec celui que produirait la saponaire, la saponine ou la racine de quillaya. Le mélange d'acide sulfurique et d'eau (coloration en rouge) se comportent avec ces substances comme l'acide sulfurique avec la digitaline bromée. Ce fait est d'autant plus important que les différences à l'expérimentation physiologique ne sont que peu prononcées et qu'on a signalé dans ces dernières années des empoisonnements dus à l'ingestion de décoctions de racines de saponaire et de quillaya.

La *sénégine*, d'après Pelican, possède la même réaction physiologique que la saponine retirée de la saponaire ou de la racine de quillaya. Je ne pense pas que ces deux substances soient identiques au point de vue chimique ; l'acide sulfurique la colore en jaune pur ; cette coloration passe au rouge jaunâtre et devient violette sur les bords quand le mélange est abandonné à lui-même. L'acide sulfurique bromé ne produisit pas de stries rouges ou violettes ; le réactif de Frôhde et l'acide sulfurique bi et tri-hydraté colorent la sénégine en brun ; cette couleur passe lentement au rougeâtre pour le premier, au rouge intense avec le second. 5 milligrammes de cette substance ne donnèrent aucune réaction physiologique sur la grenouille.

Je soumis 50 grammes de racine de senega à mon procédé d'extraction des alcaloïdes ; le pétrole et la benzine se comportèrent avec la solution acide comme avec celle de saponaire ; l'alcool amylique et le chloroforme isolèrent une notable quantité d'une substance amorphe qui ne donna que d'une manière peu nette la réaction de l'acide sulfurique bromé ; la solution dans le réactif de Frôhde devint violette sur les bords. La solution sulfurique du résidu laissé par le chloroforme ou l'alcool amylique, de jaune qu'elle était, devint brune, puis se colora en rouge cerise par l'addition ménagée de son volume d'eau ; nous avons obtenu une réaction semblable avec la saponaire.

La solution acétique de 50 grammes de racine présenta les mêmes caractères que la solution sulfurique : la réaction de la sénégine fut surtout très-nette avec le résidu laissé par l'alcool amylique (solutions acides et alcalines) ; l'extrait amylique seul présenta des réactions physiologiques ; au bout de 24 minutes, les pulsations tombèrent de 56 à 46 ; au bout de 48 minutes, ils remontèrent à 20. On ne vit pas se produire de paralysie.

La *smilacine* agit d'après Pelican comme la saponine, mais d'une manière plus faible. Hischhorn ne l'envisage pas comme un glucoside ; sa solution dans l'acide sulfurique et le réactif de Fröhde est d'abord brune, puis devient rouge ; l'acide sulfurique bi et trihydraté ne donne que des colorations plus faibles ; l'addition ménagée d'eau fait passer la couleur brune au rouge ; l'acide sulfurique bromé ne se colore qu'en brun. 5 milligrammes n'ont pas d'action sur une grenouille.

La *salsepareille* (30 gr.) fut traitée d'une manière identique que la saponine ; la benzine et le pétrole n'enlevèrent aucune substance ayant les caractères de la smilacine ; il n'en fut pas de même du chloroforme et surtout de l'alcool amylique. Ces deux derniers résidus manifestaient en outre une action physiologique. L'extrait chloroformique fit tomber les pulsations au bout de 50 minutes de 40 à 0 ; le cœur s'arrêta pendant quelques minutes après une diastole, puis recommença à battre ; après 10 minutes on put compter 28 contractions très-faibles.

§ 403. *Gratioline.*— On pourrait isoler, d'après le procédé de Homolle, la *gratioline*, principe actif des feuilles de gratiole : l'éther permet de purifier facilement ce corps, qui est blanc cristallisé, soluble dans l'eau bouillante et dans l'alcool. Sa saveur est très-amère ; il se dédouble sous l'influence de l'ébullition avec l'acide sulfurique étendu (1 heure suffit) en glucose et en *gratiolarétine* et en *gratiolétine*. Nous ne connaissons pas de réactions caractéristiques de ces composés.

SEIGLE ERGOTÉ.

§ 404. *Généralités.* — [L'histoire chimique des principes que l'on retire du seigle ergoté est complétement à refaire, car les corps que l'on a désignés sous le nom d'ergotine et d'ecboline ne sont que des produits complexes et mal définis. On peut résumer de la manière suivante nos connaissances à ce sujet. L'ergot de seigle renferme :

1° Une résine soluble dans l'éther et inoffensive ; 2° une huile obtenue par expression, inoffensive ; 3° une huile retirée par Bonjean à l'aide de l'éther : ce principe est toxique d'après Bonjean et inoffensif suivant d'autres expérimentateurs ; 4° l'ergotine de Wiggers, vénéneuse et hyposthénisante : ces propriétés sont niées par Bonjean ; 5° l'ergotine de Manassewitz ; 6° l'ergotine de Bonjean (extrait aqueux).

[La connaissance chimique de tous ces corps est si peu avancée qu'elle ne peut pas nous servir dans les analyses toxicologiques.]

§ 405. *Triméthylamine retirée du seigle ergoté.* — Parmi les principes que contient le seigle ergoté, il en est quelques-uns qui se transforment facilement en triméthylamine ; quelques auteurs admettent même que ce corps s'y trouve tout formé. Il suffit de broyer le seigle avec une solution concentrée de potasse pour percevoir l'odeur de harengs, qui caractérise ce composé. On peut mettre à profit cette réaction pour rechercher le seigle ergoté dans les farines suspectes ; on délaye la farine dans un flacon avec une solution potassique de 1,53 de densité et l'on ne débouche le flacon qu'au bout de 10 à 15 minutes. Je ferai remarquer que ce procédé n'est guère à recommander ; en règle générale, on ne doit pas se fier à l'odorat seul dans une analyse toxicologique, car d'autres corps organiques peuvent donner la même odeur ; cette réaction n'est du reste que peu sensible, car elle ne réussit qu'avec une farine renfermant au moins 1 1/4 p. 100 de seigle ergoté.

§ 406 a. *Recherche du seigle ergoté dans les farines.* — Jacoby et quelques autres auteurs ont recommandé de préférence l'emploi de l'alcool sulfurique, qui se colore en rouge en dissolvant un principe dont la nature chimique ne nous est pas connue ; je me contenterai d'indiquer le procédé opératoire de Jacoby.

On épuise deux fois 10 grammes de farine par 3 gr. d'alcool bouillant marquant 90° ; on exprime dans un nouet de linge ; on ajoute de nouveau 10 gr. d'alcool à la farine ainsi purifiée, on agite vivement et on laisse reposer ; le liquide alcoolique qui surnage doit rester incolore ; si cela n'était pas le cas, on recommencerait la purification par l'alcool bouillant tant que cela serait nécessaire. On ajoute ensuite au liquide incolore 10 à 20 gouttes d'acide sulfurique dilué au cinquième ; on agite vivement et on laisse déposer. La farine pure ne donne qu'une légère coloration jaune ; le seigle ergoté communique au liquide une couleur rouge dont l'intensité varie avec sa proportion. On peut apprécier approximativement cette dernière, en comparant les couleurs que l'on obtient en traitant d'une manière identique des farines renfermant des quantités connues de seigle ergoté. On peut retrouver ainsi 1/4 p. 100 de ce corps[1].

Le procédé ne réussira pas avec le pain ; j'ignore si on peut l'appliquer au contenu du tube digestif. Il faudrait, dans ce dernier cas, dessécher les matières suspectes après les avoir neutralisées par de la magnésie ; le résidu trituré serait épuisé par l'alcool jusqu'à ce que l'on obtienne un liquide incolore, puis on procéderait comme pour la farine. Je ne pense pas que le chimiste ait à rechercher cette substance dans un cadavre, car d'une part on a vu l'économie supporter sans danger des proportions très-fortes de ce toxique, et d'autre part les symptômes de l'empoisonnement chronique sont tellement frappants qu'on n'attendra pas la mort pour songer à l'examen des aliments.

On avait admis, mais, je crois, à tort, que le seigle ergoté renfermait un toxique volatil ; nous en avons dit quelques mots au § 385[2].

La farine renferme parfois d'autres substances qui peuvent lui communiquer des propriétés malfaisantes. On pourrait pour constater la présence de la *nielle* (*Agrostemma gythago*) y rechercher la saponine. (Voy. § 578 pour un autre caractère.)

Les farines qui contiennent les graines du *rinanthus arvensis* ou *buccalis*, de l'*alectorolophus hirsutus*. donnent un pain rougeâtre ; elles fournissent un liquide bleu verdâtre quand on les épuise par de l'alcool aiguisé d'acide sulfurique ; le chlore décolore facilement cette liqueur[3].

CHAMPIGNONS.

[§ 406 *b*. — Nous devons dire quelques mots de l'empoisonnement par les champignons, car on a, dans quelques cas très-rares, fait un emploi criminel de champignons vénéneux ; d'au-

---

[1] *Neues. Jarhb. f. Pharm.*, t. XXIX, p. 267.
[2] *Beit. z. gerich. Chemie*, p. 52.
[3] Ludwig, *Arch. f. Pharm.*, t. CXLII, p. 47.

tres fois on a associé des poisons minéraux à des champignons comestibles, espérant ainsi masquer l'action des premiers.]

La partie chimique de cette question, malgré les travaux des chimistes les plus compétents (Braconnot, Vauquelin, Payen, Gobley, etc.), n'est qu'à l'état embryonnaire. On ne peut dire à l'heure qu'il est si le principe actif est solide ou liquide, acide basique ou neutre; les réactions de coloration comme celles que nous a données le seigle ergoté nous font également défaut.

Tardieu et Roussin conseillent d'avoir recours à l'examen microscopique; les champignons résistent très-longtemps à la digestion et l'on peut constater les détails les plus délicats de leur structure, souvent après un temps très-long. Boudier[1] a fait voir qu'à chaque espèce correspondait un agencement spécial du tissu cellulaire, des basides et des spores, un diamètre et une forme particulière de ces deux derniers organes. L'examen des spores surtout serait très-facile à faire d'après Boudier, car elles résistent à la coction avec l'eau pure, ou avec les corps gras et même à la digestion. Je renvoie pour les détails au travail original.

[1] *Des champignons au point de vue de leurs caractères usuels, chimiques et toxicologiques.* Paris, 1866; et résumé dans Tardieu et Roussin, *Études méd.-lég.,* p. 823.

CHAPITRE VI

ACIDES

§ 407. *Classification*. — Nous réunissons dans ce chapitre un certain nombre de corps dont les propriétés sont souvent très-dissemblables.

Il y en a, qui comme les acides minéraux (sulfurique, azotique, chlorhydrique, acétique), ne sont toxiques que lorsqu'on les fait agir sur l'économie à l'état concentré ; leurs combinaisons avec les bases non toxiques peuvent être ingérées quelquefois sans inconvénients et à dose très-forte ; les solutions étendues de ces mêmes acides peuvent également être tolérées souvent en qualité notable sans produire d'accidents. D'autres acides, au contraire, peuvent être administrés en petite quantité même à l'état concentré ; leurs solutions et leurs sels ne présentent d'inconvénients pour la santé que lorsqu'on les administre en proportions trop fortes ; de ce nombre sont les acides tartrique et citrique.

Ces deux classes d'acides intéressent le toxicologiste à un autre point de vue ; les composés toxiques que nous avons étudiés jusqu'ici sont presque toujours administrés à l'état de sels et il peut devenir très-important de connaître quel était l'élément acide du toxique salin. C'est à ce point de vue que j'étudierai l'acide méconique, qui se trouve dans l'opium.

On peut établir une troisième catégorie, qui comprend les

acides, qui sont toujours toxiques, qu'ils soient à l'état concentré ou en dilution ; leurs sels solubles partagent ce caractère ; à cette classe appartiennent l'acide oxalique, la cantharidine et l'acide prussique. Je ferai suivre l'étude de ce dernier corps par celle de tous les composés du cyanogène ; à la suite de la cantharidine je dirai quelques mots de la picrotoxine ; ce dernier corps, à vrai dire, n'est nullement acide, mais il se rapproche de la cantharidine, par quelques-unes de ses propriétés. On ne doit pas oublier, du reste, que je sacrifie toujours l'ordre didactique aux avantages d'une exposition faite à point de vue pratique.

Je terminerai ce chapitre par l'étude des composés gazeux acides qui peuvent vicier l'air, et je me crois autorisé par les motifs indiqués à l'instant à traiter dans le même chapitre de l'oxyde de carbone, qui est un corps neutre.

§ 408. *Des acides minéraux.* — Je m'occuperai en premier lieu des empoisonnements dus aux *acides minéraux concentrés*. Les acides *sulfurique, azotique, chlorhydrique* sont fréquemment employés soit pour des tentatives d'empoisonnement, soit pour des tentatives de suicide, car le vulgaire peut se procurer facilement ces composés et en connaît les propriétés toxiques.

§ 409. *Action physiologique*[1]. — Les symptômes que provoque l'ingestion de ces trois substances sont tout aussi manifestes que ceux produits par les bases ; leur action corrosive sur toutes les parties qu'elles ont touchées, les phénomènes inflammatoires que présentent les muqueuses de toutes les parties du tube digestif, quelquefois même de l'œsophage, ne peuvent laisser aucun doute au médecin qui pratique l'autopsie, à moins que la putréfaction ne soit trop avancée. Les muqueuses sont ordinairement pâles, recouvertes d'un enduit muqueux caillebotté ; en l'enlevant on aperçoit des ecchymoses, du sang coagulé, des ulcérations, même des perforations ; l'acide sulfurique colore quelques parties en noir, l'acide azotique produit parfois une teinte jaune analogue à celle qu'il communique à l'épiderme.

[J'ai vu dans un empoisonnement par l'acide azotique l'estomac remplacé par trois filaments jaunes.]

[1] Greehn, *Ueb. d. Mineralsäurevergift.* Berlin, 1870.

§ 410. *Absorption*. — Ces trois acides sont absorbés avec la plus grande facilité, et comme la mort n'arrive quelquefois qu'après quelques jours, on n'est pas toujours sûr à l'autopsie de les retrouver à l'état de liberté dans les organes de la digestion, au moins [1] en quantité un peu notable. Ces acides diffusent en effet très-rapidement à travers les membranes animales et peuvent être neutralisés partiellement par les liquides alcalins de l'économie ; on a de plus constaté qu'ils étaient rapidement éliminés par les urines [2]. On ne doit pas oublier quand on analyse cette excrétion, qu'elle renferme normalement des sulfates, des chlorures, quelquefois même des azotates (?) ; que de plus un certain nombre de médicaments, comme les sulfates de sodium et de magnésium, les azotates de potassium et de sodium, sont éliminés par la même voie ; il en résulte que la constatation de ces corps dans l'urine, même en quantité notable, n'implique pas forcément l'existence d'un empoisonnement par les acides. Mieux vaudrait analyser les matières sanguinolentes que le patient a crachées ou vomies au début de l'intoxication.

§ 411. *Recherche de l'acide libre ou combiné*. — *La réaction fortement acide* des matières vomies, du contenu de l'estomac et du tube digestif est un caractère d'une si haute importance que l'on pourra se dispenser de faire l'analyse lorsque ce caractère manque. [Une restriction est cependant nécessaire ; un contrepoison alcalin (magnésie, bicarbonate, savon) aura pu être administré ; les lésions organiques persisteront néanmoins dans ce cas et leur constatation prendra encore plus d'importance. La recherche des acides (transformés, il est vrai, en sels) devra se faire néanmoins si cette circonstance se présentait.] On peut soumettre à une analyse préalable l'extrait aqueux ; les réactions seront souvent tellement prononcées qu'on les distinguera de suite de ceux que produisent les sulfates et les chlorures contenus normalement dans nos humeurs ; l'analyse pondérale dissipera du reste tous les doutes.

§ 412. *Recherche de l'acide libre*. — On peut, du reste, facile-

---

[1] Otto Caspars' *Viertelj.*, II, p. 561. — Büchner, *Repert. f. Pharm.*, t. XV, p. 241.
[2] Pour l'élimination de l'acide sulfurique, voy. Sick, Tubingue, 1859 ; pour celle de l'acide azotique le travail de Schulze, *Gazvolumetrische Analyse*, Rostock, 1864.

ment séparer les acides libres des sels, en faisant digérer les parties divisées à une température de 50 à 60°, avec une quantité d'alcool absolu assez forte pour que le mélange marque au moins 75°. Le liquide filtré après quelque temps de contact est neutralisé exactement par de la potasse et évaporé à siccité.

Ce résidu peut être soumis à l'examen des réactifs caractéristiques ; ce procédé ne convient pas seulement à la recherche des trois acides précités, mais encore à celle des acides phosphorique, oxalique, tartrique et citrique. Il doit être légèrement modifié quand on suppose que l'acide à rechercher est de l'acide azotique ; dans ces cas, la digestion doit être faite à froid, car l'acide azotique même étendu exerce à chaud une action oxydante sur l'alcool en se décomposant lui-même partiellement.

Roussin élève contre ce procédé quelques objections, notamment en ce qui concerne la recherche de l'acide sulfurique libre contenu dans le liquide stomacal ; ce chimiste craint qu'une partie de l'acide sulfurique ne soit transformée par l'alcool en acide sulfovinique, dont le sel de baryum est soluble ; je crois que cette crainte n'est pas fondée, car cet acide ne se produit que lorsqu'on fait réagir sur de l'alcool de l'acide concentré ; cette circonstance ne se rencontrera pas souvent dans les liquides de l'autopsie ; l'acide sulfovinique se forme surtout lorsqu'on fait réagir 3 d'acide sur 2 d'alcool absolu ; or je ferai remarquer que j'emploie un énorme excès d'alcool qui dilue l'acide.

Roussin a imaginé, pour isoler les acides sulfurique et azotique non combinés, un procédé qui est basé sur la solubilité de leurs sels de quinine dans l'alcool. On épuise les matières par de l'eau distillée et l'on fait macérer le liquide filtré avec un excès d'hydrate de quinine ; les solutions neutres sont filtrées et évaporées au bain-marie à la consistance d'un extrait fluide ; l'alcool absolu bouillant enlève à ce résidu les sulfate et azotate de quinine. Le résidu de sulfate dissous dans de l'eau précipite par le chlorure de baryum.

L'azotate de quinine évaporée jusqu'à un certain point se présente sous forme d'une gouttelette huileuse, qui cristallise après quelque temps ; la potasse le transforme en quinine insoluble et en azotate soluble. Je ferai remarquer que ce procédé n'est pas exempt de causes d'erreur, car l'alcool peut dissoudre une petite quantité d'azotates de calcium, de magnésium, d'ammonium et même de sodium.

Pour retirer l'acide chlorhydrique, Roussin suit un procédé détourné; il divise l'extrait aqueux en deux portions; l'une d'elles évaporée à siccité et calcinée est précipitée en solution azotique par de l'azotate d'argent; on pèse le chlorure d'argent qui s'est formé. La seconde, neutralisée par de la potasse, est traitée d'une manière identique et fournit le même poids de chlorure lorsque le mélange ne renfermait pas d'acide libre; la différence de poids, au contraire, indique que le liquide renfermait de l'acide chlorhydrique libre; elle peut même servir à en déterminer la proportion. Ce procédé me semble entaché d'une forte cause d'erreur. Les liquides organiques renferment fort souvent du chlorure d'ammonium; ce sel se volatilisera dans la première opération, mais pendant la seconde il sera transformé en ammoniaque et en chlorure de potassium qui est fixe; la différence des deux poids argentiques que l'on observera ne sera donc pas due, dans ce cas, à de l'acide chlorhydrique libre. Le même effet se produirait avec des chlorures organiques.

[Le procédé de Dragendorff lui-même n'est pas à l'abri de reproches; l'alcool absolu ne dissout pas seulement les acides libres, mais il dissout très facilement un certain nombre de chlorures, principalement les chlorures mercurique et ferrique, le sulfate aluminique, et, comme l'auteur l'a fait remarquer lui-même en parlant du procédé de Roussin, quelques azotates.

[Le procédé suivant indiqué par Roussin me semble préférable dans beaucoup de cas. On filtre les liqueurs contenues dans les organes et les eaux de lavage, et on les évapore à siccité dans une cornue munie d'un petit récipient et chauffé au bain d'huile à une température qui ne dépasse pas 110°. L'acide azotique produit vers la fin de l'opération des vapeurs rutilantes; le résidu dans ce cas est jaunâtre et le liquide distillé brunit ou rosit un mélange de sulfate ferreux et d'acide sulfurique.

[L'acide sulfurique, en réagissant sur les matières organiques, se transforme en acide sulfureux, que l'on recherche dans le liquide distillé; le résidu noircit fortement.

[L'acide chlorhydrique passe dans le liquide distillé et précipite l'azotate d'argent ; il se produit toujours de l'acide chlorhydrique en petite quantité quand on distille le contenu de l'estomac ; la réaction ne sera par suite caractéristique que si le précipité argentique est un peu abondant.

[L'acide oxalique ne donne ni vapeurs rutilantes ni acide sulfureux ; le liquide distillé ne précipite pas l'azotate d'argent ; on reprend le résidu de la cornue par de l'alcool ; ce liquide filtré, traité par de l'acétate de calcium, donne un précipité d'oxalate de calcium soluble dans les acides minéraux et insoluble dans l'acide acétique.]

ACIDE SULFURIQUE.

§ 413. *Caractères chimiques.* — *L'acide sulfurique* (huile de vitriol) se trouve dans le commerce à l'état d'acide anglais et d'acide de Nordhausen ; ces deux liquides purs sont incolores, mais ils sont presque toujours plus ou moins colorés en brun par suite de leur action carbonisante sur les matières organiques. Huileux à la température ordinaire, ils peuvent être congelés (l'acide de Nordhausen déjà vers 0°).

L'acide de Nordhausen perd au contact de l'air de l'acide sulfurique anhydre, qui condense la vapeur d'eau environnante ; de là le nom d'acide fumant. L'acide sulfurique anglais, ou monohydraté, est incolore et bout à + 326° ; sa densité est de 1,8426, mais l'acide de commerce a une densité un peu plus faible ; l'acide de Nordhausen, au contraire, marque 1,9. L'acide sulfurique se mélange en toutes proportions avec l'alcool et l'eau, en produisant une vive élévation de température ; il absorbe rapidement la vapeur d'eau ; il fond la glace en produisant, suivant les proportions respectives, du froid ou de la chaleur.

L'acide sulfurique est un acide bibasique ; il forme des sels neutres avec le calcium, le baryum, le strontium, l'argent, le mercure et le plomb ; ces sels sont peu solubles. Le sulfate mercurique se décompose par l'eau en acide libre et en une poudre jaune (turbith minéral) de sel basique. Nous avons déjà fait connaissance avec les principaux de ces sels et nous savons également que l'acide sulfurique commercial renferme presque toujours du plomb et de l'arsenic.

Les *réactions* suivantes *caractérisent* l'acide sulfurique libre et les sulfates.

1°) Le *chlorure* et l'*azotate de baryum* donnent un précipité blanc, insoluble dans les acides chlorhydrique ou azotique employés en excès et étendus d'eau.

2°) L'*acétate de plomb* donne un précipité blanc insoluble dans l'eau, mais soluble dans les acides chlorhydrique et azotique bouillants.

3°) Le précipité de *sulfate de baryum* et les sulfates sont réduits à l'état de sulfure par leur calcination à l'abri de l'air avec un mélange de charbon et de carbonate de sodium. Le résidu placé sur une pièce de monnaie d'argent la noircit quand on le mouille ; la solution précipite en noir l'acétate de plomb et colore en bleu violet le nitro-prussiate.

[On a constaté à une certaine époque un grand nombre d'empoisonnements et surtout de suicides dus à l'ingestion de la liqueur bleue nommée *sulfate d'indigo* [1]. Ce liquide, autrefois fréquemment employé par les blanchisseuses, s'obtient en dissolvant l'indigo dans de l'acide sulfurique fumant et étendant la solution avec de l'eau. La couleur de ce liquide en facilite la recherche ; tout le parcours du tube digestif et même les fèces sont colorés en bleu ; l'indigo bleu se réduit parfois en indigo blanc, qui est éliminé par les urines. On peut facilement caractériser l'indigo sulfurique que l'on a isolé par l'action qu'exerce sur lui l'acide azotique ; la couleur bleue se change en une couleur jaune rougeâtre qui est due à la formation d'isatine ; l'indigo se transforme en indigo blanc sous l'influence de la glucose et de la chaux ; le liquide décoloré bleuit de nouveau au contact de l'air. On doit pour démontrer que l'indigo sulfurique renferme cet acide, détruire l'indigo par des agents d'oxydation avant de se servir du chlorure de baryum.

[Récemment on a signalé une tentative de suicide due à l'ingestion de l'élixir acide de Haller. L'analyse toxicologique ne présentera pas de difficultés particulières.

[On avait également proposé de rechercher l'acide sulfurique

---

[1] Diakonow, *Med. Chem. Unts.*, II, p. 145.

libre par la coloration qu'il donne au sucre de canne ; une goutte
de solution sucrée évaporée à l'étuve dans une capsule de porcelaine avec une petite quantité d'acide sulfurique dilué, abandonne un résidu dont la couleur varie suivant la proportion de
l'acide du vert au brun et même au noir. Cette réaction ne peut
guère nous servir dans les recherches toxicologiques, car les matières organiques contenues dans les liquides de l'économie, la
masquent complètement.]

[Il en est de même de la carbonisation du papier ; ces procédés
pourraient être réservés à l'examen d'un restant de médicaments qui ne renferme pas de matière organique fixe comme
l'élixir acide de Haller.]

§ 414. *Dosage de l'acide sulfurique.* — Un poids déterminé de
matières suspectes est neutralisé par de la soude, mêlé avec de
l'azotate de sodium ou de potassium desséché et soumis à la
déflagration qui détruit toutes les matières organiques. Le résidu
est soumis à l'ébullition avec de l'acide azotique étendu et précipité de sa solution filtrée par de l'azotate de baryum. Le précipité est lavé par décantation, puis on le recueille sur un petit filtre que l'on dessèche ; on calcine le précipité détaché du filtre et
on incinère à part le papier ; les cendres humectées par un peu
d'acide azotique concentré (1,5) (pour détruire les sulfures qui
prennent naissance) sont calcinées derechef et ajoutées au
précipité. Le poids de ce dernier multiplié par 0,34307 indique
le poids d'acide sulfurique. Il faut en retrancher celui de l'acide
qui est normalement contenu dans les organes ; ce poids se détermine par approximation ; la différence indique alors le poids
de l'acide sulfurique introduit par une cause étrangère.

§ 415. *Analyse volumétrique.* — On a quelquefois intérêt à
déterminer la proportion d'*acide libre* qui est contenue dans les
organes soumis à l'analyse, on en fait macérer un poids déterminé avec de l'eau ou de l'alcool, on exprime et l'on étend le
liquide filtré à un volume connu. On se sert du *procédé acidimétrique*, en donnant la préférence à la liqueur titrée de soude
normale, dont chaque centimètre cube neutralise 0^{gr},049 d'acide
sulfurique monohydraté ; on se sert comme réactif indicateur du
tournesol en solution quand le liquide est clair, du papier quand

il est coloré. Remarquons qu'on détermine ainsi non-seulement l'acide sulfurique, mais tous les acides qui sont contenus dans l'organe à l'état de liberté ; on doit, par suite, décompter approximativement de l'acidité totale celle qui peut être due à la réaction normale de l'organe.

§ 416. *Pièce de conviction.* — Le précipité de sulfate de baryum peut être remis comme *pièce de conviction.*

ACIDE AZOTIQUE.

§ 417. *Symptômes de l'intoxication par l'acide azotique.* — L'intoxication par cet acide (nitrique ou eau-forte) est une des plus faciles à reconnaître, car il colore les tissus épidermiques en jaune ; cette coloration se manifestera à la bouche, sur les lèvres et la joue (éclaboussures produites par les matières vomies) ; elle n'est pas toujours aussi nette et aussi visible sur les parois du tube digestif [1]. Comme l'acide azotique n'existe d'ordinaire qu'en traces impondérables dans les organes soumis à l'examen de l'expert (matières vomies, parois et contenu du tube digestif, sang et urine), on pourra regarder la présence de la plus petite quantité de ce corps comme due à une cause étrangère.

§ 418. *Recherche toxicologique.* — La recherche de l'acide se fait comme celle de l'acide sulfurique dans l'extrait alcoolique ou aqueux, évaporé à siccité après neutralisation par la potasse.

§ 419. *Réactions chimiques.* — L'acide azotique concentré est un liquide incolore (se solidifiant à — 40°) très-corrosif, fumant au contact de l'air et entrant en ébullition à + 86° ; il attire l'humidité atmosphérique et se mélange avec l'eau en toutes proportions. Sa densité est de 1,54. L'acide officinal et l'eau-forte ne sont pas de l'acide concentré ; le premier a une densité de 1,2, ce qui correspond à 32,5 d'hydrate pur ; le second un peu plus concentré à une densité de 1,5.

L'acide azotique est un acide monobasique ; ces sels sont neutres ; il forme quelques sels basiques ; les premiers sont tous solubles dans l'eau pure ou au moins légèrement acidulée.

---

[1] *Pharm. Journ. u. Trans.*, 1870, p. 456 et *Journ. de Chim. méd.*, 1868, p. 427.

Le résidu obtenu d'après le § 418 renferme de l'azotate de potassium ; il est soumis à l'examen des réactifs suivants :

1°) On traite par le cuivre et l'acide sulfurique pur une partie du résidu dissous dans une petite quantité d'eau ; il se dégage sous l'influence de la chaleur un gaz coloré en rouge (vapeurs rutilantes).

2°) Une autre partie du résidu est dissoute mélangée avec du sulfate ferreux, et versée sur de l'acide sulfurique concentré ; il se produit à la surface de contact des anneaux colorés depuis le rose jusqu'au brun Il convient de s'assurer que le liquide ne rougit pas par la simple addition de l'acide sulfurique, ce qui est le cas lorsqu'il renferme certaines matières organiques.

3°) Une troisième partie est traitée par un excès de potasse et évaporée à siccité ; ce traitement a pour but de faire disparaître les sels ammoniacaux, et devra être repris une seconde fois s'il y avait beaucoup de sels ammoniacaux à éliminer. Lorsque ce but est atteint, on dissout le résidu dans quatre fois son volume d'eau et on le chauffe avec du zinc platiné ou de l'aluminium[1] ; l'acide azotique, sous l'influence de l'hydrogène, se transforme en ammoniaque qui se volatilise, et que l'on reconnaît par les papiers colorés et les fumées blanches qu'il donne avec l'acide chlorhydrique (voy. § 532) ;

4°) Une quatrième partie, si elle n'est pas trop colorée, est mêlée à 2 ou 5 gouttes d'une solution de brucine au millième ; on y verse avec précaution de l'acide sulfurique pur et concentré (§ 15 1) et l'on obtiendra à la zone de séparation une coloration rouge. On pourrait, pour les essais 3 et 4, obtenir un liquide moins coloré en n'évaporant pas la solution à siccité, mais en la réduisant à un petit volume ; on précipite alors l'azotate par de l'alcool absolu, et une partie des matières étrangères reste en suspension dans le liquide alcoolique qui surnage.

5°) Le sulfate d'aniline agit comme la brucine ; le réactif se prépare en dissolvant 10 gouttes d'aniline commerciale dans 50 cent. cubes d'acide sulfurique affaibli. On mélange le résidu

---

[1] On traite du zinc en poudre par de l'acide chlorhydrique étendu et l'on y ajoute quelques gouttes de chlorure de platine ; il se produit un dégagement tumultueux ; on décante le liquide ; on lave par décantation et l'on se sert du zinc encore humide.

avec la solution d'aniline et on lui ajoute le double du volume d'acide sulfurique concentré. J'ai prévenu au § 244 que cette réaction se produisait également avec les chlorates, les azotites et quelques autres composés.

6°) On tentera avec le restant du résidu la réaction suivante ; on le dissout dans de l'acide sulfurique pur et concentré et on chauffe après addition de quelques gouttes d'indigo sulfurique ; l'indigo sera décoloré[1].

Toutes ces réactions se produisent également avec l'*acide azoteux* et les *azotites*; mais ces derniers corps bleuissent l'empois d'amidon ioduré. L'azotate d'argent précipite les azotites ; le précipité d'azotite d'argent se redissout à l'ébullition, mais se redépose à l'état cristallisé par le refroidissement ; l'azotate d'argent, au contraire, est soluble dans l'eau froide.

§ 420. *Dosage de l'acide azotique.*—Le mieux est de transformer l'acide azotique en ammoniaque par le zinc platiné ou l'aluminium, en suivant les précautions indiquées au § 419, 3. Le liquide évaporé avec un excès de soude et débarrassé de toute trace de sel ammoniacal est redissous dans l'eau ; la solution évaporée à consistance sirupeuse est mélangée avec de la poudre d'aluminium. On laisse digérer en vase clos pendant quelque temps, et l'on distille après y avoir ajouté de l'alcool qui facilite la volatilisation ; l'ammoniaque se condense dans de l'acide chlorhydrique dilué ; on ajoute du chlorure de platine, on évapore à siccité et on lave le résidu avec de l'alcool éthéré ; le précipité bien lavé est pesé après dessiccation à 110° sur un filtre taré. 100 de précipité correspondent à 28,3 d'acide azotique monohydraté (voy. pour les précautions à prendre, § 232).

§ 421. *Dosage volumétrique.* — L'*acide azotique libre* se dose comme l'acide sulfurique à l'aide de la méthode volumétrique. 1 cent. de la soude normale correspond à 0^{gr},063 d'acide azotique hydraté.

§ 422. *Pièce de conviction.*—On peut présenter comme *pièce de conviction* l'azotate de potassium qu'on aura précipité de la solution aqueuse neutralisée par la potasse, à l'aide de l'alcool absolu.

---

[1] On se contentera des réactions 1 et 2 lorsque le liquide est coloré.

§ 423. *Examen des taches dues à l'acide azotique.* — L'eau, l'alcool, l'éther et la benzine ne modifient pas la couleur *jaune*; arrosée avec de l'ammoniaque ou de la potasse, la tache ne disparaît pas, mais prend une teinte orangée ; celle due à l'acide chrysophanique deviendrait rouge. La couleur orangée devient plus manifeste lorsqu'on humecte la tache avec un mélange de potasse et de cyanure de potassium et que l'on dessèche à une température un peu élevée. Ces taches ne peuvent être confondues qu'avec celles que produisent les acides picrique et styphnique. Celles dues à l'iode se reconnaissent très-facilement à leur coloration plus foncée et à leur disparition par la potasse ou l'ammoniaque.

ACIDE CHLORHYDRIQUE.

§ 424. *Recherche toxicologique de l'acide chlorhydrique.* — Cet acide, nommé dans le commerce acide muriatique ou esprit de sel, se dégage accidentellement dans certaines fabriques à l'état gazeux et provoque des inflammations très-vives des organes respiratoires. Ce corps est caractérisé par le précipité blanc caillebotté qu'il produit dans une solution d'azotate d'argent ; ce précipité est insoluble dans l'acide azotique étendu, mais se dissout dans l'ammoniaque, le cyanure de potassium et l'hyposulfite de sodium ; il se colore en bleu violet au contact de la lumière. L'azotate d'argent précipitant un grand nombre de substances organiques, on doit les isoler autant que possible avant de précipiter l'acide chlorhydrique. On atteint ce but assez facilement en distillant à siccité les liquides à analyser et en ne précipitant que le liquide condensé (quelques acides volatils comme l'acide formique pourraient être une source d'embarras). On ne sépare ainsi que l'*acide libre*; l'extraction par l'alcool pourrait entraîner également une certaine quantité de chlorures. Lorsqu'on veut déterminer à la fois l'acide chlorhydrique libre et les chlorures, on mélange la matière avec un excès d'azotate et de potasse très-purs; on évapore à siccité et on calcine. Le résidu acidulé par de l'acide azotique, est repris par de l'eau bouillante et pré-

cipité par l'azotate d'argent Nous écartons ainsi complètement la cause d'erreur due à la présence des matières organiques.

Rien n'empêche, lorsqu'on a opéré sur des poids connus de
matière suspecte de peser le chlorure d'argent; on compare alors
ce poids à celui que donnent les liquides organiques normaux
(parois et contenu de l'estomac, matières vomies, etc.), et ce
n'est que lorsqu'il y a une différence très-notable entre ces deux
poids que l'on peut admettre un empoisonnement probable par
l'acide chlorhydrique.

L'acide se reconnaît quand il est à l'état gazeux à son odeur,
à la coloration rouge qu'il donne au papier de tournesol, aux
fumées blanches qu'il répand au contact de l'ammoniaque et au
précipité caséeux qu'il forme sur une baguette trempée dans
une solution argentique; on peut le doser en faisant passer à
l'aide d'un aspirateur un volume déterminé d'air à travers une
solution d'azotate d'argent.

§ 425. *Réactions chimiques de l'acide chlorhydrique.* — L'a-
cide chlorhydrique et les chlorures précipitent les solutions d'a-
zotate mercureux et les solutions un peu concentrées d'acétate
de plomb; le précipité de chlorure de plomb est cristallin et soluble dans l'acide chlorhydrique bouillant; les deux précipités
sont insolubles dans l'ammoniaque.

Un chlorure solide distillé avec un mélange de bichromate de
potassium et d'acide sulfurique produit des fumées rouges jaunâtres qui condensées dans de l'eau se colorent en jaune par
l'ammoniaque ; cette solution devient verte par l'addition
d'acide sulfureux.

L'acide chlorhydrique est un gaz incolore, très-acide, de
1,2596 de densité ; il se liquéfie à une température de 0° sous
une pression de 26,2 atmosphères. L'eau le dissout avec rapidité
(1 volume d'eau en dissout 500 volumes à 0°) ; il en est de même
de l'alcool; cette dernière solution se transforme lentement et
partiellement en chlorure d'éthyle. L'acide pur est un liquide
incolore (mais le produit commercial est toujours coloré en
jaune par des traces de perchlorure de fer); la solution concentrée fume au contact de l'air humide. L'acide officinal n'est pas

saturé; il a pour densité 1,12 et renferme 24,5 d'acide chlorhydrique gazeux; l'acide du commerce $(d = 1,15$ à $1,17)$ en renferme 54 pour 100. L'acide du commerce est souvent arsenical.

Les chlorures, sauf ceux de plomb, d'argent, et de protoxyde de mercure sont solubles.

§ 426. *Dosage pondéral.* — L'acide chlorhydrique peut être dosé, à l'aide de l'azotate d'argent; on pèse le précipité lavé filtré sur un filtre taré desséché à 120°; 100 de chlorure d'argent correspondent à 25,14 d'acide chlorhydrique.

§ 427. *Dosage volumétrique.* — Le dosage de l'*acide libre* se fait par la méthode acidimétrique; 1 cent. cube de solution normale de soude correspond à $0^{gr},0365$ d'acide libre. (Mêmes observations que pour l'acide azotique.)

ACIDE PHOSPHORIQUE.

§ 428. *Généralités.* — L'acide phosphorique très-concentré à l'état sirupeux produit les mêmes désordres que l'acide sulfurique; comme lui, il est rapidement absorbé et éliminé par les urines; en solution étendue, il n'a pas d'action toxique et se trouve très-répandu à l'état de sels acides, neutres ou basiques, dans nos tissus, dans nos humeurs et dans nos aliments animaux ou végétaux.

On ne pourra caractériser l'empoisonnement par cet acide que dans les premières déjections. Les liquides recueillis quelque temps après, soumis même à l'analyse pondérale, ne donneront plus d'indications suffisantes, car un certain nombre de nos humeurs, notamment l'urine, renferment des quantités notables mais variables de phosphates [1].

§ 429. *Recherche et dosage.* — On ne tentera la recherche de cet acide que lorsque les matières ont une réaction acide franchement prononcée; on soumettra à l'examen le liquide résultant de leur digestion avec de l'eau ou mieux encore avec de l'alcool.

[1] Hünefeld *Horns' Arch. f. Med.*, 1850. Wöhler et Frerichs' *Annal. d. Chim. u. Pharm.*, t. XLV, p. 527. — Schuhcardt, *Zeitsch. f. rat. Mediz.*, t. VII, p. 255 et Person, *Annal. d'hyg.*, 1859; 2ᵉ série. t. XXII, p. 574.

Nous avons indiqué au § 168 et 172, 189 et 194, le dosage de l'acide phosphorique libre ou combiné (surtout en présence de l'alumine et de l'oxyde ferrique). La matière organique sera détruite au préalable par sa déflagration avec l'azotate de potassium; le résidu sera dissous dans de l'acide azotique étendu, filtré, et comme ce dosage n'est qu'approximatif, que les humeurs ne renferment que peu d'alumine et d'oxyde ferrique, on précipitera de suite par le chlorure ammoniaco-magnésien ammoniacal. On peut peser le précipité lavé avec de l'eau ammoniacalisée au 1/3; mieux encore vaut le peser après calcination et transformation en pyrophosphate de magnésium; ce sel renferme pour cent 63,96 d'acide phosphorique. Je rappellerai que Fresenius a recommandé de mesurer le volume de liquide filtré et d'ajouter au poids du précipité 0^{gr},001 pour chaque 54 cent. cubes d'eau de lavage; l'acide arsénique serait précipité comme l'acide phosphorique à l'état d'arséniate ammoniaco-magnésien (voy. § 45).

§ 430. *Caractères chimiques*. — Le précipité de phosphate ammoniaco-magnésien devient cristallin quand il ne se produit pas dans des liqueurs trop concentrées; il se dissout dans les acides chlorhydrique ou azotique étendus; cette solution se comporte de la manière suivante.

1°) Le *molybdate d'ammonium* chauffé avec elle donne un précipité jaune de phospho-molybdate d'ammonium, très-soluble dans l'ammoniaque; cette réaction n'est caractéristique que lorsque la liqueur ne renferme pas d'acides phosphorique et silicique.

2°) La solution azotique ou chlorhydrique est transformée en solution acétique par l'addition d'une quantité suffisante d'acétate de sodium; l'*acétate d'uranium* y produit alors quand on chauffe au bain-marie un précipité blanc jaunâtre de phosphate d'uranium.

3° La solution acétique traitée par une petite quantité de *chlorure ferrique* (il ne doit pas y en avoir plus que la quantité nécessaire pour former du phosphate ferrique) ne doit pas précipiter à froid; à chaud, il se forme un précipité blanc ou jaunâtre, mais jamais brun.

4° La solution azotique ne précipite pas par *l'azotate d'argent*; il se produit un précipité jaune quand on neutralise avec précaution le mélange par de l'ammoniaque; ce précipité se redissout dans un excès d'ammoniaque et d'acide azotique.

L'anhydride phosphorique forme une masse floconneuse blanche, très-hygroscopique, qui s'hydrate avec élévation de température; on ne peut pas faire reprendre à cet hydrate l'eau qu'il a perdue par la chaleur. L'hydrate de l'acide phosphorique ordinaire a une consistance sirupeuse, se mélange à l'alcool et à l'eau en toute proportion; sa solution est très-acide. L'évaporation la transforme en acide *phosphorique vitreux*, mélange en proportions variables d'acide méta et pyrophosphorique.

§ 431. *Acides méta et pyrophosphoriques.* — Les acides méta et pyrophosphoriques ne doivent pas nous arrêter longtemps, car leurs solutions aqueuses se transforment rapidement en acide phosphorique ordinaire. On a prétendu que l'acide métaphosphorique, qui coagule l'albumine, était plus toxique que l'acide ordinaire, parce qu'il coagulait les tissus albuminoïdes; je crois que la solution de cet acide serait transformée en acide ordinaire avant d'arriver dans l'intestin.

Nous dirons quelques mots des hypophosphites en faisant l'histoire du phosphore.

ACIDE ACÉTIQUE.

§ 432. *Action physiologique.* — L'acide acétique (Ac. aceticum, glaciale) se reconnaît quand il n'est pas combiné à son odeur caractéristique; il s'oxyde dans l'organisme et ne se retrouve pas dans l'urine; on l'a signalé dans quelques liquides de l'économie comme produit passager de décomposition de certains corps; cette dernière circonstance et les lésions anatomiques insignifiantes que produit l'acide quand il n'est pas trop concentré, expliquent pourquoi l'on ne pourra que difficilement constater cet empoisonnement par l'examen chimique seul. L'acide acétique un peu concentré doit ramollir et gélatiniser les parois stomacales et œsophagiennes.

§ 433. *Recherche toxicologique.* — La distillation permet de séparer facilement cet acide des liquides organiques; pour retirer l'acide des acétates, il faut leur ajouter au préalable un peu d'acide sulfurique ou phosphorique. Le liquide distillé pourra renfermer également un grand nombre d'autres corps volatils comme l'alcool, l'éther et la nitro-benzine.

La distillation peut être remplacée dans ces cas par l'extraction à l'aide de l'alcool, qui dissout non-seulement l'acide, mais les acétates alcalins. Le résidu abandonné par l'évaporation du liquide alcoolique est neutralisé par de la potasse, évaporé à siccité et distillé avec de l'acide phosphorique; on obtient ainsi un produit très-pur.

§ 454. *Caractères chimiques.* — L'acide acétique cristallisable est un liquide incolore à la température ordinaire, qui se solidifie entre 0 et + 4°; les cristaux une fois formés ne fondent qu'à + 17°. L'acide bout à 120°, a une densité de 1,0531 à 17°. Il est miscible en toutes proportions avec l'eau et l'alcool. L'addition d'eau augmente d'abord la densité de l'acide jusqu'à ce qu'elle ait atteint 1,0728 (80 p. 100 d'hydrate), puis elle diminue. L'acide acétique a une odeur et une saveur caractéristiques; il réagit comme un acide puissant. Ses sels sont très-solubles dans l'eau; quelques-uns même (l'acétate de potassium de plomb, etc.) sont solubles dans l'alcool. Les acétates de calcium, de baryum et de plomb produisent par la distillation sèche de l'acétone, dont l'odeur est caractéristique.

On peut avec l'acide acétique distillé instituer les expériences suivantes :

1°) Le *chlorure ferrique* lui communique une coloration rouge de sang qui se fonce davantage par l'addition d'une petite quantité d'ammoniaque (le chlore seul du chlorure ferrique, mais non l'acide acétique, doit être neutralisé). Cette solution, lorsqu'elle ne contient que de l'acide acétique libre (et pas d'acide minéral), précipite de l'hydrate d'oxyde ferrique brun quand on la chauffe. L'acide azotique fait virer au jaune la solution rouge d'acétate ferrique.

2°) On évapore une partie du liquide distillé avec de la soude; le sel desséché mêlé avec de l'acide arsénieux et calciné donne l'odeur de *cacodyle*.

3°) Une partie du sel de soude obtenue précédemment, chauffée avec de l'alcool et de l'acide sulfurique, donne l'odeur agréable d'*éther acétique*.

4°) Le liquide distillé ne précipite pas par l'*azotate d'argent*; une solution très-concentrée seule produit un dépôt nacré; le mélange ne doit pas se réduire à chaud; ce caractère est distinctif de l'acide formique.

5°) L'*azotate mercureux* donne un précipité cristallin qui ressemble à des écailles de poissons; ce précipité chauffé se colore en gris par le mercure, qui est réduit à l'état métallique.

§ 435. *Dosage volumétrique.* — L'acide acétique retiré par la distillation ou par l'alcool peut être dosé à l'aide de la solution normale de soude qui par cent. cube correspond à $0^{gr},06$ d'acide acétique hydraté. [On ne peut pas se servir dans ce cas de la teinture de tournesol comme liquide indicateur; le changement de coloration n'est pas assez prononcé; il faut employer le papier.]

ACIDES TARTRIQUE ET CITRIQUE.

1°) *Acide tartrique*.

§ 436. *Action physiologique.* — L'*acide tartrique* se décompose dans l'économie comme l'acide acétique et n'est éliminé qu'en quantités très-faibles par les urines; il n'a d'action toxique que lorsqu'on l'ingère en grande quantité et en solution un peu concentrée; il en est de même de la crème de tartre. On doit, pour conclure à un empoisonnement par cet acide, en retrouver de notables quantités, car un grand nombre de végétaux et de boissons le renferment en proportion variable. Ce que nous avons dit des difficultés que présente la recherche de l'acide acétique s'applique également à celle de l'acide tartrique; on n'aura quelques chances de le retrouver que s'il a été administré à doses un peu fortes. On ne connaît qu'un seul cas d'empoisonnement par cet acide.

§ 437. *Recherche toxicologique.* — L'extraction de l'acide tartrique présente même plus de difficultés que celle de l'acide acétique, puisqu'il n'est pas volatil. On dessèche les matières presque à siccité et on fait bouillir le résidu avec de l'alcool très-fort marquant 90°. La solution alcoolique est évaporée au 1/6 et le résidu est divisé en deux parties égales ; l'une d'elles est exactement neutralisée par du carbonate de potassium, puis on lui ajoute la seconde. Le liquide est mélangé avec de l'alcool fort et abandonné pendant quelque temps dans un endroit frais. Le tartrate acide de potassium, qui est presque insoluble dans les liquides alcooliques, se déposera sous forme d'un précipité cristallin ; on le recueille sur un filtre et on le purifie par des lavages réitérées avec de l'alcool marquant 60°.

§ 438. *Réactions chimiques*. — Une partie de ce précipité est réservée comme *pièce de conviction* ; le restant est soumis à l'action des réactifs.

1°) Une partie de ce sel répand par la calcination une forte odeur de caramel, et abandonne un résidu noir (flux noir).

2°) Une seconde partie du précipité est transformé en tartrate neutre soluble par l'addition ménagée de carbonate de potassium ; ce sel neutre précipite à froid par l'eau de chaux, les chlorures de calcium et de baryum, et l'acétate de plomb ; ces précipités sont blancs. *Le précipité obtenu par l'eau de chaux est soluble dans le chlorure d'ammonium*, dans l'acide acétique, et dans les alcalis étendus ; le sulfate de calcium n'en précipite que très-lentement du tartrate neutre de calcium.

3°) La solution n° 2 n'est pas précipitée par l'alcool ; mais elle se trouble dès qu'on ajoute au mélange un peu d'acide acétique ; le précipité qui se forme est du tartrate acide de potassium.

4°) Le *bichromate de potassium* est déjà réduit à froid par les tartrates.

5°) L'*azotate d'argent* donne un précipité blanc qui noircit quand on le chauffe.

6°) Le *chlorure d'or* est réduit à l'ébullition.

On peut isoler l'acide tartrique du précipité calcique en le décomposant par de l'acide sulfurique étendu au 1/4 qui ne doit pas être employé en excès ; on ajoute de l'alcool qui sépare le sulfate de calcium ; le liquide alcoolique filtré abandonne par l'évaporation de l'acide tartrique (§ 443).

L'acide tartrique cristallise en prismes rhomboédriques incolores anhydres. Il est soluble dans 1/2 partie d'eau froide et dans bien moins d'eau bouillante; la solution a une saveur très-acide; l'acide tartrique est soluble dans l'alcool et presque insoluble dans l'éther. J'ai dit (§ 285) que l'alcool amylique l'enlevait aux solutions acides et non aux solutions alcalines. Il fond entre 170 et 180° en perdant de l'eau; il se forme de l'acide métatartrique qui peut régénérer l'acide tartrique en absorbant de l'eau; en continuant l'action de la chaleur il se forme d'autres acides pyrogénés et finalement de l'acide tartrique anhydre.

L'acide tartrique forme des sels neutres et des sels acides; l'insolubilité du tartrate acide de potassium nous est, comme nous l'avons vu, d'un grand secours.

§ 439. *Crème de tartre et tartrates.* — On a signalé quelques accidents dus à l'ingestion de la crème de tartre; on ne peut rechercher ce corps par le procédé précédent, qui ne peut servir qu'à caractériser l'acide qui n'est pas combiné. On doit essayer, dans ces cas, d'isoler la crème de tartre des matières organiques par des lavages à l'eau; cette séparation sera facilitée par la grande densité du composé. Une méthode plus exacte consisterait à ajouter aux matières suspectes un peu de potasse; il se produirait ainsi du tartrate neutre; on évaporerait le liquide filtré, puis on ajouterait à sa solution une petite quantité d'acide qui précipiterait du tartrate acide de potassium.

Le sel acide cristallise en prismes incolores très-durs, solubles dans 240 parties d'eau froide et 15 d'eau bouillante. Comme ce sel est peu soluble, on emploie en médecine un grand nombre de tartrates doubles qui sont plus solubles.

Le tartrate neutre de potassium (sel végétal) se présente sous forme de cristaux incolores, hygroscopiques et solubles dans leur poids d'eau froide. Sa saveur est peu saline; il est neutre et abandonne comme le sel précédent du flux noir (mél. de charbon et de carbonate) par la calcination.

Le tartrate neutre de potassium et de sodium (sel de Seignette) se présente sous forme de cristaux volumineux prismatiques renfermant 4 atomes d'eau de cristallisation; le sel n'est efflorescent qu'à une température un peu élevée; il fond dans son eau de cristallisation à la température de + 38°. Calciné, il laisse un résidu noir et un mélange de carbonate de potassium et de sodium. Il se dissout dans 2 parties d'eau froide et dans 1/2 partie d'eau bouillante ; cette solution est neutre et possède une saveur salée.

Le *tartrate borico-potassique* (crème de tartre soluble) constitue une poudre amorphe, hygroscopique (le produit français ne l'est pas) soluble dans l'eau et partiellement soluble dans l'alcool. Sa saveur est acidule au goût et rougit le tournesol. Sa solution, acidulée par de l'acide acétique et décomposée par le fluorure de potassium, se dédouble en fluo-borate de potassium soluble et en crème de tartre qui cristallise.

[On y démontre facilement la présence de l'acide borique en traitant ce sel par de l'acide sulfurique et en lui ajoutant de l'alcool ; ce dernier brûle avec une flamme verte.]

Le *tartrate d'ammonium et de potassium* est très-soluble ; il se décompose quand on le chauffe ; de l'ammoniaque se dégage et il reste de la crème de tartre.

J'ai déjà parlé de quelques autres tartrates.

L'*acide paratartrique*, ou *racémique*, se trouve dans quelques sucs végétaux ; il se comporte comme l'acide tartrique, mais le précipité calcique est insoluble dans le chlorure d'ammonium.

[Ces deux acides se distinguent par leur action sur la lumière polarisée. L'acide tartrique est dextrogyre et l'acide paratartrique est inactif.]

2°) *Acide citrique.*

§ 440. *Généralités.* — [Les empoisonnements par cet acide sont très-rares ; il existe dans un certain nombre de végétaux d'une consommation journalière (citrons, groseilles, etc.), et entre dans la composition de certaines boissons rafraichissantes (limonade citrique). Des expériences faites sur son élimination par les urines ont démontré qu'il n'était excrété par cette humeur qu'en quantité impondérable, même alors qu'on en avait administré des quantités très-fortes ; il paraît subir dans son passage à travers l'économie les mêmes modifications que l'acide tartrique et se transformer en carbonates.]

§ 441. *Recherche toxicologique.* — La non-volatilisation de cet acide augmente les difficultés de son extraction ; on peut bien le retirer à l'aide de l'alcool, mais on ne peut le purifier comme l'acide tartrique par sa transformation en un sel de potassium peu soluble. De petites quantités de cet acide échapperout toujours à nos recherches ; lorsqu'il y en a beaucoup, on peut essayer d'évaporer à siccité la solution alcoolique et de faire cristalliser l'acide à plusieurs reprises dans l'eau.

[On pourrait purifier l'acide en précipitant sa solution alcoolique par une solution alcoolique d'acétate de plomb ; le précipité est lavé à l'alcool absolu, puis avec un peu d'eau. On le délaye dans de l'eau distillée et on décompose le sel par un courant d'hydrogène sulfuré : le liquide filtré abandonne ainsi par l'évaporation de petits cristaux d'acide à peine colorés.]

§ 442. *Caractères chimiques*. — L'acide citrique cristallise en prismes incolores ne renfermant pas d'eau de cristallisation, mais décrépitant quand on les chauffe ; il se dissout dans son poids d'eau froide et dans la moitié d'eau bouillante ; l'alcool le dissout moins facilement que l'éther ; il se comporte comme l'acide tartrique avec l'alcool amylique ; sa solution aqueuse a une saveur franchement acide. L'acide citrique fond au-dessous de 100° ; chauffé à 175°, il se transforme d'abord en *acide aconitique*, puis en acide citraconique et itaconique. Nous avons déjà eu occasion dans le cours de l'ouvrage de parler des principaux citrates employés en médecine.

L'acide citrique peut être reconnu à l'aide des réactions suivantes :

1) La solution obtenue au (§ 441) est neutralisée avec de l'*eau de chaux*, dont il ne faut pas verser un excès ; le précipité ne se forme pas à froid, mais seulement à l'ébullition ; il se redissout dans une solution étendue de potasse et dans le chlorure cuivrique.

2) Le *chlorure de calcium* précipite les solutions neutres, mais non celles qui sont alcalines ; le précipité se dissout dans la potasse.

3) L'*acétate de plomb* précipite les solutions un peu concentrées en blanc ; l'azotate d'argent produit de même un précipité qui est soluble dans l'eau bouillante.

4) Le *sulfate de potassium* ne précipite pas les solutions d'acide citrique (caract. dist. de l'acide tartrique.)

§ 443. *Pièce de conviction.* — On isolera comme *pièce de conviction*, l'acide citrique, en traitant la solution bouillante par du carbonate de calcium; le liquide bouillant est filtré et décomposé par de l'acide sulfurique (v. Acide tartrique). On pourrait également le précipiter à l'état de citrate de plomb et décomposer le précipité lavé par de l'hydrogène sulfuré; le liquide filtré abandonne par l'évaporation de l'acide citrique; le même procédé pourrait être employé pour l'acide tartrique. [Un cristal d'acide citrique chauffé dans un tube jusqu'au moment où le liquide jaunit est transformé en acide aconitique. On reprend le résidu par un lait de chaux; le liquide filtré, s'il contient de l'aconitate de calcium, se trouble quand on le chauffe et redevient clair par le refroidissement. Ce caractère est précieux.]

ACIDE OXALIQUE.

§ 444. *Généralités.* — L'acide oxalique est de tous les acides végétaux celui auquel sont dus le plus grand nombre d'intoxications; ses sels acides partagent ses propriétés toxiques; le *sel d'oseille* (oxalate acide de potassium), qui est employé dans l'industrie a donné souvent naissance à des méprises. L'encre bleue (bleu de Prusse en solution oxalique) et les encres alizariques renferment de notables quantités de cet acide. Des empoisonnements assez fréquents ont été observés chez l'homme dans les circonstances suivantes; des droguistes, se trompant à l'aspect extérieur, l'ont vendu comme sulfate de magnésium ou de sodium.

§ 445. *Action toxique.* — L'acide oxalique et ses sels sont rapidement absorbés; une partie de l'acide est même éliminée par les urines[1]. La mort arrive par suite de la paralysie du cœur[2]. L'acide employé en nature fait naître des symptômes gastro entéritiques qui n'atteignent pas d'ordinaire une grande intensité,

---

[1] Buchheim, *Passage de quelques acides organiques dans l'urine;* in Arch. f. *Pharm.* Heilk, 1857, p. 127.

[2] D'après Onsum, les capillaires seraient obstruées par l'oxalate de chaux qui se formerait dans le sang (*Virch. Archiv*, t. 28, p. 253). Cyon regarde cette opinion comme fausse, *Arch. f. Anat. u. Phys.*, 1866, p. 196). Empois, sur l'homme, *N. Rep. f. Ph.*, t. XVII, page 580. Tardieu et Roussin croient que l'oxalate de potasse agit comme le nitre.

puisque la mort survient trop rapidement. [Les doses mortelles
d'acide oxalique sont souvent peu considérables. Tardieu cite un
cas où 2 grammes ont suffi chez un jeune homme ; presque toujours on a ingéré 30 grammes, mais il est à noter qu'une notable quantité du toxique fut rejetée par les vomissements.]
L'acide oxalique et les oxalates peuvent exister normalement
dans l'organisme (urines oxaliques, calculs vésicaux dits mû-
raux), ou y être introduits par les aliments (oseille, oignons,
etc.)

§ 446. *Recherche toxicologique*. — L'*extraction* de cet acide
se fait de la manière suivante : on fait digérer avec de l'alcool
acidulé par de l'acide chlorhydrique, une partie des matières
soumises à l'analyse préalablement desséchées au bain-marie[*]
(aliments, matières vomies, contenu du tube digestif, sang et
organes riches en sang); l'extraction se fait à deux reprises.
(On peut même pour retirer de la matière insoluble un restant d'oxalate de chaux, la faire bouillir pendant quelque temps
avec de l'eau acidulée.) On évapore l'alcool au bain-marie et
on soumet la solution aqueuse aux réactions suivantes :

Roussin recommande dans ce cas la saturation par la quinine
(§ 412); il décompose l'oxalate de quinine par un sel de calcium
et retire l'acide oxalique de l'oxalate de calcium par l'acide sulfurique.

§ 447. 1) *Réactions chimiques*. — Une partie du liquide neutralisée exactement par de l'ammoniaque donne avec le *chlorure
de calcium* un précipité blanc insoluble dans l'acide acétique,
mais soluble dans l'acide chlorhydrique; l'ammoniaque le reprécipite de cette solution chlorhydrique. Ce précipité desséché
se transforme par la calcination en chaux sans noircir, lorsqu'il
est pur. L'eau de chaux (caract. distinct. de l'acide citrique) et
le sulfate de calcium (caract. dist. de l'acide tartrique) précipitent immédiatement les solutions d'acide oxalique. Ces précipités,
comme celui dû au chlorure de calcium, sont insolubles dans le
chlorure d'ammonium.

2) L'*azotate d'argent* donne un précipité blanc très-soluble

---

[*] On peut se servir du résidu que l'on a obtenu par la distillation dans la recherche
de l'alcool ou des huiles essentielles.

dans l'acide azotique ; il brunit ou noircit quand on le chauffe avec le liquide dans lequel il a pris naissance et détone quand on le calcine.

3) L'acide oxalique réduit le *chlorure d'or à chaud* ; il se dépose des paillettes brillantes d'or et les parois du tube sont dorées.

4) L'*hypermanganate de potassium*, acidulé par une goutte d'acide sulfurique, se décolore quand on le chauffe avec une solution d'acide oxalique.

5) L'*acétate* ou *le sous-acétate de plomb* donnent des précipités blancs d'oxalate de plomb ; ce précipité convient très-bien à l'extraction de l'acide ; on le décompose par l'hydrogène sulfuré quand il est bien lavé ; le sulfure de plomb est enlevé par le filtre, et le liquide filtré abandonne par l'évaporation de petits cristaux aiguillés incolores ou à peine colorés ; ces cristaux sont de l'acide oxalique qui se dissout dans l'alcool et rougit le tournesol. Les cristaux desséchés à l'air se décomposent par la chaleur en eau, et en volumes égaux d'acide carbonique et d'oxyde de carbone ; une partie de l'acide échappe à la décomposition et se sublime. L'acide sulfurique concentré et chaud décompose l'acide oxalique en donnant les mêmes produits que la chaleur. L'éther et l'alcool amylique enlèvent cet acide aux solutions aqueuses.

§ 448. *Pièce de conviction.*—Le précipité d'*oxalate de chaux*, ou les cristaux d'*acide oxalique pur*, si on a pu en isoler en quantité un peu notable, sont les meilleures pièces de conviction.

§ 449. *Dosage.* — On pèse l'oxalate de chaux qu'on a retiré par le procédé indiqué plus haut d'une quantité pesée de matière ; il vaut mieux transformer l'oxalate en carbonate par la calcination (voy. Chaux, p. 214) ; 100 de carbonate correspondent à 90 d'acide oxalique desséché et à 126 d'acide cristallisé.

Il est plus rigoureux de chauffer le carbonate de chaux à la lampe à émailleur pour le transformer en chaux vive ; 100 de chaux correspondent à 160,7 d'acide oxalique sec et à 225 d'acide cristallisé. [Je préfère transformer l'oxalate de chaux après calcination en sulfate ; le dosage se fait plus rapidement et plus sûrement (voy. Chaux).]

ACIDE MÉCONIQUE.

§ 450. *Généralités*. — Nous ne savons pas si cet acide est toxique et nous n'en parlons ici que parce qu'il accompagne les alcaloïdes dans l'opium ; si donc on le retrouve en même temps que
ces alcaloïdes, on pourra être sûr que le toxique a été administré sous forme d'opium ou d'une de ses préparations pharmaceutiques, et non sous celle d'alcaloïde pur.

§ 451. *Recherche toxicologique*. — La recherche de cet acide
se fait le plus facilement par le procédé qui nous a servi pour
l'acide oxalique. On épuise les matières à examiner desséchées
au bain-marie par de l'alcool aiguisé d'acide chlorhydrique ; la
solution alcoolique est filtrée après refroidissement et évaporée
dans le cas particulier à siccité pour chasser toutes les traces
d'acide volatil ; il est surtout important que tout l'acide acétique
ou formique ait été éliminé. On reprend par de l'eau bouillante
et on enlève à l'aide de la benzine les matières colorantes ; le
liquide est porté à l'ébullition, neutralisé par de la magnésie,
filtré au besoin et réduit par l'évaporation.

§ 452. *Caractères chimiques*. — L'acide méconique est contenu dans ce liquide à l'état de méconate de magnésium. Le
liquide refroidi doit donner avec le *chlorure ferrique une coloration rouge de sang très-intense* ; cette coloration ne doit disparaître ni par la chaleur ni par l'acide chlorhydrique (caractère
distinctif de l'acide acétique). Le chlorure d'or ne la modifie
pas, tandis qu'il décolore le sulfocyanure ferrique. Le chlorure
stanneux réduit le sel ferrique à l'état de sel ferreux, et décolore
par suite le méconate ferrique ; l'acide azoteux fait reparaître
immédiatement la couleur rouge. La solution de méconate de
magnésium est précipitée en blanc par l'acétate de plomb et
l'azotate d'argent ; ce dernier précipité devient jaune quand on
le chauffe ; l'azotate mercureux précipite en blanc et l'azotate
mercurique en jaune.

La solution chlorhydrique peut se transformer partiellement
pendant l'ébullition en acide méconique ; ce qui n'a pas d'inconvénient puisque cet acide n'empêche pas la réaction des sels
ferriques de se produire.

On isolerait par le procédé suivant de l'acide méconique comme *pièce de conviction*. Les matières à examiner sont acidulées avec précaution par de l'acide chlorhydrique (le plus petit excès doit être évité) et épuisées à *froid*. L'alcool amylique, agité avec ces liquides lui enlève l'acide méconique (voy. § 575); on lave la couche alcoolique avec un peu d'eau ; abandonnée à l'évaporation, elle laisse déposer de l'acide méconique qu'il s'agit de purifier ; on reprend le résidu par de l'eau bouillante et l'on évapore le liquide filtré ; l'alcool éthylique redissout l'acide méconique et l'abandonne à l'état cristallisé [1].

L'acide méconique cristallise en écailles incolores renfermant 3 atomes d'eau de cristallisation qu'il perd à 100° ; il fond à 150°, se dissout difficilement dans l'eau froide et plus facilement dans l'eau chaude. L'alcool le dissout facilement ; il n'en est pas de même de l'éther. L'acide méconique se décompose assez rapidement quand il est mélangé avec des matières organiques ; il sera difficile de le retirer d'un cadavre.

ACIDE PICRIQUE.

§ 453. *Généralités.* — L'*acide picrique* (trinitrophénique, acide de l'amer de Welter) est employée dans les teintureries et dans les confiseries (coloration des confitures [2]) à cause de sa couleur, et dans quelques brasseries à cause de sa grande amertume [3]. En médecine, on s'est servi du sel de potassium et du sel ferreux.

L'acide picrique employé à l'intérieur se diffuse facilement, ce que l'on reconnaît à la teinte ictérique que prennent les surfaces cutanées et à la coloration jaune des muscles ; on peut démontrer chimiquement que cette coloration jaune est due réellement à l'acide picrique et non aux pigments biliaires. Le tube intestinal présente la même coloration sur tous les points qui ont été en contact avec l'acide.

[1] Tidy, *Med. Times*, 1868, Nov.
[2] Défense par le gouvernement prussien de se servir de cet acide. *Berliner Klin. Wochensch.*, 1865, n° 57, p. 578.
[3] Voy. pour les empoisonnements, Rapp et Föhr. Thèse de Tubingue, 1827. Voy. pour l'emploi médical, Erb. Thèse de Würzburg, 1864. Bulle. Thèse de Dorpat, 1867.

La recherche de cet acide ne sera légitimée que lorsque la coloration jaune est visible ; on peut consacrer à l'analyse l'estomac, les parties supérieures du tube digestif, le foie, le sang (poumon et cœur). L'urine émise peu de temps avant la mort est quelquefois colorée en jaune foncé et doit être analysée avec soin, car Erb a fait voir que cette excrétion éliminait une partie du toxique lorsqu'il n'est pas administré à doses mortelles. Ces dernières décomposent le globule sanguin.

§ 454. *Recherche toxicologique*. — On *isole* l'acide picrique des matières soumises à l'analyse en les divisant finement et en les faisant bouillir avec de l'alcool aiguisé d'acide chlorhydrique ; cette solution filtrée bouillante est évaporée au bain-marie et reprise par de l'eau bouillante ; on y *fait macérer de la laine, qui au bout d'un temps très-court prend une belle couleur jaune*, que les lavages à l'eau ne peuvent lui enlever.

La recherche de l'acide picrique dans la bière se fait à peu près d'une manière identique ; ce liquide est évaporé à consistance sirupeuse et repris par 4 ou 5 fois, son volume d'alcool marquant 95° acidulé par de l'acide sulfurique ; on filtre après 24 heures de repos dans un endroit frais, on évapore l'alcool et on traite le résidu comme nous venons de le dire.

L'éther, le pétrole, la benzine, le chloroforme enlèvent l'acide picrique (voy. § 287, III) aux solutions aqueuses acidulées par l'acide sulfurique, mais l'extraction n'est jamais totale. L'action dissolvante de l'alcool amylique est bien plus complète et l'on doit tenir compte de ce fait dans la recherche des alcaloïdes. Les solutions d'acide picrique dans le pétrole, la benzine et le chloroforme sont presque incolores et ne se colorent en jaune que lorsque l'acide commence à se déposer ; celles dans l'alcool amylique et l'éther sont jaunes.

On peut se servir de l'alcool amylique pour enlever directement aux matières l'acide picrique ; mais cette extraction ne réussit que lorsque le liquide est fortement acidulé par de l'acide sulfurique ; il vaut mieux soumettre à ce traitement des matières déjà épuisées par de l'alcool éthylique.

L'alcool amylique ne doit être lavé qu'avec de l'eau acidulée, car il cède l'acide picrique à l'eau pure ; on doit cependant enlever avant l'évaporation tout l'acide sulfurique, car celui-ci pourrait exercer à chaud une action décomposante; le dernier lavage doit se faire par suite très-rapidement et avec très-peu d'eau distillée. L'acide qui reste ainsi par l'évaporation peut être présenté comme *pièce de conviction*. L'alcool amylique n'enlève aux solutions alcalines ou ammoniacales que des traces de picrates alcalins (voy. § 254.)

§ 455. *Caractères chimiques*. — L'acide recristallisé un certain nombre de fois dans l'eau et dans l'alcool se présente sous forme de cristaux allongés jaunes, qui sont très-peu solubles dans l'eau froide, mais très-solubles dans l'eau bouillante, l'alcool et l'éther. Les solutions aqueuses sont d'un jaune plus intense que l'acide cristallisé, et possèdent une saveur très-amère. L'acide sulfurique dissout l'acide picrique à chaud et le laisse déposer en partie quand on le dilue avec de l'eau. L'acide picrique chauffé avec précaution dans un petit tube, fond, puis émet des vapeurs d'une odeur très-amère et se condense en partie à l'état cristallisé dans les parties refroidies du tube. Il déflagre quand on le chauffe trop rapidement. Le sel de potassium est jaune cristallisé et peu soluble dans l'eau; il détone très-facilement.

L'acide picrique présente les réactions suivantes :

1) Une solution aqueuse se colore en *rouge intense*, quand on la chauffe doucement avec de la potasse (ou de l'ammoniaque) renfermant un peu de cyanure de potassium. On peut remplacer le cyanure par le sulfure d'ammonium.

Cette réaction est sensible au 1/4000[1]. La glucose chauffée avec une solution alcaline étendue et de l'acide picrique donne une coloration foncée rouge de sang[2].

2) Une solution ammoniacale de sulfate cuivrique est précipitée en vert par l'acide picrique, même dans une solution au 1/5000.

Ces cristaux examinés à la lumière polarisée présentent les plus belles couleurs irisées.

§ 456. *Caractères distinctifs de l'acide chrysophanique*. — *L'acide chrysophanique* se différencie de l'acide picrique par des

[1] Cary Lea dans Fresenius *Zeitsch. f. anal. Ch.*, t. I, p. 485.
[2] Braun.; Fresenius, *id.*, t. IV, p. 186.

différences de solubilité et d'amertume, et par la belle couleur pourpre qu'il prend quand on le traite par l'ammoniaque, les alcalis ou leurs carbonates.

§ 457. *Caractères distinctifs de l'acide styphnique.* — L'alcool amylique enlève plus facilement aux solutions aqueuses acidulées l'*acide oxypicrique* ou *styphnique* que l'acide picrique ; la benzine, le chloroforme, le pétrole (plus difficilement) agissent de même, mais ne se colorent pas. La solution aqueuse et amylique est colorée en jaune. L'acide styphnique cristallise en prismes à 6 pans ; il déflagre plus vivement par la chaleur que l'acide picrique. Le mélange de cyanure de potassium et de potasse le brunit, mais il n'est pas précipité par la solution ammoniacale de sulfate de cuivre.

§ 458. *Caractères distinctifs de l'acide chrysammique.* — Cet acide que l'on pourrait confondre à ses caractères extérieurs avec l'acide picrique, donne avec l'eau une solution rouge ; la potasse ne modifie pas cette couleur, mais l'acide sulfurique la fait virer au jaune. L'alcool amylique, le chloroforme, la benzine (mais non le pétrole) l'enlèvent aux solutions aqueuses acidulées ; les solutions sont jaunes, celle de l'alcool amylique passe au rouge quand on l'agite avec de l'eau ; le chloroforme et la benzine ne prennent cette teinte que par l'addition d'une trace de potasse étendue. L'acide sulfurique étendu le dissout à chaud ; la solution brune refroidie laisse précipiter un corps vert quand on la traite par de l'eau. L'acide sulfurique concentré le dissout mais en le décomposant en partie, car il se précipite une poudre violette. L'ébullition avec de la potasse moyennement concentrée donne une solution brun noirâtre ; le sulfure d'ammonium colore cet acide en violet ; cette couleur passe à l'indigo sous l'influence de la chaleur. Le chlorure stanneux se comporte de la même manière.

Le chlorure de baryum précipite ses sels en rouge cinabre, le chlorure de calcium en rouge foncé, le sulfate de zinc en pourpre foncé, l'azotate d'argent en violet foncé. La solution étendue d'acide chrysammique n'est pas colorée en brun quand on la chauffe avec le mélange de potasse et de cyanure de potassium (voy. § 254 et 287, IV).

ACIDE PHÉNIQUE.

§ 459. *Généralités*. — L'acide phénique (phénol, alcool phénique, ac. carbolique) est un des désinfectants les plus usités de nos jours ; on le retire de la créosote[1] préparée à l'aide des huiles de schistes lourdes ainsi que de ces dernières. Je ne crois pas qu'on puisse s'empoisonner par méprise à l'aide de cette substance, car son odeur et sa saveur sont trop désagréables ; Scheerer cite un cas où on l'a fait avaler de force à un enfant dans une intention criminelle.

Des expériences instituées sur des animaux ont démontré que ce corps possédait des propriétés très-énergiques, ce qui tient probablement à la coagulation des matières albuminoïdes qui se produit déjà sous l'influence de solutions moyennement concentrées[2]. On a constaté chez les animaux une coloration blanche des parties en contact avec le toxique, des ecchymoses et des inflammations plus ou moins vives de tout le tube digestif. Ces dernières font défaut lorsque la mort est survenue très-rapidement ou que la victime n'a ingéré que des solutions étendues. L'urine dans ces derniers cas est ictérique et manifeste les réactions des acides biliaires. Ce dernier point n'est pas complétement élucidé. L'odeur si caractéristique de l'acide phénique se perçoit toujours ; il suffit de chauffer, dans les cas douteux, les organes digestifs, même le sang et les organes riches en sang, avec un peu d'acide.

L'urine paraît renfermer des traces d'acide phénique, car chauffée avec de l'acide sulfurique elle répand l'odeur caractéristique de cette matière ; cette odeur doit être assez prononcée si l'on veut en tirer une conclusion, car l'urine normale elle-même paraît renfermer souvent des traces de ce corps[3]. Le

---

[1] La créosote telle que la fournit le commerce de ces dernières années, n'est que de l'acide phénique impur ; le produit retiré du hêtre qui fut analysé par Buchner, Reichenbach, Gorup-Besanez et Hlasiwetz ne paraît plus se rencontrer actuellement dans le commerce.

[2] Husemann, *N. Jahr. f. Pharm.*, t. XXXV, p. 209 et XXXVI, p. 129. Husemann et Ummethum ont constaté que la créosote et l'acide phénique avaient des propriété physiologiques assez différentes.

[3] Wadeler, *Annal. d. Ch. u. Ph.*, t. LXVII, p. 360 et LXXVII, p. 17. — Hoffmann (Dorpat, 1866) a retrouvé cet acide dans l'urine chez des chiens et des chats morts 24 à 60 heures après l'ingestion du toxique.

même doute se manifeste lorsqu'on n'en rencontre que de petites quantités dans le contenu du tube digestif; ces traces d'acide pourraient y avoir été introduites accidentellement (viandes fumées, castoréum, etc.), ou comme médicament.

§ 460. *Recherche toxicologique.* — On sépare l'acide phénique des matières organiques en les soumettant à la distillation après addition d'acide sulfurique ou phosphorique. La recherche de ce corps se fera par suite en même temps que celle de l'alcool, des huiles essentielles et de l'acide acétique. On pourrait également ment l'isoler en faisant usage des dissolvants (§ 287, III).

Le liquide distillé présente une *odeur caractéristique* ; l'acide phénique étant peu soluble se séparera quelquefois en gouttelettes, mais il vaut mieux épuiser le liquide par l'éther, décanter le liquide éthéré et abandonner ce dernier à l'évaporation spontanée.

§ 461. *Caractères chimiques.* — L'acide phénique est incolore ou légèrement coloré en jaune; il est soluble dans l'alcool et dans l'éther ; ses solutions sont neutres; sa densité à $+ 20°$ est de 1,068 ; il se précipite au fond de l'eau ; traité par de l'acide azotique moyennement concentré il se transforme en acide picrique.

Un copeau de sapin imprégné d'acide phénique et d'acide chlorhydrique concentré se colore en bleu foncé [cette réaction est sujette à caution, car j'ai vu plus d'un copeau qui est devenu bleu ou vert par l'action de l'acide seul]. L'acide phénique colore la peau en blanc ; il précipite l'albumine et la gélatine. Le sulfate ferrique colore en lilas une solution au 1/2000.

L'eau bromée précipite en blanc jaunâtre des solutions diluées au 1/45000 ; le précipité qui ne se forme que très-lentement dans les liqueurs étendues a une structure cristalline.

La *créosote,* retirée du goudron du bois de hêtre colorerait de même la peau en blanc et précipiterait l'albumine et la gélatine ; on la différencie de l'acide phénique par les autres réactifs qui sont sans action sur elle.

Le produit commercial actuel est presque exclusivement composé d'*alcool cressylique* ; il se comportera comme la créosote, mais l'acide azotique le transformera en un corps très-voisin de l'acide picrique. L'alcool cressylique pourra du reste être isolé des matières organiques comme le phénol.

CANTHARIDINE.

§ 462. *Généralités*. — La cantharidine est le principe actif contenu dans les *cantharides* (lytta vesicatoria et lytta pallasii) et dans quelques insectes voisins des genres lytta, mylabris et meloe[1]. Le produit commercial renferme de 0,33 à 5 p. 100 de principe actif. On prépare, à l'aide des cantharides, des teintures, des pommades, des onguents et des emplâtres.

Le public se sert souvent de ces préparations puisqu'elles sont réputées aphrodisiaques ; de nombreux empoisonnements ont été la suite de cette fâcheuse coutume ; on s'en est servi également comme moyen abortif. Je ne sache pas que la *cantharidine*[2] pure ait été employée pour provoquer des empoisonnements mortels. La cantharidine est active même alors qu'elle est combinée aux bases ; ses solutions potassique, sodique et magnésique sont aussi vésicantes qu'elle-même.

§ 463. *Action physiologique*. — L'ingestion des cantharides ou de la cantharidine amène les accidents suivants. Des vomissements abondants se produisent au bout d'un temps très-court (l'expert ne devra jamais négliger l'analyse de ces matières) ; en même temps la bouche, l'œsophage, les estomacs et les intestins (aussi loin que le poison y a pénétré) deviennent le siége d'une vive inflammation ; le rein et les canalicules rénaux ne sont pris que lorsque de l'urine a été émise après l'ingestion du toxique. Celle-ci dans ce cas est alcaline, albumineuse et renferme en suspension des corps de nature fibrineuse. On a même signalé des empoisonnements mortels dus à l'application immodérée de vésicatoires et surtout de pommades vésicantes. Des chiens et des chats succombent très-vite, lorsqu'on leur injecte de petites quantités de toxique par la voie hypodermique ; les accidents du côté de l'intestin, quoique moins prononcés dans ce cas, se produisent néanmoins ; l'animal vomit et a des éva-

---

[1] Voy. Cooke, *Des insectes vésicants; Pharmaceutic. Journ.* Trans., 1871.

[2] Schroff a fait des expériences physiologiques très-dangereuses sur l'homme. *Zeitsch d. gerich. d. Aerzte in Wien.* Année II, p. 490.

cuations alvines très-fortes ; l'intestin est recouvert d'une couche muqueuse très-visible. Les reins et leurs canalicules ne s'enflamment (même quand le toxique a été injecté dans le sang) qu'à la suite de la première émission d'urine.

§ 464. *Absorption et diffusion.* — La nature chimique de la cantharidine a été méconnue pendant fort longtemps ; envisagée comme un alcaloïde, tant qu'on la croyait azotée, elle a été rangée ensuite parmi les corps neutres, et l'on a émis les hypothèses les plus singulières pour expliquer l'action physiologique de ce corps insoluble. D'après mes expériences et celles de mes élèves Blum, Radecki et Masing, la cantharidine doit être envisagée comme un acide organique des mieux caractérisés ; ses sels de potassium de sodium et d'ammonium sont assez facilement solubles. Elle se dissout également en petite quantité dans les acides sulfurique, phosphorique et lactique ; toutes ces solutions traversent facilement les membranes animales. Les sels de calcium, de magnésium, d'aluminium et les autres sels métalliques ne sont pas complètement insolubles. Un mélange de cantharidine et de chlorure de sodium soumis à la dialyse communique au liquide extérieur des propriétés vésicantes.

La marche de l'empoisonnement indique également que ce corps passe rapidement dans le sang ; les liquides digestifs acides et alcalins paraissent également faciliter son absorption. On a démontré d'une manière certaine que la cantharidine inaltérée se retrouve dans le sang et dans l'urine, et qu'elle détermine par son passage dans les organes génito-urinaires, les inflammations de ces organes.

J'ai pu la retirer du foie, des reins, du cœur, du cerveau, des muscles (même après l'injection hypodermique) du contenu de l'estomac et des fèces. Dans les empoisonnements dus aux cantharides, j'ai isolé la cantharidine dans toutes les parties du tube digestif où l'examen à la loupe fit découvrir les débris chatoyants des élythres de ces animaux ; ce fait nous démontre que l'absorption de la cantharidine n'est jamais totale et qu'on ne doit jamais négliger de procéder à l'analyse des excréments. L'urine renferme presque toujours de la cantharidine quand elle est alcaline et albumineuse ; j'ai essayé à diverses reprises mais en

vain de retirer un principe vésicant du liquide d'un vésicatoire.
La présence de ce corps dans l'urine des personnes auxquelles
on a appliqué un vésicatoire ou de la pommade, est hors de
doute. Pettenkofer a retiré du sang d'un enfant sur le rachis duquel on avait placé quelque temps avant sa mort un emplâtre
vésicant, une substance qui avait des propriétés vésicantes.

On admettait longtemps que la cantharidine se décomposait
si rapidement, que sa recherche dans un cas d'empoisonnement
était regardée comme inutile. Mes expériences ont démontré le
contraire, car j'ai pu la retrouver après trois mois dans le cadavre
d'un chat conservé dans un endroit chauffé et je suis persuadé
qu'on analyserait avec succès un cadavre inhumé depuis six mois.

§ 465. *Immunité pour certains animaux.* — La cantharidine
est un corps qui n'est toxique que pour certains animaux, comme
le lapin, le chat, le chien, le canard ; les hérissons, les poules,
les dindes, les grenouilles peuvent l'absorber et l'excréter sans
en être affectés. J'ai pu empoisonner mortellement un chat en le
nourrissant avec de la viande d'une poule qui avait été nourrie
avec des cantharides ; le principe toxique existait dans cette
viande en quantité appréciable aux réactifs.

§ 466. *Recherche toxicologique.* — On *recherchait* autrefois
la cantharidine en partant de l'idée que ce corps étant une matière neutre pouvait être dissous par l'éther ou par le chloro-
orme. Barruel[1] a cherché à l'isoler en épuisant par ces deux dissolvants les matières suspectes desséchées. Ce procédé ne doit
pas être suivi, car ces deux liquides n'enlèvent même pas aux
cantharides, tout leur principe actif.

Th. et A. Husemann dessèchent les matières organiques, les
triturent et les épuisent par l'alcool éthéré ; ce liquide concentré
à un petit volume est évaporé à siccité avec de la magnésie ; l'é-
ther extrait la cantharidine de ce résidu.

Je dois, avant d'exposer mon procédé insister encore sur
quelques points particuliers. La cantharidine est peu soluble
dans l'eau, mais sa solubilité paraît augmentée passagèrement
au moment où elle est précipitée de ces solutions par un acide

[1] Extraction du chocolat et d'un liquide alcoolique. *Annal. d'hyg. publ.*, t. XIII,
p. 455.

fort; elle se dissout plus facilement dans l'eau chaude, l'eau
salée et l'eau acidulée que dans l'eau distillée froide. La benzine,
l'éther, le chloroforme et l'alcool amylique l'enlèvent aussi facilement aux solutions acides qu'aux liquides dans lesquelles elle
n'est qu'en suspension. La cantharidine pourrait par suite être
recherchée comme les alcaloïdes (voy. § 287, IV), si l'on était sûr
qu'elle fût complétement enlevée aux matières à examiner par la
digestion avec les liquides acides. Les bases solubles, et de plus
la magnésie et l'oxyde de zinc, transforment la cantharidine en
sels qui sont plus solubles qu'elle-même ; l'éther et le chloroforme ne dissolvent pas ces sels ; le cantharidate de chrome est
le seul composé salin connu actuellement qui soit soluble dans
le chloroforme. Les acides forts précipitent la cantharidine de
ses sels potassique et sodique ; l'ammoniaque donne naissance à
une combinaison particulière de nature amidique peut-être, qui
n'est pas précipitée par les acides ; la même combinaison pourrait se produire pendant la putréfaction, mais elle se décompose
pendant l'évaporation avec de la potasse. La cantharidine est
souvent incorporée dans des corps gras ; lorsqu'on traite le produit de la saponification par de l'acide sulfurique, les acides gras
se séparent et le liquide renferme en solution de la cantharidine ; mieux vaudrait peut-être décomposer la solution
alcoolique de savon par de l'eau acidulée ; les acides gras
se séparent également mais n'entraîneraient que peu ou point de
cantharidine. Ce corps est difficilement volatil ; il est cependant
entraîné à la distillation par les vapeurs d'eau[1] ou d'alcool
(Rennard); il ne se volatilise que lorsqu'on en chauffe une quantité considérable vers 180°.

C'est sur l'ensemble de ces faits que j'ai basé mon principe
d'extraction. Les matières suspectes sont, après trituration, con-
verties en une bouillie homogène, par l'addition d'eau ; on évapore
à siccité après y avoir ajouté de la magnésie. On épuise successivement ce résidu par de l'éther, par du chloroforme et par de la
benzine ; on n'enlève ainsi que des corps étrangers (mais on peut,
pour plus de sûreté, réunir ces liquides et examiner si le produit

---

[1] Rennard, *Sur le produit distillé des cantharides.* Dorpat, 1871.

de leur évaporation est vésicant). La partie insoluble est traitée par une solution bouillante d'acide sulfurique dilué au dixième, et l'on filtre après trois minutes d'ébullition. Le liquide est abandonné à lui-même jusqu'à ce que la graisse se soit figée ; on la sépare et l'on agite longtemps avec le tiers ou le quart de son volume de chloroforme ; on répète une ou deux fois ce traitement avec de nouvelles quantités de chloroforme ; les diverses solutions chloroformiques sont réunies, lavées avec un peu d'eau distillée (qui enlève l'acide sulfurique) et abandonnées à l'évaporation spontanée. La partie insoluble dans l'acide sulfurique, peut encore renfermer une certaine quantité de cantharidine ; on la dessèche et on l'épuise par du chloroforme que l'on réunit aux autres liquides chloroformiques.

Le résidu de leur évaporation examiné au microscope présente rarement des cristaux puisqu'il renferme encore trop de corps gras ; ce n'est que lorsqu'il y a beaucoup de cantharidine qu'on aperçoit des parcelles cristallines. Ce résidu quoique impur produit encore un effet vésicant, car il n'en faut que $0^{gr},00014$ chez l'homme. Il est avantageux quand on veut faire l'essai avec la cantharidine cristallisée, de la mettre en suspension dans quelques gouttes d'huile d'amandes douces.

Ce procédé d'extraction peut être abrégé de beaucoup lorsqu'on ne tient pas à isoler tout le toxique. On se contente alors d'épuiser directement les matières (après évaporation rapide quand elles sont trop fluides) avec de l'alcool acidulé par de l'acide sulfurique. L'opération se fait à la température de l'ébullition dans une fiole munie d'un tube assez long et disposé d'une manière convenable pour que les vapeurs d'alcool puissent se condenser et refluer ; après quelques heures on filtre le liquide bouillant et on le soumet à la distillation après lui avoir ajouté le 1/5 de son volume d'eau distillée. Lorsque l'alcool a distillé, on agite le liquide refroidi à diverses reprises par le chloroforme, et l'on termine l'opération comme précédemment.

Ce procédé d'extraction peut même être simplifié lorsqu'il s'agit de l'urine ; le liquide est évaporé au 1/4 ou à moitié, acidulé par de l'acide sulfurique et agité avec du chloroforme ; les résultats sont satisfaisants lorsque l'urine ne renferme ni trop d'albumine, ni trop d'ammoniaque.

Le *procédé précédent ne convient* NULLEMENT à la recherche de la *cantharidine dans le sang, le cerveau, le poumon, le foie, les muscles, ou en général dans tous les tissus albuminoïdes;* la cantharidine a en effet une telle affinité pour les matières albuminoïdes qu'il faut les détruire avant de chercher à l'isoler. Il m'a fallu beaucoup de temps pour retirer ce toxique du sang, ce qui m'étonnait d'autant plus que quelques observateurs comme Pettenkofer et Bühl avaient réussi à isoler une substance vésicante en traitant directement le sang par de l'éther; ce résidu avait provoqué une vésicule sur la conjonctive d'un lapin. On peut se demander si l'apparition de cette vésicule était bien due à la cantharidine [1].

J'ai employé avec succès dans ces derniers cas le procédé suivant. Les matières à examiner finement divisées au préalable sont placées dans une capsule en porcelaine avec une solution potassique au 15me (au 17me quand il s'agit du sang), et portées à l'ébullition jusqu'à ce qu'on obtienne une masse fluide et homogène. On laisse refroidir le liquide et on lui ajoute au besoin assez d'eau pour qu'il ne soit pas trop sirupeux. On l'agite avec du chloroforme qui enlève des matières étrangères [2]; on lui ajoute 4 ou 5 fois son volume d'alcool et on sursature par de l'acide sulfurique.

Le liquide porté à l'ébullition est filtré d'abord à chaud, puis de nouveau après refroidissement; on sépare l'alcool par la distillation et l'on soumet à deux ou trois reprises le résidu aqueux à l'action du chloroforme (on ne doit surtout pas négliger de mettre le chloroforme en contact avec les masses poisseuses qui adhèrent aux parois de la cornue).

Les extraits chloroformiques (lavés avec un peu d'eau distillée)

---

[1] Radecki a appliqué souvent sur la conjonctive du lapin un résidu cantharidique qui avait manifesté son effet vésicant sur la peau ou les lèvres d'un jeune chat, sans jamais avoir obtenu autre chose qu'une inflammation du tissu corné. On prétend d'après Puczniewsky (Dorpat, 1868) que la conjonctive des lapins se recouvre souvent d'une vésicule sous des influences inconnues. N'y aurait-il pas eu dans le cas cité une confusion analogue?

[2] Husemann, *N. Jahrb. f. Pharm.*, t. XXX, p. 1.

sont évaporés, dissous dans un peu d'huile d'amandes douces et examinés au point de vue de leur réaction physiologique.

J'ai pu retirer de cette manière la cantharidine d'un mélange organique qui contenait un décigramme de poudre de cantharides.

On a également proposé de soumettre à la dialyse la masse obtenue après l'action de la potasse, et d'épuiser par le chloroforme le liquide extérieur après l'avoir acidulé par l'acide sulfurique; je ne recommanderai pas cette manière d'agir.

Il est rare d'obtenir ainsi la cantharidine à l'état cristallisé, mais le produit isolé produira toujours la vésication. On procède pour l'obtenir de la manière suivante : on imbibe un morceau de charpie anglaise avec la solution huileuse du résidu et on l'applique sur la poitrine à l'aide d'une bande de diachylon[1]; des essais comparatifs m'ont appris qu'un résidu qui provoquait une inflammation de la conjonctive chez les lapins et les jeunes chats déterminait déjà chez l'homme une forte rougeur, souvent même l'apparition d'une vésicule.

Je ne recommanderai pas la manière d'agir de Bretonneau; cet auteur applique le résidu à la partie interne des lèvres de jeunes chiens ou de jeunes chats; la réaction sera évidemment plus sensible, mais l'animal se lèche, se gratte avec les pattes de devant, de sorte qu'on ne peut souvent décider si les lésions observées sont bien dues à la cantharidine, et non à un autre corps irritant, quelquefois même aux griffes de l'animal.

On voit combien il est important pour la réussite de cette réaction physiologique, que le chloroforme ait été purifié par les lavages à l'eau distillée de tout l'acide sulfurique qu'il aurait pu entraîner.

Le produit isolé quand il pèse de 1 à 3 décigrammes peut être purifié; on le reprend par 10 cent. cubes d'alcool marquant 90°, qui dissout beaucoup de corps étrangers et des traces de cantharidine (son résidu agit comme vésicant); la plus grande partie de la cantharidine reste et se reconnaît à son aspect cristallin, à son peu de solubilité dans l'eau, l'alcool et le sulfure de car-

---

[1] Je préfère la poitrine au bras, puisque le petit appareil est moins sujet à être dérangé par les mouvements.

bone, et à sa grande solubilité dans le chloroforme et les solutions étendues et chaudes de potasse et de soude.

§ 467. *Réactions chimiques*. — La cantharidine cristallise sous forme de petites tables rhomboïdales ou de petits prismes à 4 pans présentant des pointements. Nous avons vu que ce corps était très-stable et résistait à l'action de la chaleur. L'alcool presque absolu en dissout à 18°, 0^{gr},125 pour 100 ; le sulfure de carbone en dissout dans les mêmes conditions de température 0^{gr},06 ; l'éther 0,11 ; le chloroforme 1,20 ; la benzine 0,20. Le bichromate de potassium et l'acide sulfurique décomposent la cantharidine ; il se forme du sulfate vert de chrome ; l'hypermanganate de potassium en solution alcaline, l'acide iodhydrique, l'amalgame de sodium (en solution alcoolique) n'ont pas d'action sur elle.

On peut transformer la cantharidine à l'aide d'une quantité très-faible d'alcali, en un sel qui cristallise par l'évaporation ; ce sel est difficilement soluble dans l'alcool et est précipité de ces solutions moyennement concentrées en blanc par les chlorures de calcium et de baryum, en vert par les sulfates de cuivre et de nickel, en rouge par les sels de cobalt, en blanc (le précipité est cristallin) par l'acétate de plomb, le sublimé corrosif et l'azotate d'argent ; ces deux derniers sels cristallisent en rhomboèdres, le sel plombique dans le système clinorhombique. Le chlorure de palladium donne immédiatement naissance à un précipité cristallin très-soyeux ; après quelque temps il se dépose des cristaux isomorphes avec les sels de nickel et de cuivre (voy. Masing).

§ 468. *Pièce de conviction*. — La cantharidine cristallisée ou l'un de ses sels peuvent être présentés comme *pièce de conviction* quand on aura réussi à les isoler à l'état de pureté ; le plus souvent on sera forcé de se contenter de ne conserver qu'une petite quantité du résidu chloroformique, qui a produit un effet vésicant, ce qui permettra au besoin de renouveler l'expérimentation physiologique devant le tribunal.

§ 469. *Dosage*. — On peut *déterminer approximativement* la quantité de ce corps de la manière suivante : On pèse le résidu chloroformique (retiré d'une quantité connu de matière) après l'avoir lavé avec de l'alcool sur un filtre taré ; on ajoute au poids du résidu $0^{gr},0125$ pour chaque 10 cent. cubes d'alcool qu'on a employés pour faire les lavages [1].

§ 470. *Teinture de cantharides.* — Le public emploie de préférence la *teinture de cantharides*; c'est cette dernière qu'on ajoute au punch, au vin chaud, etc., pour obtenir des liqueurs réputées aphrodisiaques. Cette teinture se trouble par l'addition d'eau et laisse déposer des gouttelettes huileuses vertes, qui n'ont pas d'action vésicante; on les retrouvera parfois au fond du vase dans lequel a séjourné la boisson intoxiquée.

§ 471. *Empoisonnement par les cantharides.* — L'empoisonnement par la poudre de cantharides se reconnaît très-facilement, grâce à la persistance des débris des élytres colorées en vert doré ; on peut les retrouver quelques jours, quelques semaines même après leur ingestion dans les replis des muqueuses stomacale et intestinale ; on les isole très-facilement par des lavages opérés à l'aide du jet d'une pissette. Lorsque la mort n'est survenue qu'après un temps un peu long, il vaut mieux étaler l'estomac et l'intestin et les fixer sur une plaque de verre ou de bois ; on laisse dessécher et l'on aperçoit alors très-facilement les petites parties chatoyantes dont on cherche à constater la présence (Poumet.) On peut retrouver ces élytres dans un cadavre inhumé depuis quelques mois.

§ 472. *La cantharidine retrouvée a-t-elle pu donner la mort?* — On doit avant de se prononcer lorsqu'on n'a retrouvé que de faibles quantités de cantharidine, se demander si ce corps n'a pas été introduit dans l'économie par suite de l'application externe d'une préparation à base de cantharides (§ 464), peut-être même par un aliment (§ 465.)

§ 473. *Caractères distinctifs des autres substances vésicantes.* — On doit encore s'assurer que le corps vésicant que l'on a isolé, provient des cantharides et non d'une autre substance vésicante. Je me place pour étudier cette question à un point de vue restreint : *je suppose que toutes ces substances ont été isolées par le procédé d'extraction basé sur l'emploi de la potasse bouillante.*

---

[1] On pourrait encore purifier les cristaux par le sulfure de carbone ; 10 cent. cubes de ce dissolvant enlèvent $0^{gr},0085$ de cantharidine au précipité.

L'*huile essentielle de moutarde*[1] serait décomposée ou volatilisée dans ce cas (§ 500.)

Les principes vésicants de l'*euphorbe*[2] et du *garou* ne résistent pas non plus à l'action de la potasse.

L'*anémonol* et l'*anémonine* sont dissous par la potasse ; le produit reprécipité par un acide a perdu ses propriétés vésicantes : ces deux corps se rencontrent dans beaucoup de variétés indigènes d'anémone et de pulsatille ; ils sont volatils. L'*eau pulsatille* des pharmacies récemment préparée ne renferme que de l'anémonol que l'on peut en extraire à l'aide de l'éther ; après un certain temps de conservation, l'anémonol se dédouble en acide anémonique et en *anémonine*, qui peut être isolée à l'aide du chloroforme. Je crois que c'est à l'anémonol qu'il faut attribuer l'empoisonnement provoqué par le Ranunculus acris[3].

Le *cardol* est le principe vésicant des noix d'acajou (Anacardia orientalia et occidentalia ; semecarpus anacardium L.); la potasse étendue lorsque son action n'est pas trop prolongée, ne le décompose pas, car on peut toujours retirer, à l'aide de l'alcool, de l'acide sulfurique et du chloroforme, une substance qui détermine au moins une forte rougeur. Le cardol du reste se différencie de la cantharidine par son aspect ; c'est une huile jaune incolore, insoluble dans l'eau et soluble dans l'alcool et dans l'éther. La potasse le transforme en une masse jaune visqueuse, qui se colore en rouge au contact de l'air. La solution alcoolique de potasse est d'abord incolore ; elle est précipitée en blanc par l'acétate de plomb, mais le précipité ne tarde pas à rougir au contact de l'air.

§ 474. *Principe volatil des cantharides.* — On a retiré des cantharides un *principe volatil*, en soumettant à l'action de la vapeur d'eau à 100° la poudre de cantharides humectée : le li-

---

[1] Il en serait de même des principes âcres volatils des rhizomes *d'arum* et des *bulbes de scille*. Maisch a signalé dans les feuilles de *rhue* (rhus toxicodendron) l'existence d'un acide volatil qui a beaucoup d'analogie avec l'acide formique, mais qui s'en distingue par son sel de plomb qui est presque insoluble et son sel mercureux qui n'est pas réduit; cet acide est *vésicant* et peut être recherché comme l'acide acétique dans les produits volatils. *Zeitsch. f. Chem.*, 1866, p. 218. Relation d'un empoisonnement par ce corps. *Jahr. f. gerich. Med.*, t. CXXXVIII, p. 295.

[2] Flückiger, *Neues Jahrb. f. Pharm.*, t. 29, p. 150.

[3] *Journ. de Chim. méd.*, 1868, p. 530.

quide distillé possède une action vésicante. Rennard a démontré que le produit distillé doit son action à la cantharidine entraînée par la vapeur d'eau. Ainsi s'expliquerait l'action toxique si redoutable de la célèbre *Aqua Tofana*, que l'on obtenait, dit-on, en soumettant les cantharides à une distillation avec de l'alcool affaibli ou de l'eau.

PICROTOXINE.

§ 475. *Généralités.* — La *picrotoxine* est le principe actif que l'on retire de la *coque du Levant* (Anamirta coculus Wight et Arnott) ; ces dernières se trouvent dans le commerce ; on les emploie pour la pêche (on ferait mieux de dire pour la destruction du poisson) et pour communiquer à certaines bières une saveur amère et un effet enivrant [1] ; on vend publiquement dans ce but en Angleterre un extrait aqueux. Malgré cet emploi si fréquent on n'a pas encore signalé d'empoisonnement.

La picrotoxine a été envisagée pendant fort longtemps comme une substance neutre non azotée, mais elle paraît d'après les dernières recherches se comporter comme un acide faible. D'après W. Schmidt on ne la rencontre que dans les semences, dans la proportion de 0,36 p. 100, l'enveloppe de cette semence renfermerait deux alcaloïdes végétaux non toxiques que l'on a désignés sous le nom de *ménispermine* et de *paraménispermine*. Je crois pour ma part que la coque du Levant renferme encore un quatrième alcaloïde.

§ 476. *Action physiologique.* — On a étudié l'action de la picrotoxine sur l'économie animale [2]. L'autopsie ne révèle rien de particulier ; l'absorption de ce corps par le sang n'a pas été constatée chimiquement.

§ 477. *Recherche de la picrotoxine dans la bière.* — Herapath *recherche* ce corps dans la *bière* à l'aide du charbon animal ; son procédé est analogue à celui que Hoffmann et Graham ont pro-

---

[1] On frémit lorsqu'on songe à l'emploi frauduleux de ce corps ; on a constaté que jusqu'en 1861, on en avait introduit plusieurs milliers de kilogrammes en Russie ; or il ne s'en consomme pas 500 grammes par année dans les pharmacies ; à quoi a servi le reste ?

[2] Voy. Tschudi 1847. *La coque du Levant et la picrotoxine*; et Falk, *Deutsche Klinik.*, 1853, p. 47.

posé pour la recherche de la strychnine. Lösch s'en est servi dernièrement pour analyser quelques bières de Saint-Pétersbourg.
Je ne recommanderai néanmoins pas cette méthode, car sa sensibilité dépend trop de l'état physique du charbon.

Le procédé de Schmidt que j'ai vérifié en 1862 [1] me paraît
plus rigoureux ; il se base sur la non-précipitation de ce corps
par l'acétate de plomb et sur son extraction des solutions acides
l'alcool amylique et l'éther [2].

On évapore la bière à consistance sirupeuse, puis on la délaye
dans une quantité suffisante d'eau tiède pour que le liquide ne
soit ni visqueux, ni gluant, ni trop fluide ; on lui incorpore pour
1 litre de bière 5 à 6 grammes de noir animal, de bonne qualité
et on laisse digérer pendant quelques heures. Le liquide filtré
et les eaux de lavage du charbon sont précipités jusqu'à refus
par de l'acétate de plomb; on filtre ensuite le liquide [3] dont le
volume doit être le 1/3 de celui de la bière employée et ou l'agite
longtemps avec 5 ou 10 p. 100 d'alcool amylique. On décante
l'alcool et on renouvelle le traitement avec une nouvelle quantité
de dissolvant; l'évaporation des liquides amyliques doit se faire
à une température très-basse; on redissout le résidu dans de
l'alcool marquant 50, et on évapore le nouveau liquide filtré avec
précaution. On reprend par de l'eau bouillante acidulée par
quelques gouttes d'acide sulfurique, on décolore par le charbon
animal et l'on agite le liquide filtré avec de l'éther. Ce dissolvant
laisse déposer la picrotoxine par l'évaporation spontanée. Pour
l'obtenir parfaitement pure il suffit de la faire recristalliser un
certain nombre de fois dans de l'alcool étendu ou de la redissoudre dans de l'eau sulfurique pour l'enlever de nouveau à
l'aide de l'éther. Schmidt a pu retrouver ainsi $0^{gr},04$ de picrotoxine dans un litre de bière; il a également retiré de 6 à 8 gr.
de coque du Levant $0^{gr},025$ de picrotoxine ; j'ai constaté de mon
côté que la sensibilité de ce procédé était encore plus grande.

J'ai trouvé avantage à modifier légèrement ce procédé ; j'ajoute
un excès d'acétate de plomb que j'élimine par l'hydrogène sul-

---

[1] *Pharm. Zeitsch. f. Russl.*, I, p. 304 et 414.
[2] Günckel avait constaté le fait pour l'éther. *Arch. f. Pharm.*, t. CXLIV.
[3] On recommencerait la décoloration par le charbon s'il était trop coloré.

furé ; le sulfure de plomb précipité a un pouvoir décolorant très-notable surtout pour les bières brunes. Je dessèche ce précipité et je l'épuise par de l'éther qui lui enlève la petite quantité de picrotoxine qui a été entraînée mécaniquement ; on pourrait faire subir le même traitement au noir animal qui a servi à la première décoloration.

J'éviterai dorénavant l'emploi du charbon. J'ajouterai au liquide évaporé à consistance sirupeuse 4 à 5 fois son volume d'alcool à 95° ; je filtrerai après 24 heures ; un grand nombre de corps étrangers seront ainsi précipités ; le liquide alcoolique sera évaporé à siccité, acidulé par de l'acide sulfurique affaibli et soumis à plusieurs reprises à l'action de l'alcool amylique, qui dissout la picrotoxine ; à partir de ce moment je suivrai exactement le procédé de Schmidt.

On pourrait même isoler au préalable un certain nombre de corps résineux en agitant la solution acidulée avec de la benzine ou du pétrole qui ne dissolvent pas la picrotoxine (le chloroforme la dissoudrait) ; aussi peut-on s'attendre à la retrouver, quand dans la recherche des alcaloïdes on traite les solutions acides par ce dissolvant. Otto recommande l'extraction par l'éther ; mais je préfère l'emploi de l'alcool amylique. Köhler a publié récemment sur les effets toxiques de ce corps un travail qu'on lira avec beaucoup d'intérêt[1].

§ 478. *Caractères distinctifs de la picrotoxine et d'autres substances amères.* — Les substances amères du *houblon*, du *quassia*, de la *gentiane* que l'on peut rencontrer dans la bière ne sont pas extraites en suivant le procédé de Schmidt (V. § 275). En relisant les articles alcaloïdes, acides tartrique, citrique, oxalique, et cantharidine, on verra que tous ces corps pourront accompagner la picrotoxine ; j'ai déjà indiqué les précautions à prendre pour éviter cette confusion. Jamais on ne pourra confondre la morphine avec la picrotoxine. Dans les solutions acides l'alcool amylique dissout la picrotoxine et laisse la morphine en solution ; c'est l'inverse pour les solutions alcalines. La picrotoxine colore le réactif de Fröhde en jaune, mais très-lentement ; la théobromine s'en distingue par la réaction du chlore et de l'ammoniaque.

[1] *Berl. Klin. Woch.*, 1867, n°

§ 479. *Caractères chimiques.* — La picrotoxine cristallise de ses solutions aqueuses et alcooliques en prismes incolores à 4 pans très-flexibles, souvent groupés ou ayant la forme de choux-fleurs[1]. Elle est inaltérable à l'air, se dissout dans 150 parties d'eau froide. L'éther, l'alcool, l'alcool amylique, le chloroforme et l'ammoniaque la dissolvent avec facilité. La picrotoxine est neutre et possède une saveur amère très-prononcée. Elle fond par la chaleur en une masse jaune, qui répand des vapeurs à odeur de caramel en se charbonnant quand on la chauffe brusquement.

L'*acide sulfurique* froid et concentré dissout la picrotoxine en lui communiquant une couleur qui varie du jaune d'or au jaune safran ; cette solution noircit quand on la chauffe. Les solutions barytique, ferrique, cuivrique, plombique, argentique, cuivrique et platinique ne la précipitent pas. La solution sulfurique additionnée de quelques parcelles de bichromate devient violette puis brune ; elle réduit les solutions alcalines d'oxyde cuivrique. La solution iodée ne la précipite pas. Langley[2] mêle la picrotoxine avec le triple de son poids d'azotate ; le mélange est mouillé avec de l'acide sulfurique ; en y ajoutant un grand excès de soude concentrée on voit se produire une coloration rouge brique très-fugace. Langley croit que cette coloration n'est due qu'à une impureté contenue dans la picrotoxine, mais Köhler est d'un avis contraire. La strychnine se comporte d'une manière toute différente.

§ 480. *Recherche dans les organes.* — Je ne possède pas d'observations concernant la recherche de la picrotoxine dans le corps humain ; elle pourrait se faire d'après les principes indiqués plus haut.

---

[1] Schmidt recommande de laisser évaporer la solution alcoolique sur une plaque en verre noir ; la forme des cristaux se voit plus facilement. On peut encore se servir d'une lame porte-objectif, présentant une petite cavité que l'on recouvre d'une plaque ; l'évaporation est ralentie et la forme des cristaux est plus nette. Erhard dit que la picrotoxine se dépose sous forme de cristaux très-nets quand on évapore sa solution avec un peu d'acide sulfurique, d'acide azotique ou d'acide iodhydrique iodé ; je ne sais quelle est la nature chimique de ces cristaux, mais je crois que l'auteur les envisage à tort comme des sulfate, azotate ou iodure de picrotoxine.

[2] *Zeitsch. f. anal. Chem.*, t. II, p. 204 et Köhler, *Berl. Klinik. Woch.*, 1867, n° 47.

SANTONINE.

§ 481. *Généralités.* — On retire la *santonine* du *semen contra* (sommités fleuries de diverses variétés d'Artemisia) ; elle est souvent employée comme vermifuge. J'en parlerai pour deux motifs : d'abord parce qu'elle provoque à dose élevée [1] des accidents, et qu'ensuite l'expert pourra être exposé à la rencontrer accidentellement à côté d'un autre toxique [2].

La peau devient passagèrement ictérique à la suite de son administration ; l'urine renferme bientôt un corps qui comme l'acide chrysophanique se colore en rouge intense sous l'influence de la potasse. Nous ne savons pas encore quelle est la nature chimique du composé [3] qui produit cette réaction.

§ 482. *Réactions chimiques.* — La santonine cristallise en prismes rectangulaires ou en écailles blanches, qui jaunissent rapidement à la lumière (photosantonine). Sa densité est de 1,257 (1,247 d'après Alms) ; elle est incolore ; sa solution alcoolique a une saveur très-amère. Elle se dissout très-difficilement dans l'eau, plus facilement dans l'alcool (elle exige pour sa solution 43 d'alcool de 0,848 de densité à + 17° et 2,7 seulement à +80°) et le choroforme (1 dans 4,5). L'éther n'en dissout que peu (1,72 p. 100). Les acides étendus n'augmentent pas beaucoup sa solubilité ; l'eau chlorée la dissout au contraire en grande quantité, mais abandonne après quelque temps des cristaux blancs. L'acide azotique concentré, l'acide acétique (d = 1,073), l'acide chlorhydrique (d = 1,2) dissolvent la santonine à chaud ; les solutions cristallisent par le refroidissement. L'acide phosphorique de 1,25 de densité dissout à chaud ; l'addition d'eau produit un précipité. L'acide sulfurique concentré se comporte de même ; cette solution sulfurique, incolore pendant quelque temps, devient rouge à la surface ; l'eau n'y produit alors plus de précipité blanc mais un précipité floconneux brun ou rouge. La potasse et la soude, en solution aqueuse ou alcoolique dissolvent la santonine ;

---

[1] *The Dublin quart. journ. of med. scienc.*, 1870. Nov.

[2] Il y a une vingtaine d'années, la santonine allemande était souvent mêlée de strychnine par suite d'une méprise commise dans une grande droguerie.

[3] *Chem. Centb.*, X, p. 194. — Kraut. *U. de Wirk des Santon.*, Tubing., 1869. — Eckman-Upsal, *Läkareforen*, Forh., t. V, p. 257.

la liqueur, rose tant que toute la santonine n'est pas dissoute, reste incolore. La solution alcoolique est sinistrogyre $[(\alpha) j = -230°]$. La santonine chauffée entre 169 et 170° fond en une masse qui devient cristalline par le refroidissement; chauffée à une température un peu plus élevée elle a perdu la propriété de cristalliser par le refroidissement, mais elle la reprend quand on la maintient pendant quelque temps à la température de 40 ou de 56° ou qu'on la soumet à l'influence des vapeurs d'alcool ou d'éther (il suffit encore de la mouiller avec des traces d'acide acétique ou chlorhydrique). A une température un peu plus élevée la santonine répand des fumées blanches qui se condensent sous forme d'aiguilles incolores.; chauffés rapidement la santonine et ses sels brunissent et l'alcool la dissout en se colorant en rouge. L'hypermanganate et le chromate de potassium en solution acidulée par l'acide sulfurique sont réduits lentement par la santonine.

Ce corps se comporte comme un acide faible ; ses sels alcalins sont solubles dans l'eau et se déposent par le refroidissement des solutions bouillantes ; les acides en reprécipitent peu à peu la santonine ; le chlorure de calcium, l'acétate de plomb, le sulfate ferreux, le chlorure ferrique, le sulfate de cuivre, l'azotate mercureux précipitent les solutions des sels alcalins quand elles ne sont pas trop étendues ; les précipités calcique, ferreux, plombique et mercurique sont blancs, ceux du cuivre et d'oxyde ferrique sont l'un vert et l'autre jaune.

§ 485. *Recherche toxicologique*. — La présence de la santonine n'entrave en rien la recherche des autres alcaloïdes, car les liqueurs acides n'en dissolvent que des quantités très-faibles, que l'agitation avec la benzine suffirait à enlever. La santonine en solution alcaline n'est pas dissoute par la benzine, l'éther, l'alcool amylique et le chloroforme ; ces dissolvants ne l'entraînent que lorsqu'elle se trouve dans la solution à l'état de santonine libre (voy. § 287, IV). Elle pourrait accompagner la *pipérine* quand on isole ce corps par le procédé indiqué au § 321.

L'alcool dissoudrait la santonine en même temps que les acides minéraux, oxalique, tartrique et citrique; ceci n'a guère d'inconvénient, car son acidité peu prononcée la différencie des acides forts et sa couleur ne permet pas de la confondre avec l'acide picrique.

La santonine à l'état de sel pourrait accompagner la picrotoxine ; on pourrait l'en séparer par la précipitation à l'aide de l'acétate de plomb ; si on ne se servait pas de ce précipitant. le liquide acidulé abandonnerait la santonine à l'alcool amylique ; le résidu de l'évaporation de la santonine étant peu soluble dans l'eau froide ne pourrait être confondu avec celui que laisse la solution amylique de picrotoxine. La santonine pourrait être confondue plus facilement avec la *cantharidine*, car les procédés de séparation de ces deux corps sont les mêmes ; la grande solubilité de la santonine[1] dans l'alcool et la propriété vésicante de la cantharidine sont cependant des caractéres assez tranchés.

COMPOSÉS TOXIQUES DU CYANOGÈNE ; ACIDE PRUSSIQUE.

§ 484. *Généralités*. — Je ne connais pas un seul empoisonnement dû au *cyanogène* ; ce corps est, il est vrai, très-toxique ; mais son état gazeux ne le met pas à la portée d'un chacun, et ses solutions aqueuses et alcooliques s'altèrent trop-facilement.

L'*acide prussique ou cyanhydrique*, les *cyanures solubles* comme ceux de *potassium* et de *mercure*[2], les *cyanures insolubles* qui sont facilement décomposés par les acides affaiblis comme le *cyanure de zinc*, déterminent souvent des empoisonnements volontaires ou accidentels. L'action de tous ces corps est la même, car ils doivent leurs propriétés toxiques à l'acide qui est mis en liberté par les sucs digestifs ; le cyanure de mercure seul fait exception puisque ce sel possède à la fois les propriétés des sels mercuriques et celles des composés du cyanogène. Les *cyanures jaunes* et *rouges* si fréquemment employés dans la pratique ne sont pas toxiques et ne doivent pas nous arrêter.

§ 485. *Acide cyanhydrique*. — L'acide cyanhydrique est employé en médecine, sous forme de solution aqueuse ; il est à re-

[1] L'examen des cristaux de santonine à la lumière polarisée donne également un bon moyen de diagnostic.

[2] *Intoxication par le cyanure de potassium*. Dissert. d'Ose., Leipz., 1866. — *Intoxication par le cyanure de mercure*, Tolmatscheff, *Med. Ch. Unters.*, t. II, p. 285.

gretter que le titre de l'acide des diverses pharmacopées ne soit pas le même; il varie de 2 à 12 p. 100; il est contenu en outre *dans l'eau distillée d'amandes amères* (0,104 p. 100), *l'eau distillée de laurier cerise* (0,07 à 0,1 p. 100), et en petite quantité dans le kirsch; toutes ces substances sont retirées par la distillation de certaines parties de plantes de la famille des amygdalées; l'acide prussique qu'elles renferment se produit probablement par suite de la réaction de l'émulsine (ferment végétal) sur l'amygdaline. On a signalé des empoisonnements dus à l'ingestion d'amandes amères ou de confitures et de liqueurs dans la composition desquelles elles entraient en trop forte proportion. Je citerai surtout l'eau-de-vie de noyaux; les liqueurs suivantes : kirsch de Bâle, Quetsch, Persico, Marasquin, renferment également de l'acide prussique, mais en proportion assez faible pour ne pas provoquer d'accidents prussiques [1]. On peut encore citer comme source d'acide prussique, la racine fraîche de Manihot (Jatropha manihot); quand on la râpe avec de l'eau elle abandonne à cette dernière de notables quantités d'acide prussique qui peuvent incommoder fortement les ouvriers; la fécule sèche qui est expédiée en Europe ne renferme plus de traces du composé toxique. On a proposé l'emploi de l'*amygdaline* pure pour préparer facilement et sûrement des potions d'acide prussique d'un titre bien déterminé.

Les empoisonnements par l'acide prussique sont assez rares; car son odeur et sa saveur sont tellement tranchées, même quand il est mélangé à de l'alcool, que la victime se refuse à l'avaler; les suicides sont plus fréquents, mais on donne de nos jours la préférence au cyanure de potassium. Les chimistes sont souvent fortement incommodés par les vapeurs cyanhydriques qui se dégagent dans un grand nombre de leurs opérations; ces accidents se sont quelquefois terminés par la mort.

§ 486. *Action toxicologique.* — La réussite de la recherche toxicologique dépend à un haut degré des conditions dans les-

---

[1] En Russie on ajoute fréquemment aux eaux-de-vie de mauvaise qualité de l'essence ou de l'eau distillée d'amandes amères (qui renferme de l'acide prussique) pour marquer le goût des alcools amylique, etc. Matscha, *Wien. Med. Wochs.*, 1869, p. 838. — Reyer, *Die Blausäure physiol. untersucht*, Bonn, 1868. — Pflüger, *Arch. f. Phys.*, 1869, et Goettigers, *Med. Chim. Blatt*, III. p. 525.

quelles on se trouve placé ; souvent l'analyse est des plus faciles, mais parfois aussi elle devient impossible.

Il ne pourra subsister aucun doute lorsqu'on aura pu observer la victime quelques instants avant sa mort ; son haleine sent fortement l'acide prussique, la respiration est pénible, convulsive, l'activité cardiaque est déprimée, le cerveau est congestionné, les yeux sont proéminents. Si l'autopsie est faite peu de temps après la mort, on constatera la même odeur caractéristique à l'ouverture des cavités abdominales et du cerveau, les modifications que l'acide prussique produit dans l'économie ne sont pas caractéristiques ; les yeux sont très-brillants, la pupille est dilatée, la peau et les ongles sont cyanosés, les doigts, les orteils, les mâchoires sont contractés ; les méninges du cerveau et de la moelle allongée sont hypérémiées ; il en est de même du foie, de la rate ou des reins ; la muqueuse stomacale présente fréquemment des infiltrations sanguines, surtout après l'ingestion du cyanure de potassium. Le sang est d'un rouge plus clair, comme celui des animaux intoxiqués par l'oxyde de carbone (§ 511 et 512) ; le sang est diffluent et se coagule difficilement. Il résiste très-longtemps à la putréfaction et décompose d'après Schönbein le bioxyde d'hydrogène. Ce réactif le brunit, mais il ne perd que très-lentement les raies d'absorption de l'oxyhémoglobine[1]. Buchner a pu constater une partie de ces faits à l'autopsie de la victime du procès Chorinsky[2]. On a pu retirer parfois le toxique du sang ; Ralph en étudiant le sang de l'homme et des animaux empoisonnés par cet acide, dit y avoir retrouvé (même quand la mort n'est pas survenue à la suite de l'administration du toxique) de petites masses bleues ayant la couleur du bleu de Prusse ; je crois que ce travail[3] a besoin de confirmation. Hoppe-Seyler a constaté que l'hémoglobine cristallisée se combinait avec cet acide avec une telle affinité que la combinaison pouvait être recristallisée sans décomposition dans l'eau chaude ; un acide concentré seul, en dégage à chaud, de l'acide cyanhydrique[4].

[1] *Quaterl. Journ. of mikrosk. sur London.* N. S. 1866, 24 oct.

[2] Réaction spectrale. Voy. Hoppe-Seyler et Preyer, *loc. cit.* — Siegel, *Arch. f. Heilkunde*, 1858. — Réaction spectrale du sang mêlé d'acide prussique et d'eau oxygénée. Hagenbach. *Arch. f. path. Anat.*, t. XL, p. 125.

[3] *N. Jahrb. f. Pharm.*, t. XXX, p. 179.

[4] Virschow, *Arch. f. path. Anat.*, t. 58.

La constatation de ces faits devient bien plus difficile lorsque la victime n'a pas été observée dans ses derniers moments et qu'on ne possède que l'autopsie faite peu de temps après la mort ; elle devient même impossible quand le cadavre a subi un commencement de putréfaction. L'acide cyanhydrique en solution aqueuse est en effet très-instable ; il l'est encore davantage lorsqu'il est en présence des matières organiques. On a vu des cas où l'autopsie faite quelques heures après la mort n'a plus donné le moindre indice, d'autres, au contraire, où l'odeur a persisté plusieurs jours. L'expert même, lorsque l'empoisonnement remonte à quinze jours et qu'il n'aura perçu aucune trace d'odeur prussique, ne devra cependant *jamais* négliger de rechercher ce corps, car l'empoisonnement aurait pu être provoqué par des cyanures qui sont plus stables. J'ai pu retirer, mais en hiver, il est vrai, de l'acide prussique du cadavre d'une personne empoisonnée par du cyanure de potassium et exhumée après huit jours. J'ai réussi également dans l'examen de l'estomac d'un chien (empoisonné par du cyanure) conservé pendant 4 semaines d'été dans mon laboratoire.

Le chimiste ne devra pas tenter de rechercher les produits de décomposition de cet acide ; car, d'une part, ils ne lui sont pas connus, d'autre part les formiates, l'ammoniaque, etc., qui prennent naissance dans cette décomposition peuvent exister dans l'économie normale ou dans ses produits de putréfaction.

L'expert se contentera de l'analyse du sang, sans trop compter sur une réussite, dans les cas où l'empoisonnement a été produit par l'inhalation de vapeurs prussiques ou par l'application externe d'une de ces préparations [1].

On s'est demandé si de *petites quantités d'acide prussique* ne pouvaient pas provenir de la décomposition que subissent normalement les organes sains ou malades, pendant leur vie ou après la mort ; c'est ainsi qu'on a prétendu qu'il s'en produisait dans les cas de typhus, de choléra, etc. Taylor a examiné à ce point de vue le contenu d'un grand nombre d'estomacs, provenant de personnes mortes dans les conditions les plus diverses,

---

[1] Voy. pour ce cas, Tardieu et Roussin, *loc. cit.*

sans jamais rencontrer de traces d'acide prussique. On a prétendu également que cet acide pouvait se produire pendant les opérations que nécessite la décomposition des matières organiques ; je nie formellement la possibilité de ce fait, lorsqu'on se sert du procédé que je vais indiquer.

§ 487. *Recherche toxicologique*. — Nous soumettrons à l'analyse le contenu de l'estomac et des parties supérieures de l'intestin ; on peut encore se servir de l'urine, du sang et de quelques organes riches en sang, comme le foie, le cerveau, etc.

Les matières finement divisées sont transformées par l'addition d'eau en une bouillie fluide ; si le liquide n'a pas une réaction fortement acide, on la lui communique par l'addition d'acide sulfurique ou mieux encore d'acide tartrique, car un excès d'acide minéral peut avoir des inconvénients. On distille le liquide dans une cornue qui communique avec un réfrigérant de Liebig ; on chauffe au bain de chlorure de calcium, mais en ne dépassant pas la température de 105 à 110°. Les produits distillés sont fractionnés ; pour chaque 100 cent. cubes de liquide on retire 5 cent. cubes de liquide distillé ; on change de récipient chaque fois que 5 nouveaux cent. cubes ont passé à la distillation. On a proposé pour faciliter la distillation de faire traverser le liquide par un courant d'air. L'acide prussique se retrouve dans les premières portions et se reconnaît déjà à la simple odeur, quand il existe en quantité un peu notable. Cette recherche se combine comme on le voit à celle des acides volatils, des huiles essentielles, de la nitrobenzine, de l'alcool, de l'éther, du chloroforme et du phosphore.

§ 488. *Caractères chimiques*. — On constate la présence de l'acide prussique dans les produits de la distillation par les réactions suivantes :

1) On ajoute à une partie du liquide distillé une solution de sulfate ferreux qui s'est oxydée partiellement au contact de l'air (et est devenue jaune) et un excès de soude ; on agite fortement et l'on ajoute de l'acide chlorhydrique, jusqu'à ce que le liquide soit devenu acide ; il se précipitera du bleu de Prusse, s'il y a de l'acide prussique en quantité un peu notable ; on n'obtient qu'un liquide vert qui peu à peu abandonne un précipité bleu

lorsque la liqueur n'en renferme que des traces. Husemann (toxicologie) préfère décomposer le liquide par du sulfate ferreux et de la potasse, le porter à l'ébullition, aciduler le liquide filtré et lui ajouter une solution très-étendue de chlorure ferrique. On a pu retrouver par ce procédé $0^{gr},00003$ d'acide contenu dans 2 cent. cubes.

2) Une autre partie du liquide distillé est neutralisée avec de la potasse ; on ajoute à cette solution quelques gouttes d'une solution d'acide picrique, on chauffe entre 50 et 60°, et l'on obtient une coloration rouge, pour peu qu'il y eût de l'acide prussique. La paternité de cette réaction m'a été attribuée à tort ; elle appartient à Braun ; elle est moins sensible que la précédente et peut de plus se produire avec un certain nombre de corps réducteurs.

3) On évapore une troisième partie du liquide distillé avec du sulfure d'ammonium ; le résidu desséché (avec addition d'une goutte de soude d'après Almen) est dissous dans un peu d'eau ; on lui ajoute 1 à 2 gouttes d'acide chlorhydrique et une goutte de perchlorure de fer ; le sulfocyanure qui s'est formé colore ce sel en rouge. La couleur devient quelquefois violette, puis se décolore ; on doit ajouter dans ce cas une quantité plus forte de chlorure. Il n'est pas nécessaire d'évaporer le liquide à siccité, on peut dès qu'il est décoloré, ajouter de l'acide chlorhydrique et du perchlorure de fer. La réaction devient ainsi plus sensible que celle du bleu de Prusse.

4) On rectifie une autre portion du liquide distillé avec du borax, ce sel est destiné à retenir l'acide chlorhydrique ; le liquide condensé acidulé par un peu d'acide azotique est précipité par l'azotate d'argent : le précipité qui se forme doit être blanc, caillebotté, insoluble dans l'acide azotique étendu, mais soluble dans la potasse et dans l'ammoniaque. On dessèche le précipité bien lavé ; en le chauffant dans un petit tube, on voit se dégager du gaz cyanogène et se former un résidu noir de paracyanogène (ou paracyanure d'argent.)

5) On peut encore au besoin tenter la réaction de Lassaigne. On ajoute à 1 cent. cube du liquide distillé 1 ou 2 gouttes de solution de sulfate cuivrique, puis assez de potasse ou de soude

pour que l'oxyde cuivrique commence à se précipiter ; on acidule de nouveau avec un peu d'acide azotique ou sulfurique, et l'on voit se former un précipité blanc de cyanure de cuivre. On a pu constater ainsi la présence de $0^{gr},00006$ d'acide dans 1 cent. cube de liquide.

6) Le réactif de Schönbein est encore plus sensible. On ajoute au liquide distillé une goutte d'une solution au 1/1000 de sulfate cuivrique et quelques gouttes d'une teinture alcoolique de Gaïac (5 pour 100) récemment préparée. On obtient de cette manière une coloration bleue qui se manifeste encore quand la solution est diluée au 1/100000.

On peut se servir d'un pareil papier trempé dans le sulfate cuivrique et puis dans la teinture de Gaïac, pour reconnaître à l'ouverture des bocaux qui renferment les matières à examiner si l'atmosphère ne renferme pas d'acide prussique. Schönbein a vu le papier se colorer dans l'atmosphère d'un ballon de 46 litres de capacité dans lequel il avait introduit une goutte d'une solution au 1/100 d'acide cyanhydrique ; il put déceler le même corps dans l'atmosphère d'un ballon de 10 litres dans lequel il avait projeté un morceau gros comme un pois de cyanure de potassium. Cette réaction, malheureusement, n'appartient pas exclusivement à l'acide prussique ; elle se produit encore sous l'influence d'autres corps et notamment de l'ammoniaque. Seule, elle n'est donc pas caractéristique de l'empoisonnement par l'acide prussique, mais elle est néanmoins très-précieuse, puisqu'elle nous dispense de rechercher cet acide, lorsque le papier ne bleuit pas.

§ 489. *Recherche toxicologique des cyanures.* — Le procédé indiqué au § 49 isole non-seulement l'acide *cyanhydrique libre*, mais encore celui des *cyanures alcalins* ou du *cyanure de zinc*. Le *cyanure de mercure* n'est décomposé que par un acide plus concentré ; on n'a du reste à s'occuper de la recherche de cette substance que lorsqu'on a constaté celle du mercure. Les *cyanures doubles d'or et d'argent*, employés en photographie et dans la dorure ou argenture, sont décomposés partiellement par les acides étendus et dégagent de l'acide cyanhydrique. Ce procédé n'a qu'un seul inconvénient, mais il est notable ; les acides étendus décomposent à cette température les *cyanures jaune et rouge*, les *bleus de Prusse et de Turnbull*, le *ferrocyanure de zinc*, etc., tous corps qui ne sont pas toxiques.

On a proposé pour éviter toute confusion de traiter une partie de la matière à analyser par de l'eau et d'examiner le liquide filtré, séparé en deux portions, l'une par le chlorure ferrique, l'autre par le sulfate ferreux ; un précipité bleu indiquerait la présence du ferrocyanure lorsqu'il s'est produit avec le sel ferrique, du ferricyanure s'il est dû au sel ferreux. Je considère le cas de la présence de ces deux corps comme plus théorique que pratique ; ce qui me paraît plus important, c'est de savoir si le ferrocyanure de potassium que l'on retrouve ainsi n'est pas dû à une transformation que le cyanure de potassium ou l'acide cyanhydrique lui-même ont subie dans l'économie. Cette question se pose toutes les fois que le contenu du tube digestif est alcalin ; dans ce cas, il est probable que la personne a ingéré du cyanure de potassium ; ce sel préparé d'ordinaire par le procédé de Liebig, renferme presque toujours des traces de carbure de fer, qui, en présence de l'eau et du cyanure, régénèrent du ferrocyanure ; le même sel peut se former encore par la réaction du cyanure de potassium en solution alcaline sur les sels ferreux. L'expert ne réussira pas toujours à donner la solution de ces questions dans chaque cas spécial.

§ 490. *Recherche des cyanures toxiques en présence des cyanures doubles non toxiques*. — Il reste à résoudre une dernière question non moins délicate. Comment peut-on s'assurer que le ferrocyanure de potassium est accompagné de cyanure alcalin ou d'acide libre ? Taylor recommande de distiller une certaine quantité des matières suspectes à une température très-basse et en n'acidulant que faiblement avec de l'acide tartrique ; on se sert du procédé opératoire suivant. Le corps du délit est placé dans un verre de montre un peu large que l'on recouvre avec un verre de même diamètre, auquel on a fait adhérer une goutte de sulfure d'ammonium ; on chauffe entre 40 et 50° (de la vapeur d'eau ne doit pas se condenser sur le verre de montre supérieur) ; on évapore la goutte de sulfure, on dissout le résidu dans une ou deux gouttes d'eau acidulée par de l'acide chlorhydrique et l'on ajoute une goutte d'une solution très-affaiblie de chlorure ferrique, qui colorera en rouge s'il s'est volatilisé de l'acide prussique.

Ce procédé se prête très-bien à une analyse préliminaire, mais il ne convient pas au cas particulier, car le cyanure jaune peut lui-même être décomposé à cette température par l'acide tartrique.

Le procédé de Pöllnitz ne me satisfait pas davantage; on traite le liquide primitif par du chlorure ferrique et on transforme ainsi le cyanure jaune en bleu de Prusse ; il y ajoute ensuite un peu de potasse, puis on acidule après quelque temps par une quantité très-faible d'acide tartrique, et on soumet le tout à la distillation. L'auteur admet que le bleu de Prusse ne se décompose pas dans ces conditions qui suffiraient pour décomposer partiellement le ferrocyanure alcalin.

Ce procédé ne m'a réussi que lorsque j'avais soin avant de distiller, *de séparer par la filtration toute trace de bleu de Prusse;* je retrouvais toujours lorsque je ne prenais pas cette précaution, un peu d'acide cyanhydrique, même alors que j'attendais 24 heures pour commencer la distillation. J'ai essayé mais en vain de remplacer le sel ferrique par du sulfate de zinc ; le procédé de Pöllnitz ne répond donc pas à son but; un chimiste peu exercé pourra même en le suivant commettre une erreur très-grave, puisqu'il court le risque de transformer en bleu de Prusse non-seulement le ferrocyanure, mais encore le cyanure.

Le procédé d'Otto me paraît plus recommandable. Le corps du délit est faiblement acidulé, puis neutralisé par un excès de craie et soumis à la distillation ; l'acide cyanhydrique ne se combine pas avec la craie, tandis que l'acide ferrocyanhydrique est transformé en un sel calcaire non volatil.

Je donne néanmoins la préférence à mon procédé qui peut être envisagé comme celui de Pöllnitz modifié. J'étends les matières à examiner avec une quantité d'eau suffisante pour obtenir une bouillie que je filtre après quelque temps de macération ; le liquide filtré s'il n'est pas acide est acidulé faiblement par de l'acide sulfurique dilué (un excès d'acide est nuisible) et précipité par une solution neutre de chlorure ferrique ; le liquide filtré, neutralisé par un excès de tartrate neutre de calcium, est soumis à la distillation.

On sépare très-facilement l'acide cyanhydrique du ferrocyanure de potassium en faisant passer un courant d'air à travers les matières suspectes; l'opération se fait à froid. L'acide cyanhydrique entraîné se condense dans un tube de Liebig rempli de soude; on constate la formation du cyanure par n'importe quel procédé.

§ 491. *Cyanures doubles non toxiques.* — La présence du ferro ou du ferricyanure de potassium se reconnaîtra très-souvent à l'autopsie à la coloration bleue que ces sels communiquent aux composés ferrugineux, qui peuvent se trouver dans nos aliments; la même observation s'applique aux ingestions des liquides colorés par le bleu de Prusse ou le bleu de Turnbull[1]. Ces derniers se transforment en partie en cyanures doubles quand on fait digérer les matières avec de la potasse; le liquide filtré acidulé, précipite alors par les sels de fer. Le ferrocyanure de zinc est également soluble dans la potasse; on ne s'occupera de ce composé que lorsque la recherche des métaux aura fait découvrir du zinc.

§ 492. *Cyanures simples.* — Il est relativement facile de démontrer que l'intoxication doit être attribuée à un cyanure métallique. On doit admettre en effet qu'un tel cyanure a été administré, lorsqu'on a retrouvé d'une part le métal (zinc, argent, or), et d'autre part de l'acide cyanhydrique.)

Il est presque impossible, au contraire, de démontrer que l'acide cyanhydrique a été administré à l'état de cyanure de potassium, car ce corps est toxique à une dose très-faible, et la potasse fait partie intégrante de nos tissus, de nos humeurs et de nos aliments; la détermination pondérale de la potasse ne conduira même pas à une conclusion certaine. Dans quelques cas seulement on pourra constater l'action caustique que la potasse en excès, toujours contenue dans le cyanure, aura exercée sur les parois stomacales vides d'aliments, mais ce caractère même ne donne qu'une présomption et non une certitude.

---

[1] [Il convient cependant d'avoir égard à l'indigo sulfurique.]

La recherche du *cyanure de mercure* peut être instituée de la manière suivante : on épuise les matières suspectes par de l'eau bouillante ; le liquide filtré n'est pas précipité par l'ammoniaque qui précipiterait le sublimé corrosif. On évapore à siccité (après avoir refiltré au besoin) et l'on calcine le résidu dans un petit tube ; il reste du paracyanogène et il se volatilise du mercure et du cyanogène reconnaissable à son odeur. Une partie du résidu pourrait être traitée par de l'acide sulfurique, qui en dégagerait de l'acide prussique.

§ 493. *Recherche dans les eaux distillées d'amandes amères et de laurier cerise.* — Ces deux préparations renferment à côté de l'acide prussique de l'huile essentielle d'amandes amères. On obtiendra par la distillation des matières suspectes de l'acide prussique dans les premières portions et de l'huile essentielle dans celles qui ne passeront qu'à une température plus élevée. On peut du reste séparer très-facilement ces deux corps en agitant le liquide distillé avec de l'oxyde jaune de mercure précipité ; l'acide prussique se transforme en cyanure de mercure et le liquide sera incolore s'il ne contient pas d'huile essentielle ; l'éther enlève du reste très-facilement l'essence à la solution aqueuse (§ 275.)

§ 494. *Pièce de conviction.* — Présenter l'acide prussique en nature serait certes la meilleure *pièce de conviction*, si l'on n'avait à redouter son altération pendant le temps qui sépare l'expertise du jugement ; il vaut donc mieux le transformer en bleu de Prusse ; on pourrait dans les intoxications dues au cyanure de mercure chercher à isoler ce dernier en nature.

§ 495. *Dosage pondéral.* — On distille avec les précautions indiquées un poids donné de matière suspecte ; on rectifie le liquide distillé sur du borax pour éloigner toute trace d'acide chlorhydrique, et l'on précipite le nouveau liquide distillé après l'avoir faiblement acidulé par de l'azotate d'argent.

Le cyanure d'argent lavé par décantation est pesé après dessiccation à + 110° sur un verre de montre taré ; 100 du précipité argentique correspondent à 20,1492 d'acide cyanhydrique anhydre, à 49,4029 de cyanure de potassium et à 44,4029 de cyanure de zinc. Les chiffres que l'on obtient ainsi doivent être regardées comme un *minimum*, car les matières organiques n'abandonnent jamais tout leur acide prussique par la distillation.

§ 496. *Caractères chimiques des principaux composés du cyanogène.* — L'*acide prussique* anhydre est un liquide incolore volatil à + 26°,5 et se solidifiant à — 15° ; son odeur est caractéristique, elle rappelle un peu l'odeur d'essence d'amandes amères mais en est cependant différente ; sa saveur est très-amère. Sa densité à + 18° est de 0,6917 ; la densité de sa vapeur est 0,9476. Il brûle avec une flamme violette. L'alcool et l'eau le dissolvent en toutes proportions ; ses solutions rougissent à peine le papier de tournesol ; le mélange d'eau et d'acide cyanhydrique produit du froid ; sa densité est moindre que celle de l'eau. La solution aqueuse des pharmacopées ne se conserve pas facilement ; il se forme des produits de décomposition très-nombreux, surtout quand le produit a été exposé à la lumière[1] ; parmi ces produits se rencontrent l'ammoniaque, le cyanure et le formiate d'ammonium et des composés bruns d'une nature indéterminée ; les solutions alcooliques se conservent plus facilement, il en est de même des solutions qui renferment quelques gouttes d'un acide minéral libre. L'acide sulfurique, moyennement concentré, le transforme à chaud en formiate d'ammonium.

Le *cyanure de potassium* est employé depuis quelques années en quantité considérable par les photographes et les doreurs aussi les accidents produits par ce corps sont-ils devenus très-nombreux[2]. La forme commerciale actuelle est celle de bâtons blancs, semblables aux crayons de pierre infernale.

Le cyanure de potassium pur est incolore et peut cristalliser en cubes ; hygroscopique, il se dissout dans l'eau presque en toutes proportions ; il est plus soluble dans l'alcool bouillant que dans l'alcool froid. Ses solutions sont alcalines, répandent à

---

[1] [D'après un travail très-remarquable de A. Gautier (Thèse de doct. à la Faculté des sciences de Paris, 1869), l'acide cyanhydrique pur préparé par le cyanure d'argent se conserve indéfiniment ; celui préparé par les autres procédés s'altère parce qu'il est légèrement impur, qu'il contient un peu d'eau et une trace d'ammoniaque ; ces deux conditions paraissent nécessaires pour produire la transformation ulmique.]

[2] Les liqueurs qui servent à la dorure renferment des cyanures doubles d'or (d'argent et de potassium) et un excès de cyanure alcalin auquel on doit surtout attribuer les propriétés toxiques.

l'air une odeur prussique et se décomposent d'autant plus rapidement qu'elles sont plus étendues ; les produits de décomposition sont ceux de l'acide prussique. Le sel anhydre peut être
porté aux plus hautes températures à l'abri de l'air, sans se décomposer (il se produit dans les hauts-fourneaux) ; s'il a le contact de l'air, il se produit du cyanate. Le sel obtenu par le procédé de Liebig (calcination du ferrocyanure pur ou mêlé de
carbonate de potassium), renferme toujours du cyanate de potasse[1]. Le sel hydraté ne peut être chauffé sans se décomposer
profondément.

Sa solution présente les réactions des sels potassiques et celles
de l'acide prussique ; elle se transforme en ferrocyanure quand
on la fait bouillir avec du fer.

Le *cyanure de zinc* est un corps blanc insoluble dans l'eau,
moins soluble dans un excès de cyanure alcalin ; on ne peut constater les réactions des sels zinciques qu'après l'avoir fait bouillir
avec un excès d'acide sulfurique étendu, qui volatilise l'acide
prussique.

Le *cyanure de mercure* cristallise en prismes carrés ; il se dissout dans 8 parties d'eau froide et bien moins d'eau bouillante ;
les acides chlorhydrique et l'hydrogène sulfuré le décomposent
facilement, mais il résiste à l'action de l'acide azotique et sulfurique étendus. Ce sel forme des cyanures doubles avec les cyanures alcalins et d'autres sels doubles avec les chlorures, bromures, iodures, chromates, etc. La chaleur le dédouble en
cyanogène et en mercure, avec dépôt de paracyanogène.

Le *cyanure double d'argent et de potassium* est un corps incolore, cristallisé, très-soluble dans l'eau ; il dégage la moitié de
son acide cyanhydrique lorsqu'on le traite par l'acide chlorhydrique faible et laisse déposer un précipité blanc caséeux de
cyanure d'argent. Ce dernier desséché et chauffé se transforme
en cyanogène et en paracyanure d'argent.

Le *cyanure double aureux et de potassium* est incolore et soluble dans l'eau ; l'acide sulfurique concentré et chaud, dégage
de ses solutions de l'acide prussique ; après quelque temps, l'or

---

[1] Le cyanate, d'après Babuteau, n'est pas toxique.

se dépose à l'état métallique (il suffit d'ajouter quelques cristaux d'acide oxalique pour que la décomposition soit totale).

Le *cyanure aurico-potassique* est jaune et très-soluble.

Le *ferrocyanure de potassium* (prussiate ou cyanure jaune) se présente sous forme de cristaux volumineux (type quadratique Br.), renfermant 3 atomes d'eau de cristallisation qu'il perd entre 100 et 110°. Il se dissout dans 4 parties d'eau froide et dans 2 parties d'eau bouillante ; l'alcool ne le dissout qu'avec beaucoup de difficulté. La chaleur rouge le décompose en cyanure de potassium et en carbure de fer. Il dégage de l'acide prussique quand on le chauffe avec de l'acide sulfurique étendu ou de l'acide tartrique ; on peut en retirer de l'acide ferrocyanhydrique blanc en traitant sa solution par de l'acide chlorhydrique en présence de l'éther. L'acide sulfurique concentré et bouillant le décompose profondément, il se produit de l'oxyde de carbone, accessoirement de l'acide sulfureux et de l'acide carbonique. L'acide azotique le transforme en nitroprussiate. Le chlore et l'ozone le convertissent en cyanure rouge ; l'oxydation peut même aller plus loin avec l'ozone.

Le cyanure jaune précipite les sels ferriques ; le bleu de Prusse qui se forme ainsi est insoluble dans les acides étendus ; il se dissout dans les alcalis en perdant sa couleur ; l'acide oxalique le dissout avec une couleur bleue ; le tartrate acide d'ammonium le dissout en violet. Le cyanure jaune précipite beaucoup de solutions métalliques ; la couleur des précipités est blanche pour les sels de zinc, de plomb, de protoxyde de mercure, d'argent ; le précipité plombique est insoluble dans l'ammoniaque, mais soluble dans une solution étendue de potasse ; le précipité mercurique est insoluble dans ces deux réactifs, mais se colore en noir. L'acétate d'uranium donne un précipité rouge brun, qui a la même couleur que celui que l'on obtient avec le sulfate cuivrique ; la solution ammoniacale de ce dernier sel donne un précipité jaune cristallin. Les sels ferreux très-purs donnent un précipité blanc qui bleuit rapidement au contact de l'air.

On pourrait séparer le cyanure de potassium du ferrocyanure à l'aide de l'alcool qui ne dissout que le premier de ces sels.

Le *bleu de Prusse* est insoluble dans l'eau et les acides étendus, et soluble dans l'acide oxalique et le tartrate acide d'ammonium. On se sert fréquemment d'encres bleues dont les propriétés toxiques doivent être attribuées à l'acide oxalique qu'elles contiennent. La potasse dissout le bleu de Prusse en régénérant du ferrocyanure de potassium.

Le *ferrocyanure de zinc* est blanc, amorphe, difficilement soluble dans l'eau et les acides étendus ; les acides n'en dégagent d'acide cyanhydrique qu'à l'ébullition ; j'ai déjà dit qu'il fallait décomposer ce sel par les acides bouillants pour y constater la présence du métal.

Le *ferricyanure de potassium* (prussiate ou cyanure rouge), cristallise en prismes rouge foncé sur la forme cristallographique desquels on n'est pas d'accord. Il se dissout dans 2,5 parties d'eau à + 16° et dans 1,3 d'eau bouillante ; il est insoluble dans l'alcool. Sa solution d'abord rouge brunâtre s'altère au contact de l'air et devient verdâtre. Ce sel est très-oxydant, il met en liberté l'iode de l'iodure de potassium ; les corps réducteurs (amalgame de sodium, peroxyde d'hydrogène) le transforment en cyanure jaune. L'ozone, le chlore, l'acide azotique, l'acide sulfurique le décomposent. L'acide chlorhydrique et l'éther en séparent de l'acide ferricyanhydrique qui n'a que peu de stabilité. Les acides sulfurique et tartrique étendus n'en dégagent pas à froid de l'acide prussique. Sa solution précipite un grand nombre de sels métalliques ; les sels ferriques ne prennent avec lui qu'une coloration brune ou verte ; les sels ferreux donnent immédiatement un précipité, dit bleu de Turnbull, qui est insoluble dans l'eau et dans les acides étendus.

Le ferricyanure de potassium quand il est ingéré, se réduit en ferrocyanure et est éliminé comme tel par les urines.

Le *nitroprussiate de sodium*, réactif employé depuis quelque temps, cristallise en cristaux rouges rubis qui se dissolvent dans 2,5 d'eau froide ; cette solution est précipitée en gris verdâtre par les sels de cuivre, en rouge pâle par les sels de zinc, en couleur saumon par les sels ferreux ; les sels ferriques ne le précipitent pas. Elle donne avec les sulfures solubles une couleur fugace du plus beau violet. On ne sait pas si ce sel est toxique.

SULFOCYANURES.

§ 497. *Action physiologique.* — L'action physiologique du *sulfocyanure de potassium*, a été étudiée par Claude Bernard, Pelikan, Setschenow, qui l'ont regardé comme toxique. Malgré l'autorité qui s'attache à l'un de ces noms, quelques expérimentateurs n'attribuent à ce sel que les propriétés toxiques communes à tous les sels potassiques. Taylor relate un cas d'empoisonnement qu'il attribue à cette substance, mais je partage l'avis de Husemann, qui croit que l'intoxication a été produite dans ce cas par l'inspiration de vapeurs prussiques.

On a observé, ces dernières années, des empoisonnements dus au *sulfocyanure de mercure*, vendu comme joujou, sous le nom de serpent de Pharaon; les accidents se rapprochaient de ceux que l'on observe dans l'empoisonnement avec le sublimé corrosif; les vapeurs qui se dégagent pendant la combustion sont mercurielles et nuisibles à un haut degré.

§ 498. *Recherche toxicologique.* — La recherche du sulfocyanure se ferait certainement le mieux en épuisant les matières suspectes par de l'eau, exprimant le résidu, l'acidulant avec de l'acide chlorhydrique et ajoutant du chlorure ferrique. On obtiendrait ainsi la coloration rouge du sulfocyanure ferrique; la présence simultanée du mercure fera songer à une intoxication par le sulfocyanure de mercure.

§ 499. *Caractères chimiques des sulfocyanures métalliques.* — Le *sulfocyanure de potassium* est un sel incolore cristallisé, soluble dans l'eau froide et très-soluble dans l'alcool bouillant; il fond quand on le chauffe et devient successivement brun, vert, puis indigo; il se redécolore par le refroidissement. La solution aqueuse s'altère lentement. L'acide chlorhydrique en dégage de l'acide sulfocyanhydrique incolore; un excès de cet acide provoque la formation d'un corps jaune insoluble dans l'eau, nommé persulfocyanogène. Le chlore précipite de ses solutions un précipité orangé de pseudosulfocyanogène, qui est insoluble dans l'eau, mais soluble dans l'acide sulfurique concentré.

Le *sulfocyanure d'ammonium*, employé en photographie, est un sel incolore, cristallisant en prismes, soluble dans l'eau et dans l'alcool ; ses réactions sont celles du sulfocyanure de potassium.

Le *sulfocyanure de mercure* est incolore et cristallisé ; il se dissout plus difficilement dans l'eau froide que dans l'eau chaude ; cette dernière solution cristallise par le refroidissement ; le sel se dissout très-facilement dans les sulfocyanures alcalins. Le sel sec chauffé se boursoufle considérablement (serpent de Pharaon.)

§ 500. *Sulfocyanure d'allyle.* — Cette substance n'est autre chose que de l'essence de moutarde ; elle n'a pas encore donné lieu à des empoisonnements et ne paraît du reste guère toxique. Mitscherlisch conclut de ses expériences sur les lapins, que ce corps ne produit la mort que lorsqu'on l'administre à doses très-élevées. L'haleine et l'urine possèdent dans ce cas l'odeur caractéristique de l'essence, que l'on perçoit encore à l'ouverture du tube digestif ; l'estomac et les intestins ne sont que peu enflammés ; leur surface est recouverte par une couche laiteuse d'épithélium dépourvu de vitalité ; les reins et la vessie n'étaient pas altérés. Je dois faire remarquer que la mort est survenue dans ces cas au bout d'un temps très-court ; j'admettrais volontiers qu'une intoxication ayant une issue moins prompte, présenterait d'autres symptômes. Les muscles comme dans l'empoisonnement par la cantharidine perdent très-lentement leur irritabilité.

§ 501. *Recherche toxicologique de l'essence de moutarde.* — On recherchera ce corps en distillant les matières (voy. pour les précautions à prendre § 275), et en épuisant par l'éther le liquide distillé.

§ 502. *Caractères chimiques de l'essence.* — L'huile essentielle de moutarde est incolore, mais jaunit et brunit lentement au contact de l'air ; elle est plus dense que l'eau dans laquelle elle ne se dissout qu'avec difficulté. Elle entre en ébullition à + 148°, mais émet déjà des vapeurs à la température ordinaire ; ses vapeurs d'une odeur âcre très-forte provoquent le larmoiement et l'éternuement. L'huile est vésicante. Les alcalis la transforment en sinapoline, sulfure et carbonate.

ACIDE FLUORHYDRIQUE ; FLUORURE DE SILICIUM.

§ 503. *Acide fluorhydrique.* — Les vapeurs d'acide fluorhydrique, corrosives au dernier degré, ont provoqué quelquefois des accidents chez des personnes qui les avaient respirées sans précaution ; l'irritation des muqueuses peut être assez forte pour entrainer la mort. Il sera impossible même dans ces derniers cas de retirer des parties enflammées le corps toxique, car nous ne possédons aucun moyen qui nous permette d'isoler de petites quantités d'acide fluorhydrique d'un mélange de matières organiques. Une solution aqueuse des matières suspectes, pourrait peut-être corroder les vases en verre dans lesquels on la conserverait.

§ 504. *Fluorure de silicium et de bore.* — On peut encore envisager comme toxiques les vapeurs de *fluorure de silicium* et l'acide *hydrofluosilicique* en solution concentrée ; ces deux corps se comporteraient comme l'acide sulfurique. Le fluorure de silicium fume au contact de l'air humide, puisqu'il se décompose en acide hydrofluosilicique et en un dépôt blanc gélatineux de silice. On reconnaît sa solution aqueuse au précipité blanc gélatineux qu'elle donne dans les solutions des sels de potasse et de baryte.

[Ce que nous venons de dire du fluorure de silicium s'applique en tous points au fluorure de bore ; ce gaz est encore plus corrosif que le fluorure de silicium ; il est tellement avide d'eau qu'il charbonne le papier. L'eau le décompose en acide borique et en acide hydrofluoborique.]

BIOXYDE D'AZOTE.

§ 505. L'inhalation de ce gaz ou plutôt des vapeurs rutilantes dans lesquelles il se transforme au contact de l'air a provoqué souvent des accidents très-graves, qui se sont quelquefois terminés par la mort. Les organes respiratoires sont vivement attaqués ; on observe une toux très-forte, des accès de dyspnée, accompagnés ou non de crachements ; on pourrait peut-être retrouver dans ces derniers de l'acide azotique. La coloration des

sels en jaune que l'on a vu se produire parfois, a été attribuée à
la formation d'acide xanthoprotéique ; je crois, pour ma part,
qu'il est plus juste d'admettre que cette coloration était due à
de la bile.

Le bioxyde d'azote est, comme on sait, un gaz incolore, qui
absorbe l'oxygène atmosphérique en se transformant en vapeurs
rutilantes ; ces dernières sont irrespirables, rougissent le tournesol
et bleuissent le papier iodoamidonné.

Les produits volatils provenant de la décomposition de l'eau
régale se comportent à peu près de la même manière ; on peut
les envisager comme des composés nitrés renfermant du chlore
par substitution.

ACIDE CARBONIQUE ET OXYDE DE CARBONE.

§ 506. *Généralités*. — Ces deux corps gazeux à la température
ordinaire sont toxiques lorsqu'on les inspire en proportion un
peu forte. Je renvoie pour les détails à l'ouvrage d'Eulenberg,
« *die Lehre von den schädligen und giftigen Gasen*, » ne m'oc-
cupant ici que des deux questions suivantes :

1) Peut-on retrouver ces deux corps après la mort?

2) Comment se fait leur dosage dans l'atmosphère que la victime a respirée?

ACIDE CARBONIQUE.

§ 507. *Généralités*. — *L'acide carbonique* est contenu en
quantité variable dans l'air atmosphérique ; on en retrouve parfois jusqu'à 0,04 pour 100 en volume. Cette proportion augmente
notablement dans les endroits mal aérés, encombrés, ou dans
les localités contenant beaucoup de matières organiques qui
s'oxydent (germination de blé, malteries), ou fermentent (fermentations alcooliques). Les produits gazeux des corps en combustion, renferment en outre de l'acide carbonique, de l'oxyde
de carbone et du cyanogène. Il se dégage en quelques localités
d'origine volcanique un air dit méphytique (grotte de chien),
qui renferme beaucoup d'acide carbonique ; un grand nombre
de sources enfin sont surchargées de ce gaz (eaux gazeuses) ; il

s'en produit encore de notables quantités dans quelques puits de mines.

La proportion d'acide carbonique qui peut ainsi s'accumuler dans un volume déterminé dépend nécessairement des conditions qui règlent le renouvellement de l'atmosphère. Pettenkofer en a trouvé 0,72 pour 100 dans des salles d'écoles mal aérées et 1 pour 100 dans une caserne. La simple respiration dans un endroit clos peut faire monter la proportion du gaz à 10 pour 100; il ne s'en produit jamais plus que 10 à 12 pour 100, quand l'acide carbonique est due à la combustion, car cette dernière cesse dès que cette limite est atteinte. C'est là, un caractère, que l'on met à profit pour s'assurer de l'inocuité de l'atmosphère ; une bougie s'éteint lorsque l'air renferme environ 10 pour 100 de gaz ; tant qu'elle continue à brûler, l'homme ne court pas le risque *immédiat* d'être asphyxié. L'inspiration d'une atmosphère aussi chargée, devient cependant nuisible quand elle se prolonge.

On a même prétendu que le séjour habituel dans un air renfermant 1 pour 100 d'acide carbonique, pouvait engendrer un état maladif particulier, regardé comme la suite de « cet *empoisonnement chronique*. » On explique le fait de la manière suivante : le sang d'une part est en contact d'un air moins oxygéné, d'autre part l'acide carbonique s'accumule dans le sang et n'est plus que difficilement éliminé par le poumon ; il se produit ainsi un effet narcotique qui est bientôt suivi d'un effet asphyxique par suite du défaut d'oxygénation.

L'acide carbonique est contenu normalement dans le sang en quantité variable; 100 volumes de gaz retirés de ce fluide en renferment environ 50 pour 100.

§ 508. *Recherche dans le sang.* — Le chimiste peut, il est vrai, retirer les gaz du sang et déterminer la proportion d'acide carbonique qu'il contient, mais la discussion de ces résultats ne conduirait à aucune conclusion certaine, même alors que l'analyse eût été faite immédiatement après la mort. On ne connaît pas exactement la limite des variations que présente ce gaz dans les diverses conditions pathologiques ou physiologiques, ni les différences qui existent entre le sang retiré des diverses parties

du corps, ou provenant d'individus d'âge ou de sexe différents, etc. Je crois, en me basant sur ces motifs, que l'analyse du
sang devient complétement inutile dans les cas d'intoxications ;
je renvoie aux travaux originaux de Setschenow, Schöffer et Sce-
zelkow (*Wien. Akad.*, t. XXXVI, XLI, XLV) et Nawrocki (*Zeitsch.
f. anal. Chem.*, t. II, p. 117), pour tout ce qui concerne les procédés à employer.

On a prétendu que certaines parties du sang, notamment les
globules, étaient modifiées par l'empoisonnement dû à l'acide carbonique ; c'est à cette modification que serait due la coloration
rouge cerise du sang intoxiqué[1]. Cette altération est en tout cas
très-difficile à constater. Le chimiste devra dans les cas d'intoxication se borner à faire le *dosage quantitatif de l'acide carbonique
dans l'atmosphère dans laquelle l'accident eut lieu.*

§ 509. *Réactions chimiques.* — L'acide carbonique est un gaz
incolore, d'une odeur et d'une saveur piquante et acidule ; il se
condense sous l'influence de la pression et d'un abaissement de
température en un liquide dont la tension à — 20° est de 23,65
atmosphères ; on peut même l'obtenir solide en continuant l'action de ces deux agents ; il est alors blanc neigeux et fond à — 65°
(Faraday). La densité à l'état gazeux à 0° est de 1,529 ; son coefficient de dilatation est de 0,571 suivant Regnault (pression constante) et de 0,569087 suivant Magnus. L'acide carbonique se
dissout dans l'eau ; à + 13°,8 et à la pression ordinaire un litre
d'eau dissout 1 litre 0652 d'acide carbonique (environ 2 grammes) ;
cette solubilité augmente jusqu'à une certaine limite proportion-
nellement à la pression ; ainsi un litre d'eau à 4 atmosphères
dissout 1 litre 06 d'acide carbonique qui pèse 8 grammes. Le gaz
est trois fois plus soluble dans l'alcool que dans l'eau ; ces solutions rougissent passagèrement le papier bleu de tournesol. Les
alcalis, l'eau de baryte et la chaux absorbent l'acide carbonique ;
le précipité blanc que forment ces deux derniers réactifs peut
être utilisée pour la recherche qualitative, mais il faut employer
de l'eau de chaux en excès ; les carbonates solubles précipitent
de même l'eau de baryte et l'eau de chaux.

---

[1] Heidenheim, *Arch. f. Phys.*. Heilk., t. I, p. 250.

510. *Dosage de l'acide carbonique dans l'atmosphère.* — On peut lorsque l'atmosphère renferme de 15 à 20 p. 100 d'acide recueillir le gaz sous une cloche graduée placée sur le mercure, en mesurer le volume et absorber l'acide carbonique en le mettant en contact avec 1 ou 2 cent. cubes d'une solution de potasse (on se sert avec avantage d'une pipette recourbée pour introduire le réactif absorbant) ; la diminution de volume (après 1/4 d'heure) indique *approximativement* le volume de cet acide.

Le *dosage pondéral* est plus rigoureux ; il consiste à faire passer un volume déterminé d'air sec à travers un tube taré renfermant de la potasse ; l'augmentation de poids de ce tube indique le poids d'acide carbonique contenue dans le volume d'air qui l'a traversé.

L'opération se conduit de la manière suivante ; un tube assez long plonge dans le milieu gazeux et est relié par un tube en caoutchouc avec un premier tube en U dessicateur, puis avec le tube taré renfermant de la potasse, et enfin avec un troisième tube également dessicateur ; ce dernier communique avec un vase aspirateur rempli de mercure ou d'eau.

On note le volume du liquide qui s'écoule de l'aspirateur et l'on connaît ainsi le volume de l'air qui a traversé les tubes (corrections faites de température, de pression, d'humidité); lorsque le gazomètre est rempli d'eau on verse à sa surface une couche d'huile pour empêcher l'évaporation ; l'écoulement doit être très-lent, 10 à 20 litres au plus dans 2 à 5 heures.

Les tubes en U extrêmes sont longs au moins de 5 décimètres et remplis de pierre ponce sulfurique ou de chlorure de calcium; le premier est destiné à retenir l'humidité atmosphérique, le second à condenser les vapeurs qui pourraient se dégager de l'aspirateur.

Le tube en U du milieu est taré et rempli de ponce potassique qui absorbe très-rapidement l'acide carbonique ; les morceaux doivent être de la grosseur d'une lentille et ne pas être mêlés de poudre fine qui obstruerait l'appareil ; on doit toujours s'assurer par la succion que le passage de l'air est facile; ce tube peut sans inconvénient avoir une longueur moitié moindre que les deux premiers.

Soit p l'augmentation de poids de ce tube et par conséquent le poids de l'acide carbonique; c'est ce poids qu'il faut traduire en volumes. Il suffit pour cela de le multiplier par 505^{cc},26 pour avoir le volume de l'acide carbonique à 0° et à 760 mm. de pression; soit v' ce volume. Le volume de l'air V a été mesuré à la température de l'air ambiant (t) et à la pression atmosphérique h. Il faut pour avoir le rapport en volume de l'acide carbonique transformer par le calcul le volume v' en ce qu'il serait à la température t et à la pression h; la formule suivante peut nous servir.

$$v = v' \frac{760 \, (1 + 0,00369) \, t}{h}.$$

Il ne reste plus qu'à effectuer le rapport $\dfrac{v}{V}$.

Je suppose qu'on fait abstraction de l'humidité contenue dans l'air et que l'atmosphère ne renferme pas d'autres corps absorbables par la potasse; il faudrait, si l'on voulait tenir compte de l'humidité, peser la vapeur d'eau qui s'est condensée dans le premier tube dessicateur et se servir alors pour plus d'exactitude d'un aspirateur rempli de mercure ou d'huile. Il est inutile pour les analyses toxicologiques de pousser l'exactitude aussi loin.

Dosage volumétrique par le procédé de Bunsen. — Le gaz recueilli sur le mercure est mesuré, desséché par une balle de chlorure de calcium; on absorbe l'acide carbonique à l'aide d'une balle de potasse humectée, et on dessèche de nouveau le gaz avant de faire la dernière lecture. Je renvoie à l'ouvrage de Bunsen « Analyse par les méthodes gazométriques » pour tout ce qui a trait aux précautions à prendre pour recueillir le gaz et faire les lectures.

Procédé volumétrique de Pettenkofer. — On agite un volume mesuré d'air avec une quantité déterminé d'eau de baryte titrée; on sépare le carbonate de barium par le filtre et l'on dose la baryte qui n'a pas été précipitée à l'aide d'une solution titrée d'acide oxalique; la différence entre les deux titres indique la baryte qui s'est unie à l'acide carbonique; on peut en déduire par le calcul le poids de l'acide carbonique.

Je crois devoir donner quelques détails sur ce procédé qui est
très-rapide et très-exact. L'air est recueilli dans un flacon de 5
à 6 litres que l'on peut fermer par un bouchon en caoutchouc ;
Pettenkofer y introduit l'air de la manière suivante ; un tube en
verre plonge jusqu'au sommet du flacon renversé et communique avec un soufflet ; le tube doit être assez étroit pour qu'il ne
bouche pas le goulot du flacon ; on fait passer pendant 5 minutes
l'air du soufflet, c'est-à-dire celui de la localité et l'on bouche le
flacon après avoir retiré le tube et y avoir introduit 15 à 50 cent.
cubes d'une solution titrée de baryte. Le volume du flacon est
déterminé une fois pour toutes.

On agite pendant quelque temps, et l'on filtre à l'abri de l'air.
On peut encore laisser reposer le liquide et soutirer à l'aide d'une
pipette un volume mesuré du liquide limpide qui surnage après
quelque temps. Il ne reste plus qu'à déterminer la quantité de
baryte libre à l'aide de la solution titrée d'acide oxalique.

Pettenkofer recommande l'emploi des liqueurs aux titres suivants (toutes seraient bonnes mais exigeraient trop de calculs).
L'acide oxalique renferme par cent. cube $0^{gr},0028636$ d'acide ce
qui correspond à $0^{gr},004$ d'acide carbonique ; cette solution doit
être neutralisée cent. cube par cent. cube par la solution titrée
d'eau de baryte. Le calcul se conduit alors de la manière suivante,
lorsqu'on a opéré sur toute la quantité du liquide filtré.

Volume de baryte employé $= n^{cc}$.

Volume d'acide oxalique employé pour neutraliser la baryte
non précipitée $= n'^{cc}$.

Poids d'acide carbonique $= (n - n')^{cc} \times 0^{gr},004$.

Il ne reste plus qu'à diviser ce poids par la capacité du flacon,
pour avoir le poids (d'acide carbonique) par litre [1] ; on en déduit
facilement le rapport en volumes.

[1] Pettenkofer se sert du papier de curcuma comme liquide indicateur ; ce papier se
prépare avec une solution alcoolique (non acide) de curcuma et du papier à filtres ;
on essaye une goutte du mélange après chaque addition d'acide. L'acide oxalique
doit être conservé dans de petits flacons (100^{cc}) à l'abri de la lumière, pour éviter
son altération. La baryte ne doit renfermer ni potasse ni soude ; on en dissout environ 7 grammes par litre ; on peut employer des solutions plus concentrées (50 cent.
cub. pour 90 milligrammes d'acide carbonique) lorsque le mélange est très-riche
en acide carbonique. La baryte se conserve dans des flacons qui sont munis d'un
siphon fermé par un quetschhahn et d'un tube rempli de ponce potassique qui sert
à amorcer le siphon et permet à la fois la rentrée de l'air. Schulze recommande

OXYDE DE CARBONE.

§ 511. *Généralités*. — L'*oxyde de carbone* est le produit qui se forme en grande abondance toutes les fois que le charbon subit une combustion incomplète (vapeurs de charbon, hauts fourneaux, gaz de l'éclairage [1]); on ne l'a pas retrouvé jusqu'à présent dans l'atmosphère, ce qui tient peut-être à nos moyens imparfaits d'investigation.

L'oxyde de carbone est un toxique, qui est absorbé rapidement par le poumon et pénètre dans le sang[2]; le globule sanguin fixe l'oxyde de carbone; un volume égal d'oxygène est déplacé[3]. On peut expliquer une partie au moins des symptômes qu'il produit par cette disparition d'oxygène. L'oxyde de carbone reste fixé au globule sanguin quelque temps même après la mort.

§ 512. *Recherche dans le sang*. — Eulenberg prétend qu'il a pu enlever au sang intoxiqué une partie de l'oxyde de carbone par un courant d'air ou d'oxygène; la solution de chlorure de palladium interposée sur le trajet du gaz déplacé aurait déposé un précipité noir et soyeux[4] comme cela a lieu pour l'oxyde de carbone pur. Kühne[5] conteste ce fait, qui, il est vrai, ne s'explique pas d'une manière satisfaisante lorsqu'on considère la facilité avec laquelle l'oxyde de carbone déplace l'oxygène.

Le sang des animaux intoxiqués par l'oxyde de carbone se reconnaît à sa couleur plus claire qui est même quelquefois rosée; la mousse du sang de bœuf intoxiqué est violette d'après Hoppe

d'ajouter immédiatement la teinture de curcuma au liquide barytique; Schulze et Märker ont proposé de remplacer cette teinture par une solution alcoolique de rosolate de chaux; la couleur rouge de ce sel vire au jaune sous l'influence de quantités d'acide très-faibles.

[1] *Empois par le gaz de l'éclairage*. Kirchhofer, Herisau, 1868.

[2] Ce gaz étant peu soluble dans l'eau, on n'a pas encore pu l'administrer par les voies digestives.

[3] Claude Bernard, *Leçons sur les effets des substances toxiques*. 1857. — Lothar Meyer. *Zeitsch. f. rat. Med.*, 1858. — Nawrocki. Fresenius, *Zeitsch. f. anal. Chim.*, t. I, p. 117. — Klebs (symptômes de cet empoisonnement. (*Arch. f. path. Anat.* t. XXXII. — Ritter (Thèse de Lelorrain), Strasbourg, 1866.

[4] La concentration de la solution n'est pas indiquée; elle doit avoir la couleur des vins du Rhin.

[5] *Arch. für path. Anat.*, t. XXXIV. — Réponse d'Eulenberg, *Berl. Klin. Woch.*, 1866, n° 22.

Seyler, et cinabre d'après Eulenberg ; cette couleur persiste plus longtemps que celle du sang provenant d'animaux empoisonnés par l'acide cyanhydrique. Le sang fortement dilué examiné au spectroscope présente les deux raies normales du sang qui ne disparaissent pas sous l'influence des agents réducteurs (sulfure d'ammonium)[1] ; le sang normal se comporte d'une autre manière ; les deux raies normales disparaissent et l'intervalle qui les séparait devient foncé (bande de Stockes. Voy. planche fig. 2, 3 et 4)[2]. Eulenberg a constaté que le sang intoxiqué conservait très-longtemps ses propriétés optiques ; il les a vu persister dans du sang desséché et conservé pendant quelques semaines.

Il donne également quand on le chauffe au lieu d'un coagulum brun un coagulum rouge brique. Le sang défibriné et mélangé avec le double de son volume de potasse de 1,3 de densité, donne une masse rouge coagulée dont la couleur varie du rouge minium au rouge cinabre ; le sang normal dans les mêmes conditions, se prend en une masse noire gélatineuse qui est d'un brun verdâtre en couches minces. La solution potassique se colore d'après Eulenberg en rouge carmin par l'addition de chlorure de calcium (la couleur est d'un brun sale avec le sang des animaux non intoxiqués par ce gaz ou intoxiqués par l'acide prussique) ; on obtient de même des solutions d'un rouge clair avec les chlorures d'ammonium, de sodium, de baryum, de plomb et d'étain (le sang normal se colore en rouge foncé) ; le sublimé corrosif donne une teinte de fleurs de pêcher (et rouge sale avec le sang normal).

[J'ai pu vérifier une partie des réactions citées par Eulenberg et par Hoppe-Seyler dans des cas d'empoisonnements. J'ai pu affirmer dans une autopsie que l'une des victimes avait

---

[1] *Zeitsch. f. anal. Chim..* III, 432 et 439. — Hoppe-Seyler, *Virsch. Arch. f. path. Anat.*, t. XXIII et XXIX. — Ritter, *loc. cit.* — *Stocke Phil.*, Mag., 1864.

[2] L'échelle du spectroscope étant placée de la manière suivante : la raie C à la division 61, la raie D à 80, la raie E à 106, la raie *b* à 111 ; F à 130,5, G entre à 179-180 ; on verra les raies normales entre 81 et 87 et entre 91 et 106 ; le spectre restera visible jusqu'à 148. L'addition de sulfure d'ammonium modifie l'aspect ; on voit une bande comprise entre D et E et les parties occupées primitivement par les deux bandes noires du sang s'éclaircissent (voy. planche, fig. 3); le spectre reste visible jusqu'à 155. Le spectre du sang intoxiqué par l'oxyde de carbone était clair jusqu'à 160 et présentait deux bandes d'absorption entre 82 et 90 et 95 et 106. L'épaisseur du liquide examiné fut toujours de 1 centimètre (voy. planche, fig. 4).

été asphyxiée par ce gaz, tandis que l'autre avait été brûlée vivante. V. thèse de Lelorrain, loc. cit.].

[J'ai constaté également que l'on pouvait remplacer avec beaucoup d'avantage les chlorures précédents par de l'acétate de plomb ; les différences de couleur entre le sang normal et le sang intoxiqué sont plus tranchées.]

§ 513. *Recherche dans l'air.* — La réaction du chlorure de palladium permet de retrouver ce gaz dans l'air ; l'oxygène, l'azote, l'acide carbonique ne précipitent pas ce réactif ; mais il faut être sûr que l'air ne renferme ni ammoniaque, ni hydrogène sulfuré ; cette difficulté peut être tournée de la manière suivante : on fait passer le gaz au préalable dans des flacons laveurs renfermant de l'acide sulfurique (condensation de l'ammoniaque) et de l'acétate de plomb (absorption de l'hydrogène sulfuré). L'hydrogène réduit bien aussi à la longue la solution de chlorure de palladium, mais son action est plus lente que celle de l'oxyde de carbone. On n'a donc qu'à faire passer à l'aide d'un aspirateur le gaz à examiner et purifié par son passage à travers l'acide sulfurique et l'acétate de plomb, dans un tube renfermant du chlorure de palladium. L'essai ne sera démonstratif que lorsqu'on sera certain de l'absence complète des gaz hydrocarbonés, contenus dans le gaz de l'éclairage.

[§ 513 *bis. Recherche toxicologique des empoisonnements par l'oxyde de carbone.* — J'ai, fait étudier par Lelorrain [1], la sensibilité des divers réactifs, employés pour reconnaître la présence de l'oxyde de carbone dans le sang ; les conclusions auxquelles il est arrivé sont les suivantes : L'expert ne doit conclure d'une manière affirmative que lorsque l'aspect physique, le réactif d'Eulenberg, le chlorure de palladium et l'analyse spectrale ont donné des résultats concordants. La recherche peut être entreprise avec succès trois ou quatre jours après la mort, lorsque la température de l'air est restée basse ; ce temps est abrégé lorsque la température de l'air ambiant s'élève. L'analyse réussit moins facilement lorsque l'asphyxie a eu lieu par un mélange gazeux dans lequel prédominaient d'autres gaz. L'exa-

---

[1] De l'oxyde de carbone au point de vue hygiénique et toxicologique. Thèse de la Fac. de méd. de Strasb., 1868.

men spectroscopique réussit souvent seul dans ces derniers cas.

Il est important lorsqu'on étend le sang réduit par le sulfure d'ammonium pour le soumettre à l'analyse spectrale de se servir d'eau purgée d'air ou même d'eau sulfureuse, car j'ai vu souvent du sang normal (dont la réduction n'était pas totale) se réoxyder et représenter les deux raies normales; il se comportait ainsi comme le sang chargé d'oxyde de carbone. Nous indiquerons au § 618 la manière d'opérer.

§ 514. *Caractères chimiques*. — L'oxyde de carbone est un gaz permanent de 0,969 de densité; il brûle avec une flamme bleue, détone quand on le mêle avec de l'oxygène et qu'on enflamme le mélange en produisant de l'acide carbonique. L'eau n'en dissout que 3,287 pour 100 en volumes à 0°; l'alcool en dissout 20,443. Le chlorure cuivreux en solution chlorhydrique ou ammoniacale l'absorbe rapidement; il se produit une combinaison cristallisée peu stable. La réduction du chlorure de palladium n'est pas encore assez connue pour que nous puissions nous servir de ce réactif pour le dosage pondéral.

[Les gaz produits par la combustion du charbon et appelés vulgairement *vapeurs de charbons*, ont une composition très-variable. Ce fait s'explique facilement si l'on songe que l'oxyde de carbone se forme soit par oxydation incomplète du carbone, soit par réduction de l'acide carbonique; l'eau du combustible intervient également dans le phénomène pour donner naissance à de petites quantités d'hydrocarbures. D'après Leblanc[1] le rapport de l'oxyde de carbone à l'acide carbonique serait comme 1 : 8; Eulenberg admet 1/10 (moyenne de 8 analyses) et Orfila 1/20.]

§ 515. *Dosage volumétrique*. — L'analyse de l'air renfermant une certaine proportion de ce gaz se fait par la méthode d'absorption: le gaz est transvasé sur la cuve à mercure desséché et mesuré; on absorbe l'acide carbonique par la potasse, l'oxygène par le pyrogallate de potassium, le chlorure cuivreux en solution chlorhydrique (on en imprègne des boulettes de papier) absorbe l'oxyde de carbone. On pourrait encore faire détoner le mélange avec de l'oxygène (après élimination préalable de tout l'acide carbonique contenu primitivement dans le gaz) et déterminer la

---

[1] *Rech. sur la comp. de l'air confiné*, 1842.

proportion de gaz carbonique qui se produit. Le traité de Bunsen indique avec soin les nombreuses précautions qu'il convient de prendre pour ne pas commettre d'erreurs dans ces analyses qui exigent une certaine habileté.

[§ 515 *bis*. — *Asphyxie par le gaz de l'éclairage*. — Il nous reste à dire quelques mots de l'asphyxie par le gaz de l'éclairage dont les fuites causent des accidents, qui coûtent parfois la vie à des familles entières[1]. Les résultats fournis par les diverses autopsies ne sont pas toujours très-concordants, ce qui n'a pas lieu d'étonner lorsqu'on songe à la diversité de composition que présente le gaz suivant la matière qui a servi à le préparer. Le gaz de la houille contient en moyenne 6 p. 100 d'oxyde de carbone ; le gaz Selligues 21,9 et celui que l'on prépare à Bayreuth par la distillation des matières résineuses en renferme jusqu'à 62 p. 100[2]. La proportion d'oxyde de carbone varie même de 3 à 12 p. 100 pour le gaz retiré de la houille suivant la température à laquelle s'est faite la décomposition. Les autres gaz contenus dans le gaz de l'éclairage sont de l'hydrogène et des hydrocarbures parmi lesquels dominent les hydrogènes proto et bicarbonés ; un gaz bien épuré ne doit contenir que des traces d'acide carbonique, d'hydrogène sulfuré et de sulfure de carbone. L'oxyde de carbone seul tue directement le globule sanguin ; les hydrocarbures n'agissent que comme tous les gaz asphyxiques, en empêchant l'arrivée de l'air. On comprend par suite facilement, que suivant la teneur du gaz en oxyde de carbone, le sang soit noir ou vermillon ; d'ordinaire il est rouge mais d'un rouge moins vif que celui qu'on obtient en soumettant le sang à l'influence de l'oxyde de carbone pur. J'ai empoisonné des animaux avec du gaz de l'éclairage débarrassé au préalable de tout son oxyde de carbone par son passage à travers du chlorure cuivreux ammoniacal, et auquel j'ajoutais ensuite des proportions déterminées d'oxyde de carbone. Le sang cessait d'avoir la couleur rouge caractéristique dès que la proportion de gaz était moindre que 6 p. 100 (souvent même elle ne se produisait plus nettement avec 7 p. 100. Exp. inédites).]

[1] Tourdes, *loc. cit.*
[2] Wagner's *Jahrb.*, 1857, p. 475.

[La recherche toxicologique de l'intoxication par le gaz de l'éclairage, se fera comme celle de l'oxyde de carbone, en soumettant le sang à l'action du réactif d'Eulenberg et à l'examen spectroscopique. On ne peut se servir du chlorure de palladium, car ce sel est réduit par tous les hydrocarbures. J'ai obtenu parfois des résultats très-nets, d'autrefois les réactions restèrent douteuses; ces divergences s'expliquèrent par la différence de composition du gaz.]

ACIDE SULFHYDRIQUE.

§ 516. *Généralités.* — L'acide sulfhydrique gazeux a souvent donné naissance à des accidents dont quelques-uns ont eu une issue mortelle. Ce gaz est toxique en quantité très-faible; il se produit dans la putréfaction des matières organiques albuminoïdes, dans un certain nombre de réactions chimiques, dans la préparation du gaz de l'éclairage, etc.

§ 517. *Altération du sang.* — Le sang est plus ou moins altéré par ce gaz; il est rouge foncé ou bleu noirâtre; les globules sont déchiquetés; dilué au 50me ou au 75me il se colore en noir verdâtre[1]. Les organes très-riches en sang prennent une couleur plus foncée (cerveau, poumon, foie). Je ne sais pas si les observations suivantes d'Eulenberg, faites sur du sang auquel on a mêlé de l'hydrogène sulfuré, peuvent présenter une application pratique dans les recherches toxicologiques. Du sang étendu au quatre-vingtième, a présenté à l'analyse spectrale les deux bandes normales et une troisième moins prononcée que les deux premières, qui paraît correspondre à la bande de Stockes; les bandes normales disparaissent plus rapidement que celles du sang non intoxiqué.

[Je n'ai pu constater qu'une partie de ces faits avec le sang d'animaux empoisonnés, ce qui tient à la dilution qu'il faut faire subir à ce liquide; ce n'est qu'en employant de l'eau bien purgée d'air que j'ai cru entrevoir parfois la bande qu'Eulenberg a signalé entre les deux bandes normales.]

---

[1] Diakonow, *Med. Chim. Blatt,* t. II, p. 251.

§ 518. *Recherche de ce gaz dans le sang.* — La recherche de ce gaz dans le sang doit se faire sitôt après la mort, car la putréfaction produit toujours elle-même des quantités variables d'hydrogène sulfuré ; je conseillerai de faire barbotter dans le sang un gaz inerte comme l'azote ou l'hydrogène qui enlèvera l'hydrogène sulfuré ; ce dernier précipitera en jaune les solutions chlorhydriques d'acide arsénieux ou de sulfate de cadmium, que l'on interposera sur le trajet du courant gazeux qui a traversé le sang.

§ 519. *Recherche dans l'air.* — L'odeur si caractéristique de l'hydrogène sulfuré se manifeste distinctement avec des traces de ce composé ; elle rappelle celle des œufs pourris. Une lame brillante d'argent ou de cuivre se recouvre bientôt d'un enduit brun noirâtre ; les papiers trempés dans une solution arsénieuse ou cadmique se colorent en jaune ; le papier plombique noircit et le papier ammoniacal de nitroprussiate devient bleu violet. On peut obtenir des précipités ayant les couleurs précédentes en faisant traverser au gaz les solutions des sels énumérés plus haut.

§ 520. *Caractères chimiques.* — L'hydrogène sulfuré est un gaz incolore d'une odeur caractéristique et d'une densité égale à 1,178 ; il peut être liquéfié et solidifié. L'eau le dissout assez facilement ; son coefficient d'absorption est 3,5858 à $+ 10°$; l'alcool en dissout bien plus ; cette solution absorbe l'oxygène atmosphérique et laisse déposer du soufre ; elle rougit le papier de tournesol. Le gaz brûle avec une flamme bleue en donnant naissance à de l'eau et à de l'acide sulfureux ; il se combine avec presque toutes les bases en formant des sulfures. Les agents d'oxydation le décomposent ; leur action se porte parfois sur les deux éléments ; d'autres fois l'hydrogène seul est brûlé et le soufre est mis en liberté. Le chlore, le brome et l'iode agissent sur lui comme oxydants. L'hydrogène sulfuré réduit les sels ferriques en sels ferreux. Nous avons vu de quelle importance était l'emploi de l'hydrogène sulfuré pour la recherche des poisons métalliques.

§ 521. *Dosage de l'hydrogène sulfuré dans l'air.* — On peut se servir du procédé suivant recommandé par Mohr :

On fait passer à l'aide d'un aspirateur 2 à 5 litres d'air à travers deux flacons allongés qui renferment chacun 20 cent. cubes d'une solution au sixième de soude très-pure[1] ; les tubes adducteurs du gaz doivent plonger jusqu'au fond du flacon et le passage du gaz doit se faire bulle par bulle. On ajoute au liquide du premier flacon 20 cent. cubes d'une solution titrée d'arsénite de sodium[2], et 10 cent. cubes à celui du second ; ces liquides acidulés par de l'acide chlorhydrique donneront un précipité jaune s'ils ont absorbé de l'hydrogène sulfuré (le second flacon qui ne sert que comme liquide indicateur n'est souvent pas précipité ; on n'a plus à s'occuper de lui dans ce dernier cas). On filtre le précipité (ou les précipités) sur un filtre sec et l'on étend les liquides filtrés à 300 cent. cubes. On détermine maintenant dans 100 cent. cubes le poids de l'acide arsénieux qui n'a pas été précipité par l'hydrogène sulfuré ; ce poids est multiplié par 3 ; on connaît le poids d'acide arsénieux que renfermaient les 30 cent. cubes du liquide employé ; la différence des deux poids indique la quantité d'acide arsénieux qui a été précipité par l'hydrogène sulfuré ; le poids de l'hydrogène sulfuré est connu par là même, puisque chaque cent. cube d'acide arsénieux correspond à $0^{gr},00255$ d'hydrogène sulfuré. Ce poids se transforme facilement en cent. cubes, puisqu'on sait que 1 litre de gaz à 0° et à la pression de 760 pèse $1^{gr},53$. Il est bien entendu que si tout l'acide arsénieux avait été précipité, il faudrait recommencer l'opération avec un volume plus considérable de liqueur titrée, car on pourrait être sûr qu'une partie du gaz a échappé à l'absorption.

Le dosage de l'acide arsénieux se fait en le transformant en arsénite par neutralisation avec du carbonate de sodium pur, et en y versant une solution titrée d'iode[3] jusqu'au moment où l'empois d'amidon que l'on a ajouté (comme réactif indicateur)

---

[1] La soude acidulée par l'acide sulfurique ne doit pas décolorer l'iodure bleu d'amidon.

[2] 4,95 d'acide arsénieux dissous à chaud dans 20 à 25 grammes de carbonate de soude et étendus à un litre.

[3] 12.7 d'iode pur dissous dans de l'eau iodurée (18 grammes d'iodure de potassium pur) et étendus au litre. 1 cent. cube de cette solution correspond à 1^{cc} de la liqueur titrée d'arsénite de soude et à $0^{gr},00255$ d'hydrogène sulfuré.

soit bleui. On note le nombre de cent. cubes employés (n) et le calcul se fera très-facilement[1].

ACIDE SULFUREUX.

§ 522. *Généralités.* — Ce gaz se produit en quantité assez notable dans un certain nombre de circonstances (fabriques d'acide sulfurique, soufrage des tonneaux, blanchiments, grillage des sulfures, etc.), et peut donner lieu à des accidents graves du côté des organes respiratoires. L'ingestion de cet acide en solution, ainsi que celle de ses sels pourrait également présenter des inconvénients.

§ 523. *Action physiologique.* — L'acide sulfureux inspiré attaque les organes respiratoires ; le poumon et les muqueuses de la trachée sont colorés en rouge brunâtre ; le parenchyme est œdématié ; le sang lui-même paraît altéré ; il est d'un brun rouge sale, mais le globule n'est pas altéré (Eulenberg). L'acide sulfureux se transforme dans le sang en acide sulfurique, mais cette indication n'est pour l'heure d'aucune utilité pratique dans les recherches toxicologiques.

§ 524. *Caractères chimiques.* — L'acide sulfureux est un gaz incolore, d'une odeur caractéristique suffocante ; le gaz est acide mais décolore le tournesol ; sa densité est 2,255. A — 10° il se condense en un liquide incolore qui cristallise même à une température plus basse (?). Il se dissout très-facilement dans l'eau (1 d'eau dissout 56,6 d'acide à 0°) et encore plus facilement dans l'alcool. Cette solution aqueuse saturée a une saveur acide, sulfureuse, cristallise à 0°, mais se transforme lentement en acide sulfurique au contact de l'air. Le gaz lui-même subit cette oxydation en présence des corps poreux ; cette oxydation se fait très-facilement sous l'influence du chlore et de l'acide azotique.

---

[1] Nous avons employé 30 cent. cubes d'arsénite de sodium que nous avons étendus à 300 cent. cubes ; comme nous n'avons opéré que sur 100 cent. cubes, c'est à-dire le tiers, il faudra multiplier par 3 le nombre de cent. cubes d'iode employés. Soit n ce nombre de cent. cubes ; $n \times 3$ indiqueront le nombre de cent. cubes d'acide arsénieux qui n'ont pas été précipités et la différence $30 - (n \times 3)$ représentera le nombre de cent. cubes d'acide arsénieux qui ont été précipités par l'hydrogène sulfuré. Cette différence multipliée par 0^{gr},00255 donnera le poids d'hydrogène sulfuré.

Le bioxyde de plomb le transforme en sulfate de plomb ; cette réaction a été mise à profit pour absorber et mesurer le gaz contenu dans un mélange. L'acide sulfureux est un des agents réducteurs les plus énergiques, c'est ainsi qu'il transforme le chlorure mercurique en calomel et les sels de sesquioxyde de fer en sels de protoxyde.

§ 525. *Recherche dans l'air.* — L'acide sulfureux gazeux colore en noir un papier trempé dans de l'azotate mercureux ; cette réaction n'est caractéristique que lorsque le milieu gazeux ne renferme ni ammoniaque, ni hydrogène sulfuré. Il décolore la teinture de Fernambouc, transforme les solutions étendues d'iode en acide iodhydrique avec dépôt de soufre, et décolore l'iodure bleu d'amidon. On peut se servir de cette réaction pour *titrer* l'acide sulfureux (1 cent. cube de la liqueur titrée d'iode employée précédemment correspond à $0^{gr},0032$ d'acide sulfureux.) Le cuivre placé dans une solution aqueuse d'acide sulfureux, se recouvre d'une couche noire de sulfure (voy. § 42, V). Il bleuit également le papier imprégné d'un mélange d'iodate et d'amidon. [L'emploi de ce papier n'est pas à recommander, car un excès de gaz le décolore et l'hydrogène sulfuré produit la même réaction ; il vaudrait mieux exposer aux vapeurs sulfureuses un papier trempé au moment même dans une solution de bichromate de potassium.]

§ 526. *Sulfites.* — On emploie depuis quelque temps en médecine les sulfites alcalins et celui de magnésium ; ceux de zinc, de fer, sont peu solubles, mais plus solubles que ceux de calcium et de baryum. Ces sels dégagent de l'acide sulfureux sous l'influence des acides, de l'hydrogène sulfuré, lorsqu'on les traite par du zinc et de l'acide chlorhydrique, ou de l'acide chlorhydrique et de chlorure stanneux. Le chlorure de baryum précipite ces sels en blanc ; le précipité est soluble dans l'acide chlorhydrique. [Les sulfites alcalins du commerce renferment toujours de notables quantités de sulfates.]

[§ 526 *bis. Examen des armes à feu.* — La poudre à canon, mélangé de soufre, d'azotate de potassium et de charbon, donne par sa déflagration des produits gazeux et du sulfure de potassium ; ce dernier reste dans l'arme et constitue une partie de la crasse. On sait que les sulfures alcalins au contact de l'air, se polysulfurent plus ou moins rapidement et que les polysulfures eux-mêmes se transforment rapidement en hyposulfites. Ces divers sels sont faciles à caractériser par l'acide chlorhydrique; les deux premiers dégagent de l'hydrogène sulfuré, le dernier de l'acide sulfureux; le premier se décompose sans donner naissance à un dépôt de soufre; les deux autres abandonnent un précipité laiteux connu sous le nom de magistère de soufre. On avait pensé pouvoir tirer parti de ces faits pour déterminer l'époque à laquelle une arme avait été déchargée.]

[La transformation du sulfure dépend du renouvellement de l'air et de l'humidité, et comme on ne sait jamais au juste quelles sont les conditions dans lesquelles l'arme a été conservée après le dernier coup de feu, il s'ensuit que les résultats que l'on voudrait tirer de l'analyse précédente sont complétement inexacts.]

[Boutigny[1] est même allé plus loin; il a étudié l'aspect du canon, la couleur de la rouille, etc. Ses expériences faites avec un très-grand soin sur des armes à feu, munies encore du bassinet, ne s'appliquent malheureusement pas aux armes à feu modernes, surtout à celles pour lesquelles comme dans le revolver on ne se sert plus de poudre à canon, mais de poudre au ferrocyanure. La solution de cette question par les méthodes chimiques est donc impossible dans l'état actuel de nos connaissances.]

[1] *Annal. d'hyg. publ. et de méd. lég.*, Paris, t. XI, p. 458; t. XXI, p. 197; t. XXII p. 367; t. XXXIX, p. 392.

CHAPITRE VII

CONSIDÉRATIONS GÉNÉRALES.

§ 527. Les trois métalloïdes que nous allons étudier sont très-toxiques lorsqu'ils sont à l'état de liberté; leurs combinaisons, au contraire, n'exercent souvent d'action fâcheuse qu'à doses très-élevées et ne peuvent dès lors être regardées comme des poisons proprement dits. J'aurais dû étudier un certain nombre de ces composés dans le chapitre précédent, mais j'ai préféré les réunir dans un seul groupe, puisque les procédés d'extraction présentent beaucoup d'analogies.

CHLORE.

§ 528. *Généralités.* — Le *chlore inspiré* à l'état de gaz provoque fréquemment des accidents graves, même mortels, dans les fabriques de chlorures, dans les ateliers de blanchiments ou dans les appartements désinfectés. Je ne crois pas que l'ingestion de l'eau chlorée ou des hypochlorites ait déterminé la mort. Nous ne devons cependant pas oublier qu'on trouve dans le commerce des quantités notables d'hypochlorite de chaux, de soude (eau de Labarraque), de potasse (de Javelle), qui agissent comme le chlore, car les acides les plus faibles des sucs digestifs en dégagent des métalloïdes.

§ 529. *Action physiologique.* — Nos connaissances sur l'empoisonnement par le chlore sont assez bornées; la victime qui a inhalé le gaz éternue, tousse, est atteinte de dyspnée et de spasmes de la glotte; la sécrétion des mucosités augmente et devient bientôt sanguinolente; plus tard on voit se produire des laryngites, des bronchites, voir même des pneumonies. Ces symptômes sont la suite d'une modification chimique des tissus soumis à l'influence du chlore; Bryck[1] a démontré qu'ils étaient recouverts d'une eschare molle et diffluente, et que les tissus épithéliaux et cellulaires avaient subi la dégénerescence graisseuse. L'autopsie de lapins intoxiqués, a souvent révélé une modification profonde de la couleur du poumon; les parties inférieures d'un jaune clair étaient parsemées de points noirs; leur consistance avait également changé; le poumon paraissait parfois desséché. L'eau chlorée introduite à l'intérieur détermine une irritation vive du tube intestinal qui peut aller jusqu'à l'apparition de phénomènes gastroentériques.

Les composés chimiques qui se forment par l'action du chlore sur les tissus organisés ne sont pas connus d'une manière satisfaisante; ce métalloïde se comporte quelquefois comme avec la plupart des matières organiques; un atome de chlore se substitue à un atome d'hydrogène, et ce dernier se combine avec un second atome de chlore pour former de l'acide chlorhydrique. Mais il peut également agir comme oxydant; il décompose l'eau, s'empare de son hydrogène, et l'oxygène à l'état naissant se porte sur la matière organique qui est transformée. Quel que soit son mode d'action, ce métalloïde agit avec une telle rapidité qu'il se métamorphose très-vite; il n'est nullement démontré qu'il soit absorbé par le sang et éliminé par les urines à l'état de chlore (Walace). Je serais plus enclin à admettre qu'il n'est absorbé qu'après sa transformation en acide chlorhydrique, et que son élimination par les fèces et l'urine se fait à l'état de chlorures. Je dois ajouter cependant qu'à l'ouverture du crâne de la victime de l'empoisonnement de Dublin, on perçut une forte odeur de chlore.

§ 530. *Recherche toxicologique du chlore.* — Ce métalloïde

---

[1] *Arch. f. path. Anat.*, t. XVIII, p. 377. — *Emp. sur l'homme* (*Dubl. quart. Journ.*, 1870), p. 116.

agit à doses assez faibles pour que le dosage des chlorures qui résultent de sa transformation dans les diverses parties de l'économie ne nous conduise à aucun résultat satisfaisant. Il sera même très-difficile de le retrouver après quelque temps dans les aliments solides ou liquides, car il se transforme très-rapidement. Sa recherche sera plus facile lorsqu'il aura été ingéré à la suite d'une méprise sous forme d'hypochlorite[1]; ces derniers n'agissent ni aussi rapidement, ni aussi énergiquement que lui, et il en faut des quantités déjà considérables pour produire la mort. Il s'ensuit que les matières vomies ou le contenu du tube digestif peuvent encore renfermer une certaine quantité de sel non décomposé; cette dernière circonstance se présentera surtout pour l'hypochlorite de chaux. En odorant le contenu du tube digestif au moment même où l'on ouvre les organes, on perçoit fréquemment une forte odeur chlorée, qui devient plus vive lorsqu'on chauffe légèrement, après y avoir ajouté un peu d'acide sulfurique étendu. On aurait peut-être à redouter dans ces cas la cause d'erreur suivante : des chlorures mêlés de bioxyde de manganèse, de plomb ou de chlorates, donnent également lorsqu'on les chauffe avec de l'acide sulfurique étendu un dégagement de chlore.

Pour démontrer que l'empoisonnement est dû aux hypochlorites et non au chlore, il faut rechercher dans les matières suspectes la chaux (la potasse ou la soude); ces corps doivent s'y rencontrer en quantité notable si l'on veut en tirer une conclusion.

§ 531. *Recherche du chlore dans l'air.* — Le *chlore gazeux* se reconnaît à son odeur quand il est mélangé avec de l'air atmosphérique; il en faut des proportions notables pour apprécier sa couleur jaune vert. Un papier amidonné trempé dans une solution d'iodure est coloré en bleu par ce gaz; un excès de gaz le décolore (l'ozone et les vapeurs rutilantes se comportent de même); un papier coloré en bleu par le tournesol ou par le sulfate d'indigo est décoloré, et l'on peut juger approximativement de la quantité de gaz par la rapidité avec laquelle se fait cette décoloration. Une lame d'argent se chlorure superficiellement; le

---

[1] *Emp. par l'eau de Javelle.* Voy. Tardieu et Roussin. *Ét. méd.-lég.*, p. 269.

chlorure noircit à la lumière ; la couleur ne disparaît pas dans l'ammoniaque (caractère distinctif du sulfure d'argent).

On a proposé de retirer le gaz des poumons et de le soumettre à l'analyse en introduisant une sonde par la trachée et expulsant le gaz par des pressions sur la poitrine. [Il vaudrait mieux faire communiquer la sonde avec un vase aspirateur ; on interposerait sur le trajet du gaz une solution très-étendue de sulfate d'indigo qui devra se décolorer.]

§ 532. *Chlore gazeux.* — Le *chlore* à la température ordinaire, est un gaz jaune verdâtre, d'une odeur et d'une saveur caractéristiques ; sa densité est de 2,455. Il se condense à — 40° en un liquide jaune foncé. L'eau dissout le triple de son volume de gaz à + 8° ; ce pouvoir dissolvant diminue avec une augmentation ou une diminution de température ; vers 0° il se sépare des cristaux d'hydrate de chlore.

§ 533 *Eau chlorée et hypochlorites.* — L'*eau chlorée* est jaune, a une saveur chlorée et âcre ; elle est très-instable et se décompose rapidement sous l'influence de la lumière en acides chlorhydrique, chlorique, etc. Elle agit comme le chlore sur les matières colorantes, l'iodure amidonné, etc. Le mercure agité avec de l'eau chlorée lui fait perdre son odeur et toutes ses réactions. L'eau chlorée neutralisée par un excès d'ammoniaque, puis acidulée par de l'acide azotique donne avec l'azotate d'argent un précipité blanc caillebotté de chlorure d'argent qui noircit à la lumière.

Le *chlorure de chaux* en solution doit être regardé comme un mélange d'hypochlorite et de chlorure, qui renferme toujours un excès de chaux (et des traces de chlorate et de carbonate). Le commerce le livre sous forme d'une poudre blanche pulvérulente, hygroscopique ; délayé dans de l'eau il abandonne un résidu de chaux et de carbonate ; l'alcool ne dissout, dit-on, que l'hypochlorite. La solution aqueuse décolore l'indigo ; le tournesol n'est décoloré que lorsqu'on acidule la liqueur. L'acide sulfurique déplace non-seulement le chlore contenu dans l'hypochlorite (chlorate), mais encore celui du chlorure ; l'acide chlorhydrique met en liberté le double du volume de chlore contenu dans l'hypochlorite (et le chlorate). La même décompo-

sition a lieu lorsqu'on traite les sels solides par les acides sus-
nommés ; le produit commercial doit dégager environ 30 pour 100
de chlore, mais on rencontre souvent des variétés qui sont bien
moins riches. L'hypochlorite traité par de l'acide chlorhydrique
présente les réactions des sels calcaires quand tout le chlore s'est
dégagé (§ 205, 221, 223).

La *liqueur de Labarraque* est le sel correspondant de soude ;
elle ne diffère du sel de chaux que par la réaction différente de
sa base ; il en est de même du sel potassique employé sous le
nom d'*eau de Javelle*.

J'ai parlé du chlorate de potasse au § 210.

Les chlorures appartenant aux métaux toxiques étant seuls vénéneux, je n'ai rien de particulier à en dire ici.

BROME.

§ 534. *Généralités.* — Smell rapporte une observation concernant un suicide dû à l'ingestion de 32 grammes de brome ; c'est là
le seul cas d'intoxication à ma connaissance, ce qui est d'autant
plus étonnant, que le brome a été employé pour la daguerréo-
typie et la photographie [1]. Ce métalloïde a une action chimique
moins énergique que le chlore, mais il attaque plus vivement les
organes que ce dernier, ce qui tient à son état liquide ; une petite quantité de brome est plus active que son volume d'eau
chlorée la plus chargée. Son action ressemble à celle du
chlore, mais il s'y ajoute un effet caustique très-prononcé, qui
rappelle l'action des acides minéraux. Smell rapporte que la
mort est survenue à la suite de phénomènes gastroentériques
très-violents, suivis bientôt d'un collapsus profond ; les muqueuses des voies respiratoires étaient fortement enflammées ;
les endroits touchés par le brome étaient rouge jaunâtre et les
parois de l'estomac couvertes d'une couche noirâtre semblaient
avoir été tannées. Le foie était hypérémié ; le sang brun foncé ;
le diaphragme et le péritoine avaient une teinte jaune rougeâtre.
On perçut très-bien l'odeur du brome à l'ouverture cadavérique ;
les matières vomies avaient la même odeur.

---

[1] [On a cependant signalé de nombreux accidents dans les laboratoires.]

Le chlorure de brome usité en photographie agit comme le brome.

Les solutions aqueuses de brome sont moins énergiques et leur action rappelle celle de l'eau chlorée; les bromures ne sont toxiques qu'à dose très-élevée, lorsque le métal qu'ils renferment est lui-même inoffensif.

§ 535. *Absorption*. — Le brome comme le chlore n'est absorbé qu'après sa transformation en acide bromhydrique ou bromure; s'il était absorbé en nature cette transformation se ferait rapidement dans le sang; l'urine et les sécrétions des glandes l'excrètent à l'état de bromure de potassium, de sodium et de magnésium (Rabuteau). Ce que nous dirons à l'instant de l'iode s'applique également au brome.

Il est plus facile de reconnaître l'empoisonnement par le brome que celui par le chlore; le brome en effet n'existe pas dans l'économie à l'état normal; on réussira à retrouver après la mort de petites quantités de bromure, et la seule difficulté sera de démontrer que ce composé n'a pas été introduit dans l'économie comme médicament.

§ 536. *Recherche toxicologique*. — On commence la *recherche du brome* par la distillation des matières suspectes. S'il ne se dégage pas de vapeurs de brome, on pourra admettre que ce métalloïde s'est transformé en bromure; on recommencera l'opération en arrosant le résidu avec un mélange d'une solution saturée de bichromate et d'acide sulfurique concentré. Les liquides très-étendus comme l'urine devront être fortement concentrés au préalable après avoir été alcalinisés par de la potasse pour éviter les pertes dues à l'évaporation.

Le procédé suivant convient mieux que la distillation pour la recherche des bromures dans les organes et même pour l'urine. L'organe finement divisé est mélangé avec de la potasse et desséché; le résidu de la dessication est calciné par petites portions dans un creuset en argent.

On a proposé de rechercher les bromures dans l'urine en les décomposant par de l'eau chlorée et en isolant le brome par l'agitation du mélange avec le chloroforme ou le sulfure de carbone; ce procédé ne doit *jamais* être suivi. Le brome mis en liberté au lieu de se dissoudre réagit sur les matières organiques de l'urine (ou urique), et l'on ne verra pas traces de coloration, lorsque l'urine ne renferme que peu de bromure ; une quantité notable de bromure ne donnera qu'une coloration insignifiante. De plus le chloroforme et le sulfure de carbone agités avec l'urine s'émulsionnent très-facilement et ne se séparent sous forme d'une couche limpide qu'au bout d'un temps très-long [1].

On doit lorsqu'on isole le brome par la distillation condenser les produits volatils dans un récipient fortement refroidi ; le liquide distillé sera d'un brun orangé s'il renferme beaucoup de brome ; il décolore l'indigo et le tournesol ; il renfermera du chlorure de brome et non du brome, lorsque les matières soumises à la distillation renferment des chlorures, ce qui est presque toujours le cas général.

§ 537. *Réactions chimiques.* — Le liquide distillé est neutralisé avec de la potasse, évaporé et calciné ; le résidu refroidi est redissous dans l'eau et divisé en deux portions.

1°) On ajoute goutte à goutte à l'une des portions de l'eau chlorée qui ne soit pas trop chargée ; il se produira une coloration jaune ou orangée ; la réaction deviendra plus sensible en ajoutant du chloroforme ou du sulfure de carbone qui décolore le liquide et condense la couleur sous un volume moindre ; un liquide à peine coloré donne quand il est agité avec l'un de ces dissolvants une couche orangé foncé. Fresénius a fait voir que le chloroforme permettait de reconnaître le brome dans 10 cent. cubes d'une solution au 1/20000 ; le sulfure de carbone est encore plus sensible puisqu'il en décèle 1/30000. Un *excès de chlore* doit être soigneusement *évité*, car la coloration disparaît.

2) La seconde portion est neutralisée par de l'acide azotique, évaporée à siccité, redissoute dans de l'eau et précipitée par de l'azotate d'argent. Il se produit un précipité caillebotté un peu jaunâtre, qui noircit au contact de la lumière, est insoluble dans l'acide azotique étendu et peu soluble dans l'ammoniaque ; traité par de l'eau chlorée, il abandonne à l'eau le brome et se transforme en chlorure d'argent. On pourrait remplacer le sel d'ar-

---

[1] *Apoth. Jahrg.*, VI, p. 358.

gent par l'azotate mercureux ; le précipité serait jaune, insoluble dans l'acide azotique, mais soluble dans l'eau chlorée (la solution sera brun jaunâtre).

§ 538. *Pièce de conviction.* — On peut présenter comme telle le bromure d'argent conservé à l'abri de la lumière.

§ 539. *Dosage pondéral du brome.* — On pourrait déduire du poids de bromure d'argent (obtenu comme nous venons de le dire avec un poids déterminé de matière) le poids de brome. 100 parties du précipité séché à 100° renferment 42,54 de métalloïde.

Le dosage n'est malheureusement jamais aussi simple, puisque les matières organiques renferment toujours des chlorures qui accompagnent les bromures dans leur précipitation par l'azotate d'argent. On fond dans ce cas le précipité pesé dans une petite ampoule tarée et l'on fait passer pendant 20 minutes un courant de chlore sec sur la masse fondue et éparpillée sur les parois pour renouveler les points de contact ; le chlore transforme le bromure d'argent en chlorure et déplace le brome ; on détermine la perte de poids (car 80 de brome sont remplacés par 35,5 de chlore). On recommence l'opération pendant 10 autres minutes, et l'on repèse ; il faut si tout le brome a été chassé que les deux pesées soient concordantes, sinon l'on est obligé de recommencer. En multipliant la perte de poids de l'appareil par 4,223 on obtient le poids du bromure d'argent contenu dans le mélange.

Procédé par voie humide de Wittstein. — Le liquide est divisé en deux parties bien égales (A) et (B) et précipité par de l'azotate d'argent. Le précipité (A) lavé, séché et pesé indique le poids total du bromure et du chlorure d'argent.

Le précipité (B) filtré et lavé dans l'obscurité est mis en contact à + 40° avec une solution de bromure au 1/9[1] ; on filtre au bout d'une heure et l'on pèse le précipité bien lavé. Deux cas peuvent se présenter ; le précipité (B) pèse autant que le précipité (A), dans ce cas le sel argentique n'était formé que de bromure. Le précipité B a augmenté de poids ; dans ce cas tout le

---

[1] Un excès de sel n'est pas nuisible ; il faut au moins 5 de bromure solide pour 6 de précipité argentique.

chlorure d'argent a été transformé en bromure; on détermine par le calcul le poids de chlorure d'argent qui correspond au poids du bromure d'argent. La différence entre ce poids calculé et le poids (A) multiplié par 1,795 indique la quantité de brome contenu dans le mélange; ce résultat doit encore être multiplié par 2 pour avoir la quantité totale[1] puisque nous n'avons opéré que sur la moitié du précipité.

On pourrait lorsqu'un liquide ne renferme que peu de bromure et beaucoup de chlorure, précipiter d'abord le bromure, par la méthode des précipitations fractionnées. Lorsqu'on ajoute goutte à goutte une solution d'azotate d'argent, on précipite d'abord les bromures et puis seulement les chlorures. Il faut bien entendu ajouter aux deux portions de liquide des quantités bien égales de sel argentique, lorsqu'on veut suivre le procédé Wittstein.

§ 540. *Bromures*. — On peut s'attendre à rencontrer dans les matières soumises à l'analyse les *bromures de potassium* et *de sodium* employés en médecine et ceux de *zinc et de cadmium*, usités en photographie; on peut essayer de séparer ces composés par la digestion avec l'eau. Ils fournissent du brome quand on les distille avec du bichromate et de l'acide sulfurique; le zinc et le cadmium auront déjà été retrouvés dans la recherche des métaux. Les bromures introduits dans l'économie sont très-lentement éliminés par les urines[2].

Les bromates correspondent aux chlorates par leurs caractères chimiques, mais ne nous intéressent pas au point de vue toxicologique[3].

§ 541. *Réactions chimiques*. — Le *brome* est un liquide rouge brunâtre, qui se solidifie entre — 18 et — 25° et présente alors l'aspect de l'iode; il émet des vapeurs à toutes les températures et entre en ébullition à + 47. Sa densité à + 15° est de 2,98, la densité de sa vapeur est 5,54. Le brome a une odeur qui rappelle celle du chlore; il est irrespirable comme ce dernier. Il se dissout dans 33 parties d'eau à + 15°; cette solution est rouge jau-

---

[1] Wittstein, *Zeitsch. f. anal. Chim.*, II, p. 157.

[2] Intoxic. par les bromures, *Gaz. hebd. de méd.*, 1868. — Boston, *Med. a. surg. Journ.*, 1868. — *Compt. rendus*, t. LXX, 882.

[3] Rabuteau, *Gaz. hebd. de médecine*, 1868.

nâtre et laisse déposer à + 4° de l'hydrate de brome cristallisé ; l'alcool en dissout plus que l'eau ; il est très-soluble dans l'éther, le chloroforme et le sulfure de carbone ; ses solutions sont colorées en orangé foncé. L'éther se colore encore quand on l'agite avec 10 cent. cubes d'une solution qui n'en renferme que 1/10000 ; de nos jours on remplace volontiers dans cet essai l'éther par le chloroforme ou le sulfure de carbone qui donnent des colorations plus intenses. Le brome colore l'amidon en jaune ; le brome qui ne contient que des traces d'iode le colore en jaune brunâtre.

La potasse transforme le brome en bromure et bromate incolores ; ce dernier se transforme par la calcination en bromure.

Le *bromure de potassium* cristallise en cubes ; sa densité est de 2,415 ; il est très-soluble dans l'eau et dans l'alcool ; sa solution aqueuse a une saveur salée. Il fond au rouge et se volatilise à une température plus élevée.

Les *bromures de zinc et de cadmium* sont incolores, solubles dans l'eau et hygroscopiques ; leurs solutions aqueuses se décomposent facilement par l'ébullition en acide bromhydrique qui se volatilise et en bromure basique qui reste.

Le *chlorure de brome* est un liquide jaune rougeâtre qui émet des vapeurs rouges à la température ordinaire ; il se dissout plus facilement dans l'eau que le brome ; sa solution abandonne un hydrate qui cristallise vers la température de 0°. La potasse le transforme en bromate et en chlorure de potassium. Ce composé est usité en photographie.

IODE.

§ 542. *Généralités.* — Ce métalloïde a été employé plus souvent dans des tentatives de suicide que d'empoisonnement ; des accidents nombreux ont été signalés, dus à des méprises ou à l'exagération de la dose employée (inhalation de vapeurs d'iodes, applications externes de teinture iodée, etc.)

Nous aurons à nous occuper d'abord de l'*iode* et des préparations pharmaceutiques dont il forme la base (*teinture alcoolique, solution de Lugol* (iode dissous dans de l'iodure) solution glycérinée.

Les autres composés iodés qui sont employés en médecine et dans les arts peuvent être divisés en se plaçant à notre point de vue en trois classes.

1) Il y a des composés dans lesquels l'iode est retenu avec si peu d'énergie, qu'ils se comportent à peu de chose près comme l'iode pur ; de ce nombre sont le *bromure*, le *chlorure*, le *sulfure d'iode*, et l'*iodure d'amidon* [1].

2) Dans d'autres composés l'acide est associé à un élément toxique ; l'effet alors est mixte, mais celui du métal prédomine d'ordinaire ; tel est le cas pour les *iodures de zinc*, *de cadmium*, *de protoxyde et de bioxyde de mercure*.

3) Il en est enfin qui ne sont toxiques que lorsqu'ils ont été ingérés à dose considérable ; les *iodures de potassium*, *de sodium et d'ammonium* appartiennent à cette dernière catégorie.

§ 543. *Action physiologique*. — Les diverses parties du corps touchées par l'iode ou par ses solutions sont colorées en brun rougeâtre ; les mains et les lèvres présentent souvent la même couleur qui est due à des projections du liquide ; cette coloration peut disparaître après quelque temps, mais elle persiste au moins pendant quelques heures. Les matières vomies sont souvent colorées en brun jaunâtre ; on y remarque parfois des points bleus lorsqu'elles renferment des corps amylacés (pain, etc.).

L'empoisonnement aigu par l'iode qui se termine par la mort est accompagné de symptômes gastroentériques très-prononcés ; on retrouve à l'autopsie les muqueuses du tube digestif colorées en partie, en partie dénudées et remplacées par des indurations dont le bord est coloré en rouge brun. Comme pour le chlore il est très-plausible d'admettre que l'iode n'est absorbé par le sang qu'après sa transformation en iodure et probablement en partie en iodate. Si l'empoisonnement ne se terminait pas par la mort, on pourrait espérer retrouver ces deux sels dans les sécrétions ; Rees dit avoir retiré dans ces cas de l'iodate de l'urine [1]. L'urine et la sueur renferment des iodures, déjà peu de temps après l'administration du médicament ; l'élimination complète est du reste toujours lente, ce qui peut s'expliquer de la manière suivante :

---

[1] Rabuteau dit au contraire que les iodates sont éliminés par les urines à l'état d'iodures.

l'iode est éliminé par toutes les humeurs de l'économie, or il en
est comme la salive, la bile, le lait, les eaux de l'amnios qui ne
sont pas excrétées en totalité, avant qu'une résorption partielle
de l'iodure ait eu le temps de se produire ; ce cas se présente surtout pour toutes les humeurs déversées dans le tube digestif ;
aussi n'est-il pas étonnant de ne trouver dans les fèces que des
traces de composés iodés. La recherche de ce métalloïde dans les
organes glandulaires comme le foie, le pancréas, les reins, etc.
est donc parfaitement justifiée.

On ne peut rien dire de général concernant l'action des iodures
métalliques ; il en est dans lesquels l'effet du métal domine ; on
admet cependant qu'une partie de ces sels est décomposée et que
l'iode est absorbé à l'état d'iodure de sodium ; aussi voit-on apparaître ce corps très-rapidement dans les urines et les organes
glandulaires.

Les corps appartenant au troisième groupe ne produisent la
mort que si on les administre en solution très-concentrée ; on
sera en droit de s'attendre dans ce cas à trouver les parois stomacales et intestinales fortement hyperémiées. Je ne m'occuperai pas de l'empoisonnement chronique ; je dirai seulement que
l'urine et la sueur continuent à renfermer des composés iodés
souvent très-longtemps après la dernière ingestion du composé
iodé.

§ 544. *L'économie renferme-t-elle normalement de l'iode.* —
La recherche de l'iode se fait avec la même facilité que celle du
brome, quoiqu'on ait prétendu récemment que ce métalloïde se
trouvait à l'*état normal* dans toutes les parties du corps humain.
Il ne s'y rencontre pas toujours[1] et s'il y existe ce n'est en tout
cas qu'en proportion tellement faible que nous n'avons pas besoin
d'en tenir compte. L'iode comme le brome peut être retrouvé
après la mort.

§ 545 *Recherche de l'iode.* — On recherche l'iode dans les aliments, les matières vomies, le contenu du tube digestif, en les
soumettant à une distillation ; le procédé ressemble par un essai

----

[1] Nadler, *Journ. f. prakt. Ch.*, t. XCIV, p. 185) a démontré que les aliments, l'eau
et l'air des environs de Zurich ne renferment pas de traces d'iode ; ce fait est important, puisque cette absence complète se rencontre encore certainement dans
d'autres localités.

complétement à celui qui nous a servi pour le brome; l'iode se reconnait facilement à sa belle vapeur violette. Il est impossible d'apprécier cette couleur quand elle est mélangée avec beaucoup d'air, mais dans ce cas un papier amidonné humide sera toujours bleu.

On avait songé à isoler ce métalloïde en profitant de sa so'ubilité dans le sulfure de carbone, ce procédé n'est recommandable que lorsque les matières sont desséchées. Lorsque la simple distillation échoue, il faudra comme pour le brome, la recommencer avec un mélange de bichromate de potassium et d'acide sulfurique; je recommande vivement de n'entreprendre cette distillation qu'avec le résidu de la destruction des matières organiques par la potasse en fusion; la température doit être un peu ménagée (V. *Rech. de la potasse* § 209 pour les précautions à prendre).

Un autre procédé consiste à faire déflagrer les matières avec de l'azotate de sodium; le résidu pulvérisé est mélangé avec du charbon et calciné; de cette manière tout l'iodate se transforme en iodure. On dissout ce dernier sel dans l'alcool bouillant; on évapore la solution alcoolique et on la neutralise avec précaution par de l'acide sulfurique étendu. La température ne doit pas s'élever sans quoi il se volatiliserait de l'iode (entraîné par l'acide carbonique); on s'assure de ce dernier fait en collant une bande de papier amidonné à l'orifice du flacon où se fait la réaction.

On peut consacrer une partie du liquide que l'on a obtenu à un essai préliminaire; on ajoute à la solution quelques gouttes de chlorure ferrique, d'acide azotique rutilant ou d'eau chlorée très-affaiblie et l'on agite avec du chloroforme ou du sulfure de carbone. L'iode se dissout dans ces réactifs et les colore en rouge violet; cette coloration devient très-visible quand la couche de l'agent dissolvant s'est déposée. Un excès des réactifs qui mettent en liberté l'iode, doit être évité soigneusement, car ils font redisparaitre la coloration.

Un liquide renferme souvent à la fois du bromure et de l'iodure; on peut déceler leur présence à l'aide du même réactif. On ajoute au liquide du sulfure de carbone et goutte à goutte une solution de chlore très-étendue, mieux encore du chlorure ferrique.

On obtient d'abord la coloration violette de l'iode ; celle-ci disparaît par l'addition d'un excès de précipitant et est remplacée par la coloration jaune due au brome ; cet essai doit être fait avec précaution, car un excès de précipitant ferait disparaître à la fois la coloration violette et la coloration jaune.

§ 546. *Caractères de l'iode*. — La recherche de l'iode se fait en soumettant à la distillation avec du bichromate (ou bioxyde de manganèse) et de l'acide sulfurique concentré, le liquide neutralisé obtenu avec le résidu de la déflagration avec l'azotate de sodium ; l'iode est mis en liberté et se volatilise ; on le reconnaît à ses vapeurs ; de petites paillettes peuvent même se condenser sur les parois du col de la cornue et de l'allonge ; on peut en retrouver également au fond du liquide distillé. Ce liquide colore en violet le sulfure de carbone, en bleu l'empois d'amidon ; ces réactions feraient défaut si le corps soumis à la distillation renfermait assez de chlore pour que tout l'iode fût transformé en chlorure d'iode.

Il faudrait pour reconnaître l'iode dans ce dernier cas ajouter au produit distillé de la potasse, jusqu'à ce qu'il devienne incolore, évaporer à siccité, calciner le résidu (pour décomposer l'iodate), en redissoudre une partie et ajouter avec précaution du chlorure ferrique, de l'eau chlorée ou de l'acide azotique Un excès de ces réactifs doit être évité ; l'iode mis en liberté se dissout alors avec sa coloration caractéristique dans le chloroforme ou dans le sulfure de carbone.

Le restant du produit calciné est neutralisé après dissolution, par de l'acide azotique étendu ; on le soumet à l'action des réactifs suivants : l'*azotate d'argent* précipite en jaune, l'*acétate de plomb* et l'*azotate de thallium* en jaune brillant, le *sublimé corrosif* en rouge, l'*azotate mercureux* en vert ; tous ces précipités peuvent se redissoudre partiellement dans un excès de réactifs. Les *sels cuivreux* (mélange de sulfate cuivrique et d'acide sulfureux) donnent un précipité lilas. La recherche des iodures dans l'urine doit comme celle du brome ne se faire que dans le résidu de l'évaporation et de la calcination avec la potasse.

§ 547. *Recherche de l'iode en présence du brome et du chlore.* — Le procédé précédent doit être modifié lorsque le résidu de

la calcination renferme beaucoup de chlorures et peu d'iodures.
La solution acidulée par l'acide azotique est précipitée par une
quantité insuffisante d'azotate d'argent ; l'iodure tout entier est
précipité avec un peu de chlorure seulement si l'on n'a pas versé
trop de solution argentique. Le précipité d'iodure d'argent est
presque insoluble dans l'ammoniaque, l'acide azotique concentré
le décompose en mettant en liberté de l'iode. Il est préférable de
calciner le sel avec du carbonate de sodium. L'iodure de sodium
qui s'est formé est dissous dans de l'eau, neutralisé par de l'acide
sulfurique et soumis à l'action du chlore et du sulfure de carbone.

On a encore proposé dans ces cas de séparer l'iodure du chlorure en le précipitant à l'état d'iodure par le chlorure (ou azotate) de palladium; les solutions doivent être étendues. Le précipité noir d'iodure de palladium se transforme en palladium par
la calcination ; ce réactif ne précipite pas les solutions étendues
de chlorures et de bromures.

§ 548. *Pièce de conviction.* — On peut garder comme pièce
de conviction une partie de l'iodure d'argent ou une parcelle
d'iode isolé par la distillation (on la conserve dans un tube
scellé). [La solution d'iode dans le sulfure de carbone ou le chloroforme serait peut être plus caractéristique].

§ 549. *Dosage.* — Lorsqu'on a opéré sur un poids déterminé
de matières on peut peser l'iodure de palladium, filtré après
24 heures, lavé d'abord avec de l'eau, puis avec de l'alcool et de
l'éther ; le précipité ne doit être desséché qu'à 70 ou 80°, car une
température supérieure décomposerait le sel ; 100 parties d'iodure correspondent à 70,43 de métalloïde ; il est plus expéditif
de calciner l'iodure et de peser le résidu de palladium métallique qui correspond pour cent à 238,10 d'iode.

Mélange de bromure, chlorure et iodure. On ne peut entreprendre le dosage du mélange du bromure et du chlorure par l'azotate
d'argent, que lorsque l'iodure a été éliminé ; le chlore en effet
déplace également l'iode de l'iodure d'argent. On opère de la
manière suivante : on précipite les trois corps par l'azotate d'argent dans une moitié du liquide et l'on sait ainsi quel est le
poids total du mélange de bromure, chlorure et iodure d'argent.
La seconde moitié est précipitée par de l'azotate de palladium

qui sépare l'iodure ; on élimine l'excès de palladium par l'hydrogène sulfuré ; une solution de sulfate ferrique décompose l'excès de ce gaz et l'on dose dans cette solution filtrée le bromure et le chlorure par l'une des deux méthodes que nous avons indiquées.

On sait que 100 de chlorure d'argent renferment 24,72 de chlore ; 54,04 d'iode sont contenus dans 100 d'iodure d'argent ; ces données suffisent pour faire les calculs.

§ 550 *Recherche des iodures.* — Le procédé du § 545 peut encore s'appliquer à la recherche des iodures solubles ou insolubles ; le procédé du § 546 s'applique principalement à la recherche des iodures solubles isolés par la digestion des matières avec l'eau distillée. Les acides hyperiodeux, iodique, periodique et leurs sels n'ont actuellement aucune importance au point de vue toxicologique.

§ 551. *Caractères des taches iodées.* — Les taches brunes que l'iode communique à la peau ou aux vêtements disparaissent d'ordinaire assez vite ; la potasse ou l'ammoniaque les décolorent instantanément et développent quelquefois au premier moment une odeur iodée très-sensible. Cette solution potassique acidulée par de l'acide sulfurique donnera presque toujours la réaction caractéristique avec le chlore et le sulfure de carbone.

§ 552. *a. Préparations iodées.*—L'*iode* se présente à la température ordinaire sous forme de paillettes cristallines d'une couleur graphitoïde (les cristaux octaédriques ne se rencontrent que dans les laboratoires). Sa densité est de 4,948 à + 17° ; il se volatilise lentement à la température ordinaire, fond à 170° et entre en ébullition à 180°. La couleur de sa vapeur est violette ; elle est très-dense (8,716). Son odeur rappelle vaguement celle du chlore et du brome, mais en est différente ; sa vapeur est suffocante. L'iode pur exige pour sa solution 7000 parties d'eau pure (l'iode du commerce qui renferme un peu de chlorure d'iode est plus soluble) ; il se dissout en proportion plus notable dans l'eau salée, l'acide iohydrique, les iodures alcalins ; sa solution dans ces véhicules est brune. L'alcool et l'éther en dissolvent bien plus que l'eau ; la solution alcoolique brune se décompose sous l'influence de la lumière ; il se produit de l'acide iodhydrique et de l'iodure d'éthyle ; le mercure enlève l'iode à la solution alcoolique et la décolore. La solution d'iode dans la benzine est rouge cerise (peu stable) ; celle dans le sulfure de carbone et le chloroforme est violette ; nous avons vu que ces deux dissolvants enlevaient le métalloïde aux solutions aqueuses. Ces dernières solutions colorent en bleu foncé l'empois d'amidon ; la couleur disparaît d'une manière permanente lorsqu'on porte le liquide à l'ébullition. Cette réaction est sensible au 1/500000 ; celles du chloroforme et du sulfure de carbone ne dépassent guère cette sensibilité. L'essence de térébenthine fait explosion au contact de l'iode solide. La potasse et la soude en solutions concentrées transforment l'iodure en un mélange incolore d'iodure et d'iodate ; ce dernier sel calciné avec du charbon se transforme en iodure.

L'*iodure d'amidon* s'obtient en triturant un mélange d'iode, d'amidon et d'un peu d'alcool ; c'est une poudre bleue foncée, qui examinée au microscope peu de temps après sa préparation, laisse encore reconnaître la variété d'amidon qui a servi à sa préparation ; peu à peu ce caractère disparaît par suite de la transformation de l'amidon en dextrine. Ce composé chauffé laisse volatiliser de l'iode.

Le *chlorure d'iode* à l'état de pureté se présente soit sous forme de cristaux graphitoïdes, soit sous celui d'un liquide brun. On a employé pendant quelque temps en photographie sa solution aqueuse colorée en rouge brun ; la potasse la transforme en un mélange d'iodate et de chlorure de potassium.

Le *bromure d'iode* se dissout dans le chloroforme et dans le sulfure de carbone avec une couleur brun orangé ; on s'en est servi comme du chlorure d'iode dont il partage du reste les propriétés.

L'*iodure de soufre* est un corps d'aspect graphytoïde à structure radiée ; il est difficilement soluble dans l'eau ; il a été employé en médecine ; il dégage des vapeurs d'iode à une température ordinaire et présente si peu de stabilité qu'on peut l'envisager comme un simple mélange d'iode et de soufre.

L'*iodure de potassium* cristallise en cubes incolores anhydres ; le sel du commerce a souvent un aspect porcelané ; le sel pur ne s'altère pas au contact de l'air. Sa densité varie entre 2,9 et 3 ; il est très-soluble dans l'eau froide (1 de sel se dissout dans 0,735 d'eau à + 12°,5) et produit en ce dissolvant beaucoup de froid.

L'alcool le dissout facilement (5,5 d'alcool de 0,85 de densité et 40 d'alcool absolu dissolvent 1 d'iodure). La solution aqueuse a une saveur salée caractéristique ; elle se décompose lentement au contact de l'air en abandonnant de l'iode ; le sel pur n'agit pas sur les papiers de tournesol. Il fond au rouge et se volatilise à une température plus élevée. L'eau chlorée, l'acide azoteux, le mélange d'acide sulfurique et de chromate (ou bioxyde de manganèse) en dégagent de l'iode ; la décomposition commence à froid mais n'est complète qu'à chaud. L'acide sulfurique en isole de l'acide iodhydrique dont une partie se décompose immédiatement en iode.

L'*iodure de sodium* très-déliquescent, très-soluble dans l'alcool se décompose bien plus facilement que le sel potassique.

L'*iodure d'ammonium* est un sel blanc qui ressemble beaucoup au chlorure d'ammonium ; il se décompose au bout d'un certain temps et se colore en brun par de l'iode qui est mis en liberté.

L'*iodure de magnésium* est un sel déliquescent et peu stable ; chauffé il se volatilise partiellement et se décompose ; le sel aqueux surtout est peu stable. C'est à l'état d'iodure de sodium et de magnésium que l'iode est contenu dans les cendres de vareck et dans les eaux minérales.

Les *iodures de zinc et de cadmium* sont de même très-déliquescents et très-altérables.

L'*iodure ferreux* est employé en médecine sous un grand nombre de formes (sirop, pilules, dragées) ; c'est un sel blanc (solution verte) qui s'oxyde facilement.

L'*iodure de plomb* est quelquefois employé comme médicament externe ; il se dissout dans 1235 parties d'eau froide et dans 194 parties d'eau bouillante ; on l'emploie sous forme de poudre amorphe jaune citrine ; la solution aqueuse bouillante le laisse déposer par le refroidissement sous forme de paillettes dorées cristallines ; il fond en un liquide rouge brunâtre. Le sel chauffé dans un tube avec du sulfate acide de potassium dégage des vapeurs violettes.

L'*iodure mercureux* est un corps vert jaunâtre presque insoluble dans l'eau et dans l'alcool ; il se dédouble au contact de l'air en iodure mercurique et en mercure ; cette transformation se fait plus rapidement lorsqu'on le chauffe avec de l'eau ou avec de l'alcool. Calciné dans un tube avec de la soude, il se décompose en iodure et en mercure qui se condense sous forme de gouttelettes sur les parties froides du tube.

L'*iodure mercurique* se présente sous deux modifications ; l'une amorphe et rouge l'autre cristallisée et jaune (prismes) : cette dernière se produit quand on soumet le sel rouge à l'action de la chaleur ; il suffit alors de frotter le corps jaune avec un corps un peu rude pour qu'il se transforme de suite en sel rouge (cristallisé en octaèdres à base carrée) ; cette réaction est caractéristique. Le sel est peu soluble dans l'eau, soluble dans l'alcool (solution incolore) et les iodures alcalins ; les acides chlorhydrique et sulfurique ne l'attaquent que difficilement ; l'eau régale le décompose. Calciné avec de la soude, il se transforme en iodure et en mercure qui se volatilise ; on peut en dégager les vapeurs d'iode en le calcinant avec du sulfate acide de potassium.

Les deux iodures sont employés en médecine, ainsi que l'*iodure d'éthyle* ; ce corps se décompose en iodure et alcool quand on le chauffe dans un tube scellé avec de la potasse.

[§ 552. *b. Iodoforme.* — Nous croyons devoir rattacher à l'histoire de l'iode, celle de l'iodoforme. Bouchardat a le premier préconisé son emploi à la dose de 10 à 60 centigr. comme anesthésique local ; ce médicament est surtout usité en Allemagne. Ce corps qui est de l'iodure de méthyle biiodé, renferme près de 98 pour 100 d'iode, dont les propriétés sont complétement masquées au point de vue physiologique et chimique ; le chlore ne le décompose qu'avec difficulté.]

[L'iodoforme est insoluble dans l'eau ; on réussira par suite à l'isoler du contenu stomacal dans les opérations préliminaires ; il est volatil surtout en présence de la vapeur d'eau ; on pourrait donc encore le retrouver dans les produits de la distillation que l'on obtient en recherchant les corps volatils. Les caractères suivants pourront être mis à profit pour le caractériser.]

[L'iodoforme se présente sous forme de paillettes nacrées, d'un jaune de soufre et d'une odeur safranée ; insoluble dans l'eau, les solutions acides et alcalines, il se dissout dans les alcools, l'éther, le sulfure de carbone, les huiles essentielles et grasses. Il fond quand on le chauffe vers 120°; une partie se volatilise sans altération; l'autre dégage des vapeurs d'acide iodhydrique et d'iode.]

[L'expert devra savoir qu'une teinture alcoolique d'iode traitée par un carbonate alcalin se transforme partiellement en iodoforme.]

CHAPITRE VIII

PHOSPHORE

§ 553. *Généralités*. — Il nous reste à parler de la recherche toxicologique d'un corps qui, s'il n'est employé que depuis une dizaine d'années dans un but criminel, a cependant acquis rapidement le premier rang, parmi les corps toxiques auxquels ont recours les personnes peu instruites. L'usage des allumettes phosphoriques s'est répandu partout, le nombre de fabriques s'est multiplié d'une manière prodigieuse et l'emploi de la pâte phosphorée pour détruire les rats et les souris s'est généralisé. Le public sait d'autre part qu'une quantité très-faible de pâte d'allumettes suffit pour donner la mort ; il sait qu'il a cette matière à sa disposition et quelques-uns mêmes n'ignorent pas que la recherche toxicologique de ce composé devient souvent impossible.

§ 554. *Action physiologique*. — Le diagnostic de cet empoisonnement par le médecin, sa constatation chimique par le toxicologiste dépendent beaucoup du moment auquel les investigations sont commencées. Le médecin appelé peu de temps après l'ingestion du toxique, n'aura pas beaucoup de peine à reconnaître l'odeur phosphorée et les lueurs que répandent les produits de la respiration, les matières vomies, les excréments, et quelquefois même l'urine (qui alors est albumineuse et ictérique) ; ces mêmes symptômes pourront se retrouver à l'autopsie dans le contenu de l'estomac et des intestins, lorsque la mort est survenue rapidement ; les parois stomacales et intestinales seront également plus ou moins modifiées, et présenteront des symptômes d'une violente gastro-entérite (gonflement des muqueuses colorées en gris ardoisé ou opaque d'après Virchow, excoriations, ulcérations parfois même des perforations.) Ces altérations se retrouvent en divers endroits des parois stomacales, mais siégent plus fréquemment dans le duodénum que dans les dernières parties de l'intestin. A ces modifications s'ajoutent quelques autres symptômes moins caractéristiques; ce sont les dégénérescences graisseuses du foie, du cœur, de la langue, des muscles, etc., l'ictère qui se manifeste plus ou moins fortement. Mais toutes ces modifications peuvent se présenter dans d'autres empoisonnements (arsenic, antimoine) dans l'intoxication alcoolique elle-même; elles n'ont par suite qu'une signification très-restreinte tant qu'elles restent isolées.

§ 555. *Absorption*. — Munk et Leyden[1] attribuent les lésions intestinales à l'action des acides phosphoreux et phosphatique, qui ont pris naissance par l'oxydation du phosphore dans le tube digestif; cette explication toutefois, ne nous renseigne nullement ni sur la manière dont le phosphore est absorbé, ni sur la nature du composé toxique qui se forme. Le phosphore peut en effet séjourner pendant longtemps dans le tube digestif sans s'oxyder; et peut même quand la mort ne survient pas trop rapidement être éliminé en nature par les fèces; il est démontré d'autre part que le phosphore malgré son insolubilité peut être absorbé par le sang et que la bile favorise cette résorption. Le phosphore arrivé dans le sang ne peut plus s'oxyder que difficilement et est éliminé à l'état de métalloïde par le poumon, par la sueur et par l'urine; c'est ainsi qu'on peut expliquer la phosphorescence que l'on observe souvent dans les cas d'empoisonnement aigu. Schuchardt et Dybkowsky ont soutenu que le phosphore ne devenait toxique que lorsqu'il était transformé en phosphures d'hydrogène; Buchheim et d'autres combattent vivement cette manière de voir. Les autres hypothèses qui admettent que la toxicité du phosphore est due à l'absorption de ses

---

[1] *Die asute Phosphorvergiftung*, Berlin, 1865.

produits d'oxydation (acides hypophosphoreux, phosphoreux et phosphoriques) n'expliquent de même les phénomènes observés que d'une manière tout à fait incomplète. On voit donc en résumé que nous ne savons pas pourquoi ce métalloïde est un poison si redoutable même à doses faibles.

§ 556. *Organes à soumettre à l'analyse.* — On n'attendra pas la mort pour rechercher le phosphore dans les matières vomies, les excréments et l'urine ; après la mort on soumettra à l'analyse le contenu de l'estomac et du tube digestif, le sang et le foie. J'ai vu un cas où je n'ai trouvé ce toxique ni dans l'estomac, ni dans le duodénum, mais seulement dans le cæcum. Les parois du tube digestif devront être soumises à un examen minutieux ; souvent il sera possible d'y déceler des restants de pâte phosphorique ou de têtes d'allumettes.

§ 557. *Empoisonnement chronique.* — Cette forme d'intoxication qui se rencontre dans les fabriques de phosphore et d'allumettes, n'a pas besoin de réactions chimiques pour être diagnostiquée avec sûreté par le médecin.

§ 558. *La recherche toxicologique doit se faire promptement.* — La recherche du phosphore doit être entreprise aussi promptement que possible après l'autopsie, car une fois oxydé, ce corps échappe à nos investigations. On peut s'attendre à retrouver du phosphore après quelques semaines dans un cadavre qui n'a pas été soumis à l'autopsie ; j'ai réussi dans un cas à le retirer des intestins d'un cadavre exhumé après plusieurs semaines [1] ; les corps gras qui entouraient le phosphore ont facilité peut-être sa conservation dans le cas particulier. Sa non-oxydation dépend du reste d'un grand nombre de circonstances particulières qu'il est impossible de prévoir ; c'est ainsi qu'on peut le retrouver dans les matières vomies souvent après quelques mois, d'autrefois, au contraire, il est oxydé en totalité au bout de quelques jours. La durée de la conservation de la pâte phosphorée est également très-variable ; elle se conserve longtemps lorsqu'elle se dessèche rapidement à sa surface, car il s'est formé alors une couche protectrice qui empêche l'oxyda-

____

[1] *Pharm. Zeitsch. f. Russl.,* II, 87.

tion des parties sous-jacentes ; il suffit de les mouiller pour voir reparaître les lueurs.

La recherche du phosphore devient presque impossible, quand tout le métalloïde s'est oxydé ; on a proposé dans ces cas de doser la quantité d'acide phosphorique, mais la valeur qu'il conviendrait d'attribuer aux chiffres obtenus serait souvent bien douteuse vu que l'acide phosphorique se retrouve en quantité parfois très-notable dans nos humeurs, dans nos tissus et dans nos aliments.

§ 559. *Recherche dans les produits putréfiés.* — On a souvent avancé que la putréfaction des matières organiques renfermant du phosphore dans leurs éléments (tissu osseux, albumine, etc.) pouvait engendrer du phosphore ou au moins des hydrures phosphorés lumineux. L'exactitude du procédé d'analyse que nous suivrons, repose sur la solution que nous donnerons à cette question. Je dirai que pour ma part je n'ai jamais rien vu se produire de semblable en soumettant à la putréfaction et dans les conditions les plus diverses un grand nombre de matières organiques d'origine animale et végétale.

§ 560. *Recherche toxicologique.* — La recherche du phosphore peut se faire de deux manières : on cherche à isoler le phosphore en nature ou au moins à constater ses lueurs ; on peut encore à côté de la constatation de la présence du métalloïde rechercher ses produits d'oxydation autres que l'acide phosphorique.

Le *procédé de Mitscherlisch* est basé sur la production de lueurs phosphorescentes, l'isolement du métalloïde par la distillation. Les liquides suspects sont délayés au besoin dans de l'eau et la masse homogène est introduite dans une fiole assez volumineuse ; on y ajoute de l'acide sulfurique [1]. La fiole A est fermée par un bouchon traversé par un tube (*bc*) deux fois recourbé de 2 à 3 centimètres de diamètre et de 5 à 6 décimètres de long, qui communique avec un réfrigérant en verre de Liebig B.

On distille en se plaçant dans une chambre obscure [2] et l'on

---

[1] [Qui a surtout pour but de saccharifier les matières amylacées].

[2] [Il faut avoir soin que la lumière de la source de chaleur ne puisse pas pénétrer dans le fond de la fiole, ce qui peut causer des illusions.]

voit apparaître les vapeurs dans la fiole dès que le liquide entre
en ébullition ; ces lueurs remontent peu à peu dans le tube et
s'établissent d'une manière presque permanente à l'endroit où
se condensent les premières gouttelettes de vapeur d'eau. Fresenius et Neubauer[1] ont vu ces vapeurs phosphorescentes per-

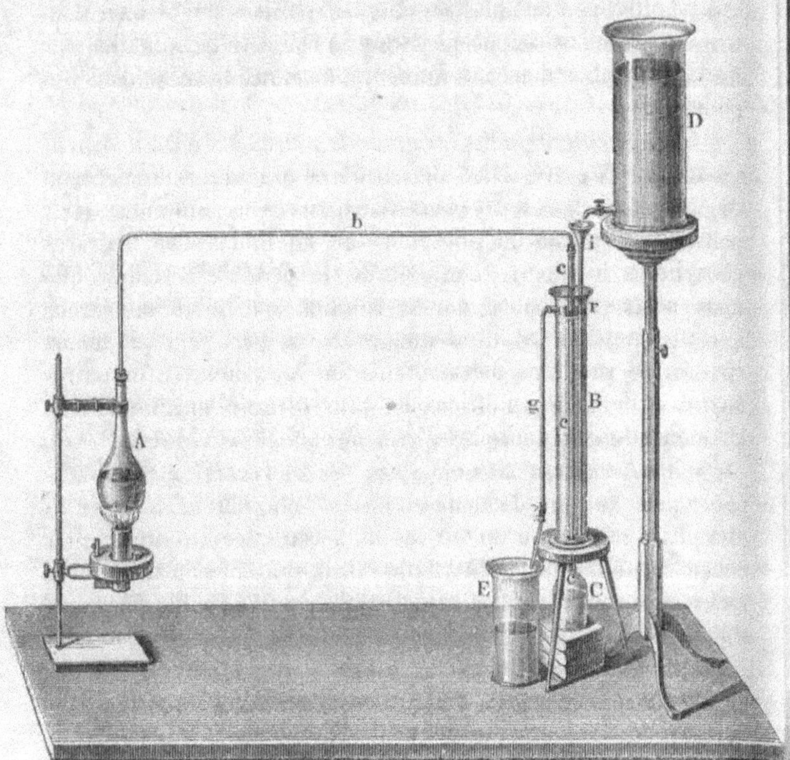

Fig. 17.

sister pendant une 1/2 heure avec une solution qui renfermait
1 milligramme de phosphore dilué au 200000. Husemann et
Marmé ont introduit 1 cent. cube d'huile phosphorée dans l'estomac d'un lapin ; ils purent obtenir des lueurs manifestes
avec le contenu stomacal de l'animal tué cinq heures après.

[1] Zeitsch. f. anal. Chim., t. 1, p. 533.

Le liquide distillé pourra renfermer des grains de phosphore lorsque les matières soumises à la distillation en contiennent tant soit peu.

Ce procédé si délicat présente cependant des imperfections dans certains cas. Lipowitz[1] a constaté que certains produits de putréfaction empêchaient l'apparition des lueurs ; Scheerer a reconnu que la créosote et l'hydrogène sulfuré agissaient de même. Mitscherlisch avait déjà constaté le même fait pour l'alcool, l'éther et l'essence de térébenthine[2]. On reconnaîtra toujours le phosphore quand il est en quantité assez notable pour se séparer sous forme de grains, mais la présence de ces corps étrangers peut suffire pour en marquer des traces (il faut alors examiner le liquide distillé. V. plus loin).

Scheerer[3] a fait au procédé de Mitscherlisch un reproche qui semble assez motivé ; il craint que de petites quantités de phosphore ne s'oxydent complètement aux depens de l'air contenu dans la fiole ; les lueurs n'apparaîtront que faiblement, pourront passer inaperçues et le produit distillé ne renfermera pas de phosphore. Il recommande par suite de n'entreprendre la distillation que dans un courant d'acide carbonique ; on produira ce dernier en introduisant dans le liquide quelques fragments de marbre et l'on ne chauffe que lorsqu'on suppose que l'acide carbonique a balayé tout l'air contenu dans l'appareil. Ce procédé semble très-rationnel, mais on se prive ainsi du caractère si précieux de la phosphorescence. Fresenius a démontré en effet que le liquide qui renfermait 1 milligramme dilué au 1/200000 donnait des lueurs plus abondantes quand on le distillait par le procédé de Mitscherlisch, que lorsqu'on agitait au contact de l'air le liquide distillé d'après le procédé de Scheerer. Je conseillerai de réserver l'emploi de ce dernier procédé aux cas où l'on craint de ne trouver que de petites quantités de phosphore ou bien à ceux où l'on veut doser ce métalloïde.

Il se peut que le phosphore ait été transformé en totalité ou en partie en acides hypophosphoreux et phosphoreux ; dans ces

[1] *Annal. f. Phys. u. Chim.*, t. CVIII, p. 625.
[2] [Employée aujourd'hui comme contre-poison.]
[3] *Annal. d. Chim. und Phys.*, t. CXII, p. 216.

cas on ne verra que peu ou point de lueurs en suivant les procédés précédents.

Scheerer a imaginé un procédé (*loc. cit.*) qui permet de retrouver ces degrés inférieurs d'oxydation ; j'en ai dit un mot en parlant des épreuves préliminaires. Les vapeurs de ces acides réduisent les sels argentiques et noircissent par conséquent un morceau de papier à filtre imprégné de ce sel ; cette réaction est tellement sensible que l'on peut être sûr de l'*absence* du phosphore quand elle échoue. L'inverse malheureusement n'est pas vrai, car il existe un grand nombre de corps qui produisent des réactions identiques ; je citerai en première ligne l'acide formique et l'hydrogène sulfuré ; c'est à cause de ce dernier motif que Scheerer recommande l'emploi simultané d'un papier trempé dans de l'acétate de plomb qui noircit par l'acide sulfhydrique et non par les acides phosphoreux. Fresenius et Neubauer ont fait voir cependant que l'ozone brunissait le papier plombique au bout d'un temps un peu long il est vrai ; on pourrait pour éviter toute confusion remplacer le papier plombique par d'autres papiers réactifs trempés soit dans le nitroprussiate alcalin soit dans l'acide arsénieux, soit dans le chlorure d'antimoine. La coloration simultanée de ces papiers indiquera bien qu'il y a de l'hydrogène sulfuré, mais ne nous renseignera pas sur la présence ou l'absence concomitante des composés du phosphore.

Scheerer a proposé de rechercher ce métalloïde dans le papier argentique ; on le lave à l'eau bouillante, on sépare l'argent par l'acide chlorhydrique et l'on recherche dans le liquide filtré l'acide phosphorique à l'aide du molybdate d'ammonium. Il vaut mieux dissoudre le papier dans l'eau régale ; Fresenius a fait remarquer avec raison qu'on était sûr de cette manière de retrouver également le phosphore qui aurait pu se précipiter à l'état de phosphure d'argent. La seule difficulté de ce procédé sera peut-être de se procurer du *papier à filtre entièrement exempt de phosphates.*

Dussard[1] et Blondlot[2] ont imaginé un procédé plus exact que celui de Scheerer.

[1] *Compt. rend.,*, t. XLIII, p. 1126.
[2] *Journ. de Phys. et de Chim.*, 3ᵉ série, XL, p. 25.

Ils traitent la bouillie homogène soumise à l'examen, par du zinc pur [1] et de l'acide sulfurique ; le gaz qui se dégage contient des phosphures d'hydrogène et brûle avec une *flamme verte caractéristique* [2]. Le gaz avant d'être enflammé est purifié de toute trace d'hydrogène sulfuré par son passage à travers des tubes remplis de ponce potassique ; il ne doit brûler qu'à l'orifice d'un bec en platine (bec de chalumeau), car la coloration jaune due à la soude du verre masquerait la réaction. On peut se servir

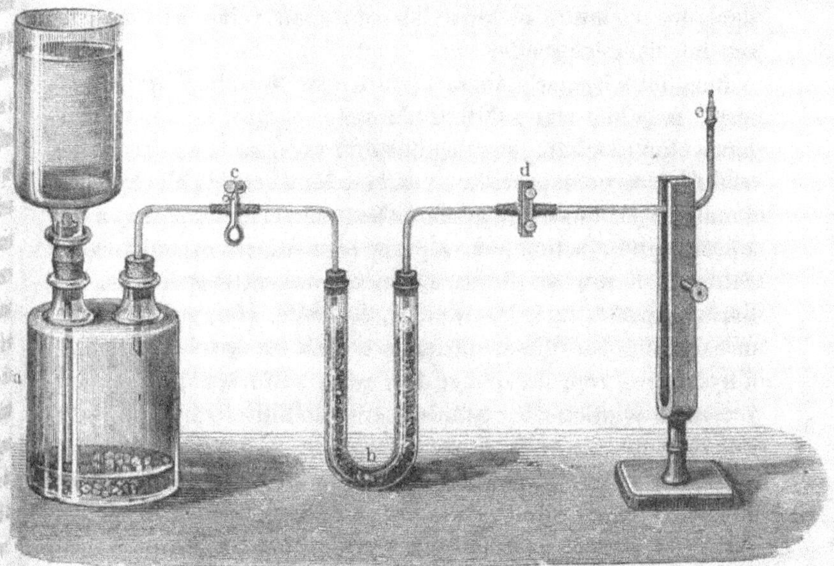

Fig. 18.

d'un appareil de Marsh ou d'un appareil spécial, celui, par exemple, de Fresenius et Neubauer. Cet appareil figuré ci-contre peut se construire facilement et est d'un maniement très-facile. On n'ouvre les pinces de pression *c* et *d* que lorsque le liquide qui avait primitivement rempli le flacon *a* aura été refoulé dans le réservoir supérieur *f*. Tous les appareils qui permettent l'ac-

---

[1] Surtout exempt de phosphure de zinc ; on s'en assure par un essai préliminaire.

[2] On peut l'examiner au spectroscope.

cumulation d'une grande quantité de gaz que l'on fait brûler à
la fois peuvent servir; le dégagement doit se faire très-lentement (pour éviter la production de l'hydrogène sulfuré) pour
que l'on soit sûr qu'aucune partie du gaz n'échappe à la combustion. Il faut pour que cette réaction réussisse que l'hydrogène ne soit mélangé ni d'hydrogène arsénié, ni d'hydrogène
antimonié; la présence de l'alcool, de l'éther et d'autres matières organiques entrave également la réaction. [Il vaut mieux
allumer le jet de gaz à la lumière du jour, que de se placer
dans une chambre obscure; la coloration verte est bien plus
sensible dans le premier cas.]

Blondlot a remarqué que l'hydrogène phosphoré qui se dégage, précipite une solution d'azotate d'argent et donne naissance à un précipité noir de phosphure d'argent; ce dernier introduit dans un appareil avec du zinc et de l'acide chlorhydrique
donne un gaz qui brûle avec une flamme verte; ce savant a mis
à profit cette réaction pour séparer les matières organiques qui
entravent le procédé Dussard. Voici comment il opère. Les matières suspectes (matières vomies, aliments, etc.) sont transformées en une bouillie et introduites dans un spacieux appareil
d'hydrogène avec du zinc et de l'acide sulfurique; le gaz tra-
verse une solution d'azotate d'argent. On filtre le précipité lorsque son volume n'augmente plus, on le lave et on l'examine dans
un petit appareil spécial analogue à celui de Dussard. Ce procédé laisse perdre une partie du phosphore. Fresenius et Neubauer ont démontré en effet que les 2/5 du phosphore seulement
étaient précipités à l'état de phosphure d'argent : Rose est à tort
d'un avis contraire; la même observation s'applique suivant eux
au précipité argentique produit dans le liquide distillé obtenu
par la méthode de Mitscherlisch [1]. Ces deux auteurs ont réuni
les deux procédés de Mitscherlisch-Scheerer et de Dussard-
Blondlot, en un seul qui répond à toutes les indications.

Procédé de Neubauer et Fresenius. — On cherche à se ren-

---

[1] L'assertion de Herapath que les phosphates neutres et acides de calcium des os
donnaient naissance dans ces cas à un gaz qui réduisait également la solution d'azotate d'argent est erronée, car j'ai fait passer pendant 24 heures un pareil gaz dans
une solution argentique qui ne s'est pas troublée; l'auteur s'est servi probablement d'un zinc impur.

seigner par un essai préliminaire sur la présence du phosphore et approximativement sur sa quantité. On emploie alors le procédé de Mitscherlisch ou celui de Scheerer, suivant qu'il y a plus ou moins de toxique. Dans quelques cas heureux on voit non-seulement des lueurs très-vives, mais on réussit encore à isoler quelques grains du métalloïde ; dès que ces caractères cessent de se manifester, on ajoute au liquide qui s'est condensé de l'azotate d'argent et l'on continue la distillation.

Le précipité bien lavé est introduit dans l'appareil d'hydrogène spécial que nous avons décrit ; on s'assure au préalable que le zinc et l'acide sulfurique employés dégagent un gaz pur qui brûle avec une flamme presque invisible.

Fresenius et Neubauer ont soumis à l'analyse un liquide (sang pourri et eau) qui sur 200,000 parties renfermait 1 (milligramme) de phosphore. Les 400 premiers cent. cubes d'hydrogène présentèrent les réactions les plus caractéristiques ; la réaction fut moins évidente avec les 400 cent. cubes suivants ; elle fut très-faible mais néanmoins visible avec les 400 derniers centimètres cubes. Christofle et Beilstein recommandent d'examiner cette flamme à l'appareil spectral. (Fresenius, *Anal. Ch.*, t. II et III[1]).

Le résidu de la distillation peut contenir de l'acide phosphoreux qui a pu se former par oxydation du phosphore ; rien n'empêche de le soumettre au traitement par le zinc et l'acide sulfurique. L'acide phosphorique n'est jamais décomposé dans ces conditions ; il n'en est pas de même des hypophosphites, ces sels employés depuis peu comme médicaments pourraient induire en erreur.

Tout chimiste qui suivra ce procédé se convaincra qu'il suffit à tous les besoins, je crois par suite pouvoir passer sous silence le procédé de Lipowitz[2] et celui de Taylor ; ce dernier cherche à isoler le phosphore à l'aide du sulfure de carbone.

---

[1] On voit les raies suivantes : une raie vert jaunâtre γ, un peu large et diffuse entre les raies D et E, mais plus près de E ; deux raies plus minces et plus nettes α et β, d'un vert franc très-près des raies E et *b*.]

[2] Lipowitz recommande son procédé pour les cas où l'on ne peut pas produire les vapeurs phosphorescentes ; il fait digérer les matières avec du soufre à une température de 50 à 60° ; il se forme un sulfure de phosphore. Le soufre est isolé, lavé

§ 561. *Pièce de conviction.* — Le mieux est de conserver dans un tube scellé quelques parcelles de phosphore et une petite quantité du liquide isolé par la distillation. On ouvre le tube devant le jury et on fait constater à tout le monde l'odeur phosphorée si caractéristique; on pourrait même répéter l'expérience de Lussard-Blondlot. [On peut encore, quand on n'a pas assez de matière présenter comme pièce de conviction le précipité molybdique obtenu dans le liquide distillé par une opération que j'indiquerai plus loin.]

§ 562. *Transformation du produit distillé en acide phosphorique.* — On évapore à siccité une petite quantité du liquide distillé; l'évaporation doit se faire avec précaution et lentement; l'acide phosphoreux trihydraté au moment où il se décompose produit un petit éclair, que l'on voit très-bien dans l'obscurité.

On peut encore évaporer le liquide après addition de quelques gouttes d'acide azotique et d'un peu d'azotate; on traite le résidu par du molybdate d'ammonium ou par le mélange de chlorure ammoniaco-magnésien ammoniacal. Ces deux précipités n'ont de valeur que lorsqu'on a constaté par un autre moyen la présence du phosphore libre, car il se pourrait que pendant la distillation un peu du liquide phosphorique fût projeté.

§ 563. *Dosage du phosphore.* — On pèse la matière que l'on soumet à cette opération, et on l'introduit dans l'appareil de Mitscherlisch-Scheerer, modifié de la manière suivante : le tube abducteur plonge au fond d'un petit ballon tubulé qui communique avec un tube en U rempli d'une solution d'azotate d'argent. On continue la distillation pendant 2 à 3 heures dans un courant d'acide carbonique ; une partie du phosphore se dépose dans le ballon, et les vapeurs phosphorées se décomposent dans la solution argentique ; on chauffe à la fin de l'opération le ballon tout en continuant le dégagement de gaz carbonique ; le phosphore seul passe dans le tube en U et l'acide phosphorique qui aurait pu être projeté ne se volatilise pas. Il est avantageux de réunir les deux liquides lorsqu'il a distillé beaucoup de phos-

et soumis à l'action de l'air chaud; s'il a absorbé du phosphore il devient lumineux et se recouvre d'un enduit vert noirâtre quand on le mouille avec de l'azotate d'argent. — Observat. sur ce procédé. — Mulder, *Arch. f. d. holl. Beit.*, II, p. 4, et *Zeitsch. f. anat. Chim.*, t. II, p 5. — Klewer, *Ph. Zeitsch. f. Russl.*, p. 386.

phore, et qu'on n'a pas vu se produire de projections. Le mélange est oxydé par de l'eau régale ; on sépare le chlorure d'argent par la filtration et on dose l'acide phosphorique dans le liquide filtré par le sel de magnésie. Nous avons indiqué à plusieurs reprises comment se faisait ce dosage ; 100 de pyrophosphate de magnésium correspondent à 27,928 de phosphore.

L'expert ne retrouvera bien entendu qu'une partie du phosphore qui a été introduit dans l'économie, et il sera obligé de se contenter d'indiquer si ce restant suffit pour produire la mort.

[§ 564. *Pâte et allumettes phosphoriques.* — Il devient surtout très-important de déterminer si le phosphore a été ingéré sous forme d'allumettes de pâte ou d'une préparation médicinale ; la solution de cette question facilite souvent la tâche du juge d'instruction.]

[La pâte phosphorée est préparée dans quelques contrées avec de la farine de moutarde épuisée ; on reconnaîtra facilement cette dernière aux cellules épaisses d'un rouge brunâtre, qui se trouvent immédiatement au-dessous de l'épiderme incolore.]

[Souvent on retrouvera des fragments de soufre adhérant encore à des morceaux de bois ; le doute alors n'est plus possible[1] ; quelquefois même on retrouve adhérente au bois, la petite masse qui détermine l'inflammation. Il convient dans ces derniers cas d'analyser avec soin ces résidus ; la comparaison des résultats de cet examen avec celui d'allumettes saisies chez l'incriminé, suffit parfois à lever des doutes.]

[Le nombre de substances qui entrent dans la composition des diverses variétés d'allumettes est très-considérable : on peut y trouver du phosphore, du soufre, du chlorate de potassium, des azotates de potassium et de plomb, des chromates de potassium et de plomb, des peroxydes de plomb et de manganèse, du minium, du sulfure d'antimoine, de l'hyposulfite de plomb, du cyanure jaune, du charbon en poudre, de la cire, de l'acide stéarique, des résines ; ces substances servent à déterminer ou à

---

[1] Le soufre seul ne suffirait pas à faire adopter l'idée d'un empoisonnement par les allumettes, car quelques pharmaciens préparent leur pâte phosphorée avec un mélange de soufre et de phosphore.

entretenir l'inflammation ; quelques-uns cependant comme le charbon, le minium, le sulfure d'antimoine agissent en même temps comme matière colorante. On emploie plus souvent comme telle de l'ocre, du smalt et de l'outremer artificiel. Ces diverses substances sont rendues adhésives par de la gomme, de la gélatine ou du blanc d'œuf (de la dextrine) et on leur incorpore parfois des corps inertes mais durs, qui sont destinés à augmenter les frottements, comme le verre pilé, le sable quartzeux. Il est bien entendu qu'on ne rencontrera jamais un mélange de tous ces corps ; on n'en trouvera réunis que cinq ou six.]

[Je crois qu'il est inutile de s'occuper de la recherche des matières organiques qui déterminent l'adhésion ; leur constatation dans les matières vomies deviendra souvent illusoire et il convient de se borner à l'examen des corps inorganiques. On peut procéder de la manière suivante :

1) Macération des parties isolées mécaniquement avec de l'eau distillée tiède ; le phosphore se reconnaîtra à son odeur et à la lueur qu'il communiquera au liquide ; les eaux de lavage contiennent les sels solubles, chlorate, azotates, chromate, cyanure jaune que l'on caractérise par les procédés indiqués.

2) On traite par de l'éther (alcoolisé) le filtre séché à l'air (il est avantageux de le placer sur une brique poreuse) et l'on enlève de cette manière le phosphore, la cire, l'acide stéarique, les résines. On évapore l'éther et l'on examine comparativement le poids, la consistance, la fusibilité du résidu laissé par les allumettes ordinaires et celles retirées des matières vomies.

3) On soumet la partie insoluble dans l'éther à l'action de l'acide chlorhydrique bouillant et l'on examine avec soin la nature des gaz qui se dégagent ; du chlore indique la présence du minium, du chromate de plomb et des peroxydes de plomb et de manganèse ; l'acide sulfureux se dégage avec l'hyposulfite de plomb ; l'hydrogène sulfuré doit faire songer au sulfure d'antimoine si la masse est noire, à l'outremer artificiel [1] si elle est bleue et si elle s'est décolorée. La solution chlorhydrique

____

[1 L'*outremer artificiel* est un mélange de sulfure de sodium et d'alumine. Le *smalt* est une masse vitreuse colorée en bleu par du protoxyde de cobalt ; il renferme souvent de l'arsenic qui le rend vénéneux.]

pourra être soumise à l'action directe des réactifs précipitants des métaux.

4) La partie insoluble sera examinée à la loupe : cet examen suffira le plus souvent. On pourrait au besoin en retirer le soufre à l'aide du sulfure de carbone. Le smalt s'y trouvera avec une couleur jaune verdâtre [1].]

[La quantité de phosphore qui se trouve dans les allumettes est extrêmement variable ; elle est d'autant plus faible que la masse est faite avec plus de soins ; la proportion de métalloïde qui était de 1/3 environ a pu d'après Otto être successivement abaissée au 1/15 ou au 1/12. J'ai déterminé à l'occasion d'une expertise que les allumettes françaises à petite tête contenaient environ 0^{gr},000567 de phosphore. La pâte phosphorée renferme environ en moyenne 2 pour 100 de toxique.]

§ 565. *Phosphore arsenical.* — Le phosphore du commerce est très-souvent arsenical ; l'expert doit connaître ce fait pour apprécier à sa juste valeur la présence simultanée de ces deux corps dans un cas d'empoisonnement.

§ 566. *Acides phosphoreux et hypophosphoreux.* — Ces deux corps ne donnent pas de vapeurs phosphorescentes lorsqu'on les chauffe en solution étendue, mais ils se comportent comme le phosphore avec l'hydrogène naissant ; ils ne sont toxiques qu'à dose très-élevée (?). Ces deux acides ont une grande tendance à se peroxyder et agissent par suite comme agents réducteurs avec un grand nombre de sels métalliques (or, argent, mercure). Leurs solutions concentrées ainsi que celles de leurs sels se décomposent lorsqu'on les chauffe ; il se produit de l'hydrogène phosphoré inflammable et de l'acide phosphorique (du phosphore même avec les hypophosphites). On prescrit depuis quelque temps l'usage interne des *hypophosphites de calcium, de sodium et de protoxyde de fer* ; ces sels sont tous solubles dans l'eau, celui de sodium se dissout même dans l'alcool.

Les *phosphures de potassium, de sodium ou de calcium* n'ont pas encore été employés dans un but criminel ; ces corps se décomposent si facilement par l'eau qu'il faudrait user d'un arti-

---

[1] Voy. pour plus de détails : Bolley, *Manuel pratique d'essais et de recherches chimiques*; trad. par L.-A. Gautier. Paris. 1869.

fice particulier pour les faire arriver sans décomposition dans l'estomac; on pourrait peut-être les administrer en poudre fine imprégnée d'huile. On n'en retrouverait pas de traces, même dans ce cas, ni dans le tube digestif, ni dans les excréments ; mais l'attention des personnes qui se trouveraient près de la victime serait forcément frappée par l'odeur caractéristique du gaz phosphoré que répandraient les éructations.

On dit qu'une tentative d'empoisonnement a eu lieu par l'inspiration du *phosphure d'hydrogène* ; je ne crois pas que l'analyse chimique réussisse à constater cette forme d'empoisonnement, quoique le gaz lui-même soit très-facile à reconnaître à son odeur et aux réductions qu'il produit avec les sels métalliques.

Wiggers[1] a cherché à mettre à profit pour la recherche de l'empoisonnement par le phosphore, le dégagement d'hydrogène phosphoré qui se produit quand on chauffe le métalloïde avec de la potasse ; il proposait de faire passer le gaz à travers une solution de chlorure d'or qui était réduite. Ce procédé n'est plus d'aucune utilité depuis que nous savons manier des méthodes plus parfaites.

§ 567. *Caractères chimiques du phosphore.* — Tout ce que nous venons de dire s'applique au phosphore ordinaire. Ce corps est polymorphe; on connait les modifications jaune, rouge, blanche et noire.

Le *phosphore jaune* est un corps solide, cassant à une basse température, mou comme de la cire vers 20°[2] ; le commerce le livre sous forme de baguettes cylindriques de 1 à 3 centimètres de diamètre. Sa densité à + 10° varie entre 1,826 et 1,840. Sa solution dans le sulfure de carbone l'abandonne quelquefois à l'état cristallisé; les cristaux appartiennent au premier système (cubes, octaèdres et rhombododécaèdres); il fond à + 44°,3 en se dilatant beaucoup ; le liquide est incolore et très-réfringent; le phosphore une fois fondu reste souvent liquide à une température bien inférieure à + 44°, quand il est placé sous l'eau ou sous une solution alcaline. Il se volatilise à + 290° : sa vapeur est incolore et a une densité de 4,284. Il se volatilise du reste

[1] Canstatt's *Jahr. f. Pharm.*, 1854.
[2] A moins qu'il ne renferme du soufre.

facilement en présence de la vapeur d'eau, et même légèrement
à la température ordinaire. Le phosphore est presque insoluble
dans l'eau[1], un peu plus soluble dans l'alcool; l'éther en dissout 1/240, l'essence de térébenthine et les autres huiles essentielles en dissolvent davantage; il est moins soluble dans les
huiles grasses que dans les huiles essentielles. Ses meilleurs
dissolvants sont le chloroforme, la benzine et le sulfure de carbone. Le phosphore conservé sous l'eau se recouvre d'une croûte
blanche et opaque; à la lumière il devient jaune rougeâtre.
Chauffé pendant quelque temps à l'abri de l'air et à une température qui varie entre 233° et 270°, il se transforme en *phosphore rouge ou amorphe*. Le phosphore s'oxyde facilement au
contact de l'air; il devient lumineux et il se forme de l'acide
phosphatique; la chaleur qui se produit ainsi est souvent assez
forte pour déterminer l'inflammation de la masse; il ne se
forme alors que de l'acide phosphorique. Il brûle vers 60°; exposé à l'air humide il donne naissance à de l'ozone qui bleuit le
papier ioduré d'amidon; l'odeur du phosphore est attribuée par
beaucoup de chimistes au moins en partie à l'ozone qui se
forme très-rapidement; les fumées blanches qui se produisent
simultanément renferment de l'azotite d'ammonium. Le soufre
et le phosphore forment diverses combinaisons définies dont
quelques-unes sont molles. Il se combine avec plus ou moins
d'énergie avec le sélénium, le chlore, le brome et l'iode. Il
forme avec les métaux des phosphures; les phosphures alcalins
sont décomposés par l'eau avec dégagement d'hydrogène phosphoré. Le phosphore chauffé avec de la potasse se transforme en
hypophosphite et en hydrogène phosphoré; calciné avec les
bases anhydres (potasse, soude, chaux et baryte), il se métamorphose en un mélange de phosphure et d'hypophosphite (ou
phosphates par suite d'une décomposition secondaire). Le phosphore en nature ou en vapeurs réduit les sels d'or, d'argent, de
platine, de mercure et de cuivre; il se précipite du métal ou un
phosphure métallique; les hydrures gazeux agissent de la même
manière (mais il se forme de l'acide phosphorique).

[1] L'eau dissout de la vapeur de phosphore qui s'oxyde peu à peu et se transforme
en acide phosphatique (mélange d'acides phosphoreux et phosphorique)

Le *phosphore rouge* est une poudre rouge brunâtre, que le commerce livre actuellement en grande quantité ; il n'est pas lumineux, il est inodore, ne s'oxyde pas au contact de l'air[1], il n'est pas *toxique*. Sa densité est 2,1.

Il *ne se dissout pas dans l'alcool, dans l'éther, le chloroforme ou le sulfure de carbone*. Il fond à une température bien supérieure à celle du phosphore jaune ; à 280 ou 290° il se retransforme en phosphore ordinaire. Les sels métalliques très-réductibles sont également décomposés par lui.

Les autres variétés du phosphore n'ont aucun intérêt pour nous.

GÉNÉRALITÉS SUR LES POISONS VOLATILS.

§ 568. Nous avons vu qu'un grand nombre de substances toxiques pouvaient être isolées des matières organiques, acidulées par de l'acide sulfurique, à l'aide de la distillation. Nous résumons ici les divers cas qui peuvent se présenter en supposant que la distillation a toujours été faite au bain-marie (quelquefois à l'aide du vide) et que les produits aient été soigneusement condensés dans un réfrigérant de Liebig.

I. Vapeurs incolores ; liquide distillé neutre.

1° La volatilisation se fait à une température assez basse ; les premières portions présentent une odeur *alcoolique, éthérée de fruits* ou *de raifort*.

A. Les produits sont *chlorés* ; leurs vapeurs, par leur passage sur de la chaux vive fortement chauffée, engendrent du chlorure de calcium (§ 262).

a) Le liquide distillé, chauffé avec une solution alcoolique de soude et d'aniline, prend l'odeur d'isonitrile. — *Chloroforme* (§ 262).

b) Il ne se produit pas d'isonitrile ; le produit (rectifié sur de la magnésie) traité par une solution alcoolique de potasse donne du chlorure de potassium ; point d'ébulli-

---

[1] Il s'oxyde mais très-lentement ; les acides qui se forment attirent l'humidité, de sorte qu'il est mouillé au bout d'un certain temps par un liquide très-acide.

tion à 85°. — *Liqueur des Hollandais*. Point d'ébullition à 105°. — *Éther d'Aran* (§ 265).

c) La solution alcoolique ne donne pas de chlorure. — *Chlorure d'éthylidène*.

B. Le liquide distillé donne naissance à de l'*iodoforme* quand on le traite par de la potasse et de l'iode (§ 264).

a) Le produit distillé se tranforme en aldéhyde ou en acide acétique sous l'influence du noir de platine.

α) Odeur vineuse. — *Alcool* (§ 264).

β) Odeur éthérée. — *Éther*[1] (§ 266).

γ) Odeur de fruits ; le produit chauffé en vases clos avec de la baryte, se dédouble en acétate de baryum et en alcool : — *Éther acétique* (§ 269).

2°) Le produit ne se volatilise qu'avec difficulté ; on agite le liquide distillé avec de l'éther ou du pétrole ; ces solution sont abandonnées à l'évaporation spontanée.

A. Résidu ayant une odeur d'huile essentielle (§ 275),

a) Le *résidu est liquide;*

α) On reconnaît à l'odeur l'*essence de térébenthine*, l'*essence de sabine*, l'*essence de succin*, l'*essence du ledum palustre* (§ 276).

β) Le résidu a l'*odeur d'amandes amères*.

αα) Il donne avec le zinc et l'acide sulfurique la réaction de l'aniline. — *Nitrobenzine* (§ 243).

ββ) Il ne donne pas cette réaction, mais se transforme à l'air en acide benzoïque cristallisé. — *Essence d'amandes amères* (§ 275).

γ) Le résidu *est vésicant*. — *Huile essentielle de moutarde. Essence d'ail* (§ 500).

b) Le résidu est cristallisé.

α) L'acide sulfurique le colore en rouge. — *Camphre du ledum*.

β) L'acide sulfurique ne le colore pas en rouge. — *Camphre du Japon*.

---

[1] L'éther pur ne donne pas la réaction de l'iodoforme, mais le produit obtenu par la distillation des matières organiques contient toujours assez d'alcool pour que la réaction ait lieu.

B. Résidu ayant une odeur de créosote et tachant la peau en blanc.

    a) Le sulfate ferreux se colore en lilas. — *Acide phénique* (§ 459).

    b) Il ne se colore pas. — *Créosote* (§ 461).

C. Résidu ayant l'odeur de *chloral* et se transformant en chloroforme par la potasse. — *Hydrate de chloral* (§ 263, Rem.).

D. Résidu à *odeur amylique ou spiritueuse*.

    a) Il rougit par l'acide sulfurique. — *Alcool de pommes de terre et de betteraves. Alcool amylique* (§ 271).

    b) L'acide sulfurique ne détruit pas l'odeur. — *Rhum, arrack, cognac.*

    c) L'acide sulfurique fait disparaître l'odeur. — *Rhum, cognac artificiels* (§ 271).

II. *Vapeurs incolores ; liquide distillé acide et incolore.*

1) Les vapeurs bleuissent le papier trempé dans le mélange de sulfate de cuivre et de teinture de gaïac; l'azotate d'argent est précipité en blanc. — *Acide prussique* (§ 484).

2) Le papier de gaïac n'est pas bleui, mais l'azotate d'argent est précipité. — *Acide chlorhydrique* (§ 424).

3) Le liquide distillé *colore* le chlorure ferrique en *rouge brunâtre*.

    α) Il réduit l'azotate d'argent. — *Acide formique* (§ 454).

    β) Il ne réduit pas. — *Acide acétique* (§ 454).

III. *Le produit distillé décolore le papier de tournesol et colore le papier amidonné imprégné d'iodure.* — *Chlore, acide hypochloreux.*

IV. *Vapeurs colorées.*

1) Vapeur violette. — *Iode* (§ 342). Ce cas ne se présente que rarement.

2) Vapeur orangée. — *Brome* (§ 544). Id.

V. *Vapeurs lumineuses dans l'obscurité.* — *Phosphore* (§ 253).

CHAPITRE IX

ALIMENTS ET BOISSONS

I. ESSAI DES FARINES.

§ 569. *Composition des farines.* — La farine de blé est toujours mélangée d'une quantité variable de son, qui dépend des procédés de mouture. Sa composition présente des différences qui pour quelques principes sont assez notables. Le tableau suivant indique en chiffres ronds les limites extrêmes de ces variations.

Farines :	Eau.	Gluten.	Amidon.	Glucose.	Dextrine.	Son.
De froment..	10	10	71	4	5	0
De méteil..	6	9	75	4	5	1
De blé dur d'Odessa.. .	12	14	56	8	5	2
De blé tendre d'Odessa..	8	12	70	4	4	0
Des boulangers de Paris.	10	10	72	4	2	0
Des hospices, 1ʳᵉ qualité.	8	10	71	4	5	0
— 2ᵉ qualité..	12	9	67	4	4	2

On distingue dans le commerce diverses qualités de farine :

1) La *farine première*, provient de la première mouture et du premier blutage ; elle est mêlée d'ordinaire avec le produit de la mouture des premiers gruaux ; cette farine est très-blanche.

2) La *farine deuxième*, comprend le produit de la mouture des deuxième et troisième gruaux et celui des blés de qualité inférieure.

3) La *farine troisième*, bien moins blanche que les précédentes obtenue par le remoulage des derniers sons et des derniers
gruaux ; elle est rarement employée seule ; on lui incorpore
d'ordinaire de la farine de seigle ou d'orge pour confectionner
un pain bis, lourd et d'une saveur peu agréable.

4) La *farine quatrième* est formée par les débris des diverses
moutures différentes ; elle est peu riche en gluten et est spécialement destinée à la nourriture des animaux.

On peut encore trouver dans le commerce des farines spéciales, destinées spécialement à la boulangerie de luxe, comme par
exemple la farine des gruaux blancs.

La beauté et la qualité de la farine que l'on retire d'un blé
dépendent beaucoup de la proportion que l'on en retire. On se
servait d'ordinaire à Paris de farines *blutées* à 70 pour cent ;
Mège-Mouriès a permis de retirer du blé une farine blutée à
près de 80 pour cent, qui est aussi avantageuse que la première.

§ 570. *Altération des farines*. — Les farines sont très-hygros-
copiques ; elles absorbent par suite l'humidité avec beaucoup de
facilité ; leur température s'élève en même temps et il s'établit
ainsi des fermentations qui portent d'abord sur les matières albuminoïdes et notamment sur le gluten. Le gluten se transforme en composés solubles et nous verrons combien la diminution de la quantité et les modifications de la qualité de ce corps
influent sur la qualité nutritive du pain. Cette fermentation peut
s'étendre aux corps sucrés, qui subiront la transformation en
acide lactique et la farine deviendra aigre. Il peut se développer
en même temps des champignons, dont les spores ne seront pas
altérées par la cuisson et qui pourront se reproduire dans le pain ;
on leur a attribué des accidents plus ou moins graves. Les farines peuvent encore s'*échauffer*, ceci arrive fréquemment lorsqu'elles ne sont pas remuées de temps en temps ; d'un corps
pulvérulent la farine devient dans ces cas dure comme de la
pierre et des coups de maillet forts et nombreux sont nécessaires
pour briser les blocs qui se sont formés.

§ 571. *Sophistication des farines*. — Les motifs qui condui-
sent à sophistiquer les farines sont de nature diverse. Il y a
des substances que l'on ajoute pour augmenter le poids ; de ce

nombre sont : l'albâtre, la craie [1], le sulfate de barium, la farine
de cendres d'os et certaines fécules d'un moindre prix que le blé
comme le sarrasin. D'autres ont pour but de communiquer aux
farines avariées une apparence de bonne qualité ; de ce nombre
sont les sulfates de cuivre et de zinc, l'alun, les cendres et
jusqu'à un certain point la farine des légumineuses. Il en est qui
ont pour but de fixer dans les farines une quantité d'eau plus
forte et d'augmenter ainsi le rendement ; le son et les farines des
légumineuses possèdent cette propriété à un haut degré.

§ 572. *Généralités concernant l'examen des farines avariées ou
sophistiquées.* — L'altération et la sophistication des farines se
reconnaissent à divers caractères, que nous allons énumérer
avant de les passer successivement en revue. *L'aspect, l'odeur,
le toucher, la proportion d'eau et de son, la quantité et la qualité du gluten, la détermination de la quantité et de la nature
des cendres, l'examen microscopique de l'amidon*, sont autant de
caractères que l'expert doit étudier, pour baser son jugement.

§ 573. *Aspect physique, odeur.* — La farine de bonne qualité doit
être d'une teinte blanche un peu jaunâtre, que l'on constate facilement en étendant la farine en couches minces sur une feuille de
papier ; elle ne doit pas être parsemée de points rougeâtres,
gris ou noirs. Une farine de qualité inférieure est d'un blanc
mat et laisse reconnaître plus facilement la présence du son.
Celle qui est avariée a une teinte plus terne, même un peu rougeâtre.

La farine de bonne qualité doit être douce au toucher, adhérer
aux doigts et se laisser comprimer quand on la comprime lentement ; une farine sèche qui ne présenterait pas ce dernier caractère serait de qualité inférieure. Les farines échauffées, repas-
sées au moulin, fournissent une farine qui, écrasée entre les
doigts, présente une rugosité particulière, qu'une main tant soit
peu habituée reconnaîtra même lorsqu'on les a mélangées à des
farines de bonne qualité. La farine a dans ce cas une odeur particulière, qu'on a nommée odeur de *pierre à fusil.*

La farine non avariée a une odeur caractéristique *sui generis ;*

---

[1] Chevallier dit avoir rencontré l'énorme proportion de 4 p. 100 de chaux dans
une farine saisie à Paris.

sa saveur est fade et sucrée ; dès qu'elle s'avarie elle prend une odeur de moisi, quelquefois aigrelette, dans certains cas même nauséabonde ; la saveur devient en même temps âcre, amère ou acide.

L'examen à une forte loupe ou au microscope permet de reconnaître facilement la présence des spores des champignons.

§ 574. *Détermination de la proportion d'eau.* — Les farines avariées sont ordinairement humides ; d'autrefois dans le but d'augmenter le poids de la farine mise en vente, on lui fait subir l'opération du mouillage. La détermination d'eau que contient une farine présente quelques difficultés ; la farine de bonne qualité ne contient en moyenne que 12 à 14 pour cent d'eau, mais dans certaines années pluvieuses et surtout suivant le procédé de mouture, cette quantité peut s'élever presque à 20 pour cent.

Ce n'est que lorsque cette dernière proportion est dépassée que l'on est en droit de conclure à une altération ou à une sophistication.

La détermination de la quantité d'eau contenue dans une farine se fait en en chauffant un poids déterminé dans une étuve à eau portée à la température de l'ébullition ; la dessication doit s'achever dans une étuve à huile chauffée entre 160 et 165° pendant 5 à 6 heures. Une farine qui ne perd que 12 à 15 centièmes à la température de 100°, en abandonne encore 5 centièmes à 165° (Chancel). Cette dernière dessication étant assez pénible, Bolley a proposé de ne déterminer que la quantité d'eau qui s'en allait à 100°. Je ne suis pas du même avis et je recommanderai toujours la détermination rigoureuse qui est facilitée au plus haut degré par l'emploi des étuves à air chaud et à température constante dont l'usage se répand tous les jours.

§ 575. *Détermination de la quantité et de la qualité du gluten.* — C'est le gluten qui communique à la farine de bonne qualité la propriété de donner une pâte bien levée et de fournir un pain léger et bien aréolé. Le gluten, substance albuminoïde, s'altère dès que la farine commence à s'avarier ; une partie se transforme en composés solubles et ce qui reste a perdu sa qualité ; la pâte reste affaisée et le pain n'est plus aussi poreux ; lorsque l'altération continue, le pain ne se boursoufle presque plus et se présente sous forme d'une masse lardacée.

La détermination de la *quantité* et de la *qualité du gluten* est par suite de la plus haute importance lorsqu'il s'agit de l'examen des farines avariées. C'est à un boulanger de Paris, *Boland*, que nous devons la solution facile de ces deux questions.

Une farine de bonne qualité fournit de 10 à 11^{gr} de gluten sec ; d'après Boland la quantité d'eau qu'il peut absorber dépend de sa qualité ; elle peut s'élever à plus du double de son propre poids lorsque la farine est de qualité supérieure.

Cet essai se fait le mieux de la manière suivante : à 30 grammes de farine on incorpore gouttes à gouttes 15 grammes d'eau ; l'opération se fait dans une capsule à l'aide de deux baguettes de verre ; toute la pâte est réunie en un pâton, que l'on abandonne pendant 1/4 d'heure au contact de l'air. Cela fait, on malaxe le pâton dans le creux de la main gauche à l'aide de deux doigts de la main droite sous un mince filet d'eau jusqu'à ce que les eaux de lavage s'écoulent incolores. On laisse égoutter le gluten, on exprime fortement l'eau et on le pèse humide. Le poids de ce gluten humide est environ le triple du poids de gluten sec.

La détermination du gluten ne se fait pas toujours d'une manière aussi facile ; le gluten des farines échauffées notamment a perdu de son élasticité ; il reste grenu et s'échappe de la main ; il convient d'introduire dans ce cas le pâton dans un nouet de mousseline ; il en est de même lorsque les farines sont avariées ou mélangées avec quelques autres fécules. Dans ce cas on retrouve dans la mousseline au lieu d'une masse élastique blonde, et d'une odeur spermatique, des filaments ou des masses grenues, brunâtres et d'une odeur désagréable. Le gluten de bonne qualité est très-élastique et peut être étiré en fils ; il n'adhère pas aux doigts et se laisse facilement souder à lui-même ; celui de mauvaise qualité au contraire a perdu son élasticité, la faculté de se laisser étirer et souder à lui-même ; il adhère même parfois aux doigts comme une matière poisseuse ; ces modifications seront d'autant plus profondes que l'altération est plus avancée. Son odeur sera en même temps nauséabonde, quelquefois âcre ou ammoniacale.

Boland détermine à l'aide d'un petit appareil très-ingénieux la quantité dont peut se dilater le gluten quand on le chauffe; cet appareil se nomme *aleuromètre*. C'est un cylindre de cuivre de

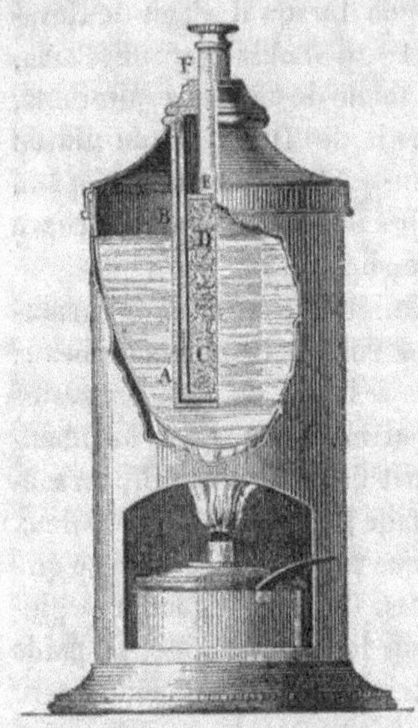

15 centimètres de haut et de 3 centimètres de diamètre, qui est fermé à sa partie inférieure par une petite capsule métallique B fixée à l'aide d'un mouvement de baïonnette (fig. 20). A sa partie supérieure est fixée une virole A traversée par une tige de cuivre FE, terminée à sa partie inférieure par une plaque du même métal (percée d'un petit trou) pouvant se mouvoir librement dans le cylindre. L'appareil a été gradué expérimentalement, de manière que le gluten dilaté d'une farine non panifiable n'atteint pas la plaque; lorsqu'au contraire le gluten est de meilleure qualité, le gluten dilaté par la chaleur

Fig. 19.

atteint la plaque, et la soulève d'une quantité que l'on peut apprécier par la hauteur de la tige FE qui sort de l'appareil. Cette tige est graduée, la première division qui sort est marquée 25; la limite extrême de sa course est 50; une farine sera par suite d'autant meilleure que son degré aleurométrique est plus élevé; il doit être en moyenne de 35 à 45.

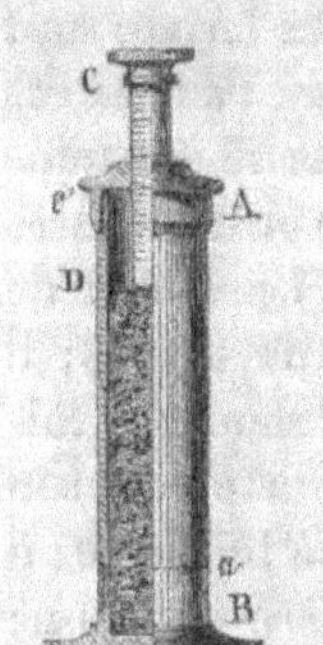

L'opération aleurométrique se conduit de la manière suivante: 1) on graisse avec quelques gouttes d'huile d'olive les diverses parties du cylindre; 2) on introduit dans la capsule B 7 *grammes* de gluten humide roulé en boule et enrobé avec un peu d'amidon pour éviter l'adhérence; 3) le cylindre est alors introduit dans le

Fig. 20.

tube A (fig. 19) qui est chauffé préalablement au bain d'huile à la température de 150°, à l'aide d'une lampe à alcool ; on continue l'action de la chaleur pendant 10 minutes, puis on éteint le feu et on laisse le cylindre en place pendant dix nouvelles minutes, en s'assurant de temps en temps à l'aide d'une pince que rien n'empêche le soulèvement du piston ; on lit alors la hauteur dont la tige est soulevée ; 5) on ouvre le cylindre, et l'on retire le gluten de la capsule ; on le déchire, on l'odore et on le goûte. Un gluten de bonne qualité a l'odeur agréable de pain frais. Ce moyen de déterminer la proportion et la qualité du gluten est préférable à tous les moyens chimiques que l'on a indiqués.

Nous donnons ici quelques chiffres, déterminés par Boland lui-même, qui peuvent être consultés avec fruit par l'expert.

	Gluten pour 100.	Degré aleurométrique.
Farine d'Étampes.	55 (humide).	29
— de Chartres.	55 id.	56
— de Brie.	35 id.	52
— de Berg.	52 id.	50
— de Roussillon.	10,50 (sec).	50
— de Lorraine.	15,54 (sec).	45,5
— d'Odessa.		48
— d'Égypte.		48
— d'Amérique.		58

§ 576. *Détermination de la proportion de son.* — On peut s'attendre à trouver dans les farines des quantités très-variables de ce corps suivant les procédés de mouture, plus ou moins perfectionnés que l'on aura suivis. Sa présence en quantité trop forte est fâcheuse à deux points de vue ; d'un côté le pain perd de sa blancheur, d'un autre côté le boulanger peut lui incorporer une proportion d'eau plus forte. Wetzel et Haas disent que chaque partie de son permet l'addition d'une partie d'eau. On ajoutait quelquefois à des farines de très-bonne qualité, une petite quantité de son, pour éviter que le pain ne devînt trop rapidement rassis ; on préfère de nos jours l'emploi de la farine des légumineuses, qui a le même effet, mais n'affecte pas la blancheur du pain.

On détermine la proportion de son en faisant passer la farine à travers un tamis à mailles très-fines ; le son de la farine de blé est d'un jaune clair. La farine de seigle de bonne qualité en contient souvent jusqu'à 15 pour 100 ; sa couleur est un peu plus foncée que celle du blé.

§ 577. *Recherche des substances minérales.* — On incinère avec précaution un poids déterminé de farine et l'on pèse le résidu. Il ne doit pas dépasser en moyenne 2 pour 100[1]. Dans ce chiffre est compris le poids des parties siliceuses qui se détachent des pierres meulières ; 100 kilogrammes de farine ne renferment d'ordinaire pas plus de trente grammes de sable ; une proportion plus forte indiquerait un procédé de mouture très-défectueux.

L'examen des cendres se fait d'après les procédés d'analyse minérale, qu'il est inutile de réindiquer ici. Il sera bon cependant de faire les quelques essais préliminaires suivants.

La farine sera mise en suspension dans de l'eau et filtrée ; les eaux de filtration ne devront pas être alcalines (présence de la chaux, cendres végétales) ne pas faire effervescence avec les acides minéraux (cendres végétales). L'oxalate d'ammonium et le chlorure de barium ne devront pas les précipiter d'une manière sensible (présence du sulfate de calcium). La farine sera ensuite soumise à l'extraction du gluten et les eaux de lavage bien agitées seront recueillies dans un verre conique ; les parties minérales gagneront le fond et se déposeront avant l'amidon. Le liquide est décanté après qu'il s'est éclairci ; le cône se dessèche au point qu'on peut le sortir très-facilement avec sa forme en retournant le verre. On examine le sommet du cône de la manière suivante.

1) Acide azotique étendu. — Cet acide dissout les carbonates et les phosphates ; la présence de l'*acide carbonique* se reconnaît à l'effervescence qui se produit au moment du contact.

2) Cette solution est filtrée ; 2 ou 3 gouttes mises en contact de 3 à 4 centimètres cubes d'une solution acide de molybdate d'ammonium, donnent vers $+40°$ un précipité jaune serin, s'il y a des *phosphates*. Le précipité doit être abondant pour qu'on en puisse tirer une conclusion, car toutes les farines renferment une certaine quantité de phosphates.

---

[1] Farine de blé et de seigle, un peu plus que 1 p. 100 ; farine d'orge 1 1/2 ; farine d'avoine débarrassée de son, 2 p. 100.

3) Une autre partie de la liqueur est mélangée avec de l'acétate de sodium, en quantité suffisante pour que l'acidité du liquide soit due à de l'acide acétique ; l'oxalate d'ammonium, s'il y a un *sel de calcium*, précipitera cette solution.

4) Le nouveau liquide filtré renfermera en solution acétique de la magnésie, s'il y en a, et de l'acide phosphorique. On y verse de l'ammonique ; un précipité qui se forme immédiatement indique la présence simultanée de ces deux corps ; s'il ne se forme pas de précipité on partage le liquide en deux parties. Dans l'une d'elles on recherche la magnésie par l'addition du phosphate de sodium, et dans l'autre l'acide phosphorique à l'aide du sulfate de magnésium.

Il est bien entendu que ces essais ne sont qu'approximatifs et l'on ne doit pas tenir compte des réactions faibles que l'on obtiendrait et qui troubleraient à peine la transparence de la liqueur. On ne doit pas se contenter davantage de l'analyse du cône, car il est loin de renfermer toutes les matières inorganiques. L'incinération de la farine doit être faite avec soin, et l'on doit faire les dosages en suivant les méthodes indiquées pour l'analyse des cendres dans l'ouvrage de Frésénius.

Nous avons indiqué les procédés spéciaux qui permettaient de reconnaître rapidement que la farine ou le pain contenaient de l'alun (p. 194), de sulfate de cuivre (p. 149), ou du sulfate de zinc (p. 168).

§ 578. *Substances organiques.* — On a signalé dans les farines du commerce la présence d'un très-grand nombre de farines ou de fécules ; je citerai : la fécule de pomme de terre, les farines de riz, d'orge, de maïs, d'avoine, de seigle, de féveroles, de pois, de haricots, de lentilles, de sarrasin. La présence de ces corps dénote toujours une intention frauduleuse ; les uns sont ajoutés parce qu'ils sont d'un prix inférieur, d'autres parce qu'ils permettent le mouillage et facilitent la panification des farines avariées.

Nous nous occuperons en détail de la recherche de chacun de ces corps, mais je dois dire auparavant quelques mots de substances organiques qui peuvent se rencontrer dans les farines, leur communiquer même des propriétés nuisibles, sans que l'on puisse accuser autre chose que la négligence qui a présidé au nettoyage du blé.

C'est ainsi que la farine de seigle, ou même les farines de blé mêlées de seigle peuvent contenir du *seigle ergoté*. La recherche de ce corps se fera le plus facilement à l'aide du procédé de Jacoby (p. 480). On a également prétendu que la farine pure, traitée par de l'eau alcaline, donnait un liquide jaune pâle, que l'acide azotique ne colorait pas; celle qui renferme de l'ergot donne par les mêmes réactifs une coloration rose et prend une odeur urineuse. Ce procédé ne m'a pas paru aussi sensible que celui de Jacoby. J'en dirai autant du sulfure de carbone, qui doit laisser un résidu plus considérable (de corps gras) avec la farine contenant du seigle ergoté qu'avec la farine pure.

On a signalé en outre dans le blé, et souvent en quantité très-forte, les semences suivantes : la *Nielle* (Lychnis ou Agrostemma gythago), le *Melampyrum arvense* (Scrophul, Blé des vaches, Rougette), le *Rinanthus arvensis et buccalis*, l'*Alectorolophus*[1] *hirsutus*, Scrophular., la *Mélique bleue* (Graminée Molinia cœrulea); la *Gesse cultivée* (Lathyrus sativus), la *Jarosse* (Lathyrus cicera Leg.), l'*Orobe* (Ervum ervillia).

Ces corps sont écrasés en même temps que le blé, et on les retrouvera alors dans les farines; on les reconnaîtra soit à la loupe, soit à l'aide du microscope, à la couleur de leur épisperme. Nous avons dit quelques mots de la recherche de la Nielle et du Rinanthus(p. 481); nous devons y ajouter les faits suivants :

La *Nielle*, communique au pain un goût âcre. Legrip la recherche à l'aide du microscope, qui décèle des traces d'épiderme, et du goût : une bouillie faite avec de la farine niellée aurait, d'après cet auteur, une saveur très-âcre. Il propose également d'épuiser la farine avec de l'éther; la farine ordinaire abandonnera un extrait éthéré presque incolore, d'une saveur douce et pesant 0,4 pour 100 ; celui de la farine niellée sera jaune foncé, d'une saveur âcre rappelant celle du cuir gras, et pesera environ 0,6.

La farine de la graine du *Melampyrum arvense* se reconnaît d'après Dizé, par la coloration rouge que prend la farine chauf-

---

Rinanthus, *Alect. R. cristagalli-villosus hirsutus.*

fée avec de l'acide acétique. On délaye 15 grammes de farine dans un peu d'acide acétique étendu d'eau, et on chauffe cette pâte dans une cuiller en argent, jusqu'à ce qu'elle se détache; la coupe du pâton sera d'un rouge violacé si la farine contient cette graine.

§ 579. *Considérations générales sur la recherche des diverses fécules*. — La recherche des fécules étrangères dans la farine de blé a donné lieu à de nombreux travaux, parmi lesquels il faut signaler ceux de *Donny et de Mareska*, de *Rivot*[1] et de *Moitessier*[2], qui ont tous pour base l'analyse microscopique.

Un microscope ordinaire avec un grossissement de 200 à 300 diamètres, et muni d'un micromètre, suffit pour observer tous les phénomènes, sauf ceux signalés par Moitessier qui exigent l'emploi d'un microscope polarisant et d'une lame de gypse parallèle à l'axe.

La forme et la dimension des grains d'amidon sont très-variables; ils sont arrondis, ovoïdes, sinueux etc., mais sont toujours composés de couches concentriques, qui se terminent par un canal appelé *hile*. Les couches extérieures sont les plus anciennes. La fig. 21 rend bien compte de cette disposition. Les grains d'amidon provenant des diverses espèces ont des volumes différents; il y a des longueurs qui ne sont jamais dépassées pour une variété. Nous croyons utile de reproduire les chiffres suivants qui représentent, suivant Payen, la longueur moyenne des granules d'amidon, exprimées en millièmes de millimètre.

Pomme de terre de Rohan.	185
— ordinaire.	140
Amidon de grosses fèves.	75
— de lentilles.	67
— de haricots.	63
— de gros pois.	50
— du blé blanc.	50

Lorsqu'on examine l'amidon d'une plante au microscope, on verra non-seulement des grains ayant atteint leurs dimensions

[1] *Annal. de phys. et de chim.*, 3ᵉ série, t. XLVII.
[2] *Annales d'hygiène*, 1868.

maximum, mais encore des grains n'ayant pas atteint leur degré complet de développement. On peut par exemple retrouver dans a fécule des grains dont le diamètre est celui des grains de blé,

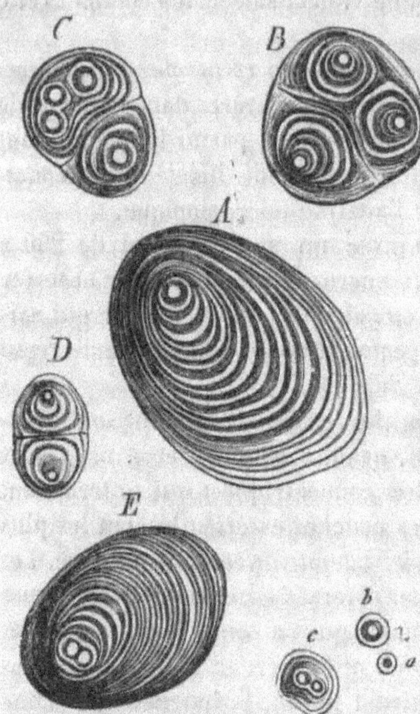

Fig. 21. — Grains d'amidon de la pomme de terre. — *A*, un grain simple âgé; *B*, un grain à demi composé; *C. D*, grains entièrement composés; *E*, un grain âgé dont le noyau s'est divisé; *a*, un très-jeune grain; *b*, un grain plus âgé; *c*, un grain plus âgé encore avec noyau dédoublé.

mais on ne trouvera jamais dans la farine de blé des grains dont le diamètre soit notamment supérieur à 55 ou 50 millimètres. Il suffira par suite de faire l'examen microscopique avec un micromètre, pour reconnaître si la farine est mélangée d'une quantité appréciable de fécule ou de farine de légumineuses (celle des pois exceptée).

La structure physique des diverses variétés d'amidon est de plus loin d'être la même, comme le fait voir l'*examen microscopique à la lumière polarisée*. La fécule des pommes de terre fait voir une croix noire dont les branches partent des hiles, et qui persiste même quand le champ est bien éclairé; l'amidon de blé ne présente rien de semblable. Moitessier recommande de plus l'usage d'une lame de gypse, parallèle à l'axe, que l'on peut placer au-dessus du polariseur, ou entre l'oculaire et l'analyseur; s'il y a de la fécule, on verra se produire une coloration très-vive, qui persiste dans toutes les positions de l'appareil; on ne voit rien de semblable avec de l'amidon de blé.

L'amidon *des légumineuses* présente des points brillants, placés dans les quatre segments d'une croix obscure, quand la lumière du champ est éteinte ; elles persistent même quand on éclaire le champ. L'interposition de la lame de gypse fait apparaître des colorations sur la farine des légumineuses ; celle du blé reste incolore, ou perd sa coloration dès que le grain se montre avec sa forme circulaire. L'amidon de blé ne présente de phénomènes analogues, que lorsqu'on éclaire peu le champ et que les grains sont vus de profil : les grains circulaires deviennent obscurs et les traces de croix que l'on peut observer, disparaissent dès qu'on donne plus de lumière. La farine de *maïs*, présente également une croix noire, dont les quatre branches s'élargissent sur la circonférence, et qui persistent avec tous les éclairements. La lame de gypse colore légèrement la farine de maïs dans une position où elle n'exerce aucune action sur celle du blé.

Tous ces caractères peuvent être mis à profit par l'expert.

Nous allons maintenant passer en revue les différentes méthodes qui ont été proposées pour chaque cas particulier.

§ 580. *Recherche de la fécule de pommes de terre.* — L'aspect des grains de fécule est notablement différent de celui des grains

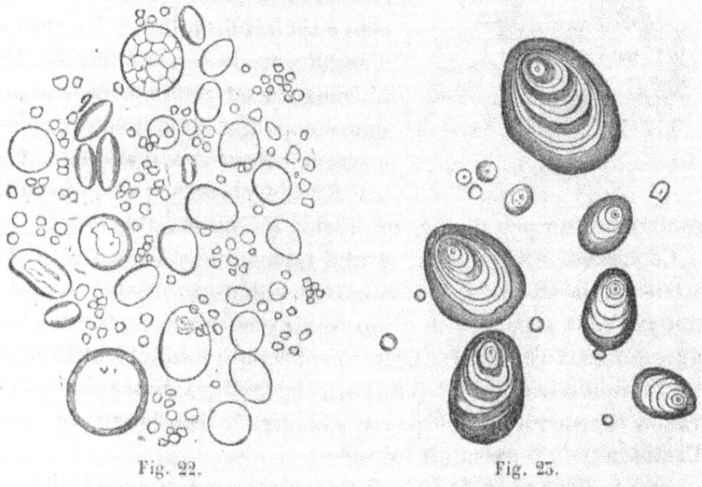

Fig. 22.   Fig. 23.

d'amidon de blé ; les premiers (fig. 23) sont ovoïdes ou elliptiques, les seconds (fig. 22) sont sphériques, aplatis ou lenticulaires. Nous venons de voir que la lumière polarisée permettait de reconnaître la fécule de pommes de terre dans l'amidon de blé.

Lecanu, en se basant sur les différences de grandeur et de densité de ces deux corps, a fait connaître un moyen physique pour les séparer. On procède comme pour l'extraction du gluten, mais on a soin de faire passer les eaux de lavage à travers un tamis très-fin, qui retient le son. Les eaux de lavage sont fortement remuées et versées dans un vase conique; on décante le liquide avant qu'il ne se soit éclairci, et l'on enlève ainsi les grains d'amidon les plus ténus; on répète cette opération 5 à 6 fois, et finalement il reste dans le verre les grains les plus gros et par suite ceux de fécule. On attend que les dépôts se soient formés dans chaque vase, on décante le liquide et on dessèche le cône jusqu'à ce qu'on puisse le sortir du verre avec sa forme; on examine alors au microscope la partie inférieure.

Payen propose de distinguer ces deux variétés d'amidon à

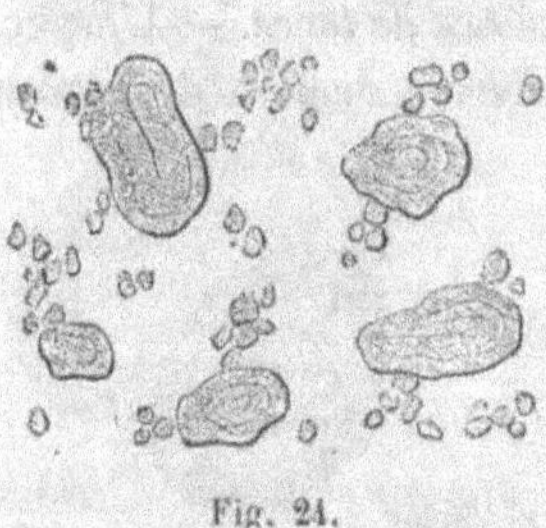

l'aide d'une solution à 2 pour 100 de potasse; la fécule humectée par ce liquide se gonfle et augmente de cinq à six fois de volume; les grains d'amidon ne sont pas attaqués. Le phénomène est rendu apparent au microscope (fig. 24), quand on humecte la plaque avec quelques gouttes d'acide chlorhydrique étendu,

Fig. 24.

renfermant un peu d'iode, qui bleuit les grains d'amidon.

Ce procédé est très-bon, et vaut mieux que celui qui consiste à triturer le mélange des deux fécules dans un mortier d'agate non rugueux avec un peu d'eau froide; les grains de fécule plus gros que ceux d'amidon se laisseraient écraser seuls et fourniraient un liquide filtré, qui bleuirait par la teinture d'iode. La trituration cependant ne doit pas être continuée trop longtemps, car l'amidon de blé passerait lui-même.

§ 581. *Recherche de la farine de seigle.* — L'amidon retiré du seigle a une forme lenticulaire et circulaire; les grains sont un peu plus grands que ceux du blé, mais ont au centre une étoile noire, qui présente de 3 à 4 rayons. La farine de seigle a une couleur moins blanche que celle du blé, une odeur et une saveur particulières.

Son défaut de plasticité a été mis à profit par Bœmihl, pour la retrouver dans la farine du blé. On prépare d'abord du son, que l'on abandonne dans l'eau jusqu'à ce qu'il commence à aigrir ; on le lave à grande eau et on le sèche. 15 grammes de farine sont mélangés avec deux cuillers à thé de ce son, et transformés en un pâton que l'on place dans une gaze fine, que l'on dispose sous forme d'une bourse ; une seconde bourse de la même étoffe est appliquée plus lâchement autour de la première. On procède ensuite à l'extraction du gluten, en serrant l'orifice des bourses avec la main gauche et malaxant avec la main droite, et l'on s'arrête lorsque les eaux de lavage s'écoulent incolores.

La bourse interne contient une masse plastique qui se laisse souder à elle-même, lorsque la farine est pure et qu'elle contient moins de 50 pour 100 de farine de seigle ; il y aura d'autant plus de gluten adhérant à la surface externe de la bourse interne et de la face interne de la deuxième enveloppe, que la farine de blé renfermait plus de farine de seigle.

Cailletet recommande un autre procédé, qui n'est guère plus rigoureux que le précédent. Il enlève les corps gras à l'aide de l'éther, et ajoute au résidu, pour chaque 20 grammes de farines employée, 1 centimètre cube du mélange suivant : acide azotique de 1,35 de densité, 1 volume ; acide sulfurique concentré, 2 volumes ; eau distillée, 1 volume. Les corps gras retirés du blé se colorent en jaune, ceux du seigle en rouge-cerise ; la couleur jaune sera d'autant plus rouge que la farine de blé contient plus de farine de seigle.

§ 582. *Recherche des farines de riz, de maïs, de sarrasin et d'avoine.* — Ces trois farines se reconnaissent déjà à la loupe, à leur aspect irrégulier ; en soumettant la farine à l'extraction

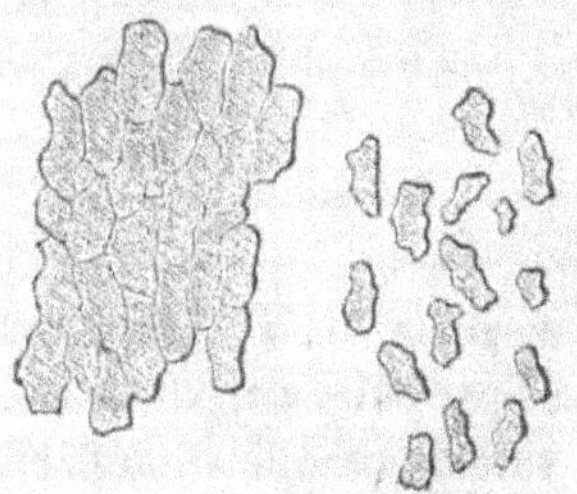

Fig. 25. — Fragments anguleux à demi translucides.

du gluten, on isolera des fragments anguleux et demi translu-

cides, qui résultent de la juxtaposition et de la configuration po-
lyédrique des grains amylacés dans le périsperme corné de ces
semences. Cette disposition se comprend facilement en jetant les
yeux sur la fig. 26, qui représente, suivant Wagner, l'albumen

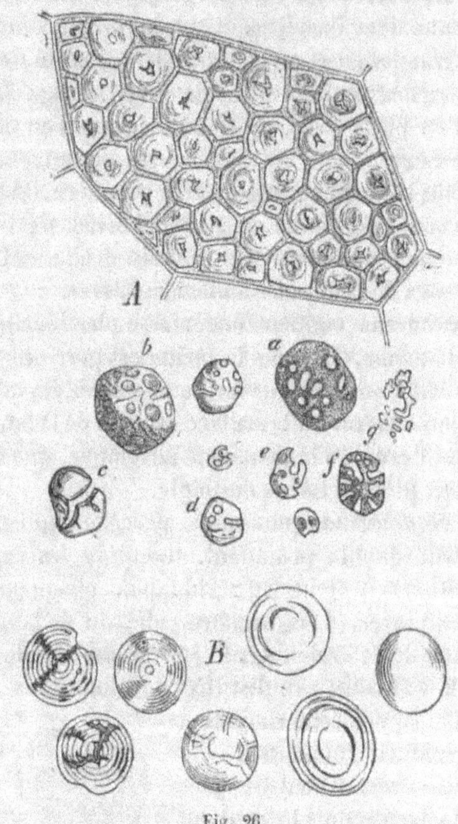

Fig. 26.

du maïs, A, rempli de grains d'amidon étroitement comprimés
et par suite polyédriques. Les fig. *ag* représentent ces grains en
voie de modification par la germination. B représente comparativement ceux d'amidon du froment ; ils ont une forme lenticulaire, et la modification au lieu de se faire à l'intérieur, comme
dans le cas précédent, se fait d'abord à l'extérieur.

On doit, comme pour la recherche de la fécule, examiner principalement les dépôts les plus lourds qui se forment, lorsqu'on traite par l'eau le pâton de farine pour l'extraction du gluten.

La solution potassique à 2 pour 100 colore en jaune la farine de maïs ; cette réaction n'est que peu sensible lorsque la farine de blé ne contient que peu de farine de maïs ; on peut la rendre plus sensible en traitant d'abord la farine par de l'acide azotique étendu, puis seulement par du carbonate de sodium.

L'addition de farine de *sarrasin* rend la farine moins douce au toucher, elle devient plus sèche, adhère moins aux doigts, et a une saveur plus âcre. Le gluten sera gris et noir ; l'examen microscopique donnera le même résultat que celui de la farine de maïs.

L'addition de farine d'*avoine* ne peut se faire qu'en faible quantité, car le pain acquiert immédiatement une saveur caractéristique ; on retrouvera dans la farine des fragments de barbes d'avoine ; l'examen des grains d'amidon à la lumière polarisée est également très-caractéristique ; l'axe et les deux bords sont marqués par des lignes noires fortement accusées et séparées par deux lignes brillantes.

§ 583. *Recherche de la farine de graines de lin.* — La farine de seigle contient parfois de la farine de graines de lin. Cette dernière se reconnaît aux petits fragments anguleux qui proviennent de l'enveloppe de la graine, et que l'on peut retrouver même lorsque le pain n'en contient que 1 pour 100. Il suffit de délayer la farine suspecte sous le porte-objectif du microscope avec de l'eau contenant 14 pour 100 de potasse. Ces fragments sont d'un aspect vitreux, colorés en rouge et formant des carrés ou des rectangles très-réguliers.

Un moyen chimique consiste à isoler les huiles de lin et de seigle par de l'éther ; la solution éthérée est évaporée à siccité et traitée par le réactif de Poutet [1]. L'huile de seigle, qui est une huile non siccative, se solidifie en une masse rouge, qui ne cède à l'eau bouillante que l'excès de sel mercuriel. L'alcool bouillant marquant 36°, enlève à cette masse rouge l'huile de lin qui ne s'est pas solidifiée.

[1] On l'obtient en dissolvant à froid du mercure dans de l'acide azotique.

§ 584. *Recherche de la farine des légumineuses.* — C'est là la sophistication habituelle du blé; la farine des légumineuses, notamment des féveroles, a pour but de faciliter la levée du pain et permet en même temps l'introduction d'une proportion plus forte d'eau dans la pâte. Cette addition n'est pas nuisible à la santé; elle a tellement passé dans la coutume, que dans la plupart des meuneries on ajoute 1 sac de féveroles à 30 sacs de blé, lorsqu'on tient à l'aspect aréolé du pain; je ferai remarquer que le prix de la première est souvent plus élevé que celui du blé; des meuniers et des fariniers dignes de foi, m'ont affirmé qu'il leur serait impossible d'obtenir un pain bien aréolé avec les farines des années humides, s'ils n'ajoutaient ce corps. Nous verrons que l'on peut assez facilement caractériser la présence de la farine des légumineuses, mais il nous est impossible d'en déterminer la quantité. On sera donc bien embarrassé lorsqu'il s'agira de se prononcer sur le degré de culpabilité du farinier.

Nous avons déjà vu la manière dont se comporte cette farine quand on l'examine à la lumière polarisée; à la lumière ordinaire on voit des grains cylindriques non aplatis et lenticulaires, à forme variable (ovoïde, réniforme). Le hile est quelquefois

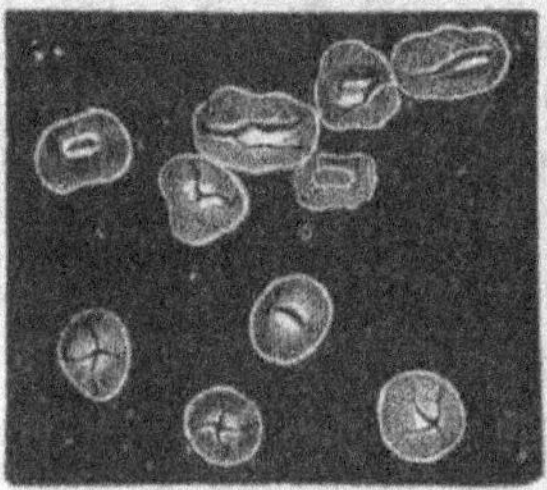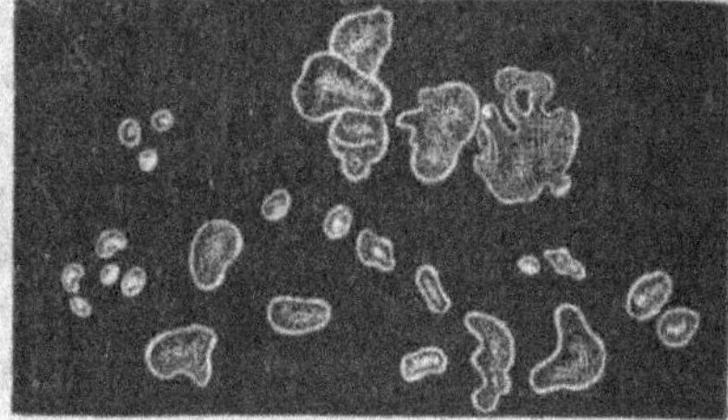

Fig. 27.   Fig. 28.

fortement accusé; souvent il est remplacé par une fente longitudinale à laquelle viennent aboutir de petites fentes transversales (fig. 27). Les fig. 28 et 29 représentent comparativement l'aspect de l'amidon de blé et de la fécule de pommes de terre.

Les légumineuses renferment de plus toujours des débris de tissu cellulaire, qui se distingue de celui des graminées par la

ténuité de ses parois cellulaires (fig. 30), et par l'absence de la
matière granuleuse opaque, qui remplit normalement les cavités
de l'enveloppe interne du froment. Le réseau des graminées po-

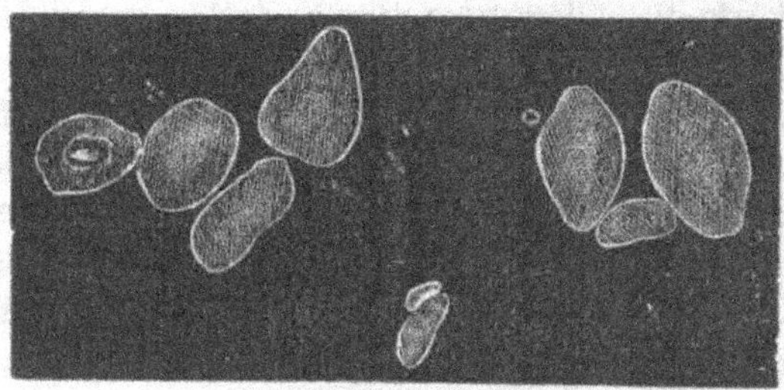 

Fig. 29.   Fig. 30.

larise vivement la lumière[1], et ne disparaît pas quand le champ
du microscope est peu éclairé ; il reste très-lumineux ; celui des
légumineuses disparaît dans les mêmes conditions.

On isole le tissu réticulé de la manière suivante : la farine est
soumise à l'extraction du gluten, et l'on recueille les eaux de
lavage. Le tissu cellulaire devra surtout
être recherché dans les parties qui restent le plus longtemps en suspension.
On les délaye dans un peau d'eau iodée ;
l'amidon est coloré de cette manière en
bleu, et le tissu qui l'enveloppe reste
incolore et fait voir des mailles hexagonales (fig. 31). Une solution de 10 pour

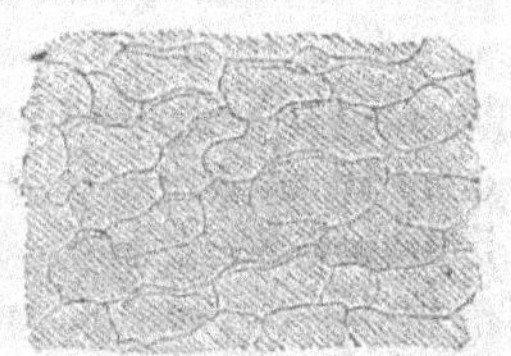

Fig. 31.

100 d'amidon dissout la matière amylacée et laisse intact le
tissu réticulé (fig. 31).

On a proposé de reconnaître la farine des légumineuses en se
basant sur les caractères que fournit l'analyse des cendres. Celle
du blé ne renferme que peu de chlorures et contient des phosphates, qui par la calcination se transforment en pyrophos-
phates ; les cendres des légumineuses au contraire sont riches en
chlorures et en phosphates tribasiques qui ne sont pas mo-

V. les planches dans Briand, *Manuel de méd. lég.*, p. 755.

difiés par l'incinération (Fresénius). Le précipité produit par l'azotate d'argent sera blanc pour les cendres de blé, jaune pour celles des légumineuses; le précipité bleuit également à la lumière dans ce dernier cas. Je me suis assuré que ce procédé ne donnait que des réactions douteuses dans un mélange au 1/30; il en est de même du procédé suivant.

Louyet a proposé de déterminer le poids des cendres; les farines laissent un résidu, dont le poids ne dépasse pas 1 pour 100, les féveroles en laissent 3; si la farine de blé contient plus de 1 et moins de 3 pour 100 de matières minérales, on doit admettre l'addition de féveroles, car l'excès de substance minérale ne doit pas être attribué dans ce cas à une intention frauduleuse.

On a proposé l'emploi du sulfate ferreux qui donne, avec le tannin contenu dans les enveloppes de la farine de fèves, de féveroles et de haricots une teinte noire ou verte. On fait une bouillie épaisse avec la farine suspecte, ou mieux encore avec le son resté sur le tamis après filtration des eaux de lavage de la préparation du gluten; on l'étend sur une soucoupe en porcelaine et on la triture avec une solution de sulfate ferreux du commerce. La farine de blé prend une teinte jaune; celle de haricots se colore en jaune orangé; celle des féveroles se teinte en vert bouteille. D'après Chancel cette coloration se verrait encore dans un mélange à 10 pour 100; j'ai pu en reconnaître jusqu'à 3 pour 100.

Donny a reconnu que la farine de féveroles et de vesces prend une belle coloration rouge quand on la soumet successivement à l'influence des vapeurs d'acide azotique et d'ammoniaque; les autres farines se colorent tout au plus faiblement en jaune pâle. On enduit le bord interne d'une capsule avec de la farine humectée, de manière que le fond de la capsule reste découvert, on y verse 2 à 3 centimètres cubes d'acide azotique, que l'on vaporise à l'aide d'une douce chaleur; on s'arrête lorsque la farine est tachée partiellement en jaune; on volatilise dans les mêmes conditions de l'ammoniaque, et l'on verra, soit à l'œil nu, soit à la loupe, des points rouges dont le nombre dépend de la proportion de farine de légumineuses.

Lecanu a proposé également de rechercher la *légumine*

(caséine végétale), qui n'existe pas dans la farine de blé ; on délaye pour celà la farine dans son décuple d'eau froide ; on fait bouillir le liquide filtré et on le concentre au bain-marie ; on y verse ensuite goutte à goutte de l'acide acétique, qui doit produire un précipité ; ce précipité doit se redissoudre complétement dans la potasse, ne pas bleuir par l'iode et se colorer en rouge par le réactif de Millon [1]. Ce caractère ne pourrait pas servir lorsque la farine altérée contiendrait des composés ammoniacaux, car l'albumine de la farine de blé se comporterait alors d'une manière identique. Louyet a démontré de plus que la farine contenant du sarrasin, de la poudre de tourteau, du colza, du maïs et même du chlorure de sodium, présentait les mêmes caractères.

Il devient souvent important de constater l'espèce de légumineuses qui a été ajoutée à la farine. Ce problème est encore plus difficile que le précédent, les organes du goût et de l'odorat pourront nous être de quelque utilité ; il suffit de faire cuire une bouillie avec la farine suspecte, pour percevoir l'odeur de haricots, de pois, etc. Un moyen chimique que l'on a proposé est le suivant. On traite le résidu laissé par les eaux de lavage de la préparation du gluten au bain-marie avec de l'acide chlorhydrique étendu de 3 ou 4 fois son volume d'eau ; après quelque temps de macération, il reste du tissu cellulaire, qui est fortement coloré en rouge lie de vin avec les farines de féveroles, de vesces, de lentilles ; le résidu est incolore avec la farine de blé, de haricots et de pois.

Ce sont principalement les farines de féveroles, de haricots et de pois, qui sont ajoutées au pain ; leur couleur vert d'eau s'incorpore très-bien à celle de la farine, tant que leur proportion n'atteint pas 5 pour 100 ; la farine de lentilles et de vesces est trop colorée pour pouvoir être ajoutée avec succès.

II. ESSAI DES VINS.

§ 585. *Généralités.* — L'industrie chimique était peu avancée au commencement de ce siècle, aussi les falsifications des den-

[1] 125 grammes de mercure dissous à froid dans 168 d'acide azotique de 1,4 de densité et étendus de deux volumes d'eau.

rées alimentaires et notamment des boissons étaient-elles empreintes d'un caractère tellement grossier, que la constatation des faits incriminés ne présentait que peu de difficultés. Il n'en est plus de même aujourd'hui et l'art de la fabrication des vins est arrivé à un tel degré de perfectionnement, que le chimiste se verra souvent obligé de décliner sa compétence et de s'en rapporter au jugement du gourmet.

Autrefois on faisait les vins de toutes pièces, surtout dans les grandes villes en mêlant de l'eau, de l'alcool, des matières colorantes et odorantes, au besoin même de la crème de tartre. Aujourd'hui la facilité des communications permet d'importer dans les localités les plus éloignées les vins du Midi, dont la richesse alcoolique est augmentée par l'addition d'alcool ; cette opération dite le *vinage* est nécessaire, car elle permet la conservation des vins pendant le transport. Le fabricant de vin se contente, d'ajouter à ces vins de l'eau ou des vins de qualité inférieure ; cette opération connue sous le nom de *mouillage* ne constitue qu'une fraude. D'autres fois le marchand coupe son vin avec de l'eau, puis rehausse la couleur en ajoutant au mélange quelques bouteilles de vin des Pyrénées fortement chargé de matières colorantes. Ces procédés ne donnent pas naissance à des produits qui puissent compromettre la santé ; il n'en est plus de même, lorsque dans le but de pouvoir augmenter l'addition d'eau, on a ajouté de l'alcool de qualité inférieure (eaux-de-vie de grains, de betteraves) ; l'alcool amylique contenu dans l'alcool peut donner naissance à une ivresse dont les suites sont plus fâcheuses que celles de l'alcool de vin.

La fabrication des vins blancs, et notamment celle des vins du Rhin, se fait sur une échelle des plus larges, et d'après un procédé scientifique ; le consommateur recherche surtout dans ces vins l'arome, qui est dû a des quantités excessivement faibles d'éthers œnanthique, pélargonique, etc. La science est parvenue à produire ces éthers artificiellement ; et l'on parvient par un mélange en proportion convenable de ces éthers à imiter le bouquet de certains crus. Il s'ensuit que la plupart des vins du Rhin sont des vins blancs d'Alsace, aromatisés par des éthers.

Le chimiste qui est chargé d'une expertise judiciaire peut se

borner aux essais suivants : détermination de la richesse alcoolique des vins ; pesée du résidu laissé par l'incinération ; l'examen
de ce dernier doit être fait au point de vue de la recherche des
sels toxiques, plomb, cuivre, alun, etc. ; détermination de l'acidité ; constatation de la présence ou de l'absence des matières
colorantes étrangères.

§ 586. *Détermination de la richesse alcoolique.* — Cette détermination se fait en soumettant un volume déterminé de vin à la
distillation, et examinant les produits distillés et condensés avec
soin à l'aide de l'alcoomètre de Gay-Lussac. L'appareil de Salleron est très-commode pour faire rapidement cette détermination.

On introduit dans le ballon B, une quantité de vin mesurée
dans l'éprouvette L, que l'on remplit jusqu'au trait d'affleure-

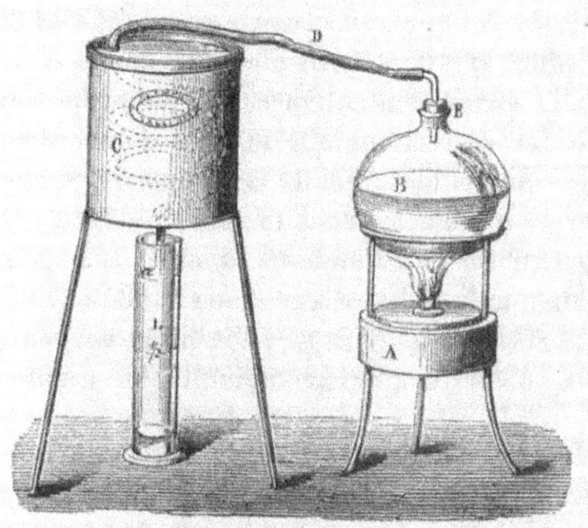

Fig. 52.

ment *a*. On chauffe avec la lampe A ; les produits distillés se
condensent dans le serpentin C et se rendent dans l'éprouvette L
que l'on a lavée à l'eau distillée et séchée. On peut s'arrêter lorsque l'éprouvette est remplie au 1/3 ou à moitié ; on ajoute de
l'eau distillée jusqu'au trait *a*, et l'on a ainsi un volume égal
au vin exempt de sel et contenant tout l'alcool. L'appareil est
muni d'un petit thermomètre et d'un alcoolomètre. On note le de-

gré alcoolométrique (n) et la température (t). On trouvera facilement à l'aide des tables la richesse alcoolique exprimée en pour cent d'alcool absolu et à la température de $+ 15°$. On peut, lorsqu'on n'a pas ces tables à sa disposition, arriver au même résultat à l'aide de la formule de Francœur

$$n' = n \pm 0,4\, t$$

dans laquelle n' représente la richesse pour cent en alcool absolu à $+ 15°$,

n le degré observé à l'alcoolomètre

t la différence de température entre celle à laquelle l'observation a été faite et $15°$.

Le signe négatif sert pour les températures supérieures à $+ 15°$.

On peut encore se servir avec avantage du *liquomètre* de Musculus et Valson ; cet appareil consiste en un tube capillaire gradué dans lequel le vin s'élève d'autant moins qu'il contient plus d'alcool ; la détermination se fait très-rapidement, mais exige quelques corrections qui se font d'une manière très-facile à l'aide d'une table jointe à l'appareil. Les indications fournies par le liquomètre sont toujours plus fortes que celles que l'on obtient avec l'alambic ; la différence peut s'élever jusqu'à $1°$ lorsque la richesse alcoolique monte à $15°$ p. 100 ; ce fait s'explique facilement puisque l'ébullition quelque prolongée qu'elle soit, n'enlève qu'avec difficulté les dernières traces d'alcool.

§ 587. *Indications fournies par la richesse alcoolique.* — La richesse alcoolique ne nous permet pas de tirer des conclusions nettes relativement à la question de savoir si le vin est naturel. La quantité d'alcool contenue dans les vins varie avec les diverses contrées, les divers crus, et pour les crus de la même localité avec l'année. On doit par suite faire des essais comparatifs sur des vins naturels ayant la même provenance que les vins suspects. Les chiffres que nous allons citer indiquent la richesse alcoolique moyenne en pour cent d'alcool absolu de quelques vins consommés en grande quantité. On remarquera que la proportion d'alcool est loin d'influer seule sur les qualités du vin.

Vin de Bagnols.	17
— de Malaga.	11
— de Madère, Chypre.	15
— de Barzac.	14,7
— d'Angers.	12,9
— de l'Ermitage.	11
— de Bourgogne (Volnay).	11
— de Mâcon.	10
— du Midi ordinaire.	9,8
— de Saumur.	9,9
— du Bas-Rhin.	9,5 (à 11)
— de Bordeaux (Château-Laffitte, Margaux).	8,7

On doit de plus se rappeler que certains vins sont *vinés* pour supporter le transport, et que beaucoup de cultivateurs commencent par prendre l'habitude d'ajouter du glucose au moût de raisin (vin pétiotisé) et augmentent ainsi de beaucoup la richesse alcoolique naturelle.

L'attention de l'expert doit principalement se porter sur la nature de l'alcool qu'il a isolé par la distillation, surtout lorsque cette proportion est un peu forte. L'addition d'alcool de vin est moins préjudiciable à la santé que celle des alcools qui contiennent de l'alcool amylique. La recherche de ce dernier corps pourra se faire à l'aide de l'un des procédés qui se trouvent décrits à la page 259.

§ 588. *Détermination du résidu, indications qu'elle fournit.* — On avait avancé à une certaine époque, que le vin quelle que fût sa provenance, renfermait à peu de chose près la même proportion de matière inorganique qui oscillait autour de 22 p. 1,000. Le fait ne paraît pas être aussi général qu'on l'avait cru d'abord, et je crois pour ma part que l'examen comparatif avec du vin naturel récolté sur le même terrain devra toujours être fait. Un résidu insignifiant ou notamment plus faible, permettrait de conclure que le vin a été mouillé; l'augmentation de poids pourrait mettre sur la trace du *plâtrage* des vins.

On peut, à la place de l'incinération, se contenter de déterminer (d'une manière comparative si c'est possible) la quantité de résidu laissé par l'évaporation. Cette opération doit se faire sur 100 ou 200 centimètres cubes; on la commence à l'étuve et on l'achève dans l'étuve à air chauffée à + 105°. La pesée du résidu exige quelques précautions, car le résidu est très-hygroscopique.

Le résidu peut dans certains cas renfermer de notables quantités de *glucose*, qui n'ont pas encore subi la fermentation; cela est surtout le cas pour les vins péfiotisés ou pour ceux dont on a voulu masquer le goût acerbe par une addition de glucose (rarement de sucre de canne). On peut démontrer la présence de la glucose, en redissolvant le résidu dans de l'eau, y ajoutant un peu de levûre de bière, et plaçant le tout dans un tube que l'on achève de remplir avec du mercure; ce tube est renversé sur la cuve et abandonné à une température de 15 à 20°; la fermentation de la glucose se reconnait au dégagement d'acide carbonique qui déprime la colonne mercurielle. La liqueur de Barreswil peut également être mise à profit, mais elle n'indique que la glucose et non le sucre de canne; on doit se rappeler que la réduction du sel cuivrique ne se faisant que dans un liquide alcalin, il convient d'ajouter au préalable une quantité suffisante de potasse. Le dosage de la glucose pourra se faire à l'aide de la même liqueur, en suivant les précautions que nous indiquerons en parlant du lait (p. 656).

C'est également dans ce résidu qu'il faut rechercher l'*alun*, le *sulfate de cuivre* et l'*acétate de plomb*, que l'on a quelquefois retrouvés dans des vins sophistiqués. La recherche de ces corps se fait d'après les méthodes que nous avons indiquées en parlant de ces métaux.

La présence du *cuivre* doit être regardée comme accidentelle et n'indique pas une intention frauduleuse; il n'en est pas de même de celle du *plomb*. On ajoute parfois aux vins ayant subi la fermentation acétique de l'oxyde de plomb, qui neutralise l'acidité et donne naissance à un sel dont la saveur sucrée et astringente rehausse le goût souvent fade que les vins aigris possèdent quand on les neutralise. Cette fraude a été sévèrement réprimée et n'a plus été signalée à ma connaissance dans ces derniers temps. L'*alun* est ajouté aux vins, surtout aux vins rouges pour en augmenter l'astringence; d'après Lassaigne du vin qui ne contiendrait que 1/2000 d'alun laisserait déposer une laque quand on le chauffe.

§ 589. *Acidité des vins.* — Les vins sont toujours plus ou moins acides. On admet communément que l'acidité est due au tartrate acide de potassium (crème de tartre); mais il y a encore d'autres éléments qui jouent un rôle comme nous le verrons plus loin.

On détermine l'acidité du vin, comme celle du vinaigre, à l'aide de l'alcalimétrie; la couleur du liquide ne permet pas de se servir comme liquide indicateur de la teinture de tournesol; il faut la remplacer par le papier. On exprime l'acidité du vin en admettant que l'acidité soit due en entier à de l'acide tartrique; chaque centimètre cube de notre liqueur titrée de soude normale neutralise $0^{gr},059$ d'acide. La proportion d'acide varie entre 6 et 9 p. 1,000.

Il convient cependant de s'assurer lorsque cette acidité semble exagérée, de rechercher l'*acide sulfurique libre*, dont certains vins du Midi, d'après Lassaigne, en renfermeraient de 2 à 5 millièmes. On suivra l'un des procédés que nous exposerons en parlant du vinaigre.

Le fabricant n'a pas toujours la précaution d'ajouter au mélange d'alcool et d'eau, qu'il vend sous le nom de vin, de la crème de tartre qui se trouve dans tous les vins naturels. On a pu, en se basant sur les résultats de cette analyse, arriver à la constatation de certains mélanges; les formules usitées actuellement pour la fabrication du vin que j'ai eu l'occasion d'examiner indiquent toutes de l'acide tartrique et enlèvent ainsi au chimiste un caractère qui pouvait lui présenter quelques points de repère.

La découverte de Pasteur de la production de l'*acide succinique* et de la *glycérine*, dans les produits de la fermentation alcoolique avait fait naître l'espoir que l'on pourrait constater les fraudes en dosant l'un de ces composés. Le procédé paraît avoir réussi entre les mains de quelques experts, mais ne permet pas, employé seul, de tirer une conclusion certaine, car nous ne savons pas encore d'une manière certaine les proportions dans lesquelles peut varier l'acide succinique suivant les crus et les années. D'autre part le fraudeur ajoute toujours, comme nous l'avons dit, à son mélange une certaine quantité de vin naturel et alors la solution de la question devient encore plus difficile.

Je ne crois devoir m'occuper avec quelques détails que de la recherche des tartrates et de l'acide tartrique libre.

§ 590. *Dosage de l'acide tartrique et du tartrate acide de potassium.* — Je n'indiquerai que le procédé de Berthelot et Fleurien, qui conduit rapidement au but, à l'aide de deux dosages volumétriques; les deux auteurs recommandent de substituer à la soude titrée, l'eau de baryte (dont on détermine au préalable le titre avec de l'acide azotique titré).

La première opération consiste à précipiter le tartrate acide de potassium à l'aide d'un mélange à volumes égaux d'alcool et d'éther; l'opération se fait dans un ballon et l'on ajoute à 100 centimètres cubes de vin 500 centimètres cubes de mélange; la précipitation est complète après vingt-quatre heures; la majeure partie du précipité reste adhérente aux parois du vase; on filtre le liquide qui contient les acides libres, les matières colorantes[1] et on lave le filtre avec quelques gouttes du mélange alcoolique. Cela fait on retire le filtre; on détache le précipité à l'aide de la pissette et on le fait tomber dans le ballon, et on procède au dosage.

La deuxième opération se fait en neutralisant *exactement* par de la potasse 100 centimètres cubes de vin; le liquide ne doit pas être trop alcalin, car sans quoi le dosage serait fautif; on lui ajoute ensuite 400 autres centimètres cubes, puis on traite comme précédemment 100 centimètres cubes du liquide mélangé. L'augmentation de titre représente *environ la moitié* de l'acide tartrique contenu dans le vin à l'état de liberté.

Les auteurs ont expérimenté leur procédé sur un grand nombre de vins; rarement ils ont trouvé que le vin renfermait la proportion de tartrate acide de potassium que pourrait dissoudre un mélange d'eau et d'alcool semblable au vin; il n'y ont trouvé d'ordinaire que le 1/3 ou la 1/2; d'après eux il n'existerait aucun rapport entre l'acidité totale et la proportion de crème de tartre. L'acide tartrique existe encore plus rarement à l'état de

---

[1] La liqueur retient un peu de crème de tartre, mais cette perte (0gr,002) est compensée par la présence dans le précipité d'une petite quantité de tartrate de calcium. — Bolley.

liberté; il y a donc dans le vin d'autres acides libres dont la nature ne nous est pas connue[1].

§ 591. *De l'acide acétique contenu dans les vins.* — Presque tous les vins paraissent renfermer une petite quantité d'acide acétique, mais qui est insignifiante lorsque le vin n'a pas tourné à l'aigre; dans ce dernier cas il se produit toujours aux dépens de l'alcool une quantité variable d'acide acétique, qu'il importe de déterminer.

Le résidu de l'évaporation des vins doit toujours être *acide*, car le vin renferme du tartrate acide de potassium; ce n'est donc pas ce résidu qui pourrait servir à rechercher l'acide acétique, car cet acide volatil aura eu le temps de se dégager pendant l'évaporation. On peut rechercher l'acide acétique par la méthode alcalimétrique; il suffit de doser l'acidité de 100 centimètres cubes de vin à l'aide d'une solution titrée de soude (v. p. 500), puis de refaire la même opération sur 100 centimètres cubes de vin évaporés à siccité et repris par de l'eau. La coloration du liquide ne permet pas de se servir comme liquide indicateur de la teinture de tournesol; il convient d'employer un papier très-sensible. Les deux dosages ne seront jamais bien d'accord, car le vin renferme toujours de petites quantités d'acide acétique ou d'autres acides volatils; ce n'est que si la différence était notable qu'il faudrait procéder à une analyse plus rigoureuse. Il conviendrait dans ce cas de distiller un litre de vin et de saturer les produits condensés dans un récipient bien refroidi, par de la soude titrée; ce liquide évaporé à siccité peut être mêlé avec un peu d'acide arsénieux; chauffé dans un petit tube il doit dégager un gaz qui a l'odeur caractéristique du cacodyle.

Lorsque le vin a tourné à l'aigre, quelques fabricants ont pour coutume de lui ajouter du carbonate de potassium ou de sodium; lorsque l'extrait est acide on peut être sûr que le résidu ne contient plus d'acide acétique, car le tartrate acide de potassium

---

[1] Dans une expérience, ils ont trouvé : acide total compté comme acide tartrique libre 7^{gr},4.

Acide tartrique dosé directement 1^{gr},6.

Acide acétique, quelques décigrammes.

Acide succinique 1^{gr},5.

Reste à expliquer à quels acides sont dus l'excédant d'acidité de 5^{gr},8.

aura décomposé à chaud les acétates ; il n'en est plus de même si le résidu est *neutre* ou *alcalin*. On a proposé dans ce cas de distiller le résidu avec une petite quantité d'acide sulfurique étendu d'eau et de doser l'acidité du liquide qui passe à la distillation.

Le procédé suivant m'a donné de bons résultats ; j'ai agité dans un cas semblable le résidu desséché avec de l'alcool à 95° qui dissout les acétates alcalins ; le résidu de l'évaporation est repris par quelques gouttes d'alcool et d'acide sulfurique concentré ; il se forme de l'acétate d'éthyle dont l'odeur devient très-nette quand on ajoute au mélange après qu'il a réagi quelques minutes, quelques centimètres cubes d'eau.

On pourra conclure de la présence des acétates en quantité un peu notable que le vin a commencé à subir la fermentation acétique ; si la proportion de sels est plus forte que celle qui laisse un vin du même cru et de la même année, on sera de plus en droit d'admettre qu'on a cherché à masquer l'acidité par l'addition de carbonates alcalins.

Il faudra néanmoins, pour arriver à une certitude plus complète, incinérer 100 centimètres cubes de vin suspect et 100 centimètres cubes de vin pur comme type de comparaison et doser les alcalis dans le résidu à l'aide de l'acide sulfurique titré. Le vin renfermant beaucoup d'acétate laissera un résidu bien plus alcalin.

§ 592. *Vins plâtrés.* — Dans quelques contrées les eaux contiennent une notable partie de sulfate ; l'addition d'une eau semblable à du vin, produit une double décomposition de laquelle résulte du tartrate neutre de calcium insoluble et du sulfate de potassium qui reste en solution. Ce phénomène se produit encore à un bien plus haut degré si le vigneron a *plâtré son vin*. On a proposé de doser dans ce cas de préférence à la chaux la quantité de sulfate ; le conseil des armées refuse tout vin qui, par litre, contient plus de 4 grammes de sulfate de potassium. Poggiale a rendu cette recherche familière aux personnes les moins expertes aux manipulations chimiques ; il compose une liqueur acide titrée de chlorure de baryum[1] dont chaque centimètre cube correspond à 4 milligrammes de sulfate de potassium ;

---

[1] 4,781 de chlorure par litre.

il suffit d'ajouter à 10 centimètres cubes de vin 10 centimètres cubes de liqueur titrée et de filtrer, si le liquide filtré et limpide précipite par une nouvelle addition de chlorure de baryum on peut être assuré que le vin renferme une quantité de sulfate plus forte que celle admise par la tolérance.

§ 593. *Matières colorantes.* — L'étude des matières colorantes du vin rouge et de celles que l'on emploie comme succédanées a occupé de nombreux chimistes, mais le succès n'a pas encore couronné leurs efforts. La difficulté est d'autant plus grande que la matière colorante des vins rouges paraît subir elle-même des modifications avec l'âge du vin. Sans passer en revue tous les procédés, je m'arrêterai aux procédés pratiques et surtout à ceux que j'ai eu occasion de contrôler sur des vins naturels (vin rouge d'Ottrot) dont la pureté était absolue.

D'après *Filhol* du vin naturel additionné d'ammoniaque en excès et puis de sulfure d'ammonium donne un liquide vert ; le liquide est bleu, violet ou rose avec les autres matières colorantes ; le fait est vrai mais je me suis assuré que 1 partie de vin naturel donnait encore la coloration verte quand on le mêlait avec le triple de son volume de vin blanc coloré par des pétales de rose trémière ou de myrtilles.

Le procédé de *Nees d'Esenbeck* est plus sensible dans ce cas ; on ajoute au vin une solution d'alun (un 11°) puis un peu de carbonate de potassium ; après vingt-quatre heures le vin naturel a abandonné un précipité gris sale, avec une teinte légèrement rougeâtre. La couleur avec les vins falsifiés est au contraire gris bleuâtre (coquelicot, baies de sureau), violette (bois bleu, baies d'hièble), rouge (bois de Fernambouc), ou verte (tendre) ; ces colorations étrangères peuvent souvent être aperçues même en présence de celle qui est due au vin naturel.

Je ne ferai guère que mentionner les autres procédés ; la description des couleurs telle qu'on peut la donner dans les ouvrages n'est jamais assez précise, et il vaut mieux dans les expertises expérimenter soi-même en opérant comparativement sur le vin suspect et sur du vin naturel. *Orfila* soumet le vin à l'action de l'alun, de l'azotate de protoxyde d'étain et du chlorure d'étain. *Jacob* emploie un mélange d'alun, de carbonate d'ammonium et d'une solution d'acétate de plomb. *Roméi et Sestini* proposent de soumettre à l'action de l'acide sulfurique et de l'acétate de plomb le vin dialysé ; le vin naturel se colore en rouge violet et précipite en gris bleuâtre foncé ; les vins colorés par du bois de campêche ou de Brésil donnent, dans les mêmes conditions, une coloration rose faible et des précipités bleu foncé et rouge de vin.

Le picrate de potassium d'après *Müller* trouble le vin naturel et le colore en brun jaune sale ; il donne naissance à une coloration d'un rouge cramoisi et ne produit pas de trouble dans le vin coloré avec les fleurs de mauve. Je ne fus pas très-satisfait des résultats que j'obtins avec des mélanges de vin naturel et coloré. La même remarque s'applique au procédé *de Böttger*. La matière colorante des fleurs de mauve, des bois de myrtille, serait retenue d'après cet auteur avec plus d'affinité par un morceau d'éponge blanche (lavée à l'acide pour la débarrasser des matières calcaires) que celle du vin naturel. Il suffirait de laisser tremper des morceaux d'éponge dans le vin, de les laver quinze fois à l'eau, de les comprimer entre des feuilles de papier buvard et de les dessécher ; l'éponge garde une coloration grise ou ardoisée avec les matières colorantes citées.

Chacun de ces procédés est très-bon quand on l'examine avec une matière colorante unique ; il donne parfois des résultats satisfaisants quand le liquide renferme deux matières colorantes, et on ne peut plus compter sur ses indications dès que la proportion de vin naturel devient un peu forte.

Il ne reste par suite qu'à faire des essais comparatifs, et bien souvent en passant en revue l'action de tous les réactifs sur des vins renfermant sciemment des matières colorantes étrangères, n'arrivera-t-on qu'à des résultats sur lesquels un expert consciencieux ne saurait baser un jugement solide.

§ 594. *Maladies des vins.* — Les vins sont sujets à des altérations et il arrive fréquemment que ces dernières sont regardées comme la preuve d'une sophistication et motivent une expertise judiciaire ; nous allons en dire un mot pour mettre l'expert sur ses gardes. La *pousse* est une seconde fermentation qui se développe tumultueusement dans le tonneau, et qui fait tourner le vin à l'amer ; on peut y remédier en transvasant le vin dans un tonneau soufré. Des vins qui contiennent peu de tannin, peuvent devenir gélatineux, ou comme l'on dit *graisseux*. Des vins qui renferment trop de tannin sont *astringents* naturellement; on corrige ce défaut en collant les vins un certain nombre de fois avec de l'albumine. *L'amertume* se développe souvent par l'âge chez des vins de Bourgogne, qui n'ont subi aucune sophistication. On voit parfois des vins rouges passer au *bleu*; le carbonate de potassium produit ce changement, mais cela ne prouve pas que ce sel ait été ajouté frauduleusement, car on sait que certains vins riches en matière azotée subissent une fermentation putride, qui transforme les tartrates en carbonates. Le *goût de fût* se produit quand le vin se recouvre de moisissures; il est dû à la formation d'une huile essentielle. Les *fleurs du vin* qui se montrent dans les tonneaux ou bouteilles mal bouchés, sont dues à l'action de l'air et sont produites par l'apparition d'un champignon blanc[1].

Citons encore une altération étudiée avec soin par Balard; le vin avait comme on dit *tourné*, il était devenu trouble, sa couleur avait passé du rouge vif au rouge jaunâtre, le bouquet avait disparu, la saveur était un peu amère. On y trouva un ferment spécial organisé, qui paraissait analogue à la levûre lactique. Nous renvoyons pour les détails au travail de Balard. On a eu occasion de constater à ce propos que beaucoup de vins du Midi et de la Bourgogne non altérés contenaient de l'acide lactique.

Toutes ces altérations se produisent, nous le répétons, tout aussi bien avec des vins naturels qu'avec des vins coupés, mouillés ou sophistiqués, et ne doivent par suite être invoquées comme preuve démonstrative d'une fraude.

§ 595. *Conclusions de l'expert.* — L'expert doit, en résumé, tenter tous les essais que nous venons d'indiquer; il doit toujours les faire comparativement, s'il y a possibilité, avec du vin de la même provenance; mais ses conclusions devront être prudentes. Sa réponse deviendra plus difficile lorsque le point de comparaison lui manque; c'est alors surtout qu'il doit peser avec sagacité tous les motifs sur lesquels il se base.

---

[1] V. pour plus de détails : *Études sur les vins, ses maladies, causes qui les provoquent, procédés nouveaux pour les conserver et les vieillir*, par Pasteur. 2ᵉ édit. revue et augmentée. Paris, 1873, 1 vol. gr. in-8° avec 32 pl. et 25 gr. dans le texte.

Quelquefois on rencontrera des cas exceptionnels dont la solution sera plus facile; ainsi un vin qui a le degré alcoolométrique normal, mais qui laisse peu de résidu, peu de tartrates, est un vin qui a été coupé avec de l'eau ou fait de toutes pièces.

Le chimiste fera bien dans toutes ses expertises de s'adjoindre un de ces *gourmets assermentés*, dont les décisions font autorité devant les tribunaux de commerce.

Une question que l'on pose toujours accessoirement est la suivante : le vin sophistiqué renferme-t-il des substances nuisibles à la santé? la réponse se basera sur les résultats fournis par l'examen du résidu et la recherche de l'acide acétique.

§ 596. *Vins composés*. — Il existe un certain nombre de vins liqueurs, qui peuvent souvent donner lieu à des plaintes; je citerai en première ligne le *vermouth*, qui, succédané de l'absinthe, a la réputation de ne pas produire les effets funestes de cette dernière. Decaine vient de démontrer récemment, que l'abus de cette boisson conduit aux mêmes résultats que l'absinthe, mais d'une manière un peu plus lente; il a fait voir de plus que l'on se servait de vins de qualité inférieure, souvent piqués, et de plantes qui n'ont plus leur première fraîcheur. On a également signalé dans ce vin la présence de l'acide sulfurique.

La falsification s'opère principalement sur les vins dits de *Malaga*, de *Madère*, etc. Le Malaga pur doit avoir un poids spécifique compris entre 1,050 et 1,070 et abandonner par l'évaporation un extrait dont le poids peut s'élever à 17 pour 100. Cet extrait doit se redissoudre dans l'eau et dans l'alcool affaibli en donnant un liquide clair d'un goût acidulé et un peu sucré (ressemblant à de la compote de prunes); son odeur doit être agréable et douce. Mélangé avec de l'ammoniaque, le vin donne naissance, au bout d'un certain temps, à un précipité cristallin de phosphate ammoniaco-magnésien (Bolley). Il ne doit pas se couvrir de moisissures, lorsqu'on l'abandonne pendant 2 à 3 semaines en petite quantité dans des vases ouverts.

C'est dans ces cas surtout qu'il convient de faire les analyses comparativement avec des vins sur la provenance desquels on peut compter [1].

---

[1] Malaga artificiel. — Vin blanc, cassonnade, eau-de-vie, eau de goudron.

III. EAUX-DE-VIE ET LIQUEURS.

§ 597. *Généralités*. — Les eaux-de-vie du commerce peuvent être regardées comme un mélange d'eau et d'alcool aromatisé par des éthers et d'autres produits volatils, dont la nature nous est inconnue ; ces derniers corps ne s'y trouvent qu'en proportion très-faible, et varient avec l'origine et le mode de préparation. Les principales eaux-de-vie sont le *cognac*, le *rhum*, le *tafia*, le *kirsch*, le *quetsch*, le *rack*. La sophistication consiste à ajouter à des mélanges d'alcool et d'eau des éthers préparés artificiellement, qui sont destinés à imiter le parfum naturel.

Les *liqueurs* sont des préparations contenant du sucre, de l'alcool et des essences, que l'on obtient en faisant macérer les plantes ou les parties des plantes avec de l'eau-de-vie ; quelquefois on distille l'alcool sur les plantes fraîches ou sèches. Ces liqueurs sont ornés des noms les plus bizarres ; quelques-unes sont colorées par les couleurs d'aniline. L'*absinthe* mérite surtout notre attention, car on y a signalé souvent la présence du sulfate de cuivre. Il sera très-difficile de reconnaître si l'alcool, qui a servi à la préparation de ces liqueurs, est de bonne ou mauvaise qualité.

§ 598. *Recherche de l'alcool amylique*. — L'expert, après avoir constaté la richesse alcoolique des liqueurs soumises à son examen, devra principalement s'efforcer de rechercher si l'alcool employé était de bonne qualité, de *bon goût*, comme on le dit vulgairement. Les eaux-de-vie préparées avec les grains, les betteraves ou les pommes de terre contiennent toujours une proportion assez forte d'huiles de pommes de terre ou d'alcool amylique, qu'il est impossible d'enlever complètement, même par les distillations les plus perfectionnées.

L'odorat est un très-bon réactif dans ce cas ; il suffit de laisser évaporer à l'air libre de l'eau-de-vie française dans un verre à boire, et d'odorer après avoir promené les quelques gouttes du liquide qui restent sur les parois ; on percevra de cette manière une odeur acidule et vineuse, non désagréable Des quantités très-faibles d'eau-de-vie de mauvaise qualité se reconnaîtront à la mauvaise odeur qu'ils communiquent au résidu.

On a proposé de mettre en contact 40 centigrammes de potasse solide avec 60 centimètres cubes de l'eau-de-vie suspecte, et d'évaporer au bain-marie ; la potasse retient l'alcool amylique. Il suffit de la traiter par de l'acide sulfurique pour percevoir l'odeur de ce dernier corps (Bolley). Stein a proposé l'emploi du chlorure de calcium qui retient également de préférence l'alcool amylique.

L'*azotate d'argent ammoniacal* ne doit pas colorer l'esprit-de-vin, mais se colorer en rouge ou en noir sous l'influence de l'alcool amylique ; cette réaction ne peut plus servir dès que l'esprit-de-vin est mélangé avec une essence.

L'examen comparatif de tous ces procédés, me fait donner la préférence à celui de Gros (p. 259), qui est basé sur la formation de l'éther amylacétique, qui possède une odeur de poire très-agréable et très-facile à déceler.

On peut encore, jusqu'à un certain point, se contenter de l'examen par l'acide sulfurique recommandé par Cabasse et dont j'ai déjà parlé au § 271.

§ 599. *Recherche des éthers, des essences, des aromates etc.* — Nous ne pouvons rien dire de général sur cette question ; le résidu de l'évaporation à une basse température présente quelquefois une odeur tellement caractéristique, que le doute n'est pas permis. L'examen des matières résinoïdes se fera d'après les procédés indiqués p. 257, 258, 261 et suiv. L'examen des essences pourra se faire à l'aide de la benzine ou du pétrole rectifié ; ces dissolvants sont enlevés par l'évaporation à une douce température et en suivant les précautions indiquées p. 268. L'odorat seul permet alors de résoudre la question, à moins qu'il ne s'agisse de la constatation de l'essence d'amandes amères (§ 244) ou de l'essence de mirbane.

Un certain nombre de liqueurs renferment des éthers acétique ou butyrique, que l'on y a ajoutés pour imiter le goût du cognac ou du rhum. Il y en a d'autres qui ont été obtenues en rectifiant à diverses reprises de l'alcool mauvais goût avec de l'acide acétique et sulfurique ; l'alcool amylique se transforme ainsi partiellement en éther amylacétique, qui a une odeur franche de poire. On vend en Allemagne, sous le nom d'éther butyrique, une solution alcoolique obtenue en distillant le beurre avec de l'alcool et de l'acide sulfurique; il se forme ainsi un mélange de divers éthers (butyrique, caproïque, caprylique etc.). Cet éther sert à la préparation des eaux-de-vie de cognac, du rhum, du quetsch; souvent l'éther se décompose, la liqueur devient alors acide et prend un goût de rance.

La recherche de ces éthers composés présente quelques difficultés; leur présence, en quantité très-faible, n'indique du reste pas une fraude. On pourrait, lorsqu'ils existent en quantité un peu notable, soumettre la liqueur à une première distillation; rectifier les produits sur du chlorure de calcium, et introduire le nouveau liquide dans un tube scellé avec de la baryte (procédé de Berthelot). On chauffe à $+ 140°$ pendant 4 heures; l'éther se décompose à cette température; le liquide est évaporé à siccité et divisé en deux parties. Dans l'une d'elles on recherche l'acide acétique (p. 499); l'autre traité par quelques gouttes d'alcool et d'acide sulfurique, dégagera l'odeur caractéristique de fraise, s'il y avait de l'acide butyrique. La constatation de ces deux corps doit faire admettre dans les eaux-de-vie la présence des éthers acétique et butyrique.

Le résidu de l'évaporation des eaux-de-vie peut encore être soumis aux essais suivants: on en dissout une certaine quantité dans de l'eau et l'on y ajoute un acide; si la liqueur contient du *savon*, on verra se séparer une couche plus ou moins épaisse de corps gras; on ajoute quelquefois cette substance pour faire *perler* l'eau-de-vie.

Le résidu ne doit pas être acide; les eaux-de-vie falsifiées contiennent quelquefois un peu d'acide acétique dont nous avons expliqué le mode d'action, de l'acide sulfurique, de l'alun; nous savons reconnaître ces trois corps.

La *couleur* des eaux-de-vie naturelles, qui est due à leur séjour dans des tonneaux en chêne, est souvent imitée par l'addition de caramel; le *goût* de futaille, qui est regardé comme une preuve d'ancienneté, peut être donné par une infusion de cachou, de tan, de cuir grillé. Le sulfate ferreux donne souvent dans ce cas avec l'eau-de-vie un précipité noir verdâtre; l'eau-de-vie naturelle ne se colore qu'en bleu très-faible.

Nous ne devons pas oublier de constater dans ce résidu l'absence de sels de cuivre, de plomb, de zinc ou d'aluminium, dont la présence a été signalée dans un certain nombre d'eaux-de-vie commerciales, et qui peut être attribuée au mauvais état des appareils distillatoires.

L'examen des eaux-de-vie, au point de vue hygiénique, présente, comme nous venons de le voir, de grandes difficultés; ces dernières sont plus nombreuses et pour la plupart impossibles à résoudre, lorsque la justice réclame une expertise concernant la sophistication des liqueurs. La présence des huiles essentielles du sucre etc., augmente les difficultés. L'expert devra mettre à profit toutes les indications qu'il peut obtenir sur les procédés employés à la préparation de ces boissons; il devra toujours rechercher la présence du cuivre dans l'absinthe.

IV. BIÈRE ET CIDRE.

§ 600. *Dosage de l'alcool.* — Nous n'aurons que peu de choses à dire de l'examen de la bière, car nous avons indiqué en divers points comment on pouvait constater dans cette boisson la présence de l'acide picrique, de la picrotoxine, de la strychnine, de la salicine, etc. On doit y rechercher également la présence du plomb, qui doit être attribuée à un défaut des appareils qui servent à la fabrication.

La bière qui *tourne* subit une nouvelle fermentation, dans laquelle il se produit de l'acide acétique ou lactique; l'analyse acidimétrique et l'examen microscopique donneront des résultats satisfaisants.

Je ne veux dire que quelques mots du dosage de l'alcool, qui présente souvent de l'intérêt; on a vu des brasseurs mettre en vente de la bière qui avait déjà subi un commencement d'altération, en y ajoutant une forte quantité d'alcool, qui retardait les phénomènes de décomposition. La bière ainsi altérée était non-seulement enivrante, mais elle produisait encore des accidents gastriques.

La détermination rigoureuse de l'alcool exige plus de précautions que celle du vin. Il convient d'opérer au moins sur un litre de liquide, que l'on chauffe dans la cornue h, dont le col est fortement relevé pour que les vapeurs d'eau puissent retomber. On s'arrête lorsque 410 centimètres cubes ont passé à la distillation ; cette dernière est rendue souvent très-difficile par la mousse qui se forme très-facilement. On recommence l'opéra-

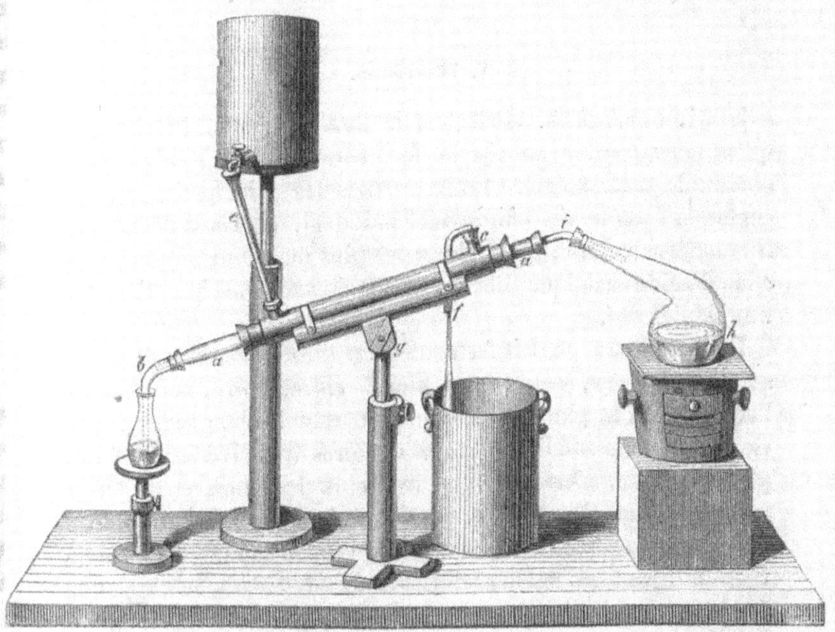

Fig. 35.

tion dans le même appareil bien lavé avec le liquide distillé et l'on ne recueille que 100 centimètres cubes ; on en prend le degré alcoolométrique, et l'on multiplie ce résultat (corrections faites) par dix pour avoir la richesse alcoolique réelle de cette boisson. Elle varie du reste beaucoup pour les bières de diverses origines : ale de Boston 1,2 ; ale d'Édimbourg 5,7 ; porter 5,7 ; bière de Strasbourg de 3,9 à 5 ; bière de Lille 2,9 ; bière de Paris 1,9.

Ce que nous venons de dire s'applique également au *cidre ;* ce dernier renferme de 9,1 à 4,8 pour 100 d'alcool. Cette boisson est acide, aussi a-t-on eu occasion de saisir assez fréquemment des cidres qui renfermaient du plomb. L'introduction de ce corps a été attribuée tantôt à une sophistication, analogue à celle que l'on fait subir aux vins (vins lithargyrés), tantôt à un oubli des précautions les plus vulgaires dans le choix des vases dans lesquels cette boisson devait être conservée.

V. VINAIGRES.

§ 601. *Généralités.* — Autrefois l'on n'obtenait le vinaigre qu'en faisant subir au vin la fermentation acide ; le produit obtenu de cette manière renferme tous les principes minéraux contenus dans le vin (chlorures, sulfates), la crème de tartre, les matières colorantes et odorantes plus ou moins modifiées et enfin l'acide acétique libre qui a pris naissance par l'oxydation de l'alcool.

De nos jours on fait fermenter un grand nombre de boissons alcooliques, eau-de-vie, bière, cidre, poiré, voire même l'amidon et la glucose. Il s'ensuit que la composition des vinaigres obtenus à l'aide de ces matières très-diverses, est des plus variables. C'est ainsi que le résidu des vinaigres de fruits ne contient pas de crème de tartre, mais de l'acide malique. Un autre mode de fabrication consiste à vendre comme vinaigre de vin, un mélange d'acide acétique et d'eau ; l'acide acétique que l'on emploie est l'acide que l'on obtient par la distillation du bois, qui est souillé fort souvent par des matières empyreumatiques volatiles ; quelquefois on emploie un acide purifié de la manière suivante : l'acide pyroligneux rectifié par la distillation est neutralisé par de la soude ; l'acétate de sodium chauffé à +250°, se trouve débarrassé de la majeure partie des matières empyreumatiques ; on décompose l'acétate de sodium recristallisé par une solution concentrée et pesée d'acide sulfurique ; le sulfate de sodium se dépose et l'on décante le liquide clair. Si ce dernier est distillé, on obtient un produit pur. Le fabricant fait entrer souvent directement le liquide décanté dans la fabrica-

tion de son vinaigre ; ce dernier renferme toujours dans ce cas
une notable proportion de sulfate de sodium et quelquefois
même de l'acide sulfurique libre, si l'on a employé un excès
d'acide pour la décomposition de l'acétate.

Les falsifications consistent à rehausser l'acidité de vinaigres
trop faibles, par l'addition d'acides minéraux, sulfurique, azotique ou chlorhydrique ; on en augmente la saveur en le faisant
macérer sur du poivre, du piment ou d'autres substances âcres ;
on a signalé récemment une nouvelle sophistication, qu'il est plus
difficile de constater, c'est celle de l'addition d'acide tartrique.

Les lignes précédentes font comprendre combien l'examen du
vinaigre peut devenir difficile. Les questions posées par la justice
sont d'ordinaire les suivantes : 1°) Le vinaigre est-il fabriqué
avec du vin. 2°) Son acidité n'est-elle pas due en totalité ou partiellement à des acides minéraux. 3°) Ne renferme-t-il pas de
substances nuisibles à la santé. Nous allons passer en revue les
diverses opérations qu'il faut faire, pour pouvoir éclairer la
justice.

§ 602. *Acétimétrie*. — On a proposé des procédés spéciaux
pour doser l'acide acétique ; je n'en parlerai pas, car ils ne sont
d'aucune utilité pour le chimiste qui a un laboratoire à sa disposition. Le dosage peut se faire directement dans le vinaigre à
l'aide de la solution titrée de soude dont 1 centimètre cube correspond à $0^{gr},06$ d'acide acétique ; on doit seulement se servir
du papier de tournesol pour reconnaître le moment où l'opération est achevée. Les bons vinaigres d'Orléans contiennent de 6
à 8 pour 100 d'acide.

Cet essai suffisant pour les circonstances ordinaires, doit être
complété de la manière suivante lorsqu'il s'agit d'une expertise
judiciaire. Le vinaigre doit être distillé ; on condense les produits dans un récipient bien refroidi, et l'on cesse l'opération
lorsque les 4/5 du liquide environ ont passé. On ajoute de
l'eau distillé jusqu'à ce que le volume primitif du vinaigre sur
lequel on opère ait été rétabli, et l'on en détermine le titre acéti-
métrique. Si les deux titres concordent à peu de chose près,
l'acidité du vinaigre ne doit être attribuée qu'à un acide volatil ;
cela ne sera pas forcément de l'acide acétique, car les acides

chlorhydrique et azotique passeront également à la distillation. Il est peut-être plus expéditif de doser directement l'acidité du résidu étendu d'eau, de cette manière l'on n'a pas à craindre de perte par la distillation. Ce résidu sera toujours un peu acide avec le vinaigre de vin, car nous avons vu que ce liquide contenait une certaine quantité de tartrate acide de potassium ; l'acidité sera bien plus prononcée avec les vinaigres de fruits qui renferment beaucoup d'acide malique, ou les vinaigres auxquels on aurait ajouté frauduleusement de l'acide sulfurique ou de l'acide tartrique.

Lorsque ce dernier cas se présente, on recherchera l'acide tartrique par le procédé que nous avons indiqué en parlant du vin et l'acide sulfurique par l'une des méthodes suivantes.

§ 603. *Recherche de l'acide sulfurique libre.* — Le chlorure de baryum ne saurait être d'une grande utilité, car nous savons que le vin renferme toujours des sulfates, et d'autre part nous avons vu que l'acide acétique, retiré des produits de la distillation du bois, était souvent mélangé de sulfate de sodium.

Le procédé le plus rigoureux consiste à reprendre par de l'alcool éthéré le résidu de l'évaporation du vinaigre ; le liquide évaporé à siccité est repris par une petite quantité d'eau, acidulé par quelques gouttes d'acide azotique, et traité par du chlorure de baryum. Un précipité qui se forme dans ce cas, indique la présence de l'acide sulfurique, car les sulfates sont insolubles dans l'alcool éthéré. Le sulfate de baryum bien lavé sera mélangé de charbon et de carbonate de sodium, il se forme ainsi un sulfure qui, placé sur une pièce de monnaie d'argent et mouillée avec de l'eau acidulée, la colore en noir. Cet essai exige quelque habileté opératoire ; il faut surtout avoir soin que l'alcool éthéré n'enlève pas quelques traces du liquide insoluble ; je me suis toujours trouvé très-bien de reprendre une seconde fois par de l'alcool éthéré le résidu de la première évaporation, avant d'employer le chlorure de baryum.

D'autres procédés plus expéditifs ont été proposés, mais ils sont tous, comme nous allons le voir, sujets à caution.

L'acide sulfurique libre noircit le sucre de canne, quand on porte la température à 100°. Ce procédé, dû à *Runge* (v. p. 490),

ne peut guère servir pour le vinaigre, car les matières colorantes qu'il renferme souvent, rendent la réaction douteuse. Une
modification de ce procédé consiste à tracer quelques caractères sur une feuille de papier avec le vinaigre suspect, et de
chauffer à une température insuffisante pour charbonner le
papier ; les caractères paraîtront en noir, lorsqu'il y a des
traces d'acide sulfurique libre. Le même phénomène se produit
malheureusement avec l'acide malique pur ; cette réaction perd
donc de sa valeur, car nous avons vu que les vinaigres de fruits
renferment ce dernier composé.

Le papier bleu de tournesol rougi par de l'acide acétique,
reprend sa coloration quand on le chauffe ; la couleur persiste
quand il y a de l'acide sulfurique dans le vinaigre. La même
réaction se produit avec l'acide tartrique, l'acide malique, le
tartrate acide de potassium.

L'acide acétique pur ne saccharifie pas l'amidon ; aussi 50 centimètres cubes de vinaigre bouillis avec quelques grains d'amidon et évaporés de moitié, donnent un liquide qui bleuit par
l'addition d'une goutte de teinture d'iode ; l'acide sulfurique
saccharifiant l'amidon dans ces conditions, on n'aurait pas de
coloration bleue par l'iode. L'acide chlorhydrique se comportera
comme l'acide sulfurique. Il convient de remarquer que cet
essai est d'une exécution un peu difficile ; on court le risque
d'employer un excès d'amidon, dont une partie seulement est
saccharifié, et d'autre part j'ai vu souvent que la saccharification
ne se produisait pas dans ces conditions avec un acide sulfurique
très-affaibli.

Böttcher a proposé de chauffer dans un tube le vinaigre avec
quelques gouttes d'une solution aussi concentrée que possible
de chlorure de calcium ; le liquide refroidi se trouble (dépôt de
sulfate de calcium), s'il renfermait de l'acide sulfurique libre ;
il reste limpide lorsque le vinaigre ne contient que des sulfates.
Ce procédé n'a pas été contrôlé par d'autres expérimentateurs.

§ 604. *Recherche des acides inorganiques volatils.* — *L'acide
chlorhydrique*, pas plus que l'acide sulfurique, ne peut être reconnu dans le vinaigre brut, car ce dernier contient toujours des
chlorures qui précipitent par l'azotate d'argent comme l'acide

chlorhydrique libre. L'essai doit toujours se faire avec le liquide distillé.

L'*acide azotique* se reconnaît à la décoloration de la solution sulfurique d'indigo ; il importe que le liquide ne soit que faiblement coloré en bleu. Il vaut mieux opérer sur le liquide distillé qui est incolore ; la couleur naturelle du vinaigre pourrait en effet masquer la décoloration.

Pour ce qui concerne le dosage de ces deux acides, ainsi que celui de l'acide sulfurique, je renvoie aux § 489 et suivants.

§ 605. *Recherches des matières empyreumatiques.* — On doit consacrer à cet examen le produit distillé ; l'acide acétique pur ne se colore pas par l'acide sulfurique concentré ; l'acide mélangé de produits empyreumatiques se colore en brun plus ou moins foncé.

Lightfood propose l'emploi d'une solution d'hypermanganate de potassium, qui ne se décolore pas par l'acide acétique pur ; on doit toujours examiner le liquide distillé. Ce procédé est très-sensible et la décoloration se produit encore avec des traces excessivement faibles de produits empyreumatiques ; il peut cependant faire commettre des erreurs lorsque le vinaigre contient de l'acide azotique, car le liquide distillé contient toujours dans ce cas une proportion plus ou moins forte de vapeurs rutilantes qui réduisent également l'hypermanganate.

§ 606. *Examen du résidu.* — Le résidu laissé par l'évaporation du *vinaigre de vin*, contient de la crème de tartre et a une saveur un peu astringente ; celui du *vinaigre de poiré* est amer et ne renferme pas ce sel. D'après Chevallier l'acétate de plomb précipite en blanc la solution de l'extrait de vinaigre de vin et en vert jaunâtre celles des vinaigres de cidre et de poiré. Le résidu a une odeur empyreumatique avec le *vinaigre de bois*. Celui de glucose et de bière, contient toujours un peu de dextrine qui n'a pas subi la tranformation acétique ; on la reconnaît en ajoutant au vinaigre le double de son volume d'alcool à 90°. La dextrine se sépare en gros flocons, on les isole, on les fait bouillir avec un peu d'acide sulfurique et l'on constate la formation de la glucose à l'aide la liqueur de Barreswil, qui est réduite en solution alcaline.

L'odeur et le goût permettent souvent de reconnaître dans ce résidu l'addition du poivre ou du piment, ou d'autres substances âcres; on fait bien quelquefois de neutraliser partiellement l'acidité par de la soude avant de goûter. Je me suis mieux trouvé de l'emploi de l'acide sulfurique concentré; le résidu s'échauffe sous son influence et l'on perçoit plus facilement un certain nombre d'odeurs.

VI. EXAMEN DU LAIT.

§ 607. *Généralités*. — Nous n'avons à nous occuper ici que du lait de vache, le seul qui entre dans l'alimentation. Il paraît qu'anciennement et surtout à Paris, on vendait des mélanges qui n'avaient de commun avec le lait que le nom; on cite comme substance ayant servi à la sophistication, de la pulpe de cerveau écrasée et passée à travers un linge, de l'amidon, de la craie, du sulfate de baryum, etc.

De nos jours ces sophistications grossières paraissent avoir complétement disparu et le marchand de lait, se contente le plus souvent d'enlever une partie des corps gras et d'ajouter de l'eau; puis comme ce liquide pendant le temps nécessaire à la séparation de la crème pourrait subir la fermentation lactique, on lui ajoute une solution étendue de carbonate acide de potassium. Quelques marchands ont même coutume d'additionner le lait d'une solution de sucre de lait, nous verrons à l'instant dans quel but; je dois ajouter en dernier lieu que l'on a signalé parfois la présence de fécules dont l'addition paraît avoir pour but de masquer la coloration bleuâtre que prend le lait quand on l'étend d'une proportion d'eau trop forte.

La composition du lait d'un même animal varie pendant la traite; le lait du commencement est moins riche en principes gras que celui de la fin. Ainsi un lait qui contenait en moyenne 3,6 p. 100 de beurre en renfermait successivement 0,9, 1,4, 2,8, 6,6, 7,2 aux diverses périodes de la traite[1]. On a démontré également que la composition du lait éprouvait des variations

____

[1] Filhol et Joly, *Recherches sur le lait*, Acad. royal de Belgique, . III, en extrait dans le *Dictionnaire de chimie*, de Wurtz, t. II, p. 195.

très-considérables suivant l'époque qui s'est écoulée depuis le part. Il s'ensuit que les chiffres que nous allons donner, peuvent éprouver des écarts très-considérables lorsqu'on n'analyse que le lait d'un seul animal; ils ont plus de valeur lorsqu'on les applique, comme c'est le cas le plus fréquent à l'examen du liquide obtenu en mélangeant les laits de divers animaux, car il s'établit ainsi une compensation. On ne doit pas oublier ces faits lorsqu'il s'agit d'une expertise judiciaire.

§ 608. *Caractères physiques du lait pur*. — Le lait est un liquide blanc, opaque, d'une couleur blanc bleuâtre, d'une odeur caractéristique, d'une saveur douce et légèrement salée. Examiné au microscope le lait se compose de petits globules réfractant fortement la lumière et nageant dans un liquide légèrement opalescent. Leur diamètre varie de 1/100 à 1/500 et même à 1/1000 de millimètre. Suivant quelques observateurs les globules sont entourés d'une membrane diaphane (Dumas, Lehman, etc.); d'autres n'admettent pas l'existence de cette enveloppe (Filhol et Joly).

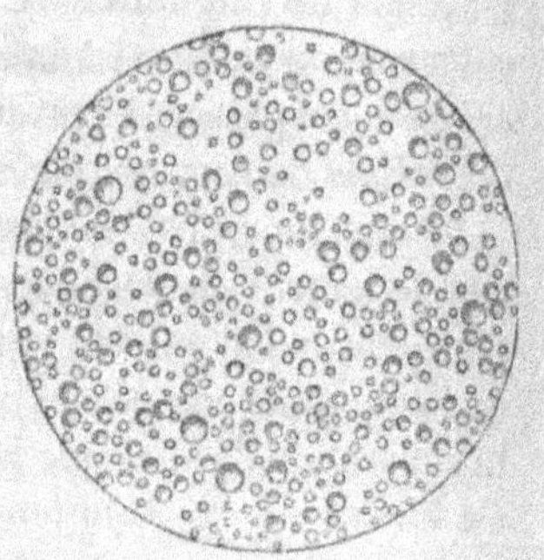

Fig. 34.

Le lait prend souvent une teinte bleue sans que ses autres caractères se modifient; cette coloration serait sous l'influence de la nourriture et se produirait principalement quand l'animal a ingéré du sainfoin, de l'equisetum arvense, de l'anchusa officinalis; ces végétaux, d'après Hermstaedt, contiendraient une substance analogue à l'indigo. La même coloration bleue est souvent due à la présence de vibrions (Vibrions xantogenus et cyanogenus) et de byssus. La garance, d'après Hermstaedt, colorerait le lait en rouge[1].

L'odeur et la saveur du lait subissent également des modifications très-notables par l'alimentation; c'est ainsi que ce liquide inodore peut présenter une odeur alliacée, de rave, de chou, etc.

[1] *Pharm. Centb.*, 1853, p. 401.

La gratiole et l'euphorbe rendent le lait purgatif et peuvent même, à ce qu'on dit, provoquer des empoisonnements.

La densité du lait de vache à + 15° varie de 1,029 à 1,032 ou 1,034 ; il est bien entendu que je parle ici de la densité moyenne de tout le lait obtenu par la traite ; celle des diverses parties de la traite d'un même animal, présente comme nous l'avons vu pour le beurre, de notables différences.

Caractères chimiques du lait. — Le lait renferme de l'eau, des sels (chlorures et phosphates), du beurre, de la caséine et du sucre de lait en proportions variables, comme le font voir les chiffres suivants donnés par divers auteurs :

	Simon.	Doyère.	Poggiale.	Filhol.	Marchand.
Résidu sec..	14,3	12,4	14,2	17,4	11,4
Beurre.	4,0	3,2	4,4	8,2	5,3
Caséine.	7,2	4,2	3,8	4,2	2,4
Sucre de lait.. . . .	2,8	4,3	5,3	4,8	5,2
Sels et mat. extract. .	0,6	0,7	0,7	0,2	0,7

Les indications de Millon et de Commaille sur la présence d'une matière albuminoïde nommée *lactoprotéine*, méritent confirmation. Le lait de vache ne doit pas renfermer d'*albumine*, ce qui se reconnaît à ce que le lait ne se coagule pas par la chaleur. L'albumine n'existe que dans le colostrum ou dans le lait qui a longtemps séjourné dans les vaisseaux galactophores. Le lait qui contient du colostrum se reconnaît facilement au microscope; on voit flotter dans le liquide opalescent de gros globules comme framboisés (voy. fig. 35, *b*) (corps granuleux de Donné) qui paraissent dus à l'agglomération d'une substance albumineuse et être doués à 40° de mouvements amiboïdes. Le colostrum renferme également des corps gras; il renferme même toujours un excès de beurre et de sucre. Le résidu solide, qui est

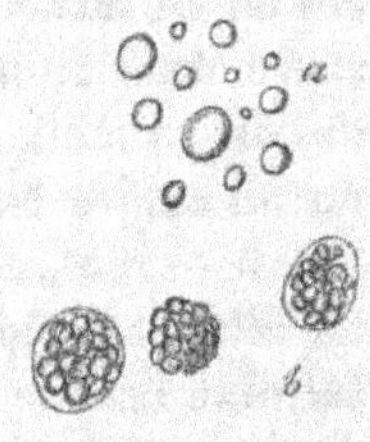

Fig. 35. — *a*, globules normaux; *b*, globules de colostrum.

en moyenne de 12,5 pour le lait proprement dit, peut s'élever à 34 ou 30 p. 100 immédiatement après la parturition (Crusius). Le lait devient encore albumineux sous diverses influences pathologiques. Il est à remarquer qu'un lait qui contient de l'albumine a une très-grande tendance à subir la fermentation lactique.

§ 609. *Analyse du lait.* — On doit préférer, lorsqu'on en a le temps, l'analyse par la méthode des pesées à tous les procédés expéditifs que nous allons étudier. La police actuellement désirant obtenir une solution rapide (car elle verse le lait saisi et reconnu sophistiqué) ; il s'ensuit que l'analyse chimique qui exige au moins vingt-quatre heures n'est presque jamais appliquée. Il est à désirer que les experts s'opposent à cette manière rapide de procéder, qui, comme je l'ai vu à différentes reprises, peut conduire à de regrettables erreurs qui amoindrissent l'autorité de la police et font que cette dernière devient hésitante à poursuivre les fraudes. Le juge lui-même, devant les plaidoiries de la partie adverse, ne trouve pas dans l'analyse défectueuse sur laquelle se base l'accusation des éléments nécessaires pour motiver une condamnation.

L'analyse chimique se fait de la manière suivante : on évapore 10 centimètres cubes de lait à siccité dans une capsule tarée ; la perte de poids du vase chauffé à $+ 105°$ indique l'eau ; la capsule est chauffée au rouge ; la nouvelle perte de poids indique la quantité totale de matière organique ; le résidu représente le poids des sels. La caséine se détermine en ajoutant à 10 grammes de lait 1 ou 2 gouttes d'acide acétique et 60 centimètres cubes d'alcool marquant $85°$; on filtre le liquide sur un filtre taré et l'on en recueille le 1/3 que l'on consacre à la recherche du sucre de lait ; on lave ensuite la caséine restée sur le filtre par de l'alcool faible, on la laisse dessécher au contact de l'air, puis on lui enlève les corps gras à l'aide de l'éther ; on sèche à l'étuve à $+ 105°$, on pèse et l'on obtient ainsi (défalcation du poids du filtre) le poids de la caséine (Filhol et Joly). Le sucre est déterminé dans le 1/3 du liquide filtré à l'aide de la liqueur titrée de Barreswil (v. plus loin). Le beurre se détermine le plus facilement en traitant dans un petit entonnoir en boule, fermée par un robinet et un bouchon de verre, 10 centimètres cubes de lait par 1 goutte de potasse et de l'éther. On agite puis on laisse écouler le lait, quand la couche d'éther s'est éclaircie; on lave l'éther avec une petite quantité d'eau distillée ; on la laisse écouler avec soin, puis on recueille l'éther dans une capsule tarée ; cette dernière, abandonnée à l'évaporation spontanée pendant quelque temps est chauffée à l'étuve ; l'augmentation de poids indique le poids des corps gras.

§ 610. *Procédés d'analyse rapide du lait.* — Divers procédés ont été recommandés pour arriver à une solution rapide du problème. Nous allons voir qu'aucun d'eux n'atteint le but d'une manière suffisante.

1°) *Lactodensimètre.* — Je recommanderai celui de *Bouchardat* et *Quévenne*. Cet instrument est un aréomètre dont le flotteur est très-volumineux par rapport à la tige qui est très-mince. La tige porte les divisions de 14 à 40 ; pour se servir de cet appareil on le plonge dans le lait à $+15°$ (*condition essentielle*, car l'instrument est gradué à cette température), on lit la division d'affleurement et l'on a la densité en faisant précéder le chiffre de cette division par 10. Ainsi un lait dans lequel l'appareil enfonce jusqu'à 34 à une densité de 1.034, à la température de $+15°$. Des deux côtés des divisions se trouve une colonne l'une teintée en jaune correspond au lait non écrémé, la seconde teintée en bleu correspond au lait écrémé. D'après ces auteurs le lait est pur quand sa densité est comprise entre 1.029 et 1.033 ; il contient 1/10, 2/10, 3/10, 4/10 ou 5/10 suivant que sa densité est comprise entre 1.029 et 1.026, 1.026 et 1.031, 1.023 et 1.020, 1.020 à 1.017, 1.017 à 1.014. Le lait écrémé au contraire est plus dense, car on lui a enlevé les parties les moins denses, les corps gras. L'échelle bleue porte les indications suivantes ; 5/10 d'eau (1.016 à 1.019), 4/10 (1.019 à 1.022), 3/10 (1.022 à 1.026), 2/10 (1.026 à 1.029), 1/10 (1.029 à 1.032), pur (1.032 à 1.036).

Les indications fournies par cet appareil ne peuvent servir à elles seules à constater la sophistication ; j'ai vu un lait saisi comme falsifié qui renfermait 52 p. 1.000 de beurre ; cette grande quantité de corps gras avait notamment abaissé sa densité. Les vendeurs de lait possèdent eux-même de ces appareils, et voici comment ils procèdent : ils écrèment le lait, ajoutent de l'eau, puis rehaussent la densité à l'aide d'une solution concentrée de sucre de lait. Je tiens ce procédé de l'un d'eux. La

police qui ne juge de la qualité du lait que par le lactodensimètre, laissera donc circuler comme pur un lait privé de beurre
et additionné d'eau, tandis qu'elle verbalisera contre un lait
exceptionnellement riche en beurre.

2) *Crémomètre*. Le crémomètre est une éprouvette cylindrique
divisée en 100 parties (sa contenance est environ de 250 centimètres cubes. On la remplit à moitié de lait, puis d'eau distillée
additionnée d'une petite quantité de carbonate acide de sodium,
qui facilite la séparation des corps gras et empêche la fermentation lactique de se développer. Le mélange est remué et abandonné pendant la nuit dans un endroit frais ; on lit le lendemain
la hauteur de la crème qui s'est séparée et on multiplie le résultat par 2, car nous avons opéré sur du lait étendu de son volume d'eau. Le lait doit en moyenne abandonner de 10 à 16 centièmes de crème. L'emploi de cet appareil combiné au précédent, donne des résultats assez précis, mais
quelquefois cependant, on ne sait pourquoi,
la crème ne se sépare qu'avec difficulté[1].

3) *Lactobutyromètre de E. Marchand.* —
Marchand propose de doser la quantité de
beurre contenue dans le lait ; il est évident
que la proportion ira en diminuant lorsqu'on
ajoute au lait de l'eau. Le principe sur lequel
repose ce dosage est le suivant : l'éther agité
avec du lait enlève tout le beurre ; l'alcool
ajouté au mélange en sépare les corps gras
mais seulement en partie, car il en reste toujours en solution une certaine proportion
qui dépend des proportions d'alcool et d'é-
ther. Je ne décrirai pas l'appareil primitif de
Marchand, mais celui qui a été perfectionné
par Salleron. L'appareil se compose d'un
tube cylindrique long et étroit qui porte trois divisions dont

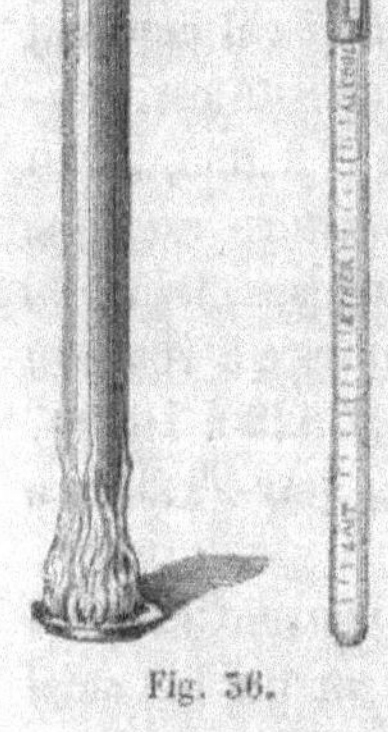

Fig. 56.

[1] Je ne parlerai pas du *lactoscope de Donné*, dans lequel on détermine la qualité du lait d'après l'opacité ; un lait additionné d'eau devient moins opaque. Cette
détermination exige une certaine habitude et n'est pas toujours très-exacte ; j'en dirai autant du procédé de Vogel qui est basé sur le même principe.

chacune indique 10 centimètres cubes de capacité. On le remplit de lait jusqu'au premier trait, puis on y ajoute 2 gouttes de soude, cette addition a pour but de faciliter la séparation du beurre et d'empêcher la caséine de se coaguler; on ajoute ensuite de l'éther jusqu'au deuxième trait et l'on agite à diverses reprises en bouchant le tube; cela fait on verse de l'alcool marquant 86° jusqu'au trait supérieur et l'on agite vivement; l'instrument bouché est placé dans un manchon en fer-blanc que l'on remplit d'eau et que l'on chauffe à $+40°$ en allumant un peu d'alcool que l'on verse dans un godet soudé extérieurement au manchon; après dix minutes on retire le tube et on détermine la hauteur de la couche de beurre qui s'est séparée. On se sert pour cela d'un anneau métallique en cuivre qui se meut à frottement dur sur le tube en verre; cet anneau a été divisé expérimentalement et donne à la simple lecture la quantité de beurre contenue dans 1 litre de lait. Le point originaire des divisions porte $12^{gr},6$; c'est là la quantité de beurre que le mélange d'alcool et d'éther retient en solution; la division suivante est chiffrée 15 grammes; l'intervalle compris entre les divisions suivantes représente chaque fois 2 grammes; on juge par estime les subdivisions de 2 grammes. Un lait de bonne qualité doit marquer environ 35°.

L'essai peut se faire très-rapidement et les résultats sont d'une exactitude suffisante.

Je ferai seulement remarquer que des laits exceptionnellement riches en beurre, comme celui analysé par Filhol, pourraient être dilués de leur volume d'eau, sans que cette addition se révélât par notre instrument. Les indications fournies par le densimètre devront toujours être comparées à celles du lactobutyromètre.

4) *Dosage de la lactose.* — Poggiale ayant constaté que le lait de vache renfermait toujours environ 55 grammes de sucre de lait pour 1,000, a proposé de reconnaître la dilution du lait, en déterminant la quantité de sucre contenue dans 1 litre. Il se sert pour cela du dosage par la liqueur de Barreswil; nous modifions un peu le procédé de l'auteur.

On commence par préparer une solution de lait exempte de caséine (petit-lait) en faisant chauffer 100 centimètres cubes de lait avec 2 ou 3 gouttes d'acide sulfurique; la caséine se coagule; le liquide filtré qui contient tout le sucre de lait passe d'abord trouble, on le remet sur le filtre jusqu'à ce qu'il passe incolore.

La liqueur de Barreswil se prépare de la manière suivante : dissoudre 34^{gr},65 de sulfate de cuivre pur et cristallisé dans 160 grammes d'eau; dissoudre d'autre part 173 grammes de sel de Seignette pur dans 650 centimètres cubes d'une solution de soude ayant une densité de 1,12; le mélange des deux solutions (parfaitement limpides) est versé dans un vase jaugé de 1 litre et l'on complète le volume. 1 centimètre cube de cette solution exige pour sa réduction 0^{gr},005 de glucose ou 0^{gr},00708 de sucre de lait [1].

On verse dans une capsule 10 centimètres cubes de la liqueur cuivrique et 50 à 60 centimètres cubes d'eau distillée; on ajoute quelques centimètres cubes de soude, car la réduction du cuivre ne peut se faire qu'en solution alcaline et le petit-lait que nous allons ajouter est acide. On porte le liquide à l'ébullition et l'on y verse goutte à goutte à l'aide d'une burette divisée en 1/10 de centimètre cube le petit-lait. La réduction se fait au bout d'un temps très-court; l'oxyde cuivreux se dépose d'abord à l'état d'hydrate jaune, mais bientôt il se déshydrate et le précipité devient rouge. La réduction est achevée lorsque le liquide bleu est décoloré; on juge assez nettement de cette décoloration en éloignant pendant quelque temps la flamme; la couleur du liquide se manifeste nettement à la partie supérieure [2] dès que le précipité s'est tassé.

On tente les réactions suivantes lorsqu'on ne saisit plus la nuance bleue : le liquide filtré est divisé en deux parties; l'une d'elles, bouillie avec quelques gouttes de liqueur de Barreswil, ne doit pas réduire, prouve que l'on n'a pas employé trop de sucre; la seconde, *acidulée* par quelques gouttes d'acide acétique, ne doit pas se colorer en rose par le cyanure jaune ce qui indique que toute la liqueur de Barreswil a été réduite. On recommence une nouvelle opération en se guidant d'après les ré-

[1] D'après Poggiale, le pouvoir réducteur du sucre de lait est à celui du glucose comme 136 est à 26.

[2] Quelques personnes préfèrent l'emploi d'une fiole.

sultats fournis par ces deux essais et l'on arrive ainsi facilement à 1/10 de centimètre cube près.

Le calcul se fait de la manière suivante : 10 centimètres cubes exigent pour leur réduction $0^{gr},0708$ de sucre de lait ; cette quantité est contenue dans n centimètres cubes (n représentant le nombre de centimètres cubes de petit-lait employé) ;

1 centimètre cube contient par suite $\dfrac{0^{gr},0708}{n}$. Nous avons ainsi la quantité de sucre de lait contenue dans 1 centimètre cube de petit-lait et non celle qui se trouve dans le lait. D'après Poggiale 1,000 grammes de lait fournissent 925 de petit lait ; on trouvera par suite la quantité de lactose contenue dans 1 litre de lait, en multipliant par 925 la quantité contenue dans 1 centimètre cube de petit-lait

Il est plus exact d'ajouter au petit-lait son volume d'eau ; la précision devient plus grande ; le calcul se conduit d'une manière identique, il suffit de multiplier le résultat par 2.

On ne pourra se prononcer sur l'addition d'eau, que lorsque la quantité de lactose sera inférieure à 45 p. 1.000, car les chiffres admis par Poggiale ne sont pas aussi constants qu'il l'affirme. Je préviendrai qu'un excès considérable de sucre de lait devrait faire songer à la sophistication que j'ai signalée plus haut.

Aucun des procédés, employé à lui seul, ne conduit, comme nous venons de le voir, à un résultat certain ; il faudrait en employer au moins deux, et je crois devoir donner la préférence au lactobutyromètre et au densimètre ; une certitude complète ne saurait être atteinte que par l'analyse complète de tous les éléments contenus dans ce liquide.

§ 611. *Recherches des substances étrangères ajoutées au lait.* — Ces substances étant presque toujours plus denses que le lait, on fera bien d'abandonner le lait à lui-même dans un verre conique, de décanter les parties supérieures et d'examiner ce qui s'est déposé au fond.

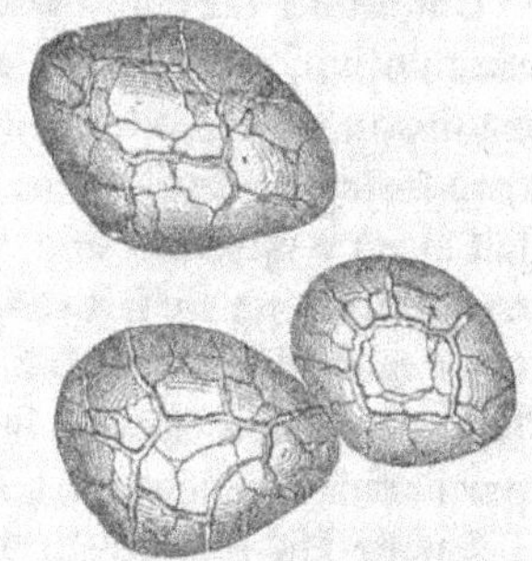

Fig. 57.

L'eau iodée permettra de reconnaître les corps féculents que l'on ajoute quelquefois ; cet examen pourra être corroboré par l'analyse microscopique ; on a rencontré parfois de la fécule de pommes de terre cuite, qui se reconnaît à sa forme caractéristique. (V. fig. 37.)

Le lait ne se coagulant par la chaleur que lorsqu'il provient d'un animal malade, on peut reconnaître par ce petit essai l'absence ou la présence du blanc d'œuf, de l'émulsion d'amandes amères, etc. La gélatine et l'ychthyocolle ont été ajoutés également au lait ; il est assez difficile de les retrouver ; on peut essayer de précipiter la caséine par l'ébullition avec quelques gouttes d'acide sulfurique étendu d'eau, et d'ajouter au liquide filtré du tannin. Le même liquide peut être consacré à la recherche de la gomme, de la dextrine et du mucilage de gomme adraganthe ; l'alcool n'y produira un précipité que si ces corps ont été ajoutés frauduleusement.

La matière cérébrale peut se reconnaître par le procédé suivant ; elle adhère d'ordinaire aux parois du vase ; on l'enlève et on la soumet à l'action de l'éther qui dissout les corps gras. Ces derniers se déposent par l'évaporation, ont une odeur désagréable et contiennent une graisse phosphorée. Il suffit pour mettre ce fait hors de doute, de fondre le résidu avec un fragment de potasse solide, de le redissoudre dans de l'eau aiguisée par de l'acide azotique et d'en verser quelques gouttes dans une solution de molybdate d'ammonium.

L'addition du carbonate acide de sodium, pour empêcher la coagulation, peut avoir de graves inconvénients lorsque le lait est destiné à l'allaitement artificiel, et que ce sel s'y trouve en trop forte quantité. On en reconnaît la présence en chauffant le lait et en y ajoutant une ou deux gouttes d'acide acétique ; la coagulation ne se fait pas de suite, si le lait renferme une certaine quantité de bicarbonate. Il vaut mieux évaporer à siccité le lait après avoir séparé le coagulum qui s'est produit à chaud par l'acide acétique. Le résidu ne doit pas s'élever à plus de 1/5 pour 100 de lait. On pourrait encore incinérer les cendres et déterminer l'alcalinité du résidu, car les acétates provenant de la décomposition des carbonates se transforment également en carbonates par la calcination.

Odeur du lait. Le procédé de Millon peut servir à condenser les corps odorants du lait sous un petit volume ; on agite le lait avec du sulfure de carbone et l'on sépare ce liquide lorsque les gouttelettes dispersées par l'agitation se sont réunies. L'évaporation du sulfure de carbone se fait à une basse température, et le résidu possède une odeur plus ou moins vive et caractéristique.

§ 612. *Beurre.* — Le beurre contient toujours une certaine quantité de caséine et d'eau, qui ne doit pas s'élever à plus de 10 pour 100 pour les beurres marchands de bonne qualité[1]. Il est facile de s'assurer de la proportion de corps gras contenus dans le beurre, soit à l'aide du sulfure de carbone, soit en faisant fondre au bain-marie une certaine quantité de beurre, que l'on place dans un vase gradué. La couche de caséine et d'eau se sépare nettement du beurre fondu et on lit sur l'éprouvette les hauteurs respectives de ces deux couches.

Les corps gras que l'on ajoute au beurre, graisse d'oie (?), saindoux etc., peuvent se reconnaître à l'aide de l'alcool bouillant, marquant 80 pour 100, qui enlève non-seulement les graisses très-fusibles, mais encore les corps gras odorants ; l'odeur particulière à certains de ces corps devient alors très-marquée lorsqu'on évapore l'alcool. On dit que l'on vend actuellement un beurre qui est obtenu en colorant du saindoux d'Amérique par du safran et du curcuma. Un pareil beurre, humecté avec de l'eau et exposé à une douce chaleur, ne s'acidifie pas ; le beurre, au contraire, donne naissance dans les mêmes conditions à de l'acide butyrique qui bleuit le papier de tournesol.

Le beurre renferme parfois des substances minérales ; on lui incorpore de l'alun ou du borax, (qui retiennent plus facilement l'eau), du sulfate de baryum et de calcium, de la craie (qui en augmentent le poids.)

L'addition de fécule, de farine, de pulpe de pommes de terre, du fromage blanc a le même but.

La recherche de ces corps ne présentera pas de grandes difficultés ; il suffit d'enlever au beurre les corps gras à l'aide de

[1] Cette proportion est presque toujours dépassée ; elle s'élève souvent à 25 ou 20 pour 100.

l'éther ou du sulfure de carbone ; le résidu sera repris par de l'eau qui dissoudra les corps solubles (alun, borax, sulfate de calcium) ; on constatera la présence des féculents à l'aide de l'iode ; on pourra même les saccharifier à une température peu élevée, par de l'acide sulfurique étendu d'eau ; une partie des matières albuminoïdes sera dissoute en même temps, mais la majeure partie restera à l'état insoluble ; on pourra dissoudre ces dernières par la potasse et les reprécipiter de cette solution par de l'acide acétique. Les corps insolubles ne seront pas attaqués par ces divers traitements.

Les marchands ajoutent souvent au beurre des matières colorantes jaunes, pour lui communiquer une plus belle apparence ; de ce nombre sont le *rocou*, le *curcuma*, le *safran* et le *chromate de plomb* (v. p. 190). L'eau bouillante ou l'alcool faible enlèvent les matières colorantes végétales ; la teinte donnée par le curcuma se fonce quand on y ajoute quelques gouttes d'alcali ; la matière colorante du rocou est soluble dans l'alcool ; son résidu est rouge jaune et se colore en bleu par l'acide sulfurique concentré. Le beurre coloré par ces matières organiques prend par le refroidissement, lorsqu'on l'a chauffé pendant quelque temps, une couleur brune peu nette. Nous savons déjà comment on peut constater la présence du chromate de plomb[1].

---

§ 615. *Examen du café, du thé, du chocolat*, etc. — Les sophistications auxquelles on soumet si fréquemment le café, le thé,

[1] Ce que nous venons de dire de l'examen des sophistications du beurre peut s'appliquer en tous points à l'analyse des *bonbons* (sauf, bien entendu la présence des corps gras qui sont remplacés par du sucre). On devra surtout s'occuper de l'étude de la matière colorante, qui ne doit jamais être d'origine minérale, sauf le carmin (combinaison de cochenille et d'alun), l'ombre (argile avec peroxyde de fer et hydrate de manganèse. On a signalé matières colorantes toxiques : l'*outremer* (n'est toxique que lorsqu'il est arsenical), le *bleu de montagne* (hydrocarbonate de cuivre), le *jaune et l'orangé de chrome* (chromate de plomb), le *jaune de Cassel* (oxychlorure de plomb), la *gomme gutte* (gomme résine), les *verts arsenicaux*, le *rouge de chrome*, la *céruse*, le *blanc de zinc*. Nous savons comme on recherche ces corps. J'ajouterai que de nos jours on emploie de préférence les couleurs végétales et les couleurs d'aniline ; que ces dernières peuvent être toxiques grâce aux impuretés qu'elles contiennent si souvent. Les bonbons à liqueurs doivent leur odeur à un mélange d'éthers composés d'acides organiques (acétique, butyrique, valérique, tartrique, citrique) et d'alcools éthylique et amylique.

la chicorée et le chocolat, n'intéressent que rarement la santé ; c'est surtout une tromperie sur la qualité de la marchandise que l'on cherche à obtenir. Le café et le thé seront colorés artificiellement pour pouvoir écouler des qualités inférieures au prix des qualités supérieures ; la coloration ne se fait pas toujours avec des substances inoffensives ; on a examiné des thés colorés par des sels de cuivre, ou un mélange de bleu de Berlin et de chromate de plomb ; le luisant du thé est obtenu à l'aide de gypse finement pulvérisé. L'examen chimique, pour résoudre la question de toxicité du produit, se fait d'après les méthodes générales que nous venons d'exposer en parlant du beurre. On fera agir successivement sur le composé divers dissolvants et l'on analysera les composés que chacun d'eux aura enlevés ; le résidu de l'incinération devra être consacré à une analyse très-rigoureuse, car c'est lui qui renfermera les sels minéraux ; son poids devra être déterminé avec beaucoup de soin, car il fournira fréquemment des indices précieux [1].

---

[1] Consultez : Chevallier, *Falsification des substances alimentaires*, pour les nombreuses questions qui se posent à l'occasion de ces expertises et qui sont principalement justiciables des tribunaux de commerce.

[CHAPITRE X]

TACHES DE SANG

§ 614. *Généralités.* — La recherche des taches de sang est souvent d'une très-grande facilité, mais d'autres fois le problème devient presque insoluble, surtout lorsque la tache est âgée, ne présente qu'un petit volume, et se trouve sur des substances colorées elles-mêmes. L'analyse spectrale, que l'on a appliquée ces dernières années à l'étude du sang, facilite de beaucoup la solution de plusieurs questions restées douteuses autrefois, mais il en est d'autres, et de très-importantes, pour lesquelles il n'existe pas encore de procédé satisfaisant.

Le sang est un liquide très-complexe, qui renferme un grand nombre de substances : je citerai la fibrine, l'albumine, les corps gras, les globules, les sels, etc. Les procédés d'analyse des taches de sang reposent sur la constatation de la présence, ou de l'absence de l'un ou de plusieurs de ses composés. Cet examen se faisait autrefois uniquement par les procédés chimiques, et l'analyse microscopique n'intervenait que pour étudier la forme et les dimensions du globule ; de nos jours l'analyse chimique se trouve reléguée au dernier plan, et l'on donne la préférence à l'examen au spectroscope.

La recherche qui nous occupe doit porter sur les points suivants : 1) la tache suspecte renferme-t-elle des substances de nature albuminoïde, solubles ou insolubles; 2) sa solution présente-t-elle au spectroscope les caractères de l'hémoglobine ou de l'hématine; 3) peut-elle fournir des cristaux d'hématine; 4) est-il possible d'isoler le globule sanguin et d'en déterminer la forme et la dimension. Ce sont ces divers points que nous allons passer en revue.

§ 615. *Caractères physiques des taches de sang.* — L'aspect des taches varie du tout au tout, suivant que la tache est ancienne ou récente, qu'elle a ou qu'elle n'a pas subi de lavages et enfin, suivant l'objet sur lequel elle se trouve. La teinte est terne et varie du brun au rose sur tous les objets poreux, comme le bois tendre, les tissus de fil et de coton; il n'y a d'exception que pour les taches qui forment des plaques épaisses. Celles qui se trouvent sur le cuivre, le fer, le bois dur ou vernissé, sont brillantes et d'un brun noirâtre; elles sont luisantes sur le drap et sur le feutre, mais n'ont plus de teinte caractéristique. Ollivier, Barruel et Lesueur ont fait voir que de petites taches qui se trouvaient sur un fond brun marron, bleu foncé ou noir, ne devenaient visibles qu'à la clarté de la lampe.

Somme toute, l'aspect physique ne présente que rarement des caractères assez nets et assez tranchés, pour pouvoir décider la question; de cruelles méprises ont été commises, et l'on doit toujours procéder à l'examen spectroscopique ou chimique.

La tache de sang doit se dissoudre au moins partiellement dans l'eau; on découpe, pour constater ce caractère, des languettes de l'étoffe tachée, de manière qu'une tache un peu volumineuse occupe les bords inférieurs. On verse ensuite dans un petit tube, fermé à l'un des bouts, 2 ou 3 centimètres cubes d'eau distillée, et l'on y introduit la languette de manière que le bout inférieur vienne affleurer la partie supérieure de l'eau; le liquide monte par capillarité, et bientôt l'on voit des stries d'un liquide rouge traverser le liquide limpide et la tache se décolorer.

Le procédé doit être modifié selon les circonstances; s'il s'agit d'une tache sur le plancher, on fera détacher des copeaux à l'aide d'un rabot; quelquefois les taches s'écaillent et se détachent facilement; dans ce cas on fera la macération dans un verre de montre.

§ 616. *Recherche des matières albuminoïdes.* — Le sérum du sang contient environ 70 pour 1000 d'albumine en solution ; son caillot renferme en outre près de 150 d'autres matières albuminoïdes, la fibrine et les globules sanguins.

La fibrine reste insoluble dans l'eau distillée froide, mais le globule, sur la composition chimique duquel nous reviendrons dans un instant, se dissout. Il s'ensuit que l'eau, que l'on a fait macérer à froid avec une tache de sang, se colorera en rouge plus ou moins intense ; la fibrine ne se dissoudra pas, et restera sur l'endroit taché sous forme de petits filaments, que l'on pourra enlever parfois avec la pointe d'une aiguille et examiner au microscope.

Les eaux de lavage, si elles renferment une matière albuminoïde, se coagulent quand on les chauffe vers 70 à 80° ; la précipitation n'est complète qu'à 100°, lorsque les solutions sont très-étendues. Le coagulum est gris ; lavé et redissous dans de la potasse, il doit fournir un liquide dichroïque, vert par transmission et rouge par réflexion.

On peut encore démontrer la présence d'une matière albuminoïde par l'acide azotique, mieux encore par l'acide métaphosphorique, et par le réactif de Millon ; ce dernier colore les matières albuminoïdes en rouge, même quand elles sont insolubles ; on pourrait donc soumettre à son influence la fibrine que l'on serait parvenu à isoler.

Démontrer qu'une tache, qui a les caractères physiques d'une tache de sang, est albumineuse, est certes un caractère précieux, mais ne donne pas de certitude absolue, car le linge porté peut avoir été imprégné accidentellement par des liquides albumineux comme du lait, de l'eau de farine, du blanc d'œuf, du pus, etc. On voit souvent le linge conservé dans des armoires humides, se recouvrir de taches rougeâtres ou jaunâtres, qui ont tout l'aspect d'une tache de sang lavé. On voit par là qu'on conclurait faussement à la présence du sang, si l'une de ces taches était recouverte d'une matière albuminoïde, en ne tenant compte que de ce caractère isolé.

§ 617. *Recherche du fer et de l'azote.* — Le globule sanguin doit sa coloration à une substance qui renferme environ 0^{gr},555 pour 1000 de fer, on ne sait à quel état. Comme elle est en outre azotée, on s'efforçait dans les expertises chimiques à démontrer que la matière colorante suspecte renfermait à la fois des composés ferrugineux et azotés.

Rien n'est plus facile que de démontrer la présence du fer ; on évapore à siccité les eaux de lavage, on les calcine dans un creuset de platine, et on reprend les cendres par de l'acide chlorhydrique, auquel on a ajouté un peu d'acide azotique ; la solution est évaporée à siccité à l'étuve et traitée par une solution récemment préparée de sulfocyanure de potassium, qui produit une coloration rouge ou rose, suivant la proportion de fer et par suite suivant que la quantité de sang qui formait la tache était abondante ou faible.

Un autre procédé consiste à soumettre la tache à l'action de l'eau chlorée ; la tache se décolore ; il se produit un coagulum gris blanchâtre et le liquide filtré, porté à l'ébullition pour le débarrasser de son excès de chlore, précipite en bleu par le ferrocyanure de potassium. L'emploi du sulfocyanure est plus sensible que celui du cyanure jaune.

La recherche de l'azote se fait pour le mieux de la manière suivante : la tache (ou les eaux de lavage) est traitée par une solution de potasse ; le liquide est évaporé à siccité et calciné dans un tube en verre avec un excès de carbonate de potassium. Il se forme ainsi un peu de cyanure de potassium ; le résidu dissous dans de l'eau est traité par un mélange de chlorures ferreux et ferrique ; le liquide *acidulé* verdit ou bleuit, et laisse déposer lentement du bleu de Prusse si la matière première était ferrugineuse.

L'expert bornait d'ordinaire ses recherches à ces essais et concluait qu'une tache était une tache de sang, lorsqu'elle était albumineuse, ferrugineuse et azotée. Tout au plus complétait-il son rapport en soumettant une partie de la tache à l'action de l'acide hypochloreux, obtenu en mettant en contact l'oxyde de mercure avec du chlore humide, exempt d'acide chlorhydrique. Ce réactif, d'après *Persoz*, n'attaque pas les taches de sang, mais modifie rapidement celles qui sont dues aux autres matières organiques ; le contact ne doit pas être prolongé au delà de deux minutes; ce temps est suffisant pour détruire les matières colorantes autres que le sang; un contact trop prolongé rendrait la réaction douteuse. D'après Orfila les taches, formées par un mélange de graisse et d'orcanette, de charbon ou de garance, ainsi que celles produites par le suc du *Chelidonium majus*, ne seraient pas altérées par ce réactif.

§ 618. *Recherche basée sur les caractères de l'hémoglobine.* — Le contenu du globule sanguin, d'après les idées qui règnent actuellement, serait une matière albuminoïde de nature particulière, qui serait caractérisée par sa propriété d'absorber de l'oxygène, par sa faculté de cristalliser et par la production de deux bandes d'absorption toutes les deux entre les raies D et E. (V. planche, fig. 2.) L'hémoglobine (ou le globule sanguin) a encore la propriété de bleuir le mélange de teinture de gaïac et d'essence de térébenthine ozonisée ou même le papier de gaïac préparé à l'instant.

Falck[1] a proposé de se servir de ce dernier caractère pour reconnaître si une tache est une tache de sang; je me suis assuré antérieurement déjà à propos d'autres expériences[2], que ce procédé n'était pas toujours applicable; il ne m'a jamais réussi avec des taches remontant à trois ou quatre mois. Il convient d'ajouter de plus que cette réaction est encore trop mal étudiée pour pouvoir être invoquée dans un cas de médecine légale.

Le caractère tiré de la cristallisation du sang est encore moins pratique, car souvent il ne réussit qu'avec difficulté avec du sang frais, et jamais je n'ai pu obtenir de cristaux avec du sang desséché. La figure représente l'aspect que ces cristaux présentent d'ordinaire avec le sang de l'homme et du chien. Le meilleur procédé pour les obtenir consiste à mêler au sang quelques gouttes d'une solution de glycocholate de soude (ou de bile) et à exa-

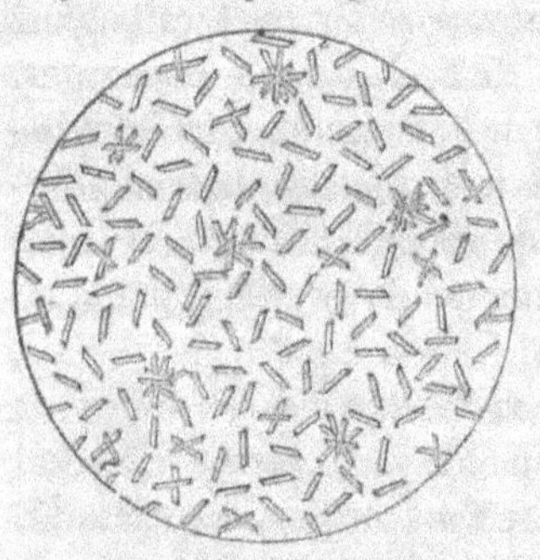

Fig. 58.

[1] *Berl. klin. Woch.*, 1872.
[2] Voy. Dr Müller, *Essai sur les extraits de viande*. Paris, 1871.

miner la préparation au microscope ; les cristaux ne tardent pas à se former surtout sur les bords de la plaque. Le caractère le plus saillant de l'hémoglobine est la manière dont elle se comporte à l'analyse spectrale. Une solution concentrée placée devant la fente de l'appareil spectral ne laisse passer que de la lumière rouge, la partie comprise entre les raies C et D paraît vaguement, mais les autres parties du spectre ont complétement disparu. En ajoutant de l'eau, la teinte devient plus claire et l'on voit apparaître successivement les autres couleurs du spectre ; le violet paraît en dernier lieu. Au même moment on voit apparaître entre les raies D et E, à la place d'une bande obscure, deux autres bandes noires séparées par un intervalle lumineux. L'une des bandes est plus mince et est plus rapprochée de la raie D, l'autre a presque le double de largeur et est située plus près de E[1]. Une dilution trop forte fait disparaître les deux bandes. D'après Hoppe-Seyler, un liquide qui ne renferme que 1/10000 d'hémoglobine, examinée sous une épaisseur de 1 centimètre, présente encore nettement les deux bandes ; j'ai vérifié à diverses reprises l'exactitude de cette assertion, mais elle ne s'applique qu'à du *sang frais*.

L'hémoglobine possède un second caractère, que l'on doit toujours chercher à constater ; sous l'influence d'agents réducteurs, comme l'acide carbonique, l'hydrogène sulfuré, le sulfure d'ammonium, le tartrate acide d'étain, le sulfate ferreux, les deux bandes disparaissent pour faire place à une bande unique située entre les deux précédentes, mais qui est loin de présenter des bords aussi nets que les deux raies primitives ; on la nomme bande *de Stockes* (planche, fig. 3).

J'ai déjà, en parlant de l'oxyde de carbone, indiqué les précautions qu'il convenait de prendre lorsqu'on se sert comme agent réducteur du sulfure d'ammonium ; l'addition d'une eau sulfureuse fait apparaître quelquefois dans ces cas une bande en-

---

[1] Chaque spectroscope ayant un micromètre particulier, je crois inutile d'indiquer la position des raies d'une manière plus exacte ; chaque observateur en opérant avec du sang normal déterminera à quelle position de son micromètre correspondent les deux bandes ; il fera bien, si son spectroscope est un spectroscope de comparaison, de superposer toujours un spectre de nature connue à celui qu'il veut étudier.

tre B et C et coïncidant souvent avec C (v. planche, fig. 5) ; cette bande prouve que l'hémoglobine s'est transformée partiellement en hématine ; nous reviendrons plus loin sur cette altération.

Ces procédés ne sont pas applicables sans réserve à l'analyse médico-légale. Les taches sont souvent tellement minimes que l'eau de macération n'est plus assez concentrée pour donner les bandes. lorsqu'on l'introduit dans le petit flacon hématinométrique. On peut remédier à cet inconvénient de la manière suivante : on se sert d'un tube de 5 millimètres de diamètre et de 1 décimètre de long ; ce tube est rodé à ses deux extrémités ; on peut le fermer à l'aide de deux plaques en cristal, que l'on fixe à l'aide de deux lanières en caoutchouc ; le tout représente un tube de Biot[1]. On limite la fente de l'appareil spectral par un morceau de carton et l'on dispose bien *horizontalement* le petit appareil devant la partie restée libre. Si l'on ne réussissait pas de cette manière, il faudrait évaporer le liquide dans le vide de la machine pneumatique et examiner le résidu avec le microscope.

Une seconde objection à faire à l'emploi de ce procédé, c'est que les taches de sang, abandonnées à l'air pendant quelque temps, ne donnent plus d'une manière bien nette les deux bandes de l'hémoglobine. Gorup-Besanez[2] dit que des taches remontant à deux ou trois semaines seulement ne fournissent pas toujours un liquide qui présente nettement les deux bandes de l'hémoglobine. Le fait signalé par Gorup-Besanez se présente en effet dans quelques cas, mais n'est pas vrai d'une manière générale ; l'intégrité du sang dépend beaucoup de la manière dont s'est faite la dessication ; j'ai pu constater nettement il y a quelques jours, les deux bandes avec une tache remontant à six ans ; la chemise avait été séchée à l'air libre dans un laboratoire; souvent, par contre ces deux bandes ne se produisaient plus avec des taches dont l'origine ne remontait qu'à deux ou trois mois, mais qui n'a-

---

[1] On peut encore se servir de ces petits flacons à faces parallèles que l'on rencontre chez les parfumeurs, et qui permettent d'observer le même liquide sous des épaisseurs variables. On vend actuellement à Zurich, au prix de 25 francs, un appareil qui permet d'examiner des quantités très-faibles de liquide sous des épaisseurs variables. Le principe de l'appareil est celui du lactoscope de Donné.

[2] *Anleit. z. qual. u. quant. zooschemisch. Anal.*, p. 574.

vaient pas été séchées à l'air libre ; un caillot de sang enveloppé dans les plis d'un mouchoir n'a plus présenté les raies caractéristiques après trois semaines, tandis qu'une tache bien plus petite qui se trouvait sur la face extérieure du même linge les donnaient très-nettement. L'essai spectroscopique doit toujours être tenté.

Souvent on voit, au lieu de deux bandes, une bande unique ou deux bandes de même largeur, mais qui se trouvent un peu déplacées vers la droite. On attribuait, il y a encore quelques années, ces caractères à un corps que l'on nommait *méthémoglobine* ; aujourd'hui les idées régnantes sur la nature de ce corps sont un peu différentes et je me contente de signaler le fait pratique.

On pouvait craindre, en se basant uniquement sur le procédé spectroscopique, de confondre d'autres matières colorantes rouges ou violacées avec la matière colorante du sang ; il n'en est rien ; le suc de *cerises*, les infusions ou les décoctions de *rose trémière*, de *myrtilles*, de *bois de Brésil*, de *garance*, de *vin rouge*, des *couleurs d'aniline*, des *acétates*, *hyposulfites*, *méconates*, *sulfocyanures ferriques*, produisent bien des changements dans l'aspect du spectre, dont certaines parties sont absorbées. Jamais cependant l'on ne verra se produire des bandes pouvant être confondues avec celles du sang. La *cochenille* seule, et seulement en solution ammoniacale, donne naissance à deux bandes, qu'un examen superficiel pourrait faire confondre avec celles du sang ; mais ces deux bandes n'occupent pas la même position ; elles sont déplacées vers la gauche et la deuxième bande cesse presque à l'endroit où commence la large bande du sang. Le sulfure d'ammonium fera disparaître les deux raies, mais ne fera pas apparaître la bande de Stockes.

On est donc autorisé à conclure *qu'une tache est une tache de sang, lorsque son infusion aqueuse aura fourni au spectroscope deux bandes d'absorption comprises entre les raies D et E, et que ces deux bandes auront disparu sous l'influence du sulfure d'ammonium, pour faire place à la bande de Stockes, située dans l'espace clair compris entre les deux bandes précédentes.*

§ 619. *Recherches basées sur les caractères de l'hématine.* — L'hémoglobine, lorsqu'elle s'altère, se dédouble en albumine et une matière colorante que l'on nomme *hématine* ; des expériences récentes doivent faire admettre que ce dédoublement n'est pas aussi net qu'on le pensait autrefois; pour nos recherches médico-légales il suffit de savoir que l'hémoglobine, sous l'influence des alcalis ou des acides, se détruit et que l'on voit se produire dans le premier cas une bande large entre C et D (pl., fig. 6), et dans le second une bande étroite correspondant à C (planche, fig. 5). Cette réaction est moins sensible que celle de l'hémoglobine, car elle cesse de se produire dans un liquide dilué au 1/7000 environ; il n'y a aucune importance à soumettre à la recherche par l'analyse spectrale une solution d'hémoglobine, qui a donné nettement les bandes caractéristiques; il n'en est plus ainsi lorsque ces dernières ne se sont pas produites, ou qu'on n'a vu que les bandes de la méthémoglobine. On fera bien de chauffer dans ce cas la solution avec de l'acide acétique cristallisable et d'examiner la solution diluée au spectroscope; la réaction m'a réussi un certain nombre de fois même avec du sang putréfié.

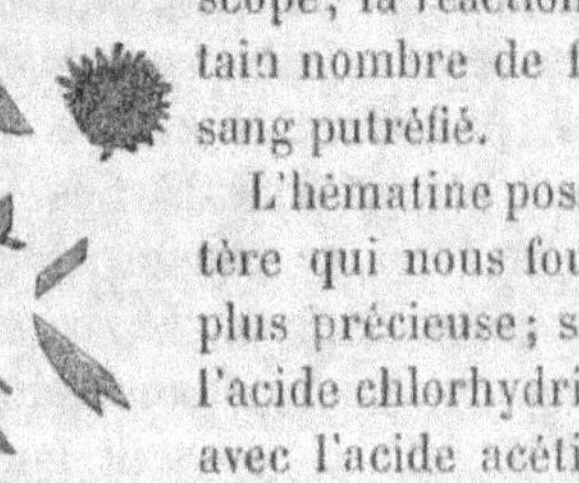

Fig. 39.

L'hématine possède un autre caractère qui nous fournit une indication plus précieuse; sa combinaison avec l'acide chlorhydrique et surtout celle avec l'acide acétique possède la propriété de cristalliser; les cristaux sont très-nets (v. fig. 39) et peuvent être déjà observés d'une manière satisfaisante avec un grossissement de 500 diamètres; les cristaux appartiennent au système rhombique.

Les cristaux se produisent avec la plus grande facilité; on n'a qu'à suivre à la lettre le procédé indiqué par Frey dans son *Traité d'histologie*. Il suffit de laisser tremper le linge dans de l'eau distillée pendant le temps suffisant pour que l'eau devienne rouge; on place quelques gouttes de ce liquide sur une lame de verre et on les abandonne à l'évaporation spontanée. On traite le résidu desséché par de l'acide acétique et l'on évapore à la température de l'ébullition; les petits cristaux se forment et se

fixent sur la plaque de verre que l'on place telle quelle sous le
microscope. Les cristaux obtenus de cette manière ne sont jamais aussi nets que ceux qui se produisent dans une opération
faite sur une large échelle, et que représentent notre figure 39.
Les formes que l'on obtient se rapprochent plus des figures 40
et 41 empruntées à l'ouvrage de Naquet[1].

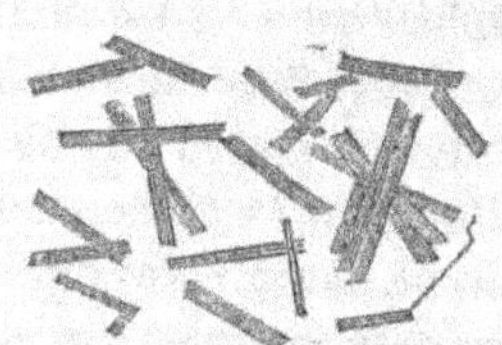

Fig. 40.   Fig. 41.

Le procédé doit être modifié lorsque la tache est ancienne et
surtout quand on suppose qu'elle a été lavée ; elle a perdu dans
ce cas une certaine quantité de chlorure de sodium qu'il faut
lui restituer de la manière suivante : on fait macérer la tache
avec aussi peu d'eau que possible, on évapore dans un verre de
montre placé sur un poêle ; lorsqu'il ne reste plus que quelques
gouttes de liquide, on y ajoute un atome imperceptible de chlorure de sodium. On place le tout sur une lame de verre et l'on
ajoute de 6 à 8 gouttes d'acide acétique cristallisable ; on chauffe
légèrement pendant quelque temps au-dessus de la flamme de
l'alcool, et on continue l'évaporation à l'étuve jusqu'à ce que le
résidu ne sente plus l'acide acétique.

L'addition de chlorure de sodium dans cette opération est la
partie difficile, des personnes inexpérimentées en ajoutent facilement un excès et obtiennent des cristaux qui ne sont pas ceux
du sang ; il en est de même lorsqu'on substitue l'acide tartrique
à l'acide acétique. Aussi beaucoup d'expérimentateurs n'ont-
ils obtenu au début que des cristaux de matière inorganique.

Nous devons accorder une grande confiance à cette réaction ; elle
réussit encore avec des quantités excessivement faibles, pourvu
que le sang se soit desséché avant d'avoir subi la *putréfaction* ;
la réaction ne se produit que difficilement lorsque la tache est

[1] Naquet, *Précis de chimie légale*, Paris, 1875.

mélangée avec l'une de ces substances qui forment avec l'hématine des combinaisons insolubles. On n'a signalé jusqu'à présent qu'une seule confusion possible; les étoffes colorées par de
l'indigo cèdent également à l'acide acétique une substance cristallisable, mais les cristaux sont bleus et ont un aspect microscopique complétement différent.

L'hématine est soluble dans l'alcool sulfurique ; on peut mettre ce caractère à profit de la manière suivante : on chauffe l'endroit taché avec de l'alcool contenant quelques traces d'acide
sulfurique; la tache se décolore peu à peu et l'alcool se colore
en rose. Cette solution évaporée à siccité et calcinée laisse une
cendre ferrugineuse que l'on reprend par de l'eau régale pour y
constater la présence du fer.

§ 620. *Taches ayant subi un lavage*. — Lorsque les taches ont
subi un lavage imparfait fait à dessein ou dû à l'eau de pluie, leur
aspect deviendra encore moins caractéristique ; leur teinte sera
rouge pâle ou jaunâtre. On a proposé de rechercher dans ce
cas la fibrine, mais cette recherche faite dans ces conditions
ne conduit qu'à des résultats illusoires. La constatation
de l'hématine ne se fera pas toujours facilement ; il convient
d'ajouter un peu de chlorure de sodium. Le succès de l'opération réside dans cette addition ; avec une quantité trop forte le sel
marin cristallise en cubes et se recouvre d'un pigment sanguin
ou modifie la forme des cristaux d'hématine ; avec une quantité
trop faible on n'obtient qu'un résidu amorphe. On peut essayer
la réaction de l'hématine au spectroscope, en faisant macérer la
tache dans un peu de potasse ; la recherche du fer sera également indiquée dans cette circonstance ; on pourra encore tenter
la réaction de Millon.

En faisant macérer la tache avec de la potasse, on dissoudra
même l'albumine coagulée ; ce point est important à noter, car
Gorup-Bezanez a appelé l'attention sur le fait suivant : lorsque le
lavage d'une tache a été *fait à chaud*, les matières albuminoïdes
ont pu se coaguler et rester combinées au tissu. Une solution
potassique, faite comme nous l'avons dit, précipitera par le tannin ; elle sera dichroïque et l'on pourra y rechercher également
le fer.

§ 621. *Taches formées sur des tissus colorés, du bois, de la pierre, etc.* — Nous avons supposé jusqu'à présent que la tache se trouvait sur du linge blanc ; ce n'est pas le cas ordinaire ; elle peut se trouver sur des vêtements colorés, sur du bois, de la pierre, etc. ; elle peut être mélangée avec des taches d'autres matières colorantes, avec du mucus, des excréments, de l'urine desséchée, etc. Nous allons passer en revue tous ces cas et indiquer les modifications que le procédé général doit subir dans chaque cas particulier.

Si le tissu sur lequel se trouve la tache est bien teint, la macération dans l'eau n'enlèvera que la matière colorante du sang, et tous les procédés que nous avons indiqués peuvent être mis à profit. J'ai traité par de l'eau des taches faites sur des étoffes rouges de toutes les nuances, des étoffes bleues, noires, jaunes, etc., et toujours j'ai obtenu la réaction de l'hémoglobine. Les mêmes étoffes traitées par des solutions acides ou alcalines donnent au contraire des liquides colorés qui entravent la recherche de l'hémoglobine et parfois même celle de l'hématine (v. § 615) lorsque l'étoffe est colorée par de l'indigo. Il convient par suite de n'employer que la macération à la température de 40° avec de l'eau distillée, d'évaporer le liquide et de traiter le résidu de l'évaporation par l'acide acétique.

Le mélange de sang, de mucus, d'excréments ou d'urine desséchée présente plus de difficultés. Wessel admet que la recherche de l'hématine devient impossible lorsque le sang est entré en putréfaction par la présence des matières fécales et de l'eau de purin. Je crois le fait peu fondé, car j'ai réussi deux fois à obtenir ces cristaux avec du sang manifestement putréfié ; la recherche de l'hémoglobine peut même encore réussir quelquefois, mais c'est dans ces circonstances principalement que j'ai rencontré les bandes de la méthémoglobine.

Le sang peut avoir été répandu sur du *bois ;* sa recherche ne présentera guère plus de difficulté que lorsqu'il se trouve sur un linge, il faut seulement détacher avec précaution un copeau aussi mince que possible. Si la tache se trouvait sur une *pierre* ou sur de la *terre*, il faudrait râcler la surface et faire macérer le produit obtenu avec de l'eau distillée.

§ 622. *Recherche du sang sur le fer.* — La recherche du sang sur l'arme qui a servi à commettre l'homicide se présente très-fréquemment ; l'arme peut être rouillée et alors la distinction à la simple vue de la tache de rouille et de celle du sang deviendra presque impossible. Anciennement on croyait qu'il suffisait de chauffer la tache détachée par le grattage avec de la potasse, et de constater le dégagemnt d'ammoniaque ; on admettait que ce gaz provenait de la décomposition de la matière azotée du sang. Ce procédé n'a plus aucune valeur depuis que les progrès de la chimie ont démontré que la rouille renferme toujours une certaine quantité d'ammoniaque qu'elle enlève à l'atmosphère. Le procédé de Rose, basé sur la production du ferrocyanure en chauffant la tache ferrugineuse suspecte avec du potassium, est d'une exécution trop délicate.

Souvent la tache s'écaille et se détache avec facilité ; il suffira de consacrer dans ce cas la croûte détachée à la recherche de l'hémoglobine et de l'hématine ; j'ai obtenu ainsi des cristaux avec une tache qui remontait à trois mois. L'hématine forme parfois avec l'oxyde de fer une combinaison insoluble à laquelle l'eau n'enlève rien ; on tournera la difficulté en faisant bouillir les parties détachées avec une solution étendue de soude ; l'oxyde ferrique insoluble restera sur le filtre et le liquide filtré concentré par l'évaporation à +40° sera dichroïque, précipitera par l'acide azotique et donnera même souvent la raie de l'hématine alcaline.

§ 623. *Nature du sang de la tache. Examen microscopiqne.* — Une tache est une tache de sang, le fait est constaté mais l'inculpé soutient que la tache incriminée est due à du sang d'un animal. Cette question d'une importance capitale se présente à chaque instant et ne peut être résolue que par l'examen micrographique. Barruel[1] a proposé le procédé chimique suivant qui ne paraît avoir réussi qu'à lui. Le sang renferme des acides gras volatils odorants combinés à des bases, que l'on met en liberté et dont on exalte l'odeur par de l'acide sulfurique concentré. L'odeur est différente avec le sang des divers animaux et rappelle jusqu'à un certain point l'odeur caractéristique de l'étable

---

[1] *Annal. d'hyg. et de méd. légale,* t. I.

de ces animaux ; or tout le monde sait qu'il est facile de distinguer l'odeur d'une porcherie de celle d'une étable à vaches. On
peut, il est vrai, acquérir par l'habitude une certaine habileté,
mais elle se perd de nouveau très-rapidement ; il faut remarquer de plus que les taches se trouvent fort souvent sur du linge
déjà plus ou moins imprégné des produits odorants du corps
humain ; et que l'on perçoit même, en l'absence du sang, une
odeur aigre. Celle-ci se joignant à celle du sang, donnera une
odeur mixte qu'il ne sera plus possible de définir.

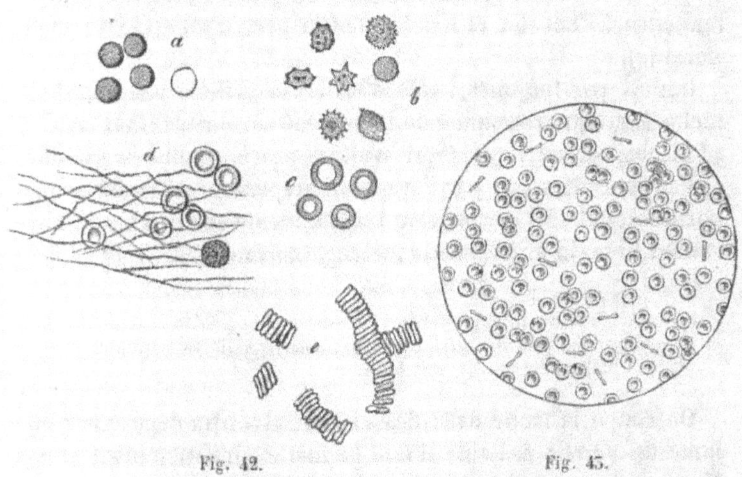

Fig. 42.   Fig. 45.

Le globule sanguin est l'élément caractéristique du sang,
aussi n'est-il pas étonnant que l'on ait proposé de se baser uniquement sur la recherche du globule pour admettre qu'une tache est une tache de sang. Le chimiste fera bien pour faire cette
constatation de s'adjoindre à un médecin, familier avec les recherches micrographiques, à moins qu'il n'ait acquis lui-même par
une étude approfondie les connaissances suffisantes.

Le globule sanguin chez l'homme est circulaire ; mais il n'est
pas renflé sur ses deux faces ; il présente une dépression centrale
qui le fait ressembler à une petite lentille biconcave à bords épais
et arrondis. (V. fig. 42.) Cette lentille biconcave mesure de 1/116
à 1/150 de millimètre de diamètre et de 1/1000 à 1/700 de mil-

limètre d'épaisseur. Le globule se compose d'une enveloppe mince qui se confond avec la masse amorphe qui est d'un jaune rougeâtre. Cette forme du globule s'altère sous l'influence d'un grand nombre d'agents parmi lesquels on peut citer l'eau distillée elle-même ; le globule se gonfle et la membrane d'enveloppe finit par se briser ; avant d'en arriver là le globule prend l'apparence frangée, étoilée ou framboisée (*b*); Les sels neutres au contraire comme le chlorure de sodium, le sulfate de sodium, le sucre, la glycérine conservent très-bien la forme du globule sanguin et empêchent son altération. Les globules ont de plus une grande tendance à s'accoler et à présenter l'aspect d'une pile de monnaies (*e*).

Il n'est pas toujours facile d'isoler le globule sanguin de la tache. Roussin[1] recommande le procédé suivant : Il faut avoir à sa disposition un liquide qui n'altère pas la forme du globule, qui se concentre peu par l'évaporation spontanée à la surface du porte-objet et qui se conserve indéfiniment sans trouble ni altération. Roussin a proposé le mélange suivant :

> Glycérine, 5.
> Acide sulfurique pur, 1.
> Eau distillée, quantité suffisante pour que la densité du
>   mélange à — 10°, soit 1838.

On coupe la tache avec des ciseaux et on la dépose sur une lame de verre ; à l'aide d'une baguette on fait tomber sur le linge quelques gouttes du liquide précédent et l'on abandonne le tout pendant trois heures. Au bout de ce temps, à l'aide de deux petits tubes pleins, effilés à leur extrémité, on frotte, on retourne plusieurs fois et finalement on effiloque le fragment de tissu à la surface de la lame de verre, de manière à détacher et à remettre en suspension les parties insolubles. On recouvre alors la gouttelette de liquide d'une lame de verre et l'on examine au microscope avec le grossissement moyen de 390 diamètre[2]. On verra alors à côté de nombreux corps étrangers dont l'origine s'explique facilement, les globules rouges dont il faut étudier avec soin la forme, l'aspect et le diamètre.

[1] *Annal. d'hyg. et de méd. lég.*, 1863.
[2] Microscope Nachet, objectif n° 5 et oculaire n° 2.

La *forme* du globule sanguin varie avec les divers animaux ; elle est circulaire chez tous les mammifères à l'exception des caméliens chez lesquels elle est elliptique ; cette dernière forme se constate également chez les oiseaux, les reptiles et les poissons. Les globules elliptiques (excepté ceux des caméliens) ont un noyau ; ce dernier n'existe chez les mammifères que pendant la période fœtale. Ce caractère a été souvent mis à profit pour distinguer les différents sangs d'animaux ; c'est ainsi que dans un procès tout récent l'expert a pu conclure qu'une tache attribuée par l'inculpé à du sang de dinde, était réellement produite par du sang humain. Nous pouvons même dire que c'est là le *seul* caractère qui permette de différencier le sang, car les conclusions que l'on pourrait tirer de la mensuration microscopique n'ont guère de valeur, puisque les dimensions des globules peuvent varier d'une manière très-notable par suite des phénomènes d'endosmose ou d'exosmose. D'après Roussin, ce n'est que si, par une série de mesures, l'on obtient une moyenne de 1/200 de millimètre de diamètre et que le globule ne présente aucune déchirure ni déformation, que l'expert pourra déclarer que la tache examinée ne *paraît* pas être du sang humain. L'expert ne devra pas même se prononcer d'une manière trop affirmative dans le sens contraire[1].

§ 624. *Origine de la tache.* — La tache a-t-elle été produite par du sang provenant d'un animal vivant ou d'un animal mort. Il est presque impossible de répondre à cette question. On voit bien quelquefois au microscope (fig. 41 *d*) les globules emprisonnés dans des filaments de fibrine, mais ce cas ne se présente que

[1] Les chiffres suivants qui indiquent le diamètre des globules sanguins appartenants aux diverses espèces, sont empruntés à l'ouvrage de Milne-Edwards. *Phys. et anat. comp.*, t. I, p. 85.

Homme.	1/125 de millimètre
Singe.	1/132 à 1/146 »
Carnivore.	1/129 à 1/225 »
Pachyderme.	1/108 à 1/177 »
Ruminants.	1/155 à 1/483 »
Oiseaux. Grand diamètre.	1/59 à 1/105 »
— Petit diamètre.	1/110 à 1/158 »
Reptiles. Grand diamètre.	1/44 à 1/68 »
— Petit diamètre.	1/47 à 1/108 »
Poissons. Grand diamètre.	1/61 à 1/110 »
— Petit diamètre.	1/95 à 1/157 »

rarement. On peut espérer détacher à l'aide d'une pointe d'aiguille la fibrine qui est restée adhérente au linge après macération dans l'eau ; examinée au microscope la fibrine présente un aspect homogène qui ne peut pas être confondu avec celui des fibrilles du linge. On pourra la traiter par le réactif de Millon ou la dissoudre dans de la potasse étendue pour la reprécipiter par de l'acide acétique. La richesse du sang en fibrine est peu considérable (2,5 p. 1,000) ; les circonstances dans lesquelles le sang se coagule ou ne se coagule pas sont encore tellement mystérieuses que l'insuccès de cette recherche ne prouve pas que la tache ait été produite par du sang provenant d'un animal mort, c'est-à-dire par du sang qui avait eu le temps de se coaguler.

Le sang provient-il des menstrues ? La solution ne peut également être donnée à cette seconde question par les moyens chimiques ; l'épreuve micrographique faite suivant les indications données par Robin fournira souvent des points de repère utiles. Disons seulement que le sang des menstrues se coagule un peu plus lentement que le sang normal, mais il est erroné de conclure que l'absence de la fibrine, indique ou du sang mort ou du sang menstruel.

§ 625. *Âge de la tache de sang.* — La justice demande souvent à être renseignée sur l'époque approximative à laquelle la tache a été produite. L'aspect seul ne peut suffire, car il varie d'une manière très-notable suivant les frottements et les influences atmosphériques auxquelles la tache a été soumise dans l'intervalle. Ces circonstances peuvent varier à l'infini et ne sont que rarement connues de l'expert. La durée que met la tache à se ramollir quand on la fait macérer dans l'eau ne fournit également pas de données certaines.

Quelques chimistes allemands ont pensé que l'âge de la tache pouvait influer beaucoup sur la production des cristaux d'hématine ; il n'en est rien, car Scriba a obtenu, après quarante ans, ces cristaux avec du sang qui se trouvait sur du papier. Pfaff a proposé de soumettre la tache à l'action dissolvante d'une solution au 1/120 d'acide arsénieux ; une tache récente se dissout plus rapidement qu'une tache ancienne. Seize minutes suffisent pour dissoudre des taches faites depuis un ou deux jours ;

une tache qui remonte à quatre ou six mois exige de trois à quatre heures, et huit heures lorsqu'elle a plus d'un an de date. J'ai expérimenté ce procédé ainsi que celui qui repose sur l'emploi de l'iodure de potassium avec des taches dont la date m'était parfaitement connue, mais je ne puis confirmer d'une manière absolue les indications précédentes. Aucune de ces réactions ne possède un degré de certitude suffisant tel qu'on puisse les appliquer en médecine légale.

§ 626. *Marche méthodique pour procéder à l'examen des taches de sang.* — Nous croyons utile de résumer la suite des opérations que le chimiste doit tenter pour résoudre le problème.

1) Détacher mécaniquement le sang lui-même ou l'endroit taché et le faire macérer dans de l'eau distillée. Le liquide plus ou moins coloré sera examiné au *spectroscope ;* on recherchera la *fibrine* à la place occupée par la tache. Il faut évaporer le liquide à $+ 40°$ lorsqu'il est trop étendu. Ce liquide doit être albumineux et précipiter par l'acide azotique.

2) On cherche à obtenir avec ce résidu les cristaux d'*hématine.*

3) Le résidu laissé par l'évaporation du liquide 1 est traité par de la potasse ; on recherche le *fer* dans le résidu de cette solution évaporée, calcinée et reprise par un acide, à l'aide du sulfocyanure de potassium.

4) On peut encore traiter la tache par une solution affaiblie de potasse, qui fournira un liquide dichroïque, ou par de l'alcool sulfurique qui se colore en rouge.

5) On cherche à isoler le *globule* et à étudier sa *forme.*

Les essais 1, 2 et 5 fournissent les données les plus importantes.

SPERME.

§ 627. *Caractères de ces taches.* — Le sperme éjaculé est constitué par un mélange de sperme pur, et des produits de la sécrétion des glandes de Cowper, de la prostate et des vésicules séminales. Il a une odeur caractéristique, est alcalin et incolore ou légèrement grisâtre ; il renferme environ le 1/6 de son poids de matériaux solides, parmi lesquels il faut citer une graisse phosphorée (2 pour 100), des sels et une matière albuminoïde que l'on a appelée improprement *spermatine*. Cette matière albuminoïde n'est pas un corps de nature spéciale ; elle ne se coagule pas par la chaleur, mais elle se trouble par l'addition d'acide acétique ; un accès d'acide la redissout et la solution est précipitée par le ferrocyanure de potassium ; l'acide azotique la coagule également.

Les caractères chimiques ne peuvent guère être mis à profit dans l'examen des taches de sperme, car ce dernier pourra être mêlée avec du mucus vaginal, des écoulements leucorrhéiques, blennorrhagiques, de l'urine desséchée, etc., qui masquent ou modifient profondément les réactions chimiques.

Les caractères suivants peuvent seuls être mis à profit. Le sperme communique aux parties sur lesquelles il se trouve une certaine roideur ; le linge est empesé d'ordinaire des deux côtés lorsque l'étoffe n'est pas trop épaisse, et c'est à tort que quelques auteurs admettent que l'une des faces seulement présente ce caractère. L'endroit taché est devenu en même temps transparent ; des taches que l'on ne voit pas par réflexion, deviennent très-visibles lorsqu'on regarde l'étoffe par transparence. Il suffit de mouiller la tache pour que la roideur disparaisse ; il se produit en même temps une odeur caractéristique, que l'on peut développer davantage en chauffant de l'eau dans un petit tube, et faisant passer les vapeurs à travers le linge taché que l'on étale sur l'ouverture. Il est inutile de soumettre l'eau de macération à l'action des réactions chimiques, car toutes celles que l'on a proposées n'éclairent pas la question (chaleur, acide azotique, détermination du phosphore de la graisse, etc.)

Le sperme est caractérisé par l'élément organisé qu'il contient et que l'on nomme *spermatozoïde* ou spermatozoaire. Un grossissement de 300 à 500 diamètres est nécessaire pour voir ces organismes singuliers ; ils se composent d'une tête, d'un corps et d'une partie cylindrique étroite et très-longue que l'on nomme queue. La tête est pyriforme et aplatie ; elle a 0^{mm},005 de longueur,

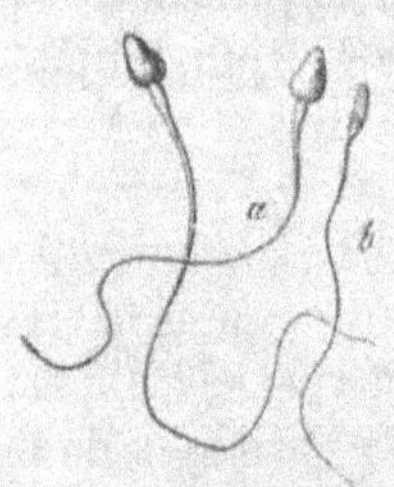

Fig. 44.

0,002 d'épaisseur et 0,003 de largeur. Les spermatozoaires sont rarement entiers, lorsqu'on les retire d'une tache; souvent on ne voit plus que des queues brisées. Ce n'est que lorsque l'expert constate simultanément la présence d'un spermatozoaire tout entier, que les têtes sans queue et les débris de queue acquièrent quelque importance.

Le seul moyen de constater qu'une tache est une tache de sperme[1], est de rechercher la présence de ces animalcules. Cette recherche n'est pas très-difficile; on découpe l'endroit suspect et on le place sur une lame de verre au-dessus de 2 à 3 gouttes d'eau. Ce liquide s'imbibe, vient ramollir le sperme qui se gonfle; on le détache avec la pointe d'un scalpel et on l'examine au microscope. Il est important de ne pas froisser le linge, pour ne pas s'exposer à briser l'animal. Roussin a proposé de rendre l'animalcule plus évident en ajoutant à la préparation quelques gouttes d'eau iodée.

A côté des spermatozoïdes, l'expert verra souvent des cristaux de phosphate ammoniaco-magnésien, qui se produisent dès que le sperme éjaculé est abandonné à lui-même.

Le chimiste devra toujours réclamer pour cette expertise l'adjonction d'un micrographe, car l'examen des parties organisées, qui accompagnent le sperme, devient souvent aussi important que celle du sperme lui-même (écoulements de nature suspecte, etc.). Cette étude n'est nullement du domaine de la chimie, et je me contente de signaler comme le meilleur guide à suivre les indications si précises données par Robin.

---

[1] Il y a des personnes dont le sperme ne renferme pas d spermatozoïdes; la recherche du sperme devient impossible dans ces cas.

APPENDICE

Nous aurions encore à nous occuper de quelques questions spéciales, qui peuvent être quelquefois posées à l'expert, comme l'examen des monnaies altérées, la coloration artificielle des cheveux, l'analyse des préparations cosmétiques renfermant des substances toxiques, etc. Mais toutes ces questions pouvant se résoudre par les procédés que nous avons indiqués au chapitre I, je me contente d'y renvoyer le lecteur, ainsi qu'à l'ouvrage de Fresenius (*Traité d'analyse quantitative*). Je ne dirai que quelques mots de deux questions plus spéciales : *l'altération des écritures* et l'*essai des pétroles*.

----

§ 628. *Altération des écritures.* — Lassaigne et Chevallier sont les auteurs qui se sont occupés le plus spécialement de cette recherche. On fait presque toujours disparaître les traces d'écriture par de l'acide chlorhydrique étendu ou de l'acide oxalique, qui transforment le tannate ou le gallate de fer en sel soluble ; les lavages subséquents dissolvent ce sel et une partie de la matière organique, mais il reste toujours dans les pores du papier une certaine proportion d'oxyde de fer. On s'efforce de faire reparaître les caractères effacés en redissolvant cet oxyde et en le caractérisant par les réactifs des sels ferriques, tannin ou ferrocyanure. On place la feuille de papier sur une plaque en

verre, et on la mouille avec une éponge trempée dans de l'eau
aiguisée d'acide acétique; après deux ou trois heures on répand
sur la feuille une couche uniforme d'une solution au 1/100 de
ferrocyanure de potassium; on lave à grande eau avec de l'eau
distillée et on sèche; les caractères réparaissent quelquefois
plus facilement quand la feuille est humide, d'autrefois il faut
sécher à 100° pour les voir nettement.

On constate que les caractères ont été enlevés par le chlore,
en mettant le papier en contact avec de l'eau, dans laquelle on
versera de l'azotate d'argent; un examen comparatif doit être
fait avec un morceau de papier qui est resté blanc.

Souvent on fait disparaître les caractères par une opération
mécanique, le *grattage*; le papier devient transparent dans les
parties qui ont subi ce traitement, ce que l'on constate en inter-
posant le papier entre l'œil et une vive lumière. Le coupable
cherche à masquer ce caractère en frottant la surface grattée
avec de la résine sandaraque ou de l'alun en poudre. Un bon
essai dans ce cas consiste à placer la pièce suspecte dans une
feuille de papier à filtre, sur laquelle on applique un fer à repasser chaud; les taches deviennent alors apparentes et l'on
voit même des traits, qui n'ont été enlevés que superficiellement
ressortir en jaune roux. On peut enlever la résine à l'aide de l'alcool marquant 87°; le papier séché présente alors l'amincisse-
ment que la résine avait masqué. Un examen à la loupe fait
reconnaître également dans ce cas, que les caractères sont un
peu élargis.

Les écritures sont quelquefois surchargées; on ne peut recon-
naitre cette fraude par les moyens chimiques, que lorsqu'elle a
été faite à l'aide d'une encre, ayant une autre composition que
celle employée primitivement. L'acide chlorhydrique ou les
chlorures décolorants en solution étendue, permettent de tran-
cher la question. Les caractères s'affaiblissent sans développer
de couleur particulière, lorsqu'ils sont dus à du tannate de fer;
ils rougissent avant de disparaître, quand l'encre a été faite avec
une solution de bois de Campêche; les encres qui renferment
du bleu de Prusse bleuissent d'abord, puis verdissent.

§ 629. *Examen du pétrole.* — L'usage comme matière éclai-

rante du pétrole, a donné naissance à une nouvelle expertise
judiciaire ; les accidents et les incendies dus à ce terrible agent
sont très-fréquents, et on les attribue souvent à la mauvaise qualité du pétrole. Dans beaucoup de localités des règlements de
police défendent la vente de pétroles qui ne présentent pas certaines garanties de pureté. Les pétroles sont des mélanges
d'hydrocarbures, appartenant à la série éthylique ; les hydrures de butyle et d'amyle, qui en sont les premiers termes, sont
les plus volatils ; ils se réduisent en vapeurs à une température assez basse (+ 35°), et forment avec l'air des mélanges
détonants et très-combustibles. Ces produits ne doivent jamais
se trouver dans les pétroles du commerce, qui doivent avoir subi
une rectification, n'entrer en ébullition qu'entre 200 à 300° et avoir
une densité de 0,79 à 0,825.

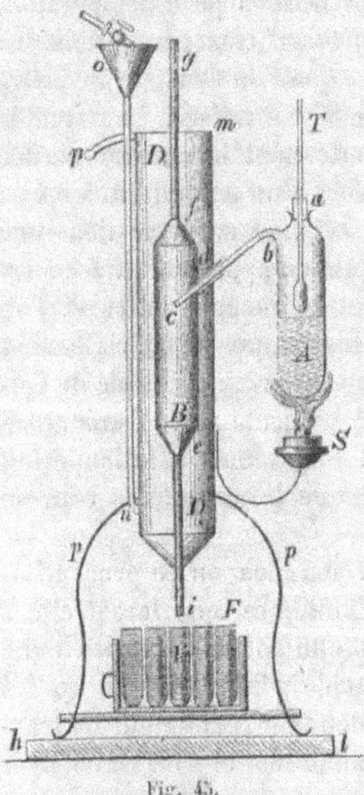

Fig. 45.

Regnault a imaginé un appareil excessivement élégant, qui permet
de décider facilement et rapidement la question. 100 centimètres
cubes du pétrole à analyser sont introduits dans la chaudière A,
qui est chauffée à l'aide de la petite lampe à alcool S ; les vapeurs
se condensent dans le réfrigérant B et sont recueillies dans des tubes
calibrés placés en I. On chauffe et l'on fractionne les produits en
se guidant d'après la température indiquée par le thermomètre T ;
le premier produit comprend les produits qui passent avant 100° ;
les produits suivants sont frac-
tionnés par 50°. Les tubes étant divisés, il suffit de lire les
volumes que l'on a obtenus aux différents intervalles de température. Les pétroles étant un mélange d'hydrocarbures, on ne
doit pas s'attendre à ce qu'un produit commercial qui n'a été

recueilli qu'à la température de $+ 300°$, n'abandonne pas par une nouvelle distillation une certaine quantité de produits, passant à une température inférieure à 300°; la proportion seulement des produits qui passe avant 300° doit être très-faible.

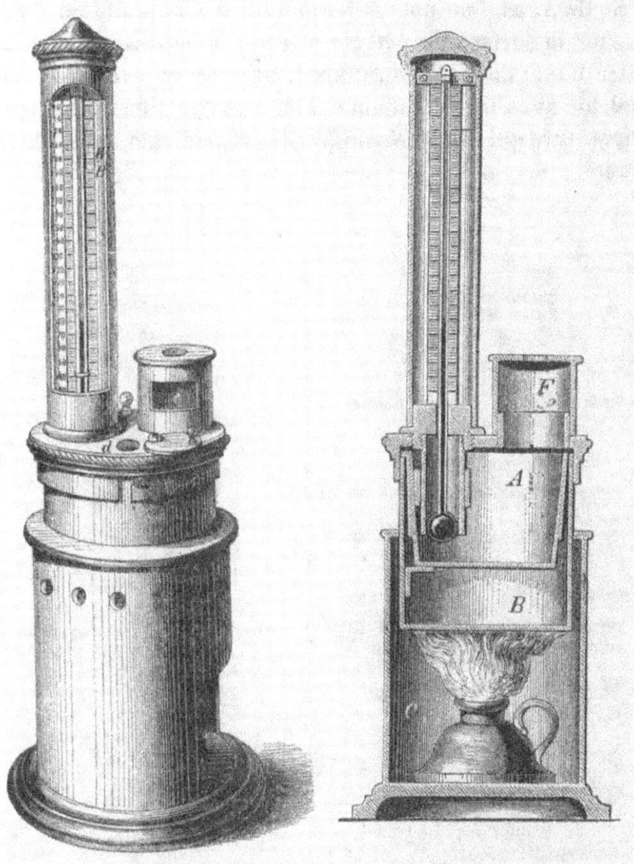

Fig. 46.   Fig. 47.

Le procédé de *Tagliabue*, de New-York, ou de *Casartelli*, de Liverpool, est peut-être plus pratique. Le pétrole est placé dans une chaudière A, chauffée au bain-marie B; un thermomètre plonge dans le pétrole. Les vapeurs de pétrole se condensent dans le petit récipient F, qui a deux ouvertures, l'une supérieure et l'autre latérale. On introduit de temps en temps un corps enflammé par l'une des ouvertures et l'on note la température à laquelle s'enflamme le mélange d'air et de pétrole. Cette première indication obtenue, on peut déplacer latéralement le couvercle de A, et l'on note la température à laquelle on peut enflammer la surface du pétrole et celle à laquelle il continue à brûler d'une manière continue. L'essai devra avoir été fait au préalable avec un pétrole que l'on aura rectifié soi-même à la température qui est prescrite par les règlements de police de la localité.

FIN

TABLE DES MATIÈRES

CHAPITRE II

POISONS

APPARTENANT A LA CLASSE DES MÉTAUX ALCALINS ET ALCALINO-TERREUX

CONSIDÉRATIONS GÉNÉRALES.

BARYUM ET STRONTIUM.

CHAPITRE V

ALCALOÏDES.

CONSIDÉRATIONS GÉNÉRALES.

ÉTUDE PARTICULIÈRE DES PRINCIPAUX ALCALOÏDES.

ALCALOÏDES DES STRYCHNÉES : STRYCHNINE ET BRUCINE.

CHAPITRE VII

POISONS APPARTENANT AU GROUPE DES MÉTALLOÏDES HALOGÈNES.

CHAPITRE VIII

PHOSPHORE.

CHAPITRE IX

ALIMENTS ET BOISSONS.

I. — ESSAI DES FARINES.

TABLE ALPHABÉTIQUE

A

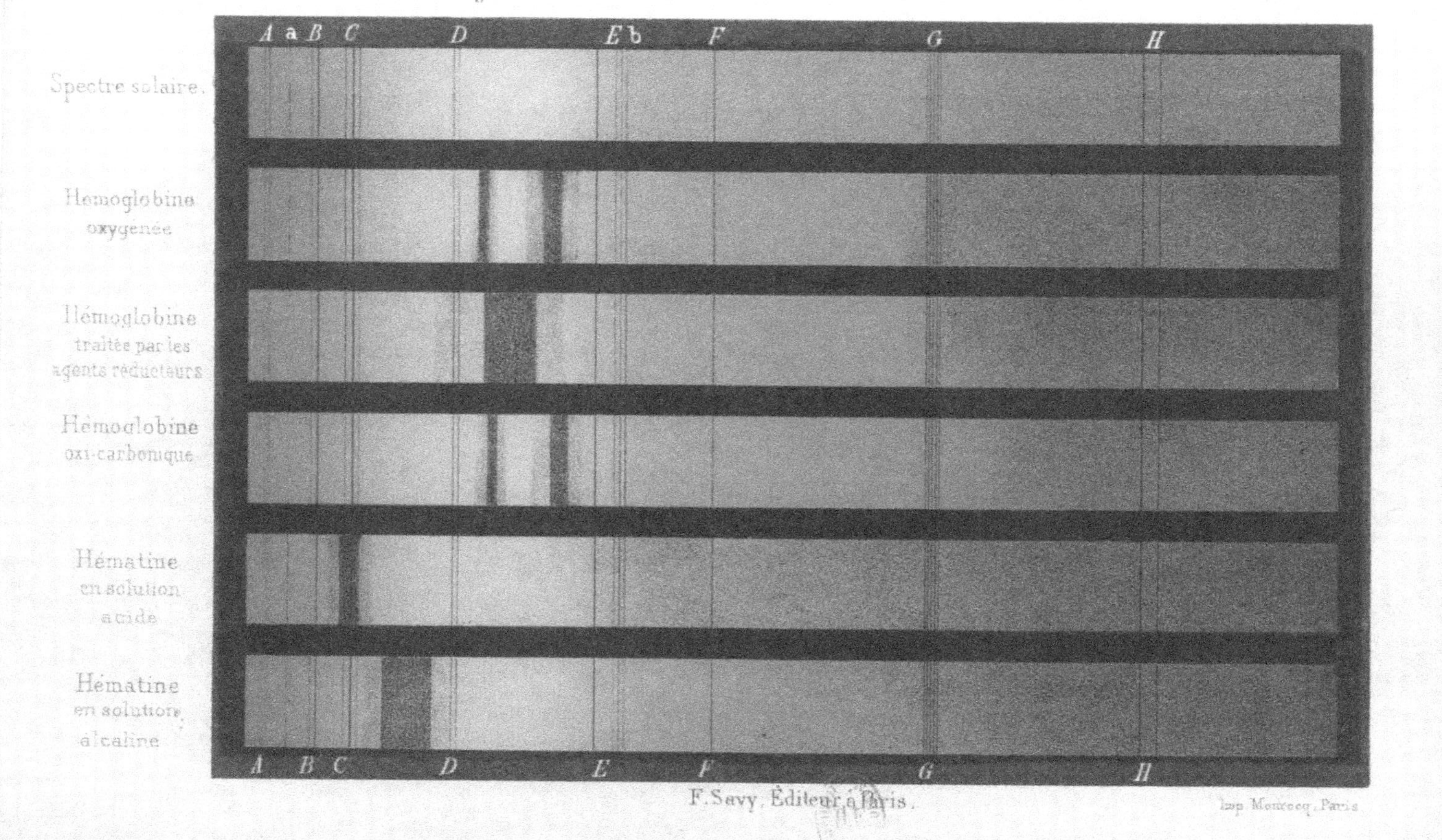

F. Savy, Éditeur à Paris.

Imp. Monrocq, Paris.